Timm Gudehus
Dynamische Märkte

Timm Gudehus

Dynamische Märkte

Praxis, Strategien und Nutzen
für Wirtschaft und Gesellschaft

Mit 99 Abbildungen und 32 Tabellen

Dr. Timm Gudehus
Strandweg 54
22587 Hamburg
E-Mail: Tgudehus@aol.com

Bibliografische Information der Deutschen Nationalbibliothek
Die Deutsche Bibliothek verzeichnet diese Publikation in der Deutschen Nationalbibliografie;
detaillierte bibliografische Daten sind im Internet über http://dnb.d-nb.de abrufbar.

ISBN 978-3-540-72597-8 Springer Berlin Heidelberg New York

Dieses Werk ist urheberrechtlich geschützt. Die dadurch begründeten Rechte, insbesondere die der Übersetzung, des Nachdrucks, des Vortrags, der Entnahme von Abbildungen und Tabellen, der Funksendung, der Mikroverfilmung oder der Vervielfältigung auf anderen Wegen und der Speicherung in Datenverarbeitungsanlagen, bleiben, auch bei nur auszugsweiser Verwertung, vorbehalten. Eine Vervielfältigung dieses Werkes oder von Teilen dieses Werkes ist auch im Einzelfall nur in den Grenzen der gesetzlichen Bestimmungen des Urheberrechtsgesetzes der Bundesrepublik Deutschland vom 9. September 1965 in der jeweils geltenden Fassung zulässig. Sie ist grundsätzlich vergütungspflichtig. Zuwiderhandlungen unterliegen den Strafbestimmungen des Urheberrechtsgesetzes.

Springer ist ein Unternehmen von Springer Science+Business Media

http://www.springer.de

© Springer-Verlag Berlin Heidelberg 2007

Die Wiedergabe von Gebrauchsnamen, Handelsnamen, Warenbezeichnungen usw. in diesem Werk berechtigt auch ohne besondere Kennzeichnung nicht zu der Annahme, dass solche Namen im Sinne der Warenzeichen- und Markenschutz-Gesetzgebung als frei zu betrachten wären und daher von jedermann benutzt werden dürften. Sollte in diesem Werk direkt oder indirekt auf Gesetze, Vorschriften oder Richtlinien (z. B. DIN, VDI, VDE) Bezug genommen oder aus ihnen zitiert worden sein, so kann der Verlag keine Gewähr für die Richtigkeit, Vollständigkeit oder Aktualität übernehmen. Es empfiehlt sich, gegebenenfalls für die eigenen Arbeiten die vollständigen Vorschriften oder Richtlinien in der jeweils gültigen Fassung hinzuziehen.

Satz und Herstellung: LE-TEX Jelonek, Schmidt & Vöckler GbR, Leipzig
Einbandgestaltung: deblik, Berlin

Gedruckt auf säurefreiem Papier   SPIN 12050185   68/3180/YL – 5 4 3 2 1 0

Vorwort

> He intends only his own gain,
> and he is in this, as in many other cases,
> lead by an invisible hand
> to promote an end
> which was not part of his intention.
> Adam Smith 1756

Der Markt bewirkt selbstregelnd die effiziente Versorgung der Menschen mit den Gütern des privaten und öffentlichen Bedarfs. Die aus Angebot und Nachfrage resultierenden Marktpreise sorgen für die optimale Allokation der Ressourcen und Verteilung der Güter. Das ist so oder ähnlich in den Lehrbüchern der Ökonomie zu lesen [Friedman 1980; Mankiw 2003; Preiser 1970; Samuelson 1995; Schneider 1969; Stigler 1987; Wöhe 1969/2000 u. a.].

Wer sich auf den Märkten genauer umsieht, erkennt jedoch bald, dass die herkömmlichen Markt- und Preistheorien wenig mit der Praxis zu tun haben. Die Kaufmengen und Kaufpreise kommen anders zustande als in der Theorie angenommen. Sie sind abhängig von der *Marktordnung* und resultieren aus den *Erwartungen* und den *Entscheidungen* der Akteure, die von deren *Kosten, Nutzen, Auslastung* und *Gewinnstreben* bestimmt und von den *Marktveränderungen* beeinflusst werden. Die *Allokation der Ressourcen* durch den Markt ist keineswegs optimal. Die resultierende *Verteilung der Güter, Einkommen und Vermögen* wird von vielen als ungerecht empfunden. Auch die oft beschworene *Selbstregelung durch den Markt* funktioniert nicht immer [Afheldt 2005; Spiegel 2004; Kamp/Scheer 1972; Stiglitz 2006].

Das Verhalten von Unternehmen und Staat hat andere Auswirkungen, als von Managern und Politikern angestrebt oder behauptet wird. Die Anmaßung von Wissen und Handlungsmacht steht im Widerspruch zum Erreichbaren [Hayek 1988]. Die Analysen und Empfehlungen der Wirtschaftsexperten sind widersprüchlich und erweisen sich allzu oft als unzutreffend [Mankiw 2003 S. 602ff.]. Das liegt nicht zuletzt daran, dass Volkswirtschaftslehre und Wirtschaftspolitik auf Markt- und Preistheorien beruhen, deren Praxisferne zwar allgemein bekannt ist, aber nicht ausreichend berücksichtigt wird [Eucken 1952; Buchholz 1999; Coase 2005; Friedman 1980; Galbraith 1967; Giersch 1961; Schneider 1969/2 S. 302ff.; Wöhe 2000].

Keine andere Wissenschaft bietet so viele Theorien wie die Ökonomie: *Markt-* und *Preistheorien; Bedarfs-* und *Nutzentheorien; Wettbewerbstheorie* und *Spieltheorie; Einkommenstheorie* und *Konsumtheorie; Investitionstheorie* und *Kapitaltheorie; Transaktionskostentheorie; Geld-* und *Inflationstheorien; Gleichgewichts-, Konjunktur-* und *Wachstumstheorien; Beschäftigungs-* und *Arbeitswerttheorien, Wohlfahrtstheorie* und *Verteilungstheorie.* Die verschiedenen Theorien behandeln oder betreffen fast alle den *Markt.* Sie beziehen sich aufeinander und überschneiden sich. Sie haben keine einheitliche Terminologie, sind umstritten und teilweise widersprüchlich [Buchholz

1999; Köhler 2004; Koppensteiner 1997 S. 11ff.; Mankiw 2003 S. 602ff.]. Viele Wirtschaftstheorien beruhen auf unrealistischen Annahmen und erheben unbewiesene Behauptungen zu unumstößlichen Dogmen [Samuelson 1995 S. 59; Stigler 1987; Stiglitz 2006].

Die Diskrepanzen, der Dogmatismus und die Praxisferne der klassischen Ökonomie haben mich zu eigenen Überlegungen angeregt. Die hier dargestellte *Logik des Marktes* ist das Ergebnis langjähriger theoretischer Arbeit. Sie resultiert aus meinen Erfahrungen als Geschäftsführer für Technik, Marketing und Vertrieb sowie als Unternehmensberater für Strategie und Logistik. Die Ausführungen beschränken sich nicht auf die Kritik unhaltbarer Dogmen der klassischen Ökonomie und die Beschreibung des vielfältigen Marktgeschehens. Sie sind ein konstruktiver Beitrag zum *Verständnis der realen Märkte* mit dem Ziel, praktischen Nutzen zu stiften. Das Buch beschreibt die Bedingungen für *effiziente Märkte*, zeigt die *Handlungsmöglichkeiten* der Akteure auf dynamischen Märkten und den wirtschaftspolitischen *Handlungsbedarf*.

Zur quantitativen Analyse dynamischer Märkte wird ein *mathematisches Instrumentarium* entwickelt. Es besteht aus den *Transfergleichungen des Marktes* und damit erstellten *Marktsimulationsprogrammen*, mit denen die verschiedenen Konstellationen *stationärer Märkte* und die Auswirkungen der *Marktkräfte* auf *dynamischen Märkten* untersucht werden. Zahlreiche Berechnungsbeispiele zeigen die Konsequenzen für die Mikroökonomie und die Makroökonomie. Daraus resultieren *allgemeingültige Marktgesetze*, neue Erkenntnisse über die *Wirkungen des Marktes*, praktisch nutzbare *Beschaffungs- und Absatzstrategien* und Vorschläge zur Verbesserung der *Marktordnung* und der wirtschaftspolitischen *Rahmenbedingungen*.

Das Buch behandelt die *Praxis der Märkte*, die *Handlungsmöglichkeiten* und *Strategien der Akteure* und den *Nutzen des Marktes* für Wirtschaft und Gesellschaft. Es richtet sich an Unternehmer, Manager und Berater, die Strategien zur Nutzung dynamischer Absatz- und Beschaffungsmärkte benötigen, sowie an Forscher, Lehrer und Studierende der Betriebs- und Volkswirtschaft, des Wirtschaftsrechts und der Wirtschaftspolitik. Das Werk ist ein Plädoyer für eine freie und soziale Marktwirtschaft mit fairen Regeln [Eucken 1952]. Es enthält Lösungsansätze für aktuelle Probleme, regt zum Weiterdenken an und gibt Anstöße für eine *analytische Ökonomie*, die von den individuellen Bedürfnissen der Menschen ausgeht und die physikalisch-technischen Gegebenheiten berücksichtigt. Obgleich sich Funktion und Wirkungen dynamischer Märkte nicht ohne Formeln und Simulationsrechnungen untersuchen lassen, sind die wesentlichen Zusammenhänge und Konsequenzen auch für mathematisch weniger geübte Leser verständlich.

Viele Menschen haben mit ihrem Wissen, hilfreichen Hinweisen und der Bereitschaft zum Zuhören zum Entstehen dieses Buches beigetragen. Meinem Vater, *Herbert Gudehus*, verdanke ich das Interesse an der Betriebswirtschaft. Mein Wissen über die klassische Ökonomie verdanke ich *Adam Smith, John Stuart Mill, Erich Schneider, Günter Wöhe, Walter Eucken, Milton Friedman, Paul A. Samuelson, Friedrich A. Hayek, Erich Preiser, Herbert Giersch* und vielen anderen. Das analytische Vorgehen habe ich aus dem Werk von *Karl Popper* gelernt, dessen unabhängiges Denken und wissenschaftliche Redlichkeit mir stets Vorbild waren. Besonders danke ich *Hans-Georg Koppensteiner* für die Durchsicht der Textentwürfe, seine Kritik und wertvolle Anregungen.

Herrn *Thomas Lehnert* danke ich für sein Interesse an meiner Arbeit und die Bereitschaft, auch dieses Buch im *Springer-Verlag* zu veröffentlichen. Für die Sorgfalt bei der Drucklegung sei Frau Monika Riepl und ihrem Team gedankt.

Meine Frau *Heilwig Gudehus*, geb. Schomerus, hat mich in zahllosen Diskussionen sowie durch ihre Recherchen und Kritik bei meiner Arbeit unterstützt. Sie hat mit ihrer Klugheit und Geduld das Entstehen des Buchs möglich gemacht. Ihr widme ich dieses Werk des Verstandes von ganzem Herzen.

TIMM GUDEHUS
Hamburg, Juli 2007

Inhalt

1	Einführung	1
2	**Marktbeispiel**	9
2.1	Angebot und Nachfrage	10
2.2	Begegnungsmöglichkeiten	10
2.3	Preisbildungsmöglichkeiten	11
2.4	Statischer Markt	11
2.5	Stochastisch-stationärer Markt	12
2.6	Handlungsmöglichkeiten	15
3	**Wirtschaftsgüter**	17
3.1	Materielle Wirtschaftsgüter	19
3.2	Immaterielle Wirtschaftsgüter	21
3.3	Arbeitsleistungen	23
3.4	Kombinationsgüter	24
3.5	Netzwerkleistungen	25
3.6	Öffentliche Güter	27
3.7	Mengeneinheiten	27
3.8	Qualität	29
3.9	Transferkosten	32
3.10	Nachfragergrenzpreise und Nutzwerte	33
3.11	Anbietergrenzpreise und Kosten	36
3.12	Güterbilanzen	42
3.13	Güterdisposition	45
4	**Geld und Finanzgüter**	51
4.1	Funktionen des Geldes	52
4.2	Zahlungsmittel	53
4.3	Wertmaßstab	58
4.4	Finanzgüter	60
4.5	Kurswerte	62
4.6	Vermögenswerte	66
4.7	Erwerbsvermögen	68
4.8	Vermögensbilanzen	69
4.9	Finanzdisposition	72
4.10	Gewinnoptimierung	74
4.11	Wirtschaftsentwicklung	75

4.12	Konjunkturzyklen	80
4.13	Stimmzettel	85
5	**Märkte**	**89**
5.1	Verhalten der Akteure	90
5.2	Marktordnungen	92
5.3	Marktplätze	94
5.4	Kaufprozesse	98
5.5	Marktergebnisse	100
5.6	Paretoverteilungen	103
5.7	Marktzeiten	104
5.8	Marktveränderungen	106
5.9	Wettbewerb	110
5.10	Markteffizienz und Selbstregelung	113
6	**Nachfrage**	**117**
6.1	Nachfragemengen	117
6.2	Nachfragergrenzpreis	120
6.3	Nachfragefunktionen	121
6.4	Qualitätserwartungen	125
6.5	Nachfrageänderungen	126
6.6	Modellfunktionen	129
7	**Angebot**	**133**
7.1	Angebotsmenge	133
7.2	Angebotsgrenzpreis	134
7.3	Angebotsfunktionen	135
7.4	Qualitätsangebot	137
7.5	Angebotsänderungen	138
8	**Preisbildung**	**143**
8.1	Preisbildungsarten	143
8.2	Verhandlungspreise	145
8.3	Vermittlungspreise	146
8.4	Angebotsfestpreise	146
8.5	Nachfragerfestpreise	147
8.6	Externe Festpreise	147
8.7	Preistransfergleichungen	148
8.8	Einsatzbereiche	149
8.9	Preisgestaltung	151

9	**Mengenbildung**	155
9.1	Mengenbildungsarten	155
9.2	Mengenteilung	156
9.3	Mengenrestriktionen	157
9.4	Verkaufseinheiten	158
9.5	Mengentransfergleichungen	159
10	**Marktbegegnungen**	161
10.1	Kaufergebnisse und Transfermatrix	161
10.2	Selbstregelndes Zusammentreffen	163
10.3	Zusammentreffen auf Anbietermärkten	164
10.4	Zusammentreffen auf Nachfragermärkten	166
10.5	Fremdgeregelte Zusammenführung	167
10.6	Simultane Preis- und Mengenbildung	169
10.7	Marktinformationen	171
11	**Marktsimulation**	175
11.1	Möglichkeiten und Grenzen der Simulation	175
11.2	Tabellenprogramm zur Einzelmarktsimulation	176
11.3	Mastertool zur dynamischen Marktsimulation	180
11.4	Preis-Mengen-Relationen	183
11.5	Wettbewerbskonstellationen	185
11.6	Standardkonstellation der Marktsimulation	187
11.7	Verbundprogramme und Marktspiele	190
12	**Marktstatik**	193
12.1	Effektive Nachfrage und effektives Angebot	194
12.2	Auswirkungen der Preis- und Mengenbildung	197
12.3	Auswirkungen der Begegnungsart	199
12.4	Kollektive Nachfrageänderungen	201
12.5	Kollektive Angebotsänderungen	208
12.6	Marktsymmetrie	210
12.7	Gesamtabsatz und Marktpreise	211
13	**Marktstochastik**	215
13.1	Mittelwerte und Zufallsschwankungen	216
13.2	Zufallseinflüsse auf Marktpreise und Periodenabsatz	218
13.3	Verteilungswirkung für die Käufer	222
13.4	Verteilungswirkung auf die Anbieter	225
13.5	Marktchancen und Marktrisiken	226
13.6	Spekulationsmärkte	229

14	**Marktdynamik**	231
14.1	Marktkräfte	232
14.2	Nachfragerückgang	235
14.3	Faktorprognose	236
14.4	Angebotspreisanpassung	239
14.5	Wirkungskettenanalyse	243
14.6	Stochastisch-dynamischer Marktprozess	244
15	**Absatzstrategien**	251
15.1	Anbieteroptionen	252
15.2	Kostenpreise	252
15.3	Absatzfunktionen	254
15.4	Gewinnmaximierung	259
15.5	Cournotscher Punkt	264
15.6	Provisionsoptimierung	271
15.7	Handelsspannenoptimierung	273
15.8	Transfersteueroptimierung	277
15.9	Einheitspreise und Preisdifferenzierung	279
15.10	Marktsegmentierung	282
15.11	Dynamische Absatzstrategien	284
15.12	Unfaires Anbieterverhalten	286
15.13	Marktpositionierung und Verkaufsstrategien	288
15.14	Kritische Menge und Marktbeherrschung	290
16	**Beschaffungsstrategien**	295
16.1	Nachfrageroptionen	296
16.2	Versorgungsmanagement	298
16.3	Einkauf und Ausschreibung	299
16.4	Beschaffungsdisposition	303
16.5	Arbeitsdisposition	307
16.6	Gelddisposition	309
16.7	Unfaires Nachfragerverhalten	315
16.8	Nachfragermonopol	317
17	**Staat und Markt**	319
17.1	Subsidiarität und Wirtschaftsrecht	322
17.2	Marktfreiheit und Marktordnung	324
17.3	Verteilungspolitik	327
17.4	Umsatzsteuer und Arbeitsmarkt	331
17.5	Subventionen	335
17.6	Mindestlohn und Beschäftigung	337
17.7	Geldwertstabilität	340
17.8	Inflationsauswirkungen	345

17.9 Geldpolitik 348
17.10 Finanz- und Wirtschaftspolitik 351

18   Ausblick 357

Literatur 361

Sachwortverzeichnis 367

Abbildungsverzeichnis 393

Tabellenverzeichnis 399

1 Einführung

In einer freien Wirtschaft spornt der Markt die Menschen und Unternehmen zur Leistung an und regelt die Güter- und Geldströme zwischen Haushalten, Unternehmen und Staat. Er sichert die Güterversorgung und bewirkt wie durch eine *unsichtbare Hand*, dass der Eigennutz des Einzelnen auch dem Nutzen der Anderen dient [Smith 1756]. Auf welche Weise, unter welchen Voraussetzungen und in welchen Grenzen eine solche *selbstregelnde* Versorgung der Gesellschaft mit den benötigten Gütern über den Markt erreichbar ist, ergibt sich aus der *Logik des Marktes*, die nachfolgend entwickelt wird. Sie ist die Grundlage für das Verständnis *dynamischer Märkte*.

Ein Markt ist ein realer oder virtueller *Handelsplatz*, auf dem Nachfrager und Anbieter zusammenkommen, um mit einem *Wirtschaftsgut* zu handeln. Während der *Marktöffnungszeit* treffen sich *Nachfrager* Ni, die von diesem Gut gewünschte

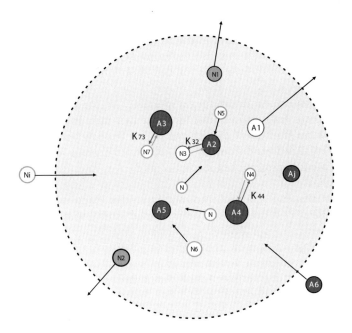

Abb. 1.1 Zusammentreffen von Nachfragern Ni = $(p_{Ni}; m_{Ni})$ und Anbietern Aj = $(p_{Aj}; m_{Aj})$ auf einem Marktplatz mit den Kaufergebnissen $K_{ij} = (p_{Kij}; m_{Kij})$

Mengen m_{Ni} zu einem akzeptablen p_{Ni} Preis kaufen möchten, mit *Anbietern* Aj, die verfügbare *Mengen* m_{Aj} zu einem möglichst hohen Preis p_{Aj} verkaufen wollen.

Das Zusammenfinden der Akteure, der Informationsaustausch sowie die Mengen- und Preisbildung hängen von der geltenden *Marktordnung* ab. Bei jedem Treffen prüfen die *Akteure*, ob sich ihre Preis- und Mengenvorstellungen im Rahmen der Marktregeln erfüllen lassen. Wenn ja, kommt es zum Kauf durch *Transfer* der vereinbarten *Kaufmenge* m_{Kij} gegen Zahlung eines bestimmten *Kaufpreises* p_{Kij}. Kommt es nicht zum Kauf, treffen die Nachfrager und Anbieter mit weiteren Marktteilnehmern zusammen, um erneut die Möglichkeit eines Kaufs zu prüfen. Ein Nachfrager wiederholt das solange, bis er seinen Bedarf gedeckt hat oder sich entschließt, den Markt ohne Kauf zu verlassen. Ein Anbieter bleibt auf dem Markt, bis die Angebotsmenge verkauft ist oder verlässt den Markt mit einer unverkauften Restmenge.

Nach einer bestimmten Zeit oder bis zum Ende der Marktöffnung ergibt sich aus den Begegnungen der Akteure eine Anzahl von Käufen. Die resultierenden *Kaufmengen* m_{Kij} und *Kaufpreise* p_{Kij} können aus der Anzahl der Akteure und deren Mengen-, Preis- und Qualitätsvorstellungen mit Hilfe von *Transfergleichungen* berechnet werden, die sich aus der Marktordnung herleiten lassen. Sie sind abhängig von der *Reihenfolge*, in der sich die Nachfrager und Anbieter im Verlauf der Zeit begegnen. Aus den Kaufmengen und Kaufpreisen lassen sich *Marktpreis*, *Absatz* und *Umsatz* sowie deren *Verteilung* auf die Akteure berechnen. Aus den *Grenzpreisen* der Anbieter ergeben sich die individuellen *Verkaufsgewinne* und in der Summe der *Anbietergewinn*. Mit den monetären *Nutzwerten*, die das Gut für die einzelnen Nachfrager hat, lassen sich deren individuelle *Einkaufsgewinne* und in der Summe der *Nachfragergewinn* berechnen. Der Marktpreis, die Absatzmengen, Umsätze und Gewinne sowie deren Verteilungen sind *kollektive Marktergebnisse*, die von der *Marktordnung*, der *Marktkonstellation*, der *Marktmechanik* und vom *Verhalten der Akteure* bestimmt werden.

Einmalige Märkte sind *statisch*. Sie finden für ein spezielles Gut, für ein größeres Projekt oder aus besonderem Anlass nur einmal für kurze Zeit statt. Für statische Märkte gelten die Gesetze der *Marktstatik*, die sich unmittelbar aus den Transfergleichungen ergeben. Der Vergleich der individuellen und kollektiven Ergebnisse für unterschiedliche statische Marktkonstellationen macht bereits die Auswirkungen vieler Einflussfaktoren deutlich.

Auf einem länger anhaltenden oder wiederholt stattfindenden Markt verändern sich Anzahl und Eintreffen der Akteure sowie deren Mengen und Preise im Verlauf der Zeit. Wenn Teilnehmeranzahl, Reihenfolge, Mengen und Preise zufällig um zeitlich konstante Mittelwerte schwanken, ist der Markt stochastisch-stationär. Für *stochastisch-stationäre Märkte* gelten die Gesetze der *Marktstochastik*. Sie lassen sich aus den Transfergleichungen mit den Verfahren der *Wahrscheinlichkeitsrechnung und Statistik* herleiten [Kreyszig 1975; Moslev/Schmid 2004]. Wenn keine explizite Lösung der Transfergleichungen möglich ist, können die *stochastisch-stationären Zustände* mit dem Verfahren der digitalen *Simulation* untersucht werden [Davis/Holt 1993; Ruffieux 2004].

Kennzeichnend für einen *dynamischen Markt* sind *systematische Änderungen* von Teilnehmeranzahl, Reihenfolge, Mengen und Preisen im Verlauf der Zeit, die stärker sind als die reinen Zufallsschwankungen. Sie sind Folgen des Bedarfswandels oder

1 Einführung

der Verhaltensänderung von Akteuren, die unter Ausnutzung der Marktlage ihre individuellen *Ziele* erreichen wollen. Für Märkte mit veränderlichem Bedarf oder wechselndem Verhalten der Akteure gelten die Gesetze der *Marktdynamik*. Diese sind nur bedingt durch Formeln explizit darstellbar. Die Auswirkungen systematischer Veränderungen lassen sich jedoch durch *Simulation* des Marktgeschehens in aufeinander folgenden *Marktperioden* für unterschiedliche *Marktordnungen* und verschiedene *Marktkonstellationen* erkunden.

Aus den individuellen Kaufprozessen werden nachfolgend zunächst die Gesetzmäßigkeiten der *Marktmechanik* hergeleitet, ohne auf die Gründe für das Verhalten der Akteure näher einzugehen. Das Vorgehen ist ähnlich der Herleitung der Gesetze der phänomenologischen Thermodynamik aus der *statistischen Mechanik*. Aus den Wechselwirkungen atomarer Teilchen werden mit Hilfe statistischer Methoden Aussagen über das makroskopische Verhalten eines physikalischen Gesamtsystems gewonnen, wobei die wirksamen Kräfte als gegeben angenommen werden [Eder 1960; Hentschke 2004; Meister 1960].

Marktsysteme unterscheiden sich von physikalischen Systemen jedoch dadurch, dass die Teilnehmer – anders als Teilchen – die Marktergebnisse beobachten und ihr Verhalten ändern können. Die Wechselwirkung der Teilchen ist durch unveränderliche *Naturgesetze* vorgegeben, während die Wechselwirkung zwischen den Akteuren eines Marktes von deren *Verhalten* und von den *Transfergleichungen* bestimmt wird, die aus einer von Menschen geschaffenen *Marktordnung* resultieren. Aufgrund dieser Unterschiede ist das *soziale System der Märkte* noch komplexer als physikalische oder technische Systeme [Luhmann 1984; Schmidt 2003]. Daher gibt es auf den Märkten auch kein stabiles *Gleichgewicht*, sondern nur *stochastisch-stationäre Phasen*, in denen die Kaufmengen eines Gutes im Mittel gleich den Erzeugungs- und Verbrauchsmengen sind [Stigler 1987].

Die Ursachen der *Marktkräfte*, die *Handlungsmöglichkeiten* der Akteure auf dynamischen Märkten [Wohland/Wiemeyer 2006] sowie die mikro- und makroökonomischen *Konsequenzen* sind Gegenstand der *angewandten Marktmechanik*. Mit den Gesetzen der Marktmechanik lassen sich *Beschaffungsstrategien* entwickeln, nach denen die Käufer ihren Bedarf mit der gewünschten Qualität zu minimalem Preis decken können, und *Absatzstrategien*, nach denen die Anbieter ihre Güter mit maximalem Gewinn verkaufen und eine optimale Auslastung erreichen können. Veränderungen der Beschaffungs- und Absatzstrategien der Akteure bewirken über die *Rückkopplung* auf andere Marktteilnehmer einen *dynamischen Markt*.

Aus dem Wechselspiel zwischen dem Verhalten der Akteure und der Marktmechanik ergibt sich das Geschehen auf den Märkten. Die mit den Transfergleichungen im Prinzip berechenbaren Zusammenhänge zwischen der Marktstruktur, dem Verhalten der Marktteilnehmer und den Marktergebnissen machen es möglich, die für das *Wettbewerbsrecht* und die *Wirtschaftspolitik* zentrale Frage zu beantworten, welche *Marktordnung* für welche Wirtschaftsgüter bei welcher Marktkonstellation welche Auswirkungen hat [Baumbach/Hefermehl 2004; Koppensteiner 1997 S. 13ff]. Ergebnisse sind Empfehlungen zur *Verbesserung der Marktordnung* auf den bestehenden Märkten und zur *Konzeption der Marktordnung* für neue Märkte, wie die

Internet-Marktplätze oder der Handel mit *Netzwerkleistungen, Rechten* und *Informationen* [Shapiro 1999]. Besonders aktuell ist die Frage der Marktordnung in den ehemaligen *Staatshandelsländern* und für die *Weltmärkte*, denn auf den internationalen *Güter- und Finanzmärkten* besteht noch in vielen Bereichen Regelungsbedarf [Hilf 2005; Köhler 2004; Gaschke 2004; Stiglitz 2006].

Die Marktordnung bestimmt die *Wirtschaftsform* eines Staates. Sie hängt ab vom Grad der *Regulierung* und *Zentralisierung* der Gesellschaft, die maßgebend sind für den Ausgleich zwischen *Freiheit* und *Sicherheit* [Eucken 1952; Forsthoff 1964; Friedman 1962/1980; Kamp/Scheer 1972]. Nur mit Kenntnis der Möglichkeiten und Grenzen des Marktes lässt sich über die *Rolle des Staates* als *Ordnungsmacht* und *Lenkungsinstanz* sowie als *Nachfrager* und *Anbieter* entscheiden.

Die bekannten Markt- und Preistheorien der klassischen Ökonomie setzen einen *vollkommenen Markt* für ein homogenes Gut mit einer großen Anzahl rational handelnder Akteure voraus, die keine anderen Präferenzen als den Preis haben, über vollständige Marktinformation verfügen und unverzüglich auf Marktveränderungen reagieren [Buchholz 1999; Samuelson 1995; Schneider 1969; Wöhe 2000]. Die *Logik des Marktes* geht dagegen von den Gegebenheiten und Kaufprozessen auf den *realen Märkten* aus. Sie berücksichtigt auch kleinere Anzahlen von Nachfragern und Anbietern, unterschiedliche Qualitäten der Güter, begrenzte Markttransparenz und irrationales Verhalten der Akteure. Sie gilt für alle Märkte, auf denen materielle und immaterielle Wirtschaftsgüter gegen Geld gehandelt werden, vom Wochenmarkt bis zur Internet-Börse.

Die Logik des Marktes weicht in mancher Hinsicht von den Vorstellungen und Aussagen der klassischen Ökonomie ab. Dazu gehören die zentrale *Bedeutung der Marktordnung*, der *Einfluss des Zufalls*, die Auswirkungen *eingeschränkter Information* sowie die Folgen von *Engpässen* und *Bedarfssättigung*. Außerdem ergeben sich neue Erkenntnisse über die *Bedeutung der Zeit* für das Marktgeschehen und über die *Rolle des Geldes* in seinen unterschiedlichen Erscheinungsformen. Insbesondere erweist sich das *Marktdogma* der klassischen Ökonomie als falsch, nach dem sich der Marktpreis und der Gesamtabsatz aus dem Schnittpunkt der Angebotsfunktion mit der Nachfragefunktion ergeben.

Ein weiteres zentrales Ergebnis ist die *Verteilungswirkung des Marktes*. Der Marktmechanismus führt unvermeidlich zu einer Ungleichverteilung der Verkaufsmengen, Einnahmen und Gewinne auf die Akteure. Das Ausmaß der Schiefverteilung hängt von der Marktordnung ab. Die *Chancen des Marktes*, das *Gewinnstreben der Menschen* und das *Prinzip der kritischen Menge* führen zum *Entstehen von marktbeherrschenden Unternehmen*. Verteilungswirkung und Konzentrationsbegünstigung haben sowohl positive wie auch negative Auswirkungen. Sie zeigen die *Ambivalenz der unsichtbaren Hand*.

Aus den Restriktionen und den Bilanzgleichungen der einzelnen Wirtschaftseinheiten und den Transfergleichungen und Stromgleichungen, die zwischen den Akteuren gelten, ergeben sich durch Summieren über größere Gruppen bis hin zu allen Haushalten und Unternehmen die Güterbilanzen und Vermögensbilanzen der Gesamtwirtschaft. Aus diesen lassen sich die *makroökonomischen Zusammenhänge* sowie die staatlichen Handlungsspielräume und Einwirkungsmöglichkeiten ablesen.

1 Einführung

Ergebnisse sind neue Erkenntnisse über die *Rolle des Staates* auf den Märkten und eine *veränderte Sicht der Ökonomie*.

Viele Aufgaben des Staates im Bereich der Märkte sind im deutschen und europäischen *Wettbewerbsrecht* recht gut geregelt oder auf dem Wege dahin [Hilf 2004; Köhler 2004; Koppensteiner 1997/2004]. In manchen Bereichen mit großem Handlungsbedarf aber herrschen Unklarheit und Ratlosigkeit. Dazu gehören die *Bewältigung von Ungleichverteilungen*, die Wirkung von *Steuern auf den Arbeitsmarkt* sowie die *Möglichkeiten und Grenzen der nationalen und internationalen Geld-, Finanz- und Wirtschaftspolitik* [Eucken 1952; Giersch 1961; Stiglitz 2006].

Die Logik des Marktes entzieht dem weit verbreiteten Glauben an das stets segensreiche *Wirken der unsichtbaren Hand* die Grundlage [Hayek 1988]. Sie zeigt die zwei Seiten der unsichtbaren Hand: Die äußere Seite ist der reine *Marktmechanismus*, dessen Wirkungsweise sich mit Hilfe der Transfergleichungen berechnen lässt. Diese Seite ist sichtbar und verständlich. Die andere Seite ist das *Verhalten der Marktteilnehmer*, das nur begrenzt verständlich und vorhersehbar ist. In diesem Buch wird dargestellt, was allein die Marktmechanik bewirkt, welchen Einfluss das Verhalten der Akteure hat und was aus dem Zusammenwirken von Verhalten und Marktmechanik resultiert. Es macht deutlich, dass der Markt nur soweit vorhersehbar ist, wie sich die Akteure rational verhalten und bekannte Absatz- und Beschaffungsstrategien verfolgen. Weite Bereiche der dynamischen Märkte aber sind unsichtbar, unbeeinflussbar und unvorhersehbar. Eine *Selbstregelung des Marktes* durch die unsichtbare Hand ist nur bei richtiger Marktordnung und geeigneter Marktkonstellation sowie bei begrenzter Macht und rationalem Verhalten der Akteure zu erwarten [Musgrave 2006; Stiglitz 2006].

Die rational handelnden Akteure haben viele Dispositionsmöglichkeiten und große Entscheidungsfreiheit. Das Verhalten der irrational handelnden Marktteilnehmer ist unberechenbar. Daher lässt sich die zukünftige wirtschaftliche Entwicklung bestenfalls für einen Zeitraum abschätzen, für den das Verhalten der Akteure im Mittel unverändert bleibt. Es gibt jedoch logische Zusammenhänge und Gesetzmäßigkeiten, die für alle Akteure gelten. Sie beeinflussen das Handeln der Menschen und begrenzen die Möglichkeiten, determinieren aber nicht die Entwicklung einer *offenen Gesellschaft* [Popper 1958]. Diese *ökonomischen Grundgesetze* lassen sich mit Hilfe der Logik des Marktes herausfinden und für alle nutzbar machen.

Der Markt ist das Bindeglied zwischen *Betriebswirtschaft Volkswirtschaft*. Praxis, Strategien und Nutzen der Märkte sind daher Grundlagen der *analytischen Ökonomie*, die von den Bedürfnissen und Zielen der Menschen ausgeht und die physikalisch-technischen Gegebenheiten der Produktion und der Konsumtion berücksichtigt. Die *positiv-analytische Ökonomie* untersucht die Logik des Marktes, beschreibt das Verhalten von Haushalten, Unternehmen und Staat, analysiert deren Auswirkungen und erkundet die *Handlungsmöglichkeiten*. Die *normativ-analytische Ökonomie* entwickelt *Strategien* und gibt *Handlungsempfehlungen*, mit denen sich die unterschiedlichen einzelwirtschaftlichen und gesellschaftlichen Ziele erreichen lassen. Sie verbindet die *Wirtschaftswissenschaften* mit der *Wirtschaftspolitik* [Eucken 1952/70].

Alle Welt redet und schreibt über den Markt, ohne genau zu wissen, wie er funktioniert und was er bewirken kann. Die einen beschreiben vor allem die positiven Wirkungen und ignorieren die Schattenseiten. Sie glauben an die *Selbstregelung über den Markt* [Hayek 1988]. Andere beklagen nur die negativen Auswirkungen, ohne den Nutzen der Märkte zu erkennen. Sie verteufeln den Markt und lasten ihm alles Übel dieser Welt an [Marx 1859]. Dazu sagt der theoretische Begründer der sozialen Marktwirtschaft *Walter Eucken*: „Der Staat soll weder den Wirtschaftsprozess zu steuern versuchen, noch die Wirtschaft sich selbst überlassen. Staatliche Planung der Formen – ja; staatliche Planung und Lenkung des Wirtschaftsprozesses – nein. Nur so kann das Ziel erreicht werden, dass nicht eine kleine Minderheit, sondern alle Bürger über den Preismechanismus die Wirtschaft lenken ... Der Staat muss deshalb durch einen entsprechenden Rechtsrahmen die Marktform – d. h. die Spielregeln, in denen gewirtschaftet wird – vorgeben." [Eucken 1948].

Um den Markt zum Wohl von Wirtschaft und Gesellschaft zu nutzen und seine negativen Folgen zu begrenzen, ist es notwendig, die Möglichkeiten und Wirkungen der Marktordnung zu verstehen, geeignete *Spielregeln* zu konzipieren und zielführende *Strategien* für die Akteure zu entwickeln. Die *theoretische Konzeption* brauchbarer Lösungen ist eine zentrale Aufgabe der *Wirtschaftswissenschaften*. Ihre *praktische Umsetzung* ist Aufgabe der *Wirtschaftspolitik*, des *Wirtschaftsrechts* und der *Unternehmen*.

„Zutritt nur für Genies" steht auf einem Schild an der Zugangstür zum Fundament einer Baseler Rheinbrücke. Gemeint sind die Pioniere der Armee, die in der Schweiz Genies heißen. Der Zugang zur *Logik des Marktes* erfordert vom Leser *Pioniergeist* und die Bereitschaft, vertrautes Terrain zu verlassen und vorurteilsfrei Neuland zu erkunden. Genie ist dafür nicht nötig, auch nicht für die unvermeidliche Mathematik.

Viele Widersprüche und Missverständnisse der Ökonomie resultieren aus der Unklarheit oder Mehrdeutigkeit der *Begriffe*. So verbinden Praktiker aus verschiedenen Branchen und Wissenschaftler unterschiedlicher Fachrichtungen mit Begriffen wie *Marktpreis* und *Grenzpreis*, *Fixkosten* und *Grenzkosten*, *Bedarf*, *Nachfrage* und *Absatz* oder *Planung*, *Disposition* und *Steuerung* unterschiedliche Vorstellungen. Um Widersprüche und Missverständnisse zu vermeiden, müssen alle wesentlichen Begriffe eindeutig definiert und konsistent verwendet werden. Die hier gewählten Definitionen führen die verwendeten Fachbegriffe auf Begriffe der Umgangssprache zurück und sind im Sinne von *Karl R. Popper* „Vorschläge für eine Festsetzung", deren Zweckmäßigkeit ihre Verwendung erweist [Popper 1934/73 S. 12]. Neu eingeführte *Begriffe* und wichtige *Sachworte* sind in diesem Buch kursiv geschrieben und über das *Sachwortverzeichnis* leicht aufzufinden.

Die einzelnen Kapitel des Buches ergeben sich auseinander und sind aufeinander abgestimmt. Sie sind durch Querverweise verbunden und so abgefasst, dass sie in sich verständlich sind. Der eilige Leser kann daher auch mit den ihn besonders interessierenden Kapiteln beginnen oder zum Einstieg nur die Kapiteleinleitungen und die durch *Spiegelpunkte* (•) und *Hinweispfeile* (▶) gekennzeichneten Regeln, Grundsätze und Ergebnisse lesen. Zahlreiche *Abbildungen*, *Diagramme* und *Tabellen* erleichtern das Verständnis.

Das Buch enthält keine Freihandskizzen und keine Diagramme ohne Skalen- und Zahlenangaben, wie sie in den Lehrbüchern der Ökonomie üblich sind. Alle Diagramme sind mit den im Text hergeleiteten Formeln und den angegebenen Parametern berechnet. Es werden die Formelzeichen des Tabellenkalkulationsprogramms EXCEL verwendet [Bouchard 2000]. Interessierte Leser können mit den Formeln die Berechnungen nachvollziehen, mit den Algorithmen Simulationsprogramme erstellen und damit eigene Modellrechnungen durchführen.

2 Marktbeispiel

Zum besseren Verständnis der nachfolgenden Ausführungen wird einleitend das Beispiel eines lokalen Marktes mit nur zwei Anbietern und zwei Nachfragern betrachtet.[1] Dieser einfache Markt erweist sich bereits als recht komplex und zeigt fast alle Aspekte, Einflussparameter und Gesetzmäßigkeiten größerer Märkte.

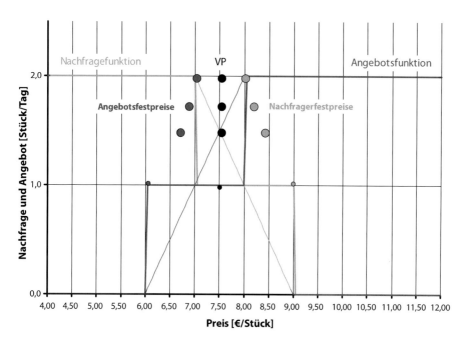

Abb. 2.1 Marktdiagramm eines Marktes mit 2 Nachfragern und 2 Anbietern

Linke Kreise: Marktergebnisse bei Angebotsfestpreisen
Mittlere Kreise: Marktergebnisse bei Vermittlungspreisen
Rechte Kreise: Marktergebnisse bei Nachfragerpreisen
Oberste Kreise: zufällige Ni treffen A2 vor A1 oder zufällige Aj treffen N1 vor N2
Mittlere Kreise: zufällige Ni treffen zufällige Aj
Untere Kreise: zufällige Ni treffen A1 vor A2 oder zufällige Aj treffen N2 vor N1
Unterste Punkte: Festpreise 6,00/7,50/9,00 €/Stück   1 Stück = 1 Zehnerpack Schreibblöcke

---

[1] Diese Analyse wurde angeregt durch ein ähnliches Marktbeispiel von *E. Schneider*, dessen teilweise nicht nachvollziehbare Schlüsse diese Arbeit u. a. stimuliert haben [Schneider 1969, 2. Teil, S. 319ff].

2.1 Angebot und Nachfrage

In einer Kleinstadt bieten zwei Einzelhändler Schreibblöcke des gleichen Fabrikats im Zehnerpack an. Wegen des geringen Absatzes hat jeder Anbieter einen Verkaufsplatz für nur einen Zehnerpack vorgesehen. Beim selben Lieferanten können sie bei Bedarf einmal pro Tag einen Zehnerpack zum Einkaufspreis von 4,00 € nachbestellen. Der erste Anbieter A1, ein Discounter, bietet den Zehnerpack zu einem Preis von 6,00 € an, der zweite Anbieter A2, ein Fachgeschäft, zum Preis 8,00 €. Damit ergibt sich die in *Abb. 2.1* gezeigte, in zwei Stufen von 0 über 1 auf 2 Pack ansteigende *Angebotsfunktion*.

Am ersten Tag kommen zwei Nachfrager auf diesen Markt. Der eine Nachfrager N1, ein Student, benötigt einen Zehnerpack und kann dafür maximal 7,00 € ausgeben. Dieser hat für ihn einen *Nutzwert* von 7,50 €. Der zweite Nachfrager ist ein Erwerbstätiger. Er will ebenfalls einen Zehnerpack kaufen, der für ihn einen Nutzwert von 9,50 € hat. Er ist bereit, dafür bis zu 9,00 € zu bezahlen. Die aktuelle *Nachfragefunktion* hat damit den in *Abb. 2.1* dargestellten in zwei Stufen von 2 über 1 auf 0 Pack abfallenden Verlauf.

2.2 Begegnungsmöglichkeiten

Für die Reihenfolge des Zusammentreffens der beiden Nachfrager mit den beiden Anbietern bestehen folgende Möglichkeiten:

Begegnungsfolge 1.1: N1 kommt vor N2 und geht zu A1 vor A2
Begegnungsfolge 1.2: N1 kommt vor N2 und geht zu A2 vor A1 (2.1)
Begegnungsfolge 2.1: N2 kommt vor N1 und geht zu A1 vor A2
Begegnungsfolge 2.2: N2 kommt vor N1 und geht zu A2 vor A1.

Diese elementaren Begegnungsfolgen können sich jeden Tag in gleicher Form wiederholen oder in zufälliger Folge wechseln. Außerdem kann ein Nachfrager nach einem erfolglosen Treffen auch den anderen Anbieter aufsuchen oder den Markt nach dem ersten Kaufversuch verlassen. Im Folgenden wird davon ausgegangen, dass ein Nachfrager auch den anderen Anbieter aufsucht, wenn er beim ersten keinen Erfolg hatte.

Für jede der vier Begegnungsfolgen (2.1) lässt sich der Marktablauf wie in *Abb. 2.2* gezeigt in Form einer *Transfermatrix* darstellen. Die Elemente (p_{Kij}; m_{Kij}) der Transfermatrix sind die *Kaufergebnisse* der dargestellten Begegnungsfolge, d. h. die *Kaufpreise* p_{Kij} und die *Kaufmengen* m_{Kij} der Nachfrager Ni, i = 1, 2 bei den Anbietern Aj, j = 1, 2. Diese resultieren aus der jeweiligen *Begegnungsfolge* mit den *Preis-* und den *Mengenbildungsregeln* des Marktes. In diesem Beispiel sind die nachgefragten und angebotenen Mengen gleich und daher keine Regelung der Mengenbildung erforderlich.

2.4 Statischer Markt

	A1	A2			A2	A1
N1 →	(6;1)	(0;0)		N1 →	(0;0)	→ (6;1)
N2 →	(0;0)	→ (8;1)		N2 →	(8;1)	(0;0)

	A1	A2			A2	A1
N2 →	(6;1)	(0;0)		N2 →	(8;1)	(0;0)
N1 →	(0;0)	→ (0;0)		N1 →	(0;0)	→ (6;1)

Abb. 2.2 Transfermatrizen und Kaufergebnisse (p_K; m_K)

Oben: Begegnungsfolgen 1.1 und 1.2
Unten: Begegnungsfolgen 2.1 und 2.2

2.3 Preisbildungsmöglichkeiten

Auf den meisten Konsumgütermärkten sind *Angebotsfestpreise* üblich, die offen angezeigt werden und für die Verkäufer verbindlich sind. Die Nachfrager brauchen bei dieser Preisregelung keine Preisangaben zu machen.

Eine andere Möglichkeit sind *Nachfragerfestpreise*. Bei dieser Art der Preisregelung bieten die Nachfrager einem Anbieter einen verbindlichen *Nachfragepreis* für eine bestimmte Menge. Der Anbieter verkauft die gewünschte Menge an die Nachfrager, deren Preisgebot seinen Verkaufspreiserwartungen entspricht. Die Anbieter brauchen ihrerseits keine Preisangaben zu machen. Eine solche Preisregelung ist beispielsweise auf manchen *virtuellen Marktplätzen* im *Internet*, wie *Ebay*, üblich.

Weitere Regelungsmöglichkeiten sind *Vermittlungspreise*, die z. B. von einem *Börsenprogramm* ermittelt werden, und *Verhandlungspreise*, wie sie auf *Basaren* zu finden sind. Bei *Verhandlungspreisen* handeln Anbieter und Nachfrager nach dem Zusammentreffen den Kaufpreis aus. Liegt dieser zwischen dem Angebotsgrenzpreis und dem Nachfragergrenzpreis, kommt es zum Kauf.

Eine andere Preisregelung ist die *Festpreisregelung*. Hier wird von einer externen Instanz ein einheitlicher Verkaufspreis vorgegeben, beispielsweise durch die *Preisempfehlung* eines Herstellers oder durch staatliche *Preisfestsetzung*.

2.4 Statischer Markt

Ein Markt ist *statisch*, wenn die Akteure in jeder Periode in derselben Reihenfolge mit den gleichen Mengen und Grenzpreisen auf den Markt kommen. Bei der *Begegnungsfolge 1.1* und *Angebotsfestpreisen* kauft der Nachfrager N1, der in diesem Fall zuerst zum Anbieter A1 kommt, zum Preis von 6,00 € einen Pack und macht damit, gemessen an seinem persönlichen Nutzwert von 7,50 €, einen *Einkaufsgewinn* von 1,50 €. Der später kommende Nachfrager N2 geht ebenfalls zuerst zu Anbieter A1, wo er keine Ware mehr vorfindet, und danach zu A2, wo er einen Pack zu 8,00 €

Begegnungsfolgen			Absatz St/Tag	Umsatz €/Tag	Kaufpreis €/St	E-Gewinn €/Tag	V-Gewinn €/Tag	Marktgewinn €/Tag
1.1	N1 vor N2	A1 vor A2	2	14,0	7,00	3,00	6,00	9,00
1.2	N1 vor N2	A2 vor A1	2	14,0	7,00	3,00	6,00	9,00
2.1	N2 vor N1	A1 vor A2	1	6,0	6,00	3,50	2,00	5,50
2.2	N2 vor N1	A2 vor A1	2	14,0	7,00	3,00	6,00	9,00
Mittelwerte			1,75	12,0	6,86	3,13	5,00	8,13

Tabelle 2.1 Kollektive Marktergebnisse der 4 Begegnungsfolgen (2.1) bei Angebotsfestpreisen

kauft. Damit macht N2 gemessen an seinem Nutzwert von 9,50 € einen Einkaufsgewinn von 1,50 €. Der Verkaufsgewinn nach Abzug des Beschaffungspreises von 4,00 € ist für den ersten Anbieter 2,00 € und für den zweiten Anbieter 4,00 €.

Damit resultiert am Ende des Markttages der *Absatz* 2 Pack/Tag, der *Umsatz* 14,00 €/Tag, der *mittlere Kaufpreis* oder *Marktpreis* 7,00 €/Pack und als Summe der Einkaufs- und Verkaufsgewinne der *Marktgewinn* 9,00 €/Tag.

Bei der *Begegnungsfolge 1.2* geht N1 zuerst zu Anbieter A2. Wegen des für ihn zu hohen Preises kommt es dort nicht zum Kauf. N1 geht daher zu A1 und kauft dort zum Preis von 6,00 € mit dem Gewinn 1,50 € einen Pack. Der später eintreffende Nachfrager N2 geht ebenfalls zuerst zu Anbieter A2 und kauft dort 1 Pack zu 8,00 € mit dem Gewinn von 1,50 €. Das Marktergebnis ist damit für die Folge 1.2 gleich dem Ergebnis der Folge 1.1.

Ein abweichendes Ergebnis resultiert jedoch für die *Begegnungsfolge 2.1* Hier kommt N2 zuerst zu Anbieter A1 und kauft dort zum Preis von 6,00 € mit dem Gewinn 3,50 € einen Pack. Der später eintreffende Nachfrager N1 besucht ebenfalls zuerst den Anbieter A1, der aber ausverkauft ist, und danach Anbieter A2, dessen Angebotspreis ihm zu hoch ist. Daher verlässt N1 ohne Kauf den Markt. Wenn an diesem Tag keine weiteren Käufer mehr kommen, resultiert damit das Marktergebnis: *Absatz* 1 Pack/Tag, *Umsatz* 6,00 €/Tag, *Marktpreis* 6,00 €/Pack und *Marktgewinn* 5,50 €/Tag.

Für die *Begegnungsfolge 2.2* resultiert wieder das gleiche Marktergebnis wie für die Folge 1.2 nur in anderer Zeilenreihenfolge.

Die *kollektiven Marktergebnisse* für die vier Begegnungsfolgen (2.1) bei Angebotsfestpreisen sind in *Tab. 2.1*, zusammengefasst.

2.5 Stochastisch-stationärer Markt

Ein Markt befindet sich in einem *stochastisch-stationären Zustand*, wenn die Akteure bei im Mittel gleich bleibenden Mengen und Grenzpreisen in zufällig wechselnder Reihenfolge auf den Markt kommen. Dann wiederholen sich die vier Begegnungsfälle in einer langen Reihe von Markttagen in *zufälliger Folge* mit gleicher Häufigkeit.

2.5 Stochastisch-stationärer Markt

Bei Angebotsfestpreisen ergeben sich daraus die in *Tab. 2.1* und in der ersten Zeilen von *Tab. 2.2* angegebenen *Mittelwerte der täglichen Marktergebnisse*: Absatz 1,75 Pack/Tag, *Umsatz* 12,00 €/Tag, *Marktpreis* 6,86 €/Pack und *Marktgewinn* 8,13 €/Tag. Das führt zu der *1. Marktbeobachtung*:

1. Bei zufällig wechselnden Begegnungsfolgen schwanken die Tageswerte für Absatz, Umsatz, Marktpreis und Marktgewinn stochastisch um die langzeitigen Mittelwerte

Wenn beide Nachfrager, weil sie *preisbewusst* sind, stets zuerst den Anbieter A1 mit dem niedrigeren Preis aufsuchen und danach A2, dann kommen in zufälliger Folge nur die beiden Begegnungsfolgen 1.1 und 2.1 vor. Mit diesen resultieren im stochastisch-stationären Zustand die Marktergebnisse: *Absatz* 1,50 Pack/Tag, *Umsatz* 10,00 €/Tag, *Marktpreis* 6,67 €/Pack und *Marktgewinn* 7,25 €/Tag (s. erste Zeile der zweiten Begegnungsfolge von *Tab. 2.2*). Daraus folgen die *2. und 3. Marktbeobachtung*:

2. Gehen die Nachfrager zuerst zu dem Anbieter mit dem geringeren Angebotsfestpreis, ergeben sich deutlich geringere Mittelwerte für Absatz, Umsatz, Marktpreis und Marktgewinn als bei einem zufälligen Zusammentreffen.

3. Die Nachfrager mit höherer Zahlungsbereitschaft erhalten im langzeitigen Mittel einen größeren Anteil vom Gesamtabsatz als die mit geringerer Zahlungsbereitschaft.

Der Nachfrager mit der größeren Zahlungsbereitschaft und der daraus resultierenden höheren *Einkaufsquote* verwendet nicht notwendig das gekaufte Gut nutzbringender als der Nachfrager mit der geringeren Zahlungsbereitschaft und der niedrigeren Einkaufsquote. Wenn z. B. der Erwerbstätige die Schreibblöcke nur zum Aufkleben seiner Briefmarken benutzt und der weniger zahlungskräftige Student sie zum Aufschreiben einer Erfindung verwenden möchte, garantiert die Marktordnung nicht die Verwendung der Ressource Schreibblock „für die wertvollsten Zwecke" [Friedman 1980 S. 27]. Das widerlegt die verbreitete Behauptung, der Markt führe automatisch zu einer *effizienten Lenkung der Ressourcen* [Samuelson 1995].

Besuchen die beiden Nachfrager stets zuerst den Anbieter A2, weil dieser besser erreichbar, kompetenter oder freundlicher ist, kommen in zufälliger Folge nur die beiden Begegnungsfolgen 1.2 und 2.2 vor. Daraus resultieren im stochastisch-stationärem Zustand die Marktergebnisse: *Absatz* 2,0 Pack/Tag, *Umsatz* 14,00 €/Tag, *Marktpreis* 7,00 €/Pack und mittlerer *Marktgewinn* 9,00 €/Tag. Das führt zur *4. Marktbeobachtung* (s. erste Zeile der dritten Begegnungsfolge von *Tab. 2.2*).

4. Begegnen die Nachfrager zuerst dem Anbieter mit dem höheren Angebotsfestpreis, ergeben sich deutlich höhere Mittelwerte für Absatz, Umsatz, Marktpreis und Marktgewinn als beim zufälligen Zusammentreffen.

Bei *Nachfragerfestpreisen* folgen aus einer analogen Fallanalyse die jeweils in den zweiten Zeilen von *Tab. 2.2* aufgeführten Marktergebnisse. Ein Vergleich führt zur *5. Marktbeobachtung*:

5. Mit Nachfragerfestpreisen ergeben sich im Mittel die gleichen Absatzwerte, aber ein größerer Umsatz, ein höherer Marktpreis und ein geringerer Marktgewinn als mit Angebotsfestpreisen.

Außerdem folgt die *6. Marktbeobachtung*:

Marktregelungen

Begegnungsfolge
Preisbildung

Marktergebnisse

		Absatz	Umsatz	Marktpreis	Gewinn Nachfrager	Gewinn Anbieter	Markt
		St/Tag	€/Tag	€/St	€/Tag	€/Tag	€/Tag
Ni Zufall	**Aj Zufall**						
Anbieterfestpreise		1,75	12,00	6,86	3,13	5,00	8,13
Nachfragerfestpreise		1,75	14,25	8,14	0,88	5,75	6,63
Verhandlungspreis	50%	1,75	13,13	7,50	2,00	5,38	7,38
Externer Festpreis	6,50	1,00	6,50	6,50	2,00	2,00	4,00
Externer Festpreis	8,50	1,00	8,50	8,50	1,00	6,00	7,00
Ni Zufall oder **N2 vor N1**	**A1 vor A2** **Aj Zufall**						
Anbieterfestpreise		1,50	10,00	6,67	3,25	4,00	7,25
Nachfragerfestpreise		1,50	12,50	8,33	0,75	5,50	6,25
Verhandlungspreis	**50%**	**1,50**	**11,25**	**7,50**	**2,00**	**4,75**	**6,75**
Externer Festpreis	6,50	1,00	6,50	6,50	2,00	2,00	4,00
Externer Festpreis	8,50	1,00	8,50	8,50	1,00	6,00	7,00
Ni Zufall oder **N1 vor N2**	**A2 vor A1** **Aj Zufall**						
Anbieterfestpreise		2,00	14,00	7,00	3,00	6,00	9,00
Nachfragerfestpreise		2,00	16,00	8,00	1,00	6,00	7,00
Verhandlungspreis	50%	2,00	15,00	7,50	2,00	6,00	8,00
Externer Festpreis	6,50	1,00	6,50	6,50	2,00	2,00	4,00
Externer Festpreis	8,50	1,00	8,50	8,50	1,00	6,00	7,00

Tabelle 2.2 Marktergebnisse für unterschiedliche Marktregelungen

Nachfrage- und Angebotsparameter	Bedarfsmenge	Grenzpreis	Stücknutzen
Nachfrager 1	1	7,00	7,50
Nachfrager 2	1	9,00	9,50
	Angebotsmenge	Grenzpreis	Stückkosten
Anbieter 1	1	6,00	4,00
Anbieter 2	1	8,00	4,00

6. Mit Angebotsfestpreisen wird der Nachfragergewinn maximal und der Anbietergewinn minimal, während mit Nachfragerfestpreisen der Nachfragergewinn minimal und der Anbietergewinn maximal ist.

In Tab. 2.2 sind auch die Marktergebnisse bei *Verhandlungspreisen* angegeben. Bei gleicher *Verhandlungsstärke* von Käufer und Verkäufer ist der Kaufpreis der Mittelwert von Angebotsgrenzpreis und Nachfragergrenzpreis. Der Vergleich der Ergebnisse führt zur *7.* und *8. Marktbeobachtung*:

7. Mit Verhandlungspreisen ergeben sich im stochastisch stationärem Zustand die gleichen Absatzwerte, aber ein größerer Umsatz, ein höherer Marktpreis und ein geringerer Marktgewinn als mit Angebotsfestpreisen und ein geringerer Umsatz, ein niedrigerer Marktpreis und ein höherer Marktgewinn als mit Nachfragerfestpreisen.

8. Mit Verhandlungspreisen wird im Vergleich zu Angebotsfestpreisen der Nachfragergewinn geringer und der Anbietergewinn höher und im Vergleich zu Nachfragerfestpreisen der Nachfragergewinn höher und der Anbietergewinn geringer.

Mit zwei unterschiedlichen *Festpreisen* resultieren die ebenfalls in *Tab. 2.2* aufgeführten Marktergebnisse. Der Vergleich mit den anderen Preisbildungsarten führt zur *9. Marktbeobachtung*:

9. Ein externer Festpreis veranlasst Nachfrager, deren Nachfragergrenzpreis kleiner als der Festpreis ist, und Anbieter, deren Angebotsgrenzpreis höher als der Festpreis ist, den Markt ohne Kauf zu verlassen. Infolgedessen bewirkt eine Festpreisregelung im Vergleich mit den freien Preisregelungen einen geringeren Absatz, Umsatz und Marktgewinn.

Aus *Abb. 2.1* und *Tab. 2.2* ist auch die *10. Marktbeobachtung* ablesbar:

10. Die verschiedenen Preisbildungsarten und Reihenfolgen der Begegnung, die auf den realen Märkten dieser Welt vorkommen, führen zu erheblich voneinander abweichenden Marktpreisen und Absatzmengen.

Nur für Verhandlungspreise, die genau in der Mitte zwischen Nachfrager- und Angebotsgrenzpreis liegen, sind Marktpreis und Absatz entsprechend der klassischen Preistheorie gleich den Schnittpunktwerten der Nachfragefunktion und der Nachfragefunktion [Ruffieux 2004; Samuelson 1995; Schneider 1969; Wöhe 2000]. Wie aus *Abb. 2.1* ablesbar, ist das in dem hier betrachteten Fall ein Marktpreis von 7,50 €/Pack und ein Absatz von 1,75 Pack/Tag.

Ein weiteres Marktergebnis ist, dass nicht bei jeder Marktkonstellation der gesamte Bedarf gedeckt wird. Obgleich Gesamtangebot und Gesamtnachfrage gleich sind, verbleibt bei den meisten Marktregelungen und Begegnungsfolgen eine ungedeckte *Restnachfrage* und ein unverkauftes *Restangebot*.

2.6 Handlungsmöglichkeiten

Aus den Marktbeobachtungen können die Akteure unterschiedliche *Beschaffungsstrategien* und *Absatzstrategien* zum Erreichen ihrer individuellen Ziele ableiten. Ihre wichtigsten *Handlungsparameter* sind die *Mengen* und *Preise*. Weitere Handlungsmöglichkeiten sind die *Qualitätsvorstellungen* von Anbieter und Nachfrager, der Inhalt und die Teilbarkeit der *Verkaufsverpackung*, die *Nachschubstrategie* sowie *Zeit, Ort* und *Reihenfolge* des Zusammentreffens.

Die *Absatzstrategien der Anbieter* sind begrenzt durch den Verkaufsplatz, den sie für den Artikel bereithalten, und durch ihre liquiden Finanzmittel. Wenn einer der beiden Schreibblockanbieter sich von einem größeren Absatz einen höheren Gewinn verspricht, kann er in zusätzliche Verkaufsplätze und einen größeren Vorratsbestand investieren und so bei ausreichender Nachfrage seinen *Grenzabsatz* von 1 Pack/Tag auf 2 oder 3 Pack/Tag erhöhen. Ob die damit angestrebte Absatzsteigerung auch erreicht wird, hängt vom *Verhalten der Kunden und des Wettbewerbs* ab.

Die *Beschaffungsstrategien der Nachfrager* sind in der Regel ebenfalls begrenzt, z. B. durch die Beförderungsmöglichkeiten, die Lagerkapazität oder durch das verfügbare Geld. Ein Nachfrager kann in höhere Transportkapazität, mehr Lagerplatz und einen höheren Vorratsbestand investieren und dadurch Einkaufsfahrten einsparen und *Mengenrabatte* nutzen.

Die Entwicklung optimaler Absatz- und Beschaffungsstrategien und die Auswahl aus der Vielzahl der Handlungsmöglichkeiten zum Erreichen eines bestimmten Ziels, wie der Gesamtgewinn, sind Aufgaben der *Betriebswirtschaft*, des *Operations Research* und des *Marketing* [Meffert 2000] (s. *Kapitel 15* und *16*). Die Strategieentwicklung unter Berücksichtigung der Reaktion der Wettbewerber ist Gegenstand der *Spieltheorie* [Aberle 1980/97; Neumann/Morgenstern 1944/53].

Ob und unter welchen Bedingungen die aufgeführten *Marktbeobachtungen* aus diesem speziellen Beispiel allgemein gültige *Gesetze der Märkte* mit unterschiedlichen Anzahlen von Teilnehmern sind, ist Gegenstand der weiteren Untersuchung. Wie bereits dieses Beispiel zeigt, sind diese Gesetze maßgebend dafür, welche Marktordnung für welche Güter und Konstellationen Marktergebnisse bewirken, die im gesamtgesellschaftlichen Interesse liegen.

3 Wirtschaftsgüter

Wirtschaftsgüter sind materielle und immaterielle Objekte, die zum Kauf und Verkauf gegen Geld geeignet sind. Dazu muss ein Gut folgende Bedingungen erfüllen:

1. Die *Menge* ist abzählbar oder objektiv messbar.
2. Der *Inhalt* und die *Qualität* lassen sich spezifizieren.
3. Für mindestens zwei Akteure hat das Gut einen *monetären Wert*.
4. Das *Eigentum* ist gesichert und übertragbar.

Persönliche Güter, wie die Befriedigung von Hunger und Durst, Liebe, Glück und Lebensfreude, ebenso wie Schutz, Gesundheit, Wohlbefinden und Bildung, sind unermesslich. Sie sind nicht übertragbar und lassen sich nicht kaufen. Auch *öffentliche Güter*, wie Recht, Sicherheit, Forschung, Kultur und Umwelt, sind nicht messbar. Ihr Wert kann nicht in Geld beziffert werden, auch wenn ihre Erzeugung mit *Kosten* verbunden ist. Private und öffentliche Güter ohne monetären Wert sind daher keine Wirtschaftsgüter.

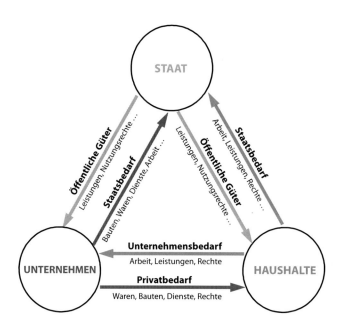

Abb. 3.1 Güterströme zwischen Privathaushalten, Unternehmen und Staat

Handel und Märkte dienen der Erfüllung des persönlichen und öffentlichen *Bedarfs* der Menschen. Zu diesem Zweck werden von Unternehmen, Privathaushalten und Staat *Bedarfsgüter* und *Arbeitsleistungen* eingekauft, erzeugt und verkauft:

- *Bedarfsgüter* sind bestimmt zum Ver- und Gebrauch sowie zur Erzeugung anderer Güter.
- *Arbeitsleistungen* werden erbracht, um Güter zu erzeugen und Einkommen zu erzielen.

Aus den Käufen resultieren die in *Abb. 3.1* dargestellten *Güterströme* zwischen den Wirtschaftseinheiten.

Welcher Teil der Güterströme über den Markt läuft und welchen Teil der Staat zuteilt, wird von der *Wirtschaftsordnung* bestimmt. Das Funktionieren, die Effizienz und die Ergebnisse des Marktes hängen von der *Marktordnung* ab. Die einzelnen Wirtschaftsgüter werden auf unterschiedlichen Märkten gehandelt (s. Auflistung (5.3) in *Abschnitt 5.3*). Zur Gestaltung der Wirtschaftsordnung und zur Entwicklung geeigneter Marktordnungen muss bekannt sein, welche Märkte und Marktordnungen zur Erfüllung des privaten und öffentlichen Bedarfs am besten geeignet sind. Dazu ist es notwendig, die Bedarfsgüter nach ihren Eigenschaften und den Verwendungsarten in unterschiedliche *Güterklassen* einzuteilen:

materielle und immaterielle Güter
homogene und heterogene Güter
Verbrauchsgüter und Gebrauchsgüter
Existenzgüter, Lebensgüter und Luxusgüter
Güter für den privaten, wirtschaftlichen und öffentlichen Bedarf
Eigenbedarfsgüter, Produktionserzeugnisse und Handelsware
Vorratsgüter und Auftragsgüter (3.1)
Einzelstück-, Mehrstück- und Massengüter
Einzelgüter und Kombinationsgüter
Standardgüter, Spezialprodukte und Individualprodukte
Substitutionsgüter, Komplementärgüter und Ausweichgüter
Mischkostengüter, Grenzkostengüter und Fixkostengüter
Güter mit einmaligem, wiederkehrendem und regelmäßigem Bedarf

In *Tab. 3.1* sind die *marktrelevanten Eigenschaften* der Wirtschaftsgüter zusammengestellt. Dazu gehören die *Menge* und *Qualität* sowie die *Werte* und *Kosten*, aus denen sich die Grenzpreise der Nachfrager und Anbieter ergeben. Die Mengenmessung, die Qualität und die Preisgestaltung haben erheblichen Einfluss auf das Marktgeschehen. Ohne eindeutige Spezifikation von Inhalt, Menge und Qualität eines Wirtschaftsgutes und ohne geeignete Bemessungsgrundlagen für den Preis ist kein verlässlicher Handel möglich.

3.1 Materielle Wirtschaftsgüter   19

Güterart	Meßbarkeit		Grenzpreis		Marktkonstellation	
	Menge	Qualität	Nachfrager	Anbieter	Nachfrager	Anbieter
Materielle Güter						
Verbrauchsgüter	eine ME	weitgehend standardisiert	H / S: Nutzwert U: Ertragswert	Pr: Herstellkosten Hd: Einkaufspreis	sehr viele	viele
Gebrauchsgüter	ein ST	teilweise standardisiert	H / S: Nutzwert U: Ertragswert	Pr: Herstellkosten Hd: Einkaufspreis	viele	wenige
Immaterielle Güter						
Dienste	eine/mehrere LE/ZE	wenig standardisiert	H / S: Nutzwert U: Ertragswert	Pr/S: Leistkost.	sehr viele	viele
Arbeit	vertragliche Arbeitszeit	spezielle Standards	H / S: Nutzwert U: Ertragswert	Pr: Herstellkosten Hd: Einkaufspreis	viele	sehr viele
Rechte	unterschiedliche ST/LE/ZE/GE	individuelle Standards	H / S: Nutzwert U: Ertragswert	P/S:Herstellkosten Hd: Einkaufspreis	wenige	wenige
Kombinationsgüter						
Verbundgüter	eine/mehrere ST/ME/LE/ZE	teilweise standardisiert	H / S: Nutzwert U: Ertragswert	Pr: Herstellkosten Hd: Einkaufspreis	viele	wenige
Spezialprodukte	spezielle ST/LE	spezielle Standards	H / S: Nutzwert U: Ertragswert	Pr/S:Herstellkosten	wenige	wenige
Individualprodukte	individuelle ST/LE	individuelle Standards	H / S: Nutzwert U: Ertragswert	Pr/S:Herstellkosten	einer	einzelne

Tabelle 3.1 Klassen, Merkmale und Marktkonstellationen der Wirtschaftsgüter

ME: physikalisch-technische Maßeinheiten   ST: Stück   LE: Leistungseinheiten   GE: Geldeinheiten
Pr: Produzent   Hd: Händler   H: Privathaushalte   U: Unternehmen   S: Staat

3.1 Materielle Wirtschaftsgüter

Materielle Wirtschaftsgüter oder *Sachgüter* sind physische Objekte mit räumlichen Abmessungen und Gewicht, aber auch Strom und Energie. Abhängig von der Nutzung wird unterschieden zwischen *Verbrauchsgütern*, die laufend verzehrt werden oder in die Erzeugung anderer Wirtschaftsgüter einfließen, und *Gebrauchsgütern*, die längere Zeit genutzt werden, bis sie abgenutzt und ausgebraucht sind.
Materielle Verbrauchsgüter der Privathaushalte sind die *Konsumgüter*:

$$\begin{array}{l}\text{Nahrungs- und Genussmittel}\\ \text{Getränke und Spirituosen}\\ \text{Reinigungs- und Pflegemittel}\\ \text{Trinkwasser}\\ \text{Brennstoffe und Kraftstoffe}\\ \text{Beleuchtung und Strom}\end{array} \qquad (3.2)$$

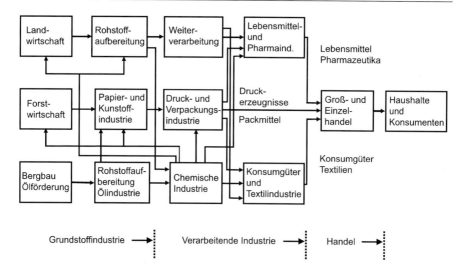

Abb. 3.2 Versorgungs- und Wertschöpfungsnetz der Konsumgüter

Konsumgüter werden in einem weltumspannenden *Versorgungs- und Wertschöpfungsnetz* erzeugt, das sich mit zunehmender Entfernung vom Verbrauchsort immer weiter verzweigt (s. *Abb. 3.2*). Vor den *Endverbrauchermärkten*, auf denen die Privathaushalte einkaufen, befinden sich zwischen den einzelnen Stationen dieses Netzwerks *Vorstufenmärkte*, auf denen *Einsatzgüter* zur Erzeugung der Vor- und Endprodukte gehandelt werden.

Materielle Verbrauchsgüter der Unternehmen sind die *Einsatzgüter*:

$$\begin{array}{l}\text{Rohstoffe und Naturprodukte}\\ \text{Kraftstoffe und Betriebsstoffe}\\ \text{Rohmaterial und Einsatzstoffe}\\ \text{Energie, Licht und Strom}\\ \text{Teile und Module}\\ \text{Vorprodukte}\end{array} \qquad (3.3)$$

Wirtschaftsgüter können als *Auftragsgüter* direkt für einen speziellen Bedarf eingekauft werden. Verbrauchsgüter, die sich lagern lassen, können auch als *Vorratsgüter* in größeren Mengen beschafft und aus einem *Vorrat* entnommen werden. Dadurch wird der Verbrauchsprozess vom Beschaffungsprozess entkoppelt. Die *Nachfragemengen* und *Beschaffungszeitpunkte* sind in Grenzen freie *Handlungsparameter* des Nachfragers. Bei Annäherung an den spätesten Bestellpunkt nimmt der *Beschaffungsdruck* für den Nachfrager immer mehr zu.

Außer den Verbrauchsgütern werden für den Privatbedarf und zur Gütererzeugung *Gebrauchsgüter* benötigt. Gebrauchsgüter sind entweder *private Anlagegüter*, die für persönliche Zwecke genutzt werden, oder *wirtschaftliche Anlagegüter*, die zur Erzeugung anderer Wirtschaftsgüter eingesetzt werden. *Materielle Gebrauchsgüter des privaten Bedarfs* sind:

$$\begin{array}{l}\text{Häuser und Wohnungen}\\ \text{Möbel und Hauseinrichtung}\\ \text{Grundstücke und Gärten}\\ \text{Kraftfahrzeuge}\\ \text{Haushaltsgeräte}\\ \text{Boote und Sportgeräte}\\ \text{Unterhaltungselektronik und Computer}\\ \text{Schmuck und Kunstgegenstände}\\ \text{Bekleidung und Textilien}\end{array} \qquad (3.4)$$

Materielle Gebrauchsgüter für den wirtschaftlichen Bedarf sind die *Investitionsgüter*:

$$\begin{array}{l}\text{Maschinen und Anlagen}\\ \text{Hallen und Gebäude}\\ \text{Grund und Boden}\\ \text{Transportmittel und Transportwege}\\ \text{Computer und IT-Anlagen}\\ \text{Büro- und Werkstatteinrichtungen}\end{array} \qquad (3.5)$$

Abgesehen von Grund und Boden nutzt sich ein materielles Gebrauchsgut während des Einsatzes bis auf den Materialgehalt ab. Es enthält zu Anfang einen bestimmten *Nutzenvorrat*, der während einer *technischen Nutzungsdauer* aufgebraucht wird, die von der *Nutzungsintensität* abhängt. Dem *Nutzenverzehr* trägt die betriebswirtschaftliche *Abschreibung* (AfA) des *Anfangswertes* bis zu einem *Restwert* Rechnung. Mit dem Verbrauch des Nutzenvorrats nimmt gegen Ende der Nutzungsdauer der *Beschaffungsdruck* für den Anlagebesitzer immer stärker zu, wenn zur Fortsetzung der Nutzung eine *Ersatzbeschaffung* notwendig ist.

Ähnlich wie die Verbrauchsgüter entstehen auch die Gebrauchsgüter in einem verzweigten globalen *Versorgungs- und Wertschöpfungsnetz*, an dessen Ende der Handel mit den Fertigerzeugnissen steht (s. *Abb. 3.3*). In den Vorstufen findet zwischen den Erzeugern ein Handel mit den Gütern statt, die für die Produktion benötigt werden. Dazu gehören außer den materiellen Gütern auch *immaterielle Wirtschaftsgüter*.

3.2 Immaterielle Wirtschaftsgüter

Immaterielle Wirtschaftsgüter sind unkörperlich und nicht anfassbar. Sie lassen sich ebenfalls einteilen in *Verbrauchsgüter* und in *Gebrauchsgüter*. *Immaterielle Verbrauchsgüter* sind die *Dienstleistungen*:

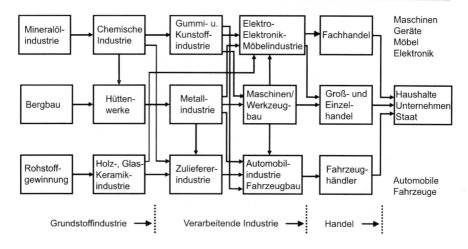

Abb. 3.3 Versorgungs- und Wertschöpfungsnetz der Gebrauchsgüter

Transport, Umschlag und Lagern
Informations- und Kommunikationsleistungen
Bank-, Finanz- und Versicherungsleistungen
Unterhaltungsleistungen von Film, Theater und Veranstaltern
Gewerbeleistungen von Handwerk, Gastronomie, Hotels u. a. (3.6)
Beratungsleistungen von Ärzten, Anwälten, Architekten, Ingenieuren u. a.
Bildungs- und Erziehungsleistungen von Schulen und Universitäten
Betreuungsleistungen von Kindergärten, Heimen, Pflegediensten u. a.
Vermittlungsleistungen von Maklern, Vertretern, Auktionen und Börsen

Eine Dienstleistung erzeugt unmittelbar einen Nutzen, der entweder sofort konsumiert wird oder in andere Wirtschaftsgüter einfließt.
Immaterielle Gebrauchsgüter sind *Informationen*, *Rechte* und andere *Nominalgüter*. Zu den *Informationsgütern* gehören:

Nachrichten
Fachwissen
Buchinhalte und Texte
Musik und Ton
Bilder und Filme (3.7)
Adressen und Kundendaten
Marktinformationen
Straßen-, Land-, See- und Wetterkarten
Programme und Software

Die Informationsgüter unterscheiden sich von anderen Wirtschaftsgütern durch folgende Eigenschaften [Shapiro 1999]:

- Die Erzeugung der ersten Informationseinheit ist in vielen Fällen mit hohem oder sehr hohem Aufwand verbunden.
- Ein Informationsgut lässt sich unbegrenzt vervielfältigen.
- Das Speichern auf einem Informationsträger ist zu geringen Kosten und die Verteilung über ein Datennetzwerk nahezu ohne Kosten möglich.
- Abgesehen vom Informationsträger wird ein Informationsgut weder abgenutzt noch verbraucht.
- Informationen verlieren mit der Nutzung und Verbreitung an Wert. Sie können vollständig wertlos werden und veralten.

Informationsgüter sind reine *Fixkostengüter*, deren Entwicklungs- und Erzeugungskosten vor dem Verkauf der ersten Einheit vollständig aufgebracht werden müssen. Die Kosten einer Informationseinheit lassen sich ohne Kenntnis des Gesamtabsatzes nicht kalkulieren. Der Nutzwert ist stark vom einzelnen Käufer abhängig. Die *wirtschaftliche Nutzungsdauer* kann sich rasch ändern. Aus diesen Eigenschaften ergeben sich große Chancen, aber auch einige Schwierigkeiten für die *Vermarktung von Informationsgütern* [Shapiro 1999].

So besteht ein besonderes Problem darin, das unrechtmäßige Kopieren und die unberechtigte Nutzung zu verhindern. Der Schutz durch technische Verfahren ist für viele Informationsgüter nur bedingt möglich. Der *Rechtsschutz* ist in weiten Bereichen unvollständig und wird international sehr unterschiedlich gehandhabt [Hilf 2005; Hillig 2002; Stiglitz 2006].

Viele Informationsgüter werden als Rechtsgüter gehandelt. *Rechtsgüter* sind:

Miet-, Pacht- und Nutzungsrechte
Lizenzen und Patente
Verwertungsrechte
Marken- und Urheberrechte (3.8)
Senderechte und Emissionsrechte
Beteiligungsrechte
Finanzgüter (s. *Abschnitt 4.2*)

Rechtsgüter werden meist auf *virtuellen Marktplätzen* gehandelt, auf denen wegen der Besonderheiten dieser immateriellen Wirtschaftsgüter spezielle Marktordnungen gelten.

3.3 Arbeitsleistungen

Die menschliche Arbeitsleistung ist ein immaterielles Gut besonderer Art. Menschen arbeiten aus *Notwendigkeit*, um eine *Pflicht* zu erfüllen oder um *Geld* zu verdienen, aber auch aus *Spaß* an der Arbeit und *Freude* am Erfolg.

Gemessen an der Gesamtarbeitszeit wird immer noch der größte Anteil der menschlichen Arbeitsleistung in den Privathaushalten und für andere Menschen *unentgeltlich* erbracht: Kochen, Saubermachen, Waschen, Einkaufen und andere Hausarbeiten; Gartenarbeit und Heimwerkertätigkeiten; Betreuung und Erziehung von

Kindern; Pflege alter und kranker Mitmenschen; Korrespondenz mit Ämtern, Banken und Versicherungen, Steuererklärungen und persönliche Vermögensverwaltung.

Die *private Arbeitsleistung* hat keinen Preis und wird nicht in Geld bewertet. Sie läuft nicht über den *Arbeitsmarkt*, erscheint in keiner volkswirtschaftlichen Leistungsrechnung und ist auch nicht im *Bruttosozialprodukt* enthalten. Die Bedeutung und Unverzichtbarkeit der privaten Arbeitsleistungen für das Leben der Menschen und für die Gesellschaft werden in einer monetär orientierten Welt kaum wahrgenommen und nicht angemessen gewürdigt. Die meist von Frauen geleistete Erziehungs-, Betreuungs- und Hausarbeit wird teilweise sogar diskriminiert, wenn der im Privatbereich arbeitende Mensch nicht auch erwerbstätig ist [Senf 2001, S. 107ff].

Außer der Notwendigkeit, mit dem Erwerbseinkommen den Lebensunterhalt zu bestreiten, führt der Wunsch nach Geld, um andere Güter zu kaufen und einen Teil der bisher privaten Arbeitsleistung fremd zu beschaffen, zu einem steigenden *Angebot beruflicher Arbeitsleistungen* der einzelnen Haushalte. Eine Berufstätigkeit ist möglich in einem der *Erwerbsbereiche*:

unselbständige Arbeit
freiberufliche Arbeit
gewerbliche Arbeit

Unselbständige oder *abhängig Beschäftigte* sind Arbeiter, Angestellte und Beamte. Sie haben einen Arbeitsvertrag und erhalten regelmäßig *Lohn* oder *Gehalt*. Die Höhe des Arbeitsentgelts wird individuell oder kollektiv zwischen den Tarifpartnern ausgehandelt.

Freiberuflich tätig sind Ärzte, Architekten, Anwälte, Berater, Schriftsteller, Schauspieler und Künstler. Die *Freiberuflichen* erbringen Arbeitsleistungen gegen *Honorar* oder zu *Gebühren*, die individuell vereinbart sind oder von Verbänden ausgehandelt wurden. Eine *gewerbliche Tätigkeit* üben Handwerker, Händler, Vertreter, Makler und andere aus. Sie brauchen in Deutschland einen *Gewerbeschein* und müssen *Gewerbesteuer* zahlen.

Die Einnahmen und Ausgaben aus einer selbständigen, freiberuflichen oder gewerblichen Tätigkeit müssen zur *Einkommens- und Gewinnermittlung* und für die *Steuererklärung* gesondert erfasst werden. Außerdem unterliegen die Erlöse i. d. R. der *Umsatzsteuer*. Die selbständige Arbeit kann daher vom privaten Bereich eines Haushalts getrennt und wie ein eigenständiges Unternehmen behandelt werden. Selbständige sind ihre eigenen Angestellten (*self employed*). Ihr Einkommen ist der *Unternehmerlohn*, der gleich dem Gewinn abzüglich der Eigenkapitalverzinsung ist. Wenn im Weiteren vom *Haushalt als Wirtschaftseinheit* die Rede ist, betrifft das nur den privaten Bereich der Haushaltsangehörigen und deren abhängige Beschäftigung, nicht aber die selbständige Tätigkeit.

3.4 Kombinationsgüter

Kombinationsgüter werden durch Zusammenführen und Verbinden mehrerer Wirtschaftsgüter erzeugt, um ein *Verbundprodukt* oder eine *Verbundleistung* mit höherem

Wert zu schaffen. Die Wertschöpfung kann in der Kompetenz, Integration, Beschaffung und Organisation bestehen. Sie kann auch die Planung, Projektführung und das Management sowie die Übernahme von Risiken umfassen.
Kombinationsgüter des privaten Bedarfs sind:

$$
\begin{array}{l}
\text{Häuser} \\
\text{Pauschalreisen} \\
\text{Post und Paketdienste} \\
\text{Rechner mit Programmen} \\
\text{Wartungs- und Serviceleistungen}
\end{array}
\tag{3.9}
$$

Viele Kombinationsgüter für den privaten Bedarf sind *Verbundprodukte* für einen großen Käuferkreis, die durch Kombination von materiellen und immateriellen Gütern entstehen, wie Bücher, Musik-CD oder PC mit Standardprogrammen. Die Messung von Menge und Qualität lässt sich für einige dieser Verbundprodukte ähnlich standardisieren wie für materielle Wirtschaftsgüter.
Kombinationsgüter für den wirtschaftlichen Bedarf sind:

$$
\begin{array}{l}
\text{Generalunternehmerprojekte} \\
\text{Systemdienstleistungen der Logistik} \\
\text{Verbundleistungen der Telekommunikation} \\
\text{Systemleistungen von IT-Dienstleistern}
\end{array}
\tag{3.10}
$$

Die meisten Kombinationsgüter des wirtschaftlichen Bedarfs sind für einen kleinen Käuferkreis bestimmte *Spezialprodukte* oder für nur einen Käufer erzeugte *Individualprodukte*. Daraus ergeben sich besondere Probleme für die Messung von Menge und Qualität.

Ähnlich wie die Ver- und Gebrauchsgüter entstehen Projekte und Kombinationsgüter in einem mehrstufigen Versorgungs- und Wertschöpfungsnetzwerk, von dem ein Teil in *Abb. 3.4* dargestellt ist. Zwischen dessen Stufen findet der Handel mit Einsatzstoffen, Vorerzeugnissen und immateriellen Wirtschaftsgütern statt.

3.5 Netzwerkleistungen

Netzwerkleistungen werden mit Hilfe eines realen oder virtuellen Netzwerks erbracht. Sie umfassen stets die *Verteilung*, in vielen Fällen aber auch die *Erzeugung* und die *Speicherung* materieller oder immaterieller Wirtschaftsgüter. *Materielle Netzwerkleistungen*, die über *reale Netze* verteilt werden, sind:

$$
\begin{array}{l}
\text{Gaserzeugung und Gasleitungsnetz} \\
\text{Stromerzeugung und Stromnetz} \\
\text{Trinkwassererzeugung und Wasserleitungsnetz}
\end{array}
\tag{3.11}
$$

Immaterielle Netzwerkleistungen, die mit einem *realen Netzwerk* erzeugt werden, sind:

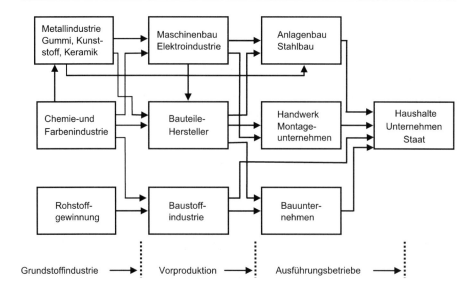

Abb. 3.4 Wertschöpfungsnetz von Kombinationsgütern und Projekten

    Abwasserentsorgung über Rohrleitungsnetz
    Beförderungsleistungen über Schienennetz
    Postleistungen über Briefverteilnetz
    Frachtleistungen über Frachtnetze   (3.12)
    Beförderungsleistungen eines Flugnetzes
    Logistikleistungen über Logistiknetze
    Informationsübermittlung über Kabelnetze

Eine Besonderheit von *Beförderungsnetzen* ist der *Frequenzeffekt*:

- Mit steigender Anzahl der Nutzer erhöhen sich die Transportfrequenzen und damit der Wert des Beförderungsnetzes für die Benutzer.

Der Frequenzeffekt resultiert daraus, dass eine Transportfahrt erst wirtschaftlich ist, wenn das Transportaufkommen ausreicht, um das kleinste auf dem Netz verkehrende Transportmittel wirtschaftlich auszulasten [Gudehus 2005].
Immaterielle Netzwerkleistungen, die von einem *virtuellen Netzwerk* erbracht werden, sind:

    Nachrichtenübermittlung über Funknetz
    Informationsübermittlung über Internet   (3.13)
    Fernsehübertragung über Satellitennetz

Eine Besonderheit *immaterieller Netzwerkleistungen* ist der *Netzeffekt* [Shapiro 1999]:

- Mit zunehmender Zahl der Anschlüsse steigen die Verbindungsmöglichkeiten und damit die Attraktivität des Netzes für die Nutzer.

Der Frequenzeffekt, der Netzeffekt und andere Besonderheiten erleichtern und erschweren zugleich – ähnlich wie bei den Informationsgütern – die *Vermarktung von Netzwerkleistungen*. Dazu tragen auch die hohen *Fixkosten* bei, die zum großen Teil vor der ersten Leistung aufzubringen sind. Viele Netze sind erst wirtschaftlich, wenn der Absatz eine *kritische Menge* erreicht hat, und ab dieser Menge extrem profitabel. Das erfordert in vielen Fällen eine marktbeherrschende Position und begünstigt das Entstehen eines *Monopols* (s. *Abschnitt 15.14*).

Netze können durch Ausbau oder durch Zusammenschluss mit anderen Netzen wachsen. Nicht nur große Unternehmen, auch jeder Einzelne kann eigene und fremde, reale und virtuelle Netze zur Erzeugung komplexer Verbundleistungen nutzen und kombinieren. Wie die *Abb. 3.2* bis *3.4* zeigen, ist letztlich die gesamte Volkswirtschaft ein riesiges offenes Netzwerk zur Erzeugung von Wirtschaftsgütern.

3.6 Öffentliche Güter

Auch der Staat ist Anbieter von Wirtschaftsgütern, die er entweder selbst erzeugt oder beschafft, um sie am Markt zu verkaufen. Öffentliche Güter und Leistungen, die von den Haushalten und Unternehmen nach Bedarf und Ermessen gekauft und in Anspruch genommen werden können, sind:

Beförderungsleistungen öffentlicher Verkehrsmittel
Benutzung von Straßen und öffentlicher Infrastruktur
Nutzung öffentlicher Einrichtungen
Zutritt zu öffentlichen Veranstaltungen (3.14)
Individualleistungen der Behörden
veräußerbares öffentliches Eigentum
Sende-, Emissions- und Nutzungsrechte

Güter, die unabhängig vom Bedarf gekauft werden müssen, sind *Zwangsgüter*, deren Mengen zu festen Preisen vom Staat *zugeteilt* werden. Zwangsgüter und öffentliche Güter, die von allen Bürgern bezahlt und kostenlos genutzt werden, sind keine Wirtschaftsgüter. Sie sind *öffentlicher Bedarf*, zu dessen Deckung der Staat Wirtschaftsgüter am Markt einkauft.

Welche Güter des privaten und wirtschaftlichen Bedarfs der Staat bereitstellen soll, was zum öffentlichen Bedarf gehört und in welchem Ausmaß dieser erfüllt werden soll, müssen Regierung und Parlament entscheiden. Die *Wirtschaftstheorie* kann zur Beantwortung der politischen Frage nach den *Aufgaben des Staates* beitragen, indem sie untersucht, ob und wieweit der private und der öffentliche Bedarf besser über den Markt oder durch den Staat erfüllt werden kann [Forsthoff 1964; Friedman 1980; Galbraith 1968; Giersch 1961; Samuelson 1995].

3.7 Mengeneinheiten

Die *Mengeneinheiten* zur Messung der Wirtschaftsgüter und die *Preisbezeichnungen* sind, wie die *Tab. 3.2* zeigt, sehr unterschiedlich. Das hat für viele Güter historische Gründe. Einige Bemessungseinheiten und Bezeichnungen für Preis, Nachlass oder

Güterart	Preisbemessung	Preisbezeichnungen	Abschläge und Zulagen
Materielle Güter	Stück Maßeinheit Verkaufseinheit Objekt	Mengenpreis, Staffelpreis Stückpreis, Einzelpreis Objektpreis	Rabatt, Nachlass, Discount Mengenrabatt, Umsatzrabatt Skonto, Bonus, Gutschrift Provision, Zugabe, Ausnahme
Dienstleistungen	Leistungseinheit Nutzungseinheit Zeitbedarf Leistungsergebnis	Fahrgeld, Fracht, Frachtrate Lagergeld, Lagerzins Miete, Mietzins, Pacht, Maut Gebühr, Lizenz, Nutzungsgeld Beitrag, Eintritt, Tarif	Rabatt, Nachlass Skonto Bonus, Gutschrift Provision
Arbeitsleistungen	Arbeitszeit Leistungsergebnisse	Lohn, Entgelt, Gehalt Vergütung, Honorar	Prämie, Zulage Tantieme, Gewinnbeteiligung
Kombinationsgüter	Leistungseinheiten Nutzungseinheiten Objekt, Projekt, System Leasingprojekt	Grundpreis und Einzelpreise Gesamtpreis, Pauschalpreis Projektpreis, Nutzungspreise Leasinggebühr	Staffelpreise Gesamtnachlass, Skonto Projektnachlass Verzugsstrafe, Pönale

Tabelle 3.2 Preisbemessung und Preisbezeichnungen für Wirtschaftsgüter

Zuschlag resultierten jedoch ebenso wie manche *Preismodelle* aus dem Interesse der Anbieter, den Preis zu verschleiern, den Leistungsinhalt offen zu halten und den Angebotsvergleich zu erschweren. Das gilt besonders für Dienstleistungen und andere immaterielle Wirtschaftsgüter [Berry 1996].

Nach Jahrtausenden der Verwendung lokal unterschiedlicher Einheiten, wie *Elle*, *Faden*, *Morgen* oder *Pfund*, wurden die Maßeinheiten materieller Güter nicht nur aus technischen Gründen, sondern auch um Betrug und Irrtum im Handel zu verhindern, zunächst national und seit 1875 auch international normiert (*Generalkonferenz für Maße und Gewichte*; DIN; ISO). Für immaterielle Güter hat die Normierung der Maßeinheiten erst begonnen.

Die Menge eines *homogenen Wirtschaftsgutes* lässt sich durch nur eine Maßeinheit messen. Das ist für materielle Güter eine *physikalisch technische Maßeinheit*. So sind die Maßeinheiten für Güter, deren Wert und Kosten von Länge, Fläche oder Volumen abhängen, m, m^2 und m^3, für Güter, deren Wert und Kosten vom Gewicht bestimmt werden, kg und t und für elektrische Energie kWh.

Die *Preisbemessungseinheit* der meisten homogenen Sachgüter ist bekannt oder staatlich geregelt. Für einige materielle Güter, viele immaterielle Güter und die meisten Kombinationsgüter aber gibt es keine allgemein anerkannten Maßeinheiten zur Preisbemessung. Daraus ergibt sich die Notwendigkeit zur *Vereinbarung der Preisbemessung*:

▶ Soweit nicht gesetzlich vorgeschrieben oder standardisiert, sind die Maßeinheiten zur Preisbemessung vor dem Kauf zwischen Käufer und Verkäufer zu vereinbaren.

Die einfachste Maßeinheit zur Preisbemessung eines *diskreten Gutes* mit abzählbarer Menge ist die *Verkaufseinheit* [VKE] oder das *Warenstück* [WST]. Für *Sachgüter* kann das eine *Artikeleinheit* [AE] oder eine *Verpackungseinheit* [VPE] sein, aber auch ein Auto, ein Haus, eine Wohnung oder eine Maschine. Für *Leistungen* ist das Stück ein definiertes *Leistungsereignis* oder eine *Leistungseinheit* [LE], wie eine Beförderung, eine Veranstaltung, der Eintritt oder eine Vermittlung. Das Stück kann auch einen gesamten *Auftrag* oder ein komplettes Kombinationsgut bezeichnen, wie ein Großbauwerk oder eine Gesamtanlage.

Maßeinheiten für Dienste sind *Leistungseinheiten* [LE], die das materielle oder immaterielle *Leistungsergebnis* messen, und *Zeiteinheiten* [h, Tag, Monat; Jahr], mit denen die *Einsatz-* oder *Nutzungsdauer* gemessen wird. Die Zeiteinheit ist auch Maßeinheit zur Messung der menschlichen *Arbeit* sowie von *Miet- und Nutzungsrechten*. Es gibt auch *kombinierte Maßeinheiten*, wie *Tonnenkilometer* [t-km] für Transportleistungen, *Palettentage* [Pal-Tag] für Lagerleistungen, *Flächenmonate* [m^2-Monat] für Mietobjekte und *Tagewerke* [Personen-Tage] für Dienste. Die Maßeinheit vieler *Rechtsgüter* und *Finanzgüter* ist die *Geldeinheit* [GE] einer gesetzlichen *Währung*, wie €, \$, £ oder ¥.

Zur Spezifikation komplexer Güter ist eine einzige Maßeinheit nicht ausreichend. Auch für die Kalkulation der Herstellungs- und Bereitstellungskosten werden oft andere oder zusätzliche Maßeinheiten benötigt. So enthält ein *heterogenes Wirtschaftsgut* oder *zusammengesetzter Leistungsauftrag* die *Partialmengen* m_s, $s = 1, 2 \ldots N_m$, von N_m verschiedenen *Leistungskomponenten* LK_s, die in *unterschiedlichen Mengeneinheiten* ME_s gemessen werden.

Zum Beispiel werden für eine Beförderung der Start, die Zwischenstopps und die gefahrenen Kilometer gemessen und getrennt in Rechnung gestellt [Gudehus 2005]. Für den Strombezug werden die Grundleistung und die verbrauchten kWh gemessen und abgerechnet. Eine Tätigkeit kann nach Arbeitszeit und zusätzlich nach erbrachter Leistung vergütet werden.

3.8 Qualität

Mit dem Begriff *Qualität* verbinden die Marktteilnehmer unterschiedliche Vorstellungen. Für die Nachfrager ist Qualität ein *Nutzenfaktor* und *Werttreiber*, für die Anbieter ein *Kostenfaktor* und *Preistreiber*. Marktrelevante *Qualitätsmerkmale eines Angebots* sind alle Eigenschaften des *Wirtschaftsgutes*, des *Anbieters* und der *Angebotsbedingungen*, die Einfluss auf die Kaufentscheidung der Nachfrager haben. Marktrelevante *Qualitätsmerkmale materieller Güter* sind:

Güte der Verarbeitung und Werkstoffe
Vollständigkeit, Maßhaltigkeit und Fehlerlosigkeit
Zuverlässigkeit, Funktion und Nutzungssicherheit
Unschädlichkeit und Gesundheitsverträglichkeit
Energieverbrauch und Nutzungseffizienz
Ergiebigkeit und Haltbarkeit (3.15)
Leistungsfähigkeit und Nutzungsdauer
Ertragsvermögen und Betriebskosten
Verpackung und Aufmachung
Gestaltung und Design
Marke und Image

Viele Qualitätsmerkmale materieller Güter sind messbar und standardisiert. Sie sind teilweise durch *Normung* gesetzlich geregelt und werden durch Aufsichtsämter, Warentests, Überwachungsvereine, Experten und Fachzeitschriften laufend überprüft. Die *Messung* eines Qualitätsmerkmals hängt von der bewerteten Eigenschaft ab. Wenn es sich, wie bei einer Länge l [m], um eine messbare Eigenschaft handelt, wird die Qualität durch die absolute *Abweichung* vorgegeben und gemessen, z. B. Δl [m]. Handelt es sich um eine zählbare Größe, wie z. B. die fehlerfreie Anzahl n_Q einer Gesamtzahl $n = (n_F + n_Q)$, ist die Qualität q gleich dem *Erfüllungsgrad* $\eta_Q = n_Q/n = n_Q/(n_F + n_Q)$ [%].

Einige der messbaren Qualitätsmerkmale von Wirtschaftsgütern, wie der Energiegehalt von Kohle oder der Stromverbrauch von Geräten, lassen sich in Kosten, Einsparungen oder effektive Mengen umrechnen, mit denen die Angebotspreise oder Mengen *normiert* werden. Aus dem Ertragsvermögen und den Betriebskosten ergibt sich mit der nachfolgenden Beziehung (3.20) der *Ertragswert* von Gütern, die zur wirtschaftlichen Nutzung bestimmt sind.

Andere Qualitätsmerkmale, wie Design, Marke und Image, lassen sich nicht messen und hängen vom Urteil und Geschmack der Käufer ab. Die *Produktwerbung* zielt darauf ab, die Beurteilung des Wirtschaftsgutes durch die potentiellen Käufer positiv zu beeinflussen [Meffert 2004].

Die Qualität eines Wirtschaftsgutes kann ein *Alleinstellungsmerkmal* sein. Wenn ein kaufentscheidendes Qualitätsmerkmal durch *Gebrauchsmuster, Patent* oder *Markenrechte* geschützt ist, die nur einem Anbieter gehören, besteht für das betreffende Gut ein *Angebotsmonopol*.

Marktrelevante *Qualitätsmerkmale von Diensten* (3.6) und *Arbeitsleistungen* sind:

Zeitbedarf und Pünktlichkeit
Zuverlässigkeit und Verfügbarkeit
Qualität der Leistungsergebnisse (3.16)
Sicherheit der Verwahrung

Die Qualitätsmerkmale dieser und anderer immaterieller Güter, wie der Informationsgüter (3.7), der Rechtsgüter (3.8) und der Finanzgüter (4.7) bis (4.9), sind weniger bekannt als die der materiellen Güter. Sie sind in vielen Bereichen ungeregelt und nur selten standardisiert. Die wichtigsten Merkmale werden daher zwischen den

3.8 Qualität

Akteuren individuell festgelegt, andere gelten stillschweigend als vereinbart, können aber später zu Streitigkeiten führen.
Die marktrelevanten *Qualitätsmerkmale eines Anbieters* sind

Liefertreue und Verlässlichkeit
Kompetenz und Reputation
Freundlichkeit und Interesse
Erscheinungsbild und Image
(3.17)

Abgesehen von der Liefertreue sind die Anbietermerkmale (3.17) kaum messbar. Sie werden von den Käufern meist unterschiedlich bewertet. *Öffentlichkeitsarbeit* (PR), *Imagewerbung* und *Markenpolitik* ebenso wie Ladendekoration, Ambiente und Angebotsdarbietung haben zum Ziel, die Bewertung des Anbieters durch die potentiellen Käufer positiv zu beeinflussen[Meffert 2004].
Ein dritte Qualitätskategorie sind die *Angebotsbedingungen*. Dazu gehören:

Ort und *Öffnungszeit* des Handelsplatzes
Ort der Auslieferung oder Erzeugung
Zeit der Übergabe oder Fertigstellung
Zugaben und *Nachlässe*
Zahlungsbedingungen
Haftung und *Gewährleistung*
(3.18)

Die Angebotsbedingungen tragen maßgebend zu den *Transferkosten* bei, die für den Nachfrager und den Anbieter vom Markteintritt bis zur Übergabe des Kaufobjekts und Zahlung des Kaufpreises anfallen. Sie werden nachfolgend noch genauer behandelt.
Heterogene Güter und *kombinierte Angebote* haben in der Regel mehrere Qualitätsmerkmale Q_r, $r = 1, 2 \ldots N_Q$, die sich in einem *Merkmalsvektor* $Q = (Q_1, Q_2, \ldots, Q_{NQ})$ zusammenfassen lassen. Das Ergebnis der Messung oder Abschätzung der Qualität eines Angebots mit mehreren Merkmalen ist ein *Qualitätsvektor* $q = (q_1, q_2, \ldots, q_{NQ})$ mit Qualitätsabweichungen und Erfüllungsgraden. Aus diesem leitet der Nachfrager entweder eine Korrektur seiner Mengen- und Preisvorstellungen ab oder eine *Priorisierung* der Anbieter, die er nacheinander aufsucht.
Wenn sich die Qualitätsmerkmale eines Wirtschaftsgutes oder Angebots nicht messen und nicht in Nutzen umrechnen lassen, ergibt sich das *Qualitätsdilemma des Käufers*:

▶ Bis zur Kaufentscheidung muss sich der Käufer entscheiden, ob und wieweit ein Angebot seine *Qualitätserwartungen* erfüllt.

Außer den individuellen Qualitätsmerkmalen (3.15) und (3.16), die für den einzelnen Käufer maßgebend sind, ist die Verträglichkeit eines Wirtschaftsgutes mit den kollektiven Interessen der Gesellschaft von Bedeutung. Die Interessen der Gesellschaft können bei der Erzeugung, von der Vermarktung und durch die Nutzung eines Wirtschaftsgutes betroffen sein [Samuelson 1995; Stiglitz 2006]. *Kollektive Qualitätsmerkmale* der Erzeugung, des Angebots und Nutzung sind:

Ressourcenverbrauch
Umweltbelastung
Infrastrukturnutzung
Verkehrssicherheit   (3.19)
Gesundheitsverträglichkeit
Sozialverträglichkeit

Die kollektive Qualität eines Wirtschaftgutes kann vom Staat durch Gebote, Verbote und Normen erzwungen werden. Sie lässt sich aber auch über den Markt durch eine *Sicherungssteuer* internalisieren, mit der die durch mangelhafte Qualität verursachten gesamtwirtschaftlichen Kosten, die nicht direkt vom Hersteller, Anbieter oder Nutzer getragen werden, dem Verkaufspreis des Wirtschaftsgutes angelastet werden. Beispiele für Sicherungssteuern sind *Tabaksteuer*, *Kraftstoffsteuer*, *Stromsteuer* und andere *Energiesteuern*.

3.9 Transferkosten

Die Transferkosten sind Teil der *Transaktionskosten*, die in den Wirtschaftswissenschaften unterschiedlich definiert werden [Coase 1937]. Die *marktrelevanten Transferkosten* stehen in einem ursächlichen Zusammenhang mit dem Kaufprozess. Sie resultieren aus

- *Kaufanbahnung* durch Marktauftritt, Angebote, Makler oder Vermittlungsinstanz
- *Lagern* zur Zeitüberbrückung zwischen Kaufabschluss und Abnahme
- *Transport* zur Raumüberbrückung zwischen Kaufort und Übernahmeort
- *Risiken* der Zahlung und Leistungserfüllung
- Kosten der vorbeugenden *Versicherung*
- *Zahlungsabwicklung*, wie Zahlungsziele, Zahlungsmittel und Finanzierung
- *Kontrolle* der korrekten Lieferung, Leistungserfüllung und Bezahlung
- *Transfersteuern* wie Umsatzsteuer, Sicherungssteuern und Lenkungssteuern

Die Transferkosten lassen sich weitgehend kalkulieren und bei der Kaufpreisermittlung berücksichtigen. Transferkosten, die der Nachfrager zu tragen hat, erhöhen effektiv den Kaufpreis und vermindern den *Einkaufsgewinn*. Die vom Anbieter zu tragenden Transferkosten erhöhen dessen Kosten und gehen zu Lasten des *Verkaufsgewinns*.

Transfersteuern oder *Kaufsteuern* werden vom Staat festgelegt und lassen sich zur Marktbeeinflussung nutzen. Durch die *Umsatzsteuer* oder *Mehrwertsteuer* wird von allen Konsumenten ein Beitrag zur Finanzierung der Staatsausgaben eingezogen (s. *Abschnitt 17.4*). Über *Lenkungssteuern* und *Sicherungssteuern* wird versucht, bestimmte gesamtwirtschaftliche Ziele zu erreichen. Positive Lenkungssteuern, wie Zölle, Gebühren und andere Abgaben, reduzieren den Absatz. Negative Lenkungssteuern sind *Subventionen*, wie Argrarzuschüsse, Lohnkostenzuschüsse, Investitionszuschüsse oder Ausfuhrprämien, die den Absatz bestimmter Güter fördern sollen.

3.10 Nachfragergrenzpreise und Nutzwerte

Ein *Nachfrager* N ist bereit, für ein Wirtschaftsgut unter Berücksichtigung der anteiligen *Transferkosten* maximal den *monetären Nutzwert* zu zahlen, den das Gut für ihn hat. Das ist sein *Nachfragergrenzpreis* p_N [GE/ME].

Für Güter des Privatbedarfs ist der Nutzwert von der *Person* und von der *Art des Gutes* abhängig. Nach dem Grad der *Verzichtbarkeit* lassen sich unterscheiden (s. *Tab. 3.3*):

- *Güter des Existenzbedarfs*, ohne die der Mensch nicht überleben kann.
- *Güter des Lebensbedarfs*, die das Leben erleichtern und lebenswert machen.
- *Güter des Kulturbedarfs*, die Menschen erfreuen und miteinander verbinden.

Die relative Bedeutung der Güter und ihre persönlichen Nutzwerte sind von Mensch zu Mensch verschieden und ändern sich ständig. Die Nutzwerte der Güter des Existenzbedarfs hängen vom aktuellen Versorgungsgrad und von der Höhe der Vorräte ab. Die Nutzwerte der Güter des Lebens- und Kulturbedarfs verändern sich mit dem persönlichen Geschmack und den Wertvorstellungen der Menschen.

Jeder Versuch, den *monetären Nutzwert* der Güter des privaten Bedarfs durch *Befragung*, über eine *Präferenzordnung* oder durch eine *Nutzwertanalyse* zu bestimmen, ist zum Scheitern verurteilt. Weder die Skalenwerte einer Präferenzordnung noch die Punkte oder Noten einer Nutzenbewertung lassen sich objektiv in Geldeinheiten umrechnen. Daraus folgt:

▶ Der monetäre Nutzwert von Gütern des Privatbedarfs lässt sich nicht objektiv bestimmen.

Das gilt gleichermaßen für *Güter des öffentlichen Bedarfs*, die nicht zur wirtschaftlichen Nutzung bestimmt sind.

Der monetäre Wert eines *Gutes zur wirtschaftlichen Nutzung*, das beschafft wird, um damit andere Wirtschaftsgüter zu erzeugen, es weiter zu verkaufen oder um auf andere Weise Erträge zu erzielen, ist der Ertragswert [Wöhe 2000]:

- Der *Ertragswert* oder *Barwert* eines Wirtschaftsgutes, einer Investition oder eines Finanzgutes ist die Summe der mit dem *Diskontierungsfaktor* f_D multiplizierten *Nettoerträge* NE(t) [GE/PE], die in den *Perioden* $t = 1, 2, \ldots, N$ einer *Nutzungsdauer* von N Perioden [PE] erwartet werden, und des diskontierten *Wiederverkaufspreises* oder *Restwertes* RW

$$\text{EW} = \sum_{t=1}^{N} \text{NE}(t) \cdot f_D^t + \text{RW} \cdot f_D^N \qquad [\text{GE}]. \qquad (3.20)$$

Der Diskontierungsfaktor f_D berücksichtigt die periodische Wertminderung einer zukünftig eingehenden Zahlung. Ohne Zahlungsrisiko und ohne Inflation ist der rein *zinsbedingte Diskontierungsfaktor* $f_D = 1/(1+z)$. Er ist der Ausgleich für den entgangenen Zinsertrag, der aus einer alternativen Geldanlage zum Kapitalmarktzins z [%/PE] resultieren würde. Bei einem *Zahlungsausfallrisiko* r [%/PE] und einer erwarteten *Inflationsrate* i [%/PE] ist der Ertragswert (3.20) mit dem *allgemeinen Diskontierungsfaktor* $f_D = (1-r)/((1+z)(1+i))$ zu kalkulieren (s. *Abschnitt 4.5*).

Bedarfskategorie	Nutzwerte	Beispielhafte Güter und Leistungen
	Nährwert	Nahrungsmittel, Getränke
	Schutzwert	Kleidung, Schuhe, Wohnung, Haus
	Heizwert	Holz, Kohle, Heizöl, Gas, Fernwärme
	Gebrauchswert	Möbel, Einrichtungsgegenstände, Haushaltsgeräte
Existenzbedarf	Verbrauchswert	Strom, Gas, Benzin
	Erhaltungswert	Waschmittel, Reinigungsmittel, Pflegemittel
	Gesundheitswert	Sportartikel, Medikamente, Medizinleistungen, Kuren
	Sicherheitswert	Zäune, Tresore, Versicherungs- und Bankleistungen
	Erwerbswert	Werkzeuge, PC, Verkehrsmittel, Ausbildung, Wissen
	Genusswert	Tabakwaren, Spirituosen, Genussmittel, Kosmetika
	Bildungswert	Bücher, Theater, Film, Museen, Ausstellungen, Wissen
	Freiheitswert	Telefon, Fax, Internet, Post, Auto, Verkehrsmittel
Lebensbedarf	Erholungswert	Reisen, Hotels, Sportvereine
	Informationswert	Nachrichten, Zeitungen, Magazine, Zeitschriften
	Unterhaltungswert	Musik, Film, Bücher, Veranstaltungen, Radio, Fernsehen
	Erlebniswert	Reisen, Theater, Veranstaltungen, Vereine
	Entlastungswert	Haushaltsgeräte, Dienstleistungen, Hauspersonal
	Prestigewert	Modewaren, Markenartikel, Schmuck, Luxusgüter
	Besitzwert	Sammlungen, Villen, Landgüter, Antiquitäten
Kulturbedarf	Kunstwert	Dichtung, Musik, Malerei, Architektur, Gestaltung
	Erkenntniswert	Forschungsergebnisse, Entdeckungen, Wissen
	Wohltätigkeitswert	Spenden, Hilfsleistungen, Stiftungen

Tabelle 3.3 Bedarfskategorien und persönliche Nutzwerte

Wenn der periodische Nettoertrag NE, also die Differenz von *Einnahmen* und *Ausgaben* bzw. *Kosten*, über die Nutzungsdauer N konstant sind, lässt sich die Summe (3.20) explizit berechnen. Das Ergebnis ist der

- *Ertragswert bei konstanten Nettoerträgen*

$$\text{EW} = \text{NE} \cdot f_\text{B}(z) + \text{RW} \cdot (1+z)^{-N} \qquad [\text{GE}]. \qquad (3.21)$$

mit dem *Barwertfaktor* ohne Inflation

$$f_\text{B}(z) = (1/z) \cdot (1 - (1+z)^{-N}). \qquad (3.22)$$

Aus den Beziehungen (3.21) und (3.22) ist ablesbar:

- Der Ertragswert steigt proportional zum erwarteten Nettoertrag und fällt mit dem aktuellen Kapitalmarktzins.

Der Ertragswert ist also an den Marktzins für Finanzanlagen gekoppelt (s. *Abschnitt 4.4*). Für das Beispiel eines Mietshauses mit unterschiedlichen Nettoerträgen ist die Abhängigkeit des Ertragswertes vom Kapitalmarktzins in *Abb. 3.5* dargestellt. Hieraus ist ablesbar, dass ein Anstieg des Kapitalmarktzinses von 5% auf 6% den Ertragswert um 10% fallen lässt.

Der Kauf eines Gutes zur wirtschaftlichen Nutzung ist gewinnbringend, wenn der Preis kleiner als der Ertragswert ist. So ist ein Interessent bereit, bei einem Kapitalmarktzins von 5,0% p.a. für das in *Abb. 3.5* betrachtete Mietshaus bis zu 980 T€ zu zahlen, wenn der Nettoertrag 50 T€/Jahr ist. Der Nachfragergrenzpreis ist also in diesem Fall 980 T€.

Für Handelsware ist der Ertragswert gleich dem Verkaufserlös abzüglich Geschäftskosten, Transferkosten und Zinsen. Die zukünftigen Einnahmen und Kosten, der Restwert und der Kapitalzins sind in der Regel ungewiss und können sich im Verlauf der Zeit verändern. Sie hängen von den *Verkaufsmengen* und *Verkaufspreisen* ab, aus denen die Erträge fließen sollen, und von den *Einkaufspreisen* für die Kostenfaktoren und Einsatzgüter, also von den *zukünftigen Marktpreisen* anderer Wirtschaftsgüter. Der monetäre Nutzwert eines Wirtschaftsgutes ist daher eine unsichere Größe, die vom Verwendungszweck abhängt und sich zeitlich verändern kann. Daraus ergibt sich das *Grenzpreisdilemma des Nachfragers*:

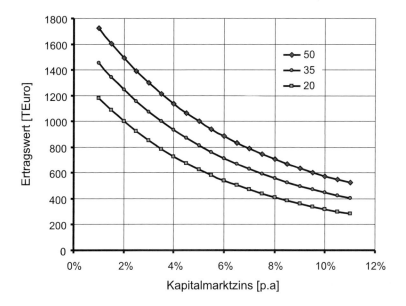

Abb. 3.5 Abhängigkeit des Ertragswertes von Kapitalmarktzins und Nettoertrag

Parameter: Nettoertrag 20 / 35 / 50 T€/a
Nutzungsdauer N = 20 Jahre, Restwert R = 1.000 T€

▶ Trotz Unkenntnis des genauen monetären Wertes muss jeder Nachfrager bis zum Kauf für sich entscheiden, bis zu welchem *Nachfragergrenzpreis* er bereit ist das Gut einzukaufen.

Wenn das Wirtschaftsgut oder der Leistungsbedarf N_m verschiedene *Leistungskomponenten* LK_s, s = 1, 2, ..., N_m, mit den Mengen m_s umfasst, die in den *partiellen Mengeneinheiten* ME_s gemessen werden, stellt sich zusätzlich zum Grenzpreisdilemma das *Preisgestaltungsdilemma des Nachfragers*:

▶ Der Nachfrager eines zusammengesetzten Wirtschaftsgutes oder Bedarfs muss bis zum Kauf entscheiden, ob er zu einem *Pauschalpreis* oder zu *Einzelpreisen* kaufen will, und auf welche *Bemessungseinheiten* sich die Einzelpreise beziehen sollen.

In der Praxis stellt sich diese Frage nur, wenn die Preisgestaltung nicht vom Anbieter vorgegeben ist und der Nachfrager über ausreichende *Marktmacht* verfügt, seine Vorstellungen zur Preisgestaltung durchzusetzen. Für die meisten Güter des privaten Bedarfs ist die Preisstellung vom Anbieter verbindlich festgelegt. Wenn ein Nachfrager Einfluss auf die Preisgestaltung nehmen kann, wird er durch Vorgabe eines *Preisblanketts* dafür sorgen, dass zur Preisbemessung seine *Nutzentreiber* und nicht nur die *Kostentreiber* des Anbieters verwendet werden.

3.11 Anbietergrenzpreise und Kosten

Der *Anbietergrenzpreis* p_A [GE/ME] ist der minimale Preis, zu dem der Anbieter A bereit ist, ein Wirtschaftsgut zu verkaufen.

Für spezielle Güter, wie Grundstücke, Immobilien, gebrauchte Anlagen und Antiquitäten, die vor langer Zeit erzeugt oder beschafft wurden oder für die der Eigentümer kein Geld bezahlt hat, sind die Kosten der Beschaffung, Erzeugung und Bereitstellung unbekannt. Ein Gut, dessen Kosten unbekannt sind, wird nur verkauft, wenn der Verkaufspreis mindestens so hoch ist wie der monetäre Wert, den es für den Eigentümer selbst hat. Daraus resultiert das *Grenzpreisdilemma des Anbieters*:

▶ Um den *Angebotsgrenzpreis* festzulegen, muss der Anbieter eines Gutes, dessen Kosten unbekannt sind, entscheiden, welchen *monetären Eigenwert* das Gut für ihn hat.

Wenn das Gut wirtschaftlich nutzbar ist und die zukünftigen Erträge abschätzbar sind, lässt sich der monetäre Eigenwert mit Hilfe der *Ertragswertformel* (3.20) berechnen. Sind die zukünftigen Erträge unbekannt, lässt sich kein monetärer Eigenwert kalkulieren. Daher haben *Informationsgüter, Netzwerkleistungen, Senderechte, Patente, Lizenzen, Unternehmensanteile* und andere *Rechtsgüter*, die *erstmals* auf den Markt kommen, keinen kalkulierbaren Eigenwert.

Für die meisten materiellen Wirtschaftsgüter und für viele Leistungen sind die Kosten der Beschaffung, Erzeugung und Bereitstellung bekannt oder kalkulierbar. Ein *Anbieter* A eines *kalkulierbaren Gutes* will mit einem Verkauf einen *Anbietergrenzpreis* p_A [GE/ME] erlösen, der mindestens die *Kosten* einschließlich der anteiligen *Transferkosten* deckt. Die Kosten für die Beschaffung, Erzeugung und Bereitstellung einer *Absatzmenge* oder *Verkaufsmenge* m_K [ME/PE] pro Periode sind eine

3.11 Anbietergrenzpreise und Kosten

Summe

$$K(m_K) = K_{fix} + K_{var}(m_K) \qquad [GE/PE] \ . \qquad (3.23)$$

von *fixen Kosten* K_{fix}, die mengenunabhängig sind, und *variablen Kosten*, die mit der Absatzmenge ansteigen. In weiten Bereichen verändern sich die variablen Kosten proportional zur Menge, d. h. es ist $K_{var} = m_K \cdot k_{grenz}$ mit einem *Grenzkostensatz* $k_{grenz} = \partial K/\partial m_K$, der bei hoher Auslastung mit der Menge ansteigen oder sich bei bestimmten Mengengrenzen sprunghaft ändern kann. Bezogen auf die Mengeneinheit ergibt sich aus (3.23) die *Mengenabhängigkeit der Stück- oder Leistungskosten*:

$$k(m_K) = K(m_K)/m_K = k_{grenz} + K_{fix}/m_K \qquad [GE/ME] \ . \qquad (3.24)$$

Bei einer verkauften Menge m_K ist $\rho_V(m_K) = m_K/m_A$ die *Verkaufsquote der Angebotsmenge* m_A oder die *Auslastung einer vorgehaltenen Produktionskapazität* $m_A = \mu_P$. Mit dem *Fixkostensatz bei Vollauslastung* $k_{fix} = K_{fix}/m_A$ ergibt sich aus (3.24) die *Auslastungsabhängigkeit der Stück- oder Leistungskosten*:

$$k(\rho_V) = k_{grenz} + \rho_V \cdot k_{fix} \qquad [GE/ME] \ . \qquad (3.25)$$

Aus den Beziehungen (3.24) und (3.25) folgt das allgemeine *Auslastungsgesetz*:

- Stück- oder Leistungskosten und Anbietergrenzpreis hängen ab von der Verkaufsmenge pro Periode und der resultierenden Auslastung der vorgehaltenen Menge und Produktionskapazität.

Der *Grenzkostensatz* k_{grenz} [GE/ME] wird bestimmt von Materialeinsatz, Personalbedarf, nutzungsbedingten Abschreibungen und anderen Einsatzfaktoren, die sich mit der Absatzmenge verändern. Der Faktoreinsatz hängt vom Herstell-, Beschaffungs- und Bereitstellprozess ab. Dieser unterscheidet sich für unterschiedliche Erzeugungsprozesse und lässt sich durch *Investitionen* und *Innovationen* verändern.

Fixkosten K_{fix} [GE/PE] sind Zinsen für das eingesetzte Eigen- und Fremdkapital, nutzungsunabhängige Abschreibungen, anteilige Vertriebs- und Verwaltungskosten und andere Kosten, die auch ohne Absatz und Produktionsleistung anfallen, aber zur Aufrechterhaltung der *Betriebsbereitschaft* notwendig sind [Wöhe 2000]. Die Fixkosten sind zwar unabhängig vom Absatz, sie hängen jedoch von der *Kapazität* ab, d. h. von der maximalen Menge μ_P, die der Anbieter pro Periode erzeugen, beschaffen und bereitstellen kann. Die Kapazität wird ebenso wie die Grenzkosten von den *Investitionen* bestimmt.

Die Trennung zwischen fixen und variablen Kosten ist in der Wirtschaftswissenschaft umstritten. Sie hängt von der *Zielsetzung* ab, wie Bilanzierung, Finanzierung, Kostenrechnung, Preiskalkulation oder Steuerersparnis. Für die Preiskalkulation, Betriebskostenrechnung und Investitionsentscheidung ist das Verfahren der *nutzungsgemäßen Abschreibung mit Durchschnittsverzinsung* des gebundenen Kapitals am besten geeignet [Gudehus 2005; Wöhe 2002]. Die nutzungsbedingten Abschreibungen tragen dem Verbrauch des *Nutzenvorrats* durch die Leistungserzeugung Rechnung. Sie ändern sich weitgehend proportional mit der erzeugten Leistungsmenge und sind daher Bestandteil der variablen Kosten, auch wenn das betriebswirtschaftlich häufig übersehen wird.

Für die *Preiskalkulation* sind die ab dem *Verkaufszeitpunkt* nicht mehr veränderbaren Kosten fix und die von der Verkaufsmenge verursachten Kosten variabel. Zur Entscheidung über *Investitionen* und *Desinvestitionen* ist auch der Anteil der Kosten variabel, der von der angestrebten *Angebotsmenge* m_A [ME/PE] abhängt und erst nach einer irreversiblen Entscheidung fix wird.

Ziele einer Investition sind die Sicherung einer ausreichenden Kapazität und die Senkung der Stückkosten bei gleicher oder verbesserter Qualität. *Auslöser der Investition* sind:

- *Kapazitätsbedarf* zur Erfüllung neuer oder steigender Nachfrage
- *Produktinnovationen*, deren Realisierung neue Anlagen und Prozesse erfordert
- *Prozessinnovationen*, die eine Senkung der Stückkosten ermöglichen
- *Ersatzbedarf* für alte Anlagen und Produktionseinrichtungen.

Die aus Beziehung (3.24) resultierende Mengenabhängigkeit der Stückkosten ist in *Abb. 3.6* für drei Anbieter dargestellt, die das gleiche Gut mit unterschiedlichen Kapazitäten, Fixkosten und Grenzkosten zum Verkauf bringen. Bei geringem Absatz bis zu 160 ME/PE hat der Anbieter 1, bei mittlerem Absatz von 160 bis 260 ME/PE der Anbieter 2 und bei sehr hohem Absatz von mehr als 260 ME/PE der Anbieter 3 die günstigsten Stückkosten.

Das Absinken der Stückkosten mit zunehmendem Absatz ist die Folge der ansteigenden Auslastung der vorhandenen Kapazität. Die sprunghafte Änderung bei einer Kapazitäts- oder Prozessänderung resultiert aus den technischen und wirtschaftli-

Kostenanteile Einflussfaktoren	**Beinflussbarkeit** Abgrenzungskriterien	**Kostenkomponenten** Kostenverursachung
Variable Kosten abhängig von Menge und Leistungsinanspruchnahme	**voll variable Kosten** verkaufte Menge und Leistung	Einkaufspreis von Handelsware, Verbrauchsmaterial mengen- und leistungsabhängige Fremdkosten mengenabhängige Löhne und Gehälter mengenabhängige Risiken
	bedingt variable Kosten verkaufte Nutzung und Verschleiß	nutzungsabhängige Abschreibungen und Zinsen Wartung und Instandhaltung für Werkzeuge, Maschinen, Anlagen und Fahrzeuge produktionsbedingte Risiken
Fixe Kosten unabhängig von Menge und Leistungsinanspruchnahme	**begrenzt fixe Kosten** zum Verkaufszeitpunkt veränderbar	Mieten und Fremdleistungskosten mengenunabhängige Löhne und Gehälter Geschäftskosten nach Ende der Vertragslaufzeit betriebsbedingte Risiken
	absolut fixe Kosten zum Verkaufszeitpunkt unveränderbar	nutzungsunabhängige Abschreibungen und Zinsen für Entwicklung, Vorlaufkosten und feste Ressourcen Geschäftskosten bis Ende der Vertragslaufzeiten allgemeine Geschäftsrisiken

Tabelle 3.4 Variable Kosten und fixe Kosten

3.11 Anbietergrenzpreise und Kosten

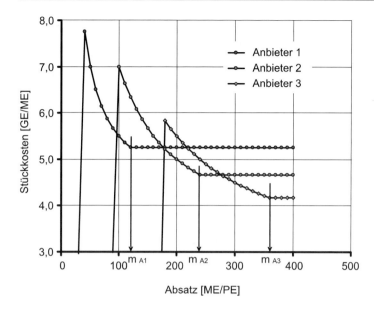

Abb. 3.6 Mengenabhängigkeit der Stückkosten

Anbieter 1: $m_{A1} = 120$ ME/PE, $K_{fix1} = 150$ GE/PE, $k_{grenz1} = 4,0$ GE/ME
Anbieter 1: $m_{A2} = 240$ ME/PE, $K_{fix2} = 400$ GE/PE, $k_{grenz2} = 3,0$ GE/ME
Anbieter 1: $m_{A3} = 360$ ME/PE, $K_{fix3} = 600$ GE/PE, $k_{grenz3} = 2,5$ GE/ME

chen *Skaleneffekten*. Aus Beziehung (3.25) und den Skaleneffekten resultiert das *Fixkostendilemma*:

- Durch eine neue Technologie oder erhöhte Investition lassen sich die Kapazität steigern und die Grenzkosten senken. Damit aber steigen die Fixkosten und das Auslastungsrisiko.

Ein Anbieter kann den zukünftigen Absatz, die Auslastung und die Kosten zwar planen, aber in der Regel nicht genau vorhersehen. Bei vorhandenen Anlagen und bereits getätigter Investition folgt daraus *kurzfristig* das *Preisdilemma des Anbieters*:

▶ In Unkenntnis der genauen Abhängigkeit des Absatzes vom Preis muss der Anbieter bis zum Verkauf entscheiden, mit welchem *Angebotsgrenzpreis* die Verkaufsquote der bereitgestellten Menge und Kapazität so hoch wird, dass die Kosten gedeckt sind.

Noch schwieriger wird die Entscheidung bei einer *Neuinvestition*, denn Kosten, Absatz und Erlöse sind umso unzuverlässiger, je länger die Nutzungsdauer ist. Das ist das *Investitionsdilemma des Anbieters*:

▶ In Unkenntnis des zukünftigen Absatzes, der Kostenentwicklung und der Marktpreise muss der Anbieter entscheiden, für welche *Kapazität* der maximale Ertragswert (3.20) der Investition erreichbar ist.

Das *Risiko* dieser unternehmerischen Entscheidung nimmt mit dem Fixkostenanteil der Stückkosten (3.24) zu. Für die Investitionspolitik, die Absatzstrategie und die Angebotspreiskalkulation ist daher zu unterscheiden zwischen

Grenzkostengütern
Mischkostengütern (3.26)
Fixkostengütern

Für *Grenzkostengüter*, wie Handelswaren, Dienstleistungen und Produkte mit hohen Material- und Personalkosten, ist der *Fixkostenanteil* $\eta_{fix} = k_{fix}/(k_{grenz} + k_{fix})$ der Stückkosten bei Vollauslastung $k(100\%) = k_{grenz} + k_{fix}$ gering (<20%). Für *Mischkostengüter* ergeben sich die *Vollauslastungskosten* zu etwa gleichen Teilen aus Fixkosten und variablen Kosten. Beispiele sind Nahrungsmittel, viele Konsumgüter und Straßentransporte. *Fixkostengüter* haben auch bei Vollauslastung der Kapazität einen hohen Fixkostenanteil (>80%). Dazu gehören die *Informationsgüter* [Shapiro 1999], die *Netzwerkleistungen* und die Angebote der *Unterhaltungsindustrie*, aber auch menschliche *Arbeit* an der Grenze des *Existenzminimums*.

Für ein *Kombinationsgut* wie auch für ein Angebot mit N_m verschiedenen *Leistungskomponenten* LK_s, $s = 1, 2 \ldots N_m$, und den Mengen m_s, die in *partiellen Mengeneinheiten* ME_s gemessen werden, lassen sich die Kosten aufteilen in eine Summe $K = \Sigma\ K_s(m_s)$ *partieller Kosten* $K_s(m_s)$. Dazu werden die variablen Kosten *verursachungsgerecht* und die fixen Kosten *nutzungsgemäß* auf die Leistungskomponenten verteilt [Gudehus 2005]. Mit den partiellen Kosten werden nach Beziehung (3.24) die *partiellen Kostensätze* $k_s(m_s)$ und daraus die *partiellen Angebotspreise* p_{sA} kalkuliert. Der pauschale *Angebotsgrenzpreis* für ein Gesamtangebot mit dem *Mengenvektor* $m = (m_1, m_2, \ldots m_{Nm})$ ist dann:

$$p_A = \sum_{s=1} m_s \cdot p_{sA} \qquad \text{[GE/Angebot]} . \quad (3.27)$$

Für Kombinationsgüter und zusammengesetzte Angebote stellt sich zusätzlich zum Grenzpreisdilemma das *Preisgestaltungsdilemma des Anbieters*

▶ Der Anbieter eines zusammengesetzten Wirtschaftsgutes oder eines größeren Liefer- und Leistungsumfangs muss bis zum Verkauf entscheiden, ob er zu einem *Pauschalpreis* oder zu *Einzelpreisen* verkaufen will, und auf welche *Bemessungseinheiten* sich die Preise beziehen sollen.

Der Anbieter wird zu seinem Vorteil entweder einen Pauschalpreis anbieten oder Einzelpreise, die sich auf seine *Hauptkostentreiber* beziehen. Wenn die Kostentreiber von den Nutzentreibern des Nachfragers abweichen, müssen sich Anbieter und Nachfrager auf eine Preisstellung einigen, die für beide Seiten akzeptabel ist.

Wegen der Abhängigkeit der Stück- oder Leistungskosten (3.24) von der insgesamt verkauften Menge, versuchen einige Anbieter, die Nachfrager am Auslastungsrisiko zu beteiligen. Eine vollständige Verlagerung des Auslastungsrisikos auf den einzelnen Käufer wird nach Beziehung (3.24) erreicht durch den *mengenabhängigen Stück- oder Leistungspreis*:

$$p_K(m_K) = p_V + p_F \cdot (m_A - m_K)/m_K \qquad \text{[GE/ME]} . \quad (3.28)$$

3.11 Anbietergrenzpreise und Kosten

Bei einer Kaufmenge $m_K = m_A$, die eine Verkaufsquote oder Auslastung von 100% bewirkt, werden mit dem *Vollauslastungspreis*

$$p_V = (1 + q_{DB}) \cdot (k_{grenz} + K_{fix}/m_A) \qquad [\text{GE/ME}] \qquad (3.29)$$

die Vollauslastungskosten plus einem *Deckungsbeitrag* q_{DB} [%] erlöst. Der *Teilauslastungszuschlag* $p_F \cdot (m_A - m_K)/m_K$ mit dem *Fixkostenfaktor* $p_F = (1 + q_{DB}) \cdot K_{fix}/m_A$ bewirkt, dass der Stück- oder Leistungspreis (3.28) mit fallender Kaufmenge ansteigt und bei jedem Teilmengenverkauf $m_K < m_A$ zusätzlich zu den variablen Kosten auch die vollen Fixkosten K_{fix} plus Deckungsbeitrag erlöst werden. Die Auslastungsabhängigkeit der Kosten erklärt die teilweise erheblichen *Mengenrabatte* auf den *Vorstufenmärkten*, die für Kleinmengenabnehmer über 50% des Listenpreises hinausgehen können.

Auf den *Endverbrauchermärkten* ist eine vollständige Verlagerung des Auslastungsrisikos auf die Nachfrager weder durchsetzbar noch notwendig, da dort für ein marktgängiges Gut bei angemessenem Preis mit vielen Käufern zu rechnen ist. Im Handel mit Fertigwaren sind gestaffelte *Mengenrabatte* oder *Mindermengenzuschläge* üblich, die sich auf die Minder- oder Mehrkosten der *Verpackung* und *Logistik* beschränken und nur selten 10% übersteigen [Gudehus 1999/2006].

Der Vollauslastungspreis (3.29) mit $q_{DB} = 0$, also ohne Deckungsbetrag, ist der niedrigste Preis, zu dem ein Anbieter ein Wirtschaftsgut verkaufen kann, ohne Verlust zu machen. Daraus folgt das *Dumpingpreisindiz*:

▶ Bei Gütern und Leistungen mit anhaltendem Absatz sind Angebotspreise unter Vollauslastungskosten ein Indiz für *Dumpingpreise*.

Dumpingpreise, die durch *Quersubvention* aus den Gewinnen anderer Verkäufe finanziert werden, sind *wettbewerbswidrig*, wenn sie darauf abzielen, anderen Anbietern Kunden abzuziehen, Wettbewerber aus dem Markt zu verdrängen oder sie am Markteintritt zu hindern [Baumbach/Hefermehl 2004]. Nur wenn der Absatz eines Wirtschaftsguts stark rückläufig ist, weil es technisch veraltet oder aus der Mode gekommen ist oder weil die Herstell- und Beschaffungskosten zu hoch sind, kann es zulässig sein, durch stufenweise Anlagenabschreibung die Fixkosten bis auf 0 zu senken und Restbestände auch unter *Einstandspreis* zu verkaufen, um danach das Geschäft mit dem betreffenden Gut aufzugeben (s. Abschnitt 14.14). Zum wirksamen Schutz des Wettbewerbs gegen *ruinöse Dumpingpreise* marktbeherrschender Unternehmen sollte zumindest auf den Endverbrauchermärkten die *Beweislast* für eine solche Ausnahmesituation beim Anbieter liegen.

Auf den *Endverbrauchermärkten* werden Preisbemessung und Preisstruktur für die meisten Bedarfsgüter von den Unternehmen verbindlich festgelegt. Da das in der Regel ohne externe Kontrolle geschieht, besteht jedoch die Gefahr des Missbrauchs der Preisgestaltung zur *Preisverschleierung* und *Täuschung* bis hin zum *Betrug* (s. Abschnitt 8.9 und 15.9).

3.12 Güterbilanzen

Die meisten Wirtschaftsteilnehmer sind zugleich Verbraucher, Produzenten und Händler. Ein *Privathaushalt* verbraucht Konsumgüter, nutzt Gebrauchsgüter, leistet Arbeit und verkauft gelegentlich Güter aus seinem Besitz. *Industriebetriebe* erzeugen Produkte und Leistungen, beschäftigen Mitarbeiter, verbrauchen Einsatzgüter, nutzen Anlagegüter und verkaufen Zukaufgüter. *Handelsunternehmen* kaufen und verkaufen Waren oder vermitteln Dienstleistungen. Der *Staat* erzeugt aus eingekauften Bedarfsgütern und Arbeitsleistungen öffentliche Wirtschaftsgüter, die am freien Markt verkauft oder zwangsweise zugeteilt werden.

Der Bedarf einer Wirtschaftseinheit für ein *Verbrauchsgut* resultiert aus dem privaten oder öffentlichen Verzehr oder aus dem Einsatz für die Produktion anderer Wirtschaftsgüter. Für die meisten Verbrauchsgüter ist der Bedarf für längere Zeit *wiederkehrend* und *gleichmäßig*. Der Bedarf für ein *Gebrauchsgut* entsteht aus dem notwendigen Ersatz für ein abgenutztes Gut oder aus dem Verlangen nach etwas Neuem. Der Bedarf einer einzelnen Wirtschaftseinheit für ein Gebrauchsgut ist daher *sporadisch* oder *einmalig*.

Eine *verbrauchende Wirtschaftseinheit*, die ein benötigtes Gut nicht selbst erzeugt, beschafft den Bedarf am Markt und bewirkt damit einen *Einkaufsstrom* $m_{EK}(t)$. Eine *produzierende Wirtschaftseinheit* mit einem geplanten oder bedarfsregelten *Produktionsstrom* $m_P(t)$ kann daraus einen Eigenbedarf decken und den Produktionsüberschuss am Markt verkaufen. Daraus resultiert ein *Verkaufsstrom* $m_{VK}(t)$. Ein *Händler* kauft an den *Beschaffungsmärkten* die Einkaufsmengen $m_{EK}(t)$ und verkauft auf den *Absatzmärkten* die Verkaufsmengen $m_{VK}(t)$. Für eine Wirtschaftseinheit ergeben sich also aus ihrem spezifischen Bedarf und Absatz die in *Abb. 3.7* gezeigten Güterströme von unterschiedlicher Zusammensetzung und Stärke.

Für ein Wirtschaftsgut, das nicht bevorratet wird, ist zu jeder Zeit die Summe von Einkaufsstrom und Produktionsstrom gleich der Summe von Verbrauchsstrom und Verkaufsstrom. Für lagerfähige Wirtschaftsgüter besteht die *Option der Vorratshaltung*. Mit einem *Güterbestand* $m_B(t)$ ist es in Grenzen möglich, die Beschaffung vom Verbrauch und die Erzeugung vom Absatz zu entkoppeln.

Die Entkopplungsmöglichkeiten von Beschaffung, Verbrauch, Erzeugung und Absatz eines Wirtschaftsgutes sind dadurch begrenzt, dass in jeder Periode t die Differenz $\Delta m_B(t)$ des Periodenendbestands $m_B(t)$ und des Vorperiodenendbestands $m_B(t-1)$ eines Wirtschaftsgutes gleich der Einkaufsmenge $m_{EK}(t)$ und der Produktionsmenge $m_P(t)$ minus der Verbrauchsmenge $m_V(t)$ und der Verkaufsmenge $m_V(t)$ ist. Das besagt die *mikroökonomische Güterbilanz*:
(3.30)
$$\Delta m_B(t) = m_B(t) - m_B(t-1) = m_P(t) + m_{EK}(t) - (m_V(t) + m_{VK}(t)) \quad [ME].$$

Für jedes Gut einer Wirtschaftseinheit gilt eine gesonderte Güterbilanz. Für Güter ohne Bevorratung ist zu allen Zeiten $m_B = 0$. Ohne Eigenproduktion ist $m_P = m_{VK} = 0$. Für ein Produktionsgut ohne Eigenverbrauch ist $m_V = m_{EK} = 0$ und für ein Handelsgut $m_V = m_P = 0$.

Die Güterbilanz (3.30) gilt auch für *Gebrauchsgüter*, wie Fahrzeuge, Maschinen, Anlagen oder Bauwerke. Der Bestand zur Zeit t ist gleich dem *Nutzenvorrat*

3.12 Güterbilanzen 43

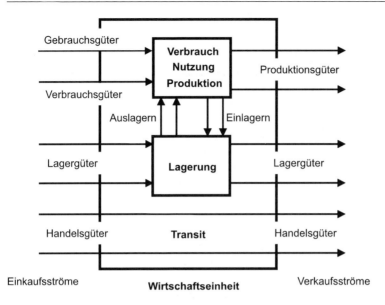

Abb. 3.7 Güterströme einer Wirtschaftseinheit

$m_B(t)$ [LE] des Gebrauchsgutes, der in entsprechenden *Leistungseinheiten* [LE] gemessen wird. Er ist zu *Nutzungsbeginn* t_o [PE] gleich dem *Gesamtleistungsvermögen* $t_N \cdot \mu_P$, das in der *technischen Nutzungsdauer* t_N bei der Produktionsgrenzleistung μ_P [LE/PE] erreichbar ist. Der Nutzenvorrat vermindert sich um den *nutzungsbedingten Verschleiß*. Am Ende der Ist-Nutzungszeit t_{Nist}, die vom tatsächlichen Produktionsausstoß $m_P(t)$ abhängt, ist der Nutzenvorrat verbraucht.

Eine Güterbilanz verknüpft bis zu 6 Variable miteinander. Sie ist also zur Berechnung einer der Variablen nur geeignet, wenn alle übrigen Variablen bekannt sind. Für vergangene Perioden sind die Güterbilanzen zwangsläufig erfüllt. Für die Zukunft gilt:

▶ Zusammen mit den internen und externen *Restriktionen* begrenzen die mikroökonomischen Güterbilanzen die *operativen Handlungsmöglichkeiten* im Leistungsbereich.

Weitere Begrenzungen ergeben sich aus der *Vermögensbilanz* einer Wirtschaftseinheit, die in *Abschnitt 4.8* betrachtet wird. Die *externen Restriktionen* resultieren aus der Marktsituation und aus den Finanzierungsmöglichkeiten. Interne Restriktionen sind die *physikalisch-technischen Gegebenheiten* der Produktion und der Konsumtion einer Wirtschaftseinheit.

Die Produktionsmengen sind begrenzt durch die Produktionsmöglichkeiten. Bei einer vorhandenen *Produktionsgrenzleistung* μ_P gilt für die periodischen Produktionsmengen $m_P(t)$ die *Produktionsrestriktion*:

$$m_P(t) \leq \mu_P \qquad [\text{ME/PE}]. \qquad (3.31)$$

Werden auf denselben Anlagen unterschiedliche *Produktionsgüter* PG_r hergestellt, gelten statt der Einzelproduktrestriktion (3.31) die allgemeinen *Grenzleistungsgesetze der Produktion* [Gudehus 2005]. Danach sind die partiellen Produktionsmengen m_{Pr} durch *Grenzleistungskurven* oder *Produktionsmöglichkeitskurven* [Samuelson 1995 S. 32ff] begrenzt, die von den *partiellen Grenzleistungen* μ_{Pr}, den Umrüstzeiten und der Häufigkeit des Produktwechsels abhängen. Die Produktionsmengen m_{Pr} von *Koppelprodukten*, die nur simultan in einer festen Mengenrelation hergestellt werden können, sind außerdem durch die technologische *Kopplungsrelation* $m_{P1} : m_{P2} : \ldots = r_1 : r_2 : \ldots$ eingeschränkt.

Die Grenzleistungen und die Kopplungsrelationen sind vom Produkt und von der Technologie des Herstellprozesses abhängig. Sie lassen sich durch *Investitionen* in die Produktionsanlagen ändern. Das erfordern jedoch längere *Vorlaufzeiten*.

Die aktuellen *Verbrauchsmengen* $m_{Vs}(t)$ der *Einsatzgüter* EG_s, $s = 1, 2 \ldots N_{EG}$, einer produzierenden Wirtschaftseinheit sind direkt an die Produktionsmenge $m_P(t)$ gekoppelt durch die *Produktionsfunktionen* [Schneider 1968; Wöhe 2000]:

$$m_{Vs}(t) = f_{Ps} \cdot m_P(t) \quad \text{für} \quad s = 1, 2 \ldots N_{EG} \qquad [\text{ME}_s/\text{ME}_P]. \qquad (3.32)$$

Der *Faktoreinsatz* f_{Ps} [ME_s/ME_r] legt fest, wie viele *Einsatzmengeneinheiten* ME_s zur Erzeugung einer *Produkteinheit* ME_P erforderlich sind. Er hängt vom Produkt, vom Herstellverfahren und u.U. von der Produktionsauslastung ab und lässt sich durch technische *Innovation* verändern. Bei begrenzten Faktormengen ergeben sich aus (3.32) zusätzliche Restriktionen der Produktionsmenge.

Die *Verbrauchsmengen* $m_V(t)$ eines Gutes, für den eine Wirtschaftseinheit den *Sättigungsbedarf* μ_S hat, sind begrenzt durch die *Konsumtionsrestriktion*:

$$m_V(t) \leq \mu_S \qquad [\text{ME/PE}]. \qquad (3.33)$$

Der Sättigungsbedarf für die Einsatzgüter eines Produktionsunternehmens ergibt sich aus der Produktionsfunktion (3.32) durch Einsetzen der Produktionsgrenzleistung (3.31). Der Sättigungsbedarf eines Handelsunternehmens wird bestimmt von den technischen Verkaufsmöglichkeiten und der individuellen *Absatzfunktion*. Der Sättigungsbedarf eines Haushalts hängt von der Anzahl der Personen und von deren Verbrauchsgewohnheiten ab.

Die Güterströme und Vorratsbestände materieller Wirtschaftsgüter, die zwischen Beschaffung, Verbrauch, Erzeugung und Verkauf transportiert und gelagert werden, sind außer durch die Restriktionen (3.30) bis (3.33) durch die *Grenzleistungsgesetze der Logistik* beschränkt [Gudehus 2005].

Durch Summieren der mikroökonomischen Güterbilanzen (3.30) über alle Wirtschaftsteilnehmer ergibt sich die makroökonomische Güterbilanz eines geschlossenen Marktes. In einem geschlossenen Markt ist die Summe der Verkaufsmengen aller Anbieter gleich der Summe der Einkaufsmengen aller Nachfrager eines Wirtschaftsgutes (s. *Abschnitt 5.9* und *14.6*). Die Einkaufsmengen heben sich daher bei der Summation gegen die Verkaufsmengen heraus. Das Ergebnis ist die *makroökonomische Güterbilanz*:

- Auf einem geschlossenen Markt und in einem geschlossenen Wirtschaftsraum ist zu allen Zeiten t für jedes Wirtschaftsgut die Differenz ΔM_B des *Gesamtbestands* $M_B(t)$ der Periode t und des Gesamtbestands $M_B(t-1)$ der Vorperiode $t-1$ gleich der *Produktionsleistung* $M_P(t)$ vermindert um den *Gesamtkonsum* $M_C(t)$ aller Akteure

$$\Delta M_B = M_B(t) - M_B(t-1) = M_P(t) - M_C(t) \qquad [\text{ME/PE}]. \qquad (3.34)$$

Die Gleichungen (3.30) und (3.32) verknüpfen für jedes Wirtschaftsgut die realen *Einkaufsströme* und *Verkaufsströme* mit den *realen Bestandsgrößen*. Weil die Wirtschaftsgüter WG_r in unterschiedlichen Mengeneinheiten ME_r gemessen werden, lassen sich die mikroökonomischen Güterbilanzen (3.30) nur für jedes Gut getrennt zu den makroökonomischen Güterbilanzen (3.34) aufsummieren. Eine Summation über alle Wirtschaftsgüter ist nur für die *Geldströme* möglich, die von den Einkaufs- und Verkaufsströmen über die Kaufpreise und deren Bezahlung ausgelöst werden (s. *Abschnitt 4.8*).

3.13 Güterdisposition

Um einen Güterbedarf zu decken, der für die kommenden Perioden geplant ist oder erwartet wird, muss eine Wirtschaftseinheit rechtzeitig mit einer Nachfrage auf den Markt kommen. Dafür ermittelt ein *Nachfrager* unter Berücksichtigung der internen und externen Restriktionen nach geeigneten *Beschaffungsstrategien* oder nach freiem Ermessen die Nachfragemenge und den Nachfragergrenzpreis für ein Wirtschaftsgut so, dass der zukünftige Bedarf mit ausreichender Versorgungssicherheit zu möglichst geringen Kosten erfüllt wird.

Aus der Nachfragemenge $m_N(t)$ und dem Nachfragergrenzpreis $p_N(t)$ resultiert, wie später gezeigt wird, über die *Transfergleichungen* des Marktes eine *Einkaufsmenge* $m_{EK}(t)$, die nach der *Lieferzeit* t_{LZ} eintrifft und nach einer *Zahlungsfrist* t_{ZF} einen *Zahlungsausgang* auslöst. Wenn das Gesamtangebot unzureichend oder die Zahlungsbereitschaft des Nachfragers zu gering ist, kann die Einkaufsmenge kleiner sein als die Nachfragemenge:

$$m_{EK}(t) \leq m_N(t) \qquad [\text{ME/PE}]. \qquad (3.35)$$

Diese *Marktrestriktion der Beschaffung* ist bei der mittel- und langfristigen *Planung* stets zu beachten und bei der kurzfristigen *Disposition* zwingend zu berücksichtigen.

Die *internen Aktionsparameter der Güterdisposition* sind:

$$\begin{array}{l} \text{Steigerung oder Einschränkung des Verbrauchs} \\ \text{Anhebung oder Senkung der Produktion} \\ \text{Aufbau oder Abbau von Vorratsbeständen} \end{array} \qquad (3.36)$$

Die *Handlungsmöglichkeiten der Beschaffungsplanung* sind:

Auswahl der Beschaffungsgüter
Eigenproduktion oder Fremdbeschaffung
Auftragsbeschaffung oder Vorratsbeschaffung (3.37)
Auswahl der Beschaffungsmärkte
Substitution eines Beschaffungsgutes

Die *externen Aktionsparameter der Nachfragedisposition* sind:

Nachfragezeitpunkte
Nachfragergrenzpreis
Nachfragemenge (3.38)
Qualitätsanforderungen

Wie ein Nachfrager die Handlungsmöglichkeiten und die Aktionsparameter (3.38) im Rahmen der Restriktionen nutzt, um seine Ziele zu erreichen, hängt von den *Beschaffungsstrategien* ab, die in *Kapitel 16* behandelt werden. Wichtig für die weitere Marktanalyse ist:

▶ Die Nachfragemengen werden von den erwarteten Bedarfsmengen bestimmt.

▶ Die Einkaufsmengen können kleiner sein als die Nachfragemengen.

▶ Güterzulauf, Verbrauch und Zahlungsausgang folgen der Nachfrage mit zeitlichem Versatz.

Wegen der Unabhängigkeit und der Dispositionsfreiheit der Akteure führt die Summe der individuellen Nachfragemengen zu einer stochastischen Gesamtnachfrage. Die Gesamtnachfrage ist das Produkt der mittleren *Nachfragemenge* $m_N(t)$ pro Nachfrager mit der *Anzahl der Nachfrager* $N_N(t)$, die in der Periode t auf den Markt kommen:

$$M_N(t) = m_N(t) \cdot N_N(t) \quad [ME/PE] \,. \quad (3.39)$$

Die einzelnen Periodenwerte einer stochastischen Größe lassen sich nicht voraus berechnen. Die Zeitabhängigkeit des Mittelwertes $M_{Nm}(t)$ und der Streuung s_M können jedoch unter bestimmten Voraussetzungen nach den in *Abschnitt 13.3* beschriebenen Verfahren aus dem vergangenen Verlauf extrapoliert oder prognostiziert werden.

Für Marktplätze, die regelmäßig von einer größeren Anzahl unabhängiger Nachfrager besucht werden, folgt aus dem Gesetz der großen Zahl der *Schwankungssatz der Nachfrageranzahl* [Kreyszig 1975; Gudehus 2005]:

▶ Die *Anzahl* von Nachfragern, die in aufeinander folgenden Perioden unabhängig voneinander auf einen Markt kommen, schwankt um den *Mittelwert* N_m mit der *Streuung* $\sqrt{N_m}$.

Mit dem Schwankungssatz folgt aus (3.39), dass die Streuung s_M der Gesamtnachfragemenge bei einer *Einzelstücknachfrage* mit $m_N = 1$, z. B. nach Personenwagen, gleich der Wurzel $\sqrt{M_{Nm}}$ aus der mittleren Nachfragemenge M_{Nm} ist (s. *Abschnitt 14.6*).

3.13 Güterdisposition

Um eine bereits erzeugte oder noch geplante Produktions- oder Beschaffungsmenge zu verkaufen und die Nachfrage des Marktes optimal zu nutzen, muss ein Wirtschaftsteilnehmer rechtzeitig mit seinem Angebot auf den Markt kommen. Dazu ermittelt er als Anbieter unter Berücksichtigung der internen und externen Restriktionen nach geeigneten *Absatzstrategien* oder freiem Ermessen die Angebotsmenge und den Angebotsgrenzpreis für das Wirtschaftsgut so, dass die vorhandene oder geplante Produktions- oder Beschaffungsmenge mit maximalem Gewinn verkauft wird.

Aus der Angebotsmenge und der Marktkonstellation resultiert über die Transfergleichungen des Marktes eine Verkaufsmenge $m_{VK}(t)$, die nach einer *Lieferzeit* t_{LZ} ausgeliefert wird und nach einer *Zahlungsfrist* t_{ZF} zu einem *Zahlungseingang* führt. Ist die Gesamtnachfrage unzureichend oder der Angebotsgrenzpreis zu hoch, kann die Verkaufsmenge kleiner sein als die Angebotsmenge:

$$m_{VK}(t) \leq m_A(t) \qquad [\text{ME/PE}]. \qquad (3.40)$$

Diese *Marktrestriktion des Absatzes* ist bei der Geschäftsplanung und Disposition ebenso zu berücksichtigen wie die Marktrestriktion der Beschaffung (3.35).
Die mittel- bis langfristigen *Handlungsmöglichkeiten der Absatzplanung* sind:

> Festlegung der Angebotsgüter
> Anteile von Eigenverbrauch und Verkauf
> Auswahl der Absatzmärkte
> Auftragsfertigung oder Lagerfertigung
> Änderung der Produktionskapazität
> Produkt- und Prozessinnovationen

(3.41)

Für die kurzfristige Absatzdisposition bestehen ebenfalls die internen Handlungsmöglichkeiten (3.36). Die *externen Aktionsparameter der Absatzdisposition* sind:

> Angebotszeitpunkt
> Angebotsgrenzpreis
> Angebotsmenge
> Angebotsqualität

(3.42)

Wie ein Anbieter die Handlungsmöglichkeiten und die Aktionsparameter (3.42) unter Berücksichtigung der Restriktionen nutzt, hängt ab von den *Absatzstrategien*, die in *Kapitel 15* behandelt werden. Wichtig für die weitere Marktanalyse ist:

▶ Die Angebotsmengen werden von den Produktions- und Beschaffungsmöglichkeiten bestimmt.

▶ Die Verkaufsmengen können kleiner sein als die Angebotsmengen.

▶ Absatz, Produktion und Zahlungseingang folgen dem Angebot mit zeitlichem Versatz.

Die Angebots- und Nachfragemengen der Güter werden durch die Güterbilanzen und die internen und externen Restriktionen zwar begrenzt; sie lassen sich jedoch mit diesen Beziehungen nicht aus dem Bedarf und dem Verbrauch berechnen. Die

Mengen und Grenzpreise von Nachfrage und Angebot resultieren vielmehr aus der *Disposition* der Marktteilnehmer.

Die Dispositionsstrategien und das Dispositionsverhalten der einzelnen Akteure sind für die verschiedenen Wirtschaftsgüter sehr unterschiedlich. Grundsätzlich lässt sich zwischen folgendem *Dispositionsverhalten* unterscheiden:

- *Spontane Disposition*: Über die Mengen und Grenzpreise von Nachfrage und Angebot eines Wirtschaftsgutes wird aufgrund von äußeren Anregungen situativ und impulsiv ohne Dispositionsstrategie entschieden.
- *Ereignisabhängige Disposition*: Die Mengen und Grenzpreise von Nachfrage und Angebot werden nach jedem Verbrauch, jeder Produktionsänderung und jedem Verkauf entsprechend dem aktuell prognostizierten Bedarf neu festgelegt.
- *Zyklische Disposition*: Die Mengen und Grenzpreise von Nachfrage und Angebot werden zu festen Dispositionszeitpunkten im Abstand der *Dispositionszykluszeit* T_{Dzyk} für den aktuell prognostizierten Bedarf neu festgelegt.

Die Disposition kann als *Einzeldisposition* für jedes einzelne Wirtschaftsgut getrennt oder als *Sammeldisposition* für mehrere Wirtschaftgüter gemeinsam durchgeführt werden, deren Beschaffung, Verbrauch, Herstellung oder Absatz miteinander verbunden sind.

Die spontane Disposition ist typisch für viele Privathaushalte, insbesondere bei Luxusgütern. Die ereignisabhängige Disposition ist am besten geeignet für Gebrauchsgüter und für Verbrauchsgüter mit stark schwankendem Bedarf. Die zyklische Disposition, die für $T_{Dzyk} \to 0$ zur ereignisabhängigen Disposition wird, ist anwendbar für Verbrauchsgüter mit gleichmäßigem Bedarf. Eine zyklische Sammeldisposition, die weitgehend von *Dispositionsprogrammen* unterstützt wird, findet in fortschrittlichen Unternehmen statt [Gudehus 2005].

Bei *statischer Disposition* werden für lange Zeit die gleichen Dispositionsstrategien verfolgt. Eine *dynamische Disposition* arbeitet mit *adaptiven Dispositionsstrategien*, die an einen veränderten Absatz oder Verbrauch angepasst werden können [Gudehus 2005]. Dazu gehört auch eine Anpassung der Dispositionszykluszeit und des Prognoseverfahrens (s. *Abschnitt 14.3*).

Die Handlungsspielräume und Aktionsparameter der Disposition und deren Kombinationsmöglichkeiten ermöglichen eine große Vielzahl von *Dispositionsstrategien*, mit denen sich unterschiedliche Ziele erreichen lassen. Wegen der internen und externen Restriktionen, der Kopplung zwischen Beschaffung und Absatz und der Verknüpfung mit der *Zahlungs- und Vermögensdisposition* ist die Entwicklung zielführender Dispositionsstrategien eine komplexe Aufgabe.

Eine gewinnorientierte Wirtschaftseinheit, wie es die meisten Unternehmen sind, muss außerdem den Zeitraum festlegen, für den der Gewinn zu maximieren ist. Einige Unternehmen streben eine *kurzfristige Gewinnmaximierung* nur für das jeweils laufende Geschäftsjahr an, andere eine *mittel- und langfristige Gewinnmaximierung* in den kommenden 5 bis 10 Jahren. Bei der längerfristigen Gewinnmaximierung ist auch die zeitliche Verteilung des Gewinnanfalls zu planen. Die Planung und Disposition werden zusätzlich dadurch erschwert, dass eine explizite Berechnungsformel für den *Periodengewinn* (4.20) nur im einfachsten Fall eines *Einproduktunternehmens* existiert (s. *Abschnitt 4.8*).

Die Hauptschwierigkeit für die Disposition aber besteht darin, dass die Einkaufsmengen, die sich aus den Nachfragemengen ergeben, und die Absatzmengen, die aus den individuellen Angeboten resultieren, für jeden Marktteilnehmer über die *Transfergleichungen* von den Mengen und Grenzpreisen der anderen Akteure abhängen.

Das Dispositionsverhalten der Akteure und die möglichen Dispositionsstrategien sind von zentraler Bedeutung für das Verständnis der Märkte, aber bisher nur wenig erforscht. Sie werden nach der Analyse der hierzu benötigten Gesetzmäßigkeiten der Marktmechanik in den *Kapiteln 15* und *16* genauer behandelt.

4 Geld und Finanzgüter

Aus Verkaufserlösen, Erwerbstätigkeit, Vermögenserträgen und weiteren Zahlungsansprüchen fließt den Wirtschaftsteilnehmern laufend Geld zu, das sie für den Kauf von Wirtschafts- und Finanzgütern sowie zum Begleichen von Forderungen wieder ausgeben. Auf diese Weise lösen die *Güterströme* aus *Abb. 3.1* die *Geldströme* der *Abb. 4.1* zwischen den Wirtschaftseinheiten aus.

Das Netz der Geldströme legt sich wie ein Schleier über die realen Güterströme. Es verdeckt und verzerrt die Sicht auf die Erzeugung und Verteilung der Leistungen und Güter (s. *Abschnitt 5.9*). Alle Zahlungsströme eines Währungsgebiets werden in der gleichen gesetzlichen *Geldeinheit* [GE] gemessen. Ihre Höhe ist genau erfassbar, ihre Verflechtungen sind überschaubar. Die sich laufend ändernden Güterströme mit ihren unterschiedlichen Maßeinheiten sind weitaus komplexer als die Geldströme. Sie werden durch die *Güterbilanzen* begrenzt und sind über die *Transfergleichungen* und *Vermögensbilanzen* mit den Geldströmen verknüpft.

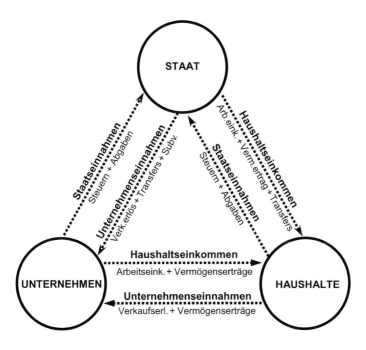

Abb. 4.1 Geldströme zwischen den Wirtschaftseinheiten

John Stuart Mill sagte schon vor über 150 Jahren: „... es gibt eigentlich in einer Volkswirtschaft kaum etwas Unbedeutenderes als Geld, außer seiner Bedeutung als Mittel, um Zeit und Arbeit zu sparen. Es ist eine Maschine, um etwas schnell und bequem zu erledigen, was man ohne Geld weniger schnell und weniger bequem erledigen müsste. Und wie viele andere Maschinen übt Geld nur dann einen heilsamen und selbsttätigen Einfluss aus, wenn die Maschine nicht kaputt geht." [Mill 1848 S. 462]. Eine Maschine aber geht kaputt, wenn sie für falsche Zwecke missbraucht oder wenn sie falsch bedient wird, weil ihre Arbeitsweise den Benutzern nicht ausreichend bekannt ist.

Geld war seit jeher und ist bis heute eine *Konvention*, um den Güteraustausch zu erleichtern. Wegen der *universellen Verwendbarkeit*, der leichten *Transferierbarkeit* und seiner *Anonymität* ist Geld ein äußerst praktisches *Zahlungsmittel*. Es kann rasch von einem Markt zum anderen wechseln und verbindet heute die Märkte der Welt zu einem globalen *Handelsnetz*. Mit zunehmender Erkenntnis der Bedeutung, aber auch der Gefahren des Geldes wurden Regeln und Gesetze für den Umgang mit Geld geschaffen, deren Einhaltung der Staat überwacht.

Wegen der verschiedenen *Funktionen* und *Erscheinungsformen* des Geldes sind die Grenzen zwischen Geld und Finanzgütern unscharf und der Zusammenhang zwischen *Geldmenge* und *Preisniveau* schwer zu durchschauen. So ist in *Japan* in den Jahren von 2000 bis 2005 das Preisniveau um 2% gesunken, obgleich sich die Geldmenge M3 in Relation zum Bruttoinlandsprodukt von 12% auf 22% fast verdoppelt hat [FAZ 5.1.2006]. Offen ist also, wieweit eine *Zentralbank* über die Geldmenge den *Geldwert* sichern und das Wirtschaftsgeschehen beeinflussen kann. [Friedman 1980; Issing 2003; Mankiw 2003; Samuelson 1995; Schneider II/III 1969].

4.1 Funktionen des Geldes

In einer freien Marktwirtschaft hat das Geld die *Funktionen*

$$\begin{array}{l} \text{Zahlungsmittel} \\ \text{Wertspeicher} \\ \text{Wertmaßstab} \\ \text{Stimmzettel} \end{array} \qquad (4.1)$$

Alle Marktteilnehmer sind verpflichtet, für die von ihnen angebotenen Wirtschaftsgüter das aktuell gültige Geld als *gesetzliches Zahlungsmittel* anzunehmen. Der Verkäufer eines Wirtschaftsgutes erhält mit dem Geld vom Käufer ein anonymes Leistungsversprechen in Höhe des Kaufpreises. Das heißt:

- Geld ist ein staatlich gesichertes, anonymes, unspezifiziertes und übertragbares *Leistungsversprechen*, das auf allen Märkten eines Währungsgebiets einlösbar ist.

Der Kaufpreis kann in den unterschiedlichen *Erscheinungsformen des Geldes* gezahlt werden: durch *Bargeld*, dessen Einlösung gegen ein angebotenes Wirtschaftsgut der Staat garantiert, durch *Giralgeld*, dessen jederzeitige Umwandlung in Bargeld von einer Bank zugesichert wird, oder durch *Kredit*, für dessen Rückzahlung in Form von Bargeld oder Giralgeld der Kreditnehmer oder ein Bürge mit seinem Vermögen haftet.

Solange es nicht zum Kauf eines Wirtschaftsgutes ausgegeben wird, ist Geld ein *Wertspeicher* der damit verbürgten Leistungsversprechen. Die verschiedenen Erscheinungsformen des Wertspeichers Geld werden an den *Finanzmärkten* gehandelt. Die Ausgabe und Annahme von Geld sowie der Handel mit Finanzgütern sind vom Staat durch Gesetze und Verordnungen geregelt. Außerdem hat der Staat das Monopol für die Ausgabe von Bargeld. Das *Geldmonopol* wurde in vielen Ländern einer *Zentralbank* übertragen. Die Einhaltung der durch Gesetze und Verordnungen begründeten *Geld- und Finanzordnung* wird von der Zentralbank und den Finanzaufsichtsämtern überwacht.

Soweit die Kaufpreise der Wirtschaftsgüter bekannt sind, kann sich jeder Akteur ausrechnen, welche Mengen unterschiedlicher Güter mit dem Geld gekauft werden können. Solange die Preise sich nicht ändern, ist das Geld ein fester *Wertmaßstab* für Güter und Vermögen, der angibt, wie viel Geld für eine bestimmte Menge eines Gutes am Markt gezahlt wird.

Mit den Kaufpreisen der Wirtschaftsgüter verändert sich der *Wert des Geldes* und damit der Wertmaßstab. Der aktuelle Wert des Geldes wird erst erkennbar, wenn der Geldbesitzer versucht, das Leistungsversprechen des Geldes durch den Einkauf von Gütern am Markt einzulösen. Werden in einem Zeitraum mehr Leistungsversprechen in Form von anonymem Geld durch Kauf konkret eingelöst, als sich aufgrund eines begrenzten Leistungsvermögens erfüllen lassen, müssen die Anbieter der knappen Güter ihre früheren Leistungsversprechen *reduzieren* oder deren Erfüllung *zuteilen* oder *verschieben*.

In einer freien Marktwirtschaft ist eine Reduzierung des Leistungsversprechens durch Anheben des Verkaufspreises für den gleichen Liefer- und Leistungsumfang möglich. Das bewirkt, wie in *Abschnitt 13.3* gezeigt wird, eine *Zuteilung über den Markt*, die von der *Zahlungsbereitschaft* und dem *Zahlungsvermögen* der Nachfrager abhängt. Wenn also, aus welchen Gründen auch immer, mehr Geld als Güter angeboten wird, führt das zu Preisanhebungen und zur *Geldentwertung*.

Jeder, der über eine ausreichende Menge liquiden Geldes verfügt, kann in einer freien Marktwirtschaft mehr oder weniger frei entscheiden, für welche Güter welcher Hersteller er sein Geld bei welchen Anbietern ausgibt. Wegen der Entscheidungsfreiheit über die Geldverwendung ist Geld ein *Stimmzettel* der Einkäufer und Konsumenten über die Auswahl der Anbieter und die von ihnen angebotenen Güter.

4.2 Zahlungsmittel

Nach dem Abschluss eines Handels kann der Kaufpreis mit *Bargeld* oder *Giralgeld* aber auch durch Bewilligung einer *Forderung* auf *Kredit* bezahlt werden. Die *Erscheinungsformen des Geldes als Zahlungsmittel* sind also Bargeld, Giralgeld und Kreditgeld:

- *Bargeld* ist das *gesetzliche Zahlungsmittel*, das im Auftrag eines Staates oder einer Währungsunion von den Zentralbanken in Form von Münzen und Papiergeld erzeugt und über die Geschäftsbanken in Umlauf gebracht wird.
- *Giralgeld* sind die *sofort verfügbaren Sichteinlagen* von *Girokonten*, für deren Auszahlung eine Bank oder eine andere Kreditinstitution haftet.
- *Kreditgeld* sind *Forderungen* an den Zahlungspflichtigen oder an einen Kreditgeber, der für die Auszahlung zum vereinbarten Zeitpunkt bürgt.

Im Zuge des Wandels von der *Naturalwirtschaft* über die *Tauschwirtschaft* zur *Marktwirtschaft* haben Papiergeld und Münzen ohne Eigenwert das Bargeld mit Eigenwert, wie Münzen aus Gold und Edelmetall, als Zahlungsmittel weitgehend abgelöst. Die im Auftrag des Staates ausgegebenen Münzen und Geldscheine sind *Wertmarken* und *Gutscheine*, die auf allen Märkten eines Währungsgebiets gegen Güter und Leistungen eingelöst werden können. Jeder hat das *Recht*, mit Bargeld seine *Zahlungsverpflichtungen* zu erfüllen und *Steuern* zu zahlen. Mit der Annahme und dem Besitz von *materiellem Bargeld* ist außer den Gefahren der Fälschung, des Diebstahls und des Verlierens das *Geldwertrisiko* durch Inflation verbunden.

Der *Bargeldbestand* M_{GBar} [GE] eines Landes oder Währungsraums, der sich außerhalb der Banken befindet, ist recht genau bekannt (s. *Tab. 4.1*). Weniger gut bekannt ist, wo sich das Bargeld befindet, ob in den Privathaushalten oder in Firmenkassen, ob im Inland oder Ausland. Weitgehend unbekannt ist, welcher Anteil der Kaufabschlüsse mit Bargeld bezahlt wird.

Wesentlich bedeutender für den Zahlungsverkehr als das Bargeld ist heute die *bargeldlose Zahlung* mit *Giralgeld*. Anders als beim Bargeld besteht für das Giralgeld keine gesetzliche Annahmepflicht. Es ist jedoch für viele Zahlungen bequemer, aber auch mit *Transferkosten* und Gebühren verbunden. Das Giralgeld wird dem Zahlungsempfänger überwiesen, durch den Berechtigten vom Girokonto des Zahlungspflichtigen abgebucht oder gegen Vorlage eines *Schecks* oder einer *Zahlungsanweisung* von einer Bank in Bargeld ausgezahlt. Beim Giralgeld kommen zum Geldwertrisiko das *Deckungsrisiko* des Kontos und das *Zahlungsrisiko* der Bank hinzu. Dafür entfallen die Gefahren der Fälschung, des Diebstahls und Verlierens.

Eine neue Erscheinungsform des liquiden Geldes ist das *elektronische Bargeld* [Lammer 2006]. Es wird in gewünschter Höhe von einem Girokonto auf eine *Geldkarte* umgebucht und auf einem Chip gespeichert. Ein Kaufpreis wird elektronisch durch den Verkäufer von der Karte des Käufers abgebucht und danach dem Konto des Verkäufers gutgeschrieben. Elektronisches Bargeld ist also mobiles, lokal transferierbares Giralgeld.

Das Giralgeld ist von der Bank *unverzüglich* in voller Höhe auszuzahlen oder zu transferieren, sobald der Zahlungsempfänger seinen Anspruch geltend macht. Daher muss das bezogene Konto ein *Sichtguthaben* oder einen *Überziehungsrahmen* aufweisen, der zur Deckung der eingehenden Zahlungsforderungen ausreicht. Wegen der Verpflichtung zur sofortigen Auszahlung werden Guthaben auf Girokonten von den Banken nicht oder nur sehr gering verzinst. Der gesamte *Giralgeldbestand* M_{GGiro} [GE] ist die Summe aller Guthaben auf den Girokonten und mobilen Geldkarten.

4.2 Zahlungsmittel

Geldarten	Abk.	Deutschland West 1985		Gesamtdeutschland 1995	
		Mrd.DM	Anteil	Mrd.DM	Anteil
Liquides Geld	**M1**	334	100%	816	100%
Bargeld	M_{GBar}	104	31%	238	29%
Giralgeld	M_{GGiro}	230	69%	579	71%
Kurzfristiges Kreditgeld		651	100%	1.191	100%
Termingeld	M_{GTerm}	243	37%	442	37%
Spareinlagen	M_{GSpar}	408	63%	750	63%
Geldmenge	**M2**	577		1.258	
Geldmenge	**M3**	986		2.007	

Tabelle 4.1 Zusammensetzung der Geldmengen in Deutschland

M1 = B_{GBbar} + B_{GBGiro} M2 = M1 + B_{GTerm} M3 = M2 + B_{GSpar}

Quelle: Deutsche Bundesbank

Der *liquide Geldbestand* eines Landes oder Währungsraums, die so genannte *Geldmenge* M1, ist die Summe des Bargeldbestands und des Giralgeldbestands [Issing 2003]:

$$M1 = M_{GBar} + M_{GGiro} \qquad [GE] \: . \qquad (4.2)$$

Wenn der Anspruchsberechtigte damit einverstanden ist, kann eine Zahlungsverpflichtung auch ohne liquides Geld durch die *Hergabe einer Forderung* beglichen werden. Bei dieser Art der bargeldlosen Zahlung wird der geschuldete Geldbetrag über eine *Kreditkarte* von einem *Kreditkonto* abgebucht, ein *Kreditvertrag*, z. B. ein *Ratenzahlungsvertrag*, unterzeichnet oder ein *Wechsel* ausgestellt. Zur Eröffnung eines Kreditkontos, das bis zu einem *Kreditlimit* überzogen werden darf, wird zuvor mit einem Kreditinstitut ein *Rahmenvertrag* abgeschlossen. Mit einer Bank oder einem anderen Darlehensgeber kann auch ein *Darlehensvertrag* abgeschlossen werden, aus dem entweder Bargeld ausgezahlt wird oder eine *Transitzahlung* direkt auf ein Drittkonto fließt. Bei einer Bezahlung durch Kredit kommt für den Forderungsinhaber zu dem Geldwertrisiko das *Zahlungsausfallrisiko* des Schuldners hinzu. Abhängig von der Fälligkeit der Forderung wird unterschieden zwischen *Termingeld*, wie Tagesgeld und Monatsgeld, *Spareinlagen*, die erst nach einer *Kündigungsfrist* von 3 Monaten in voller Höher verfügbar sind, und anderen Forderungen mit längeren Laufzeiten. Die Summe aller Termingelder ist der *Termingeldbestand* M_{GTerm} [GE]. Die Summe von Bargeld, Giralgeld und Termingeld ist die *Geldmenge* M2:

$$M2 = M1 + M_{GTerm} = M_{GBar} + M_{GGiro} + M_{GTerm} \qquad [GE] \: . \qquad (4.3)$$

Die Summe aller Spareinlagen M_{GSpar} und der Geldmenge M2 ist die *Geldmenge* M3:

$$M3 = M2 + M_{GSpar} = M_{GBar} + M_{GGiro} + M_{GTerm} + M_{GSpar} \qquad [\text{GE}]\,. \qquad (4.4)$$

Die Bestände der vier Geldarten für Deutschland West 1985 und für Gesamtdeutschland 1995 sowie ihre Anteile sind in *Tab. 4.1* angegeben.

Sparguthaben dürfen nicht direkt zur Zahlung verwendet werden. Sie können jedoch durch Abheben in Bargeld oder durch Überweisung in Giralgeld umgewandelt werden. Auch Termingelder werden in der Regel vom Girokonto des Verleihers auf ein Girokonto des Ausleihers überwiesen und erst von dort an einen Zahlungsempfänger weitergeleitet. Das gilt ebenso für Guthaben auf Ertragskonten mit längerer Bindefrist. Termingeld und Spareinlagen sind für den Verleiher *Finanzgüter* zur Geldanlage und für den Schuldner terminierte *Zahlungsverpflichtungen*. Abgesehen von der kürzeren Laufzeit unterscheiden sie sich also nicht von Forderungen mit längerer Laufzeit. Die Summe von Termingeldbestand, Spareinlagen und aller übrigen Forderungen sollte daher besser als *Kreditgeldbestand* bezeichnet werden.

Der *Gesamtgeldbestand* M_G eines Landes ist also die Summe aller Bestände von Bargeld, Giralgeld und Kreditgeld:

$$M_G = M_{GBar} + M_{GGiro} + M_{GKred} \qquad [\text{GE}]\,. \qquad (4.5)$$

Davon sind die Bargeldmenge, die Giralgeldmenge und die Summe der Bankkredite recht genau bekannt. Die Höhe der privaten Kredite ist dagegen weitgehend unbekannt, da es für Kredite unter Nichtbanken keine Meldepflicht gibt. Unbekannt ist auch, welcher Anteil der Käufe und übrigen Zahlungen mit Bargeld, Giralgeld oder Kreditgeld beglichen wird.

Das Unterzeichnen einer Forderung und die Aufnahme eines Kredits schaffen zusätzliches Kreditgeld und erhöhen den Kreditgeldbestand. Die Höhe der privaten *Geldschöpfung durch Kredit* ist durch die *Bonität* begrenzt, also durch das Vertrauen, das der Kreditgeber in das Zahlungsvermögen des Schuldners hat. Die *Bonität einer Wirtschaftseinheit* hängt ab vom *Gesamtvermögen* abzüglich der *Schulden* und von den in der Zukunft zu erwartenden *Einnahmen* des Kreditnehmers. Das durch Kredit geschaffene Kreditgeld verschwindet wieder mit der Tilgung oder Rückzahlung des Kredits. Daraus folgt:

▶ Der Gesamtgeldbestand einer Volkswirtschaft ist zeitlich veränderlich und in seiner Höhe weitgehend unbekannt.

Die *private Kreditgeldschöpfung* wird von den privaten Kreditgebern kontrolliert und in Grenzen gehalten. Die Banken kontrollieren und beschränken die *bankseitige Kreditgeldschöpfung*. Die Gesamtsumme aller Bankkredite wird durch die *Zentralbank* über die *Mindestrücklage* begrenzt. Über die *Leitzinsen*, d. h. über den *Diskontsatz* für Wechsel und den *Lombardzins* für die Refinanzierung, beeinflusst die Zentralbank die Höhe der *Kapitalmarktzinsen* und damit die private Kreditaufnahme [Giersch 1961; Issing 2003]. Eine solche Begrenzung besteht dagegen nicht für die *staatliche Geldschöpfung*. Das gefährdet den *Geldwert* (s. *Kapitel 17*).

Aus den laufend eingehenden und abfließenden Zahlungen ergeben sich die in *Abb. 4.2* dargestellten *Zahlungsströme* einer Wirtschaftseinheit. Ein Zahlungseingang

4.2 Zahlungsmittel

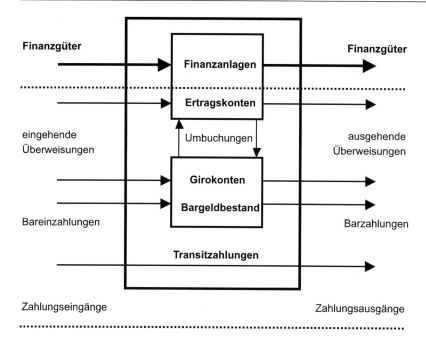

Abb. 4.2 Zahlungsströme und Finanzvermögen einer Wirtschaftseinheit

kann in Form von Bargeld oder Giralgeld als *liquider Kassenbestand* gehalten werden. Er kann aber auch auf ein verzinsliches *Ertragskonto* eingezahlt oder als *Transitzahlung* direkt auf ein Drittkonto weitergeleitet werden. Ein Zahlungsausgang kann aus dem Kassenbestand entnommen werden, aus einem Ertragskonto fließen oder eine Transitzahlung sein.

Der Preis für die Liquidität des Bargelds und Giralgelds ist der Verzicht auf Zinsen und die Gefahr des Geldwertverlustes durch Inflation. Daher wird eine ökonomisch handelnde Wirtschaftseinheit die liquide Geldmenge niedrig halten und größere Überschüsse auf ein Ertragskonto umbuchen. Von dort werden sie bei Liquiditätsbedarf unter Einhaltung der Kündigungsfrist zurück gebucht. Größere Guthaben auf dem Ertragskonto werden zum Kauf von Finanzgütern verwendet, die einen höheren Ertrag bringen.

Entscheidend für die *Gelddisposition* ist (s. *Abschnitt 16.6*):

▶ Transitzahlungen aus dem Zahlungseingang und Direktzahlungen aus einem Ertragskonto erfordern keine Liquidität.

Da Transitzahlungen und Direktzahlungen aus einem Ertragskonto unabhängig sind von der liquiden Geldmenge, beeinflussen sie nicht die Höhe der Geldmengen M1, M2 und M3. Umgekehrt ändern sich die Transit- und Direktzahlungen nicht mit den Geldmengen M1, M2 und M3, die von der Zentralbank zur Verfügung gestellt und gesteuert werden (s. *Abschnitt 17.7*).

4.3 Wertmaßstab

Der Preis eines Wirtschaftsgutes und der monetäre Wert des Vermögens einer Wirtschaftseinheit werden in Geldeinheiten gemessen. Die gesetzliche *Geldeinheit* ist also *Maßeinheit* für die Preise und *Wertmaßstab* für das Vermögen. Anders als die technisch-physikalischen Maßeinheiten zur Messung von Gütermengen, die – wie die Längeneinheit durch den *Urmeter* – absolut und eindeutig festgelegt sind, ist die gesetzliche Geldeinheit kein unveränderlicher Maßstab sondern eine abstrakte *Recheneinheit* ohne materiellen Bezug.

Der *monetäre Wert* eines Wirtschaftsgutes WG_r, d. h. der *Güterwert*, ist die mittlere Anzahl Geldeinheiten P_{Kr} [GE/ME$_r$], die am Markt pro Mengeneinheit ME$_r$ bezahlt wird. Das ist der *Marktpreis* des Gutes. Umgekehrt ist der *Geldwert* gleich der *Kaufmenge* $1/P_{Kr}$ [ME$_r$/GE] eines Wirtschaftsgutes WG_r, die im Mittel für eine Geldeinheit am Markt zu kaufen ist. Daraus folgt:

▶ Das Geld hat so viele güterspezifische Werte, wie Güter am Markt gehandelt werden.

Ändert sich der Marktpreis des Wirtschaftsgutes WG_r aus welchen Gründen auch immer in einer Periode t gegenüber der vorangehenden Periode $t-1$ von $P_{Kr}(t-1)$ auf $P_{Kr}(t)$, so bewirkt das die *güterspezifische Inflationsrate*:

$$i_r(t) = P_{Kr}(t)/P_{Kr}(t-1) - 1 \qquad [\%/\text{PE}]. \qquad (4.6)$$

Die *Kaufkraftänderung* für das Gut WG_r ist dann:

$$\Delta_r(t) = P_{Kr}(t-1)/P_{Kr}(t) - 1 = -i_r(t)/(1 + i_r(t)) \qquad [\%/\text{PE}]. \qquad (4.7)$$

Die Kaufkraft fällt also, wenn die Inflation ansteigt und umgekehrt.

Ein Erfassen und Vergleichen der güterspezifischen Inflationsraten und Kaufkraftänderungen aller Wirtschaftsgüter ist praktisch nicht möglich, aber auch unnötig, solange dafür kein begründetes Interesse besteht. Hinzu kommt, dass die Marktpreise vieler Einzelgüter wegen der *Marktstochastik* große Zufallsschwankungen aufweisen und wenig aussagefähig sind (s. *Kapitel 13*). Abhängig von Zielsetzung und Verwendungszweck werden daher nur die Marktpreise $P_{Kr}(t)$ ausgewählter Wirtschaftsgüter WG_r für eine aktuelle Periode t erfasst und mit festgelegten Mengen m$_r$ der aktuelle *Marktpreis eines Warenkorbs* WK = $(WG_1;\ldots;WG_N)$ berechnet:

$$P_{WK}(t) = \sum_r m_r \cdot P_{Kr}(t) \qquad [\text{GE}]. \qquad (4.8)$$

Daraus ergibt sich analog zu Beziehung (4.6) die *Inflationsrate des Warenkorbs*:

$$i_{WK}(t) = P_{WK}(t)/P_{WK}(t-1) - 1 \qquad [\%/\text{PE}]. \qquad (4.9)$$

Der Faktor der Geldwertänderung infolge der Inflationsraten $i(t_1), i(t_2),\ldots$ $i(t_n)$ in n aufeinander folgenden Perioden $t_k = t_o + k \cdot T_{PE}, k = 1, 2, \ldots n$, ist der

4.3 Wertmaßstab

Preisindex:
$$f_P(n) = (1 + i(t_1)) \cdot (1 + i(t_2)) \cdot (1 + i(t_2)) \cdots (1 + i(t_n)). \tag{4.10}$$

Bei einer mittleren Inflationsrate i [% p.a.] ist der Preisindex nach n Jahren $f_P(n) = (1 + i)^n$ und die *Halbwertszeit des Geldes*, in der sich der Geldwert halbiert, $n_{1/2} = ln2/ln(1+i)$. Eine konstante Inflationsrate führt also zu einem exponentiellen Preisanstieg. So ergibt sich bei einer Inflationsrate von 5% p.a. nach 10 Jahren ein Preisanstieg um 63% und eine Halbwertszeit des Geldes von 14,2 Jahren.

Für die Zusammensetzung des Warenkorbs und die Mengen der ausgewählten Wirtschaftsgüter bestehen die unterschiedlichsten Möglichkeiten. Daher ist die *Konvention* (4.9) zur Messung der Inflationsrate mit Problemen verbunden. Dazu gehören die Berücksichtigung von Bedarfsverschiebungen, die durch neue Produkte und veränderte Preisrelationen verursacht werden, sowie die Auswirkungen von Qualitätsänderungen auf die Preise und den Bedarf. Zum Ausgleich dieser Effekte werden in bestimmten Zeitabständen – in Deutschland alle 5 Jahre – die Güter eines Warenkorbs und deren Gewichtung dem aktuellen Verbrauch angepasst [Issing 2003]. Daraus ergibt sich jedoch die Gefahr, dass die *Vergleichbarkeit* verloren geht. Außerdem besteht für die Wirtschaftspolitik die Versuchung zur *Manipulation*, um unerwünschte Entwicklungen zu kaschieren.

Die Inflationsraten der industriellen Erzeugerpreise, der Lebenshaltungskosten von Normalhaushalten und anderer Güterklassen werden monatlich vom *Statisti-*

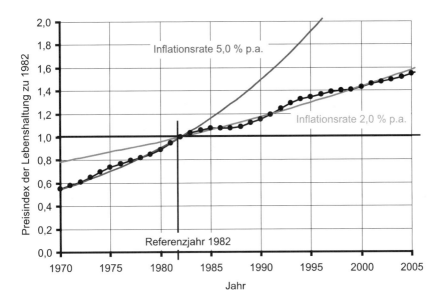

Abb. 4.3 Preisentwicklung der Lebenshaltungskosten in Deutschland

Referenzjahr 1982   Wiedervereinigung 1990   €-Einführung 2002
Quelle: Statistisches Bundesamt Deutschland (destatis.de) März 2007

schen Bundesamt ermittelt und bekannt gegeben. *Abb. 4.3* zeigt die Preisentwicklung der Lebenshaltungskosten in Deutschland seit 1972 (s. auch *Abb. 5.9*). Aus dem Verlauf geht hervor, dass die Inflationsrate in den 12 Jahren von 1970 bis 1982 um einen Mittelwert von etwa 5% geschwankt hat und sich seit 1982 um einen Mittelwert von 2% einpendelt. Im Referenzjahr 1982 kam nach 13 Jahren SPD/FDP-Regierung die CDU/FDP an die Regierung. Damit hat sich auch die Wirtschaftspolitik geändert. Bemerkenswert ist, dass die Wiedervereinigung Deutschlands im Jahr 1990, mit der ein erheblicher Anstieg der *Bargeldmenge* verbunden war, nur zu einem relativ geringen Anstieg der Inflationsrate geführt hat. Auch der Beginn der *europäischen Währungsunion* mit Einführung des *Euro* [€] im Jahr 2002 hatte kaum Auswirkungen auf die amtliche Inflationsrate.

Die *Inflationserwartungen* fließen ein in die Preiskalkulation der Unternehmen, in die Lohnforderungen der Gewerkschaften und – wie nachfolgend gezeigt wird – in die Kurswerte der Finanzgüter. Die Inflationsraten der Vergangenheit und die daraus abgeleitete Inflationserwartung haben daher erheblichen Einfluss auf das Wirtschaftsgeschehen.

4.4 Finanzgüter

Finanzgüter sind spezielle *Rechtsgüter*. Sie werden erworben zur Geldanlage, um Zinsen, Gewinne, Mieten, Renten oder andere *Finanzerträge* zu erlösen oder um durch den späteren Verkauf *Kursgewinne* zu erzielen. Wegen der Möglichkeit, die *Finanzerträge* zum Kauf von Bedarfsgütern zu verwenden, dient ein Finanzgut dem zukünftigen Güterbedarf von Haushalten, Unternehmen und Staat. Es kann aber auch direkt zum Begleichen eines Kaufpreises oder einer anderen Zahlungsverpflichtung verwendet werden. Abhängig von der *Ertragsart* und dem *Anlagerisiko* gibt es ertragslose, verzinsliche und gewinnbeteiligte Finanzgüter.

Ertragslose Finanzgüter sind Bargeld, Devisen und unverzinstes Giralgeld. Sie bieten den Vorteil der *Liquidität*, da sie jederzeit für den Kauf von Wirtschaftsgütern verfügbar sind. Liquides Geld wird an den *Geldmärkten* gehandelt und gegen *Zinsen* auf Zeit ausgeliehen. Die Geldverleiher erhalten für das Überlassen von liquidem Geld eine Forderung. Der *Marktpreis* für den Geldverleih ist der *Geldmarktzins*. *Verzinsliche Finanzgüter* sind:

Forderungen
Geldmarktpapiere
Kredite und Darlehen   (4.11)
Hypotheken
Anleihen

Die fest oder variabel verzinslichen Finanzgüter bringen dem Eigentümer bis zur Rückzahlung oder zum vorzeitigen Verkauf Finanzerträge aus Zinszahlungen. Verzinsliche Finanzgüter werden an Wertpapierbörsen gehandelt. Sie unterscheiden sich nach dem Verwendungszweck des Geldes, der Zahlungssicherheit für Zinsen und Rückzahlung und nach der Laufzeit. An einer Börse gehandelte Forderungen und

4.4 Finanzgüter

Anleihen werden meist in Nennbeträgen von *100-Geldeinheiten* [GE] ausgegeben. Der *Nennbetrag* ist Teil einer *Kreditsumme*, deren Ausgabe- und Rückzahlungswert ebenfalls in Geldeinheiten gemessen wird. Der Preis eines Nennbetrags von 100 Geldeinheiten ist der *Wertpapierkurs*. Der jährliche Erlös pro 100 Geldeinheiten ist der *Ertragszins* z_E [% p.a.].
Gewinnbeteiligte Finanzgüter sind:

$$\begin{array}{l} \text{Aktien} \\ \text{Unternehmensbeteilungen} \\ \text{Besitzanteile} \\ \text{Fremde Anlagegüter} \\ \text{Vermietete Immobilien} \\ \text{Lebensversicherungen} \\ \text{Beteiligungen an Vermögenswerten} \end{array} \qquad (4.12)$$

Die an *Aktienbörsen* und auf anderen *Kapitalmärkten* gehandelten Aktien und Finanzgüter werden in *Stück* ausgegeben und meist in 5, 10, 100 oder 1000 Stück gehandelt. Das Stück ist ein definierter Anteil eines *Aktienkapitals* oder eines *Beteiligungsvermögens*, das nicht notwendig in Geld bewertet wird. Wenn das Beteiligungsvermögen zur Eröffnung bilanziert wurde, tritt an die Stelle von 100 Stück der *Nennwert* 100 GE. Der Preis pro 100 Stück ist der *Anteilskurs*. Der Ertrag eines gewinnbeteiligten Finanzgutes ist die jährliche Gewinnauszahlung pro 100 Stück. Das ist bei Aktien die *Dividende*.
Die *Qualitätsmerkmale eines Finanzgutes* sind:

$$\begin{array}{l} \text{Zinsertrag oder Gewinnerwartung} \\ \text{Rückzahlungskurs oder Wiederverkaufspreis} \\ \text{Laufzeit der Geldanlage} \\ \text{Bonität des Sicherungsgebers} \end{array} \qquad (4.13)$$

Ein Maß für die Bonität ist das *Zahlungsausfallrisiko* r [% p.a.], das von der Wahrscheinlichkeit der *Insolvenz* oder eines *Konkurses* des Schuldners oder Bürgen abhängt.

Unter Berücksichtigung der Risiken lässt sich aus den zukünftigen Erträgen, dem zu erwartenden Verkaufserlös und der Laufzeit nach Beziehung (3.20) der *Ertragswert* oder nach Beziehung (4.16) der *Kurswert* eines Finanzgutes berechnen. Die Ertragswerte und Kurswerte bestimmen die Angebots- und Nachfragepreise auf den Finanzmärkten.

Ähnlich wie die Wirtschaftsgüter zu Kombinationsgütern können die unterschiedlichen Finanzgüter – teilweise auch kombiniert mit *Finanzdienstleistungen* – gebündelt werden zu *Finanzprodukten* oder *Derivaten*. Dazu gehören

$$\begin{array}{l} \text{Aktienfonds} \\ \text{Wertpapierfonds} \\ \text{Investitionsfonds} \\ \text{Beteilungsfonds} \end{array} \qquad (4.14)$$

Auch Finanzprodukte und Derivate werden, soweit sie übertragbar sind, an den Finanzmärkten gehandelt. Ihr Marktpreis ist der *Handelskurs*.

Die *Rendite* eines Finanzgutes ist die Relation des Jahresertrags zum *Handelskurs*. Der *Kapitalmarktzins* ist die durchschnittliche Rendite aller gehandelten Finanzgüter. Der Handelkurs eines Finanzgutes ergibt sich an der Börse oder auf einem anderen Finanzmarkt aus den Nachfrage- und Angebotsmengen und den Nachfrage- und Angebotskursen mit den *Transfergleichungen* des Marktes. Die Nachfrager und Anbieter bestimmen den *Grenzkurs* oder das *Kurslimit*, zu dem sie einen *Kaufauftrag* bzw. *Verkaufsauftrag* erteilen, mit Hilfe der Ertragswertformel (3.20) oder der nachfolgenden Kurswertformel (4.16) aus den Nettoerträgen unter Berücksichtigung von *Laufzeit*, geschätztem *Zahlungsrisiko* und erwarteter *Inflationsrate*.

4.5 Kurswerte

Um bei einem *Kapitalmarktzins* z [% p.a.] den *Barwert* eines Ertrags zu berechnen, der erst nach t Jahren ausgezahlt wird, ist dieser pro Jahr mit dem *Diskontierungsfaktor* $1/(1+z)$ und für t Jahre mit dem *Abzinsungsfaktor* $1/(1+z)^t$ zu multiplizieren. Wenn ein *Zahlungsrisiko* r [% p.a.] besteht, ist die Zahlungswahrscheinlichkeit pro Jahr $(1-r)$ und die Wahrscheinlichkeit einer Zahlung nach t Jahren $(1-r)^t$. Eine *Inflationsrate* i [% p.a.] entwertet zukünftige Zahlungen jährlich um den *Deflator* $1/(1+i)$ und bei Zahlung nach t Jahren um den Faktor $1/(1+i)^t$. Daraus folgt, dass ein Zahlungsanspruch oder eine Ertragserwartung für jedes Jahr des Zahlungsverzugs zu multiplizieren ist mit dem *allgemeinen Diskontierungsfaktor* (4.15)

$$f_D = f_D(z; r; i) = (1/(1+z)) \cdot (1-r)/(1+i) \approx 1 - (z+r+i) \quad \text{für } z, r, i \ll 1,$$

um ihren Barwert zu errechnen. Eine geliehener Geldbetrag, ein Kredit, eine Anleihe oder andere Forderungen werden in der Regel am Ende einer *Laufzeit* N [a] zurückgezahlt. Die Rückzahlung ist mit dem Faktor f_D^N zu diskontieren.

Für Finanzanlagen, deren Erträge jährlich mit der Inflationsrate ansteigen, ist der *Deflator* 1. Das gilt auch für *Indexanleihen* und für Mietobjekte, deren Mietzins mit der Inflation angehoben wird. Bei Vorliegen einer sicheren Zahlungsbürgschaft entfällt der Faktor $(1+r)$. Andernfalls ist das Zahlungsrisiko $r = r_S r_B$ das Produkt der Ausfallrisiken von Schuldner und Bürge. Durch Summieren aller diskontierten Zahlungseingänge über die Laufzeit folgt aus der allgemeinen Ertragswertformel (3.20):

- Der *Kurswert eines Finanzgutes* mit konstantem *Ertragszins* z_E, für das nach einer *Laufzeit* N der *Verkaufskurs* oder *Rückkaufkurs* RX erlöst wird, ist bei einem *Kapitalmarktzins* z, einem *Zahlungsrisiko* r und einer *Inflationsrate* i

$$KW = KW(z_E; N; f_D) = z_E \cdot (1 - f_D^N)/(1 - f_D) + RK f_D^N \quad [\%] \tag{4.16}$$

Bei zeitlich veränderlichen Erlösen ist zur Kurswertberechnung eine *dynamische Ertragwertberechnung* mit der allgemeinen Formel (3.20) erforderlich. Sie scheitert jedoch in der Regel daran, dass die zukünftige Zahlungsreihe unbekannt ist. Aus dem allgemeinen *Mittelwertsatz* folgt jedoch, dass der Ertragswert, der mit der Kurswertformel (4.16) für den mittleren Ertragszins berechnet wird, nur wenig vom dynamisch berechneten Ertragswert abweicht [Gudehus 2005]. Daraus folgt die *Näherungsregel der Kurswertkalkulation*:

4.5 Kurswerte

▶ Der Kurswert von Aktien und anderen Finanzgütern mit zeitlich veränderlichen Erträgen, deren Rückzahlungswert unsicher ist, kann aus dem erwarteten *Durchschnittsertrag* und dem *mittleren Verkaufskurs* mit der Kurswertformel (4.16) kalkuliert werden.

Der Diskontierungsfaktor (4.15) und die Kurswertformel (4.16) sind von zentraler Bedeutung für die *Preisbildung von Finanzgütern*. Sie enthalten alle wesentlichen Einflussfaktoren, die in die Kalkulationen und Überlegungen rationaler Marktteilnehmer einfließen, denn der Anbieter eines Finanzgutes kalkuliert seinen *Angebotskurs* und der Nachfrager den *Nachfragekurs* mit den Beziehungen (4.15) und (4.16):

▶ Ein *Nachfrager* Ni ist bereit, für ein Finanzgut mit dem erwarteten Ertragszins z_E und der Laufzeit N maximal den Kurswert (4.16) zu bezahlen, den er mit seinen *Erwartungswerten* für das Zahlungsrisiko r_{Ni} und die Inflationsrate i_{Ni} kalkuliert.

▶ Ein *Anbieter* Aj verlangt für ein Finanzgut mit dem erwarteten Ertragszins z_E und der Laufzeit N minimal den Kurswert (4.16), den er mit seinen *Erwartungswerten* für das Zahlungsrisiko r_{Aj} und die Inflationsrate i_{Aj} kalkuliert.

Wenn der Eigentümer eines Finanzgutes Geld für den Kauf eines anderen Wirtschafts- oder Finanzgutes benötigt, das für ihn einen höheren monetären Wert hat als der Kurswert (4.16), kommt es zum Angebot dieses Finanzgutes. Eine Nachfrage nach einem bestimmten Finanzgut entsteht, wenn ein Wirtschaftsteilnehmer Geld anlegen will und kein anderes Gut für ihn einen höheren monetären Wert hat als der Kurswert (4.16) des betreffenden Finanzgutes.

Auch der *Tilgungswert* eines Kredits mit einer *Restlaufzeit N* lässt sich mit der Kurswertformel (4.16) kalkulieren, denn gegen Zahlung dieses Mindestkurses ist der Kreditgeber in der Regel bereit, die Forderung an den Schuldner zurückzugeben.

In *Abb. 4.4* ist die Abhängigkeit des Kurswertes einer Finanzanlage vom Ertragszins z_E für zwei verschiedene Laufzeiten bei einen Diskontierungsfaktor 0,942 dargestellt. Hieraus wie auch aus der *Kurswertformel* (4.16) ist ablesbar:

▶ Der Kurswert eines Finanzgutes steigt linear mit dem Ertragszins.

▶ Der Kurswert steigt mit zunehmendem und sinkt mit fallendem Diskontierungsfaktor.

Wenn der Ertragszins den *kritischen Wert*:

$$z_{Eo} = 1 - f_D \approx z + r + i \tag{4.17}$$

hat, ergibt sich aus (4.16) genau der Kurswert 100 %. Die *Effektivverzinsung* ist der reale Ertragszins, d. h. die Nominalverzinsung, minus Zahlungsrisikos und Inflationsrate:

$$z_{Eeff} = z_E - r - i \tag{4.18}$$

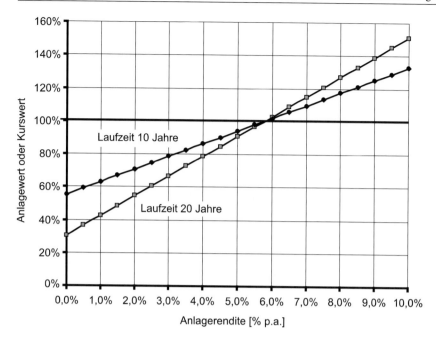

Abb. 4.4 Abhängigkeit des Kurswertes eines Finanzgutes von der Anlagerendite

Parameter: $f_D = 0,942$ Anlageredite = Ertragszins z_E

Aus der Kurswertformel (4.16) folgt:

▶ Der Anstieg des Kurswertes ist bei kürzerer Laufzeit geringer als bei längerer Laufzeit, wenn der Effektivzins unter dem Kapitalmarktzins liegt.

▶ Der Anstieg des Kurswertes ist bei längerer Laufzeit geringer als bei kürzerer Laufzeit, wenn der Effektivzins über dem Kapitalmarktzins liegt.

Das ist auch aus *Abb. 4.5* erkennbar, in der die Abhängigkeit des Kurswertes vom Diskontierungsfaktor (4.15) für zwei verschiedene Kreditlaufzeiten gezeigt ist. Aus der Formel (4.18) für den Diskontierungsfaktor sowie aus *Abb. 4.5* ergibt sich:

▶ Der Kurswert steigt überproportional mit dem Diskontierungsfaktor an.

▶ Ein Anstieg des *Kapitalmarktzinses* bewirkt einen geringeren Kurswert (s. auch *Abb. 3.5*)

▶ Das *Zahlungsrisiko* senkt die Effektivverzinsung und reduziert den Kurswert.

Die wichtigsten Konsequenzen aus der Kurswertformel aber sind die *Inflationsauswirkungen* auf den Kurswert und die Rendite der Finanzgüter (s. auch *Abschnitt 17.6*).

▶ Eine steigende *Inflationsrate* reduziert und eine fallende *Inflationsrate* erhöht den Kurswert aller Finanzgüter, deren Erträge nicht inflationsgesichert sind.

4.5 Kurswerte

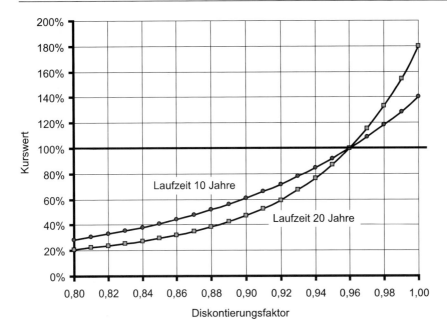

Abb. 4.5 Abhängigkeit des Kurswertes vom Diskontierungsfaktors bei Ertragszins z_E = 4% p.a.

Parameter: Laufzeit N = 10 und 20 Jahre

▶ Erhöhte *Inflationserwartungen* führen zu einem Anstieg, geringere *Inflationserwartungen* zu einem Fallen der aktuell angebotenen Kreditzinsen und Renditen.

Gemäß Beziehung (4.17) hat der *Kapitalmarktzins* bei kleinem z, r und i nahezu die gleiche Auswirkung auf den Kurswert der Finanzgüter wie die Inflationsrate und das Zahlungsrisiko. Daher bewirkt ein Anstieg von Kapitalmarktzins, Inflation oder Zahlungsrisiko gleichermaßen einen höheren Zins für Neuemissionen. Die Rendite neu emittierter Anleihen beeinflusst wiederum den Geldmarktzins: Ein Anbieter von Geld wird entweder den Angebotszins anheben oder das Geld statt am Geldmarkt am Kapitalmarkt anlegen. Das aber reduziert das Geldangebot mit der Folge, dass auch die Geldzinsen steigen.

Wenn die Marktteilnehmer eine gleich bleibende Inflationsrate erwarten, bieten Finanzgüter mit unterschiedlicher Laufzeit die gleiche Rendite. Wird jedoch längerfristig mit einem Anstieg der Inflationsrate gerechnet, müssen Wertpapiere mit längerer Laufzeit einen höheren Zins bieten als Papiere mit kurzer Laufzeit. Werden längerfristig abnehmende Inflationsraten erwartet, kommt es zu einer *inversen Zinsstruktur*, bei der die Zinsen bei längerer Laufzeit niedriger sind als bei kurzer Laufzeit [Issing 2003].

4.6 Vermögenswerte

Das wirtschaftliche Vermögen einer Wirtschaftseinheit ist das in Geld bewertete Realvermögen und Finanzvermögen abzüglich der Schulden:

- Das *Realvermögen* $v_R(t)$ [GE] ist die Summe des *Vorratsvermögens*, das den Bestandswert aller Verbrauchsgüter umfasst, und des *Sachanlagevermögens*, das gleich dem monetären Wert des Nutzenvorrats aller Gebrauchsgüter ist.
- Das *Finanzvermögen* $v_F(t)$ [GE] ist die Summe des liquiden *Geldvermögens*, also der Bargeldbestände und Girokontoguthaben, und des *Finanzanlagevermögens*, das den Wert aller Forderungen, Wertpapiere, Beteiligungen und übrigen Finanzgüter umfasst.

Forderungen sind Zahlungsansprüche aus dem Verkauf von Wirtschafts- und Finanzgütern gegen Kreditgewährung sowie gesicherte Rentenansprüche, Versicherungsleistungen, Versorgungszusagen und Transferzahlungen von anderen Wirtschaftseinheiten.

- *Schulden* $s(t)$ [GE] sind die Summe der negativen Kontostände und des Wertes aller Zahlungsverpflichtungen, aufgenommenen Kredite und begebenen Anleihen.

Die Zahlungsverpflichtungen resultieren aus dem Kauf von Wirtschafts- und Finanzgütern auf Kredit, aus offenen Steuer- und Abgabepflichten sowie aus verbindlichen Renten-, Versorgungs- und Transferzusagen an andere Wirtschaftseinheiten. Die Schulden eines Privathaushalts oder einer staatlichen Institution sind *negatives Finanzvermögen*; die Schulden eines Unternehmens sind *Fremdkapital*.

Das *wirtschaftliche Vermögen* einer Wirtschafteinheit an einem *Stichtag* t ist also:

$$v(t) = v_R(t) + v_F(t) - s(t) \qquad [\text{GE}] . \qquad (4.19)$$

Zur Erstellung einer *Vermögensbilanz* ist es notwendig, das Vermögen jeweils zu Anfang und zum Ende eines *Bilanzzeitraums* T [PE] monetär, d. h. in Geldeinheiten, zu bewerten. *Wertmaßstab* des Vermögens ist also die *Geldeinheit* [GE = €, £, SFr, $, ¥,...] der in einem Land geltenden *Währung*.

Der *Wert des Realvermögens* lässt sich aus dem Bestand am Stichtag zu den aktuellen Marktpreisen und Kostensätzen kalkulieren, soweit diese für die betreffenden Güter bekannt sind. Während sich der Vorratsbestand von *Verbrauchsgütern* durch eine *Inventur* zum Bilanzstichtag relativ einfach feststellen lässt, ist es weitaus schwieriger, den *Nutzenvorrat* eines *Gebrauchsgutes* objektiv festzustellen. Das geschieht in der Praxis nach unterschiedlichen *Abschreibungsverfahren*, von denen nur die *nutzungsnahe Abschreibung* den tatsächlichen *Nutzenverzehr* der Vergangenheit korrekt berücksichtigt [Gudehus 2005].

Wenn keine aktuellen Marktpreise oder Kosten bekannt sind, wird der Güterbestand in der Regel mit den *Anschaffungspreisen* oder zu *Herstellkosten* bewertet. Damit sind jedoch Risiken verbunden. So besteht die Gefahr einer *Überbewertung* der Bestände von Gütern, deren Preis gefallen ist, die unverkäuflich sind oder sich als Fehlinvestition erwiesen haben. Wenn eine Überbewertung oder Bestandsrisiken erkennbar sind, ist eine *Sonderabschreibung* erforderlich. Bei *Inflation* führt die

4.6 Vermögenswerte

Vermögensart Bestandteile	Bewertung Vermögensgegenstände	Ertragsform Ertragsform
Realvermögen	**Einkaufspreis, Herstellkosten**	**Umsatzerlöse**
Verbrauchsgüter	Vorratsbestände der Verbrauchsgüter	Verkaufserlöse
Gebrauchsgüter	Nutzungsvorräte der Gebrauchsgüter	Nutzungsertrag
Finanzvermögen	**Kassen-/Kontostand, Kurs, Ertragswert**	**Finanzerträge**
Bargeld	Bargeldbestände	ohne
Giralgeld	Sichteinlagen	(Zinsen)
Termingeld	Termineinlagen, Spareinlagen	Zinsen
Forderungen	Anleihen, Kredite, Schuldscheine, Wechsel	Zinsen
Besitzanteile	Aktien, Unternehmen, Gebrauchsgüter	Gewinn, Miete
Erwerbsvermögen	**Ertragswert**	**Erwerbseinkommen**
Unselbstständige	Arbeits- und Leistungsfähigkeit	Lohn, Gehalt
Selbstständige	Wissen, Können, Leistung, Erfolg	Honorar

Tabelle 4.2 Vermögensarten und Ertragsformen

Bewertung zu Anschaffungspreisen zur *Unterbewertung* älterer Vorrats- und Anlagebestände und zu *Scheingewinnen* [Issing 2003].

Der *Vermögenswert eines Finanzgutes*, das am Kapitalmarkt gehandelt wird, ist der *Handelskurs*. Wenn kein aktueller Handelskurs bekannt ist, kann der Vermögenswert des Finanzgutes mit dem *Ertragswert* (3.20) oder dem *Kurswert* (4.16) angesetzt werden. Auch der *Vermögenswert einer Schuld*, die an einem Finanzmarkt gehandelt wird, ist der aktuelle Handelskurs. Der Wert einer nicht am Markt gehandelten Zahlungsverpflichtung wird mit dem *Tilgungswert* angesetzt, der sich ebenfalls mit der *Kurswertformel* (4.16) berechnen lässt.

Die Summe des Vermögens aller Haushalte und des Staates ist das *Volksvermögen*. Sie enthält auch das Vermögen aller Unternehmen, das über Unternehmensbeteiligungen und Anleihen entweder zum Vermögen der Haushalte oder des Staates gehört. Schulden und Fremdkapital heben sich gegen das positive Finanzvermögen aus der Vermögenssumme heraus. Das Gesamtvermögen der Haushalte und des Staates setzt sich zusammen aus dem Nutzungsvermögen und dem Produktivvermögen:

- Das private und öffentliche *Nutzungsvermögen* ist der Bestandswert aller Verbrauchs- und Gebrauchsgüter, die für den privaten bzw. öffentlichen Bedarf bestimmt sind. Sie werden verbraucht, verzehrt oder abgenutzt, ohne damit Wirtschaftsgüter zu erzeugen.

- Das *Produktivvermögen* ist der Bestandswert der *Produktionsfaktoren*, das heißt der Verbrauchs- und Gebrauchsgüter, die zur wirtschaftlichen Nutzung, zum Verkauf oder zur Erzeugung von Wirtschaftsgütern bestimmt sind.

Wegen der genannten Bewertungsschwierigkeiten ist die Erfassung des Volksvermögens mit großen Problemen verbunden. Noch schwieriger ist es, die *Verteilung* des Produktivvermögens, des Finanzvermögens und der Schulden auf die Haushalte und den Staat zu ermitteln. Die korrekte Ermittlung der *Verteilung* des Finanzvermögens scheitert vor allem daran, dass sich der Vermögenswert von Beteilungen, die nicht am Markt gehandelt werden, weder erheben noch berechnen lässt.

Die in der Literatur zu findenden Angaben zur *Vermögensverteilung* beruhen meist auf *Stichprobenerhebungen*, die sich auf den messbaren Vermögensteil der Haushalte beschränken, der aus Realvermögen, Bargeld, Sparguthaben, Aktien und Wertpapieren abzüglich Schulden besteht. Unternehmensbeteiligungen und andere nicht in Geld bewertbare Vermögensanteile sowie Haushalte mit sehr hohem Einkommen bleiben unberücksichtigt oder werden subjektiv eingeschätzt. Daher ist die Ungleichverteilung der Einkommen und Vermögen in der Realität weitaus größer, als aus den veröffentlichten Zahlen, wie sie die *Abb. 4.6* zeigt, hervorgeht. Bei der Erfassung des Volksvermögens und der Einkommen und ihrer Verteilung auf die Haushalte herrschen große Unsicherheit und geringe Transparenz. Wenn die Haushalte mit dem größten Vermögen und Spitzeneinkommen „*aufgrund der geringen Fallzahlen*" nicht erfasst werden, erweckt das den Verdacht der Verschleierung und Beeinflussung der statistischen Erhebungen durch interessierte Kreise [DIA 2007].

Bei der Beurteilung und Verwendung gesamtwirtschaftlicher Daten zum Einkommen, Vermögen und zur Beschäftigungssituation sind daher Vorsicht und Skepsis geboten [s. z. B. The Economist 9/2007]. Die Wirtschaft funktioniert auch ohne Kenntnis der gesamtwirtschaftlichen Daten, solange die Märkte transparent und fair geregelt sind und die einzelnen Haushalte, die Unternehmen und der Staat ihre eigenen mikroökonomischen Vermögensbilanzen kennen und beachten.

4.7 Erwerbsvermögen

Außer einem wirtschaftlichen Vermögen haben die meisten Privathaushalte ein *Erwerbsvermögen*. Für die Endverbrauchermärkte ist das Erwerbsvermögen von großer Bedeutung, da es die Sicherheit für Kredite an Privathaushalte ist und die *private Kreditgeldschöpfung* begrenzt.

Der monetäre Wert des Erwerbsvermögens ist gleich dem Ertragswert (3.20) des zu erwartenden Erwerbseinkommens. Die zur Ertragswertberechung benötigte *Lebensverdienstkurve* eines Menschen, die den Beginn, die Intensität, die Dauer und das Einkommen der Erwerbstätigkeit im Verlauf des Lebens angibt, lässt sich jedoch nur ungenau abschätzen (s. *Abb. 6.5*). Sie kann für bestimmte Berufsgruppen aus dem Verdienstverlauf abgeschlossener Lebensläufe ermittelt werden [Schomerus 1977].

Aus der Schwierigkeit, das Erwerbseinkommen verlässlich zu bestimmen, und aus dem Einkommensrisiko resultiert das *Zahlungsrisiko* für Kredite, deren einzige Sicherheit das Erwerbsvermögen ist. Das Zahlungsrisiko der Privathaushalte fließt

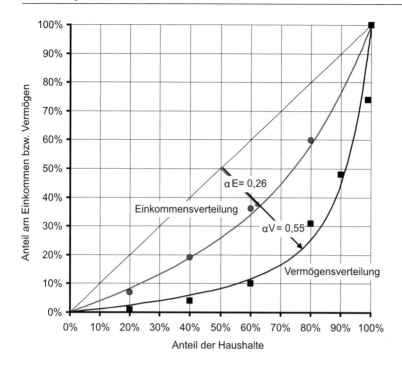

Abb. 4.6 Einkommens- und Vermögensverteilung in Deutschland

Kreise, Quadrate: Ist-Werte 1998 einer Erhebung des statistischen Bundesamtes (nur Haushalte bis 17.800 € Netto-Monatseinkommen)
Kurven: mit Beziehung (5.24) berechnete Lorenzfunktionen
Parameter α: Ungleichheit der Lorenzverteilung (s. *Abschnitt 5.6*)

ein in die Preiskalkulation für *Ratenzahlungsverkäufe* und in die *Zinskalkulation* für Kredite an Privathaushalte.

4.8 Vermögensbilanzen

Für jedes Wirtschaftsgut, das eine Wirtschaftseinheit ein- oder verkauft, gilt eine gesonderte mikroökonomische Güterbilanz (3.30). Dagegen besteht für jede Wirtschaftseinheit nur eine einzige *mikroökonomische Vermögensbilanz*:

$$\Delta v(t) = v(t) - v(t-1) = g(t) = e(t) - a(t) \qquad [\text{GE/PE}]. \qquad (4.20)$$

Sie besagt: Die Änderung des Vermögens $\Delta v(t)$ vom Endwert $v(t-1)$ der Vorperiode $t-1$ bis zum Endwert $v(t)$ der aktuellen Periode t ist gleich der Summe aller *Einnahmen* $e(t)$ minus der Summe aller *Ausgaben* $a(t)$ der Periode. Diese Differenz ist der *Periodengewinn* $g(t)$. Bei positiver Vermögensänderung, also für $g(t) > 0$, ist in der Periode ein *Gewinn*, bei negativer Vermögensbilanz, also für $g(t) < 0$, ist ein *Verlust* angefallen.

Aus dem *ökonomischen Prinzip* folgt das *Ziel der Gewinnmaximierung*:

▶ Hauptziel von Unternehmen und anderen rein ökonomisch orientierten Wirtschaftseinheiten ist ein anhaltender maximaler Periodengewinn.

Ausgehend vom Ziel der Gewinnmaximierung lässt sich aus der Vermögensbilanz eines Unternehmens in Verbindung mit den Güterbilanzen und Grenzleistungsgesetzen, den Produktionsfunktionen und Kostenfunktionen sowie mit den Absatzfunktionen und Beschaffungsfunktionen der erzeugten und gehandelten Güter die gesamte *Betriebswirtschaft* erschließen [Schneider 1969 S. 56ff; Wöhe 2000]. Die *Absatzfunktion* und die *Beschaffungsfunktion* für ein Wirtschaftsgut ergeben sich aus den *Transfergleichungen* des Marktes (s. Abschnitt 15.3). Durch sie sind alle Wirtschaftseinheiten miteinander verbunden, die dasselbe Gut anbieten oder benötigen.

Die *Einnahmen* einer Wirtschaftseinheit sind die Summe von *Verkaufsumsätzen* $u_{VK}(t)$, *Arbeitseinkommen* $e_{AL}(t)$, *Finanzerträgen* $e_{FG}(t)$, *Transfereinnahmen* und *Bestandsaufwertungen* $b^+(t)$:

$$e(t) = u_{VK}(t) + e_{AL}(t) + e_{FG}(t) + e_{TR}(t) + b^+(t) + e_{TX}(t) \quad [\text{GE/PE}]. \quad (4.21)$$

Hinzu kommen beim Staat die *Steuereinnahmen* $e_{TX}(t)$. Sie resultieren aus Einkommensteuern, Gewinnsteuern, Umsatzsteuern, Transfersteuern und anderen Abgaben, die von den Haushalten und Unternehmen an den Staat zu zahlen sind. In den Vermögensbilanzen der Haushalte und Unternehmen ist $e_{TX}(t) = 0$ und $a_{TX}(t) \leq 0$. In der Staatsbilanz ist $a_{TX}(t) = 0$ und $e_{TX}(t)$ die Summe der Steuern und Abgaben aller Haushalte und Unternehmen.

Die Einnahmen aus *Verkaufsumsätzen* mit Bedarfsgütern reduzieren sich um die *Zahlungsausfälle*. Verkaufserlöse und Arbeitseinkommen, die nicht sofort in bar, sondern erst nach einer *Zahlungsfrist* t_{ZF} bezahlt werden, sind mit dem Faktor $f_D^{t_{ZF}}$ zu diskontieren, wobei f_D der allgemeine Diskontierungsfaktor (4.15) ist. Dadurch vermindert sich der Verkaufspreis p_K um den Faktor $f_D^{t_{ZF}}$ auf den *effektiven Verkaufspreis* $f_D^{t_{ZF}} \cdot p_K$.

Finanzerträge sind Zinsen, Gewinne und Erlöse aus dem Verkauf von Finanzgütern. *Transfereinnahmen* sind Subventionen, Beihilfen und Sozialleistungen des Staates sowie Zahlungen anderer Wirtschaftseinheiten ohne Gegenleistung.

Die *Ausgaben* sind die Summe von *Einkaufsumsätzen* $u_{EK}(t)$, *Vergütungen für bezogene Arbeitsleistungen* $a_{AL}(t)$, *Finanzausgaben* $a_{FG}(t)$, *Schuldendienst* $a_{SD}(t)$, *Transferausgaben* $a_{TR}(t)$ und *Bestandsabwertungen* $b^-(t)$ sowie – außer beim Staat – von *Steuerabgaben* $a_{TX}(t)$:

(4.22)
$$a(t) = u_{EK}(t) + a_{AL}(t) + a_{FG}(t) + a_{SD}(t) + a_{TR}(t) + b^-(t) + a_{TX}(t) \quad [\text{GE/PE}]$$

Die Ausgaben für Einkäufe und Arbeitsleistungen sind bei einer *Zahlungsfrist* t_{ZF} mit dem Faktor $f_D^{t_{ZF}}$ zu diskontieren. Dadurch reduziert sich der Einkaufspreis p_{EK} um den Faktor $f_D^{t_{ZF}}$ auf den *effektiven Einkaufspreis* $f_D^{t_{ZF}} \cdot p_{EK}$.

Finanzausgaben sind Zahlungen für den Kauf von Finanzgütern, aber auch Gebühren und andere Aufwendungen, die im Zusammenhang mit Kauf, Aufbewahrung, Verkauf und Verwaltung der Finanzgüter anfallen. Der *Schuldendienst* umfasst Zinsen und Tilgung von Krediten. *Transferausgaben* sind Unterstützungen und Zahlungen an andere Wirtschaftseinheiten ohne Gegenleistung.

4.8 Vermögensbilanzen

Bestandswertänderungen des Realvermögens resultieren bei unveränderter Bestandshöhe aus den *Neubewertungen* der Bestände wegen Schwund, Verderb, Unbrauchbarkeit, Unverkäuflichkeit, technischer Veraltung oder veränderter Marktpreise. *Bestandswertänderungen des Finanzvermögens* sind eine Folge von Forderungsausfällen, Bewertungsänderungen und veränderter *Kurswerte* der Finanzgüter. Das heißt:

▶ Auch ohne eine Änderung der Bestandsmengen bewirken veränderte Marktpreise für die Wirtschaftsgüter und veränderte Kurswerte der Finanzgüter eine Änderung des wirtschaftlichen Vermögens.

Das ist jedem Wirtschaftsteilnehmer bekannt, der Immobilien oder Aktien besitzt oder diese für andere verwaltet. Die *Buchgewinne* und *Buchverluste* aus Vermögensänderungen infolge von Bewertungsänderungen lassen sich durch Verkauf oder Beleihung der betreffenden Vermögensteile jederzeit realisieren. Sie haben daher ebenso wie alle anderen Gewinne und Verluste unmittelbar Auswirkung auf die Märkte:

▶ Eine Zunahme des wirtschaftlichen Vermögens erhöht die Zahlungsfähigkeit und Konsumbereitschaft einer Wirtschaftseinheit, eine Abnahme des Vermögens vermindert sie.

Die Auswirkung der Entwicklung des wirtschaftlichen Vermögens auf die Gütermärkte zeigt sich regelmäßig in den USA und anderen Ländern. Dort führen steigende Immobilienpreise oder Börsenkurse zu einem Konsumanstieg. Fallende Hauspreise und Aktienkurse bewirken einen Konsumrückgang.

Eine mikroökonomische Vermögensbilanz (4.20) verknüpft die monetären Werte der *Leistungsströme* einer Wirtschaftseinheit, die sich im *Leistungsbereich* aus dem Kauf und Verkauf von Wirtschaftsgütern ergeben, mit den *Finanzströmen*, die im *Finanzbereich* aus den Erträgen sowie dem Kauf und Verkauf von Finanzgütern resultieren. Sie enthält eine große Anzahl von Variablen, von denen sich einige nur ungenau berechnen lassen, und ist daher nur theoretisch geeignet, eine der Variablen aus den übrigen Variablen zu berechnen. Die mikroökonomische Vermögensbilanz (4.20) ist für jede Wirtschaftseinheit in Vergangenheit und Zukunft per Definition stets erfüllt. Für die Zukunft aber folgt:

▶ *Vermögensbilanz* und *Liquiditätsrestriktion* begrenzen die Handlungsmöglichkeiten im Leistungsbereich und im Finanzbereich einer Wirtschaftseinheit.

Die *Liquiditätsrestriktion* resultiert daraus, dass eine Wirtschaftseinheit stets über ausreichend liquides Geld verfügen muss, um fällige Zahlungen begleichen zu können. Überschreiten die fälligen Zahlungen die Summe von Bargeldbestand, Giroguthaben und Überziehungsgrenzen, tritt *Zahlungsunfähigkeit* ein. Wenn keine Bank und keine andere Wirtschaftseinheit mehr bereit ist, neuen Kredit zu bewilligen, führt die *Insolvenz* zum *Konkurs*. Bei *Überschuldung*, d. h. bei negativem Gesamtvermögen, werden Zahlungsansprüche nachrangiger Gläubiger nur mit einer Konkursquote deutlich unter 100 % bedient. Das führt bei den betroffenen Wirtschaftseinheiten zu entsprechenden *Zahlungsausfällen*.

Trotz der Begrenzung durch die Liquiditätsrestriktion und durch die Vermögensbilanz sind die finanziellen und operativen Handlungsmöglichkeiten für die meisten Wirtschaftseinheiten groß. Der *finanzielle Handlungsspielraum* kann im *Finanzbereich* zur Umschichtung des Finanzvermögens genutzt werden, um durch den Kauf und Verkauf von Finanzgütern maximale Finanzerträge zu erzielen. Er erlaubt auch die Finanzierung von Investitionen, um das Geschäft mit der Erzeugung oder dem Handel mit Bedarfsgütern gewinnbringend auszuweiten.

Der *operative Handlungsspielraum* im Leistungsbereich lässt sich zur optimalen Disposition der Vorratsbestände und zur Umschichtung des Anlagevermögens nutzen, um den Gewinn zu steigern. Auch der private Bedarf lässt sich bei ausreichendem Vermögen ohne wesentliche Einschränkungen erfüllen. Generell gilt:

▶ Die Handlungsmöglichkeiten im Leistungsbereich und im Finanzbereich nehmen mit wachsendem Vermögen zu und sinken mit abnehmendem Vermögen.

Bei großem Vermögen besteht auch die Möglichkeit zum Ausgleich von temporären *Verlusten* im Leistungsbereich durch Erträge aus und Verkäufe von Finanzgütern oder durch Kreditaufnahme. Wenn jedoch das Vermögen gegen Null geht oder wegen Überschuldung negativ ist, können Kredite, wenn überhaupt, nur noch auf das Erwerbsvermögen aufgenommen werden. Das bedeutet:

▶ Bei geringem oder negativem Vermögen besteht im Finanzbereich kaum noch Handlungsspielraum und im Leistungsbereich nur ein sehr eingeschränkter Handlungsspielraum.

Um einen maximalen Gewinn zu erzielen und Verluste zu vermeiden, muss eine Wirtschaftseinheit die Einnahmen und Ausgaben planen und budgetieren. Die *Budgetierung* führt zu einer Begrenzung der Nachfragemengen sowie zur Reduzierung der Zahlungsfähigkeit und der Nachfragergrenzpreise.

Die Leistungsströme lösen nur einen Teil aller Zahlungsströme aus. Außerdem verschieben sich die Zahlungen für Güter und Leistungen, die nicht sofort erbracht und bar bezahlt werden, gegenüber den Kaufabschlüssen um die Lieferzeit und die Zahlungsfrist. Ein großer Teil der Zahlungsströme resultiert unabhängig von den Leistungsströmen aus den Einnahmen und Ausgaben des Finanzbereichs. Der Anteil der finanzbedingten Zahlungsströme steigt mit dem Vermögen einer Wirtschaftseinheit. Daraus folgt:

▶ Mit zunehmendem Vermögen sind Zahlungsströme und Leistungsströme immer mehr entkoppelt.

Das gilt für jede einzelne Wirtschaftseinheit wie auch für die gesamte Volkswirtschaft.

4.9 Finanzdisposition

Um Insolvenz zu vermeiden und nicht Konkurs zu machen, muss eine Wirtschaftseinheit stets für ausreichende Liquidität sorgen. Um einen möglichst hohen Gewinn

4.9 Finanzdisposition

zu erzielen, wird bei zu hoher Liquidität nach maximal ertragbringenden und ausreichend sicheren Geldanlagen gesucht. Das sind die Aufgaben von Finanzplanung und Finanzdisposition. Die mittel- und langfristig ausgerichtete *Finanzplanung* umfasst die Liquiditätsplanung und das Portfoliomanagement. Die *Liquiditätsplanung* sorgt dafür, dass stets rechtzeitig ausreichend Bargeld und Giralgeld zur Verfügung steht. Das *Portfoliomanagement* umfasst die optimale *Anlage* von Zahlungsüberschüssen und die *Umschichtung* der Finanzanlagen zur Gewinnmaximierung unter Berücksichtigung von Anlagerisiko und Liquiditätsbedarf [Mankiw 2003; Markowitz 1959; Wöhe 2000].

Wenn zu erwarten ist, dass die Ausgaben die Einnahmen deutlich überschreiten und die Liquidität knapp wird, besteht Geldbedarf. Die *Handlungsmöglichkeiten bei Geldbedarf* sind:

Eigenfinanzierung oder Fremdfinanzierung
Wahl der Finanzierungsart (4.23)
Auswahl der zu verkaufenden Finanzgüter

Steigt die Liquidität wegen hoher Einnahmen bei geringeren Ausgaben zu weit an, besteht Geldanlagebedarf. Die *Handlungsmöglichkeiten bei Anlagebedarf* sind:

Eigeninvestition oder Fremdinvestition
Geldverleih oder Finanzanlage (4.24)
Auswahl der zu kaufenden Finanzgüter

Wegen des Wechsels zwischen Zahlungsüberschuss und Unterdeckung und infolge der Umschichtungen zwischen den Finanzgütern treten viele Wirtschaftseinheiten an den Geld- und Kapitalmärkten sowohl als Nachfrager wie auch als Anbieter auf. Anders als auf den Güter- und Arbeitsmärkten ist auf den Finanzmärkten der Anbieter von heute der Nachfrager von morgen und umgekehrt.

Die Umsetzung der Finanzplanung durch Käufe und Verkäufe an den Geld- und Finanzmärkten ist die Aufgabe der kurzfristig agierenden Finanzdisposition. Die *Ziele der Finanzdisposition* sind:

1. Sicherung des Zahlungsvermögens bei geringem Geldbestand
2. Minimale Finanzierungskosten für die benötigten Kredite (4.25)
3. Maximale Finanzerträge aus der Anlage von Überschüssen

Um diese Ziele zu erreichen, werden nach freiem Ermessen oder zielführenden Dispositionsstrategien die *Nachfragemengen* $m_N(t)$ und *Nachfragepreise* $p_N(t)$ nach Geld und Finanzgütern sowie die *Angebotsmengen* $m_A(t)$ und *Angebotspreise* $p_A(t)$ von Geld und Finanzgütern festgelegt.

Die *Aktionsparameter eines Finanzgüternachfragers* sind:

Nachfragezeitpunkte
Nachfragemengen
Nachfragezins oder Nachfragekurs (4.26)
Laufzeitbedarf

Die Summe der individuellen Nachfragemengen $m_{NiGeld}(z)$ nach Geld zum Nachfragezins z über alle Geldnachfrager Ni, die auf einen Geldmarkt kommen, ergibt die

Geldnachfragefunktion $M_{NGeld}(z)$. Die Summe der Nachfragemengen $m_{AFGi}(p)$ nach einem Finanzgut FG zum Nachfragekurs p über alle Nachfrager Ni, die auf einen Kapitalmarkt kommen, ist die *Nachfragefunktion* $M_{AFG}(p)$ des Finanzgutes FG.
Die *Aktionsparameter eines Finanzgüteranbieters* sind:

(4.27)

Angebotszeitpunkte
Angebotsmengen
Angebotszins oder Angebotskurs
Laufzeitangebot

Die Summe der individuellen Angebotsmengen $m_{AiGeld}(z)$ von Geld zum Angebotszins z über alle Geldanbieter Ai, die auf den Geldmarkt kommen, ist die *Geldangebotsfunktion* $M_{AGeld}(z)$. Die Summe der Angebotsmengen $m_{NFGi}(p)$ für ein Finanzgut zum Angebotskurs p über alle Anbieter Ai, die auf einen Kapitalmarkt kommen, ergibt die *Angebotsfunktion* $M_{NFG}(p)$ für das betreffende Finanzgut.

Aus den individuellen Mengen und Zinssätzen der Anbieter und Nachfrager von Geld ergeben sich mit den *Transfergleichungen des Marktes* die unterschiedlichen Geldzinssätze z_{Gij}, zu denen der Geldverleih zwischen den Nachfragern Ni und Anbietern Aj stattfindet. Der durchschnittliche Zinssatz für alle Geldausleihungen einer Handelsperiode ist der *Geldmarktzins*.

Entsprechend resultieren mit den *Transfergleichungen des Marktes* aus den Mengen und Preisen der Anbieter und Nachfrager von Finanzgütern die *Kaufkurse* p_{Kij}, zu denen ein Nachfrager Ni von Anbieter Aj ein Finanzgut kauft. Gemittelt über alle Kaufabschlüsse einer Handelsperiode resultiert daraus der *Handelskurs*.

Das Dispositionsverhalten und die Dispositionsstrategien der einzelnen Wirtschaftsteilnehmer sind im Finanzbereich noch unterschiedlicher und vielfältiger als im Leistungsbereich. Auch hier finden sich die spontane, die ereignisabhängige und die zyklische Disposition. Ebenso ist eine statische Disposition nach gleich bleibenden Strategien oder eine dynamische Disposition mit adaptiven Strategien möglich.

Das Dispositionsverhalten und die Strategien professioneller Vermögensverwalter und Finanzmanager sind seit langem Gegenstand umfangreicher Untersuchungen. Für die Entwicklung zielführender Dispositionsstrategien für Geld und Finanzgüter müssen die Gesetzmäßigkeiten des Marktes bekannt sein. Eine dynamische *Strategie der Gelddisposition* wird in *Abschnitt 16.5* entwickelt.

4.10 Gewinnoptimierung

Die kurzfristig agierende *Güterdisposition* einer gewinnorientierten Wirtschaftseinheit ist auf die Maximierung des Monats-, Quartals- oder Jahresgewinns ausgerichtet. *Ziel der Disposition* ist die *aktuelle Gewinnmaximierung*:

- Eine *gewinnorientierte Wirtschaftseinheit* verkauft zu höchst möglichen Preisen die Mengen eines Wirtschaftsgutes, die es entbehren, herstellen, beschaffen und bereitstellen kann, und kauft zu niedrigsten Preisen die Mengen, die es verbrauchen, gebrauchen oder zu höheren Preisen verkaufen will.

So einfach die Aufgabe der aktuellen Gewinnmaximierung zunächst klingt, so schwierig ist sie in der Praxis zu lösen. Sie erfordert nämlich die Kenntnis der *Absatzfunktion* $m_{VK}(p_A; m_A)$ für die betreffenden Güter, d. h. der Abhängigkeit der Verkaufsmenge von Angebotspreis und Angebotsmenge, und der *Beschaffungsfunktion* $m_{EK}(p_N; m_N)$, d.h die Abhängigkeit der Einkaufsmenge von Nachfragepreis und Nachfragemenge. Beide Funktionen werden über die *Transfergleichungen* vom Markt bestimmt und sind in der Regel nicht genau bekannt.

Die mittel- bis langfristig ausgerichtete *Geschäftsplanung* muss die Gewinnentwicklung zukünftiger Perioden für einen Zeitraum von 5 bis 10 Jahren vorbereiten und sichern. *Ziel der Planung* ist die *anhaltende Gewinnoptimierung*:

- Eine *gewinnoptimierende Wirtschaftseinheit* vermarktet und beschafft die Wirtschaftsgüter zu den Preisen und Mengen, mit denen sie auf Dauer den maximalen Gesamtgewinn erzielen kann.

Dafür ist zunächst zu entscheiden, für wie viele Jahre der Gesamtgewinn, d. h. der Barwert (3.20) der Periodengewinne (4.20) betrachtet und maximiert werden soll. Die anhaltende Gewinnoptimierung wird dadurch weitaus schwieriger als die aktuelle Gewinnmaximierung. Sie ist für Mehrproduktunternehmen selbst bei bekannten Absatz- und Beschaffungsfunktionen wenn überhaupt nur mit Hilfe aufwändiger *OR-Verfahren* lösbar.

In der Praxis werden für die Disposition und Planung *Absatzstrategien* und *Beschaffungsstrategien* benötigt, die auch bei partieller Unkenntnis der Absatzfunktionen bzw. der Beschaffungsfunktionen praktikabel sind (s. *Kapitel 15* und *Kapitel 16*).

4.11 Wirtschaftsentwicklung

Die Summe der mikroökonomischen Vermögensbilanzen (4.20) aller Haushalte, Unternehmen und staatlichen Institutionen eines geschlossenen Wirtschaftsraums ergibt die *volkswirtschaftliche Gesamtbilanz* [Schneider 1969 S. 56ff]: (4.28)

$$\Delta V(t) = V(t) - V(t-1) = I(t) = Y(t) - C(t) \quad [GE/PE] \quad \text{für} \quad t = 1, 2, 3 \ldots .$$

Da für die gesamtwirtschaftliche Entwicklung nur das Produktivvermögen maßgebend ist, wird eine Änderung des privaten und öffentlichen Nutzungsvermögens, das nicht zur Gütererzeugung bestimmt ist, dem Konsum zugerechnet. Bei der Summation saldieren sich Finanzerträge und Schuldendienst, Transfers und Steuern.

Die volkswirtschaftliche Gesamtbilanz (4.28) besagt, dass in jeder Periode t die *Änderung des Produktivvermögens* $\Delta V(t)$ gleich dem *Nettoinlandsprodukt* $Y(t)$ aller Wirtschaftseinheiten minus dem *Konsum* $C(t)$ von Haushalten und Staat ist. Das in Geldeinheiten gemessene Nettoinlandsprodukt ist die Summe der zu Faktorpreisen $P_Y = (P_{Y1}; P_{Y2}; P_{Y3} \ldots)$ bewerteten Nettomengen $M_Y = (M_{Y1}; M_{Y2}; M_{Y3} \ldots)$ aller produzierten Wirtschaftsgüter WG_{Pr}:

$$Y(t) = M_Y \times P_Y = \sum_r M_{Yr} \cdot P_{Yr} \tag{4.29}$$

Die Nettomenge M_{Yr} ist die Summe aller produzierten Mengen eines Wirtschaftsgutes abzüglich der zur Erzeugung anderer Güter in der gleichen Periode verbrauchten, eingesetzten oder abgenutzten Mengen.

Das monetäre Nettoinlandsprodukt fließt den Haushalten und dem Staat als *Volkseinkommen* zu. Es wird von den Wirtschaftseinheiten für den privaten oder öffentlichen *Konsum* $C(t)$ ausgegeben oder als *Sparsumme* $S(t)$ in zusätzliche Ressourcen investiert. Der monetäre Konsum $C(t)$ ist die Summe der zu Marktpreisen $P_C = (P_{C1}; P_{C2}; P_{C3} \ldots)$ bewerteten Verbrauchsmengen $M_C = (M_{C1}; M_{C2}; M_{C3} \ldots)$ aller konsumierten Wirtschaftsgüter WG_{Cr}:

$$C(t) = M_C \times P_C = \sum_r M_{Cr} \cdot P_{Cr} . \tag{4.30}$$

Die Sparsumme $S(t) = I(t)$ fließt direkt oder - über den Kauf von Finanzgütern - indirekt in die *Investitionssumme*

$$S(t) = I(t) = M_I \times P_I = \sum_r M_{Ir} \cdot P_{Ir} . \tag{4.31}$$

der zu den Marktpreisen $P_I = (P_{I1}; P_{I2}; P_{I3} \ldots)$ investierten Mengen $M_I = (M_{I1}; M_{I2}; M_{I3} \ldots)$ von Wirtschaftsgütern WG_{Ir}, die zur Produktion bestimmt sind. Mit den Beziehungen (4.29) bis (4.31) folgt aus (4.28) die explizite volkswirtschaftliche Gesamtbilanz:

$$\sum M_{Ir} \cdot P_{Ir} = \sum M_{Yr} \cdot P_{Yr} - \sum M_{Cr} \cdot P_{Cr} . \tag{4.32}$$

Die explizite Gesamtbilanz (4.32) ergibt sich auch durch Multiplikation der makroökonomischen Güterbilanzen (3.34) mit den jeweiligen Marktpreisen und anschließende Summation über alle Wirtschaftsgüter. Die volkswirtschaftlichen Gesamtbilanzen beruhen also auf der *Annahme*, dass die Mengen aller Wirtschaftsgüter messbar sind und für alle Güter Marktpreise existieren.

Anders als die implizite Bilanz (4.28) zeigt die explizite Gesamtbilanz (4.32) die Komplexität der volkswirtschaftlichen Zusammenhänge. Sie macht deutlich, dass in die Bilanz eine unvorstellbar große Zahl von Gütern mit ihren jeweiligen Mengen und Preisen eingeht. Für die Mehrzahl der Güter sind die Mengen und Preise im Einzelnen nicht und in der Summe nur ungenau bekannt. Die Gesamtbilanz ist durch die unterschiedlichsten Konstellationen von Mengen und Preisen erfüllbar. Für die Vergangenheit gilt sie zwangsläufig. Für die Zukunft beschränkt sie die Möglichkeiten der Wirtschaftsentwicklung. Weitere Restriktionen für die Wirtschaftsentwicklung sind die mikroökonomischen Güter- und Vermögensbilanzen, die Produktionsfunktionen sowie die *Güterrestriktionen*:

- Die *Produktionsmengen* $M_P = (M_{P1}; M_{P2}; M_{P3} \ldots)$ sind nach oben begrenzt durch die *Produktionskapazitäten* $M_{Pmax} = (M_{P1max}; M_{P2max}; M_{P3max} \ldots)$, die in der Vergangenheit durch Investitionen in das Produktivvermögen aufgebaut wurden

$$M_{Pr} \leq M_{Prmax}(V) \quad \text{für} \quad r = 1, 2, \ldots \tag{4.33}$$

4.11 Wirtschaftsentwicklung

- Die *Konsummengen* $M_C = (M_{C1}; M_{C2}; M_{C3} \ldots)$ sind nach unten beschränkt durch den *existenziellen Mindestkonsum* $M_{Cmin} = (M_{C1min}; M_{P2min}; M_{P3min} \ldots)$ der Bevölkerung

$$M_{Cr} \geq M_{Crmin} \quad \text{für} \quad r = 1, 2, \ldots \tag{4.34}$$

- Die *Konsummengen* $M_C = (M_{C1}; M_{C2}; M_{C3} \ldots)$ sind nach oben begrenzt durch den *Sättigungsbedarf* $M_{Cmax} = (M_{C1max}; M_{C2max}; M_{C3max} \ldots)$ der Bevölkerung

$$M_{Cr} \leq M_{Crmax} \quad \text{für} \quad r = 1, 2, \ldots \tag{4.35}$$

Allgemein gilt also:

▶ Die Wirtschaftsentwicklung wird durch die volkswirtschaftliche Gesamtbilanz (4.28) und die Güterrestriktionen (4.33) bis (4.35) begrenzt.

Trotz der ungenauen oder fehlenden Kenntnis der Absolutwerte der volkswirtschaftlichen Kenngrößen, die durch die Bilanzgleichung verknüpft werden, lassen sich aus der Gesamtbilanz und den Güterrestriktionen wichtige Zusammenhänge erklären. Durch stufenweise Segmentierung der Wirtschaftsteilnehmer und zunehmende Differenzierung der Güter können aus den partiellen Vermögensbilanzen und ihren Verknüpfungen weite Bereiche der Volkswirtschaft erforscht und viele Probleme gelöst werden [s. z. B. Mankiw 2003 S. 53ff.]. So lässt sich der Einfluss der *Steuern* auf das Wirtschaftswachstum und die Beschäftigung durch eine Segmentierung der Gesamtbilanz (4.28) in die Teilbilanzen der Haushalte und des Staates untersuchen (s. *Abschnitte 15.8 und 17.4*). Auch die Auswirkungen der Inflation auf das Wirtschaftswachstum und das Vermögen können mit Hilfe der Vermögensbilanzen erforscht werden (s. *Abschnitt 17.6*).

Die volkswirtschaftliche Gesamtbilanz verdeckt die unterschiedliche Verteilung der Einkommen und des Vermögens auf die Privathaushalte, da in ihr die Finanzerträge und der Schuldendienst nicht explizit ausgewiesen sind. Hinter einer insgesamt positiven Einkommens- und Vermögensentwicklung können sich größter Überfluss einzelner Haushalte und bittere Armut ganzer Gesellschaftsgruppen verbergen. Daher ist die Betrachtung der volkswirtschaftlichen Gesamtbilanz für die Untersuchung der Auswirkungen des Marktes auf die *in Abb. 4.6* gezeigte *Einkommens- und Vermögensverteilung* unzureichend. Zur Analyse der Verteilungswirkung von Steuern und Transferzahlungen müssen die Vermögensbilanzen von Haushaltsgruppen mit unterschiedlichem Erwerbseinkommen sowie mit großem, mittleren, geringem und negativen Vermögen getrennt und ihre Wechselwirkungen differenziert betrachtet werden (s. *Abschnitte 13.3, 13.4, 15.4, 17.3*).

Das Rechnen mit ungenauen und unbekannten Größen, deren Absolutwerte zwar theoretisch existieren, aber nicht unbedingt messbar sind, ist charakteristisch für das Vorgehen der *analytischen Ökonomie*. Das gilt gleichermaßen für die Berechnung von Marktergebnissen mit Hilfe der *Transfergleichungen*. Für die Klärung normativer Fragen interessieren jedoch primär die wechselseitigen Abhängigkeiten, die relative zeitliche Entwicklung und die Einflussmöglichkeiten. Die Absolutwerte sind dagegen von geringerem Interesse.

Die reale gesamtwirtschaftliche Entwicklung lässt sich aus recht allgemeinen Annahmen über das kollektive Verhalten der Akteure herleiten, erklären und prognostizieren. Zur Vereinfachung der Darstellung wird zunächst Preisstabilität vorausgesetzt. Das Volkseinkommen ist die Summe des gesamten *Vermögenseinkommens* $Y_V(t)$, das mit einer Vermögensertragsrate e_V [%] aus dem Produktivvermögen $V(t)$ resultiert, und des gesamten *Erwerbseinkommens* $Y_E(t)$, das mit einer Erwerbseinkommenseffizienz e_C [%] aus dem Konsum an die Haushalte und den Staat zurückfließt:

$$Y(t) = Y_V(t) + Y_E(t) = e_V \cdot V(t) + e_C \cdot C(t) \,. \tag{4.36}$$

Die *Vermögensertragsrate* e_V ist die durchschnittliche Verzinsung des Produktivvermögens. Der Einkommensrückfluss aus dem Konsum hängt vom Arbeitseinsatz für die Produktion und von der Höhe der Arbeitsentgelte ab. Die *Erwerbseinkommenseffizienz* e_C ändert sich mit der Technologie, der Art der Güter und der Organisation einer Volkswirtschaft.

Für das kollektive *Sparverhalten* ist die Annahme plausibel, dass vom Überschuss des Volkseinkommens über den kollektiven Existenzbedarf C_{min} ein Anteil s [%] investiert wird:

$$I(t) = S(t) = s \cdot (Y(t) - C_{min}) \,. \tag{4.37}$$

Der kollektive *Existenzbedarf* C_{min} hängt von der Größe und Struktur der Bevölkerung sowie vom existentiellen Grundbedarf der Menschen ab. Die *Überschusssparquote* s ist ein *Verhaltensparameter* der Gesamtheit aller Konsumenten.

Aus der Einkommensaufteilung (4.36) und dem kollektiven Sparverhalten (4.37) ergibt sich die *Vermögensabhängigkeit des Konsums*:

$$C(t) = (s \cdot C_{min} + (1-s) \cdot e_V \cdot V(t))/(1 - (1-s) \cdot e_C) \,. \tag{4.38}$$

Durch Einsetzen von (4.36) und (4.38) in die Gesamtbilanz (4.28) resultiert mit den Parametern

$$A = s \cdot e_V/(1 - (1-s) \cdot e_C) \quad \text{und} \quad B = C_{ex} \cdot s \cdot (e_C - 1)/(1 - (1-s) \cdot e_C) \tag{4.39}$$

die *kollektive Vermögensbilanz*:

$$V(t) = V(t-1) + A \cdot V(t) + B \quad \text{für} \quad t = 1, 2, 3 \ldots \,. \tag{4.40}$$

Im Grenzfall sehr kurzer Periodenlängen, d.h. für $T_{PE} \to 0$, wird daraus die *allgemeine Vermögensgleichung*:

$$dV(t)/dt = A \cdot V(t) + B \,. \tag{4.41}$$

Wenn sich das Gesamtverhalten und die Strukturen nicht verändern, sind die Parameter zeitunabhängig und die Vermögensgleichung lösbar. Das Ergebnis ist die *Vermögensfunktion*:

$$V(t) = (V_o + B/A) \cdot \text{EXP}(A \cdot (t - t_o)) + B/A \,. \tag{4.42}$$

Durch Einsetzen dieser Lösung in (4.38) ergibt sich der Konsumverlauf und in (4.36) die zeitliche Entwicklung des Volkseinkommens $Y(t)$ aufgeteilt nach Vermögenseinkommen $Y_V(t) = e_V \cdot V(t)$ und Erwerbseinkommen $Y_E(t) = e_C \cdot C(t)$. Das Anfangsvermögen V_o zum Zeitpunkt t_o und die Werte der vier Parameter e_V, e_C, s und C_{min} lassen sich aus den Verlaufsdaten für das Vermögenseinkommen, das Erwerbseinkommen und den Konsum der volkswirtschaftlichen Gesamtrechnung so errechnen,

4.11 Wirtschaftsentwicklung

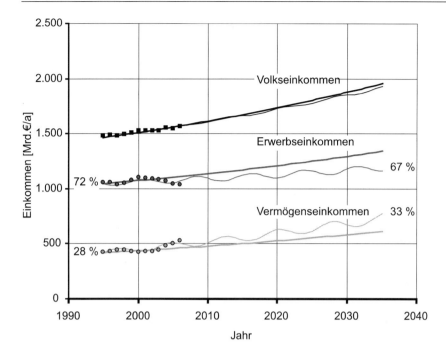

Abb. 4.7 Wirtschaftsentwicklung in Deutschland ab 1995

Punkte: reale Ist-Werte des statistischen Bundesamtes
inflationsbereinigt auf Preisbasis 2000
Glatte Kurven: aus Vermögensfunktion (4.42) berechneter Verlauf
Parameter: V_o = 11.000 Mrd. €, C_{min} = 840 Mrd. €/a
s = 25%, e_V = 3, 8%, e_C = 80%
Gewellte Kurven: mit Vermögensbilanz (4.40) berechnete Konjunkturzyklen

dass die empirischen Werte für einen bestimmten Zeitabschnitt durch die theoretischen Funktionsverläufe optimal wiedergegeben werden.

Trotz der Exponentialfunktion in Beziehung (4.42) nehmen das Volksvermögen und das Volkseinkommen, das über die Beziehungen (4.36) und (4.38) von der Vermögensentwicklung abhängt, keineswegs stets exponentiell mit der Zeit zu. Abhängig von der relativen Größe der kollektiven Verhaltens- und Strukturparameter e_V, e_C, s und C_{min} können Volksvermögen und Volkeinkommen linear bis exponentiell ansteigen, auf gleichbleibendem Niveau stagnieren oder unter extrem ungünstigen Umständen sogar linear bis exponentiell fallen. Das zeigt *Abb. 17.10* aus *Abschnitt 17.7*, wo mit der gleichen Funktion der Einfluss der *Inflation* auf die Entwicklung des individuellen Realvermögens bei unterschiedlicher Kapitalverzinsung berechnet wird.

Wie *Abb. 4.7* zeigt, wird der *mittlere Verlauf* der realen Wirtschaftsentwicklung in Deutschland von 1995 bis 2006 durch die theoretischen Funktionen sehr gut wiedergegeben. Mit den angegebenen Werten der Parameter ergeben sich die Kurven für das Vermögenseinkommen und das Erwerbseinkommen sowie der Verlauf des Konsums und des Vermögens. Die Absolutwerte des Konsums und des Volksvermögens sind aufgrund von Abgrenzungs-, Erhebungs- und Bewertungsproblemen nur ungenau bekannt. Die berechneten Werte stimmen mit den sehr ungenauen empirischen Daten jedoch in der Größenordnung überein.

Wenn die kollektiven *Verhaltensparameter*, wie Überschusssparquote und Vermögensertragsrate, und/oder die *Strukturparameter*, wie kollektiver Existenzbedarf und Erwerbseinkommenseffizienz, sich mit der Zeit ändern, ist die allgemeine Vermögensgleichung (4.41) nur in Ausnahmefällen explizit lösbar. Ist der zeitliche Verlauf der Verhaltens- und Strukturparameter bekannt, besteht jedoch die Möglichkeit die *Zeitreihen der Wirtschaftskenngrößen* mit Hilfe der Vermögensbilanz (4.40) ab einer Anfangsperiode t_0 für die aufeinander folgenden Perioden $t = t_0 + 1, t_0 + 3, \ldots$ schrittweise zu berechnen.

4.12 Konjunkturzyklen

Eine der Ursachen für das Entstehen *dynamischer Märkte*, die in *Kapitel 14* genauer untersucht werden, ist die verzögerte *Rückkopplung* der Marktergebnisse vergangener Perioden auf das aktuelle Angebots- und Nachfrageverhalten der Akteure in verkoppelten Märkten. So bewirkt die Rückkopplung zwischen Vermögensertrag und Kapitalmarktzinsen einerseits und dem Spar- und Investitionsverhalten der Akteure andererseits die *endogenen Konjunkturzyklen* der Wirtschaftsentwicklung.

Eine zunehmende Vermögensertragsquote und steigende Kapitalmarktzinsen machen das Sparen attraktiver. Dadurch erhöht sich die Sparquote zu Lasten des Konsums. Das zusätzliche Sparkapital wird investiert und führt nach einiger Zeit zu steigenden Kapazitäten und einem größeren Konsumgüterangebot. Das erhöhte Angebot drückt bei stagnierendem Konsum über die Gütermärkte auf die Preise, vermindert den Gewinn und bremst die weitere Investitionsbereitschaft. Die rückläufige Vermögensertragsquote und die fallenden Zinsen, die sich auf den Kapitalmärkten aus der nachlassenden Kapitalnachfrage ergeben, senken die Sparquote und lassen den Konsum ansteigen. Dadurch nimmt auch der Absatz wieder zu und erhöht sich die Auslastung der neu geschaffenen Kapazitäten. Die Vermögensertragsquote verbessert sich wieder, die Kapitalnachfrage nimmt infolge der wachsenden Investitionsbereitschaft zu und der Kapitalmarktzins steigt. Damit schließt sich der Kreis und es beginnt ein neuer Konjunkturzyklus.

Diese endogenen Konjunkturzyklen, die aus dem *synchronen Verhalten* der Akteure auf den Güter- und Finanzmärkten resultieren, lassen sich mathematisch darstellen:[1] Nach einer *mittleren Sparreaktionszeit* T_s, mit der die Sparer auf eine Änderung der Ertragsrate reagieren, steigt und fällt die Sparquote abhängig davon,

---

[1] Die hier dargelegte Erklärung der Konjunkturzyklen ist eine Verallgemeinerung und Vereinfachung der komplizierten mathematischen Modelle von *Kalecki*, *Tinbergen* und anderen [Boumans 2005; Tinbergen 1939].

4.12 Konjunkturzyklen

wie hoch der Vermögensertrag im Vergleich zur langjährigen Durchschnittsverzinsung ist. Bei einem solchen Sparverhalten ist die Änderung der Überschusssparquote ds(t)/dt näherungsweise proportional zur Abweichung der um T_s zurückliegenden Ertragsrate $e_V(t - T_s)$ von der *mittleren Ertragsrate* e_{Vm}:

$$ds(t)/dt = a \cdot (e_V(t - T_s) - e_{Vm}) \,. \tag{4.43}$$

Nach einer *mittlere Ertragsverzugszeit* T_e, die gleich der mittleren Ausführungszeit der mit dem Sparkapital durchgeführten Investitionen ist, drückt ein erhöhtes Angebot auf die Gütermärkte. Das bewirkt kurzfristig sinkende Preise und abnehmende Vermögensertragsraten. Daher ist die zeitliche Änderung der Vermögensertragsrate d$e_V(t)$/dt approximativ proportional zur negativen Abweichung der um T_e zurückliegenden Überschusssparquote $s(t-T_e)$ von der *mittleren Sparquote* s_m:

$$de_V(t)/dt = -b \cdot (s(t - T_e) - s_m) \,. \tag{4.44}$$

Durch zeitliche Ableitung von Beziehung (4.43) und Einsetzen von (4.44) ergibt sich mit der *Gesamtverzugszeit* $T = T_s + T_e$ die allgemeine *Konjunkturgleichung*:

$$d^2 s(t)/dt^2 = -ab \cdot (s(t-T) - s_m) \,. \tag{4.45}$$

Eine spezielle Lösung dieser Differentialgleichung ist die *zyklische Sparfunktion*:

$$s(t) = s_m + \Delta_s \cdot \mathrm{SIN}(2\pi(t - t_o)/T_Z) \,. \tag{4.46}$$

Hierin ist Δ_s die *Amplitude* und T_Z die *Zykluszeit* der sinusförmigen zeitlichen Schwankungen der Überschusssparquote um den langzeitigen *Mittelwert* s_m. Mittelwert und Schwankungsamplitude der Sparquote sind empirisch zu bestimmende kollektive *Verhaltensparameter*. Nach Einsetzen von (4.46) in (4.43) folgt durch Auflösung nach $e_V(t)$ unter Verwendung des Zusammenhangs $\mathrm{COS}\,\alpha = \mathrm{SIN}(\alpha + \pi/2)$ die *zyklische Ertragsfunktion*:

$$e_V(t) = e_{Vm} + \Delta_e \cdot \mathrm{SIN}(2\pi(t-t_o + T_Z/4)/T_Z) \,. \tag{4.47}$$

Hierin ist Δ_e die *Amplitude* der zeitlichen Schwankungen der Ertragsrate um den langzeitigen *Mittelwert* e_{Vm}. Beide Werte sind empirisch zu bestimmende *Strukturparameter*. Nach Einsetzen der speziellen Lösung (4.46) in Beziehung (4.45) ergibt sich, dass $a \cdot b = (2\pi/T_Z)^2$ sein muss und dass $T_Z = T_s + T_e$ ist, d.h. dass die Zykluszeit gleich der mittleren Gesamtverzugszeit ist. *Abb. 4.8* zeigt die zyklischen Verläufe der Sparfunktion und der Ertragsfunktion, die nachfolgend zur Simulation des Wirtschaftsverlaufs in Deutschland verwendet werden.

Aus den Lösungen (4.46) und (4.47) sind folgende *Gesetzmäßigkeiten endogener Konjunkturzyklen* ablesbar:

- Bei synchronem Verhalten der Akteure schwanken Überschusssparquote und Vermögensertragsrate mit gleicher Zykluszeit sinusförmig um langzeitige Mittelwerte.
- Die Länge eines Konjunkturzyklus ist gleich der Summe der mittleren Sparreaktionszeit und der mittleren Ertragsverzugszeit.
- Die Schwankungen der Überschusssparquote folgen den Schwankungen der Vermögensertragsrate zeitlich um ein Viertel der Konjunkturzykluszeit versetzt.
- Änderungen der Reaktionszeit der Sparer und der Verzugszeiten bis zum Investitionsertrag verändern den Konjunkturzyklus.

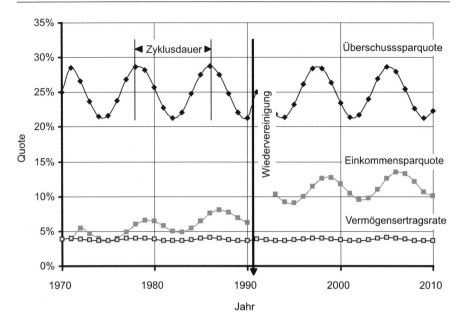

Abb. 4.8 Zyklische Schwankung von Überschusssparquote und Vermögensertragsrate

Überschusssparquote: s = 25 ± 3,8%
Vermögensertragsquote: e_V = 3, 8 ± 0,23%
Konjunkturzyklus: T_Z = 7,7 Jahre

Das individuelle Verhalten wird durch den Kapitalmarktzins synchronisiert, der allen Akteuren gleichermaßen die aktuelle Ertragsquote für die Anlage von Sparvermögen anzeigt. Die Amplituden der Konjunkturzyklen hängen vom Ausmaß der kollektiven *Stimmungsschwankung* der Akteure ab (s. Abb. 5.2). Sie sind nach oben durch die Sättigungsgrenzen der Haushalte und Kapazitätsgrenzen der Unternehmen und nach unten durch den Existenzbedarf begrenzt.

Mit den in *Abb. 4.8* gezeigten zyklischen Schwankungen von Überschusssparquote und Vermögensertragsrate, einer linear ansteigenden Erwerbseinkommenseffizienz

$$e_C(t) = e_{Co} + \Delta_c \cdot (t - t_o) \tag{4.48}$$

und den in *Tab. 4.3* angegebenen Parameterwerten wurde mit Hilfe der Vermögensbilanz (4.40) für die Wirtschaftsentwicklung in Deutschland in der Zeit von t_o = 1970 bis t = 1990 schrittweise der in *Abb. 4.9* dargestellte Verlauf berechnet. Ab der sprunghaften Vergrößerung des Wirtschaftsraums durch die deutsche Wiedervereinigung wurde die schrittweise Berechnung der Zeitreihen für die Zeit von t_o = 1991 bis t = 2006 mit den ebenfalls in *Tab. 4.3* angegebenen Parametern neu begonnen. Das Diagramm *Abb. 4.9* zeigt, dass der empirische Verlauf der dargestellten Wirtschaftskenngrößen über einen Zeitraum von mehr als 30 Jahren durch die Modellrechung recht gut wiedergegeben wird. Für die weitgehend ungestörte Wirt-

4.12 Konjunkturzyklen

Parameter	1971 bis 1990	1991 bis 2010	
Anfangsvermögen	6.800	10.500	Mrd. €
Existenzminimum	650	840	Mrd. € p.a.
Überschusssparquote	25,0 + 3,8 %	25,0 + 3,8 %	von (Y-Emin)
Vermögensertragsrate	3,80 ± 0,23 %	3,80 ± 0,23 %	p.a.
Erwerbseinkommenseff.	69,0%	80,3%	Anfangswerte
Anstieg	0,90%	-0,25%	p.a.

Tabelle 4.3 Parameter der simulierten Wirtschaftsentwicklung

schaftsentwicklung vor und nach der Wiedervereinigung ergibt sich ein *empirischer Konjunkturzyklus* von 7,7 Jahren.

In der Realität gibt es viele *exogene Einflussfaktoren*, die den endogenen sinusförmigen Konjunkturzyklus ändern, verzerren, glätten oder verstärken und eine andere Marktdynamik auslösen können [Samuelson 1995 S. 641ff]. Dazu gehören die unterschiedlichsten *Marktkräfte* (s. *Kapitel 14*), *besondere Ereignisse*, wie Krieg oder Wiedervereinigung, die *Einwirkungen des Staates*, wie eine *antizyklische Wirtschaftspolitik* (s. *Kapitel 17*), und die Folgen einer inflationären *Geldentwertung* (s. *Abschnitt 17.7*). Hinzu kommen regionale Ereignisse, wie ein großer Brand, oder irreguläre Marktkräfte, wie umwälzende Erfindungen, die eine Regional- oder Branchenkonjunktur auslösen können. Andere Besonderheiten, wie unterschiedliche Investitionsrealisierungszeiten, führen zu Verschiebungen der Konjunkturzyklen in den verschiedenen Branchen. Unabhängig von den unterschiedlichen exogenen Einflussfaktoren zeigt die vorangehende Analyse die *Selbstregelungsfunktion der Konjunkturzyklen*:

▶ Die endogenen Konjunkturzyklen bewirken über die Kapital- und Gütermärkte den selbstregelnden Ausgleich zwischen zu hohem oder geringem Konsum einerseits und zu wenig und zu viel Investitionen andererseits.

Ein wachsender Konsum bei unzureichenden Kapazitäten treibt die Güterpreise nach oben. Das erhöht die Gewinne und Investitionsbereitschaft und bewirkt eine zunehmende Kapitalnachfrage mit steigenden Kapitalmarktzinsen. Infolgedessen nimmt die Sparquote zu, mit der zusätzliche Investitionen finanziert werden. Nach einer Phase verstärkter Investition drücken die überhöhten Kapazitäten auf die Güterpreise, vermindern die Gewinne, lassen den Kapitalmarktzins fallen und machen das Sparen und Investieren weniger attraktiv. Die Selbstregelungsfunktion der endogenen Konjunkturzyklen kann jedoch durch eine Wirtschafts- und Finanzpolitik, die eine Glättung der Konjunkturzyklen anstrebt, beeinträchtigt werden (s. *Abschnitt 17.9*).

Der Verlauf der Gesamtwirtschaft ergibt sich aus der Summe vieler Teilverläufe, deren unterschiedliche und versetzte Entwicklungszyklen sich überlagern. Für große Wirtschaftsräume mitteln sich viele unabhängige Einzelereignisse und zufällige Besonderheiten nach dem *Gesetz der großen Zahl* aufgrund des *Fehlerfortpflanzungsgesetzes* heraus, während sie in Teilbereichen einen großen Einfluss haben können [Kreyszig 1975]. Generell gilt das *Prognosedilemma der Ökonomie* (s. auch *Abschnitt 14.3*):

- Alle Prognosen der Wirtschaftsentwicklung sind mit Unsicherheiten behaftet, die umso größer sind, je weiter sie in die Zukunft reichen und je kleiner die Zahl der Akteure und je kürzer die Zeiträume sind, auf die sie sich beziehen.

Die große Unsicherheit von Prognosen für kleine Anzahlen und kurze Zeiträume resultiert aus der Zufälligkeit der Ereignisse und dem unkorrelierten Verhalten der Akteure. Die Zufälligkeit der kurzfristigen Ereignisse und die Offenheit der langfristigen Wirtschaftsentwicklung sind Bedingungen für die *Freiheit* des Menschen, durch Handeln und Entscheiden das Geschehen zu beeinflussen und zu beherr-

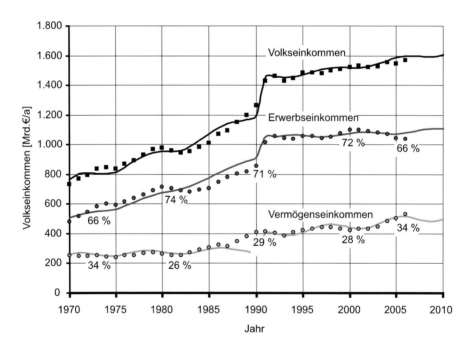

Abb. 4.9 Wirtschaftsentwicklung in Deutschland von 1970 bis 2006

Punkte: Inflationsbereinigte Ist-Werte des statistischen Bundesamtes
Glatte Kurven: mit der Vermögensbilanz (4.40) berechneter Verlauf
Parameter: s. Abb. 4.7 und 4.8 sowie Tab. 4.3

schen. Der Zufall eröffnet *Chancen*, birgt aber auch *Risiken*, vor deren Auswirkungen *Versicherungen* nur begrenzt schützen können (s. *Abschnitt 13.5*). Das *Verhalten der Menschen* sowie *Zufall und Notwendigkeit*, d. h. die Stochastik und die Mechanik des Marktes, bestimmen daher die Entwicklung der Wirtschaft.[2]

4.13 Stimmzettel

Wenn der Absatz eines Wirtschaftsguts aus welchen Gründen auch immer rückläufig ist, nehmen auch die Bedarfsmengen der Einsatzgüter für dessen Erzeugung ab. Das bewirkt über die Transfergleichungen des Marktes, wie nachfolgend gezeigt wird, einen Rückgang der Marktpreise dieser Güter und eine geringere Auslastung der für ihre Erzeugung im gesamten Versorgungsnetz vorgehaltenen Kapazitäten. Infolgedessen gehen die Gewinne aus den entsprechenden Investitionen zurück und werden keine Neu- und Ersatzinvestitionen mehr durchgeführt. Das dadurch frei werdende Kapital sucht sich andere Anlagemöglichkeiten, die einen besseren Ertrag versprechen. Ein Beispiel ist der rasche Rückgang des Bedarfs für Rechenschieber und mechanische Tischrechner zu Anfang der siebziger Jahre des letzten Jahrhunderts. Sie wurden von den elektronischen Taschen- und Tischrechnern vollständig verdrängt.

Wenn umgekehrt der Absatz eines Wirtschaftsguts, wie Computer, Notebooks oder Flachbildschirme, rasch ansteigt, nehmen die Bedarfsmengen der entsprechenden Einsatzgüter zu. Infolgedessen steigen zunächst deren Marktpreise. Die vorgehaltenen Produktionseinrichtungen stoßen an die Kapazitätsgrenzen und müssen ausgebaut werden. Die zu erwartenden höheren Gewinne locken das Kapital an und bewirken weitere Investitionen. Auf diese Weise werden die Ressourcen und Investitionen über den Markt selbstregelnd dahin gelenkt, wo der größte Bedarf ist, zugleich aber auch dahin, wo die höchsten Gewinne zu erwarten sind und die größte Zahlungsfähigkeit besteht.

Voraussetzung für das Funktionieren dieser *Selbstregelung über den Markt* ist ein unbehinderter *Wettbewerb*. Eine weitere Bedingung ist eine stabile Währung. Die Geldwertstabilität sichert die Funktion des *Geldes als Stimmzettel*:

▶ Geld ist ein werthaltiger und übertragbarer *Stimmzettel*, mit dem der Nachfrager auf den Märkten wählen kann, bei welchem Anbieter er ein Gut einkauft, das er haben will und bezahlen kann.

▶ Auf dem Markt findet mit liquidem Geld permanent eine *Abstimmung* darüber statt, in welchen Mengen und zu welchen Preisen welche Güter von welchen Herstellern über welche Anbieter zu welchen Verbrauchern fließen sollen.

Mit dem Geldwert sinkt die Stimmkraft der Geldeinheit. Die Ausgabe zusätzlichen Geldes und staatliche Subventionen, die aus Steuergeldern finanziert werden, erhöhen den Stimmenanteil des Staates auf den Märkten (s. *Abschnitte 17.5* und *17.7*).

---

[2] Schon *Demokrit* hat gesagt: „Alles was in der Welt existiert, ist die Frucht von Zufall und Notwendigkeit." In sozialen Systemen ist der Mensch mit seinem Verhalten ein weiterer entscheidender Bestimmungsfaktor der Entwicklung.

Abb. 4.10 Die Ambivalenz des Geldes – Karikatur zur deutschen Währungsreform 1948

Beschriftung: Die Währung, Monate bis zum Umtausch
Geldüberhang, Schwundgeld (rutschende Socken)
Künstlerin: Gertrud Gudehus (Mutter des Autors)

Ebenso wie ein fairer und korrekter Wahlverlauf durch das *Wahlrecht* und die *Wahlordnung* gesichert wird, muss der faire und effiziente Ablauf der *Kaufprozesse* auf dem Markt durch das *Finanz- und Währungsrecht* und durch die *Marktordnung* gewährleistet werden. Analog zur Wahlordnung, die Wahlbetrug und Missbrauch unterbinden soll, verhindern *Handelsrecht* und Marktordnung Betrug und Marktmissbrauch.

Wie nachfolgend genauer gezeigt wird, ist das *Stimmrecht* auf dem Markt wegen der ungleichen Einkommens- und Vermögensverteilung sehr unterschiedlich verteilt. Daraus resultiert das *Dilemma der Marktwirtschaft*:

▶ Die Selbstregelung über den Markt bewirkt eine effiziente Lenkung der Ressourcen dahin, wo der größte Bedarf besteht. Die Logik des Marktes hat jedoch zur

4.13 Stimmzettel

Folge, dass der Bedarf der Haushalte mit größeren Vermögen und Einkommen vorrangig gedeckt wird, auch wenn der Bedarf von Haushalten ohne Vermögen und mit geringem Einkommen noch nicht ausreichend erfüllt ist.

Dieses Dilemma löst sich nicht von allein. Es erfordert vielmehr staatliche Ausgleichsmaßnahmen für die vom Markt bewirkte Ungleichheit der Einkommen und Vermögen, die wie sich zeigt, auch dann immer wieder neu entsteht, wenn das Startvermögen aller Menschen gleich ist (s. *Abschnitte 12.4, 12.5, 15.14* und *17.3*).

5 Märkte

Anders als in einer *Tauschwirtschaft*, in der *Güter gegen Güter* eingetauscht werden, kommen die Akteure einer *Geldwirtschaft* auf den Märkten zusammen, um *Güter gegen Geld* zu handeln. Mit dem Handel verfolgt jeder Marktteilnehmer eigene Interessen. Er muss aber auch die Interessen der anderen Marktteilnehmer berücksichtigen, denn wer kaufen will, braucht Geld und wer kein Geld hat, muss etwas zu bieten und zu verkaufen haben. Nach der berühmten Metapher von *Adam Smith* erfüllt damit jeder Marktteilnehmer aus Eigennutz wie durch das Wirken einer *unsichtbaren Hand* nicht nur seinen eigenen, sondern auch den Bedarf anderer Marktteilnehmer [Friedman 1980; Samuelson 1995; Smith 1756].

Der Markt gleicht einer *Regelstrecke*, die – wie in *Abb. 5.1* dargestellt – den *Güterkreislauf* mit dem *Geldkreislauf* verbindet. Auf dem Markt wird der *Güterstrom* der Anbieter an die Nachfrager transferiert, die mit dem Kauf zu *Einkäufern* werden, und als Gegenleistung der *Geldstrom* der Nachfrager an die Anbieter geleitet, die mit Kaufabschluss zu *Verkäufern* werden.

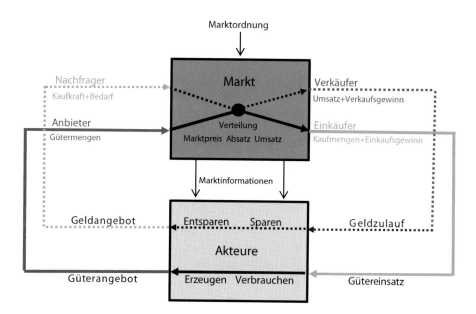

Abb. 5.1 Der Markt als Regelstrecke von Güterstrom und Geldstrom

Die *Marktordnung* regelt, wie der *Transfer* von Gütern gegen Geld im Einzelnen abläuft. Das verfügbare *Geld* beeinflusst die Kaufkraft und begrenzt den Umsatz. Die individuellen und kollektiven Marktergebnisse hängen unmittelbar von der *Marktordnung* ab. Sie ergeben sich mittelbar aus dem *Verhalten* und den *Strategien* der Akteure, die von den Bedürfnissen und Wünschen bestimmt und von den verfügbaren Ressourcen und Geldmitteln begrenzt werden. In der Summe folgen aus den individuellen Marktergebnissen die in den *Abb. 3.1* und *4.1* gezeigten Güter- und Geldströme zwischen *Haushalten, Unternehmen* und *Staat*.

Die Märkte lassen sich unter verschiedenen Aspekten betrachten. Ein Aspekt sind die geltenden und die möglichen *Marktordnungen*. Ein anderer sind die *Marktteilnehmer*, von denen jeder seine eigenen Beschaffungs- und Absatzmärkte hat. Ein zentraler Aspekt sind die *Wirtschaftsgüter* und ihre spezifischen Märkte.

Auf den verschiedenen Märkten laufen während der Marktöffnung gleichzeitig und nacheinander *Kaufprozesse* ab. Aus den Kaufabschlüssen resultieren individuelle und kollektive *Marktergebnisse*, die zeigen, ob und wieweit die unterschiedlichen Interessen der einzelnen Marktteilnehmer und die kollektiven Ziele der Gesellschaft über den Markt erreichbar sind.

Der Gesamtmarkt eines Gutes ist die Summe aller Marktplätze, auf denen es gehandelt wird. Er lässt sich nach unterschiedlichen Kriterien in *Teilmärkte* aufteilen. Die *Abgrenzung* hängt von der Fragestellung ab. Wegen des möglichen Wechsels der Akteure zwischen den Teilmärkten eines Gutes und zwischen verschiedenen Gütern stehen die Teilmärkte und Gütermärkte miteinander im *Wettbewerb*. Sie sind wechselseitig voneinander abhängig.

5.1 Verhalten der Akteure

Die stärkste Triebkraft des Menschen ist der *Eigennutz*: Eigennutz zur Befriedigung der existentiellen *Bedürfnisse*, wie Hunger, Durst, Wärme, Sicherheit und Arterhaltung, und Eigennutz zur Erfüllung der *Wünsche*, wie Liebe, Anerkennung und Lebensfreude. Der natürliche und faire Eigennutz, gebändigt durch Recht und Gesetz, ist grundsätzlich etwas Positives. Er ist Leistungsansporn für den Menschen und Quelle allen persönlichen Bedarfs. Ohne den natürlichen Eigennutz ist keine Wirtschaft möglich, ja sie wäre sinnlos, denn das Ziel der Menschen als Konsument und als Produzent ist die Befriedigung seiner Bedürfnisse und Wünsche. Aus dem eigennützigen Bestreben, mit minimalem Einsatz möglichst viel zu erhalten, erwächst das *ökonomische Prinzip*:

▶ Ziel des wirtschaftlichen Handelns des einzelnen Menschen und der Unternehmen sind maximale Erlöse und Leistungen bei minimalen Kosten, Arbeitseinsatz und Ressourcenverbrauch.

Aus dem ökonomischen Prinzip folgt das allgemeine *Opportunitätsprinzip* [Gossen 1854]:

▶ Der ökonomisch handelnde Mensch entscheidet sich für die Handlungsalternative, die ihm den größeren monetären Nutzen verspricht.

5.1 Verhalten der Akteure

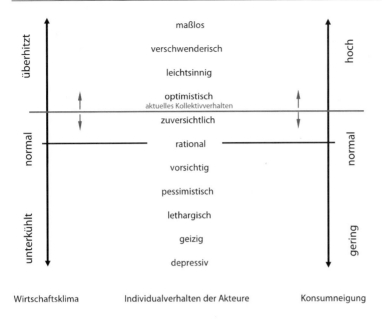

Abb. 5.2 Ökonomische Verhaltensskala und Auswirkungen

Kein Mensch handelt jedoch stets vom Eigeninteresse getrieben und entscheidet rein rational als *homo oeconomicus*. Jeder Mensch ist zugleich *homo ludens*. Er spielt und experimentiert, ist bequem, großzügig und sucht Abwechslung [Giesler 2004; Huizinger 1939; Ostrom 2005]. Auch die Unternehmen streben neben einem anhaltend hohen Gewinn andere Ziele an [Galbraith 1968]. Für den Staat sind Kosten und Effizienz gegenüber politischen Zielen oft nachrangig. Hinzu kommt, dass bei vielen Menschen die Kenntnisse und Fähigkeiten oder die Zeit und das Interesse für ein rationales und zielbestimmtes Handeln fehlen.

Das ökonomische Verhalten bewegt sich, wie die *Abb. 5.2* zeigt, in einem weiten Bereich. Das *Individualverhalten* hängt von der Mentalität und der aktuellen Stimmungslage des Einzelnen ab. Es unterscheidet sich von Mensch zu Mensch und verändert sich im Verlauf der Zeit. Das *Kollektivverhalten* aller Haushalte wirkt sich auf die allgemeine *Konsumneigung*, die *Verbrauchsmengen* und die *Zahlungsbereitschaft* aus. Es beeinflusst über den Markt das *Wirtschaftsklima* und bestimmt das Verhalten der Unternehmen und deren *Investitionsbereitschaft*. Eine daraus resultierende Änderung der Beschäftigung und der Einkommen beeinflusst wiederum das Konsumverhalten der Privathaushalte. Über die verzögerte *Rückkopplung* entstehen wie zuvor gezeigt die *endogenen Konjunkturzyklen*, deren Ausschläge nach oben durch die *Sättigungsgrenzen* der Haushalte und die *Kapazitätsgrenzen* der Unternehmen und nach unten durch den *Existenzbedarf* begrenzt sind. Die Beeinflussbarkeit der Konjunktur durch die Geld-, Wirtschafts- und Finanzpolitik ist bis heute umstritten (s. *Abschnitte 17.9* und *17.10*).

Die meisten Marktteilnehmer sind auf ihren Vorteil bedacht. Sie vertrauen aber auch darauf, dass Marktordnung und Gesetz sie vor dem rücksichtslosen Eigennutz anderer schützen [Gerschlager 2005; Koppensteiner 2005; Stiglitz 2006]. Rücksichtsloser Eigennutz und grenzenloses Gewinnstreben sind die Ursachen *unfairen Marktverhaltens*, wie

$$\begin{array}{l}\text{Behinderung des Marktzugangs}\\ \text{Täuschung und Betrug}\\ \text{Preisverschleierung}\\ \text{Informationstäuschung}\\ \text{Missbrauch der Marktordnung}\\ \text{Diskriminierung des Wettbewerbs}\\ \text{Etablieren einseitiger Marktregeln}\end{array} \qquad (5.1)$$

Die Regeln der Marktordnung und die staatlichen Gesetze sollen unfaires Marktverhalten verhindern und Verstöße sanktionieren [Eucken 1948/1952]. Viele Marktordnungen sind jedoch lückenhaft oder einseitig. Sanktionen gegen Regelverstöße fehlen häufig. So sind auf manchen Finanzmärkten verdeckte *Marktmanipulationen* durchaus üblich [Nyse/FAZ 1.2.2006].

Wieweit und unter welchen Voraussetzungen der Markt dazu führt, dass der eigennützig handelnde Mensch auch das Wohl der anderen bewirkt, ist bis heute nicht ausreichend bekannt. Übernachfrage und Engpässe, Kapazitätsüberhang und Sättigung sowie die Dominanz weniger Akteure können zu unerwünschten Ergebnissen führen, die allgemein als *Marktversagen* bezeichnet werden [Koppensteiner 2005; Samuelson 1995]. Sie sind jedoch eher Anzeichen der *Marktüberlastung* oder Folgen eines *Marktmissbrauchs*.

Ob unerwünschte Marktergebnisse die Folge unzureichender Regeln sind, die zu Verfälschungen führen oder den Missbrauch begünstigen, oder ob sie ein Anzeichen sind, dass die *unsichtbare Hand* nicht nur positiv, sondern auch negativ wirkt, ist offen. Dafür gilt es, die fehlenden oder falschen Regeln herauszufinden, die Marktordnung zu verbessern und die *Grenzen des Marktes* aufzuzeigen.

5.2 Marktordnungen

Bedingung für das Funktionieren eines *freien Marktes* ist, dass sich alle Akteure an die allgemeinen *Fairnessgebote* halten [Eucken 1952; Giersch 1961 S. 73; Ruffieux 2004]:

1. Vor Markteintritt müssen jedem Akteur alle Regeln bekannt oder zugänglich sein.
2. Für alle Teilnehmer gelten grundsätzlich die gleichen Regeln (*Reziprozität*)
3. Alle Teilnehmer müssen sich uneingeschränkt an die Regeln halten.
4. Keiner, der die Regeln der Marktordnung erfüllt, darf am Marktzugang gehindert werden.
5. Keiner darf gezwungen werden, an einem Kaufprozess teilzunehmen.
6. Während des Kaufprozesses dürfen keine Regeln eigenmächtig und einseitig hinzugefügt, geändert oder außer Kraft gesetzt werden.

5.2 Marktordnungen

7. Jeder muss bereit sein, den Markt ohne Kauf oder Verkauf wieder zu verlassen.
8. Über unklare oder unvollständige Regeln sowie über eventuelle Streitigkeiten entscheidet eine unabhängige Instanz, die in der Marktordnung festgelegt ist.

Auf *ungeregelten Märkten* findet ein *fairer Handel* (*fair trade*) nur soweit statt, wie die Teilnehmer die informellen Regeln freiwillig einhalten. Auf *unfreien Märkten* ist der faire Handel eingeschränkt oder teilweise außer Kraft gesetzt. So besteht für die gesetzliche *Krankenversicherung*, die *Rentenversicherung* und die *Haftpflichtversicherung* ein Teilnahmezwang.

Die allgemeinen Fairnessgebote sind die Grundlage jeder Marktordnung. Sie können freiwillig befolgt, zwischen den Akteuren verbindlich vereinbart oder durch Gesetz vom Staat erzwungen werden. Ähnlich wie die *Spielregeln* einen sportlichen Wettkampf sollen Fairnessgebote und Marktordnung einen fairen und konfliktfreien Ablauf der Prozesse auf einem Marktplatz sichern und regeln [Friedmann 1980; Hayek 1988].

Verstöße gegen die Fairnessgebote und die geltende Marktordnung werden oft geduldet und selten sanktioniert. Das liegt teilweise an der *Marktmacht* einzelner Akteure und am politischen Einfluss der Verbände, Gewerkschaften und Interessenvertreter. Es liegt aber auch an der Unkenntnis der Lücken und Fehler der bestehenden Marktordnungen, die sich oft zu Lasten der Konsumenten, der machtlosen Marktteilnehmer und der Gesellschaft auswirken (s. *Abschnitte 15.12* und *16.7*).

Bei ungleicher Marktmacht muss die Reziprozität auf gleichstarke Akteure beschränkt werden [Stiglitz 2006]. Auf Märkten, die von einem Monopolisten oder einem Oligopol beherrscht werden, sind zusätzliche Regelungen zum Schutz der schwächeren Marktteilnehmer, insbesondere der Endverbraucher erforderlich [Köhler 2004]. Sowie im Fußballspiel erst später die *Abseitsregel* eingeführt wurde, um zu verhindern, dass ein Team hinter dem Rücken des Gegners auf unfaire Weise allzu leicht Tore schießt, ist es notwendig, eine Marktordnung zu ändern und zu ergänzen, wenn sich zeigt, dass bestehende oder fehlende Regeln zur unfairen Benachteiligung einzelner Akteure führen.

Damit die Kaufprozesse fair, konfliktfrei und effizient ablaufen, muss die Marktordnung folgende Punkte eindeutig regeln:

Marktzutritt
Informationspflichten
Begegnungsmöglichkeiten
Preisbildung (5.2)
Mengenbildung
Marktausschluss

Der *Marktzutritt* darf nur von der Einhaltung allgemeiner, objektiver und sachlich gerechtfertigter *Zugangsvoraussetzungen* und *Qualifikationsmerkmale* abhängig gemacht werden, wie Kompetenz und Zahlungsvermögen. Auch ein *Marktausschluss* sollte nur nach objektiven Kriterien, wie Regelverstoß oder Betrugsversuch, möglich sein. Der Marktausschluss ist eine sofortige, meist sehr wirksame *Sanktion* von Verstößen gegen die Marktordnung. Darüber hinaus müssen schwere Verfehlungen und Rechtsbruch auch strafrechtlich verfolgt werden.

Die *Pflicht zur Information* umfasst alle Angaben, die ein Kaufinteressent benötigt und erfragt, um einen Anbieter und sein Angebot beurteilen zu können. Das sind in jedem Fall die Beschaffenheit, Mengen und Qualitätsmerkmale des Wirtschaftsgutes, aber nicht notwendig die Höhe des Preises. Außerdem müssen alle Informationen offen gelegt werden, die für das Funktionieren der Marktordnung erforderlich sind. Dazu gehört zum Beispiel die Befolgung der *Preisauszeichnungspflicht* auf einem Markt, auf dem Anbieterauswahl und Preisbildung durch die offen gelegten *Angebotsfestpreise* erfolgen (s. *Abschnitt 10.7*).

Die wichtigsten Regelungen der Marktordnung sind die *Begegnungsmöglichkeiten* sowie die Art der *Preisbildung* und der *Mengenbildung*. Ohne eine Regelung dieser Punkte kommt es nicht zum Kaufabschluss. Sie sind zentraler Gegenstand der nächsten Kapitel. Dabei werden nicht nur die vorhandenen Marktordnungen untersucht, sondern auch die Möglichkeiten zur *Konzeption neuer Marktordnungen*, mit denen sich vorgegebene Ziele erreichen lassen. Das ist nicht allein von theoretischem Interesse, sondern angesichts der Entstehung neuer Märkte von großer praktischer Bedeutung. So werden gegenwärtig die Regeln zur *Börseneinführung* von Unternehmen, für den Handel mit *Sendelizenzen* und *Emissionsrechten*, der internationalen Handels- und Finanzmärkte, für die *Internetmärkte* – wie *Ebay* – und für den Verkauf von *Informationsgütern* und *Netzwerkleistungen* grundlegend neu konzipiert [FAZ 4.10.2005; Gibbs/Linsmeier 2005; Hilf 2005; Shapiro/Varian 1999; Stiglitz 2006].

5.3 Marktplätze

Die Marktteilnehmer kommen aus drei verschiedenen *Gruppen*, die in sich ähnliche Bedürfnisse haben:

- *Haushalte*: Mitglieder der privaten Haushalte kommen auf den Markt als *Nachfrager* der Güter des privaten Bedarfs, als *Anbieter* und *Nachfrager* von Einzelgütern, Rechten und Finanzgütern sowie als *Anbieter* von Arbeitsleistung (zur Abgrenzung s. *Abschnitt 3.3*).
- *Unternehmen*: Freiberufliche, Gewerbetreibende, Handelsunternehmen, Produktionsbetriebe, Dienstleistungsunternehmen, Versicherungen und Finanzunternehmen und ihre Vertreter sind *Nachfrager* von Arbeitsleistung, Sachgütern, Diensten, Rechten und anderen Gütern des wirtschaftlichen Bedarfs sowie von Finanzgütern und *Anbieter* von Bedarfsgütern aus eigener oder fremder Produktion, von Rechten und von Finanzgütern.
- *Staat*: Staatliche Institutionen, wie Behörden, Staatsbetriebe und Gebietskörperschaften, *beschaffen* auf den Märkten Güter des öffentlichen Bedarfs, wie Arbeit und Dienste, und *verkaufen* öffentliche Wirtschaftsgüter.

Zwischen den drei Teilnehmergruppen bestehen die in *Tab. 5.1* aufgelisteten 9 Marktbeziehungen, die sich in den gehandelten Gütern und in der Marktordnung unterscheiden.

Allgemein bekannt sind die *realen Marktplätze*, auf denen die Einkäufer, Verkäufer oder ihre Vertreter selbst präsent sind. Wachsende Bedeutung aber haben die

5.3 Marktplätze

	Nachfrager		
Anbieter	**Haushalt** Consumer	**Wirtschaft** Business	**Staat** Government
Haushalt Consumer	**C2C** Arbeit, Leistungen Gebrauchsgüter, Rechte Immobilien, Finanzgüter offener Anbietermarkt Verhandlungspreise	**C2B** Arbeit, Leistungen Informationgüter, Rechte Immobilien, Finanzgüter beschränkter Anfragermarkt Tarife und Verhandlungspreise	**C2G** Arbeit, Leistungen Rechte Finanzgüter beschränkter Anfragermarkt Festpreise
Wirtschaft Business	**B2C** Konsumgüter, Gebrauchsgüter Anlagegüter, Informationsgüter Finanzgüter, Leistungen offener Anbietermarkt offene Angebotsfestpreise	**B2B** Sachgüter Informationgüter, Rechte Finanzgüter, Leistungen beschränkter Anfragermarkt verdeckte Verhandlungspreise	**B2G** Sachgüter, Leistungen Informationgüter, Rechte Finanzgüter beschränkter Anfragermarkt verdeckte Festpreise
Staat Government	**G2C** Verkehrsleistungen Nutzungen, Rechte Monopolanbieter Zwangspreise	**G2B** Verkehrsleistungen Nutzungen, Rechte Monopolanbieter Zwangspreise	**G2G** Leistungen Immobilien, Finanzgüter interner Markt offene Verhandlungspreise

Tabelle 5.1 Marktbeziehungen, Güteraustausch und Preisbildung

"A2B" = A to B = A an B

virtuellen Märkte, auf denen die Akteure per Post oder elektronisch über Fax, Telefon oder *Internet* kommunizieren.

Die bekannten realen und virtuellen Marktplätze mit ihren Hauptmerkmalen sind in *Tab. 5.2* aufgelistet. Daraus ist ablesbar, dass sich die Marktplätze darin unterscheiden,

1. wie Nachfrager N, Anbieter A und Marktplatz M zusammenkommen,
2. wer zuerst wem ein Preisgebot macht,
3. wo sich das gehandelte Gut befindet,
4. wann der Kaufpreis bezahlt wird.

Für das Zusammenkommen gibt es die vier Möglichkeiten: A + N → M; N → A + M; A → N + M und M → A + N. Dabei kann der Marktplatz ein realer oder virtueller Ort, ein Makler oder ein anderer Vermittler sein. Alle vier Kombinationsmöglichkeiten sind auf den realen und den virtuellen Märkten zu finden. Für die Abgabe des ersten Preisgebots bestehen drei Möglichkeiten: A → N; N → A und N + A → M. Auch diese sind auf den realen und virtuellen Märkten zu finden. Sachlich bedingt kommen jedoch nicht alle 12 Kombinationen der 3 Preisgebotsmöglichkeiten mit den 4 Begegnungsmöglichkeiten vor. Im Verlauf der Zeit haben sich bis heute alle theoretisch sinnvollen Arten von Marktplätzen von selbst herausgebildet.

Märkte	Treffen	Preisgebot	Gütertransfer	Zahlung
Reale Marktplätze	N u A ⟶ M	A → N N → A	sofortige Mitnahme spätere Zustellung	sofort später
Stationärer Verkauf	N ⟶ A + M	A → N	sofortige Mitnahme spätere Zustellung	sofort später
Stationärer Einkauf	A ⟶ N + M	A → N	spätere Zustellung spätere Erfüllung	später
Vertreterhandel	A ⟶ N + M	A → N	spätere Zustellung spätere Erfüllung	später
Reale Agenten	M ⟶ N u A	N u A → M	spätere Zustellung spätere Erfüllung	später
Auktionsplätze	N u A ⟶ M	A → N N → A	sofortige Mitnahme spätere Zustellung	sofort später
Börsenparkett	N u A ⟶ M	N u A → M	sofort	sofort
Virtuelle Marktplätze	N u A ⟶ M	A → N	spätere Zustellung spätere Erfüllung	später
Virtueller Verkauf	A ⟶ N + M	A → N	spätere Zustellung spätere Erfüllung	später
Virtueller Einkauf	N ⟶ A + M	A → N	spätere Zustellung spätere Erfüllung	später
Internet Agenten	M ⟶ N u A	N u A → M	spätere Zustellung spätere Erfüllung	später
Internet Auktionen	N u A ⟶ M	A → N N → A	sofortige Mitnahme spätere Zustellung	sofort später
elektronische Börsen	N u A ⟶ M	N u A → M	sofort	sofort

Tabelle 5.2 Merkmale der realen und virtuellen Märkte

N: Nachfrager   A: Anbieter   M: Marktplatz / Agent / Makler / Vermittler

⟶ kommt zu / bietet an   u: getrennt   +: gemeinsam

In *Tab. 5.3* sind die Nachfrager und Anbieter zusammengestellt, die vorzugsweise die verschiedenen Marktplätze besuchen, sowie einige der Wirtschaftsgüter, die auf ihnen gehandelt werden.

Die verschiedenen Kategorien der Wirtschaftsgüter werden auf getrennten Märkten gehandelt: Bedarfsgüter auf den *Gütermärkten*, Arbeitsleistungen auf dem *Arbeitsmarkt*, der nach Qualifikation, Beschäftigungsarten und Branchen in Teilmärkte zerfällt, und Finanzgüter auf den *Finanzmärkten*, die den *Geldmarkt* und den *Kapitalmarkt* umfassen. Die Gütermärkte lassen sich nach der Art der gehandelten Güter, nach der Reichweite und Öffnungsfrequenz, nach Handelsstufe, Kundengruppen, Kaufkraft und weiteren Kriterien in unterschiedliche *Teilmärkte* unterteilen wie:

Einzelgütermärkte und Mehrgütermärkte
Universalmärkte, Fachhandelsmärkte und Spezialmärkte   (5.3)
lokale, regionale, nationale und globale Märkte

5.3 Marktplätze

Märkte	Nachfrager	Anbieter	Wirtschaftsgüter
Reale Marktplätze	Haushalte	Unternehmen	Ver- und Gebrauchsgüter
Stationärer Verkauf	Haushalte Unternehmen	Unternehmen	Ver- und Gebrauchsgüter Dienste
Stationärer Einkauf	Unternehmen Staat	Unternehmen Haushalte	Ver- und Gebrauchsgüter Dienste, Arbeit
Vertreterhandel	Unternehmen Haushalte	Unternehmen Haushalte	Ver- und Gebrauchsgüter Dienste, Arbeit, Vers. u. Finanzg.
Reale Agenten	Haushalte Unternehmen	Unternehmen Haushalte	Immobilien, Dienste, Arbeit Versicherungs- und Finanzgüter
Auktionsplätze	Unternehmen Haushalte	Unternehmen	Ver- und Gebrauchsgüter Immobilien, Kunst ...
Börsenparkett	Unternehmen	Unternehmen Staat	Finanzgüter Rohstoffe
Virtuelle Marktplätze	Haushalte Unternehmen	Haushalte Unternehmen	Konsumgüter, Verbrauchsgüter Gebrauchsgüter, Anlagegüter
Virtueller Verkauf	Haushalte Unternehmen	Unternehmen Haushalte	Konsumgüter, Verbrauchsgüter Gebrauchsgüter, Anlagegüter
Virtueller Einkauf	Unternehmen Staat	Unternehmen Haushalte	Ver- und Gebrauchsgüter Dienste, Arbeit
Internet Agenten	Unternehmen Haushalte	Unternehmen Haushalte	Immobilien Versicherungs- und Finanzgüter
Internet Auktionen	Unternehmen Haushalte	Unternehmen Haushalte	Ver- und Gebrauchsgüter Immobilien, Kunst ...
elektronische Börsen	Unternehmen Bk	Unternehmen Staat	Finanzgüter Rohstoffe, Frachten, Rechte

Tabelle 5.3 Nachfrager, Anbieter und Güter auf den verschiedenen Märkten

Konsumgütermärkte und Investitionsgütermärkte
einmalige, temporäre und permanente Märkte
offene und geschlossene Märkte
Kleingeschäfte, Mittelmärkte und Großmärkte (5.3)
Einzelhandelsmärkte und Großhandelsmärkte
Endverbrauchermärkte und Vorstufenmärkte
stationäre oder mobile Märkte und Fernhandelsmärkte
Anbieter-, Nachfrager- und Vermittlungsmarktplätze

Diese Teilmärkte der Bedarfsgüter mit ihren unterschiedlichen *Transferkosten* sind die *Vertriebskanäle* der Hersteller und Händler und zugleich die *Beschaffungskanäle* der Nachfrager [Meffert 2000]. Die *Auswahl unter den Teilmärkten* und die Kriterien der *Marktsegmentierung* hängen ab von den *Absatzstrategien* der Anbieter (s. Kapitel 15) und von den *Beschaffungsstrategien* der Nachfrager (s. Kapitel 16).

5.4 Kaufprozesse

Auf jedem Marktplatz laufen teils nacheinander, teils parallel, zwischen den einzelnen Nachfragern und Anbietern *Kaufprozesse* ab. Der Verlauf eines solchen Kaufprozesses ist für eine Marktordnung mit *Verhandlungspreisen* in *Abb. 5.3* dargestellt. Die Kaufprozesse für andere Preisbildungsregeln, wie *Anbieterfestpreise* und *Nachfragerfestpreise*, unterscheiden sich von diesem Ablauf darin, dass bereits zu Beginn einer Handelsbegegnung der Angebotspreis nicht über dem Nachfragerpreis liegen darf, wenn ein Kauf möglich sein soll (s. *Kapitel 7*).

Der Kaufprozess ist Teil eines *Marketingprozesses*, der das *Gesamtprogramm* des Anbieters bzw. den *Gesamtbedarf* des Nachfragers umfasst [Meffert 2000]. Der Kaufprozess für ein einzelnes Wirtschaftsgut beginnt mit der *Marktvorbereitung* und endet mit einem *Kaufabschluss*. In der Vorbereitungsphase ermittelt der Einkäufer die benötigte Qualität, den aktuellen Mengenbedarf und den monetären Wert. Der Verkäufer erkundet in dieser Phase den aktuellen Marktbedarf sowie seine Bestände, Auslastung und Kosten, um daraus die Angebotsqualität und die aktuelle Angebotsmenge abzuleiten, mit der er auf den Markt kommt.

Nach der Mengenfestlegung beginnen die Überlegungen zur *Preisbestimmung*. Hier fließen die in *Abb. 5.3* angegebenen Faktoren ein. Das Ergebnis ist für den Einkäufer ein Nachfragergrenzpreis, den er maximal zu zahlen bereit ist. Für den Verkäufer ist das Ergebnis ein Angebotsgrenzpreis, den er minimal erlösen will. Mit ihren Vorstellungen von *Qualität*, *Menge* und *Preis* kommen die Akteure auf den Markt.

Dort finden die einzelnen Nachfrager und Anbieter gemäß den *Begegnungsregeln* der Marktordnung zusammen und beginnen mit der Mengen- und Preisbildung. Der Kaufprozess endet im Erfolgsfall mit der Abgabe einer *Kaufmenge* m_K gegen einen *Kaufpreis* p_K. Wenn keine Einigung möglich ist, trennen sich die Akteure und suchen andere Marktteilnehmer auf, mit denen ein neuer Kaufprozess beginnt.

Bis zum Markteintritt besteht – wie in *Abb. 5.3* angedeutet – zwischen den Anbietern und den Nachfragern eine *Informationsbarriere*. Jeder behält seine Mengen- und Preisvorstellungen zunächst für sich und gibt nur so viel bekannt, wie die Marktordnung verlangt oder für den Handel notwendig ist. Die Informationsbarriere öffnet sich schrittweise bis zum Kaufabschluss.

Ein Nachfrager gibt Auskunft über seine Qualitätserwartungen und seine Bedarfsmengen, aber nicht unbedingt über seine Zahlungsbereitschaft. Ein Anbieter informiert über die angebotenen Güter, macht aber offene Preisangaben nur, wenn das eine *Preisangabeverordnung* (PAnV) von allen Anbietern fordert [Baumbach/Hefermehl 2004]. Ansonsten aber nennt er einen Angebotspreis erst auf Anfrage eines Kaufinteressenten. Auch über seine Kapazitäten und Vorräte macht er nur auf Anfrage genauere Angaben. Die Kosten sind in der Regel Geschäftsgeheimnis.

Wie in *Abschnitt 3.13* ausgeführt, haben die Nachfrager vor Eintritt in einen Markt die Möglichkeit zur Auswahl der *Beschaffungskanäle* (5.3), der *Marktstandorte* (*Tab. 5.2*) und des *Markteintrittszeitpunkts*. Die Beschaffungskanäle ergeben sich aus der Art des Gutes und den *Beschaffungsstrategien*. Die Orte der Marktplätze werden vom Standort des Nachfragers, seiner *Mobilität* und seinen Kommunikationsmöglichkeiten bestimmt. Zeitpunkt des Markteintritts und Dauer des Marktaufenthalts

5.4 Kaufprozesse

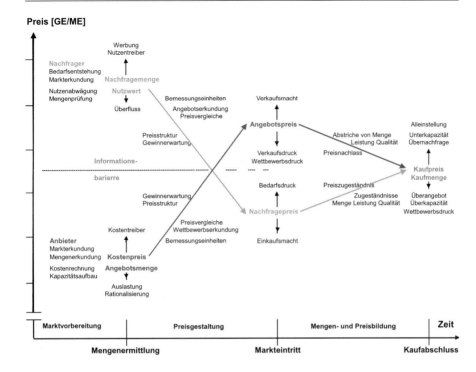

Abb. 5.3 Ablauf des Kaufprozesses bei Verhandlungspreisen

sind im Rahmen der Marktöffnungszeiten freie Parameter. Sie lassen sich zusammen mit den in *Abschnitt 3.13* und *Abschnitt 4.9* genannten *Aktionsparametern des Nachfragers*

Qualitätsanspruch
Nachfragemenge (5.4)
Nachfragergrenzpreis

zur Optimierung des Einkaufsgewinns oder zum Erreichen anderer Ziele nutzen (s. *Kapitel 15*). Der Qualitätsanspruch wird in der Regel nur oberhalb einer bestimmten Mindestqualität verändert, die sich aus der vorgesehenen Nutzung des Gutes ergibt. Die Nachfragemenge wird von der *Einkaufsstrategie* bestimmt. Sie hängt vom aktuellen Bedarf, vom Vorrat und von der Beschaffungsfrequenz ab (s. *Abschnitt 16.4*). Der Nachfragergrenzpreis folgt – wie in *Abschnitt 3.7* ausgeführt – aus dem monetären Wert, den das Gut für den Nachfrager hat.

Wie ebenfalls in *Abschnitt 3.13* ausgeführt, hat ein Anbieter vor Markteintritt die Freiheit zur Auswahl der *Absatzkanäle* (5.3), der *Marktstandorte* und der *Zeit des Markteintritts*. Die Absatzkanäle werden von der Art des Gutes und den *Absatzstrategien* bestimmt. Die Orte der Marktplätze hängen vom Standort des Anbieters, seiner *Mobilität* und seinen Kommunikationsmöglichkeiten ab. Die Besuchsfrequenz, der Zeitpunkt des Markteintritts und die Dauer des Marktaufenthalts sind im Rahmen der Marktöffnungszeiten freie Parameter. Sie können mit den *Aktionsparametern des Anbieters*

> Angebotsqualität
> Angebotsmenge (5.5)
> Angebotsgrenzpreis

aus *Abschnitt 3.13* und *Abschnitt 4.9* zur Optimierung des Verkaufsgewinns oder zum Erreichen anderer Ziele genutzt werden (s. *Kapitel 15*).

Die Angebotsqualität lässt sich in der Regel nur mit längerem Vorlauf und einem gewissen Aufwand durch Produkt-, Beschaffungs- oder Verfahrensverbesserungen verändern. Die Angebotsmenge wird von der *Verkaufsstrategie* bestimmt. Sie hängt vom aktuellen Absatz, vom aktuellen Vorrat und von der Beschaffungsfrequenz der Verkaufsstellen ab (s. *Abschnitt 16.4*). Der Angebotsgrenzpreis folgt – wie in den *Abschnitten 3.8* und *15.2* ausgeführt – aus den Kosten oder dem Eigenwert und aus der aktuellen Auslastung des Anbieters. Daher gilt:

▶ Ein Anbieter kann den *Preis* sofort, die *Menge* nur begrenzt und die *Qualität* erst nach längerer Zeit verändern.

Die *Wiederbeschaffungszeit* und die *Reaktionszeit*, die für eine Mengenänderung benötigt wird, bestimmen die *Dispositionsfrequenz* eines Nachfragers (s. *Abschnitt 16.4*).

5.5 Marktergebnisse

Wenn im Verlauf einer *Marktperiode* N_N Nachfrager Ni, $i = 1, 2, \ldots N_N$, mit den Nachfragemengen m_{Ni} und Nachfragergrenzpreisen p_{Ni} und N_A Anbieter Aj, $j = 1, 2, \ldots N_A$, mit den Angebotsmengen m_{Aj} und Angebotsgrenzpreisen p_{Aj} auf einen Markt gekommen sind, besteht das *Marktergebnis* aus den individuellen *Kaufmengen* m_{Kij}, die zu den *Kaufpreisen* p_{Kij} von den Nachfragern Ai bei den Anbietern Aj gekauft wurden. Für einige Relationen Ni ↔ Aj weichen die Kaufmengen von den Nachfrage- und Angebotsmengen ab. Für viele Relationen sind sie 0. Abhängig von der Preisbildung unterscheiden sich auch die Kaufpreise von den Angebots- und den Nachfragergrenzpreisen.

Die einzelnen Kaufmengen und Kaufpreise sind Funktionen der Mengen und Grenzpreise aller Anbieter und Nachfrager. Sie lassen sich berechnen mit den *Transfergleichungen des Marktes*:

$$m_{Kij} = m_{Kij}(m_{Ni}, p_{Nj}; m_{NAi}, p_{Aj}) \quad \text{und} \quad p_{Kij} = p_{Kij}(m_{Ni}, p_{Nj}; m_{NAi}, p_{Aj}).$$
(5.6)

In den *Kapiteln 8, 9* und *10* werden die Transfergleichungen aus den Regeln der Marktordnung für die *Preisbildung*, *Mengenbildung* und *Marktbegegnung* hergeleitet. Sie sind in den meisten Fällen keine geschlossenen Berechnungsformeln, sondern *Algorithmen*, d. h. *Zuordnungsregeln* in Verbindung mit Formeln zur Preis- und Mengenbestimmung. Wenn die einzelnen Kaufmengen und Kaufpreise (5.6) bekannt

5.5 Marktergebnisse

sind, können daraus alle individuellen und kollektiven Marktergebnisse berechnet und die Auswirkungen der Marktordnung für die unterschiedlichsten Marktkonstellationen untersucht werden.

Durch Summation über alle N_A Anbieter Aj folgen aus (5.6) die Marktergebnisse der einzelnen Nachfrager Ni. Das sind die *individuellen Einkaufsmenge*

$$m_{EKi} = m_{Ki} = \sum_j m_{Kij} \qquad [ME/PE] \qquad (5.7)$$

der *individuelle Einkaufsumsatz*

$$u_{EKi} = u_{Ni} = \sum_j m_{Kij} \cdot p_{Kij} \qquad [GE/PE] \qquad (5.8)$$

und der *mittlere individuelle Einkaufspreis*

$$p_{Ki} = u_{Ni}/m_{Ki} \qquad [\%] \qquad (5.9)$$

des Nachfragers Ni. Die Nachfragemenge m_{Ni} wird durch Kauf der Menge (5.7) mit der *Einkaufsquote*

$$\rho_{Ni} = m_{Ki}/m_{Ni} \qquad [\%] \qquad (5.10)$$

ausgeführt. Bei einem monetären *Nutzwert* w_{Ni}, den das Gut für den Nachfrager Ni hat, folgt für aus dem Einkaufsumsatz (5.9) der *Einkaufsgewinn*

$$g_{Ei} = \sum_j m_{Kij} \cdot (w_{Ni} - p_{Kij}) \qquad [ME/PE] \qquad (5.11)$$

Analog ergeben sich aus den Marktergebnissen (5.6) durch Summation über alle N_N Nachfrager Ni die Marktergebnisse der einzelnen Anbieter Aj. Das sind die *individuelle Verkaufsmenge* oder *Absatzmenge*

$$m_{VKj} = m_{Kj} = \sum_j m_{Kij} \qquad [ME/PE] \qquad (5.12)$$

der *individuelle Verkaufsumsatz*

$$u_{VKj} = u_{Aj} = \sum_j m_{Kij} \cdot p_{Kij} \qquad [GE/PE] \qquad (5.13)$$

und der *mittlere Verkaufspreis*

$$p_{Kj} = u_{Kj}/m_{Kj} \qquad [GE/ME] \qquad (5.14)$$

der Anbieters Nj. Die Angebotsmenge m_{Ai} wird durch die Verkaufsmenge (5.12) mit dem *Auslastungsgrad* oder der *Verkaufsquote*

$$\rho_{Aj} = m_{Kj}/m_{Ai} \qquad [\%] \qquad (5.15)$$

abgesetzt. Bei einem Kostensatz k_{Aj} des Anbieters Aj ist der *Verkaufsgewinn*:

$$g_{Vj} = \sum_i m_{Kij} \cdot (p_{Kij} - k_{Aj}) \qquad [GE/PE] \qquad (5.16)$$

Die Summation der Marktergebnisse (5.6) über alle N_N Nachfrager und über alle N_A Anbieter ergibt die *kollektiven Marktergebnisse*:

- *Marktabsatz*
$$M_K = \sum_i \sum_j m_{kij} \qquad [GE/PE] \qquad (5.17)$$

- *Marktumsatz*
$$U_K = \sum_i \sum_j m_{Kij} \cdot p_{Kij} = M_K \cdot P_K \qquad [GE/PE] \qquad (5.18)$$

- *Marktpreis*
$$P_K = U_K/M_K \qquad [GE/ME] \qquad (5.19)$$

Bei einer Gesamtnachfrage $M_N = \Sigma m_{Ni}$ ergibt sich aus (5.17) die *kollektive Einkaufsquote*

$$\rho_N = M_K/M_N \qquad [\%] \qquad (5.20)$$

Bei einem Gesamtangebot $M_A = \Sigma m_{Aj}$ ist die *kollektive Verkaufsquote*

$$\rho_A = M_K/M_A \qquad [\%] \qquad (5.21)$$

Auf einem *eingeschwungenen Markt* sind die Einkaufsquote und die Verkaufsquote in der Regel kleiner als 100 %. Eine *Markträumung* durch die Nachfrager, bei der die Verkaufsquote der Anbieter 100 % ist, oder eine Markträumung durch die Anbieter, bei der die Einkaufsquote der Nachfrager auf 100 % ansteigt, sind Ausnahmesituationen, die unter Umständen zum *Marktversagen* führen können (s. *Abschnitt 14.16*).

Die Summe der individuellen Einkaufsgewinne (5.11) über alle Nachfrager Ni ergibt den

- *Einkaufsgewinn des Marktes*
$$G_E = \sum_i \sum_j m_{Kij} \cdot (w_{Ni} - p_{Kij}) = W_E - U_K \qquad [GE/PE] \qquad (5.22)$$

Hierin ist W_E der mit den individuellen monetären Nutzwerten kalkulierte *Einkaufswert* der insgesamt gekauften Menge (5.17).

Aus der Summation der individuellen Verkaufsgewinne (5.16) über alle Anbieter Aj folgt der

- *Verkaufsgewinn des Marktes*
$$G_V = \sum_i \sum_j m_{Kij} \cdot (p_{Kij} - k_{Aj}) = U_K - W_K \qquad [GE/PE] \qquad (5.23)$$

W_V ist der mit den individuellen Angebotsgrenzpreisen berechnete gesamte *Verkaufswert* der verkauften Mengen. Für Wirtschaftsgüter, deren Kosten kalkuliert werden können, ist der Angebotsgrenzpreis gleich den *Kosten* der Beschaffung und Bereitstellung. Für Güter mit unbekannten Kosten sind die einzelnen Verkaufswerte die *Eigenwerte*, die das Gut für die Verkäufer hat.

Durch Summieren der *lokalen Ergebnisse* (5.17) bis (5.23) für alle Marktplätze, auf denen ein bestimmtes Wirtschaftsgut gehandelt wird, ergeben sich der gesamte Absatz, Umsatz, Verkaufsgewinn und Einkaufsgewinn des Gutes. Durch weitere Summenbildung über alle Güter einer bestimmten Kategorie, die in einem festen Zeitraum an einen ausgewählten Abnehmerkreis verkauft wurden, z. B. über alle Güter des privaten und öffentlichen Jahresbedarfs in Deutschland, lassen sich im Prinzip die Umsätze, die Zahlungsströme und andere makroökomische Kenngrößen eines Wirtschaftsraums oder einer Volkswirtschaft berechnen (s. *Abschnitte 3.12* und *4.8*).

Aus den *primären Marktergebnissen* (5.6) bis (5.23) der verschiedenen Wirtschaftsgüter lassen sich andere, *sekundäre Marktergebnisse* berechnen. Dazu gehören z. B. die *Inflationsrate*, die *Arbeitslosenquote* und die *Verteilungen* der kollektiven Marktergebnisse.

5.6 Paretoverteilungen

Zu den Auswirkungen des Marktes gehört auch die *Verteilung* der kollektiven Marktergebnisse (5.17) bis (5.23) auf die einzelnen Marktteilnehmer. Ein Ergebnis von zentraler Bedeutung sind die in *Abb. 4.6* dargestellen Ungleichverteilungen von Einkommen und Vermögen, die zuerst *Vilfredo Pareto* in der Mitte des 19. Jahrhunderts untersucht hat [Pareto 1897].

Die Verteilung einer bestimmten Gesamtmenge M, wie Vermögen, Absatz, Umsatz oder Gewinn, auf eine geordnete Anzahl N von Teilnehmern lässt sich durch

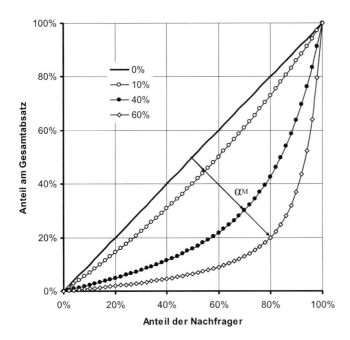

Abb. 5.4 Absatzverteilung bei unterschiedlicher Marktordnung

α_M = 10%: Nachfrager mit steigendem Nachfragerpreis treffen Anbieter in Zufallsfolge
α_M = 40%: Nachfrager mit zufälligen Nachfragerpreisen treffen Anbieter in Zufallsfolge
α_M = 60%: Nachfrager werden nach fallendem Nachfragerpreis bedient

die *Lorenzfunktion* darstellen, die angibt, welcher *Anteil* a_M [%] *der Gesamtmenge* auf welchen *Anteil* a_N [%] *der Merkmalsträger* entfällt. Sie lässt sich approximieren durch die *Modellfunktion* [Gudehus 2004]:

$$a_M(a_N) = [(4(1-a_N)^2 - 4(1-1\alpha)^2(1-a_N)^2 + (1-\alpha)^4)^{1/2}$$
$$- (2 - (1-\alpha)^2)(1-a_N)]/(1-\alpha)^2 \,. \qquad (5.24)$$

Die in *Abb. 5.4* dargestellte Modellfunktion (5.24) ist eine gedrehte Hyperbel. Deren Durchbiegung oder *Ungleichheit* α hat Werte zwischen 0% und 100%. Für α = 0% ist die Menge auf die Merkmalsträger gleich verteilt und die Funktion (5.24) die ansteigende Diagonale $a_M(a_N) = a_N$. Für $\alpha \to 100\%$ ist sie extrem ungleich auf die obersten Merkmalsträger verteilt.

Die Ungleichheit α ist das Verhältnis des maximalen *Abstands* der Lorenzkurve von der Diagonalen zur halben Länge der Diagonalen. Sie entspricht dem *Gini-Koeffizienten*, der das Verhältnis der *Fläche* zwischen Diagonale und Lorenzkurve zur Gesamtfläche unterhalb der Diagonalen ist [Rürup 2003; Samuelson 1995].

Die *Verteilungskurven* der kollektiven Marktergebnisse ergeben sich für die nach aufsteigenden Einkaufspreisen geordneten Nachfrager bzw. für die nach aufsteigenden Verkaufspreisen oder anders geordneten Anbieter aus den entsprechenden individuellen Marktergebnissen (5.6) bis (5.16) in Relation zu den kollektiven Ergebnissen (5.17) bis (5.22). *Abb. 5.4* zeigt die mit Hilfe der Transfergleichungen simulierte Verteilung des Gesamtabsatzes über die Nachfrager, die nach aufsteigender Kaufkraft geordnet sind. Daraus ist erkennbar, dass die Absatzverteilung von der *Zuordnungsfolge* abhängt, in der die Nachfrager mit den Anbietern zusammentreffen (s. *Abschnitt 13.4*)

5.7 Marktzeiten

Ein wichtiger Einflussfaktor auf das Marktgeschehen ist die *Zeit*. *Einmalige Märkte*, auf denen ein singuläres Gut angeboten oder ein Großprojekt nachgefragt wird, finden zu einem bestimmten *Zeitpunkt* statt und können solange dauern, bis ein Kauf abgeschlossen wird. *Regelmäßige Märkte*, wie Wochenmärkte oder Einzelhandelsgeschäfte, haben eine bestimmte *Marktfrequenz* und definierte *Öffnungszeiten*. *Permanente Märkte*, wie die *Internet-Marktplätze*, sind rund um die Uhr geöffnet und können jederzeit besucht werden.

Ein Markt, der nur einmal stattfindet, hat ein bestimmtes Ergebnis. Regelmäßig und permanent stattfindende Märkte haben Marktergebnisse, die sich von Periode zu Periode ändern können. Abhängig von der zeitlichen Änderung sind sie stationäre, stochastische oder dynamische Märkte.

Zur Untersuchung der Marktdynamik und zur Messung veränderlicher Marktergebnisse, wie Absatz, Umsatz, Leistung und Durchsatz, wird eine geeignete *Bemessungsperiode* benötigt. Die Periodenlänge muss lang genug sein, um eine ausreichende Anzahl von Ereignissen zu erfassen und die Zufallsschwankungen zu glätten. Sie darf andererseits nicht zu lang sein, damit systematische Veränderungen der Marktergebnisse rechtzeitig erkennbar sind (s. *Abschnitt 14.3*).

5.7 Marktzeiten

Die zweckmäßige Bemessungsperiode hängt von den *Kontraktlaufzeiten, Lieferzeiten* und *Ausführungszeiten* der Güter ab. Daraus folgen die *Bemessungsregeln für die Marktperiode*:

- *PE = 1 Jahr*: Güter mit Vertrags-, Liefer- oder Ausführungszeiten über ein Jahr
- *PE = 1 Monat*: Güter mit Vertrags-, Liefer- oder Ausführungszeiten von einigen Monaten
- *PE = 1 Woche*: Güter mit Vertrags-, Liefer- oder Ausführungszeiten von einigen Wochen
- *PE = 1 Tag*: Güter mit Vertrags-, Liefer- oder Ausführungszeiten von einigen Tagen
- *PE = 1 Stunde*: Güter mit täglich möglicher Beschaffung, Lieferung und Ausführung

Den verschiedenen Marktperioden entsprechen weitgehend die *Marktfrequenzen* und *Marktöffnungszeiten* der bekannten Marktplätze für die unterschiedlichen Wirtschaftsgüter. Sie sind in *Tab. 5.4* zusammengestellt.

Die Marktöffnungszeiten auf den Endverbrauchermärkten haben Einfluss auf die Marktergebnisse und die *Markteffizienz*. Lange, ungeregelte und nicht synchronisierte Ladenöffnungszeiten vermindern die Markttransparenz, erhöhen die Transferkosten der Anbieter und bewirken erhöhte Konsumgüterpreise. Sie können aber auch für bestimmte Nachfragergruppen, wie Berufstätige und Nachtarbeiter, die Transferkosten vermindern.

Zur Untersuchung der *Marktstochastik* und der *Marktdynamik* werden in den *Kapitel 13* und *14* die Marktergebnisse (5.6) bis (5.22) durch Simulation des Marktgeschehens für n = 24 aufeinander folgende Perioden $t_1, t_2, \ldots, t_{24}$ gleicher Länge beginnend bei einem Zeitpunkt t_0 berechnet. Die Periodenlänge kann 1 Betriebsstunde, 1 Wochentag, 1 Betriebswoche, 1 Monat oder 1 Jahr sein. Dementsprechend erstreckt sich eine Simulation von 24 Perioden insgesamt über 1 Tag, 5 Wochen, 6

Marktfrequenz	Marktöffnungszeiten	Märkte	Wirtschaftsgüter
einmalig	ein bis mehrere Stunden, Tage, Wochen	Versteigerungen, Ausverkäufe Ausschreibungen	Immobilien, Projekte Rechte, Veranstaltungen
jährlich	einige Tage bis Wochen	Jahrmärkte, Weihnachtsmarkt Tarifverhandlungen	Vieh, Naturprodukte Arbeit, Leistungen
monatlich	1 Tag bis 1 Woche	Arbeitsmärkte Basare	Arbeit, Saisonwaren Sachgüter, Gebrauchtwaren
wöchentlich	1 bis 7 Tage	Wochenmärkte Basare	Gemüse, Konsumgüter Sachgüter, Gebrauchtwaren
täglich	1 bis 12 Stunden	Handelsgeschäfte Kartenverkaufsstellen	Konsumgüter, Sachgüter Bücher, Sachgüter
permanent	dauernd	Internet-Märkte, e-bay Börsen	Finanzgüter, Frachten Gebrauchtwaren

Tabelle 5.4 Marktfrequenzen und Marktöffnungszeiten

Monate, 2 Jahre oder 24 Jahre. Damit werden alle praktisch relevanten Periodeneinteilungen erfasst.

5.8 Marktveränderungen

Für einen *stochastisch-stationären Markt*, auf dem sich das Verhalten der Marktteilnehmer nicht ändert, lassen sich aus den von Periode zu Periode zufällig schwankenden Ergebnissen (5.6) bis (5.22) nach den Verfahren der Statistik die im Mittel konstanten Marktergebnisse und deren Standardabweichungen berechnen (s. *Kapitel 12 und 13*). Auf einem *stochastisch-dynamischen Markt* verändern sich Mittelwerte und Varianzen von Gesamtabsatz, Marktpreis und anderer Marktergebnisse infolge systematischer Mengen- oder Preisänderungen durch die Akteure [Mandelbrok 1967 und 2007]. Auf einem dynamischen Markt sind die systematischen Änderungen der mittleren Marktergebnisse von stochastischen Schwankungen überlagert (s. *Kapitel 14*).

Die zeitliche Änderung von Marktpreis $P_K(t)$ und Gesamtabsatz $M_K(t)$ lässt sich in einem *P-M-Diagramm*, wie in *Abb. 5.5* für ein Beispiel gezeigt, als Bewegungspfad des *Ergebnispunktes* $E_K(t) = (P_K(t); M_K(t))$ darstellen. Dasselbe Marktgeschehen zeigt das inverse *M-P-Diagramm* der *Abb. 5.7* als Bewegungspfad des Ergebnispunktes $E_K(t) = (M_K(t); P_K(t))$.

Beide Diagramme zeigen die Auswirkungen des Nachfrage- und Angebotsverlaufs der *Abb. 5.6*. Zum Zeitpunkt t_{N1} beginnt eine lineare Zunahme der Nachfra-

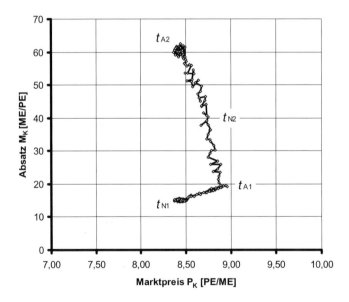

Abb. 5.5 Zeitverlauf von Gesamtabsatz und Marktpreis im P-M-Diagramm infolge einer Nachfragezunahme mit nachfolgendem Angebotsanstieg

Nachfrage- und Angebotsverlauf: s. *Abb. 5.5*   übrige Parameter: s. *Tab. 11.2*

5.8 Marktveränderungen

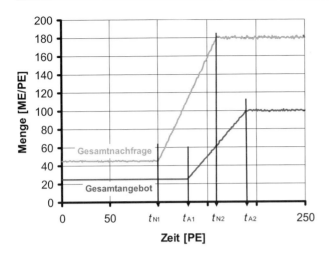

Abb. 5.6 Nachfragezunahme mit nachfolgendem Angebotsanstieg

ge, die nach 60 Perioden zum Zeitpunkt t_{N2} endet. Mit einem *Zeitverzug* von 25 PE wird dadurch ein Angebotsanstieg ausgelöst, der zum Zeitpunkt t_{A1} beginnt und zum Zeitpunkt t_{A2} endet. Die Anbieter reagieren auf den Absatzanstieg nur mit einer Mengensteigerung ohne Preisanhebung. Auch alle übrigen Marktparameter bleiben in dieser Zeit unverändert.

Aus *Abb. 5.5* ist ablesbar, dass zunächst eine Zunahme des Absatzes einhergeht mit einem Anstieg des Marktpreises. Nach Einsetzen der Angebotssteigerung aber sinkt der Preis bei weiter ansteigendem Absatz. Das ist noch besser erkennbar aus dem inversen M-P-Diagramm der *Abb. 5.7*, das denselben Sachverhalt zeigt. Am Ende der Marktveränderung wird in diesem Beispiel wieder der gleiche Marktpreis wie zu Anfang erreicht, während der Absatz um das Vierfache gestiegen ist. Vor und nach den Änderungen herrscht jeweils ein anhaltender *stochastisch-stationärer Zustand*. In dieser Zeit streuen die Marktergebnisse infolge der zufälligen Schwankungen von Angebot und Nachfrage um einen konstanten Mittelpunkt. Daraus resultiert die in *Abb. 5.7* gezeigte Unschärfe der Marktergebnisse. Die *Marktunschärfe* steigt mit abnehmender Länge der Bemessungsperiode.

Die *Diagramme 5.5* und *5.7* sind das Ergebnis von Modellrechnungen mit Hilfe der *Marktpreisformel* (12.9) und der *Marktabsatzformel* (12.10), die in *Kapitel 12* aus den Transfergleichungen des Marktes hergeleitet und durch Simulationsrechnungen bestätigt werden. Die *Wirkungskettenanalyse* zeigt:

▶ Weder hängt der Marktpreis direkt vom Gesamtabsatz ab noch der Gesamtabsatz direkt vom Marktpreis.

Marktpreis und Absatz stehen in keinem ursächlichen Zusammenhang. Beide Marktergebnisse verändern sich vielmehr gleichzeitig. In diesem Fall ist die Änderung die Folge eines Nachfrageanstiegs, der über die Änderung von Marktpreis und Absatz

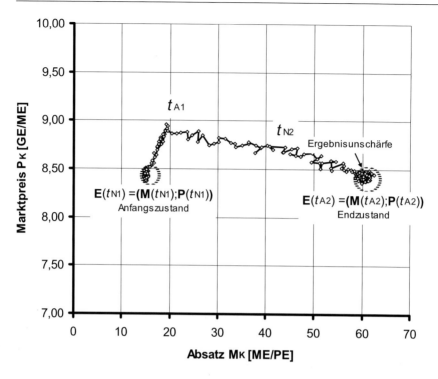

Abb. 5.7 Zeitverlauf von Marktpreis und Gesamtabsatz im M-P-Diagramm infolge eines Nachfrageanstiegs mit nachfolgender Angebotszunahme

von den Anbietern bemerkt wurde und sie zur Mengenanpassung ohne Preisanhebung veranlasst hat.

Analog zu den P-M- und M-P-Diagrammen von Marktpreis und Absatz lässt sich auch die Veränderung anderer Paare von Marktergebnissen in Form zweidimensionaler Diagramme darstellen. Ein bekanntes Beispiel ist die *Phillips-Kurve* er gleichzeitigen Veränderung von Inflationsrate und Erwerbslosigkeit (s. *Abb. 5.8*). Die gesamte zeitliche Entwicklung eines dynamischen Marktes ist in einem mehrdimensionalen Ergebnisraum als Bewegungspfad eines sich im Verlauf der Zeit verändernden *Ergebnispunktes* $E(t) = (P(t); M(t); G(t); \rho(t); i(t);...)$ darstellbar. Der Verlauf des Marktentwicklungspfads resultiert aus dem Verhalten der Akteure in Verbindung mit der Marktordnung. Daraus folgt, dass ein Markt ebenso viele unterschiedliche Entwicklungspfade haben kann, wie es Handlungsmöglichkeiten der Akteure gibt.

Die *Abb. 5.7* und *5.8* sind zweidimensionale Projektionen des vollständigen Marktentwicklungspfads auf die P-M-Ebenen bzw. die ρ-i-Ebene. Sie zeigen also nur einen Teilaspekt der gesamten Marktentwicklung. Aus beiden Diagrammen ist erkennbar, dass sich eine positive Korrelation zwischen zwei betrachteten Ergebnisgrößen im Verlauf der Zeit in eine negative Korrelation umkehren kann.

5.8 Marktveränderungen

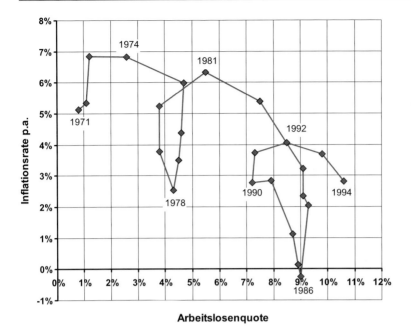

Abb. 5.8 Gleichzeitige Veränderung von Inflationsrate und Arbeitslosenquote in Deutschland von 1971 bis 1994 (*Phillips-Kurve*)

Datenquelle: Statistisches Bundesamt

Bei einer isolierten und zeitlich begrenzten Betrachtung von nur zwei Ergebniswerten besteht die Gefahr, dass aus dem Veränderungspfad der beiden Marktergebnisse auf einen ursächlichen Zusammenhang zwischen diesen Größen oder auf einen *Mechanismus* geschlossen wird [Mankiw 2003, Samuelson 1995]. Aus dem zeitweiligen Anstieg der Beschäftigungsquote bei steigender Inflation zu schließen, mit *Inflation* ließe sich die *Arbeitslosigkeit* senken (*Helmut Schmidt*: „Lieber 5% Inflation als 5% Arbeitslosigkeit"), ist ähnlich naiv wie die Vorstellung, die Störche brächten die Babies, weil die im Frühling zunehmende Ankunft der *Störche* einhergeht mit einer steigenden *Geburtenrate*. Wie Geburtenrate und Storchenzug vom Jahreszeitenzyklus beeinflusst werden, verändern sich Arbeitslosenquote und Inflation im Verlauf der Konjunkturzyklen und des Wirtschaftswachstums.

Ob zwischen zwei Kenngrößen ein ursächlicher Zusammenhang bestehen kann oder nicht, ist aus ihrer zeitlichen Entwicklung ersichtlich. So zeigt der Verlauf *Abb. 5.9* der Arbeitslosenquote und der Inflationsrate in Deutschland über 35 Jahre, dass sich in diesem Zeitraum beide Kenngrößen mit den gesamtwirtschaftlichen Konjunkturzyklen verändert haben.

Der Zeitversatz von 2 bis 3 Jahren belegt, dass sie den in *Abb. 4.8* und *4.9* gezeigten Konjunkturschwankungen nachfolgen, diese aber nicht verursachen. Von 1970 bis 1981 haben sich Arbeitslosigkeit und Inflation nahezu gleichgerichtet verändert

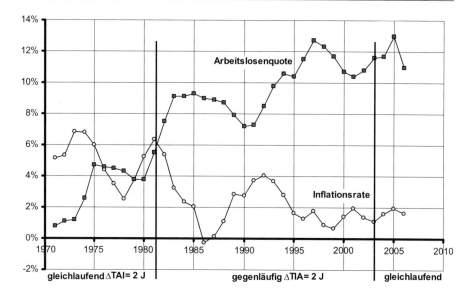

Abb. 5.9 Verlauf von Arbeitslosenquote und Inflationsrate in Deutschland

Datenquelle: Statistisches Bundesamt

mit einem Nachlauf der Inflationsrate gegenüber der Arbeitslosigkeit von etwa 2 Jahren, zwischen 1982 und 2003 verhalten sie sich gegenläufig mit einem Nachlauf der Arbeitslosigkeit von 2 Jahren und seit 2004 verändern sie sich fast ohne Zeitversatz wieder gleichgerichtet.

Um die Verwechslung von Ursache und Wirkung zu vermeiden, werden in der weiteren Untersuchung nur die zeitlichen Veränderungen der einzelnen Einflussfaktoren und Marktergebnisse betrachtet.

5.9 Wettbewerb

Aus den Ergebnissen aller Marktplätze, auf denen ein bestimmtes Wirtschafts- oder Finanzgut gehandelt wird, lassen sich durch Summieren und Mittelwertberechnung die Ergebnisse für jeden wohl definierten Teilmarkt sowie für den Gesamtmarkt des betrachteten Gutes berechnen. Damit die Ergebnisse der einzelnen Marktplätze bei der *Zusammenfassung zu Teilmärkten* nicht mehrfach gezählt werden, darf jeder Marktplatz nur einem Teilmarkt zugeordnet werden. Die Teilmärkte dürfen sich nicht überlappen.

Mehrere Anbieter auf einem Teilmarkt sind dort *Angebotswettbewerber*, die um dieselben Nachfrager konkurrieren. Mehrere Nachfrager auf einem Teilmarkt sind *Nachfragewettbewerber* um dasselbe Angebot. Bei N_A Anbietern und N_N Nachfragern muss ein Anbieter $N_A - 1$ und ein Nachfrager $N_N - 1$ Wettbewerber aufsuchen, um deren Angebot bzw. Nachfrage zu erkunden. Um das *Marktverhalten* aller Teilnehmer zu erkunden, sind in aufeinander folgenden Marktperioden jeweils $(N_A + N_N) \cdot (N_A + N_N - 1)$ wechselseitige Besuche notwendig. Das sind bei 50 Marktteilnehmern bereits $50 \cdot 49 = 2.450$ Erkundungsbesuche. Daraus folgt:

▶ Eine regelmäßige wechselseitige Markterkundung ist bei mehr als 7 Marktteilnehmern auf den meisten Märkten praktisch unmöglich.

Wenn sich N_A Anbieter oder N_N Nachfrager jeweils zu einem *Kartell* zusammenfinden, um ihre Preise und Mengen abzustimmen, sind dafür ohne *Zentralkoordination* $N_A \cdot (N_A - 1)/2$ bzw. $N_N \cdot (N_N - 1)/2$ Vereinbarungen notwendig. Bei maximal 6 Beteiligten sind das bis zu 15 Vereinbarungen. Das bedeutet:

▶ Mehr als 6 Wettbewerber können ohne Zentralkoordination kein effizientes Kartell bilden.

Der *Mengenmarktanteil eines Anbieters* Aj mit der Absatzmenge (5.12) am Gesamtabsatz (5.17) eines betrachteten Teilmarktes ist:

$$\eta_{Mj} = m_{Kj}/M_K \qquad [\%] \qquad (5.25)$$

Der *Umsatzmarktanteil eines Anbieters* Aj mit dem Verkaufsumsatz (5.13) am Gesamtumsatz (5.18) ist:

$$\eta_{Uj} = u_{VKj}/U_K \qquad [\%] \qquad (5.26)$$

Bis zu 6 Anbieter, die sich zu etwa gleichen Teilen einen Markt teilen, können ein *Angebotsoligopol* bilden. Ein Anbieter, der einen Mengen- oder Umsatzmarktanteil über 30%, hat, gilt auf dem betreffenden Markt als *marktbeherrschend*. Erreicht der Marktanteil eines Anbieters 100%, wird er zum *Angebotsmonopolisten*.
Der *Mengenmarktanteil eines Nachfragers* Ni mit der Kaufmenge (5.7) am Gesamtabsatz (5.17) ist:

$$\eta_{Mi} = m_{Ki}/M_K \qquad [\%] \qquad (5.27)$$

Der *Umsatzmarktanteil des Nachfragers* Ni mit dem Einkaufsumsatz (5.8) am Gesamtumsatz (5.18) ist:

$$\eta_{Ui} = u_{EKi}/U_K \qquad [\%] \qquad (5.28)$$

Bis zu 6 Nachfrager, die sich zu etwa gleichen Teilen einen Markt teilen, bilden ein *Nachfrageroligopol*. Hat ein Nachfrager einen Mengen- oder Umsatzmarktanteil über 30% gilt er auf dem betreffenden Teilmarkt als *marktbeherrschend*. Ein Nachfrager mit 100% Marktanteil ist ein *Nachfragermonopolist*.

Bei unterschiedlichen Preisen können sich Mengenmarktanteil und Umsatzmarktanteil eines Anbieters oder eines Nachfragers erheblich voneinander unterscheiden. Der Unterschied zwischen Mengenmarktanteil und Umsatzmarktanteil wird nicht immer ausreichend beachtet. Er ist ein Beispiel dafür, wie eine rein monetäre Betrachtung die realen Beziehungen verzerrt.

Die Marktanteile eines Marktteilnehmers können auf den verschiedenen Teilmärkten eines Wirtschaftsgutes sehr unterschiedlich sein . Derselbe Anbieter kann auf einem Teilmarkt marktbeherrschend, auf einem anderen Monopolist und auf einem weiteren überhaupt nicht vertreten sein. Daher ist es bei der Betrachtung der

Wettbewerbssituation notwendig, die einzelnen Teilmärkte getrennt wie auch alle Teilmärkte zusammen zu betrachten. Aus der Kombination der jeweils 3 Wettbewerbssituationen, *Monopol, Oligopol* und *Kollektiv,* auf der Nachfrager- und auf der Anbieterseite resultieren die in *Abschnitt 11.5* untersuchten 9 *Wettbewerbskonstellationen* oder *Marktformen* [Wöhe 2000].

Besonders kritisch ist die Wettbewerbsituation auf geschlossenen Märkten. Auf einem *geschlossenen Markt* verkaufen alle Anbieter ihr gesamtes Angebot und kaufen alle Nachfrager ihren gesamten Bedarf. So gibt es für Brötchen oder Frischgemüse viele lokale Märkte, die in sich abgeschlossen und voneinander unabhängig sind. Auf jedem geschlossenen Markt ist die Summe aller Verkaufsmengen der Anbieter gleich der Summe aller Einkaufsmengen der Nachfrager. Kein Akteur kauft oder verkauft das gleiche Gut auch auf anderen Märkten.

Wenn auf einem Markt ein oder mehrere Anbieter auftreten, die das gleiche Gut auch auf anderen Märkten verkaufen, stehen alle Teilmärkte, auf denen die gleichen Anbieter verkaufen, zueinander im Nachfragerwettbewerb. Bei *Nachfragerwettbewerb* können die Anbieter ihre Angebotsmengen jeweils auf den Teilmarkt umlenken, auf dem die höchsten Preise zu erzielen sind. Dadurch reduziert sich das Angebot auf den übrigen Teilmärkten und verschärft dort den Wettbewerb unter den Nachfragern. Zugleich steigt der Wettbewerbsdruck zwischen Anbietern auf dem Teilmarkt mit den höchsten Verkaufspreisen.

Umgekehrt können einige oder alle Nachfrager ihren Bedarf für das gleiche Gut auf mehreren Teilmärkten einkaufen. Dann stehen alle Teilmärkte, auf denen die gleichen Nachfrager einkaufen, im *Angebotswettbewerb* zueinander. Bei Angebotswettbewerb können die Nachfrager ihren Bedarf jeweils auf dem Teilmarkt einkaufen, auf dem sie die niedrigsten Preise bezahlen müssen. Das reduziert die Nachfrage auf den anderen Teilmärkten und setzt dort die Anbieter unter Druck. Zugleich verschärft sich der Nachfragerwettbewerb auf dem Teilmarkt mit den niedrigsten Verkaufspreisen.

Noch größer ist der Wettbewerb, wenn die Anbieter *und* die Nachfrager eines Gutes zwischen mehreren Teilmärkten wechseln können. Dann besteht zwischen den derart *verkoppelten Teilmärkten* sowohl Anbieter- als auch Nachfragerwettbewerb. Ein maximaler Wettbewerb herrscht, wenn zugleich auch *Substitutionsgüter* oder *Ausweichgüter* angeboten werden. Dadurch entsteht eine Verkopplung der Märkte aller Güter, zwischen denen die Nachfrager wechseln können.

Eine ähnliche Situation besteht für Güter, die in verschiedenen *Qualitätsstufen* angeboten werden. Nachfrager, die eine bestimmte Qualitätsstufe benötigen, können zwischen allen Teilmärkten wechseln, auf denen das Gut in dieser oder besserer Qualität angeboten wird. Anbieter können ein Gut mit einer bestimmten Qualität allen Nachfragern anbieten, die diese oder eine geringere Qualität benötigen. Zwischen den *Qualitätsteilmärkten* eines Gutes können die Anbieter umso freier wechseln, je höher ihre Qualität ist. Die Nachfrager können umso freier wechseln, je geringer ihre *Qualitätsansprüche* sind. Das bedeutet:

▶ Zwischen gekoppelten Qualitätsteilmärkten bestehen einseitig durchlässige Marktbarrieren.

Die *Teildurchlässigkeit von Qualitätsmärkten* ist von besonderer Bedeutung auf den *Arbeitsmärkten*. Dort kann sich ein *Höherqualifizierter* auch auf Stellen mit geringerem Qualifikationsanspruch bewerben, während einem *Minderqualifizierten* alle Stellen mit höherem Qualitätsanspruch versperrt sind.

Um den Wettbewerb durch neue Anbieter oder Nachfrager oder um einen Wechsel zwischen den Teilmärkten eines Wirtschaftgutes zu verhindern, versuchen einzelne Marktteilnehmer, Interessengruppen oder Staaten, *Marktbarrieren* zu schaffen. Beispiele für Marktbarrieren sind Teilnahmeverbote, Zunftmitgliedschaften oder technische *Handelshemmnisse* [Stiglitz 2006]. Der Abbau bestehender und das Verhindern neuer Marktbarrieren sind Aufgaben der *Wettbewerbspolitik* und des *Wettbewerbsrechts* [Aberle 1980/97; Hilf 2005; Köhler 2004; Koppensteiner 1997].

5.10 Markteffizienz und Selbstregelung

Die *Markteffizienz* besagt, ob und wieweit bestimmte *Ziele* über den Markt erreichbar sind. Eine *Selbstregelung* durch den Markt besteht, wenn sich erwünschte Marktergebnisse ohne externes Einwirken allein durch das Verhalten der Akteure wie von selbst einstellen. Der Markt ist umso effizienter, je rascher und besser die angestrebten Ziele erreicht werden.

Entsprechend den unterschiedlichen Zielen und ökonomischen Interessen der gesellschaftlichen Gruppen werden in den Wirtschaftswissenschaften verschiedene *Markteffizienzen* betrachtet. Dazu gehören die *Informationseffizienz*, nach der ein Markt effizient ist, wenn die Preise sämtliche zur Bewertung eines Wirtschaftsgutes relevanten Informationen widerspiegeln, die *Allokationseffizienz*, nach der ein Markt zur optimalen Allokation oder maximalen Nutzung der Ressourcen führen soll, und die *Paretoeffizienz*, gemäß der sich aus dem rationalen Verhalten der Akteure solange Preis- und Mengenänderungen ergeben, bis kein Akteur mehr für sich einen Vorteil erreichen kann, ohne andere zu benachteiligen. Die verschiedenen Definitionen berücksichtigen jeweils nur ein Ergebnis oder einen Aspekt des Marktes. Sie sind oft unklar oder werfen neue Fragen auf: Welches sind die relevanten Informationen zur Bewertung eines Wirtschaftsgutes? Wann und für wen sind die Allokation und Nutzung der Ressourcen optimal? Warum ist es effizient, dass einige Akteure, die sehr viel besitzen, nicht benachteiligt werden sollen, wenn dadurch andere mehr erhalten, die wenig haben?

Solange offen ist, welchen *Zielen* ein Markt dienen soll, ist keine Beurteilung der Markteffizienz möglich, denn sie ist wegen der Vielzahl der *Marktergebnisse* (5.17) bis (5.22) mehrdimensional. Den möglichen Ergebnissen entsprechen verschiedene *Markteffizienzen*:

- Die *Absatzeffizienz* eines Marktes gibt an, in welchem Ausmaß ein *maximaler Absatz* erreicht wird. Eine hohe Absatzeffizienz ist für alle Nachfrager und Anbieter von Vorteil, denn sie führt zu einer hohen *Einkaufsquote* und zugleich zu einer hohen *Verkaufsquote*.

- Die *Einkaufspreiseffizienz* besagt, wieweit der Markt *minimale Marktpreise* bewirkt. Niedrige Marktpreise sind mit hohen *Einkaufsgewinnen* verbunden und von Vorteil für die Nachfrager.
- Die *Verkaufspreiseffizienz* bemisst, wieweit der Markt zu *maximalen Marktpreisen* führt. Hohe Marktpreise ergeben große *Verkaufsgewinne* und begünstigen die Anbieter.
- Die *Umsatzeffizienz* gibt an, wieweit am Markt ein *maximaler Gesamtumsatz* erreicht wird. Sie resultiert aus einer hohen Absatzeffizienz und Verkaufspreiseffizienz eines Marktes und ist daher primär für die Anbieter vorteilhaft.
- Die *Gewinneffizienz* bemisst den Markt danach, wieweit ein *maximaler Marktgewinn* erreicht wird, der sich aus der Summe aller *Einkaufsgewinne* und *Verkaufsgewinne* ergibt.
- Die *Kosteneffizienz* eines Marktes ist hoch, wenn durch den Markt eine Senkung der Kosten bewirkt wird und die Summe der *Transferkosten* minimal ist.
- *Allokationseffizienz* bedeutet, dass der Markt die Ressourcen zum Nutzen der Gesamtgesellschaft lenkt, wobei zu entscheiden ist, welcher Nutzen vorrangig ist.
- Die *Verteilungseffizienz* zeigt an, wie gleichmäßig oder wünschenswert sich Absatz, Umsatz und Gewinne auf die Marktteilnehmer verteilen.

Die Allokationseffizienz und die Verteilungseffizienz sind schwer zu messen und noch schwieriger zu beurteilen. Ihre Bewertung hängt von den gesellschaftlichen Zielen ab.

Das oberste Ziel der gesamten Wirtschaft und damit auch der Märkte ist die kostengünstige und zuverlässige Versorgung der Menschen mit den Gütern des persönlichen und öffentlichen Bedarfs. Gemeinsame Ziele aller Anbieter und Nachfrager sind daher eine hohe Absatzeffizienz und Kosteneffizienz der Märkte. Das ist jedoch nicht unbedingt das Ziel der *Kaufvermittler* und *Intermediäre*. Sie sind an hohen *Provisionen* interessiert und gefährden daher eher die Kosteneffizienz eines Marktes (s. *Abschnitte 8.3* und *15.6*).

Die *Erwartungen* an den Markt hängen von der Rolle des Akteurs und vom Blickwinkel des Betrachters ab. Die gewinnorientierten Nachfrager aus Privathaushalten, Unternehmen und Staat erwarten vom Markt eine Deckung ihrer Nachfragemengen zu minimalen Preisen und Kosten. Sie streben einen maximalen Einkaufsgewinn an. Aus Sicht der Nachfrager ist daher die Markteffizienz hoch, wenn die Absatzeffizienz, die Kosteneffizienz und die Einkaufspreiseffizienz groß sind. Die gewerblichen Anbieter erwarten vom Markt eine hohe Verkaufsquote, maximale Verkaufsgewinne und steigende Umsätze. Für sie ist die Markteffizienz hoch, wenn Absatzeffizienz, Verkaufspreiseffizienz und die Kosteneffizienz groß sind.

Die *Zielkonflikte* zwischen den Erwartungen der Anbieter, Nachfrager, Kaufvermittler und Intermediäre sind nur durch eine neutrale Instanz lösbar. Sie muss die Interessen der Akteure gegeneinander abwägen und die gesamtgesellschaftlichen Auswirkungen der Märkte berücksichtigen. Das kann ein *Parlament* sein, ein *Marktaufsichtsamt*, wie das *Kartellamt*, eine *Netzagentur*, das *Banken- und Finanzaufsichtsamt* oder eine staatliche Kommission. Nur eine kompetente neutrale Instanz kann die gesamtgesellschaftlichen Ziele formulieren und eine Marktordnung entwickeln, mit der

5.10 Markteffizienz und Selbstregelung

sie sich erreichen lassen. Die *Priorisierung der gesellschaftlichen Ziele*, z. B. die *wünschenswerte Verteilung* der Güter, Einkommen und Vermögen, ist keine wirtschaftswissenschaftliche, sondern eine politische Aufgabe (s. *Kapitel 17*). Darüber muss das Parlament entscheiden. Das *gesamtgesellschaftliche Ziel für die Gütermärkte* ist klar:

- Sichere Versorgung aller Haushalte mit den benötigten Gütern in ausreichender Menge bei angemessener Qualität zu minimalen Preisen.

Die Marktordnungen auf den Endverbrauchermärkten und Vorerzeugnismärkten müssen so konzipiert sein, dass dieses Ziel weitgehend selbstregelnd möglichst ohne staatliche Eingriffe über den Markt erreicht wird.

Anders als für die Gütermärkte sind die *gesamtgesellschaftlichen Ziele für die Arbeitsmärkte* widersprüchlich. Das Verhalten der Menschen ist hier schizophren. Jeder Mensch erwartet für sich, seine Angehörigen und Freunde eine möglichst hohe Bezahlung für eine zeitlich und physisch erträgliche Arbeitsleistung. Löhne und Gehälter sind jedoch der größte Kostenfaktor und Preistreiber der Gütererzeugung. Daher verlangt jeder, der niedrige Preise fordert, dass die Arbeitskosten möglichst gering sind, d. h. die minimale Bezahlung einer maximalen Arbeitsleistung. Derart divergierende Ziele sind auch mit der besten Marktordnung nicht konfliktfrei über den Markt erreichbar. Vor der Regelung eines Arbeitsmarktes sind daher zunächst die einzelwirtschaftlichen und gesamtgesellschaftlichen Ziele zu klären und zu priorisieren, die auf dem betreffenden Teilmarkt angestrebt werden. Das ist eine wirtschaftspolitische Aufgabe, die eine gesonderte Untersuchung erfordert.

Um beurteilen zu können, ob, wieweit und durch welche Maßnahmen bestimmte Ziele über den Markt erreichbar sind, muss bekannt sein, wie sich die *Marktordnung* oder *Markteingriffe*, wie *Sicherungssteuern* oder *Lenkungssteuern*, auf die Marktergebnisse auswirken. Ein Beispiel für die Auswirkung eines Staatseingriffs auf den Markt ist die bekannte *Laffer-Kurve* [Samuelson 1995 S. 376ff]. Sie stellt – wie *Abb. 15.13* gezeigt – die Abhängigkeit des *Steueraufkommens* von der Höhe der Steuersätze dar. Auch wenn diese Abhängigkeit nicht direkt messbar ist, da in einer Volkswirtschaft keine Experimente möglich sind, lässt sich ihr allgemeiner Verlauf mit Hilfe der Logik des Marktes nachweisen (s. *Abschnitt 15.8*).

Grundsätzlich bestehen für den Staat folgende *Einwirkungsmöglichkeiten*:

- *Mittelbare Einwirkung über die Marktordnung.*
- *Unmittelbare Einwirkung auf das Verhalten der Akteure.*

Die mittelbaren Wirkungsmöglichkeiten über die Marktordnung ergeben sich allein über den Marktmechanismus. Sie sind mit Hilfe der *Transfergleichungen* berechenbar. Die Auswirkungen der unmittelbaren Einwirkungsmöglichkeiten auf den Markt über *Steuern* und *Subventionen* auf das Verhalten lassen sich nur soweit abschätzen, wie sich die Akteure rational verhalten und dem *ökonomischen Prinzip* folgen. Sie bleiben wegen der Dispositionsfreiheit auch bei rationalem Verhalten der Menschen in weiten Bereichen ungewiss.

Von besonderer Bedeutung sind *selbstregelnde Marktordnungen*, die unter normalen Umständen ohne direkte Markteingriffe über das Eigeninteresse der Akteure zu den gewünschten Marktergebnissen führen. Ein Beispiel für die *Selbstregelung durch den Markt* ist der in *Abb. 5.6* und *5.8* dargestellte Anstieg des Gesamtabsatzes nach einer Zunahme der Nachfrage und einer dadurch ausgelösten Steigerung der Angebotsmengen. Die Anpassung der Angebotsmengen an den gestiegenen Bedarf war in diesem Fall bei einem Marktpreis möglich, der nach einem vorübergehenden Anstieg am Ende wieder auf das Ausgangsniveau gefallen ist. Eine noch extremere Entwicklung zu Gunsten der Nachfrager war in dxen letzten Jahren auf den *Märkten für Personalcomputer* zu beobachten, deren Preise ständig gefallen sind, während die Absatzzahlen laufend anstiegen. Hier hat die Selbstregelung über den Markt bisher bestens funktioniert.

Eine weitere Markteigenschaft, die für die gesamtwirtschaftliche Entwicklung große Bedeutung hat, ist die Reagibilität:

- Die *Reagibilität eines Marktes* wird bestimmt von der *Geschwindigkeit* und dem *Ausmaß*, mit dem sich die Marktergebnisse nach der Änderung eines Einflussfaktors verändern.

Ein Maß für die Änderungsgeschwindigkeit ist der *mittlere Zeitverzug* zwischen Ursache und Wirkung. Im Beispiel der *Abb.* 5.5 beträgt der Reaktionsverzug etwa 25 Perioden.

Das Ausmaß einer Marktänderung ist gegeben durch die *Elastizität* des *Ergebnisses* E bezüglich des *Einflussfaktors* F. Sie ist das Verhältnis der relativen Änderung $\Delta E/E$ des Marktergebnisses E infolge einer relativen Änderung $\Delta F/F$ des Einflussfaktors F.

$$\eta_{EF} = \Delta E/E : \Delta F/F = (F/E) \cdot \Delta E/\Delta F \xrightarrow[\text{für } \Delta \to 0]{} (F/E) \cdot \partial E/\partial F . \quad (5.29)$$

In dem zuvor betrachteten Beispiel ist die relative Änderung der Gesamtnachfrage nach *Abb.* 5.5 gleich $\Delta M_N/M_N = 138/42 = 3,3$, die relative Änderung des Gesamtabsatzes nach *Abb.* 5.6 gleich $\Delta M_K/M_K = 45/15 = 3,0$ und damit die Marktelastizität des Absatzes bezüglich der Nachfrage $\eta_{EF} = 3,3/3,0 = 1,1$.

Da es zahlreiche Marktergebnisse gibt, die von mehreren Einflussfaktoren abhängen, lassen sich viele unterschiedliche Marktelastizitäten definieren. Von diesen werden im Folgenden nur die betrachtet, die für die Beurteilung der Effizienz der kollektiven Marktergebnisse relevant sind.

6 Nachfrage

Nachfrage entsteht aus dem einmaligen oder laufenden *Bedarf* für ein Wirtschaftsgut, das einem privaten oder öffentlichen Nutzen dient oder das zur wirtschaftlichen Verwendung benötigt wird. Nachfrage generiert in der Regel Angebote, die ohne Nachfrage wieder verschwinden. Ein attraktives Angebot oder ein neues Produkt kann auch zusätzlichen Bedarf induzieren oder eine bestehende Nachfrage verschieben. Durch *Werbung* lässt sich die Nachfrage begrenzt stimulieren [Meffert 2000].

Der Markt zwingt alle Nachfrager, ob sie wollen oder nicht, sich bis zum Kauf eines Wirtschaftsgutes zu entscheiden, welche Menge sie bis zu welchem Preis kaufen wollen. Andernfalls kommt es nicht zum Kauf. Ein vernünftiger *Nachfrager* N_i, der auf den Markt kommt, will eine geplante *Nachfragemenge* m_{Ni} [ME] eines Wirtschaftsgutes einkaufen. Er ist bereit, dafür maximal einen *Nachfragergrenzpreis* p_{Ni} [GE/ME] zu zahlen, der seiner *Zahlungsbereitschaft* und seinem *Zahlungsvermögen* entspricht.

Preisbewusste Konsumenten und Einkäufer von Unternehmen verfolgen unterschiedliche *Beschaffungsstrategien* mit dem Ziel, den aktuellen Bedarf zu decken und einen maximalen *Einkaufsgewinn* erzielen (s. *Kapitel 16*). Viele *Konsumenten* und *Spontankäufer* haben jedoch keine genaue Vorstellung vom monetären Wert des Gutes, das sie kaufen wollen. Sie verfolgen auch keine Beschaffungsstrategie, sondern entscheiden erst angesichts eines konkreten Angebots über Zahlungsbereitschaft und Einkaufsmenge [Wischmeyer 2002]. Die Entscheidung fällt von Anbieter zu Anbieter anders aus. Sie wird von der *Qualität*, vom *Service* und vom *Ambiente* des Marktplatzes beeinflusst. Das gilt vor allem für teure *Luxusgüter*, deren *Prestigewert* für einige Menschen mit dem Preis ansteigt.

Der Marktmechanismus funktioniert unabhängig davon, wie die aktuellen Mengen- und Preisentscheidungen der einzelnen Nachfrager zustande kommen. Die Nachfragemengen und Nachfragergrenzpreise können sich im Verlauf der Zeit als Reaktion auf das vergangene Marktgeschehen, aber auch aus vielen anderen Gründen ändern.

6.1 Nachfragemengen

Innerhalb eines endlichen Zeitraums ist jeder Bedarf begrenzt. Die Nachfragemengen sind durch das *Aufnahmevermögen* und das *Zahlungsvermögen* der Akteure beschränkt. Ist das Aufnahmevermögen erschöpft und der Bedarf eines Nachfragers gedeckt, tritt der individuelle *Sättigungszustand* ein. Wenn die Summe der geplanten Beschaffungsausgaben das Zahlungsvermögen überschreitet, müssen die Nachfragemengen wegen *Kaufkraftmangel* reduziert werden. Ein Ansteigen des Zahlungsvermögens eines Wirtschaftsteilnehmers über den Sättigungsbedarf hinaus führt zum *Kaufkraftüberhang* und erhöht die *Zahlungsbereitschaft*.

Für die *Güter des privaten Bedarfs* werden die *Sättigungsgrenzen* von der Anzahl der Personen und ihren Bedürfnissen sowie von den Transport- und Lagermöglichkeiten bestimmt. Zusätzlich sind die Beschaffungsmengen durch das *Haushaltsbudget* begrenzt.

Die Sättigungsgrenze für Güter des *wirtschaftlichen Bedarfs* ergibt sich aus den *Engpässen* der geplanten Verwendung. Sie ist für *Handelswaren* durch die Lagerkapazität des Verkaufsraums und den maximal möglichen Absatz gegeben. Für *Einsatzgüter*, die zur Verarbeitung gekauft werden, ist der Engpass durch die *Produktionskapazität*, eine begrenzte *Transport- und Lagerkapazität* oder den geplanten *Absatz* bestimmt. Zusätzlich sind die Beschaffungsmengen begrenzt durch die *Geldmittel*, die für Einkauf, Lagerhaltung und Produktion zur Verfügung stehen.

Diese Restriktionen zwingen einen *gewerblichen Nachfrager*, aus einem *Absatzplan*, den verfügbaren *Kapazitäten* und den *Kosten* einen *Beschaffungsplan* und *Einkaufsstrategien* zu entwickeln, nach denen die aktuellen Nachfragemengen der Bedarfsgüter festgelegt werden [Wöhe 2000]. Gemäß dem Beschaffungsplan ist die Summe der *Planausgaben* $m_{Nr} \cdot p_{Kr}$ für alle Wirtschaftsgüter WG_r, die in der Planperiode in den Nachfragemengen m_{Nr} zu den erwarteten Einkaufspreisen p_{Kr} beschafft werden sollen, gleich dem *Gesamtbudget* $B_{ges} = \Sigma\, m_{Nr} \cdot p_{Kr}$. Damit ist für das Wirtschaftsgut WG_s ein partielles Budget B_s verfügbar, das gleich dem Gesamtbudget abzüglich der Summe der Planausgaben für die anderen Wirtschaftsgüter ist. Mit diesem Budget kann am Markt zum Einkaufspreis p_{Ks} die Nachfragemenge $m_{Ns}(p_{Ks}) = B_s/p_{Ks}$ beschafft werden.

Wenn sich am Markt jedoch zeigt, dass der aktuelle Kaufpreis vom geplanten Einkaufspreis abweicht, bestehen folgende *Verhaltensmöglichkeiten des Nachfragers*:

- *Kaufverschiebung* oder *Kaufverzicht*: Wenn der Angebotspreis über dem geplanten Nachfragergrenzpreis p_{Ni} liegt, wird der geplante Kauf aufgegeben, verschoben oder auf ein *Substitutionsgut* ausgewichen.
- *Budgetanpassung bei fester Nachfragemenge*: Um eine fest eingeplante oder dringend benötigte Nachfragemenge kaufen zu können, werden entweder die Beschaffungsmengen anderer Güter oder das Gesamtbudget so angepasst, dass das verfügbare Budget für die feste Menge ausreicht.
- *Mengenanpassung bei festem Budget*: Die Nachfragemenge wird dem aktuellen Kaufpreis so angepasst, dass beim Kauf das verfügbare Festbudget eingehalten wird.

Auch wenn das betrachtete Gut, der Bedarf an übrigen Gütern und das Gesamtbudget genau bekannt sind, lässt sich kaum vorhersagen, wie sich ein rationaler, geschweige denn ein irrational handelnder Wirtschaftsteilnehmer verhalten wird. Das hängt vom relativen *Nutzwert* und von der *Dringlichkeit* des Bedarfs für das betrachtete Gut und aller anderen Güter ab, die – wie in *Abschnitt 16.4* gezeigt – von der *Beschaffungsdisposition* bestimmt wird, sowie vom *Zahlungsvermögen*, das – wie in *Abschnitt 16.6* ausgeführt – Ergebnis der *Gelddisposition* ist.

6.1 Nachfragemengen

Die Unterschiedlichkeit der individuellen Nutzwerte und die *Dispositionsfreiheit* der Marktteilnehmer machen die Vorhersage der Marktentwicklung äußerst schwierig und für viele Güter unmöglich. Quantitative Aussagen sind nur möglich unter bestimmten Annahmen über das Verhalten der Akteure. Allgemein aber ergibt sich aus dieser Überlegung, dass bei einem aktuellen *Sättigungsbedarf* m_{Si} die *Nachfragemenge* m_{Ni} eines *Nachfragers* N_i für ein Wirtschaftsgut durch folgende Funktion darstellbar ist:

(6.1)

$$m_{Ni}(p_K) = \begin{cases} m_{Si} & \text{bei fester Menge, wenn } p_K \leq p_{Ni} \\ \text{MIN}(m_{Si}; B_i/p_K) & \text{bei Festbudget für teilbare ME} \\ \text{GANZZAHL}(\text{MIN}(m_{Si}; B_i/p_K)) & \text{bei Festbudget für unteilbare ME} \end{cases}$$

Die Operation GANZZAHL des Rundens auf volle Einheiten ist für *unteilbare Güter* erforderlich, die – wie der Zehnerpack des Marktbeispiels – nur als ganze Einheit käuflich sind. Für beliebig teilbare Güter entfällt das Runden.

Wie die *Abb. 6.1* zeigt, ist die *individuelle Nachfragefunktion* (6.1) bei Budgetanpassung bis zum Erreichen des Nachfragergrenzpreises gleich der festen Nachfragemenge und danach gleich 0. Wenn ein festes Budget einzuhalten ist, sinkt die Nachfragemenge umkehrt proportional mit dem Kaufpreis vom Sättigungsbedarf, der bei Kaufpreisen $p_K \leq p_{Ni} = B_i/m_{Si}$ voll gedeckt werden kann, bis auf 0. Für teilbare Gü-

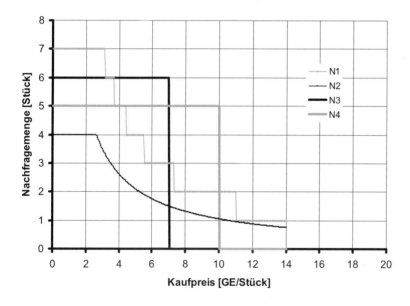

Abb. 6.1 Möglicher Verlauf individueller Nachfragefunktionen

N1: Sättigungsbedarf 7 ME, Festbudget 22,50 €, unteilbare Mengeneinheiten
N2: Sättigungsbedarf 4 ME, Festbudget 10,50 €, teilbare Mengeneinheiten
N3: Sättigungsbedarf 6 ME, ohne Budget, Nachfragergrenzpreis 7,00 [GE/ME]
N4: Sättigungsbedarf 5 ME, ohne Budget, Nachfragergrenzpreis 10,00 [GE/ME]

ter ist der Bedarfsrückgang stetig. Für unteilbare Güter fällt der individuelle Bedarf in Stufen ab.

6.2 Nachfragergrenzpreis

Aus dem *monetären Wert* w_{Ni} [GE/ME], den der Nachfrager Ni rational oder irrational einer Mengeneinheit des gewünschten Gutes beimisst, und der *Einkaufsstrategie* resultiert der Nachfragergrenzpreis p_{Ni} [GE/ME].

Der Nachfragergrenzpreis wird von Privatkäufern in der Regel gleich dem monetären Wert w_{Ni} angesetzt, den sie dem Gut beimessen. Er kann aber auch gegenüber dem monetären Wert reduziert werden, um am Markt einen *Einkaufsgewinn* zu erzielen. Strebt der Nachfrager den *Plangewinn* g_{NPi} [GE/ME] oder die *Plangewinnquote* $q_{NPi} = g_{NPi}/w_{Ni}$ [%] an, dann ist der *kalkulierte Nachfragergrenzpreis*:

$$p_{Ni} = w_{Ni} - g_{NPi} = (1 - q_{NPi}) \cdot w_{Ni} \tag{6.2}$$

Unabhängig vom kalkulierten Gewinn erzielt der Nachfrager Ni aus dem Kauf einer Menge m_{Kij}, die für ihn den monetären Wert $m_K \cdot w_{Ni}$ hat und die er von einem Anbieter Aj zum Kaufpreis p_{Kij} einkauft, den *partiellen Einkaufsgewinn*:

$$g_{Eij} = m_{Kij} \cdot (w_{Ni} - p_{Kij}) \tag{6.3}$$

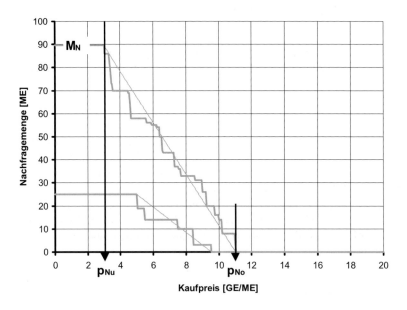

Abb. 6.2 Nachfragefunktionen für unbudgetierten stochastischen Einzelbedarf

Oben: 25 Nachfrager mit Gesamtbedarf 90 ME/PE
Unten: 4 Nachfrager mit Gesamtbedarf 25 ME/PE

6.3 Nachfragefunktionen

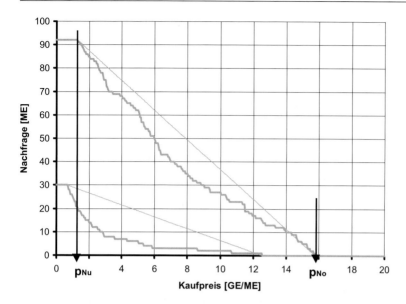

Abb. 6.3 Nachfragefunktionen für budgetierten stochastischen Einzelbedarf

Oben: 25 Nachfrager mit Gesamtbedarf 92 ME/PE
Unten: 4 Nachfrager mit Gesamtbedarf 30 ME/PE

Summiert über alle Anbieter Aj, bei denen der Nachfrager Ni zum Kauf kommt, ergibt sich daraus gemäß Beziehung (5.11) der *individuelle Einkaufsgewinn* des Nachfragers Ni:

$$g_{Ei} = \sum_{j} m_{Kij} \cdot (w_{Ni} - p_{Kij}) \tag{6.4}$$

Bei der Festlegung des Plangewinns zum Zeitpunkt des Markteintritts berücksichtigen viele Nachfrager auch den letzten Marktpreis und dessen Veränderungen. Ist dieser deutlich niedriger als der monetäre Wert, wird der Plangewinn erhöht, liegt er nahe daran, wird er gesenkt. Dann ist der Nachfragergrenzpreis eine Funktion der *Marktpreise* $P_M(t-1)$, $P_M(t-2)$... vorangehender Handelsperioden $t-1, t-2, ...$ Dieses Verhalten führt zu einer *Rückkopplung* der Marktergebnisse früherer Perioden auf die Nachfrage und löst bei kollektivem Gleichverhalten eine *dynamische Marktveränderung* aus.

6.3 Nachfragefunktionen

Zu einem Kaufpreis p_K, der nicht höher ist als der Nachfragergrenzpreis p_{Ni}, ist der Nachfrager Ni bereit, eine konstante oder eine vom Kaufpreis abhängige Nachfragemenge m_{Ni} zu kaufen. Das besagt die *individuelle Nachfragefunktion*:

$$m_{Ni}(p_K) = \text{WENN}(p_K \leq p_{Ni}; m_{Ni}; 0) \tag{6.5}$$

Die individuelle Nachfragemenge m_{Ni} wird nach oben durch die Sättigungsnachfrage begrenzt und kann gemäß Beziehung (6.1) bei festem Budget mit dem Kaufpreis sinken.

Aus den aktuellen Nachfragemengen m_{Ni} der einzelnen Nachfrager Ni, $i = 1, 2, \ldots N_N$, die den Markt in einer *Periode* PE aufsuchen, ergibt sich durch Summieren die aktuelle *Gesamtnachfrage* des Marktes:

$$M_N = \sum_i m_{Ni} \qquad [\text{ME/PE}] \qquad (6.6)$$

Durch Summiern der individuellen Nachfragefunktionen (6.5) aller Nachfrager, die in einer Marktöffnungsperiode auf den Markt kommen, folgt die *kollektive Nachfragefunktion* des Marktes[1]

$$M_N(p_K) = \sum_i m_{Ni}(p_K) = \sum_i \text{WENN}(p_K \leq p_{Ni}; m_{Ni}; 0) \quad [\text{ME/PE}] \quad (6.7)$$

Die *Abb. 6.2* zeigt zwei kollektive Nachfragefunktionen für unterschiedliche Nachfragekenngrößen bei preisunabhängigen individuellen Nachfragemengen, die zwischen bestimmten Grenzen stochastisch schwanken. Der mittlere Verlauf fällt in diesen Fällen *linear*. In *Abb. 6.3* sind zwei unterschiedliche kollektive Nachfragefunktionen für preisabhängige Nachfragemengen dargestellt. Sie haben einen *degressiv fallenden* Verlauf.

Die individuelle Nachfragefunktion (6.5) ist nur dem einzelnen Akteur bekannt. Sie manifestiert sich erst im Augenblick der Kaufentscheidung. Im Prinzip ist es möglich, die Absolutwerte der individuellen Nachfrage durch Befragung der Käufer eines Wirtschaftsgutes zu erkunden. Dabei muss jedoch – ähnlich wie bei einer Wahlumfrage – damit gerechnet werden, dass bis zum Kaufentscheid unzutreffende Aussagen gemacht werden, teils wegen Unentschlossenheit und teils um einen Missbrauch der vertraulichen Information zu verhindern.

Von *Konsumforschern* werden regelmäßig Befragungen zur Bestimmung der *Zahlungsbereitschaft* für ausgewählte Konsumgüter durchgeführt. Dazu wird eine repräsentative Anzahl von Verbrauchern gefragt, in welcher *Preisklasse* sie das betreffende Gut kaufen würden. Das Ergebnis ist eine *normierte Nachfragefunktion*, wie sie in *Abb. 6.4* für 6 verschiedene Konsumgüter und 5 Preisklassen gezeigt ist [FAZ 1.2.2004]. Auch wenn die 5 Preisklassen eine sehr grobe Einteilung und die Absolutwerte der Preise kaum verlässlich sind, bestätigen die Befragungsergebnisse den stufenweisen Abfall der Nachfrage mit dem Kaufpreis. Praktisch genutzt werden die Ergebnisse der Befragung zur Entwicklung von *Absatzstrategien*, wie der *Preisdifferenzierung* und der *Marktsegmentierung* (s. *Abschnitte 15.8* und *15.9*).

Sättigungsbedarf und Gesamtverlauf der kollektiven Nachfragefunktion (6.7) sind für die meisten Güter und Märkte unbekannt. Nur für Güter, die auf *Börsen* gehandelt werden (s. *Abschnitt 7.3*), und für einige wenige Konsumgüter, wie Heizöl, Benzin oder Zigaretten, die über lange Zeit verkauft werden, lassen sich unter

---

[1] Die individuellen ebenso wie die kollektiven Nachfrage- und Angebotsfunktionen sind Abhängigkeiten der Mengen vom Preis. Abweichend von der seit A. *Marshall* in den Wirtschaftswissenschaften üblichen Darstellung [Marshall 1890; Schneider 1969, Fußnote S. 88], wird daher in der Logik des Marktes der Preis als unabhängige Variable auf der Abszisse und die Menge als abhängige Variable auf der Ordinate dargestellt.

6.3 Nachfragefunktionen

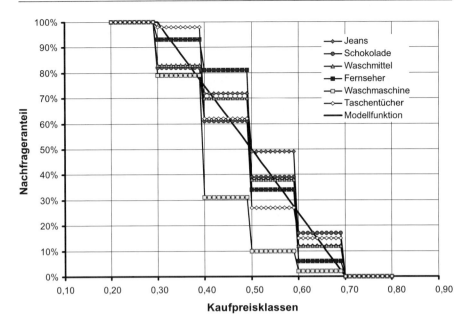

Abb. 6.4 Normierte Nachfragefunktionen unterschiedlicher Konsumgüter

Quelle: Befragung zur Zahlungsbereitschaft, Universität Erlangen, Lehrstuhl für Marketing

Umständen auch die Absolutwerte der Nachfragefunktion im Bereich der aktuellen Marktpreise bestimmen.

In der Regel kommen auf den gleichen Markt rational und irrational handelnde Nachfrager. Auch rationale Einkäufer können den monetären Wert und den Grenzpreis eines Wirtschaftsgutes nicht immer genau kalkulieren. Die meisten Nachfragefunktionen haben daher einen unscharfen Verlauf, der sich – auch bei stationärem Bedarf – von Periode zu Periode zufällig ändert. Die Wirtschaftstheorie muss sich infolgedessen darauf beschränken, die Gesetze des Marktes aus dem möglichen Verlauf aller denkbaren Nachfragefunktionen zu erschließen [Hayek 1988; Samuelson 1995]. Aus den Beziehungen (6.1), (6.5) und (6.7) sowie aus den *Abb. 6.2* und *6.3* sind folgende allgemeinen Aussagen über den *Verlauf von Nachfragefunktionen* ablesbar:

- Die Nachfragefunktionen aller Wirtschaftsgüter fallen mit zunehmendem Kaufpreis. Bei festen Einzelnachfragemengen fällt die *Nachfragefunktion* im Mittel *linear*, bei budgetabhängigen Einzelnachfragemengen fällt sie *degressiv*.
- Ab einem *unteren Nachfragergrenzpreis* p_{Nu}, der gleich dem kleinsten Grenzpreis aller Nachfrager ist, fällt die Nachfragefunktion von der *Sättigungsnachfrage* (6.6) in Stufen bis auf 0 bei einem *oberen Nachfragergrenzpreis* p_{No}, der gleich dem höchsten Grenzpreis aller Nachfrager ist.

- Der Verlauf der Nachfragefunktion für ein bestimmtes Gut wird bestimmt von der *Nachfrageranzahl* N_N und von der Verteilung der Gesamtnachfragemenge M_N über die Grenzpreise der Einzelnachfrager.

Diese Aussagen über den allgemeinen Verlauf einer Nachfragefunktion gelten zu jedem Zeitpunkt für einen festen Zeitraum. Wenn sich die Anzahl oder das Verhalten der Nachfrager in aufeinander folgenden Perioden ändern, bewirkt das folgende *zeitliche Veränderungen der kollektiven Nachfragefunktion* (s. Abb. 6.6):

- Eine Zunahme oder Abnahme der *Nachfrageranzahl* führt ebenso wie eine Vergrößerung oder Verringerung einzelner *Nachfragemengen* zu einer größeren bzw. kleineren Gesamtnachfrage und zu einer Verschiebung der Obergrenze der Nachfragefunktion nach oben bzw. nach unten.
- Eine Zunahme oder Abnahme *einzelner Nachfragergrenzpreise* führt zu einer partiellen Verschiebung der Nachfragefunktion am Punkt des betreffenden Nachfragergrenzpreises nach rechts bzw. nach links.
- Eine gleichgerichtete Zu- oder Abnahme *aller Nachfragergrenzpreise* verschiebt die gesamte Nachfragekurve nach rechts bzw. nach links.

Das gilt auch für so genannte *Veblen-Güter*, deren Prestigewert bei einer Anhebung des Angebotspreises eine zunehmende Anzahl kaufkräftiger Nachfrager auf den Markt lockt [Buchholz 1999; Wöhe 2000 S. 551]. Durch das Hinzukommen von Nachfragern mit hoher Zahlungsbereitschaft verschieben sich der obere Nachfragergrenzpreis nach rechts und zugleich das Gesamtniveau der Nachfragefunktion nach oben. Zu jedem Zeitpunkt bleibt jedoch der abfallende Verlauf der Nachfragefunktion erhalten. Für den Anbieter aber, der den Preis für das Veblen-Gut erhöht hat, kann daraus ein größerer Absatz resultieren. Allgemein gilt:

▶ Die *Kaufpreisabhängigkeit der Nachfragefunktion* und die *Angebotspreisabhängigkeit einer Absatzfunktion* haben unterschiedliche Ursachen und sind grundsätzlich verschieden.

Der Zusammenhang zwischen Nachfragefunktion und Absatzfunktion, die oftmals fälschlich gleichgesetzt oder verwechselt werden, ergibt sich aus den Transfergleichungen und wird in *Abschnitt 15.3* behandelt.

Von Bedeutung für die *Reagibilität* der Märkte ist das *Zeitverhalten der Nachfragefunktion*:

▶ Die *Nachfragefunktion hängt nicht explizit von der Zeit ab*, sondern nur implizit über die zeitliche Veränderung der Nachfrageranzahl $N_N(t)$, der Nachfragemengen $m_{Ni}(t)$ und der Nachfragergrenzpreise $p_{Ni}(t)$:

$$M_N(p_K) = M_N(p_K\,;\,m_{Ni}\,;\,p_{Ni}) = M_N(p_K\,;\,m_{Ni}(t)\,;\,p_{Ni}(t))\,.$$

Für eine größere Anzahl N_N von Nachfragern mit der Sättigungsnachfrage M_N, deren Einzelbedarf budgetunabhängig um einen Mittelwert $m_{Nm} = M_N/N_N$ streut und deren Nachfragergrenzpreise zwischen einem unteren Nachfragergrenzpreis p_{Nu} und einem oberen Nachfragergrenzpreis p_{No} gleich verteilt sind, ergibt sich aus

(6.7) die *lineare Nachfragefunktion*:

$$M_N(p_K) = \text{WENN}(p_K < p_{Nu}; M_N;$$
$$\text{WENN}(p_K \leq p_{No}; M_N(p_{No}-p_K)/(p_{No}-p_{Nu}); 0)) \quad (6.8)$$

Die *Abb. 6.2* zeigt das Ergebnis einer Simulation der Nachfragefunktion (6.7) für unterschiedliche Nachfrageranzahl und zufällig zwischen den angegebenen Grenzen gleichverteilten Mengen und Preisen. Die simulierte Nachfragefunktion weicht mit zunehmender Anzahl Nachfrager immer weniger von der stetigen linearen Nachfragefunktion (6.8) ab.

Durch die lineare Nachfragefunktion (6.8) kann daher der *Gesamtverlauf* einer linear-stochastischen wie auch der *lokale Verlauf* einer degressiv-stochastischen Nachfragefunktion für eine größere Anzahl von Nachfragern recht gut approximiert werden. Sie ist wegen ihrer Einfachheit geeignet, die Nachfragekenngrößen des Marktes anschaulich darzustellen. Außerdem ist mit der stetigen Nachfragefunktion die explizite Berechnung einiger stationärer Marktergebnisse möglich.

Durch Vergleich der Simulationsergebnisse für eine Gleichverteilung mit den Ergebnissen einer Simulation für davon abweichende Verteilungen der individuellen Nachfragekenngrößen lässt sich prüfen, welche Auswirkungen unterschiedliche Formen der Nachfragefunktion auf die Marktergebnisse haben (s. *Abschnitte 12.2* und *12.3*).

6.4 Qualitätserwartungen

Wenn auf einem Markt mehrere Anbieter das gleiche Wirtschaftsgut anbieten, müssen die Nachfrager die unterschiedlichen Angebote vergleichen und entscheiden, welchen Anbieter sie zuerst aufsuchen. Ein zentrales Beurteilungskriterium ist der Angebotspreis, vorausgesetzt, dieser ist bekannt. Ein weiteres Kriterium ist die *Angebotsqualität*.

Jeder Nachfrager Ni hat für die Qualitätsmerkmale $Q = (Q_1; Q_2; \ldots)$, die für ihn relevant sind, individuelle *Qualitätserwartungen* $q_{Ni} = (q_{1Ni}; q_{2Ni}; \ldots)$. Wenn ein Angebot die Qualitätserwartungen nicht erfüllt, wird der betreffende Anbieter nicht weiter berücksichtigt. Damit ist die individuelle Nachfragefunktion (6.5) nicht nur vom Kaufpreis abhängig, sondern auch von den Qualitätserwartungen q_{Ni} und den *Bewertungen* q_{ij} der Qualitätsmerkmale des Angebots Aj durch den Nachfrager Ni:

$$m_{Ni}(q_{ij}; p_k) = \text{WENN}(q_{ij} < q_{Ni}; 0; \text{WENN}(p_K \leq p_{Ni}; m_{Ni}; 0)) \ . \quad (6.9)$$

Rationale Nachfrager kalkulieren oder schätzen soweit es geht den monetären *Wert der Qualitätsdifferenz* w_{Qj} des Angebots Aj in Relation zu ihrem *Qualitätsanspruch*. Sie leiten daraus eine Korrektur des Preises oder eine Anpassung der Nachfragemenge ab. Dann sind die Grenzpreise $p_{Ni} = p_{Ni}(q_{ij})$, die Mengenbedarfe $m_{Ni}(p_K) = m_{Ni}(p_K; q_{ij})$ und die individuellen Nachfragefunktionen (6.9) von den Qualitätsbewertungen q_{ij} und den Qualitätserwartungen q_{Ni} abhängig.

Nach Einsetzen von (6.9) in (6.7) ergibt sich eine Nachfragefunktionen $M_N = M_N(q_K; p_K)$, die ebenfalls qualitätsabhängig ist. Wenn jeder Anbieter eine andere

Qualität bietet und jeder Nachfrager diese unterschiedlich bewertet, gibt es $N_N \times N_A$ unterschiedliche Nachfragefunktionen. Diese lassen sich nicht in einem zweidimensionalen Diagramm darstellen. Sie dürfen auch nicht einfach über alle Qualitätsniveaus der Anbieter summiert werden, da die qualitätsabhängigen individuellen Nachfragemengen alternativ und nicht additiv gelten. Daraus folgt:

▶ Bei qualitätsbewussten Käufern gilt für jedes am Markt angebotene *Qualitätsniveau* eine eigene Nachfragefunktion.

Wenn alle Nachfrager die gleiche Mindestqualität fordern, scheiden die Anbieter aus, deren Angebotsqualität geringer ist. Falls die Angebotsqualität von allen Marktteilnehmern monetär annähernd gleich bewertet wird, kann diese bei der theoretischen Behandlung von den Angebotspreisen in gleicher Höhe abgezogen werden. Wenn keine monetäre Umrechnung möglich ist oder durchgeführt wird, führen Qualitätsdifferenzen zu einer *Prioritätsfolge* der Nachfrager für die Anbieter, die zusätzlich zum Angebotspreis oder noch vor diesem die *Begegnungsfolge* der Nachfrager mit den Anbietern bestimmt (s. *Kapitel 10*).

6.5 Nachfrageänderungen

Die *zeitliche Veränderung* der Nachfrage nach einem Wirtschaftsgut mit länger anhaltenden Bedarf kann zwei grundlegend verschiedene Ursachen haben:

- *Zufällige Nachfrageänderungen*: Das unkorrelierte Verhalten unabhängiger Marktteilnehmer bewirkt eine von Periode zu Periode zufällig wechselnde Anzahl Nachfrager mit stochastisch variierenden Bedarfsmengen und Nachfragergrenzpreisen.
- *Systematische Nachfrageänderungen*: Erklärbare und unerklärliche *Einflussfaktoren* bewirken eine systematische Veränderung der mittleren Nachfrageranzahl, Bedarfsmengen und Nachfragergrenzpreise.

Abb. 6.5 zeigt, wie zufällige Nachfrageänderungen einen stationären, einen zyklischen und einen linear ansteigenden Bedarf überlagern. Die zufälligen Nachfrageänderungen sind grundsätzlich nicht vorhersehbar. Der zeitliche Verlauf der Mittelwerte lässt sich eventuell erklären und unter bestimmten Voraussetzungen vorausberechnen (s. *Abschnitt 14.3*).
Erklärbare Einflussfaktoren, die zu vorhersehbaren und teils berechenbaren Nachfrageänderungen führen, sind:

- *Fundamentalzyklen*, wie die Umlaufzeiten von Erde und Mond, die den Bedarf saisonaler Güter, Bauten und Dienstleistungen beeinflussen, und die daraus abgeleiteten *Tages-, Wochen-, Monats-* und *Jahreszyklen* und wiederkehrenden Feiertage, die sich auf die Bedarfsmengen und Bedarfsfrequenzen auswirken.
- *Demografie*, wie Zunahme, Abnahme, Ortsveränderungen, Bedarfszyklen und Altersaufbau der Bevölkerung, die zu Mengenänderungen und Bedarfsverschiebungen führen.

Fundamentalzyklen und demografische Veränderungen sind vorhersehbare, aber weitgehend unbeeinflussbare *Rahmenbedingungen* des Marktes. Sie betreffen alle

6.5 Nachfrageänderungen

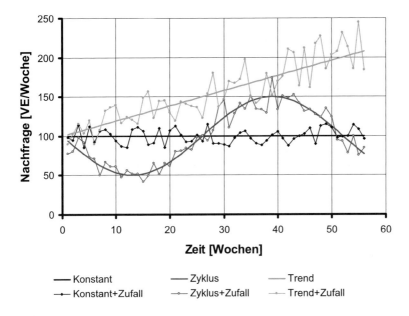

Abb. 6.5 Unterschiedlicher Zeitverlauf der Gesamtnachfrage

Marktteilnehmer und bewirken einen zyklischen, ansteigenden oder fallenden Verlauf der Gesamtnachfrage, wie er in Abb. 6.5 dargestellt ist.
Erklärbare, teils beeinflussbare, aber nur bedingt vorhersehbare Einflussfaktoren sind:

- *Angebotsänderungen*: Änderungen der Anbieterzahl, Angebotsmengen, Angebotsqualität und Angebotspreise können rationale oder irrationale Reaktionen der Nachfrager auslösen, die sich in Mengenänderungen, veränderter Zahlungsbereitschaft, anderen Qualitätserwartungen und in einem Abwandern oder Hinzukommen von Nachfragern auf den verschiedenen Märkten niederschlagen.
- *Beschaffungsstrategien*: Rational handelnde Nachfrager entwickeln zum Erreichen ihrer Ziele, als Reaktion auf Angebotsänderungen oder bei Sättigung ihres Bedarfs, unterschiedliche Beschaffungsstrategien (s. *Kapitel 16*).

Kaum oder gar nicht vorhersehbar, in ihren Auswirkungen aber oft gravierende Einflussfaktoren sind:

- *Innovationen*: Neue Produkte, wie Autos, Radio und Telefon, oder *Substitutionsgüter*, wie Flachbildschirme statt Bildröhren, Produktverbesserungen, wie eine verbesserte Software, kreative Angebote oder attraktive Pauschalreisen, und neue Märkte, wie die *Internet-Märkte*, generieren neuen Bedarf, verdrängen andere Güter, verschieben Präferenzen, erhöhen die Zahlungsbereitschaft und führen zum Abwandern von anderen Märkten.
- *Absatzmärkte*: Ein neuer oder gesättigter Bedarf, verschärfter Wettbewerb oder veränderte Marktpreise auf den Absatzmärkten für die Produkte und Leistungen,

für die ein *Einsatzgut* oder *Handelsware* beschafft wird, induzieren eine Änderung des Bedarfs und der Zahlungsbereitschaft.

Am schwierigsten zu verstehen und daher kaum berechenbar sind:

- *Konsumentenverhalten*: Änderungen der Einkommen, der Spar- und Konsumquote, der Verschuldungsbereitschaft und der Vorratshaltung führen zur Veränderung der Zahlungsbereitschaft und der Nachfragemengen sowie zu Bedarfsverschiebungen für Güter des privaten Bedarfs. Abwechslung, Eitelkeit, Sättigung und irrationale Wünsche bewirken Nachfrageverschiebungen, generieren neue Angebote und stimulieren die Innovation.
- *Investitionsverhalten*: Produkt- und Prozessinnovationen, die Gewinnsituation, das verfügbare Kapital und die Verschuldungsbereitschaft in Verbindung mit den mittel- bis langfristigen Absatzerwartungen bestimmen die Bereitschaft zur Investition in Anlagen, Vorräte, Rationalisierung, Ersatz, Kapazitätsausbau, Forschung und Entwicklung. Das beeinflusst die Nachfrage nach den entsprechenden Gütern des wirtschaftlichen Bedarfs.

Allgemeiner *Optimismus*, Euphorie oder Sorglosigkeit bewirken oft eine *Expansion* der Nachfrage, die einen entsprechenden Anstieg der Investitionen auslöst. Sorge, Angst und verbreiteter *Pessimismus* führen zu *Stagnation* und *Rückgang* der Nachfrage und beeinträchtigen die *Investitionsneigung*. Unter besonderen Umständen können *Panik* und *Massenpsychosen* auch sehr plötzlich einen Massenandrang auslösen, der den Markt überfordert.

Die verschiedenen Einflussfaktoren können zu einer *individuellen Nachfrageänderung* einzelner Käufer führen oder bei gleichartigem Verhalten aller Nachfrager zu einer *kollektiven Nachfrageänderung*. Eine individuelle Nachfrageänderung hat nur bei einem *Nachfrager-Monopol*, bei wenigen *marktbeherrschenden Käufern* oder bei einem *Nachfrager-Oligopol*, das sich unzulässig untereinander abstimmt, spürbare Auswirkungen auf die Marktergebnisse (s. *Abschnitt 16.8*). Bei einem *Nachfrager-Kollektiv* mit vielen Marktteilnehmern wirken sich nur gleichgerichtete Nachfrageänderungen auf das Marktgeschehen aus.

Möglichkeiten kollektiver Nachfrageänderung sind (s. *Abb. 6.6*):

- *Simultaner Bedarfszuwachs* und *simultane Bedarfsabnahme*: Die individuellen Nachfragemengen ändern sich mehr oder weniger gleichzeitig in eine Richtung. Die gesamte Nachfragemenge M_N steigt oder fällt.
- *Simultaner Kaufkraftzuwachs* oder *simultane Kaufkraftabnahme*: Die einzelnen Nachfragergrenzpreise steigen oder fallen nahezu gleichzeitig.
- *Simultane Anpassung der Zahlungsbereitschaft*: Nachfrager mit Grenzpreisen unterhalb des Marktpreises heben ihre Zahlungsbereitschaft an, Nachfrager mit Grenzpreisen über dem Marktpreis senken sie.
- *Überlagerung simultaner Nachfrageänderungen*: Die Nachfrageänderung ist eine Überlagerung der vorangehenden Änderungsarten.

In *Tab. 6.1* sind die wichtigsten Auswirkungen der verschiedenen Einflussfaktoren auf die Nachfrage zusammengestellt. Daraus ist zu entnehmen, dass manche Ein-

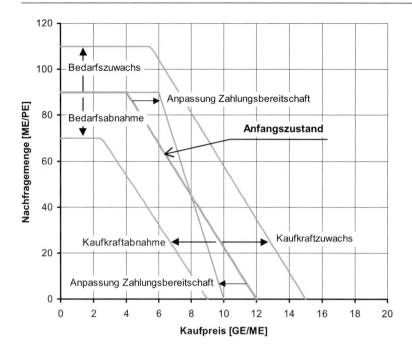

Abb. 6.6 Möglichkeiten der kollektiven Nachfrageänderung

flussfaktoren mehrere Wirtschaftsgüter gleichzeitig betreffen können. Das bewirkt eine wechselseitige Abhängigkeit der Nachfrage für unterschiedliche Güter.

Von den vielen Einflussfaktoren auf die Nachfrage ist das *Geld* nur indirekt wirksam. Das in Form von Einkommen, Gewinnen, Eigenkapital und Kredit verfügbare Geld *begrenzt* den Konsum der Privathaushalte und die Ausgaben der Unternehmen. Doch nicht nur das Geld, auch der Sättigungsbedarf begrenzt den Konsum.

Einkommenszuwächse oder höhere Einkommenserwartungen der Haushalte führen solange zu einer höheren Nachfrage, bis der private Bedarf gedeckt ist. Mit Annäherung an den *Sättigungszustand* bewirkt ein weiterer Einkommensanstieg vielleicht noch eine Zunahme der Zahlungsbereitschaft für hochwertige Güter, aber keinen Zuwachs der Bedarfsmengen. Im Sättigungszustand steigen die privaten *Ersparnisse* und drängen als Eigen- oder Fremdkapitalangebot auf die Finanzmärkte.

Günstiges Eigen- oder Fremdkapital oder höhere Gewinne lösen bei den Unternehmen solange neue Investitionen aus, wie die daraus zu erwartenden Erlöse einen attraktiven Ertragswert haben. Das ist nur bei mittel- und langfristig anhaltender oder steigender Nachfrage der Privathaushalte oder des Exports zu erwarten.

6.6 Modellfunktionen

Da auf den realen Märkten kaum Experimente möglich sind, muss zur Analyse der Reaktionsverzögerung durch Zufallseffekte und der Mengen- und Preisauswirkun-

Einflußfaktor	Güter	Wirkung auf		Qualitätserw.	Zeiteffekte		Reaktion
		Zahlungsber.	Menge		Prognose	Änderung	
Zufall	alle	gering	absatzabhängig	keine	unmöglich	jederzeit	ohne
Fundamentalzyklen	Saisongüter	gering	groß	keine	gut möglich	kurzfristig	rasch
Demografie	Privatbedarf	gering	groß	gering	gut möglich	langzeitig	langsam
Angebot	einzelne	gering	groß	mittel	kaum möglich	kurz/mittelfr.	rasch
Beschaffungsstrategie	wenige	groß	gering	gering	kaum möglich	angebotsabh.	langsam
Innovation	einzelne+andere	groß	groß	groß	unmöglich	kurz/mittelfr.	rasch
Absatzmärkte	wenige	mittel	groß	gering	kaum möglich	kurzfristig	rasch
Konsumverhalten	Konsumgüter	mittel	groß	mittel	kaum möglich	langsam	rasch
Investitionsverhalten	Investitionsgüter	mittel	groß	gering	kaum möglich	rasch	rasch

Tabelle 6.1 Auswirkung der Einflussfaktoren auf die Nachfrage

rasch: wenige Tage bis Wochen   *mittel*: einige Wochen bis Monate   *langsam*: einige Monate bis Jahre

gen von Nachfrageänderungen mit Modellfunktionen gerechnet werden. Zur Simulation einer dynamischen Nachfrage sind die nachfolgenden *Modellfunktionen* geeignet, mit denen die Nachfragefunktion $M_N(t_o)$ für den Anfangszustand in der Periode t_o multipliziert wird [Gudehus 2004].

Verhaltensbeschreibende Modellfunktionen zur Simulation kurz- bis mittelfristiger Nachfrageänderungen von wenigen Stunden, einigen Tagen bis zu mehreren Wochen sind:

- *Zufallsverlauf*: Die Zufallsfunktion

$$g_{Zuf}(t) = 1 + f_Z \cdot (2 \cdot \text{ZUFALLSZAHL}() - 1) \qquad (6.10)$$

erzeugt mit einem *Zufallsfaktor* f_Z, der Werte zwischen 0 und 1 haben kann, Zufallszahlen, die im Intervall $[1 - f_Z; 1 + f_Z]$ gleichverteilt sind. Die Gleichverteilung hat den Variationskoeffizient $v_Z = s_N/N = f_Z^2/3$.

Nach dem *Gesetz der großen Zahl* ist die Standardabweichung s_N für eine große Anzahl N von zufälligen Einzelereignissen, wie das Auftreten von im Mittel N Nachfragern auf einem Markt, gleich $\sqrt{N}$ [Kreyssig 1975]. Dann ist der Variationskoeffizient $v_Z = s_N/N = 1/\sqrt{N}$ und der Zufallsfaktor $f_Z = (9/N)^{1/4}$ zu setzen. Daraus folgt der Satz:

- Für *Einzelstückgüter*, von denen jeder Nachfrager genau ein Stück benötigt, ist der Bedarf gleich der Anzahl unabhängiger Nachfrager, die auf den Markt kommen, also $M_N = N$, und die *Bedarfsstreuung* $s_{MN} = \sqrt{N}$.

Für *Mehrstückgüter* und *Massengüter*, die in unterschiedlichen Mengen nachgefragt werden, erhöht sich die Bedarfsstreuung um die Streuung der einzelnen Bedarfsmengen [Gudehus 2003].

6.6 Modellfunktionen

- *Trendverlauf*: Die Trendfunktion

$$g_{Trend}(t) = 1 + c_{Trend} \cdot (t-t_o)/N_{PE} \qquad (6.11)$$

erzeugt über N_{PE} Perioden einen linearen Anstieg oder Abfall um den *Trendfaktor* c_{Trend}.

- *Zyklischer Verlauf*: Die Zyklusfunktion

$$g_{Zyk}(t) = 1 + (f_{Zyk} - 1) \cdot SIN(2\pi \cdot v_{Zyk} \cdot (t-t_o)/N_{PE}) . \qquad (6.12)$$

generiert mit der *Frequenz* v_{Zyk} über N_{PE} Perioden einen Sinusverlauf und der Amplitude f_{Zyk}.

Der Verlauf der *kurzzeitigen Modellfunktionen* (6.11) und (6.12) und ihre Überlagerung mit der Zufallsfunktion (6.10) sind in *Abb. 6.5* dargestellt. Die in *Abb. 6.7* gezeigten *langzeitigen Modellfunktionen* zur Simulation von unterschiedlichen Nachfrageverläufen über Monate bis Jahre sind

- *Natürliches Wachstum*: Die Wachstumsfunktion

$$g_{NW}(t) = EXP((t - t_o)/T_W) \qquad (6.13)$$

stellt einen ab t_o zunächst linear in der *Wachstumszeit* T_W ansteigendes und im weiteren Verlauf abnehmendes Wachstum dar, das sich asymptotisch dem *Sättigungsniveau* nähert.

- *Markteinstiegsverlauf*: Die steigende *Logistikfunktion*

$$g_L^+(t) = 1/(1 + a^+ \cdot EXP(-(t-t_o^+)/T_N^+)) - 1/(1 + a^+) \qquad (6.14)$$

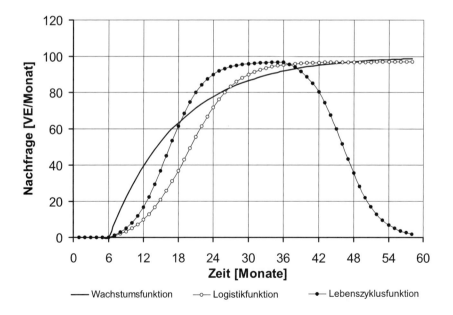

Abb. 6.7 Modellfunktionen zur Nachfragesimulation

ist geeignet zur Simulation eines ab t_o zunächst langsam, dann rascher und bei Annäherung an das Sättigungsniveau immer schwächer ansteigenden Verlaufs. Sie wird z. B. in der Automobilindustrie genutzt als *Anlauffunktion* zur Simulation der Markteinführung eines neuen Modells.

- *Marktausstiegsverlauf*: Die fallende Logistikfunktion

$$g_L^-(t) = (2 + a^-)/(1 + a^-) - 1/(1 + a^- \cdot \text{EXP}(-(t-t_o^-)/T_N^-)) \tag{6.15}$$

generiert einen ab t_o vom Sättigungsniveau zunächst langsam, dann rascher und mit dem Ausklingen immer schwächer abfallenden Verlauf.

- *Lebenszyklus*: Die Lebenszyklusfunktion

$$g_{LC}(t) = g_L^+(t) - g_L^+(t) \tag{6.16}$$

ist die Summe einer ab t_o^+ steigenden und einer ab t_o^- fallenden Logistikfunktion. Sie ist geeignet zum Nachstellen eines *temporären Nachfrageanstiegs* ebenso wie von *Produktlebenszyklen* oder von *Katalogverkaufszyklen* im Versandhandel.

Die Lebenszyklusfunktion (6.16) ist bei entsprechender Parametereinstellung ein gutes Abbild der *Lebensverdienstkurve* von Erwerbstätigen [Schomerus 1977]. Sie ist geeignet zur Berechnung des *Erwerbsvermögens* bestimmter Berufsgruppen (s. Abschnitt 4.4). Ebenso lässt sich die *Lebenskonsumkurve* eines Menschen empirisch ermitteln und durch die Modellfunktion (6.16) approximieren. In Verbindung mit der *Alterspyramide* einer Bevölkerung lassen mit Hilfe der Lebenskonsumkurve die zukünftige *Nachfrage nach Gütern des privaten Bedarfs* abschätzen und aus der Lebensverdienstkurve auch das zu erwartende *Angebot von Arbeitsleistungen* herleiten.

Die Modellfunktionen (6.11) bis (6.16) sind geeignet zum Nachstellen des kollektiven *Nachfrageverhaltens*. Sie werden im Folgenden verwendet zur Simulation einer zeitlich veränderlichen Nachfrage und zur Untersuchung der *Marktdynamik* (s. Kapitel 14).

7 Angebot

Langfristig folgt das Angebot der Nachfrage, denn nur wo Bedarf besteht, ist mit Käufern zu rechnen. Kurzfristig kann auch ein attraktives Angebot für ein Wirtschaftsgut die Nachfrage stimulieren und neue Käufer anziehen. Dazu aber müssen die Eigenschaften und die Verfügbarkeit des Gutes sowie die Märkte, auf denen es gehandelt wird, den potentiellen Käufern bekannt sein. Die Information über das Angebot und das Anregen der Nachfrage sind die zentralen Aufgaben der *Werbung* [Meffert 2000].

Ein einzelner *Anbieter* Aj kommt auf den Markt, um zu einem *Angebotsgrenzpreis* p_{Aj} eine bestimmte *Angebotsmenge* m_{Aj} [ME] eines Wirtschaftsgutes zu verkaufen. Anders als bei der Nachfrage verhalten sich die meisten Anbieter in der Regel rational. Sie verfolgen mit unterschiedlichen *Absatzstrategien* das Ziel, einen möglichst hohen Preis und damit einen maximalen *Verkaufsgewinn* zu erzielen (s. *Kapitel 15*).

Der Marktmechanismus funktioniert unabhängig davon, wie die Mengen- und Preisangebote zustande gekommen sind. Angebotsmengen und Angebotsgrenzpreise können sich als Reaktion auf das vergangene Marktgeschehen, aber auch unabhängig davon im Verlauf der Zeit verändern.

7.1 Angebotsmenge

In einen endlichen Zeitraum ist jede verfügbare Gütermenge begrenzt. Für *Auftragsgüter*, die erst nach dem Kaufabschluss erzeugt oder beschafft werden, ist die Angebotsmenge durch das *Leistungsvermögen* des Anbieters beschränkt. Für *Vorratsgüter*, die bereits vor Kaufabschluss existieren, bildet der verfügbare *Lagerbestand* die Obergrenze. Wenn der Absatz das Leistungsvermögen eines Anbieters überschreitet und alle seine Vorräte ausverkauft sind, besteht ein individueller *Engpasszustand*.

Von vielen Gütern aus Privatbesitz und von einzigartigen Handelsgütern, wie Antiquitäten oder genutzte Gebrauchsgüter, gibt es oft nur ein Stück oder eine kleine Menge. Für Handelsware und Produktionsgüter wird die in einer Marktperiode angebotene Menge begrenzt durch den *Engpass der Versorgungskette* bis zur Übergabe an den Käufer [Gudehus 2005]. Mögliche Engpässe sind:

> der aktuelle *Bestand* am Verkaufsort
> der *Fertigwarenbestand* des Herstellers
> die beschränkte *Transport-* und *Lagerkapazität* (7.1)
> eine endliche *Produktionskapazität*
> die begrenzten *Beschaffungsmöglichkeiten*

Die Angebotsmenge wird außerdem durch das *Zahlungsvermögen* des Anbieters begrenzt, d. h. durch die beschränkten *Finanzmittel*, die für die Beschaffung, Lagerhaltung und Produktion zur Verfügung stehen.

Die Restriktionen zwingen den Anbieter, aus den *Beschaffungsmöglichkeiten*, den *Engpässen der Versorgungskette*, den *Finanzierungsmöglichkeiten* und der *Markteinschätzung* einen *Absatzplan* zu erstellen und *Absatzstrategien* zu entwickeln (s. *Kapitel 15*). Daraus ergibt sich die aktuelle Angebotsmenge $m_{Aj}(t)$, mit der ein Anbieter Aj zum Zeitpunkt t auf den Markt kommt [Wöhe 2000].

7.2 Angebotsgrenzpreis

Der Anbieter will pro Mengeneinheit einen *Angebotsgrenzpreis* p_{Aj} [GE/PE] erlösen, der den monetären Eigenwert übersteigt, die Kosten deckt und einen möglichst hohen Gewinn bringt. Bei *Handelsware* ergibt sich der Angebotsgrenzpreis aus dem Beschaffungspreis. Bei *Produktionserzeugnissen* resultiert er aus dem *Kostensatz* k_{Aj} [GE/PE], die der Anbieter nach Beziehung (3.24) aus den Kosten der Erzeugung, Beschaffung und Bereitstellung kalkuliert (s. *Abschnitt 3.11*).

Wie die Angebotsmenge wird auch der aktuelle Angebotsgrenzpreis von der *Absatzstrategie* bestimmt. Wenn der Anbieter mit dem Verkauf einen bestimmten *Deckungsbeitrag*, der auch die *Absatz- und Auslastungsrisiken* abdeckt, und zusätzlich einen *Gewinn* anstrebt, erhöht er den Kostensatz (3.24) um die benötigte *Deckungsbeitragsquote* q_{DB} [%] und um eine *Plangewinnquote* q_{PG} [%]. Damit ergibt sich der *kalkulierte Angebotsgrenzpreis*:

$$p_{Aj} = (1 + q_{DB} + q_{PG}) \cdot k_j \qquad [GE/ME] . \qquad (7.2)$$

Handelt es sich bei dem Angebot um ein Kombinationsgut, ist der Angebotspreis je nach *Preisstellung* entweder ein einziger Pauschalpreis (3.27) oder ein *Angebotspreisvektor* $p_{Aj} = (p_{Aj1}, p_{Aj2}, \ldots, p_{AjNm})$ mit den partiellen Angebotspreisen p_{Ajs} für die einzelnen Leistungskomponenten. Kalkuliert ein Anbieter gemäß Beziehung (3.28) mit *mengenabhängigen Kostensätzen*, hängt der Angebotspreis auch von der Nachfragemenge m_{Ni} des Nachfragers Ni ab.

Aus einem Verkauf der *Mengen* m_{Kij} zu den *Kaufpreisen* p_{Kij} an die Nachfrager Ni, $i = 1, 2, \ldots$, resultiert gemäß Beziehung (5.16) der *individuelle Verkaufsgewinn* des Anbieters Aj:

$$g_{Vj} = \sum_i m_{Kij} \cdot (p_{Kij} - k_{Nj}) . \qquad (7.3)$$

Der Verkaufsgewinn ist die Summe von *Deckungsbeitrag* und *Gewinn* (s. *Abschnitt 15.2*).

Wenn die Kosten eines Wirtschaftsgutes unbekannt sind, kann der Angebotsgrenzpreis aus dem *monetären Eigenwert*, aus dem *Nutzwert*, den das Gut für die potentiellen Käufer hat, oder aus dem *Marktpreis* für vergleichbare Güter abgeleitet werden, soweit dieser bekannt ist. Werden bei der Festlegung des Angebotsgrenzpreises zum Zeitpunkt t auch der letzte *Marktpreis* und dessen Veränderungen berücksichtigt, ist das eine *Rückkopplung* des kollektiven Marktergebnisses früherer Perioden auf das Angebot. Liegt z.B. der Marktpreis deutlich höher als der letzte eigene Angebotspreis und ist die *Auslastung* gut, wird der Preis erhöht, liegt er deutlich niedriger und ist die Auslastung schlecht, wird er gesenkt. Damit wird der Angebotspreis eine Funktion der Marktpreise $P_M(t-1)$, $P_M(t-2)$...vorangehender Handelsperioden. Eine solche *Preisstrategie* mehrerer Anbieter bewirkt eine *dynamische Marktveränderung*.

7.3 Angebotsfunktionen

Aus den Angebotsgrenzpreis und der Angebotsmenge ergibt sich die aktuelle *individuelle Angebotsfunktion* des Anbieters N_j :

$$m_{Aj}(p_K) = \text{WENN}(p_K \geq p_{Aj}; m_{Aj}; 0) \tag{7.4}$$

Die individuelle Angebotsfunktion (7.4) ist bis zum Angebotsgrenzpreis 0. Ab dem Grenzpreis steigt sie senkrecht an bis zur Angebotsmenge und verläuft ab da auf dieser Höhe konstant. Verlangt ein Anbieter Aj pro Mengeneinheit eines Wirtschaftsguts einen *mengenabhängigen Kaufpreis*, der gemäß Beziehung (3.28) oder nach einer *Mengenstaffel* mit der Kaufmenge abnimmt, kommt zu der individuellen Angebotsfunktion (7.4) noch die *Mengenpreisregelung* $p_K = p_{Aj}(m_K)$ hinzu.

Die Summe der *individuellen Angebotsmengen* m_{Aj} der N_A Anbieter Aj, $j = 1, 2, \ldots, N_A$, die den Markt in einer Absatzperiode aufsuchen, ist die *Gesamtangebotsmenge*:

$$M_A = \sum_j m_{Aj} \qquad [\text{GE/ME}] \, . \tag{7.5}$$

Die Summe der individuellen Angebotsfunktionen (7.4) aller Anbieter ergibt die *kollektive Angebotsfunktion* des Marktes:

$$M_A(p_K) = \sum_j m_{Aj}(p_K) = \sum_j \text{WENN}\left(p_K \geq p_{Aj}; m_{Aj}; 0\right) \qquad [\text{GE/ME}] \, . \tag{7.6}$$

Die individuellen Angebotsfunktionen (7.4) sind den einzelnen Anbietern in der Regel bekannt, nur in Ausnahmefällen aber auch den übrigen Marktteilnehmern, denn Mengen, Kapazitäten, Kosten und Grenzpreise sind meist wohl gehütete Geschäftsgeheimnisse. Daher ist die aktuelle Angebotsfunktion (7.6) für die allermeisten Güter und Märkte unbekannt. Nur für wenige Güter, für die eine *Meldepflicht* oder ein *Offenlegungsinteresse* besteht, wie für Häuser, Wohnraum, Hotelübernachtungen oder öffentliche Verkehrsmittel, sind die Angebotsfunktionen allgemein bekannt.

Besonders transparente Märkte sind die *Börsen, Auktionen* und *virtuellen Märkte*. Den Institutionen, die diese Märkte organisieren und betreiben, müssen die individuellen Mengen- und Preisinformationen aller Marktteilnehmer vertraulich zur Verfügung gestellt werden, damit sie daraus die Kaufmengen und Kaufpreise ermitteln können (s. *Kapitel 8*). Mit diesen Informationen lassen sich daher – wenn sie der Forschung anonymisiert zur Verfügung gestellt würden – die Erkenntnisse und Vorhersagen der Markttheorie überprüfen. Ansonsten aber muss sich die Wirtschaftstheorie

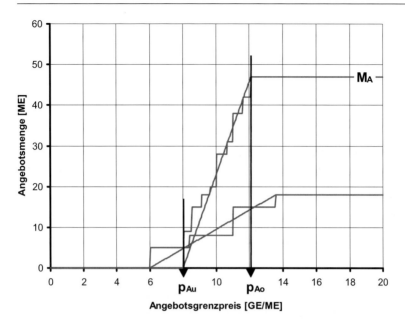

Abb. 7.1 Kollektive Angebotsfunktionen mehrerer Anbieter mit unterschiedlichen Angebotsmengen

Oben: 10 Anbieter mit Gesamtangebot 48 ME/PE
Unten: 4 Anbieter mit Gesamtangebot 18 ME/PE

darauf beschränken, die Marktgesetze aus dem theoretisch denkbaren Verlauf möglicher Angebotsfunktionen zu erschließen. So zeigt *Abb. 7.1* zwei Angebotsfunktionen für verschiedene Anbieteranzahlen mit unterschiedlichen Angebotsmengen.
Aus den Beziehungen (7.4) und (7.6) sowie aus der *Abb. 7.1* sind folgende allgemeine *Eigenschaften der Angebotsfunktion* eines Marktes ablesbar:

- Jede Angebotsfunktion eines Wirtschaftsgutes steigt stufenweise mit zunehmendem Kaufpreis an.
- Das Angebot nimmt ab dem *unteren Angebotsgrenzpreis* p_{Au}, der gleich dem kleinsten Angebotsgrenzpreis ist, vom Wert 0 stufenweise zu und erreicht beim *oberen Angebotsgrenzpreis* p_{Ao}, der gleich dem höchsten Angebotsgrenzpreis ist, das Gesamtangebot M_A.
- Der Verlauf der Angebotsfunktion für ein bestimmtes Gut wird bestimmt von der *Anbieteranzahl* N_A und von der Verteilung des Gesamtangebots M_A über die Einzelanbieter.

Dieser allgemeine Verlauf einer Angebotsfunktion gilt zu allen Zeiten für einen festen Zeitraum. Eine Änderung der Anbieteranzahl oder ihres Verhaltens in aufeinander folgenden Perioden hat folgende *zeitliche Veränderungen der Angebotsfunktion* zur Folge (s. *Abb 7.2*):

- Eine Zunahme oder Abnahme der *Anbieteranzahl* führt ebenso wie eine Vergrößerung oder Verringerung einzelner *Angebotsmengen* zu einer Verschiebung der Obergrenze der Angebotsfunktion nach oben bzw. nach unten und zu einem größeren bzw. kleineren Gesamtangebot.
- Eine Zunahme oder Abnahme einzelner *Angebotsgrenzpreise* führt zu einer partiellen Verschiebung der Angebotsfunktion am Punkt des betreffenden Angebotsgrenzpreises nach rechts bzw. nach links.
- Eine gleichgerichtete Zu- oder Abnahme aller Angebotsgrenzpreise verschiebt die gesamte Angebotsfunktion nach rechts bzw. nach links.

Von Bedeutung für die *Reagibilität* der Märkte ist das *Zeitverhalten der Angebotsfunktion*:

▶ Die allgemeine *Angebotsfunktion hängt nicht explizit von der Zeit ab*, sondern nur implizit über die zeitliche Veränderung der Anbieteranzahl $N_A(t)$, der Angebotsmengen $m_{Aj}(t)$ und der Anbietergrenzpreise $p_{Aj}(t)$:

$$M_A(p_K) = M_A(p_K\,;\,m_{Aj}\,;\,p_{Aj}) = M_N(p_K\,;\,m_{Aj}(t)\,;\,p_{Aj}(t))\,.$$

Für eine größere Anzahl N_A von Anbietern mit dem Gesamtangebot M_A, deren Einzelangebotsmengen um den Mittelwert $m_{Am} = M_A/N_A$ streuen und deren Angebotsgrenzpreise zwischen einem unteren Angebotsgrenzpreis p_{Au} und einem oberen Angebotsgrenzpreis p_{Ao} annähernd gleich verteilt sind, ergibt sich aus (7.6) die *lineare Angebotsfunktion*:

$$M_A(p_K) = \text{WENN}(p_K < p_{Au}; 0;$$
$$\text{WENN}(p_K \leq p_{Ao}; M_A \cdot (p_K - p_{Au})/(p_{Ao} - p_{Au}); M_A))\,. \qquad (7.7)$$

Analog zur Nachfragefunktion weicht die simulierte Angebotsfunktion (7.6) mit zunehmender Anbieteranzahl immer weniger von der stetigen linearen Angebotsfunktion (7.7) ab. Wie die *Abb. 7.1* zeigt, kann durch eine lineare Angebotsfunktion der mittlere Verlauf einer realen Angebotsfunktion für eine größere Anzahl von Anbietern approximiert werden. Die stetige lineare Angebotsfunktion (7.7) ist auch geeignet, die *kollektiven Angebotsparameter* eines Marktes anschaulich darzustellen. Außerdem ist mit der stetigen Angebotsfunktion die explizite Berechnung stationärer Marktergebnisse möglich.

7.4 Qualitätsangebot

Ein Anbieter hat im Rahmen seiner technischen Möglichkeiten die Freiheit, durch Produktentwicklung, Marktauftritt, Werbung oder Angebotsbedingungen die *Angebotsqualität* zu verändern [Meffert 2000]. Eine bessere oder schlechtere Qualität des Angebots im Vergleich zum Wettbewerb ist meist mit höheren oder geringeren Kosten verbunden, die einen höheren oder niedrigeren Angebotspreis notwendig machen.

Wenn die Abnehmer, wie die meisten gewerblichen Einkäufer, rational handeln und Qualitätsdifferenzen monetär bewerten, gilt das *1. ökonomische Qualitätsgesetz*:

▶ Soll eine Qualitätssteigerung den Kunden einen monetären Zusatznutzen bringen, muss dieser größer sein als die damit verbundene Preiserhöhung, damit sich dadurch die Absatzchancen und die Wettbewerbsposition verbessern.

Aber auch wenn sich der Nutzen einer Qualitätsdifferenz nicht in Geld umrechnen lässt oder von den Nachfragern nicht umgerechnet wird, kann eine bessere Qualität wirtschaftlich sinnvoll sein. Das besagt das *2. ökonomische Qualitätsgesetz*:

▶ Eine mit Kosten verbundene Qualitätsverbesserung ist solange wirtschaftlich sinnvoll, wie damit eine Priorisierung des eigenen Angebots durch die Nachfrager bewirkt wird, die zu Mehrlösen größer als die Kosten der Qualitätsverbesserung führt.

Das 2. Qualitätsgesetz gilt vor allem für Privatverbraucher. Aus ihm lassen sich unterschiedliche *Werbe- und Vermarktungsstrategien* herleiten (s. *Abschnitt 15.9*).

7.5 Angebotsänderungen

Eine *zeitliche Veränderung des Angebots* für ein Wirtschaftsgut mit länger anhaltendem Bedarf kann durch *Innovationen*, durch *Veränderungen der Beschaffungs- und Absatzmärkte* sowie durch veränderten *Wettbewerb* oder durch andere *Absatzstrategien* bewirkt werden. Die Auswirkungen dieser Einflussfaktoren auf das Angebot sind in *Tab. 7.1* zusammengestellt.

Einflussfaktor	Güter	Wirkung auf			Reaktion
		Preis	Menge	Qualität	
Produktinnovation	einzelne	groß	groß	groß	mittel
Prozessinnovation	mehrere	groß	mittel	mittel	langsam
Beschaffungsmarkt	Einsatz-/Handelsgüter	mittel	groß	gering	rasch
Nachfrage	einzelne	mittel	groß	groß	rasch
Wettbewerb	einzelne	groß	groß	güterabhängig	mittel
Absatzstrategie	ein/mehrere	groß	groß	güterabhängig	langsam

Tabelle 7.1 Auswirkungen der Einflussfaktoren auf das Angebot

rasch: Tage bis Wochen   *mittel*: Wochen bis Monate   *langsam*: Monate bis Jahre

7.5 Angebotsänderungen

Den größten Einfluss auf Angebot und Nachfrage haben *Innovationen*:
- *Produktinnovationen:* Neue Produkte, Substitutionsprodukte, Produktverbesserungen und kreative Angebote veranlassen einen oder mehrere Anbieter zum Erstangebot eines neuen Wirtschaftsgutes, zum Aufbau neuer Kapazitäten oder zum Auftritt auf anderen Märkten.
- *Prozessinnovationen:* Neue Technologien, bessere Organisation und effizientere oder neue Prozesse der Herstellung, Beschaffung, Bereitstellung und Vermarktung führen zu geringeren Kosten und ermöglichen eine Senkung der Angebotspreise.

Die Innovation eines Anbieters kann den gleichen oder andere Anbieter zur Aufgabe ihres bisherigen Angebots zwingen, da es infolge der Innovation unverkäuflich oder zu teuer ist.

Marktbedingte Einflussfaktoren, die ein *Reagieren* der Anbieter bewirken, sind:
- *Beschaffungsmarkt:* Erschöpfte oder neue Rohstoffquellen, Engpässe oder neue Kapazitäten der Beschaffungsquellen, Personalkostenänderungen und höhere oder niedrigere Einkaufspreise erzwingen eine Anhebung oder erlauben eine Senkung der Verkaufspreise.
- *Nachfrage:* Das Ansteigen oder Abnehmen der Anzahl, Bedarfsmengen, Qualitätserwartungen und Zahlungsbereitschaft der Nachfrager können kurzfristig Preis- und Mengenänderungen auslösen und mittelfristig eine Anpassung der Kapazität veranlassen.

Mittelbare Folgen von Innovationen und Nachfrageänderungen, die zu Änderungen des Angebots führen, sind:
- *Wettbewerb:* Ein neuer Wettbewerber, Preisänderungen eines Anbieters sowie konkurriende Güter mit höherem Nutzwert oder besserer Qualität zwingen die anderen Anbieter zu Preisanpassungen oder Qualitätsverbesserungen.
- *Absatzstrategien:* Zur Abwehr oder Verdrängung des Wettbewerbs, zur Steigerung des Gewinns, zur Ausweitung des Geschäfts oder als Reaktion auf das Verhalten einzelner Abnehmer entwickeln Anbieter neue Absatzstrategien.

Die Einflussfaktoren können zu den unterschiedlichsten *individuellen Angebotsänderungen* führen oder bei gleichgerichtetem Verhalten aller Anbieter eine *kollektive Angebotsänderung* bewirken. Eine individuelle Angebotsänderung hat nur Einfluss auf das Marktgeschehen bei einem *marktbeherrschenden Anbieter*. Bei einem Anbieterkollektiv vieler Marktteilnehmer wirken sich nur die gleichgerichteten Angebotsänderungen auf dem Markt aus. *Möglichkeiten kollektiver Angebotsänderung* sind (s. Abb. 7.2):
- *Simultaner Kapazitätsaufbau* oder *Kapazitätsabbau*: Die Mehrzahl der Anbieter erweitert oder reduziert die Kapazitäten und Angebotsmengen.
- *Simultane Preissenkung* oder *Preisanhebung*: Die Mehrzahl der Anbieter senkt oder hebt die Angebotspreise.
- *Simultane Preisanpassung*: Die Anbieter mit Preisen über dem Marktpreis senken die Preise, die Anbieter mit niedrigeren Preisen heben sie an.
- *Überlagerung simultaner Angebotsänderungen*: Die Angebotsänderung ist eine Überlagerung der vorangehenden Änderungsarten.

Ähnlich wie die Nachfrager reagieren die Anbieter in der Regel erst nach einer längeren *Reaktionszeit* auf Marktveränderungen. Von der Nachfrage induzierte Angebotsänderungen verlaufen daher i.a. langsam. Dann sind auch die Nachfrager in der Lage, ihr Verhalten darauf auszurichten und die Beschaffungsstrategien anzupassen.

Das Angebot kann sich auch unabhängig von der Nachfrage *langsam* oder *sprunghaft* ändern. Eine langsamer Anstieg oder Abfall des Angebots ebenso wie ein Produktlebenszyklus oder ein Katalogzyklus lassen sich mit den Modellfunktionen (6.12) bis (6.16) nachstellen.

Wenn ein *neues Produkt* auf den Markt kommt, bei einem *unerwarteten Versorgungsengpass*, durch *zusätzliche Kapazität* oder mit Hinzukommen eines neuen *Wettbewerbers* steigt das Angebot sprunghaft an. Auch Missernte, Katastrophen und Krieg können eine plötzliche Angebotsänderung bewirken. Auf eine sprunghafte Angebotsänderung können die Akteure ebenfalls erst reagieren, nachdem sie die Änderung erkannt haben. In den ersten Perioden nach dem Angebotssprung bleibt das Verhalten weitgehend unverändert. Daher lässt sich nach solchen Ereignissen das Wirken der *Marktstatik* in der Praxis beobachten (s. *Kapitel 12* und *14*).

Eine *Modellfunktion* zur Simulation sprunghafter Änderungen von Angebot oder Nachfrage ist die *Sprungfunktion*:

$$g_{Sprung}(t) = \text{WENN}(t < t_1; 1); \text{WENN}(t < t_2; f_1; f_2) \tag{7.8}$$

Wie in *Abb. 7.3* für 3 Beispiele gezeigt, generiert die Sprungfunktion (7.8) ab einem ersten *Sprungzeitpunkt* t_1 einen einstellbaren *Sprungfaktor* f_1, der zu einem plötz-

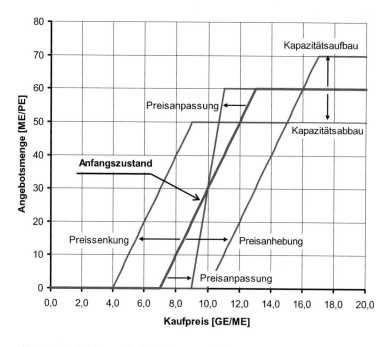

Abb. 7.2 Möglichkeiten der kollektiven Angebotsänderung

7.5 Angebotsänderungen

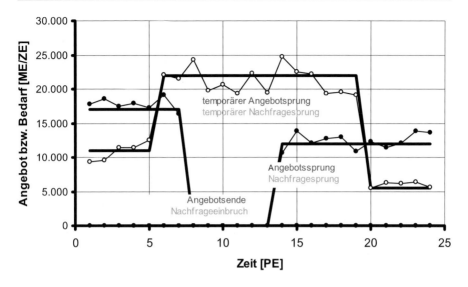

Abb. 7.3 Modellfunktion zur Simulation von Angebots- oder Nachfragesprüngen

lichen Anstieg oder Abfall führt, und ab einem zweiten Sprungzeitpunkt t_2 einen weiteren Abfall oder Anstieg um den Faktor f_2.

Eine Modellfunktion zur Simulation eines zeitlich begrenzten linearen Anstiegs von Angebot oder Nachfrage ist die *Anstiegsfunktion*:

$$g_{An}(t) = \text{WENN}(t < t_1; f_1; \text{WENN}(t > t_2; f_2; f_2 - (f_2 - f_1) \cdot (t_2 - t)/(t_2 - t_1))) \tag{7.9}$$

Wie in *Abb. 5.6* gezeigt, steigt diese Funktion ab dem *Startzeitpunkt* t_1 von einem *Anfangswert* f_1 bis zum *Endzeitpunkt* t_2 linear an auf den *Endwert* f_2.

8 Preisbildung

Damit es zu einem Kaufabschluss kommen kann, muss geregelt sein, wie der Kaufpreis bestimmt wird. Auf den meisten Vorstufenmärkten wie auch auf einigen Endverbrauchermärkten können die Akteure die Art der Preisbildung selbst vereinbaren. Sie kann aber auch von der *Marktordnung* geregelt sein.

Am weitesten verbreitet ist die *bilaterale Preisbildung*, für die es nur wenige Gestaltungsmöglichkeiten gibt. Sie setzt voraus, dass die Akteure in selbst gewählter oder fremd geregelter *Begegnungsfolge* nacheinander paarweise zusammentreffen (s. *Kapitel 10*). Weniger bekannt ist die *gruppenweise Preisbildung*. Sie ist möglich, wenn einem Nachfrager, einem Anbieter oder einer Vermittlungsinstanz mehrere Angebote oder Nachfragen vorliegen. Beim einfachsten Verfahren werden die vorliegenden Angebote und Nachfragen nach einer *Zusammenführungsregel* in eine bilaterale Begegnungsfolge gebracht und für die daraus resultierenden Paare der Preis gebildet. Ein komplizierteres Verfahren, das weitere Handlungsmöglichkeiten eröffnet, ist die *simultane Preis- und Mengenbildung* für alle Angebote und Aufträge, die zugleich eine Mengenbildung oder Zuteilung umfasst. Dieses Kapitel beschränkt sich auf die bilaterale Preisbildung. Die Möglichkeiten einer simultanen Preis- und Mengenbildung werden in *Abschnitt 10.6* behandelt.

Mit den verschiedenen Preisbildungsarten kommen bei gleichen Nachfrage- und Angebotsfunktionen unterschiedliche Kaufpreise zustande. Die mit Hilfe der *Preistransfergleichungen* berechenbaren *Kaufpreise* und *Marktergebnisse* zeigen, zu wessen Vor- oder Nachteil sich eine bestimmte Preisbildungsart auswirkt. Daraus lassen sich Empfehlungen für die Preisgestaltung und für die Marktordnung ableiten.

8.1 Preisbildungsarten

Abhängig von der *Handlungsfreiheit* und der *Preisinformation* der Akteure gibt es folgende *Möglichkeiten der bilateralen Preisbildung*:

- *Verhandlungspreise*: Der Kaufpreis ist ein Verhandlungspreis, der zwischen Anbieter und Nachfrager individuell und frei ausgehandelt wird. Dazu teilen sich die Akteure ihre Preiserwartungen gegenseitig während der Verhandlung mit.
- *Vermittlungspreise*: Der Kaufpreis wird von einer beauftragten Vermittlungsinstanz aus dem Angebotsgrenzpreis und dem Nachfragergrenzpreis ermittelt. Dafür werden der Instanz zuvor die verbindlichen Preise und Mengen mitgeteilt.
- *Angebotsfestpreise*: Der Kaufpreis ist ein Angebotsfestpreis, der dem Kaufinteressenten bekannt gegeben wird. Der Nachfrager kann den Festpreis akzeptieren oder auf den Einkauf verzichten, ohne seinerseits einen Nachfragerpreis bekannt zu geben.

	Preisinformation	Marktfreiheit	Zeitbedarf	Kompetenz
Verhandlungspreise	wechselseitig	selbstregelnd	hoch	A und N hoch
Vermittlungspreise	nur an Vermittler	teilgeregelt	hoch	A und N mittel
Angebotsfestpreise	A an N	selbstregelnd	gering	N keine ; A hoch
Nachfragerfestpreise	N an A	selbstregelnd	gering	N hoch ; A keine
Externe Festpreise	für alle offen	fremd geregelt	minimal	A und N keine

Tabelle 8.1 Merkmale und Voraussetzungen der bilateralen Preisbildungsmöglichkeiten

Preisbildungsart	Reaktion auf Marktänderung	Marktpreisschwankung	Wettbewerbsauswirkung	Gewinne	Transferkosten
Verhandlungspreise	sofort	sehr hoch	sehr hoch	verhandlungsabhängig	hoch
Vermittlungspreise	langsam	hoch	hoch	A und N etwa gleich	sehr hoch
Angebotsfestpreise	rasch	gering	hoch	N hoch , A gering	gering
Nachfragerfestpreise	rasch	mittel	hoch	N gering ; A hoch	gering
Externe Festpreise	sehr langsam	keine	gering	preisabhängig	minimal

Tabelle 8.2 Auswirkungen der Preisbildungsarten

- *Nachfragerfestpreise*: Der Kaufpreis ist ein Nachfragerfestpreis, der dem Anbieter vom Nachfrager genannt wird. Der Anbieter kann den Festpreis akzeptieren oder den Verkauf ablehnen, ohne seinerseits einen Angebotspreis zu nennen.
- *Externe Festpreise*: Der Kaufpreis ist ein Festpreis, der von einer externen Instanz festgelegt wird. Es kommt nur zu einem Kauf, wenn der Festpreis von Anbieter und Nachfrager akzeptiert wird. Andernfalls findet kein Kauf statt.

Die wichtigsten *Merkmale* und *Voraussetzungen* der fünf Möglichkeiten der bilateralen Preisbildung sind in *Tab. 8.1* zusammengestellt. Auf den realen Märkten sind alle fünf Preisbildungarten zu finden.

Die ersten vier Preisbildungsarten ermöglichen eine *freie Kaufpreisbildung* durch die einzelnen Akteure. Eine vollständig *regulierte Preisbildung* durch externe Festpreise eliminiert die Preishoheit der Akteure und verlagert sie auf eine Instanz, die am einzelnen Kaufvorgang nicht beteiligt ist. Durch die externe Vorgabe von *Mindestpreisen* oder *Höchstpreisen* ist eine *teilweise regulierte Preisbildung* möglich. Im Extremfall ist vom Staat ein für alle Akteure verbindlicher *Zwangspreis* vorgegeben.

Die *Tab. 8.2* enthält Angaben über die wichtigsten *Auswirkungen* der verschiedenen Preisbildungsarten und über die *Reagibilität* des Marktes bei Preisänderungen. Sie werden nachfolgend näher analysiert und im Einzelnen begründet.

8.2 Verhandlungspreise

Bei *Verhandlungspreisen* ist der individuelle Kaufpreis das Ergebnis einer Verhandlung mit ungewissem Ausgang. Preisverhandlungen erfordern – ähnlich wie das Pokern – auf beiden Seiten Psychologie und Taktik, richtige Einschätzung von Situation und Erwartungen, Kenntnis des Kaufdrucks, des Verkaufsdrucks und des Wettbewerbs, vor allem aber Erfahrung. Hierfür gilt die *Preisverhandlungsregel*:

▶ Je machtloser und unerfahrener ein Akteur in einer Preisverhandlung ist, umso näher wird der verhandelte Kaufpreis an seinem Grenzpreis liegen und umso geringer ist sein Gewinn.

Für die meisten Güter wird die Preisverhandlung *individuell* zwischen den einzelnen Nachfragern und Anbietern geführt. Nach Klärung von Mengen und Qualität beginnt die Preisverhandlung entweder mit der Nennung eines Angebotseröffnungspreises oder eines Nachfragereröffnungspreises. In den *Eröffnungspreis* ist gemäß Beziehung (6.2) und (7.2) eine *Verhandlungsmarge* einkalkuliert, die im Verlauf der Preisverhandlung maximal zur Disposition steht. Die am Ende der Verhandlung verbleibende Differenz zum Grenzpreis ist der *Einkaufsgewinn* (6.3) bzw. der *Verkaufsgewinn* (7.3).

Die *Verhandlungsstärke* eines Anbieters Aj im Verhältnis zur Verhandlungsstärke eines Nachfragers Ni kann durch einen *Verhandlungsparameter* β_{ij} erfasst werden, der einen Wert zwischen 0 und 1 hat. Er gibt an, wo im Mittel vieler Verhandlungen der Kaufpreis p_{Kij} zwischen dem Nachfragergrenzpreis p_{Ni} und dem Angebotsgrenzpreis p_{Aj} liegt. Bei einem Verhandlungsparameter β_{ij} ist der *mittlere Kaufpreis*:

$$p_{Kij} = \beta_{ij} \cdot p_{Nij} + (1 - \beta_{ij}) \cdot p_{Aij} . \tag{8.1}$$

Wenn beide Seiten gleich stark und erfahren sind, ist $\beta = 0{,}5$ und der Kaufpreis der Mittelwert von Angebotsgrenzpreis und Nachfragergrenzpreis. Mit zunehmender Überlegenheit des Anbieters liegt β näher 1 und der Kaufpreis nur wenig unter dem Nachfragergrenzpreis. Mit steigender Überlegenheit des Nachfragers liegt β näher 0 und der Kaufpreis nur wenig über dem Angebotsgrenzpreis. Daher ist bei einem Angebotsmonopolisten auf einem Markt mit vielen Nachfragern $\beta = 1$ und bei einem Nachfragermonopolisten bei vielen Anbietern $\beta = 0$. Allgemein gilt die *Verhandlungspreisregel*:

▶ Verhandlungspreise werden entscheidend bestimmt von der relativen *Marktmacht* der beteiligten Akteure.

Die Preisbildung durch Verhandlung erfordert von den Akteuren Kompetenz und Zeit. Sie ist mit relativ hohen *Transferkosten* verbunden und im Ausgang nicht berechenbar. Daher findet sich die Preisbildung durch Verhandlung hauptsächlich auf den *Vorstufenmärkten*. Der Kaufpreis wird vor allem zwischen Unternehmen für hochwertige Güter und große Beschaffungsmengen ausgehandelt. Aber auch auf *Basaren* und *Trödelmärkten* gibt es Verhandlungspreise. *Listenpreise*, auf die individuell aushandelbare *Rabatte* gegeben werden, sind effektiv ebenfalls Verhandlungspreise (s. *Abschnitt 15.9*).

Die Ziele, Möglichkeiten und *Strategien* von Verhandlungen bei unterschiedlicher Marktkonstellation und ihre Ergebnisse sind Gegenstand der *Spieltheorie* [von Neuman/Morgenstern 1944]. Die *Motive* und das *Verhalten* der Verhandlungsteilnehmer werden in der *Verhaltenstheorie* untersucht (s. *Abschnitt 5.1*).

8.3 Vermittlungspreise

Bei einer großen Anzahl von Anbietern und/oder Nachfragern, die jeder für sich zu klein, machtlos oder unerfahren sind, können Preisverhandlungen auch *kollektiv* durch *Verhandlungsbeauftragte* geführt werden, zum Beispiel von einer *Gewerkschaft* oder einem *Wirtschaftsverband*. Auch bei geringer Kompetenz einzelner Marktteilnehmer kann die Preisbildung durch eine *Vermittlungsinstanz* von Vorteil sein. Bekannte Vermittlungsinstanzen sind *Schlichter*, *Makler* oder die *Börse*. Eine andere Möglichkeit ist ein *Vermittlungsprogramm* eines *Rechners*.

Ein *Vermittlungspreis* wird von der beauftragten Instanz so festgelegt, dass die Erwartungen beider Seiten zum Ausgleich gebracht werden (s. *Abschnitt 10.6*). Auch der Vermittlungspreis ist durch die *Kaufpreisformel* (8.1) gegeben mit dem *Vermittlungsparameter* β_{ij}.

Geben Anbieter und Nachfrager jeder ihren Grenzpreis an oder kalkulieren beide Akteure den gleichen Gewinn in ihre Preisangaben ein, dann ist der Einkaufsgewinn (6.4) gleich dem Verkaufsgewinn (7.3), wenn der Kaufpreis gleich dem Mittelwert von Angebotspreis und Nachfragepreis gesetzt wird, wenn also $\beta = 0{,}5$ ist. Bei Angabe eines Preises (6.2) bzw. (7.2), der mit zu hohem Gewinn kalkuliert wurde, besteht die Gefahr, dass es wegen der Unvereinbarkeit der Preisforderungen nicht zum Kauf kommt. Dadurch sind Vermittlungspreise, die mit einem für alle Akteure gleichen Vermittlungsparameter ermittelt werden, *selbstregelnd*.

Eine Preisvermittlung ist in der Regel für die Akteure müheloser und verläuft schneller als eine Preisverhandlung. Sie ist aber ebenfalls mit Kosten verbunden, die durch eine *Provision*, *Courtage* oder *Vermittlungsgebühren* entstehen. Die Preisvermittlung findet daher Anwendung auf hochwertige Güter, wie Immobilien, und auf lang laufende Kaufverträge, wie Anstellungsverträge. Auch das Ergebnis einer *Schlichtung* im Anschluss an eine gescheiterte Preisverhandlung, etwa über Tarife, Löhne und Gehälter, ist ein Vermittlungspreis.

8.4 Angebotsfestpreise

Von größter Bedeutung für die Privathaushalte sind die *Angebotsfestpreise*. Sie sind vor allem im *Einzelhandel* und auf *Wochenmärkten* zu finden. Auch im *Versandhandel* über *Katalog* oder *Internet* gelten Angebotsfestpreise. In vielen Ländern sind auf den *Endverbrauchermärkten* durch eine *Preisangabeverordnung* (PAngV) effektiv Angebotsfestpreise vorgeschrieben [Baumbach/Hefermehl 2004]. Ein weiterer Geltungsbereich sind *Nachfragerauktionen* mit Vergabe zum niedrigsten Angebotsfestpreis. Dazu gehören auch *Preisanfragen* eines Kaufinteressenten bei mehreren Anbietern und *Ausschreibungen* mit Vergabe ohne Preisverhandlung.

Meist kalkuliert der Anbieter in seinen Angebotsfestpreis eine bestimmte Gewinnerwartung ein. Wird zum kalkulierten Angebotspreis (7.2) die gesamte Planmenge verkauft, erzielt der Anbieter seinen Plangewinn. Hat er diesen jedoch zu hoch angesetzt, besteht die Gefahr, dass sich nicht genügend Käufer finden, er mit einer unverkäuflichen Restmenge sitzen bleibt oder seine Kapazität nicht ausreichend ausgelastet ist. Dieses Risiko übt einen selbstregelnden Druck auf die Angebotspreise aus, der den Nachfragern zugute kommt.

Für Angebotsfestpreise gilt ebenfalls die Kaufpreisformel (8.2) mit dem für alle Akteure gleichen *Angebotspreisparameter* $\beta_A = 0$. Der Preisbildungsparameter ist also von der Marktordnung zugunsten der Nachfrager auf den Wert 0 verbindlich festgelegt. Daraus folgt entsprechend der 6. Marktbeobachtung aus dem einleitenden Beispiel das *1. Preisbildungsgesetz*:

▶ Bei Angebotsfestpreisen ist der Einkaufsgewinn im Vergleich zu anderen Preisbildungsregeln am höchsten und der Verkaufsgewinn bestenfalls gleich dem Plangewinn.

8.5 Nachfragerfestpreise

Nachfragerfestpreise sind weitaus weniger verbreitet als Angebotsfestpreise. Sie gelten bei *Nachfragerauktionen* mit Vergabe an den Bieter mit dem höchsten Nachfragepreis. Nachfragerauktionen werden beispielsweise für Hausverkäufe in England, für die Vergabe von Lizenzen und im Internet-Handel durchgeführt. Eine Preisbestimmung über Nachfragerfestpreise bietet sich an, wenn ein Anbieter den Angebotspreis nicht kalkulieren kann oder wenn es für ein Gut keinen Marktpreis gibt (s. *Abschnitt 3.8*).

Umgekehrt wie bei den Angebotsfestpreisen ist beim *Nachfragerfestpreis* der *Preisbildungsparameter* in der Kaufpreisformel (8.1) zugunsten der Anbieter von der Marktordnung auf $\beta_N = 1$ festgelegt. Damit ergibt sich der Nachfragerfestpreis als Kaufpreis und daraus *2. Preisbildungsgesetz*:

▶ Bei Nachfragerfestpreisen ist der Verkaufsgewinn im Vergleich zu anderen Preisbildungsregeln am höchsten und der Einkaufsgewinn bestenfalls gleich dem Plangewinn.

Der Nachfragergewinn ist begrenzt auf den Plangewinn, der vom Nachfrager in den Nachfragergrenzpreis einkalkuliert wurde. Wird ein zu hoher Gewinn geplant, läuft der Nachfrager Gefahr, wegen Unvereinbarkeit seines Preisgebots mit den Grenzpreisen der Anbieter nicht zum Kauf zu kommen. Dadurch sind auch Nachfragerfestpreise *selbstregelnd*.

8.6 Externe Festpreise

Ein *externer Festpreis* p_{Fix} kann über eine *Preisbindung* der Händler und Agenten vom Hersteller oder vom Staat fixiert sein. Er ist für alle Akteure in gleicher Höhe verbindlich. Ein Festpreis kann auch das Ergebnis einer unzulässigen *Preisabsprache eines Kartells* sein.

Bei einem externen Festpreis kommt es zwischen einem Nachfrager und Anbieter nur zum Kauf, wenn der Festpreis zwischen deren Grenzpreisen liegt. Wird der externe Festpreis zugunsten der Nachfrager zu niedrig fixiert, kommen keine Anbieter mehr auf den Markt. Wird er zugunsten der Anbieter zu hoch festgesetzt, verlassen die Nachfrager ohne zu kaufen den Markt. Entsprechend den Marktbeobachtungen aus dem anfänglichen Beispiel gilt also das 3. *Preisbildungsgesetz*:

▶ Jede Festpreisregelung bewirkt im Vergleich zur freien Preisbildung einen geringeren Absatz, einen kleineren Umsatz und einen reduzierten Marktgewinn.

Festpreise sind charakteristisch für eine zentrale *Planwirtschaft* und für den *Sozialismus*. Aus dem 3. Preisbildungsgesetz folgt das *Preisdilemma der Planwirtschaft* [Hayek 1988]:

▶ Die zielführende Festlegung der Preise ist ein unlösbares Problem jeder Planwirtschaft.

Das gilt gleichermaßen für staatlich verfügte Mindestpreise und Höchstpreise wie auch für die Mengenzuteilung. Jeder Versuch, Preise und Mengen zu planen oder dem aktuellen Bedarf durch *Tâtonement* anzupassen [Giersch 1961], scheitert an der prinzipiellen Unkenntnis des zukünftigen Verlaufs eines stochastisch schwankenden und systematisch veränderlichen Bedarfs.

Wenn kein Festpreis vorgegeben ist, aber der *Preisspielraum* durch extern vorgegebene *Mindestpreise* p_{Kmin} oder *Höchstpreise* p_{Kmax} eingeschränkt wird, führt das zur *Preisrestriktion*:

$$p_{Kmin} \leq p_{Kij} \leq p_{Kmax} \tag{8.2}$$

Diese Zusatzbedingung ist bei jeder Kaufpreisfestlegung zu prüfen und einzuhalten. Sie führt dazu, dass alle Nachfrager, deren Grenzpreis kleiner als der Mindestpreis ist, und alle Anbieter, deren Grenzpreis über dem zulässigen Höchstpreis liegt, den Markt verlassen. Allgemein gelten daher für Preisrestriktionen das 4. und 5. *Preisbildungsgesetz*:

▶ Jede *Mindestpreisvorschrift* bewirkt, wenn der Mindestpreis höher ist als der unterste Nachfragergrenzpreis, im Vergleich zur freien Preisbildung höhere Preise bei geringerem Absatz.

▶ Jede *Höchstpreisvorschrift* bewirkt, wenn der Höchstpreis kleiner ist als der oberste Angebotsgrenzpreis, im Vergleich zur freien Preisbildung geringere Preise bei reduziertem Absatz.

Mit zunehmender Annäherung von Mindestpreis und Höchstpreis wird die Preisrestriktion (8.2) zu einer Festpreisregelung.

8.7 Preistransfergleichungen

Wenn weder ein externer Festpreis noch Preisrestriktionen vorgegeben sind, gilt für die ersten vier Preisbildungsregeln die allgemeine *Kaufpreisformel ohne Preisbegren-*

zung:

$$p_{Kij} = \beta \cdot p_{Nij} + (1 - \beta) \cdot p_{Aij} \,. \tag{8.3}$$

mit dem *Preisbildungsparameter*

$$\beta = \begin{cases} 0 & \text{für Angebotsfestpreise und Nachfragerübermacht} \\ 1/2 & \text{für Vermittlungspreise und Kräftegleichgewicht} \\ 1 & \text{für Nachfragerfestpreise und Anbieterübermacht} \,. \end{cases} \tag{8.4}$$

Für *Verhandlungspreise* kann der Preisbildungsparameter für jede Paarung (Ni;Aj) einen anderen Wert β_{ij}, haben, der zwischen 0 und 1 liegt.

Bei einem externen *Festpreis* p_{Fix} gilt die *Kaufpreisformel für Festpreisregelung*:

$$p_{Kij} = p_{Fix} \quad \text{füralle } i, j \,. \tag{8.5}$$

Bei einem *Mindestkaufpreis* p_{Kmin} gilt die *Kaufpreisformel bei unterer Preisbegrenzung*:

$$p_{Kij} = \mathrm{MAX}(\beta_{ij} \cdot p_{Nij} + (1 - \beta_{ij}) \cdot p_{Aij}; p_{Kmin}) \,. \tag{8.6}$$

Bei einem *Maximalkaufpreis* p_{Kmax} gilt die *Kaufpreisformel bei oberer Preisbegrenzung*:

$$p_{Kij} = \mathrm{MIN}(\beta_{ij} \cdot p_{Nij} + (1 - \beta_{ij}) \cdot p_{Aij}; p_{Kmax}) \,. \tag{8.7}$$

Die Kaufpreisformeln (8.3) bis (8.7) einschließlich einer eventuellen Preisrestriktion (8.2) sind die *Preistransfergleichungen*, mit denen sich der individuelle Kaufpreis jedes Kaufprozesses berechnen lässt.

8.8 Einsatzbereiche

In einem freiheitlich sozialen Rechtsstaat sind die gesamtwirtschaftlichen *Ziele einer Marktordnung*:

$$\begin{array}{l} \text{kostengünstige Bedarfsdeckung} \\ \text{konfliktfreie Kaufprozesse} \\ \text{effiziente Preisbildung} \\ \text{Schutz vor Übervorteilung} \end{array} \tag{8.8}$$

Ein Maß für die *Kosteneffizienz* eines Marktes ist das Verhältnis der *Transferkosten* zum Kaufumsatz. Ein staatlicher Schutz vor Übervorteilung ist notwendig, wenn sich die Akteure nicht selbst schützen können, weil ihnen die Kenntnisse fehlen oder weil sie machtlos sind.

Wegen der unterschiedlichen Qualifikation, Geschäftserfahrung und Schutzbedürftigkeit der Nachfrager ist zur Auswahl der Preisbildungsart zu unterscheiden zwischen *Endverbrauchermärkten* und *Vorstufenmärkten*. Die privaten Nachfrager auf den Endverbrauchermärkten sind i.a. kaufmännisch wenig erfahren und gegenüber den Anbietern relativ machtlos. Außerdem sind die durchschnittlichen Kaufmengen und Kaufumsätze so klein, dass hohe Transferkosten die Lebenshaltung verteuern. Daraus folgt die *Standardpreisbildungsregel für Endverbrauchermärkte*:

- Auf den *Endverbrauchermärkten* für Güter des täglichen Bedarfs sollten grundsätzlich *Angebotsfestpreise* mit *Preisauszeichnungspflicht* gelten.

In *Abschnitt 12.3* wird gezeigt, dass mit Erfüllung dieser Forderung *selbstregelnd* minimale Preise resultieren, wenn ein ausreichender Anteil der Käufer preisbewusst ist. Daraus ergibt sich für die Anbieter auf den Endverbrauchermärkten ein hoher Preisdruck, der auf alle Vorstufenmärkte zurückwirkt.

Die Angebotspreise auf den Endverbrauchermärkten werden von den meisten Menschen als verbindlich betrachtet. Wenn aber auf Angebotspreise oder Listenpreise ein *Rabatt* oder *Nachlass* ausgehandelt werden kann, sind das effektiv Verhandlungspreise. Erfahrene Einkäufer, die das wissen, handeln einen Nachlass aus, während ahnungslose Nachfrager, die das nicht erkennen, den vollen Angebotspreis zahlen. Um eine *Preisverschleierung* zu verhindern und den *Preisvergleich* zu ermöglichen, sollte die Preisauszeichnungspflicht die Information umfassen, ob ein *Rabatt* gewährt wird, wie hoch er ist und ob er verhandelbar ist. Im Interesse der Effizienz wäre es noch besser, verhandelbare Rabatte auf Endverbrauchermärkten ganz zu verbieten. Weitere Schutzbestimmungen für Endverbrauchermärkte werden in *Abschnitt 15.9* vorgeschlagen und begründet.

Auf den Vorstufenmärkten treffen in der Regel kaufmännisch erfahrene Akteure zusammen, die selbst entscheiden und beurteilen können, welche Preisbildung für das jeweilige Geschäft am besten geeignet ist und welche Transferkosten tragbar sind. Außerdem stehen alle Vorstufenmärkte unter dem *Preisdruck der Endverbrauchermärkte*. Daher gilt:

- Auf *Vorstufenmärkten* kann die Preisbildung den Anbietern und Nachfragern weitgehend selbst überlassen werden.

Hier besteht nur ein Schutzbedürfnis der machtlosen Marktteilnehmer, wenn der Markt von wenigen *Großunternehmen* oder von einem *Monopol* beherrscht wird. Die dafür notwendigen Regelungen werden in den *Abschnitten 15.9* und *15.12* behandelt.

Einen Überblick über die vorherrschenden Einsatzbereiche der verschiedenen Preisbildungsarten in der Praxis gibt *Tab. 8.3*. Daraus ist zu erkennen, dass jede Preisbildungsart ihre Domänen hat. Überraschend ist, dass sich auf den meisten Endver-

Preisbildungsart	Einsatzbereiche
Verhandlungspreise	B2B, Großprojekte, Wirtschaftsgüter, C2B Arbeitsverträge
Vermittlungspreise	C2B Tarifverträge, C2C, B2B, B2C Börsen, Finanzmärkte, Makler
Angebotsfestpreise	B2C Einzelhandel, Versandhandel, Nachfragerauktionen, B2G Ausschrbg.
Nachfragerfestpreise	C2C im Internet-Handel, e-bay, Anbieterauktionen, Immobilen (England),
Externe Festpreise	B2C Preisbindung, G2C+G2B Tarife, Abgaben, Kartelle, Preisabsprachen

Tabelle 8.3 Einsatzbereiche der Preisbildungsarten

brauchermärkten die Preisauszeichnungspflicht, aus der bei Unzulässigkeit von Verhandlungsrabatten automatisch Angebotsfestpreise resultieren, bereits durchgesetzt hat. Auf einigen Märkten gelten mehrere Preisbildungsarten nebeneinander. Zu prüfen ist, welche Auswirkungen das auf die Marktpreise und auf den Wettbewerb hat und zu wessen Lasten solche unklaren Regelungen gehen.

8.9 Preisgestaltung

Um die Höhe des Kaufpreises vereinbaren können, müssen sich Anbieter und Nachfrager über die Art der *Preisgestaltung* einig sein. Sie umfasst die *Preisstruktur* mit den *Bemessungseinheiten* und hängt eng mit den *Verkaufseinheiten* und der *Qualität* zusammen (s. *Abschnitte 3.7 bis 3.11 und 9.11*). Neben Preishöhe, Qualität und Angebotsmenge ist die Preisgestaltung ein wichtiges *Marketinginstrument* [Meffert 2000]. Im Rahmen des *Wettbewerbsrechts* kann ein Anbieter frei entscheiden, welche Güter er mit welcher Beschaffenheit und Qualität in welchen Mengen, Verkaufseinheiten und Verpackungsstufen auf welchen Märkten anbietet und auf welche Bemessungseinheiten sich der Angebotspreis bezieht. Ein rationaler Anbieter verfolgt mit der Preisgestaltung das eigennützige Ziel, die angebotene Gütermenge zu einem Preis zu verkaufen, der die Erzeugungs-, Beschaffungs- und Vermarktungskosten deckt und einen maximalen Verkaufsgewinn bringt.

Damit auch bei knapper Preiskalkulation der Absatz die Kosten deckt, muss sich der Verkaufserlös mit den maßgebenden *Kostentreibern* ändern. Daraus folgt die Notwendigkeit der *Preisdifferenzierung* nach *Qualitätsstufen*, die mit wesentlichen Kostenunterschieden verbunden sind, und nach den *Erzeugungseinheiten*, von denen die variablen Kosten maßgebend abhängen. Eine Preisdifferenzierung nach Bemessungseinheiten, die auch der Wettbewerb anbietet, führt zu einer *Preistransparenz*, die den Nachfragern den Preisvergleich erleichtert, zugleich aber den *Preisdruck* auf die Anbieter erhöht.

Da der Absatz des angebotenen Guts von der Akzeptanz der Angebotskonditionen durch die potenziellen Käufer abhängt, muss der Anbieter bei der Gestaltung von Qualität, Verkaufsmengen und Preisstruktur auch die Interessen der Nachfrager berücksichtigen. Ein rational handelnder Nachfrager will seine Bedarfsmengen zu einem Preis einkaufen, der unter dem monetären Nutzwert liegt und einen maximalen Einkaufsgewinn bringt. Daraus resultiert der *1. Preisgestaltungsgrundsatz*:

- Eine *nutzungsgemäße Preisgestaltung* mit differenzierten Einzelpreisen, die sich auf die maßgebenden *Kostentreiber* der Anbieter und die *Nutzentreiber* der Nachfrager beziehen, sichert die Preistransparenz, fördert den Wettbewerb, verhindert die Verschwendung und ist Vorraussetzung für die selbstregelnde Ressourcenlenkung über den Markt.

Der Preisdifferenzierung sind jedoch durch die *Praktikabilität* Grenzen gesetzt. Eine zu weit gehende, nicht standardisierte Differenzierung nach allen erdenklichen Kosten- und Nutzentreibern erhöht den Kalkulationsaufwand und die Transferkosten. Sie kann den Preisvergleich ebenso erschweren wie ein undifferenzierter Pauschalpreis. Daraus folgt der *2. Preisgestaltungsgrundsatz*:

- Eine möglichst *einfache Preisgestaltung* mit Beschränkung der Differenzierung auf eine Minimalzahl standardisierter Bemessungseinheiten liegt im Interesse aller Akteure.

Zwischen dem ersten und dem zweiten Preisgestaltungsgrundsatz besteht ein *Zielkonflikt*, der sich nur bei Kenntnis der Kostenstruktur und Verwendung des einzelnen Gutes unter Berücksichtigung der Wettbewerbskonstellation entscheiden lässt. Dazu ist es notwendig, mit Hilfe der Transfergleichungen die Marktauswirkungen sinnvoller Preisstrukturen zu analysieren und zu simulieren.

Nach dem *Subsidiaritätsprinzip* kann die Preisgestaltung bei ausgeglichener Marktmacht und hinreichender Kompetenz den Akteuren selbst überlassen bleiben, soweit die daraus resultierende Preisstruktur keine *falschen Anreize* gibt, die gesellschaftlich unerwünschte Auswirkungen haben (s. *Abschnitt 17.1*). So sind mengenunabhängige Pauschalpreise für knappe Güter gesamtwirtschaftlich schädlich, da sie zur Verschwendung verleiten, denn was nichts kostet, ist nichts wert. Eine *Flatrate* für den Konsum alkoholischer Getränke in einer Kneipe ist in hohem Maße Gesundheit gefährdend und in Einzelfällen sogar tödlich. Falsche Bemessungseinheiten für ärztliche Leistungen und Pflegedienste können fatale Folgen für die Patienten haben.

Wegen der Auslastungsabhängigkeit der Stückkosten (3.25) kann ein *mengenabhängiger Stück-* oder *Leistungspreis* für einen Anbieter Aj mit großen Mengen und Kapazitäten und einen Nachfrager N_i mit hohem Bedarf sinnvoll sein. Dann sind die Preistransfergleichungen (8.2) bis (8.7) zu ergänzen um die *Mengenpreisregelung*:

$$p_{Kij} = p_{Aj}(m_{Kij}) \qquad [GE/ME]. \qquad (8.9)$$

Die Abhängigkeit von der Kaufmenge m_{Kij} ist entweder durch eine *Mengenpreisformel*, wie die Beziehung (3.28), oder durch *Mengenstaffelpreise* gegeben. Eine Mengenpreisregelung diskriminiert ebenso wie eine Mindestmengenvorschrift Nachfrager mit kleinen Bedarfsmengen und geringer Kaufkraft. Sie begünstigt kaufkräftige Nachfrager, da diese auch bei relativ geringem Bedarf größere Mengen auf Vorrat kaufen können. Daher ist auf Endverbrauchermärkten eine soziale *Begrenzung der Preisgestaltung* notwendig:

- Auf Endverbrauchermärkten müssen *Mengenstaffelpreise* und *Mindestmengen* für lebenswichtige Bedarfsgüter so eingeschränkt werden, dass auch Einzelpersonen kleine Bedarfsmengen zu angemessenen Preisen einkaufen können.

Einige Anbieter subventionieren durch Mischkalkulation *Lockpreise*, um Kunden anzuziehen, oder *Dumpingpreise*, um Wettbewerber zu verdrängen oder abzuwehren (s. *Abschnitt 3.11*). Andere Anbieter versuchen durch *irreführende Preisgestaltung* gezielt die Preistransparenz zu verschleiern, um sich damit dem fairen Wettbewerb über Leistung und Preis zu entziehen und den Gewinn zu maximieren. Dazu gehören mengenunabhängige Pauschalpreise (Flatrates), die qualitätsunabhängige Preisdifferenzierung, Listenpreise mit extremen kundenabhängigen Rabatten, pauschale Bündelungspreise für eine unverhandelbare Kombination von Gütern und Leistungen und diskriminierende, veränderliche oder undurchschaubare *Preismodelle*, wie Bonusprogramme, BahnCard oder Kundenkarten. Damit soll unter Vorspiegelung

8.9 Preisgestaltung

eines Kundennutzens der Preisvergleich erschwert und die Zahlungsbereitschaft der Nachfrager ausgeschöpft werden (s. *Abschnitte 15.9* bis *15.11*).

Quersubvention, Dumpingpreise und irreführende Preisgestaltung verstoßen gegen das *Wettbewerbsrecht*, denn nach §3 UWG gilt seit 2004 [Köhler 2004]: „Unlautere Wettbewerbshandlungen, die geeignet sind, den Wettbewerb zum Nachteil der Mitbewerber, der Verbraucher oder sonstiger Marktteilnehmer nicht nur unerheblich zu beeinträchtigen, sind unzulässig". Diese Grundsatzregelung dient stärker als bisher auch den Interessen der Verbraucher und nicht nur den Unternehmen. Sie ist jedoch wirkungslos, wenn auch erhebliche Verstöße nicht strafbar sind, die einzelnen Verbraucher kein Klagerecht haben und der Kläger die alleinige Beweislast trägt.

Eine einfache und effiziente Lösung sind standardisierte Preisstrukturen und Bemessungseinheiten für marktgängige Güter und Dienstleistungen. Um diese zu entwickeln, müssen für die zur Diskussion stehenden *Preissysteme* die Transfergleichungen analysiert und die Auswirkungen durch Marktsimulation getestet werden.

Eine staatliche Überwachung und Regelung der Preisgestaltung ist auf den *Endverbrauchermärkten* zum Schutz der Konsumenten notwendig, aber auch bei marktbeherrschenden Unternehmen auf den Vorstufenmärkten. Ein Schutzbedarf besteht vor allem für lebenswichtige Bedarfsgüter und für die zu ihrer Erzeugung benötigten Einsatzgüter. Auch die Gebühren- und Honorarordnungen für *Telekommunikationsdienste, Netzwerkleistungen, Gesundheitsleistungen* und *Finanzdienstleistungen* bedürfen einer besonderen Kontrolle. Auf diesen und anderen Gebieten der Preisgestaltung besteht noch erheblicher Forschungsbedarf und wirtschaftspolitischer Handlungsbedarf.

9 Mengenbildung

Auch wenn zwischen einem Nachfrager und einem Anbieter über den Kaufpreis Einigkeit besteht, ist offen, ob sie sich über die Kaufmenge einigen können. Dafür werden *Mengenbildungsregeln* benötigt, die entweder zwischen den Akteuren frei vereinbart werden oder von der Marktordnung teilweise oder vollständig vorgegeben sind.

Aus der Art der Mengenbildung resultieren *Kaufmengenformeln* und *Mengentransfergleichungen*, mit denen sich die individuellen Kaufmengen und verbleibenden *Restmengen* berechnen lassen. Die Restmengen bestimmen den weiteren Marktablauf und die Marktergebnisse.

Ein zusätzlicher Faktor, von dem die Kaufentscheidung, der Kaufpreis und die Kaufmenge abhängen, ist die *Qualität*. Die Relation der Qualitätserwartung zur Angebotsqualität kann nach Beziehung (6.9) das Zustandekommen eines Kaufs verhindern. Sie kann auch die Kaufmenge beeinflussen oder zu einer *Priorisierung* der Anbieter durch die Nachfrager führen.

9.1 Mengenbildungsarten

Die Mengenbildung hängt ab von der technisch möglichen und der seitens des Anbieters zugelassenen *Teilbarkeit* des Wirtschaftsgutes:

- *Unteilbare Güter* werden nur als ein Ganzes verkauft. Beispiele sind Autos, Schiffe, Immobilien, Maschinen und Anlagen, aber auch ganze Unternehmen.
- *Diskret teilbare Güter* werden nur in ganzzahligen Vielfachen einer festen Menge angeboten. Beispiele sind abgepackte Güter oder Wertpapiere, die zu Anteilen von 100 Stück oder 100 Geldeinheiten gehandelt werden.
- *Stetig teilbare Güter* können in jeder beliebigen Mengenteilung gekauft und verkauft werden. Beispiele sind Massengüter, wie Gas, Öl, Chemikalien, Rohstoffe und Schüttgut.

Für unteilbare Güter ist keine Regelung der Mengenbildung erforderlich. Ihr Transfer resultiert allein aus der Erfüllung der *Preisbedingung* $p_{Ni} \geq p_{Aj}$. Für teilbare Güter sind die in *Tab. 9.1* aufgeführten *Mengenbildungsarten* möglich. Der Handlungsspielraum der Akteure nimmt von oben nach unten ab. Umgekehrt steigen die *Transferkosten* wegen des zunehmenden Aufwands.

Die *Mengenbildung* hängt davon ab, ob der Nachfrager seine gesamte Bedarfsmenge bei nur einem Anbieter ungeteilt einkaufen will oder ob er bei zu geringer Angebotsmenge auch eine *Teildeckung* seines Bedarfs akzeptiert. Sie wird auch davon bestimmt, ob der Anbieter einen *Teilverkauf* seiner Angebotsmenge zulässt oder nur

Mengenbildungsart	Beispiele	Marktfreiheit	Transferkosten
Freie Mengenbildung	Flüssigkeiten Gas, Massengüter, Rohstoffe	maximal	gering
Ganzzahlige Mengenbildung	abgepackte Güter, Maschinen, Anlagen	hoch	gering
Keine Nachfragemengenteilung	geschlossener Einkauf des Gesamtbedarfsmenge	beschränkt	für N mimimal
Keine Angebotsmengenteilung	geschlossener Verkauf der Gesamtangebotsmenge	beschränkt	für A mimimal
Mengenbegrenzung	Mindestmengen Großhandel, Maximalmengen knapper Güter	begrenzt	für A gering
Mengenzuteilung	Rationierung knapper Güter, Kontingentierung Aktionsware	gering	hoch
Zwangsmengen	feste Abnahmemenge, vorgeschriebener Leistungsumfang	keine	sehr hoch

Tabelle 9.1 Arten, Beispiele und Auswirkungen der Mengenbildung

einen ungeteilten Gesamtverkauf. Zusätzlich können Anbieter oder Nachfrager den Kauf einer bestimmten *Mindestmenge* fordern, die Kaufmenge durch eine *Höchstmenge* begrenzen oder die Abnahme größerer Mengen durch eine *Mengenpreisregelung* begünstigen.

Eine besondere Mengenbildungsart ist die *Zuteilung*. Sie findet statt, wenn die Nachfrager keine Preise angeben oder wenn die Preisbildung nicht *bilateral* sondern *gruppenweise* für mehrere Nachfrager zusammen durchgeführt wird (s. Abschnitt 10.6). Eine Mengenzuteilung ebenso wie Mindestmengen und Höchstmengen können auch vom Staat verfügt werden, wenn ein existientielles Wirtschaftsgut sehr knapp wird. Unter besonderen Umständen und für bestimmte Güter, wie Versicherungsleistungen, kann der Staat das Angebot oder/und die Abnahme von *Zwangsmengen* vorschreiben.

9.2 Mengenteilung

Wenn Nachfrager und Anbieter eine Mengenteilung zulassen, ist die *Kaufmenge* m_{Kij} das Minimum von nachgefragter und angebotener Menge. Daraus folgt die *Kaufmengenformel bei Mengenteilung*:

$$m_{Kij} = \text{WENN}(p_{Kij} \geq p_{Nj}; 0; \text{WENN}(p_{Kij} \leq p_{Aj}; 0; \text{MIN}(m_{Nj}; m_{Aj}))) \,. \qquad (9.1)$$

Lässt der Nachfrager keine Mengenteilung zu, ist die Kaufmenge bei Erfüllung der Preisbedingung und ausreichender Angebotsmenge gleich der nachgefragten Menge. Wenn die Angebotsmenge nicht ausreicht, ist die Kaufmenge 0 und es findet kein Kauf statt. Daraus folgt die *Kaufmengenformel bei unzulässiger Bedarfsmengenteilung*:

$$m_{Kij} = \text{WENN}(p_{Kij} \geq p_{Nj}; 0; \text{WENN}(p_{Kij} \leq p_{Aj}; 0;$$
$$\text{WENN}(m_{Ni} \leq m_{Aj}; m_{Ni}; 0))) \,. \qquad (9.2)$$

Lässt der Anbieter keine Mengenteilung zu, ist die Kaufmenge bei Erfüllung der Preisbedingung gleich der angebotenen Menge, wenn die Nachfragemenge ausreicht, und andernfalls gleich 0. Daraus folgt die *Kaufmengenformel bei unzulässiger Ange-*

botsmengenteilung:

$$m_{Kij} = \text{WENN}(p_{Kij} \geq p_{Nj}; 0; \text{WENN}(p_{Kij} \leq p_{Aj}; 0; \text{WENN}(m_{Ni} \geq m_{Aj}; m_{Aj}; 0))) . \quad (9.3)$$

Wenn keine Seite eine Mengenteilung zulässt, müssen beide Mengenformeln, (9.2) und (9.3) zum gleichen Ergebnis führen, also $m_{Nj} = m_{Aj}$ sein, sonst kommt es nicht zum Kauf.

Bei unteilbaren Gütern muss die Bedarfsmenge ein ganzzahliges Vielfaches der *Verkaufseinheit* sein. Diese kann ein Einzelstück sein, aber auch – wie im Marktbeispiel – eine *Verpackungseinheit*, in der eine bestimmte Anzahl Einzelstücke zusammengefasst ist.

9.3 Mengenrestriktionen

Mengenrestriktionen können von den Anbietern, den Nachfragern oder von einer externen Instanz vorgegeben werden. Eine Mindestmenge soll für den Käufer oder/und den Verkäufer die *Transferkosten* reduzieren. Höchstmengen werden von Anbietern festgelegt, die eine Räumung ihres Gesamtangebots durch nur einen Käufer verhindern wollen, oder von Nachfragern, die sich nicht nur von einem Lieferanten abhängig machen wollen.

Wenn eine *Mindestkaufmenge* m_{Kmin} und/oder eine *Höchstkaufmenge* m_{Kmax} vorgeschrieben sind, gilt zusätzlich zu den Mengenformeln (9.1) bis (9.3) die *Mengenrestriktion*:

$$m_{Kmin} \leq m_{Kij} \leq m_{Kmax} \quad (9.4)$$

Diese Zusatzbedingung führt dazu, dass alle Nachfrager, deren Bedarf kleiner als die Mindestmenge ist, nicht zum Kauf kommen, und dass alle Anbieter, deren Angebotsmenge größer ist als die Höchstmenge nur einen Teil ihres Angebots an einen Kunden verkaufen können. Das besagen das *1. und 2. Mengenrestriktionsgesetz*:

▶ Jede *Mindestmengenvorschrift* reduziert die *effektive Nachfrage*, senkt aber insgesamt die Transferkosten des Marktes.

▶ Jede *Höchstmengenbegrenzung* sichert die Versorgung vieler Nachfrager mit kleinem Bedarf, erhöht aber die Transferkosten des Marktes.

Bei allgemeiner *Güterknappheit*, wie im Kriegsfall, wird vom Staat eine *Rationierung* vorgeschrieben. Dann darf jeder von dem bewirtschafteten Gut maximal eine Höchstmenge einkaufen, die pro Person in Form eines *Bezugscheins* oder einer *Lebensmittelkarte* zugeteilt wird.

Eine andere Form der Mengenrestriktion ist die *Kontingentierung*. So wird oft die Angebotsmenge eines Gutes, das zur Werbung zu einem besonders niedrigen Preis oder günstigen Konditionen angeboten wird, nach oben begrenzt. Typische Beispiele sind *Aktionen* des Handels und *Sonderangebote* von Konsumgüterherstellern und Verkehrsgesellschaften.

Die Kontingentierung ist ebenso wie ein Dumpingpreis unter Herstell- und Beschaffungskosten wettbewerbsrechtlich fragwürdig. Sie ist faktisch eine Diskriminierung aller Nachfrager, die wegen des begrenzten Kontingents nicht zum Zuge kommen und für das gleiche Gut einen höheren Preis zahlen müssen. Eine Werbeaktion mit Kontingentierung führt auch zu *Mitnahmeeffekten* durch Käufer, die eigentlich zum Normalpreis kaufen würden. Der Mitnahmeeffekt kann eine höhere Erlöseinbuße bewirken als der Zusatzgewinn aus dem angestrebten Mehrverkauf.

9.4 Verkaufseinheiten

Viele Güter, wie die Schreibblöcke des Marktbeispiels, werden in bestimmten *Verkaufseinheiten* [VKE] angeboten, die eine feste Menge enthalten. Der Inhalt pro Verkaufseinheit ist auf der Verpackung in Stück oder in einer physikalisch-technischen Maßeinheit angegeben. Beschaffenheit und Qualität sind standardisiert.

Der Inhalt einer Verkaufseinheit, die nicht angebrochen werden darf, ist effektiv eine *Mindestkaufmenge*. Nachfrager, die einen kleineren Bedarf haben, müssen auf den Kauf verzichten, einen anderen Anbieter suchen oder eine größere Menge kaufen als ursprünglich beabsichtigt. Das heißt:

- Der unterschiedliche Inhalt der kleinsten Verkaufseinheit bei verschiedenen Anbietern des gleichen Gutes bewirkt eine *Marktspaltung*.

Marktstände, Läden des Einzelhandels und Fachgeschäfte, die Warenstücke in kleiner Anzahl und Konsumgüter in kleinen Mengen anbieten, sind typische *Kleinmengenanbieter*. Großhandelsgeschäfte, Großmärkte und Produzenten, die verpackte Güter in *Großgebinden*, wie Paletten und Container verkaufen, sind *Großmengenanbieter*. Aus der Kostendegression (3.23) und den geringeren Transferkosten bei Abnahme ab Werk oder ab Lager folgt:

- *Großhandels- und Fabrikabgabepreise* für Großmengenabnehmer können deutlich niedriger sein als die *Einzel- und Fachhandelspreise* für Kleinmengen in lokalen Verkaufsstellen.

Außer *artikelreinen Verkaufseinheiten*, die nur ein Gut enthalten, gibt es *artikelgemischte Verkaufseinheiten*, in denen mehrere Güter zu einem *Set* zusammengefasst sind, der einem bestimmten Bedarf entspricht, wie Packungen mit einer Zusammenstellung von Nägeln, Dübeln, Knöpfen oder Garnsorten. Eine artikelgemischte Verkaufseinheit ist ein eigenes *kombiniertes Wirtschaftsgut*, das mit den enthaltenen Gütern teilweise konkurriert und seinen eigenen *Teilmarkt* hat (s. *Abschnitt 3.4*).

Nicht nur materielle Güter, auch immaterielle Güter lassen sich in größerer Menge oder als Set zu Verkaufseinheiten zusammenfassen. Sie werden im *Marketing* gern als „neue Produkte" bezeichnet. Beispiele sind Gruppenfahrkarten, Pauschalreisen, Abonnements und Fonds. Auch diese *Kombinationsgüter* haben ihren eigenen Markt, der mit den Märkten der in ihnen enthaltenen Güter konkurriert.

9.5 Mengentransfergleichungen

Nach einer erfolgreichen Kaufbegegnung reduzieren sich die Nachfragemenge m_{Ni} des Nachfragers Ni und die Angebotsmenge m_{ARi} des Anbieters Aj jeweils um die Kaufmenge m_{Kij}. Gleichzeitig erhöhen sich die *kumulierte Einkaufsmenge* m_{Ei} von Ni und der *kumulierte Absatz* m_{Vi} von Aj um die Kaufmenge. Die Kaufmenge einer Begegnung lässt sich mit den *Kaufmengenformeln* (9.1) bis (9.3) bei Beachtung der *Mengenrestriktion* (9.4) berechnen.

Eine Kaufbegegnung mit dem Anbieter Aj führt also beim *Nachfrager* Ni zu einer Änderung von Nachfragemenge und kumulierter Einkaufsmenge. Diese sind gegeben durch die *Mengentransfergleichungen*:

$$m_{Nij+1} = m_{Nij} - m_{Kij} \quad \text{und} \quad m_{Eij+1} = m_{Eij} + m_{Kij}. \tag{9.5}$$

Wenn nach einer Anzahl aufeinander folgender Begegnungen die Nachfragemenge auf 0 gesunken ist und die kumulierte Einkaufsmenge gleich dem Anfangsbedarf ist, verlässt der Nachfrager den Markt. Bei hoher Nachfrage, geringem Angebot und unzureichender Zahlungsbereitschaft kann der Nachfrager bis zum Ende der Marktöffnung seinen Bedarf nicht voll decken oder ganz ohne Kauf den Markt verlassen.

Die Änderung von Angebotsmenge und kumuliertem Absatz beim *Anbieter* Aj nach der Begegnung mit dem Nachfrager Ni ist:

$$m_{Ai+1j} = m_{Aij} - m_{Kij} \quad \text{und} \quad m_{Vi+1j} = m_{Vij} + m_{Kij}. \tag{9.6}$$

Der Anbieter bleibt auf dem Markt, bis seine Angebotsmenge auf 0 gefallen ist und der kumulierte Absatz die Anfangsangebotsmenge erreicht hat. Bei zu geringer Nachfrage und zu hohem Angebotspreis kann am Ende der Marktöffnung eine *Restmenge* übrig bleiben oder überhaupt kein Verkauf stattgefunden haben.

10 Marktbegegnungen

Zur bilateralen Preisbildung muss außer der Preis- und Mengenbildung auch das Zusammenkommen der Nachfrager und Anbieter geregelt sein. Für Marktplätze, auf denen die Akteure die Preise und Mengen selbst aushandeln, kann die Marktordnung die wechselseitige Auswahl vollständig den Akteuren überlassen. Sie kann aber auch bestimmte Vorgaben für die Marktbegegnung machen. Auf einem *Vermittlungsmarktplatz*, z. B. auf Auktionen, Börsen, im Internet-Handel oder beim *Bookbuilding*, werden Angebote und Nachfragen von einer externen Instanz zusammengeführt. Dazu werden von der Vermittlungsinstanz zusätzlich zur Preis- und Mengenbildung bestimmte *Zuordnungsregeln* festgelegt. Möglich sind eine *paarweise Zuordnung* mit bilateraler Preisbildung oder eine *simultane Preis- und Mengenbildung*.

Wegen der Mengenänderungen (9.5) und (9.6), die jeder einzelne Kauf bewirkt, hängen die Kaufergebnisse (p_{Kij}, m_{Kij}) von der *Reihenfolge* ab, in der die Nachfrager und Anbieter zusammenkommen. Das hat bereits das anfängliche Marktbeispiel gezeigt. Wenn die weniger zahlungsbereiten Nachfrager zuerst die preisgünstigsten Anbieter aufsuchen, haben sie die besten Kaufaussichten. Auch die später kommenden Nachfrager mit größerer Zahlungsbereitschaft finden noch Kaufmöglichkeiten, wenn auch mit geringerer Wahrscheinlichkeit und zu höheren Preisen, als wenn sie früher gekommen wären. Suchen die Nachfrager mit der höchsten Zahlungsbereitschaft zuerst die preisgünstigsten Anbieter auf, räumen sie das preisgünstigste Angebot. Die nachfolgenden, weniger zahlungsfähigen Nachfrager kommen bei den verbliebenen teuren Anbietern nur noch mit geringer Wahrscheinlichkeit zum Kauf.

Mit Hilfe der vorangehenden Preis- und Mengentransfergleichungen läßt sich berechnen, wie sich die verschiedenen *Begegnungsmöglichkeiten* auf Absatz, Marktpreis und andere Marktergebnisse auswirken. Damit ist es möglich, die Begegnungsregeln bestehender Marktordnungen zu beurteilen und Empfehlungen zu Verbesserungen abzuleiten, mit denen sich wünschenswerte Ziele erreichen lassen. Dazu gehören die *Informationsrechte* der Marktteilnehmer, das *FIFO-Prinzip* und das *Transparenzgebot*. Sie sind Grundbedingung jeder *fairen Marktordnung*.

10.1 Kaufergebnisse und Transfermatrix

Wenn die Nachfrager Ni, $i = 1, 2\ldots$, mit der *Preis-Mengen-Nachfrage* (p_{Ni}; m_{Ni}) und die Anbieter Aj, $j = 1, 2, \ldots$, mit dem *Preis-Mengen-Angebot* (p_{Aj}; m_{Aj}) zusammentreffen, ergibt sich für jede *Begegnungsfolge* (N1; A1); (N2; A2)... eine *Kette von*

Kaufprozessen: (10.1)

Kij : $(p_{Nij}; m_{Nij}) + (p_{Aij}; m_{Aij}) \rightarrow (p_{Kij}; m_{Kij}) + (p_{Nij+1}; m_{Nij+1}) + (p_{Aij+1}; m_{Ai+1j})$.

Aus jedem Kauf, der zustande kommt, resultiert ein *Kaufergebnis* (p_{Kij}, m_{Kij}) sowie ein neuer Nachfragerzustand mit der veränderten Nachfragemenge (9.5) und ein neuer Anbieterzustand mit der Angebotsmenge (9.6). Mit der veränderten *Preis-Mengen-Nachfrage* (p_{Nij+1}; m_{Nij+1}) trifft der Nachfrager Ni den nächsten Anbieter Aj + 1. Der Anbieter Aj trifft mit dem veränderten *Preis-Mengen-Angebot* (p_{Ai+1j}; m_{Ai+1j}) den nächsten Nachfrager Ni + 1.

Das *Marktergebnis* (p_{Kij}; m_{Kij}) lässt sich mit Hilfe der *Preistransfergleichungen* (8.2) bis (8.7) und der *Kaufmengenformeln* (9.1) bis (9.4) berechnen. Die *Restmengen* (m_{Nij+1}, m_{Ai+1j}) ergeben sich aus den Mengentransfergleichungen (9.5) und (9.6).

Für jede N-A-Begegnungsfolge der Nachfrager Ni mit den Anbietern Aj können die individuellen Ergebnisse des Marktgeschehens (10.1) in die Felder einer *Transfermatrix* eingetragen werden:

	A1	A2...	Aj...	AN$_A$
N1	→ K11	→ K12	→ K1j	→ K1N$_N$
...				
N2	→ K21	→ K22	→ K2j	→ K2N$_N$
...				
Ni	→ Ki1	→ Ki2	→ Kij	→ KiN$_A$
...				
NN$_N$	→ KN$_N$1	→ KN$_N$2	→ KN$_N$j	→ KN$_N$N$_A$

(10.2)

Für die N_N Nachfrager bestehen N_N! und für die N_A Anbieter in N_A! unterschiedliche Anordnungsmöglichkeiten. Daraus folgt die *Anzahl möglicher Begegnungsfolgen*:

$$N_{NA} = N_N! \cdot N_A! .$$ (10.3)

Im Fall des Marktbeispiels mit 2 Nachfragern und 2 Anbietern sind das die 4 Begegnungsfolgen (2.1). Für 5 Anbieter und 5 Nachfrager ergeben sich bereits 5!·5! = 120 · 120 = 14.400 unterschiedliche Begegnungsfolgen.

Beginnend im linken oberen Feld der Matrix (10.2) werden für jede Begegnungsfolge nacheinander von links nach rechts und von oben nach unten mit Hilfe der Transfergleichungen die einzelnen Kaufergebnisse berechnet. Dabei wird das Kaufergebnis für ein Folgefeld stets mit den Restmengen des vorangehenden Feldes berechnet, die sich aus den Mengengleichungen (9.5) und (9.6) ergeben. Daraus resultiert eine Matrix mit den individuellen Kaufergebnissen (p_{Kij}, m_{Kij}) der betrachteten Begegnungsfolge. Die entsprechenden Zeilensummen ergeben die *individuellen Nachfragerergebnisse* (5.7) bis (5.11) und die Spaltensummen die *individuellen Anbieterergebnisse* (5.12) bis (5.16). Durch weiteres Summieren folgen daraus die *kollektiven Marktergebnisse* (5.17) bis (5.23).

Wenn die Anbieter zu den Nachfragern kommen, ist der Ablauf des Marktgeschehens gegeben durch die *Transfermatrix*:

$$
\begin{array}{cccccc}
 & A1 & A2\ldots & Aj\ldots & AN_A & \\
N1 & K11 & K12 & K1j & K1N_N & \\
\ldots & \downarrow & \downarrow & \downarrow & \downarrow & \\
N2 & K21 & K22 & K2j & K2N_N & \\
\ldots & \downarrow & \downarrow & \downarrow & \downarrow & (10.4) \\
Ni & Ki1 & Ki2 & Kij & KiN_A & \\
\ldots & \downarrow & \downarrow & \downarrow & \downarrow & \\
NN_N & KN_N1 & KN_N2 & KN_Nj & KN_NN_A & \\
\end{array}
$$

Auch hier können die N_N Nachfrager wieder in N_N! und die N_A Anbieter in N_A! unterschiedlichen Reihenfolgen angeordnet werden. Die mögliche Anzahl unterschiedlicher A-N-Begegnungsfolgen ist also ebenso groß ist wie die Anzahl (10.3) unterschiedlicher N-A-Begegnungsfolgen. Hieraus sowie aus der Symmetrie der Transfergleichungen folgt der allgemeine *Paarungssatz*:

▶ Wenn die Reihenfolge der Nachfrager und Anbieter gleich ist, führen die Transfergleichungen für die A-N-Begegnungen zu den gleichen Kaufergebnissen wie für die N-A-Begegnungen.

Für nicht zu große Anzahlen von Akteuren kann ein leistungsfähiger Rechner systematisch alle möglichen $N_N! \cdot N_A!$ Begegnungsfolgen generieren, für jede dieser Folgen die individuellen Kaufergebnisse und Gewinne bestimmen und daraus die kollektiven Marktergebnisse berechnen. Danach kann der Rechner die Begegnungsfolge auswählen, die ein bestimmtes Ziel oder eine gewünschte Zielkombination am besten erfüllt. Das kann eine Maximierung oder Minimierung ausgewählter Marktkenngrößen sein, aber auch der Absatz, Umsatz oder Gewinn einzelner Akteure.

10.2 Selbstregelndes Zusammentreffen

Beim selbstregelnden Zusammentreffen finden die Akteure nach eigenen Kriterien zueinander. Dafür kann die Marktordnung jedoch Einschränkungen oder Vorschriften machen, z. B. dass die Nachfrager auf die Anbieter oder dass die Anbieter auf die Nachfrager zukommen müssen. Sie kann die Begegnungsfolgen auch durch die Art der *Preisinformation* beeinflussen.

Die *Tab. 10.1* enthält die Auswahlkriterien für eine Reihe von Begegnungsmöglichkeiten, die sich auf den realen Märkten finden lassen. Darin sind auch der *Informationsbedarf* und die *Handlungsfreiheit* der Akteure angegeben.

Wenn ein Nachfrager Ni zu den Anbietern Aj kommt, sind folgende *Begrenzungen der Begegnungsfolge* möglich:

1. Der Nachfrager Ni sucht nacheinander alle Anbieter Aj auf
2. Der Nachfrager Ni besucht nur eine begrenzte Anzahl von Anbietern   (10.5)
3. Der Nachfrager Ni besucht nur einen Anbieter Aj

Auswahlkriterien	Informationsbedarf	Handlungsfreiheit		Einsatzbeispiele
ANBIETERMÄRKTE				
Auswahl der Anbieter durch Nachfrager	der Nachfrager	Nachfrager	Anbieter	
zufällig	ohne	groß	begrenzt	Basare
steigender Angebotspreis	Angebotspreise	groß	begrenzt	Konsumgüter
fallender Angebotspreis	Angebotspreise	groß	begrenzt	Luxusgüter
Angebotsqualität	Qualität von Gut, Angebot, Konditionen	groß	begrenzt	Spezialgüter
andere Kriterien	Transferkosten, Angebotsmenge, Vertrauen...	groß	begrenzt	Gebrauchsgüter
NACHFRAGERMÄRKTE				
Auswahl der Nachfrager durch Anbieter	der Anbieter	Nachfrager	Anbieter	
zufällig	ohne	begrenzt	groß	Hausierer
steigender Nachfragerpreis	Nachfragerpreise	begrenzt	groß	Auktionen
fallender Nachfragerpreis	Nachfragerpreise	begrenzt	groß	Veiling, e-bay
andere Kriterien	Transferkosten, Bonität, Bedarfsmengen...	begrenzt	groß	Gebrauchsgüter

Tabelle 10.1 Auswahlkriterien, Informationsbedarf und Handlungsfreiheit bei selbstregendem Zusammentreffen

Kommen die Anbieter auf die Nachfrager zu, sind entsprechende Begrenzungen möglich. Das wird z. B. bei Ausschreibungen durch eine *Beschränkung des Bieterkreises* und/oder durch eine *Angebotsfrist* erreicht.

Die Begrenzung der Begegnungsfolgen kann freiwillig oder von der Marktordnung vorgeschrieben sein. Sie bewirkt für die Nachfrager eine begrenzte *Reichweite der Beschaffung* und für die Anbieter eine begrenzte *Reichweite des Absatzes*. Die mittlere Anzahl der Folgebegegnungen ist eine Kennzahl für das *Reichweiteverhalten* der Nachfrager bzw. der Anbieter.

Die verschiedenen Akteure können auf dem gleichen Markt je nach Interessenlage und Verbindlichkeit der Marktordnung unterschiedliche Auswahlkriterien haben. Sie können auch ihr Auswahlverfahren ändern. So können Nachfrager zunächst preisbewusst nach dem günstigsten Anbieter suchen und später bei sich annähernden Preisen die Anbieter nach anderen Präferenzen priorisieren. Die realen Märkte mit gemischtem Verhalten der Akteure sind eine Überlagerung von verhaltensreinen Teilmärkten.

10.3 Zusammentreffen auf Anbietermärkten

Auf einem *Anbietermarkt*, wie auf den *Endverbrauchermärkten*, *Anbieterauktionen* und *Verkaufsplattformen* im *Internet*, suchen die Nachfrager die Anbieter auf. Mögliche *Auswahlkriterien der Nachfrager* sind:

10.3 Zusammentreffen auf Anbietermärkten

Zufall
steigender Angebotspreis
fallender Angebotspreis (10.6)
Angebotsqualität
individuelle Präferenzen

Die Nachfrager kommen während der Öffnungszeit meist unabhängig voneinander in *zufälliger Reihenfolge* auf den Markt. Nach der Erfahrung, dass die preisgünstigsten Anbieter oft zuerst ausverkauft sind, kann es jedoch vorkommen, dass die preisbewussten Nachfrager früher auf den Markt kommen, um sich einen möglichst hohen Einkaufsgewinn zu sichern. Preisbewusstsein und Gewinnstreben korrelieren nicht unbedingt mit den Nachfragergrenzpreisen. Im Gegenteil, mancher zahlungsfähige Käufer achtet besonders kritisch auf den Preis, denn eine höhere Zahlungsfähigkeit ist oft die Folge des größeren Gewinnstrebens. Daraus folgt die *Ankunftsregel der Nachfrager*:

▶ Die *Reihenfolge des Eintreffens* der Nachfrager auf einem Anbietermarktplatz ist in der Regel zufällig und weitgehend unabhängig von der Zahlungsbereitschaft.

Beim *zufälligen Zusammentreffen* kommen die Kaufinteressenten, wie auf einem Basar, ohne jedes Auswahlkriterium auf die Anbieter zu, oder auch die Anbieter, wie ein Hausierer, auf die potentiellen Käufer. Das zufällige Zusammentreffen erfordert von den Marktteilnehmern keine Bekanntgabe ihrer Preise und Mengen.

Voraussetzung einer *Anbieterauswahl nach dem Angebotspreis* ist, dass die Marktordnung Angebotsfestpreise vorschreibt, die allen Nachfragern vor dem Kauf bekannt gegeben werden müssen. Wie in *Kapitel 8* gezeigt, folgt daraus:

▶ Auf Anbietermärkten mit Anbieterfestpreisen ergeben sich selbstregelnd die geringsten Marktpreise und die höchsten Einkaufsgewinne.

Angebotsfestpreise sind daher für Nachfrager mit geringem Zahlungsvermögen von Vorteil. Die Auswahl nach *steigendem Angebotspreis* erfordert jedoch eine *Preissondierung*. Das birgt die Gefahr, dass nach der Markterkundung einige der zuerst aufgesuchten Anbieter ausverkauft sind. Außerdem kann ein geringerer Preis mit Nachteilen verbunden sein, wie schlechter Service, geringe Qualität oder lange Anfahrt.

Ein Nachfrager mit höherer Zahlungsbereitschaft, der weiß oder vermutet, dass ein höherer Preis mit einem besseren Service und einer höheren Qualität verbunden ist, sucht die Anbieter nach *fallendem Angebotspreis* auf. Er kann damit rechnen, dass die Anbieter mit einem höheren Angebotspreis nicht so rasch ausverkauft sind und er sofort zum Kauf kommt. Nachteile sind ein höherer Kaufpreis und ein geringerer Einkaufsgewinn.

Für das Aufsuchen der Anbieter nach *anderen Prioritäten* als der Preis ist vor allem die in *Abschnitt 3.8* behandelte Qualität des Angebots maßgebend. Ein rationaler Nachfrager leitet aus seinen *Präferenzen* eine *Prioritätenfolge* ab, nach der er die einzelnen Anbieter aufsucht.

Wenn die Angebotspreise wenig differieren oder unbekannt sind, wird die Anbieterauswahl von anderen Präferenzen oder vom *Zufall* bestimmt. So kommen die Nachfrager auf eine Anbieterauktion oder Internet-Plattform zum Verkauf eines

Wirtschaftsgutes nach Prüfung der Menge und Qualität des Angebots in zufälliger Reihenfolge, da dort keine Angebotspreise bekannt gegeben werden. Die Vergabe findet nach dem Gebot in der Reihenfolge absteigender Nachfragerfestpreise statt. Daraus folgt, wie bereits in *Kapitel 8* gezeigt:

▶ Auf Anbietermärkten mit Nachfragerfestpreisen ergeben sich selbstregelnd die höchsten Marktpreise und Verkaufsgewinne.

Auktionen und Internet-Verkaufsplattformen, wie Ebay, sollten daher grundsätzlich auf Vorstufenmärkte beschränkt werden. Auf Endverbraucher- und C2C-Märkten sollten Nachfragergrenzpreise nur für Güter zulässig sein, deren Angebotspreise sich nicht kalkulieren lassen (s. *Abschnitt 3.8*).

10.4 Zusammentreffen auf Nachfragermärkten

Auf einem *Nachfragermarkt*, suchen die Anbieter die Nachfrager auf. Beispiele sind Vertreterbesuche bei Haushalten und Unternehmen sowie das Aufsuchen von *Nachfragerauktionen* oder *Einkaufsplattformen* im *Internet*, Mögliche *Auswahlkriterien der Anbieter* sind:

$$\begin{array}{l}\text{Zufall}\\ \text{fallender Nachfragerpreis}\\ \text{steigender Nachfragerpreis}\\ \text{individuelle Präferenzen}\end{array} \tag{10.7}$$

Auf den meisten Nachfragermärkten sind die Nachfragerpreise den Anbietern unbekannt. Daher werden sie die Nachfrager *zufällig* oder nach anderen Kriterien aufsuchen, wie Bonität, Erreichbarkeit, persönliche oder vertragliche Abhängigkeiten, regelmäßiger oder hoher Bedarf und Abnahmesicherheit.

Auf vielen Nachfragermärkten erlaubt die Marktordnung in Form von *Vergabebedingungen* oder auf andere Weise, dass der Nachfrager vor der Auftragsvergabe alle innerhalb einer bestimmten *Bieterfrist* eingehenden Angebote sammeln kann. Danach bestehen die *Vergabemöglichkeiten*:

- *Zuschlag ohne Verhandlung*: Von den Anbietern, die alle Mengen- und Qualitätsanforderungen erfüllen, erhält derjenige mit dem günstigsten Festpreis den *Zuschlag*.
- *Vergabe mit Verhandlung*: Die Anbieter, die alle Mengen- und Qualitätsanforderungen erfüllen, werden in der Reihenfolge fallender Angebotspreise zu einer *Vergabeverhandlung* eingeladen, in der Mengen, Preise und Konditionen ausgehandelt werden.

Die Anzahl der eingehenden Angebote hängt von der Länge der *Bieterfrist* ab. Sie ist ein freier Handlungsparameter des Nachfragers und bestimmt die effektive *Reichweite* seines Marktplatzes.

Der Zuschlag ohne Verhandlung, wie bei *öffentlichen Ausschreibungen*, ist eine Marktordnung mit *Angebotsfestpreisen* und Vergabe zum niedrigsten Preis. Die Vergabe mit Verhandlung, die bei Ausschreibungen von Unternehmen üblich ist, entspricht einer Marktordnung mit *Verhandlungspreisen* und Auswahl nach steigendem Angebotspreis. Daraus folgt wie ebenfalls schon in *Kapitel 9* gezeigt:

▶ Nachfragermärkte mit Angebotsfestpreisen oder mit Verhandlungspreisen bewirken niedrige Kaufpreise und hohe Einkaufsgewinne.

Die theoretisch denkbare Auswahl der Nachfrager durch die Anbieter nach *fallendem Nachfragerpreis*, beginnend mit dem Anbieter mit der höchsten Zahlungsbereitschaft, setzt voraus, dass die Marktordnung eine Bekanntgabe aller Nachfragerfestpreise vorschreibt. Das ist der Wunsch aller Verkäufer, denn es gilt, wie in *Kapitel 7* gezeigt:

▶ Nachfragermärkte mit Nachfragerfestpreisen bewirken die höchsten Marktpreise und Verkaufsgewinne.

Ein Risiko ist allenfalls eine *Zahlungsunfähigkeit*, die sich erst nach dem Kauf herausstellt.

10.5 Fremdgeregelte Zusammenführung

Bei einer *fremd geregelten Zusammenführung* geben alle Nachfrager und Anbieter einer neutralen Instanz die zur Vermittlung benötigten Informationen bekannt. Die *Vermittlungsinstanz* führt die Nachfrager und Anbieter nach bestimmten Zuordnungsregeln zusammen und ermittelt nach den geltenden Regeln der Preis- und Mengenbildung aus den aktuellen Einkaufs- und Verkaufsaufträgen die *Kaufpreise* und *Kaufmengen*.

Wenn auf einem Vermittlungsmarkt mehr als ein Angebot und eine Nachfrage eintreffen, können diese nach folgenden *Vermittlungsstrategien* zusammengeführt werden [Gudehus 2005]:

- *Auftragsweise Vermittlung*: Nach jedem Eintreffen einer Anfrage wird diese nach den Zuordnungsregeln mit den bis dahin noch nicht ausführbaren Angeboten zusammengeführt; nach jedem Eintreffen eines Angebots wird dieses nach den Zuordnungsregeln mit den bis dahin noch nicht ausführbaren Anfragen zusammengeführt.
- *Zyklische Vermittlung*: Jeweils nach Ablauf einer festen *Zykluszeit* T_Z, die einige Sekunden, Minuten, Stunden oder Tage lang sein kann, werden alle seit der letzten Vermittlung eingegangenen Anfragen und Angebote nach den Zuordnungsregeln zusammengeführt.
- *Gruppenweise Vermittlung*: Wenn sich eine bestimmte Anzahl oder Menge oder wenn sich ein vorgegebener Wert von Angeboten und Nachfragen angesammelt hat, werden diese nach den Zuordnungsregeln zusammengeführt.

Die Auswahl unter den Vermittlungsstrategien und die Festlegung der Zuordnungsregeln sind *Handlungsmöglichkeiten der Marktordnung* eines Vermittlungsmarktes.

Die Zuordnungsregeln können vom Staat, der Marktaufsicht oder der Vermittlungsinstanz vorgeschrieben sein oder empfohlen werden. Bei *bilateraler Preisbildung* sind die in *Tab. 10.2* aufgeführten Kombinationen der Auswahlkriterien (10.6) und (10.7) oder auch andere Kriterien möglich. Ein extremes Vermittlungsverfahren ist das Durchrechnen aller Begegnungsfolgen und die Auswahl der Zuordnungsfolge, mit der sich ein bestimmtes Ziel erreichen lässt. Bei einer simultanen Preis- und Mengenbildung gibt es weitere Vermittlungsstrategien (s.u.).

Die *auftragsweise Vermittlung* ist typisch für *elektronische Börsen*, wie die Wertpapier-, Frachten- und Produktenbörsen. Sie führt am schnellsten zur Preisbildung, aber auch zu den größten *Fluktuationen*.

Auch die *zyklische Vermittlung* ist an vielen Börsen zu finden. Die Zykluszeit T_Z ist die *Strategievariable* der zyklischen Zusammenführung, deren Länge Einfluss auf das Marktergebnis hat. Sie entspricht der *Marktöffnungszeit* regelmäßig stattfindender realer Märkte. Bei längerer Zykluszeit werden die Zufallseffekte besser geglättet und die Preisfluktuationen geringer. Im Grenzfall sehr kurzer Zykluszeit, d. h. für $T_Z \to 0$, wird die zyklische zur auftragsweisen Zusammenführung.

Die *gruppenweise Vermittlung* wird z. B. beim so genannten *Bookbuilding* zur Erstplatzierung von Wertpapieremissionen oder beim Verkauf von Firmenanteilen praktiziert. Die Anzahlen N_A und N_N, die Mengen M_A und M_N oder die Umsätze U_A und U_N von Angebot und Nachfrage, die sich ansammeln müssen, sind *Stra-*

Zordnungsregel	Informationsbedarf der Vermittlungsinstanz	Handlungsfreiheit Nachfrager	Anbieter
Nachfrager zufällig / Anbieter zufällig	ohne	groß	groß
Nachfrager zufällig / Anbieter Pr. steigend	Angebotspreise	groß	gering
Nachfrager zufällig / Anbieter Pr. fallend	Angebotspreise	groß	gering
Anbieter zufällig / Nachfrager Pr. steigend	Nachfragerpreise	gering	groß
Anbieter zufällig / Nachfrager Pr. fallend	Nachfragerpreise	gering	groß
Nachfrager Pr. steigend / Anbieter Pr. steigend	Angebotspreise + Nachfragepreise	gering	gering
Nachfrager Pr. steigend / Anbieter Pr. fallend	Angebotspreise + Nachfragepreise	gering	gering
Nachfrager Pr. fallend / Anbieter Pr. steigend	Angebotspreise + Nachfragepreise	gering	gering
Nachfrager Pr. fallend / Anbieter Pr. fallend	Angebotspreise + Nachfragepreise	gering	gering
Absatzmaximierung	Mengen + Preise von N und A	gering	gering
Umsatzmaximierung	Mengen + Preise von N und A	gering	gering
andere Ziele	Mengen, Preise, Qualität …von N+A	gering	gering

Tabelle 10.2 Zuordnungsmöglichkeiten und Informationsbedarf bei fremdgeregelter Zusammenführung

Standardfolge mit Angebotsfestpreisen   Standardfolge mit Nachfragerfestpreisen

tegievariablen der gruppenweisen Vermittlung. Die angesammelte Anbieterzahl N_A entspricht der Angebotsanzahl einer Ausschreibung. Im Grenzfall der Zusammenführung sehr kleiner Anzahlen von Anbietern und Nachfragern, d. h. für $N_A \to 0$ und $N_N \to 0$, wird die gruppenweise zur auftragsweisen Zusammenführung.

Bei einer fremdgeregelten Zusammenführung haben auch die Akteure – abgesehen der Preis- und Mengenentscheidung – weitere Handlungsmöglichkeiten, nämlich die

- *Angebotsbindefrist* T_A, mit der die Gültigkeit des Angebots befristet wird,
- *Nachfragebindefrist* T_N, mit der die Verbindlichkeit einer Nachfrage begrenzt wird.

Auch diese beiden Variablen beeinflussen das Marktergebnis.

10.6 Simultane Preis- und Mengenbildung

Wenn bei einer *freien Ausschreibung* mehrere Angebote eingegangen sind, kann der Auftraggeber seine *Verhandlungsstrategie* selbst bestimmen. Die Angebote werden zunächst daraufhin geprüft, ob alle Mengen-, Leistungs- und Qualitätsanforderungen erfüllt sind. Danach wird entschieden, ob ein oder mehrere Anbieter zur Verhandlung eingeladen werden, ob mit diesen nacheinander und in welcher Reihenfolge oder ob parallel verhandelt werden soll. Das alles sind Handlungsmöglichkeiten des Auftraggebers, die sich mit Hilfe der *Spieltheorie* untersuchen und zielgerichtet entwickeln lassen [v. Neumann/Morgenstern 1944].

Wenn einer *Vermittlungsinstanz* mehrere Angebote und Nachfragen vorliegen, können diese nach einer der Zuordnungsregeln aus *Tab. 10.2* zusammengeführt und nach einer der Preis- und Mengenbildungsarten der *Tab. 8.1* und *9.1* ausgeführt werden. Andere Regelungen sind das *FIFO-Prinzip*, nach dem die Ausführung der Aufträge in der Reihenfolge ihres zeitlichen Eintreffens geprüft wird, und die *gruppenweise Preis- und Mengenbildung*.

Die Ausführung nach dem FIFO-Prinzip findet sich an vielen *Börsen*. Börsen sind im Prinzip die Kombination einer Nachfragerauktion mit einer Anbieterauktion. Jeder Nachfrager kann mit der Einkaufsmenge entweder einen maximalen Kaufpreis angeben oder einen Kaufauftrag zum besten Preis („bestens") erteilen, der zum niedrigsten vorliegenden Verkaufspreis ausgeführt wird. Ein Anbieter gibt zusammen mit einer Verkaufsmenge entweder einen minimalen Verkaufspreis an oder einen Verkaufsauftrag zum besten Preis („bestens") ab, der zum höchsten aktuellen Kaufpreis angenommen wird. Entsprechend den vier möglichen Konstellationen ergeben sich bei zulässiger Mengenteilung mit der allgemeinen Kaufpreisformel (7.3), wenn $p_N \geq p_A$ ist, die Kaufergebnisse:

Nachfrager		Anbieter		Kaufergebnis		
Preis	Menge	Preis	Menge	Kaufpreis	Kaufmenge	
p_N	m_N	p_A	m_A	$\beta \cdot p_N + (1-\beta) \cdot p_A$	$\mathrm{MIN}(m_N; m_A)$	
bestens	m_N	p_A	m_A	p_A	$\mathrm{MIN}(m_N; m_A)$	(10.8)
p_N	m_N	bestens	m_A	p_N	$\mathrm{MIN}(m_N; m_A)$	
bestens	m_N	bestens	m_A	offen	0	

Wenn nur Kaufaufträge und Verkaufsaufträge *bestens* oder mit $p_N < p_A$ vorliegen, kommt es nicht zum Kauf. Diese nicht ausführbaren Aufträge verbleiben zusammen mit den eventuellen Restmengenaufträgen in einem *Auftragsspeicher*, bis sie durch einen neu eintreffenden Auftrag erfüllt werden können oder die *Bindefrist* abgelaufen ist. Für jeden eintreffenden Auftrag werden die gespeicherten Aufträge nach dem FIFO-Prinzip daraufhin geprüft, ob die Bedingung $p_N \geq p_A$ erfüllt ist. Wenn ja, wird mit dem Algorithmus (10.6) das Kaufergebnis ermittelt.

Der *Preisbildungsparameter* β, der Werte zwischen 0 und 1 haben kann, ist die *Strategievariable der Börsenpreisbildung*. Mit einem Wert β = 1 werden die Anbieter und mit einem Wert β = 0 die Nachfrager maximal begünstigt. Für eine faire Börse, die beiden Seiten den gleichen Marktgewinn sichert, ist β = 0,5.

Eine Börse kann die Aufträge statt einzeln nach dem FIFO-Prinzip auch zyklisch oder gruppenweise vermitteln. Eine *gruppenweise Preis- und Mengenbildung* wird beim so genannten *Bookbuilding* praktiziert. Das Bookbuilding ist eine besondere Form der Anbieterauktion für den Verkauf von Wirtschaftsgütern, für die kein Angebotsgrenzpreis bekannt ist. Das können Unternehmensanteile, erstmals platzierte Wertpapiere oder hochwertige Rechte sein, deren Kosten oder Ertragswert sich nicht oder nur mit großer Unsicherheit kalkulieren lässt.

Beim Bookbuilding werden von einer Vermittlungsinstanz, z. B. von einem *Bankenkonsortium*, die Interessenten für das betreffende Wirtschaftsgut zum Gebot innerhalb einer *Bieterfrist* aufgefordert. In der Regel werden zugleich ein *Mindestabgabepreis* p_{Amin} und ein *Maximalabgabepreis* p_{Amax} bekannt gegeben, also eine *Preisbandbreite*, innerhalb der der Auftraggeber zum Verkauf bereit ist. Die in der Bieterfrist eingegangenen Kaufaufträge werden nach einem bestimmten *Kriterium* geordnet zu einer *Ausführungsfolge* $(m_{Ni}; p_{Ni})$, $i = 1, 2, \ldots, N_N$. Aus dieser Folge werden in auf- oder absteigender Richtung so viele Aufträge ausgewählt, dass deren Summennachfrage gleich der zum Verkauf stehenden *Angebotsmenge* M_A ist:

$$\sum_{i<i_k} m_{Ni} = M_A \tag{10.9}$$

Wenn die Gesamtnachfrage der eingegangenen Anfragen kleiner als die Angebotsmenge ist, wird der Mindestabgabepreis gesenkt und die Bieterfrist solange verlängert, bis die Nachfragemenge mindestens gleich der Angebotsmenge ist.

Für die ausgewählten Aufträge A_i mit $i < i_k$ wird aus den Nachfragerpreisen der *Kaufpreis* berechnet. Dieser kann gleich den einzelnen Nachfragerpreisen gewählt werden, dann ist $p_{Ki} = p_{Ni}$. Er kann einheitlich gleich dem kleinsten Nachfragerpreis gesetzt werden, dann ist $p_K = p_{Nmin}$. Er kann auch mit der Kaufpreisformel (7.3) aus dem arithmetischen oder dem gewichteten Mittelwert der Nachfragerpreise und dem unteren Angebotsgrenzpreis p_{Amin} berechnet werden. Zu dem ermittelten Kaufpreis werden die ausgewählten Aufträge ausgeführt. Die übrigen Aufträge bleiben unerfüllt.

Eine weitere Möglichkeit ist ein für alle Käufe und Verkäufe *einheitlicher Kaufpreis* p_K, der von der Vermittlungsstelle so bestimmt wird, dass der Gesamtabsatz maximal ist. Dann sind Marktpreis und Gesamtabsatz gleich den *Schnittpunktwerten* von Nachfragefunktion und Angebotsfunktion (s. *Abschnitt 12.2*).

Die gruppenweise Preis- und Mengenbildung bietet der Vermittlungsinstanz also folgende *Handlungsmöglichkeiten*:

1. *Reihenfolge der Auftragserfüllung*, wie steigende oder fallende Nachfragemenge, steigender oder fallender Nachfragerpreis, *First In First Out (FiFo), Zufallsauswahl* nach Los oder *Zuteilung* der Angebotsmenge zu gleichen Teilen oder nach einer bestimmten *Quote* an alle Nachfrager.
2. *Ermittlung des Kaufpreises*, wie Kaufpreise gleich Nachfragerpreise, einheitlicher Kaufpreis gleich unterstem Nachfragerpreis, *Schnittpunktpreis* von Angebots- und Nachfragefunktion oder Berechnung nach einer Kaufpreisformel.

Die Kombination dieser Handlungsmöglichkeiten und die freien Parameter, wie die *Preisbandbreite*, die *Bieterfrist*, der *Preisbildungsparameter* und die *Zuteilungsquote*, ergeben eine große Anzahl unterschiedlicher Verfahren. Jedes dieser Verfahren kann bei gleichen Aufträgen zu anderen Marktergebnissen führen (s. *Abschnitt 10.5*). Daher besteht die Gefahr der *Willkür* und die Versuchung zur *Selbstoptimierung* der Vermittlungsinstanz, wenn diese durch *Provisionen* am Ergebnis beteiligt oder wie eine Bank selbst Nachfrager ist [FAZ 4.10.2004].

10.7 Marktinformationen

Um sich richtig zu verhalten und gegen Übervorteilung schützen zu können, muss jeder Marktteilnehmer die Regeln der Marktordnung kennen oder erfahren können. Auch bei fremd vermittelter Zusammenführung müssen die Akteure wissen, welche Ziele die Vermittlungsinstanz mit welchen *Zuordnungsstrategien* zu wessen Nutzen verfolgt. Daraus folgt das *Transparenzgebot der Marktordnung*:

▶ Die Art der Zusammenführung, die Regeln der Preis- und Mengenbildung sowie die mit der Marktordnung angestrebten Ziele eines Markplatzes oder einer Vermittlungsinstanz müssen für alle Akteure vor dem Markteintritt erkennbar sein.

Um die Zuordnungsregeln der Marktordnung befolgen zu können, werden bestimmte Informationen benötigt: Eine Auswahl nach dem Preis setzt die Kenntnis der betreffenden *Preise* voraus. Zur Beurteilung des Angebotspreises für ein Wirtschaftsgut müssen dessen *Inhalt* und *Beschaffenheit* bekannt sein. Die Priorisierung nach der *Qualität* erfordert die Kenntnis der relevanten Qualitätsmerkmale. Eine weitere Grundbedingung für den fairen Handel ist daher das *Informationsgebot der Marktordnung*:

▶ Akteure und Vermittlungsinstanz haben Anspruch auf die Bekanntgabe aller Informationen, die für die *Begegnungsregelung* eines Marktplatzes erforderlich sind.

Dem entsprechen auf den *Endverbrauchermärkten* die Vorschriften der *Preisauszeichnung*, zur *Mengenangabe* und der *Inhaltsspezifikation*. So schreibt die deutsche *Preisangabeverordnung (PAngV)* seit 2002 zwingend vor, dass für Güter, Leistungen und Kredite, die auf Endverbrauchermärkten angeboten werden, neben dem Angebotspreis auch der Preis pro Mengeneinheit oder Leistungseinheit bzw. der effektive

Jahreszins offen angegeben wird [Baumbach 2004]. Auf den *Vorstufenmärkten* können die Akteure weitgehend selbst festlegen, wen sie wann zu welchen Bedingungen als Anbieter bzw. als Nachfrager zulassen.

Auf Märkten, für die das Zusammentreffen von Nachfragern und Anbietern durch das FIFO-Prinzip geregelt ist, z. B. für Börsen mit auftragsweiser Vermittlung, ist eine weitere Bedingung die unbedingte *Einhaltung des FIFO-Prinzips*:

▶ Auf einem Marktplatz mit FIFO-Regelung müssen die auf einen Akteur zukommenden Nachfrager bzw. Anbieter stets in der Reihenfolge ihres Eintreffens bedient werden.

Eine Verletzung des FIFO-Prinzips ist z. B. das *Frontrunning*: Bei Vorliegen großer Kauforder von Klienten gibt die Bank oder der Börsenmakler zuerst einen Kaufauftrag auf eigene Rechnung auf, der zu einem niedrigeren Kurs ausgeführt wird als die nachfolgend platzierten Kundenaufträge, die den Kurs nach oben treiben. Im Anschluss daran oder vor der Ausführung angesammelter Verkaufsaufträge der Klienten wird auf eigene Rechnung ein Verkaufsauftrag erteilt, der zu einem höheren Kurs ausgeführt wird als die danach platzierten Kundenverkaufsaufträge.

Ein solcher *Informationsmissbrauch* lässt sich unterbinden durch die *Verpflichtung zur Maklerneutralität*:

▶ Ein Makler darf nicht zur gleichen Zeit am selben Marktplatz auf eigene Rechnung mit den gleichen Gütern handeln, die er im Auftrag seiner Klienten kauft und verkauft.

Eine andere Form des Informationsmissbrauchs ist der *Insiderhandel*. Hier nutzen Aufsichtsräte, Manager oder Mitarbeiter vorteilhafte oder nachteilige Informationen über ein Unternehmen, die ihnen intern vorab bekannt sind, in dem sie auf eigene Rechnung oder auf Rechnung Dritter Anteile kaufen oder verkaufen lassen, bevor der Kurs steigt bzw. fällt. Das soll verhindert werden durch das *Verbot des Insiderhandels*:

▶ Aufsichtsräte, Manager oder Mitarbeiter dürfen keinen Kauf oder Verkauf von Anteilen an einem Unternehmen auf eigene Rechnung oder durch Dritte veranlassen, über das ihnen intern vorab unveröffentlichte kursrelevante Informationen bekannt geworden sind.

Transparenzgebot, Informationsgebot, FIFO-Prinzip, Maklerneutralität und Verbot des Insiderhandels sind heute keineswegs auf allen Märkten erfüllt. So ist über die Zuordnungsstrategien, die Parameterfestlegung und die Ziele der virtuellen Märkte, wie *Bookbuilding* und *Börsen*, für den Außenstehenden kaum etwas in Erfahrung zu bringen. Hier herrschen teilweise noch Willkür und Wildwest-Methoden [FAZ 4.10.2005; Tutmann 2005]. *Insiderhandel, Frontrunning, Manipulationen* und andere *Verstöße gegen die Marktordnung* sind in Bankenkreisen durchaus üblich. Sie werden nur selten bekannt und noch seltener bestraft [Nyse/FAZ 1.2.2006].

Zur wirksamen Verhinderung des Informationsmissbrauchs und von Verstößen gegen Transparenzgebot, Informationsgebot und Marktordnung sind Wohlverhaltensbekundungen der Beteiligten nicht ausreichend. Dazu ist die Verlockung der großen Gewinnmöglichkeiten zu hoch. Notwendig sind klare Regelungen und die angemessene Bestrafung von Verstößen.

10.7 Marktinformationen

Das Transparenzgebot und das Informationsgebot der Marktordnung fordern keinesfalls eine *vollständige Markttransparenz*, bei der jeder Marktteilnehmer die Mengen und Grenzpreise aller übrigen Anbieter und Nachfrager kennt. Im Gegenteil, auf den freien Märkten gilt ein *Informationsschutz der Marktteilnehmer*:

▶ Die Marktteilnehmer dürfen ihre Mengen und Preise für sich behalten, soweit deren Bekanntgabe nicht von der Marktordnung vorgeschrieben wird.

Das gilt auch für die Vermittlungsmärkte. Dort sind die Mengen und Preise aller Nachfrager und Anbieter zwar der Vermittlungsinstanz bekannt, nicht aber den einzelnen Akteuren. Durch das *Wettbewerbsrecht* ist sogar die wechselseitige Information über Mengen und Preise zwischen Wettbewerbern verboten, wenn damit eine Preis- und Mengenabstimmung einhergeht. Für viele Güter und Märkte ist nicht einmal ein aktueller Marktpreis bekannt. Das heißt:

▶ Auf den realen Märkten gibt es keine vollständige Markttransparenz.

Die vollständige Markttransparenz ist eine zentrale Voraussetzung der klassischen Preis- und Markttheorie. Alle Konsequenzen, die daraus gezogen werden, wie das Streben eines vollständigen Marktes zu einem *Gleichgewichtszustand*, sind daher wirklichkeitsfremd (s. *Kapitel 18*).

Für die Logik des Marktes ist weder die Annahme einer vollständigen Markttransparenz noch eines vollständigen Wettbewerbs erforderlich. Im Gegenteil: Die Transfergleichungen hängen ab von dem Informationsstand, den die Akteure gemäß der herrschenden Marktordnung haben können. Sie unterscheiden sich außerdem für die verschiedenen Wettbewerbskonstellationen.

11 Marktsimulation

Auf den realen Märkten sind kaum Experimente zum Test einer Theorie oder zur systematischen Entwicklung von Marktstrategien durchführbar. Von wenigen Ausnahmen abgesehen ist es auch nicht möglich, die Nachfragefunktion, und sehr schwierig, die Angebotsfunktion für ein Wirtschaftsgut zu ermitteln. Das liegt an der Gefahr, mit Preisexperimenten Kunden zu verprellen und auf Befragungen falsche Antworten zu bekommen. Erschwerend kommt hinzu, dass auf vielen Märkten gleichzeitig mehrere Regelungen gelten, sich die Teilnehmer unterschiedlich verhalten und der *Zufall* das Marktgeschehen verschleiert.

Ein Ausweg aus dem Dilemma, keine realen Experimente durchführen zu können, ist die *Simulation synthetischer Märkte* auf einem Rechner [Davis/Holt 1993; Ruffieux 2004]. Die Simulation ist ein *Modellexperiment*, das ebenso wie ein reales Experiment zum Test theoretischer Vorhersagen geeignet ist. Hier werden mit Hilfe der digitalen Simulation die Auswirkungen unterschiedlicher Marktordnungen und des Verhaltens der Nachfrager und Anbieter untersucht. Daraus ergeben sich Erkenntnisse für die *Marktstatik*, die *Marktstochastik* und die *Marktdynamik*.

Die einzelnen Regeln, Formeln und Algorithmen der Preisbildung, Mengenbildung und Marktbegegnung sind relativ einfach. Die Anzahl, die Kombinationsmöglichkeiten und die Wechselwirkungen sind jedoch so groß, dass sich nur für einfache *Marktkonstellationen* aus den Transfergleichungen explizite Formeln herleiten lassen, die zur Berechnung von Marktpreisen, Absatz und anderen Marktergebnissen geeignet sind. Das ist besonders schwierig für *stochastische Märkte*, deren Ergebnisse vom Zufall beeinflusst sind, und nahezu unmöglich für *dynamische Märkte*. Auch hier hilft das Verfahren der digitalen Simulation.

Unternehmen können die Simulation zur Entwicklung von *Absatz- und Beschaffungsstrategien* wie auch von *Börsenhandelsstrategien* nutzen. Die Wirtschaftsforschung kann auf diese Weise *Modellrechnungen* zur Klärung volkswirtschaftlicher Gesamtzusammenhänge durchführen [Boumans 2005; Tinbergen 1939].

11.1 Möglichkeiten und Grenzen der Simulation

Allein durch Simulationen lassen sich keine neuen Theorien entwickeln. Simulationsrechnungen können aber wie reale Experimente die Suche nach Erklärungen anregen und zur Weiterentwicklung einer Theorie beitragen. Mit Hilfe geeigneter Simulationstools für das Marktgeschehen lassen sich folgende Aufgaben bearbeiten:
- Prüfung analytisch hergeleiteter Aussagen, Regeln und Gesetze

- Test der Richtigkeit exakter Formeln zur Berechnung kollektiver Marktergebnisse
- Entwicklung und Test von *Näherungsformeln*
- Untersuchung statischer und stochastisch-stationärer Marktzustände
- Untersuchung der Marktdynamik bei Nachfrage- und Angebotsänderungen
- *Szenarienrechnungen* für interessierende Marktkonstellationen
- Rückkopplungseffekte und Wechselwirkungen zwischen verkoppelten Märkten
- Test und Entwicklung von Absatz- und Beschaffungsstrategien

Bei einer Simulationsrechnung können immer nur wenige Parameter variiert werden, während die übrigen konstant bleiben (*ceteris paribus*). Je mehr Parameter verändert werden, umso schwieriger sind die Zusammenhänge zu erkennen und Ursache und Wirkung zu trennen.

Nur ein gut geplantes Experiment liefert relevante Ergebnisse. Das gilt auch für Modellexperimente mit Hilfe der Simulation. Ein planvolles Experimentieren erfordert Vorstellungen und Hypothesen über die zu untersuchenden Zusammenhänge, aus denen sich bei Bestätigung eine Theorie ergeben kann [Kant 1793; Popper 1934/73]. Für eine planmäßige Marktsimulation ist zunächst festzulegen, welche Fragen das Experiment klären soll. Danach sind die *Marktkonstellationen*, wie die *Mengen- und Preisrelationen* und die *Wettbewerbssituation*, auszuwählen, deren Ergebnisse zur Beantwortung der Fragen miteinander verglichen werden.

Für die *Logik des Marktes* sind folgende Fragen von größtem Interesse:

1. Welche *Auswirkungen* haben *Nachfrage*, *Angebot* und *Wettbewerb* auf Marktpreis, Absatz und Umsatz sowie auf deren Verteilung?
2. Wie hängen die Auswirkungen von Nachfrage, Angebot und Wettbewerb von der *Marktordnung* ab und wie lassen sich durch die Marktordnung selbstregelnd erwünschte Marktergebnisse erreichen und unerwünschte Auswirkungen vermeiden?

Zu den Fragen der *kollektiven Marktauswirkungen* kommen weitere Fragen hinzu, die sich aus den wirtschaftlichen Einzelinteressen der Akteure ergeben.

11.2 Tabellenprogramm zur Einzelmarktsimulation

Zur Simulation eines begrenzten Marktes für ein Wirtschaftsgut mit bis zu 1000 Nachfragern und Anbietern über einen Zeitraum von 250 Perioden ist ein einfaches Tabellenkalkulationsprogramm, wie EXCEL, ausreichend. Wenn die Zahl der Akteure wesentlich größer und der Untersuchungszeitraum länger ist oder wenn mehrere verkoppelte Märkte simuliert werden sollen, sind Programme zur Massendatenverarbeitung, wie ACCESS, erforderlich, die ebenfalls mit Kalkulationstabellen arbeiten.

Die *Basisversion* eines Tabellenprogramms zur Simulation eines Marktes für ein Wirtschaftsgut zeigt die *Tab. 11.1*. Die Tabelle ist ein Abbild der *Transfermatrix* (10.2) eines begrenzten Marktes, wie er in *Abb. 1.1* dargestellt ist. Das Programm simuliert das Marktgeschehen einer Periode, in der sich das Verhalten der Akteure nicht wesentlich ändert. Das kann für einen einmaligen Markt die Marktöffnungszeit und für

11.2 Tabellenprogramm zur Einzelmarktsimulation

wiederkehrende Märkte eine Stunde, ein Tag oder ein anderer Zeitraum sein (s. Abschnitt 5.6). In den zentralen Feldern der Tabelle werden mit Hilfe der Transfergleichungen (7.1) bis (10.6) aus den eingegebenen Kenndaten der Nachfrager und Anbieter die individuellen Kaufergebnisse (p_{Kij};m_{Kij}), die Restmengen (9.5) und (9.6) sowie die partiellen Einkaufsgewinne (5.3) berechnet.

Die unterstrichenen Felder im Bereich links oberhalb der Zeilenfronten und Spaltenköpfe enthalten die *Nachfrageranzahl* N_N, die *Anbieteranzahl* N_A und andere *pauschale Eingabewerte*, die für alle Nachfrager und Anbieter gelten. Über weitere Felder können durch Eingabe entsprechender *Kennwerte* oder *Kennzeichen* unterschiedliche Arten der *Mengenbildung, Preisbildung, Zuordnung* und *Kostenstruktur* aufgerufen werden, wie

- feste oder budgetierte Nachfragemengen (11.1)
- Anbieterfestpreise ($\beta = 0$), Nachfragerfestpreise ($\beta = 1$), Vehandlungspreise ($0 < \beta < 1$)
- Zuordnung nach steigenden Preisen (+1), fallenden Preisen (−1) oder zufällig (0)
- zufällige, zunehmende oder abnehmende Kostensätze

Die nicht unterstrichenen Felder oben links enthalten die *kollektiven Marktergebnisse*

Marktpreis	P_K	[GE/ME]	
Marktabsatz	M_K	[ME/PE]	(11.2)
Marktumsatz	$U_K = M_K \cdot P_K$	[GE/PE]	
Einkaufsgewinn	G_E	[GE/PE]	
Verkaufsgewinn	G_V	[GE/PE]	(11.3)
Marktgewinn	$G_M = G_E + G_V$	[GE/PE]	
Einkaufsquote	ρ_{Eeff}	[%]	
Verkaufsquote	ρ_{Veff}	[%]	(11.4)
Ungleichheit	α_{Meff}	[%] .	

Diese Werte werden mit Hilfe der Beziehungen (5.17) bis (5.23) aus den individuellen Kaufergebnissen (p_{Kij};m_{Kij}) berechnet. Die effektive Einkaufsquote ρ_{Eeff}, Verkaufsquote ρ_{Veff} und Verteilungsungleichheit α_{Meff} beziehen sich auf die *effektiven Mengen* (s. Abb. 11.1). Die *Ungleichheit* α_M des Absatz wird durch Approximation der simulierten *Nachfragerverteilung des Absatzes* durch die *Modell-Lorenzfunktion* (5.24) nach dem *Prinzip der kleinsten Quadrate* berechnet [Kreyszig 1975].

Die nicht unterstrichenen Felder der Zeilenfronten enthalten die aus den zentralen Feldern der *Kalkulationstabelle 11.1* mit den Formeln (5.7) bis (5.11) berechneten individuellen Einkaufsergebnisse der einzelnen Nachfrager, die nacheinander auf den Markt kommen. Entsprechend sind in den nicht unterstrichenen Feldern der Spaltenköpfe die individuellen Verkaufsergebnisse (5.12) bis (5.16) der einzelnen Anbieter angegeben. Die *Zeilenfronten* der Tabelle enthalten die *Eingabewerte*

Nachfragergrenzpreis p_{Ni}		[GE/ME]	
Nachfragemenge m_{Ni}		[ME/PE]	(11.5)

178   11 Marktsimulation

Periode	0		Anbieterzahl	10	Nj			Anbieter	1			Anbieter	2	
									Werte				Werte	
									nur Anbieter 1				nur Anbieter 2	
										bis Anbieter 1				bis Anbieter 2
Marktpreis	**8,8**		mittl.Angebotsgrenzpreis	10,0	pAj				7,0	7,0			7,7	7,3
Marktabsatz	**32**		Angebotsmenge	50,0	mAj				5,0	5,0			5,0	10,0
Marktumsatz	**279**		Verkaufsmenge	31,7	mKj				5,0	5,0			5,0	10,0
Marktgewinn	**126**		Verkaufsquote	64%	qKj				100%	100%			100%	100%
			Anbieterumsatz	279	uAj				35,0	35,0			38,3	73,3
			mittl. Verkaufspreis	8,8	pAj				7,0	7,0			7,7	7,3
Nachfrageranzahl	50													
			Fixkosten		kfix				12,5				12,5	
mittl Nachfragergrenzpreis	8,0		Grenzkosten		kgr				2,0	Invest pro ME			2,0	Invest pro ME
Nachfragemenge	89,3		Vollauslastungsstückkosten						4,5	2,5			4,5	2,5
Einkaufsquote	36%		Stückgewinn		gSt				2,5				3,2	
Nachfragergewinn	35,2		Anbietergewinn	90,6	gAj				12,5				15,8	
			Nachfragergewinne bei Anbieter		gNj				7,3				8,7	
N-Zuordnung			A-Zuordnung											
			A-Mengenfolge											
			1											
	N-Preis			A-Menge				A-Preis	A-Stärke			A-Preis	A-Stärke	
	0			5,0				7,0	0,0			7,7	0,0	
	Summe	N-Menge	N-Budget	A-Preis	N-Gewinn			Kaufmenge	Kaufpreis	A-Wert	Restang.	Kaufmenge	Kaufpreis	A-Wert	Restang.
Nachfrager	N-Gr.preis	N-Menge	N-Umsatz	K-Menge	N-Gewinn			mKi1	pKi1	uKi1	mA1i	mKi2	pKi2	uKi2	mA2i
Ni	pNi	mNi	uNi	mKi	gNi						84,3			38,3	
Mittel	8,0	1,8	12,0	10,0	5,0			**5,0**	**7,0**	**35,0**	Restbed.	**5,0**		**38,3**	
Min	4,0	1,0	fest	7,0	5,0						mNRi1				
Max	12,0	2,6		13,0	5,0						7,3				
											N-Gewinn				
											gNi1				
1	5,7	1,8	10,1	0,0	0,0			0,0	7,0	0,0	1,8	0,0	7,7	0,0	5,0
2	5,4	1,5	8,0	0,0	0,0			0,0	7,0	0,0	1,5	0,0	7,7	0,0	5,0
3	11,9	1,3	15,7	1,3	6,5			1,3	7,0	9,2	0,0	0,0	7,7	0,0	5,0
4	7,1	1,1	8,2	1,1	0,1			1,1	7,0	8,0	0,0	0,0	7,7	0,0	5,0
5	6,0	2,3	13,7	0,0	0,0			0,0	7,0	0,0	2,3	0,0	7,7	0,0	5,0
6	4,1	2,2	9,2	0,0	0,0			0,0	7,0	0,0	2,2	0,0	7,7	0,0	5,0
7	7,2	2,4	17,1	2,4	0,4			2,4	7,0	16,7	0,0	0,0	7,7	0,0	5,0
8	6,9	1,4	9,6	0,0	0,0			0,0	7,0	0,0	1,4	0,0	7,7	0,0	5,0
9	5,0	2,5	12,5	0,0	0,0			0,0	7,0	0,0	2,5	0,0	7,7	0,0	5,0
10	9,2	1,2	10,9	1,2	1,9			0,1	7,0	1,0	1,0	1,0	7,7	7,9	4,0
11	7,7	1,1	8,7	1,1	0,1			0,0	7,0	0,0	1,1	1,1	7,7	8,6	2,8
12	10,8	2,0	22,0	2,0	6,3			0,0	7,0	0,0	2,0	2,0	7,7	15,7	0,8
13	8,5	2,4	20,1	2,4	1,0			0,0	7,0	0,0	2,4	0,8	7,7	6,1	0,0
14	8,6	2,4	20,5	2,4	0,7			0,0	7,0	0,0	2,4	0,0	7,7	0,0	0,0
15	9,8	2,2	21,5	2,2	2,4			0,0	7,0	0,0	2,2	0,0	7,7	0,0	0,0
16	9,8	1,4	13,8	1,4	1,1			0,0	7,0	0,0	1,4	0,0	7,7	0,0	0,0
17	5,5	1,2	6,3	0,0	0,0			0,0	7,0	0,0	1,2	0,0	7,7	0,0	0,0
18	5,5	1,0	5,7	0,0	0,0			0,0	7,0	0,0	1,0	0,0	7,7	0,0	0,0
⋮	⋮	⋮	⋮	⋮	⋮			⋮	⋮	⋮	⋮	⋮	⋮	⋮	⋮

Tabelle 11.1 Tabellenkalkulationsprogramm zur Einzelmarktsimulation

11.2 Tabellenprogramm zur Einzelmarktsimulation

und die individuellen *Marktergebnisse* für die einzelnen *Nachfrager* Ni. Die Anzahl der Nachfrager N_N, ihre Preise und ihre Bedarfsmengen können in jeder gewünschten Reihenfolge und Höhe einzeln eingegeben werden. Zur Simulation der *Zuordnungsregeln* aus *Tab. 10.2* werden die Nachfragerpreise mit Hilfe der Zufallsfunktion (6.10) so generiert, dass die einzelnen Preise zwischen einem unteren *Nachfragergrenzpreis* p_{Nu} und einem oberen *Nachfragergrenzpreis* p_{No} zufällig verteilt sind (0), oder sie werden mit Hilfe einer Anstiegsfunktion analog zur Trendfunktion (6.11) so erzeugt, dass die Nachfrager mit steigenden Nachfragerpreisen (+1) oder mit fallenden Nachfragergrenzpreisen (−1) nacheinander auf den Markt kommen. Die *Kennzeichen* 0, +1 und −1 legen also die *Nachfragerpreisfolge* fest. Mit den pauschalen Grenzwerten p_{Nu} und p_{No} wird die *Steigung der Nachfragefunktion* (6.7) eingestellt.

Zur Simulation der unterschiedlichen *Mengenstrategien* werden die Bedarfsmengen m_{Ni} mit Hilfe von Beziehung (6.1) berechnet. Die einzelnen *Planbudgets* B_i und die *Sättigungsmengen* m_{Si} werden mit der Zufallsfunktion (6.10) so generiert, dass sie um ein mittleres Planbudget und eine mittlere Sättigungsmenge zufällig streuen. Das *mittlere Budget* B_N, die *durchschnittliche Sättigungsmenge* m_S und deren *Variationskoeffizienten* v_B und v_m sowie die *Nachfrageranzahl* N_N sind pauschale Eingabewerte, mit denen sich eine unterschiedliche Höhe und Form der Nachfragefunktionen des Marktes ergeben. Die Zufallsstreuung der Nachfrageranzahl ist nach dem Gesetz der großen Zahl $v_N = 1/\sqrt{N}$ (s. Abschnitt 6.5).

In den *Spaltenköpfen* der *Tab. 11.1* befinden sich die Eingabewerte und Marktergebnisse der einzelnen *Anbieter* Aj, die auf den Markt kommen. Die unterstrichenen Felder enthalten die *Eingabewerte* für

Angebotsgrenzpreis	p_{Aj}	[GE/ME]	
Angebotsmenge	m_{Aj}	[ME/PE]	
Fixkostensatz	k_{fix}	[GE/ME]	(11.6)
Grenzkostensatz	k_{grenz}	[GE/ME]	

Die Angebotsgrenzpreise sind die Stückkosten bei Vollauslastung, die mit Beziehung (3.24) aus dem Fixkostensatz und dem Grenzkostensatz berechnet werden. Die Angebotsmengen sind gleich den Kapazitäten der Anbieter.

Die Kennwerte (11.6) der Anbieter können in jeder gewünschten Höhe und Reihenfolge einzeln eingegeben werden. Mit den Kostenparametern lassen sich *Grenzkostengüter*, wie Handelswaren mit geringem Fixkostenanteil, *Mischkostengüter*, wie Produktionsgüter, deren Vollaststückkosten etwa zu gleichen Teilen aus Grenzkosten und Fixkosten resultieren, sowie *Fixkostenprodukte* einstellen, deren Stückkosten sich fast nur aus den Fixkosten ergeben (s. *Abschnitt 3.8*).

Die Kennwerte der Anbieter können auch mit Hilfe der Zufallsfunktion (6.10) aus einem eingegebenen Mittelwert (0) oder mit einer linearen Anstiegsfunktion aus einem pauschalen Grenzwert und einer Steigungsrate (+1) und (−1) berechnet werden. Nach Eingabe der Kennzeichen 0, +1 und −1 werden die unterschiedlichen Reihenfolgen der Anbieter nachgestellt.

Die mit einer gewählten Parameterkonstellation generierte Nachfragefunktion und Angebotsfunktion sind in einem *Marktdiagramm* dargestellt, das auch den re-

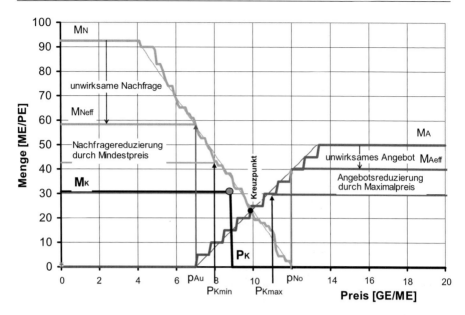

Abb. 11.1 Marktdiagramm mit Angebotsfunktion, Nachfragefunktion und Marktergebnissen für die Standardkonstellation

sultierenden Marktpreis und Marktabsatz enthält und für die nachfolgend spezifizierte *Standardkonstellation* in *Abb. 11.1* gezeigt ist. Weitere Diagramme zeigen die *Verteilungen* der Kaufmengen, Umsätze und Gewinne auf die Nachfrager und Anbieter. Mit dem Tabellenprogramm zur Einzelmarktsimulation werden im nächsten Kapitel die Gesetze der *Marktstatik* untersucht.

11.3 Mastertool zur dynamischen Marktsimulation

Das Mastertool zur dynamischen Marktsimulation *MarktMaster.XLS* besteht aus n Blättern eines EXCEL-Programms, die für n aufeinander folgende Perioden jeweils ein Tabellenprogramm zur Einzelmarktsimulation enthalten. Die Blätter zur Berechnung der Marktergebnisse (11.1) bis (11.3) für die einzelnen Perioden $t_0, t_1, t_2, \ldots, t_n$ sind über ein *Programmdeckblatt* miteinander verbunden, das in *Tab. 11.2* gezeigt ist.

Die *Basisversion* des Mastertools ist für n = 1+24 Perioden ausgelegt. Damit kann das dynamische Marktverhalten von bis zu 100 Nachfragern und bis zu 10 Anbietern durch Parametervariation systematisch untersucht werden.[1]

Die unterstrichenen Felder des Deckblatts sind für die *Eingabewerte* von Nachfrage und Angebot in der *Anfangsperiode* $t_o = 0$ vorgesehen. In weiteren Feldern des Deckblatts werden die Parameter der *Zufallsfunktionen* (6.10), der *Trendfunktionen*

---

[1] Das vom Verfasser entwickelte Simulationstool *MarktMaster.XLS* können Interessenten unter TGudehus@aol.com anfordern und per E-Mail erhalten.

11.3 Mastertool zur dynamischen Marktsimulation

Anfangswerte

Nachfrage				Angebot			
Gesamtnachfrage		90	ME/PE	Gesamtangebot		50	ME/PE
effektive Nachfrage		56	ME/PE	effektives Angebot		42	ME/PE
Beschaffungsbudget		12	GE	Fixkostensatz		2,5	GE/ME
Mengenstrategie		fest		Grenzkostensatz		2,0	GE/ME
Nachfragerstärke		100%		Anbieterstärke		0%	
Zuordnungsfolge		0		Zuordnungsfolge		1	

	mittel	Varianz	±			mittel	Varianz	±	
Nachfrager	50	0	0		Anbieter	10	0	0	0%
	min	max	mittel			min	max	mittel	Reihenfolge
Preis	4,0	12,0	8,0	GE/ME	Preis	7,0	13,0	10,0	GE/ME 1
Menge	1,0	2,6	1,8	ME/PE	Menge	5,0	5,0	5,0	ME/PE 0

Zeitverhalten

	Trend	Zyklus	Faktor			Trend	Zyklus	Faktor	
Anzahl	0,0%	2	1,0	pro PE	Anzahl	0,0%	2	1,0	pro PE
Preis	0,0%	2	1,0	pro PE	Preis	0,0%	2	1,0	pro PE
Menge	0,0%	2	1,0	pro PE	Menge	0,0%	2	1,0	pro PE

Simulationsergebnisse

	mittel	±			mittel	±		
Nachfragepreis	8,0	0,4	5%	**Angebotspreis**	10,0	0,0	0%	GE/ME
Nachfragemenge	90	3	3%	**Angebotsmenge**	50	0	0%	ME/PE
Einkaufsquote	54%	effektiv		**Verkaufsquote**	73%	effektiv		
Nachfragergewinn	47	7	15%	**Anbietergewinn**	80	31	39%	GE/PE
N-Ungleichheit	40%							

Marktergebnisse

	mittel	±	±	
Marktpreis	8,7	0,2	2,4%	GE/ME
Marktabsatz	31	3,2	11%	ME/PE
Marktumsatz	266	35	13%	GE/PE
Marktgewinn	133	30	22%	GE/PE

Tabelle 11.2 Eingabewerte und Ergebnisse der dynamischen Marktsimulation

Standardmarktkonstellation mit Standardwerten

Anbieterstärke = Preisbildungsparameter β   Nachfragerstärke = 1-β

(6.11) und der *Zyklusfunktion* (6.12) eingegeben, mit denen ein unterschiedlicher kurzzeitiger Verlauf der Mengen und Preise in den aufeinander folgenden Perioden generiert wird. In einer erweiterten Version des Mastertools sind auch die langfristigen Modellfunktionen (6.13) bis (6.16) und die *Sprungfunktion* (7.8) mit den zugehörigen Parametern aufrufbar.

Die nicht unterstrichenen Felder im oberen Bereich des *Programmdeckblatts*, das *Tab. 11.2* zeigt, enthalten die berechneten Werte der Gesamtnachfrage und des Gesamtangebots für die *Anfangsperiode*. In den untersten Feldern sind die resultierenden Mittelwerte von Marktpreis, Absatz, Umsatz, Marktgewinn und Ungleichheit

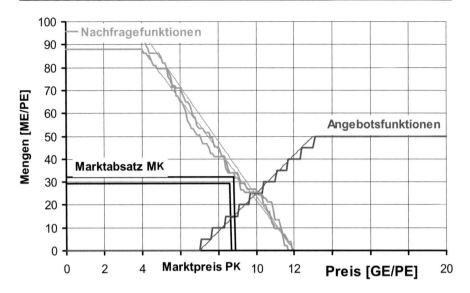

Abb. 11.2 Marktdiagramme eines simulierten stationären Marktes in der Startperiode t_0 und in der Endperiode t_{24}

Parameter: s. Tab. 11.2

über alle Perioden mit den zugehörigen Standardabweichungen ausgewiesen. Daraus lassen sich die Marktergebnisse für unterschiedliche stationäre Zustände und die Auswirkungen des Zufalls ablesen. Die simulierte Nachfragefunktion und die Angebotsfunktion sowie die daraus resultierenden Absatzwerte und Marktpreise für die *Anfangsperiode* und für die *Endperiode* zeigt das *Marktdiagramm* Abb. 11.2. Der simulierte Zeitverlauf des Marktabsatzes in den aufeinander folgenden Perioden ist für den Fall stationärer Nachfrage- und Angebotsmengen in *Abb. 11.3* dargestellt. Die *Abb. 11.4* zeigt den resultierenden Umsatz sowie die berechneten kollektiven Verkaufsgewinne und Einkaufsgewinne. Das letzte Diagramm, die *Abb. 11.5*, stellt den zeitlichen Verlauf des Marktpreises dar.

Weitere Ergebnisdiagramme des Simulationstools für eine zeitlich veränderliche Nachfrage zeigen die *Abb. 14.1 bis 14.4*. Die Ergebnisse einer dynamischen Simulation der Auswirkungen von kollektiven Angebotspreisänderungen sind in den *Abb. 14.6 bis 14.8* gezeigt. Mit Hilfe des Mastertools werden in den folgenden *Kapitel 13* und *14* die Gesetzmäßigkeiten der *Marktstochastik* und der *Marktdynamik* untersucht.

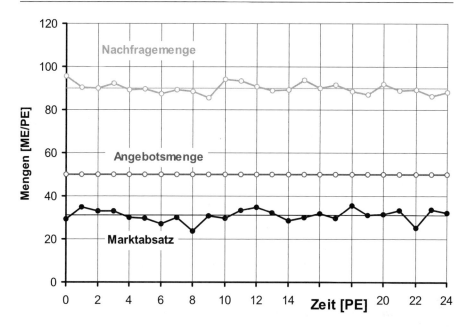

Abb. 11.3 Simulierter Absatzverlauf eines Wirtschaftsgutes bei stationärer Nachfrage und gleichbleibendem Angebot

Parameter: s. Tab. 11.2

11.4 Preis-Mengen-Relationen

Die Marktergebnisse werden maßgebend bestimmt von der Relation der Nachfragepreise zu den Angebotspreisen und der Nachfragemengen zu den Angebotsmengen. Mögliche *Mengenrelationen* sind:

- *Bedarfsüberhang* oder *Kapazitätsmangel* $M_{Neff} \gg M_{Aeff}$ (*Verkäufermarkt, Engpass* oder *Mangel*): Der effektive Gesamtbedarf M_{Neff} übersteigt deutlich das effektive Gesamtangebot M_{Aeff}.
- *Bedarfsausgleich* $M_{Neff} \approx M_{Aeff}$ (*ausgeglichener Markt*): Effektiver Gesamtbedarf und effektives Gesamtangebot haben die gleiche Größenordnung.
- *Bedarfsmangel* oder *Kapazitätsüberhang* $M_{Aeff} \ll M_{Aeff}$ (*Käufermarkt, Sättigung* oder *Überangebot*): Das effektive Gesamtangebot übersteigt deutlich den effektiven Gesamtbedarf.

Wie in *Abb. 11.1* gezeigt, ist der *effektive Gesamtbedarf* M_{Aeff} die Summe aller Nachfragemengen oberhalb des untersten Angebotspreises. Das *effektive Gesamtangebot* M_{Aeff} ist die Summe aller Angebotsmengen unterhalb des höchsten Nachfragepreises. Den drei Mengenrelationen entsprechen die möglichen *Preisrelationen* (s. Abschnitt 12.1).

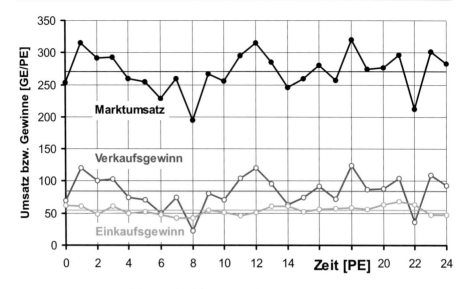

Abb. 11.4 Simulierter Verlauf von kollektivem Umsatz, Einkaufsgewinn und Verkaufsgewinn für einen stochastisch stationären Markt

Parameter: s. Tab. 11.2

- *Kaufkraftüberhang* ($p_S < p_{Nu}$ oder $p_S > p_{Ao}$): Der *Schnittpunktpreis* p_S liegt unter dem kleinsten Nachfragergrenzpreis p_{Nu} oder über dem höchsten Angebotsgrenzpreis p_{Ao}.
- *Kaufkraftausgleich* ($p_{Nu} < p_S < p_{Ao}$): Der *Schnittpunktpreis* liegt zwischen dem untersten Nachfragergrenzpreis p_{Nu} und dem höchsten Angebotsgrenzpreis p_{Ao}.
- *Kaufkraftmangel* ($p_{No} < p_{Au}$): Der höchste Nachfragergrenzpreis p_{No} liegt unter dem kleinsten Angebotsgrenzpreis p_{Au}.

Aus den 3 Preisrelationen und den 3 Mengenrelationen ergeben sich theoretisch 9 *Preis-Mengen-Relationen*, von denen 6 in *Tab. 11.3* angegeben sind. 3 Relationen haben keine praktische Bedeutung, da es bei *Kaufkraftmangel* auf dem Markt zu keinem Kauf kommt. Dann ist der Gesamtabsatz 0 und es gibt keinen Marktpreis.

Von den verbleibenden 6 Relationen, die jeweils ein unterschiedliches Verhalten der Nachfrager und Anbieter auslösen können, wird die in der Realität häufigste Konstellation annähernd ausgeglichener Mengen und Preise hier als *Standardkonstellation* verwendet, um damit andere Relationen zu vergleichen.

In *Abb. 11.6* ist die Standard-Preis-Mengen-Relation gezeigt, die im folgenden die *Anfangseinstellung* für die Variation der Mengen und Preise von Angebot und Nachfrage ist. Außerdem sind hier die Zahlenwerte der 6 Preis-Mengen-Relationen dargestellt, mit denen die Marktergebnisse aus *Tab. 11.3* berechnet wurden.

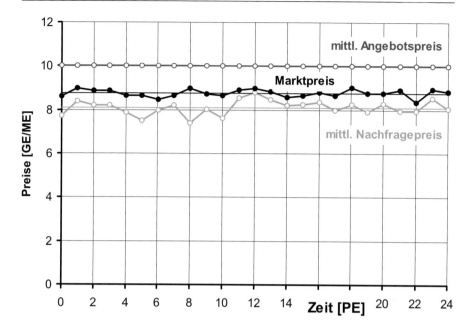

Abb. 11.5 Simulierte Entwicklung von mittlerem Nachfragergrenzpreis und Marktpreis für einen stochastisch stationären Markt

Parameter: s. *Tab. 11.2*

11.5 Wettbewerbskonstellationen

Die *Wettbewerbskonstellation* eines Marktes ist gegeben durch die *Anzahl der Nachfrager* N_N und die *Anzahl* N_A *der Anbieter*, die auf den Markt kommen. Auf Seiten der Anbieter und auf Seiten der Nachfrager sind jeweils ein *Monopolist* (N = 1), mehrere *Oligopolisten* ($2 \leq N \leq 6$) oder ein *Kollektiv* (N > 6) möglich. Daraus ergeben sich die in *Tab. 11.4* angegebenen 9 *Wettbewerbskonstellationen*. Beispiele der drei Konstellationen eines *Anbieter-Monopols* sind (*X2Y-Märkte* s. Tab. 5.1):

- *Anbieter-Monopol* findet *Nachfrager-Monopol* (auf B2C, B2B, B2G Märkten): Der Besitzer eines einmaligen Wirtschaftsgutes, z. B. einer Antiquität oder eines Rechtes, findet nur einen Kaufinteressenten.
- *Anbieter-Monopol* trifft *Nachfrager-Oligopol* (auf B2B Märkten): Ein Patentinhaber verkauft an wenige Unternehmen. Der Staat bietet Lizenzen an wenige Interessenten.
- *Anbieter-Monopol* bedient *Nachfrager-Kollektiv* (typisch für G2C, G2B und B2C Märkte): Briefpost, Bahn oder Staat verkaufen an viele anonyme Haushalte und Verbraucher.

		Kaufkraftüberhang p S < p No oder p S < p Au			Kaufkraftausgleich p No < p S < p Au		
Bedarfsüberhang = Kapazitätsmangel	MNeff >> MAeff	gleichbleibend 10,0 300 28%	50 275 100%	500 575 0%	wenig schwankend 9,1 52 32%	36 128 88%	328 180 45%
Bedarfsausgleich = Kapazitätsausgleich	MNeff <> MAeff	gleichbleibend 10,0 300 100%	50 265 100%	500 565 0%	schwankend **8,7** **53** **54%**	**30** **78** **73%**	**261** **131** **40%**
Bedarfsmangel = Kapazitätsüberhang	MNeff << MAeff	stark schwankend 8,7 225 100%	31 86 60%	270 311 0%	stark schwankend 7,7 35 82%	16 -38 52%	123 -3 30%

Tabelle 11.3 Wirkungen der Preis-Mengen-Relationen eines Marktes

Feldinhalte: Marktergebnistabelle (11.8)   **Fett: Standardkonstellation (11.7)**
Absatz schwankend: < 20 %   stark schwankend: 20 bis 50 %   sehr stark schwankend: > 50
MNeff: effektive Gesamtnachfragemenge   MAeff: effektive Gesamtangebotsmenge
pS: Schnittpunktpreis   pNu: unterster Nachfragergrenzpreis   pAo: oberer Angebotsgrenzpreis

Beispiele für die drei Konstellationen eines *Anbieter-Oligopols* sind:

- *Anbieter-Oligopol* trifft *Nachfrager-Monopol* (typisch für B2G Märkte): Wenige Unternehmen der Wehrtechnik oder des Straßenbaus bieten an den Staat.
- *Anbieter-Oligopol* versorgt *Nachfrager-Oligopol* (häufig auf B2B Märkten): Spezialisierte Zulieferer beliefern wenige Automobilkonzerne
- *Anbieter-Oligopol* beliefert *Nachfrager-Kollektiv* (häufig auf B2C Märkten): Wenige Großkonzerne, Hersteller, Banken oder Fluggesellschaften bedienen viele Endverbraucher.

Beispiele der drei Konstellationen eines *Anbieter-Kollektivs* sind:

- *Anbieter-Kollektiv* trifft *Nachfrager-Monopol* (typisch für C2G Märkte): Viele öffentlich Bedienstete arbeiten für den Staat.
- *Anbieter-Kollektiv* dient *Nachfrager-Oligopol* (typisch für C2B Märkte): Viele spezialisierte Arbeitskräfte, wie Bergleute, arbeiten für wenige Fachbetriebe.
- *Anbieter-Kollektiv* versorgt *Nachfrager-Kollektiv* (typisch für B2C und B2B Märkte): Viele kleinere Hersteller und Händler von Standardgütern verkaufen an viele Unternehmen, Haushalte und Konsumenten.

Die Simulationsergebnisse der *Tab. 11.4* zeigen, dass die 9 Wettbewerbskonstellationen oder *Marktformen* bei gleicher Marktordnung und derselben Mengen- und Preis-Konstellation zu unterschiedlichen Marktergebnissen führen. Diese werden in *Kapitel 14* weiter diskutiert.

Auf den meisten B2C-Märkten für Güter des privaten Bedarfs ist die Konstellation vieler anonymer Nachfrager und einer größeren Anzahl von Anbietern zu finden.

11.6 Standardkonstellation der Marktsimulation

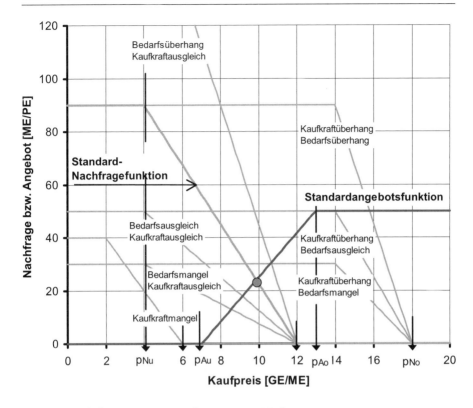

Abb. 11.6 Mögliche Preis-Mengen-Relationen eines Marktes

Diese Konstellation ist Bedingung der klassischen Markttheorie für einen *vollkommenen Markt* und wird im Folgenden als *Standardkonstellation* gewählt.

11.6 Standardkonstellation der Marktsimulation

Um die Auswirkungen unterschiedlicher Marktkonstellationen beurteilen zu können, ist es zweckmäßig als Ausgangssituation eine Standardkonstellation des Marktes zu definieren. Auf den meisten Märkten für Konsumgüter herrscht die *Preisauszeichnungspflicht*. Daher wird von den 5 möglichen Preisbildungsarten der *Tab. 8.1* der *Angebotsfestpreis ohne Preisrestriktionen* als *Standardpreisbildung* gewählt. Von den 7 Mengenbildungsarten der *Tab. 9.1* ist die *freie Mengenteilung ohne Mengenrestriktionen* am einfachsten und daher als Standardmengenbildung geeignet. Von den 3 Möglichkeiten der individuellen Bedarfsmengenbildung (6.1) werden *Festmengen ohne Budget* als Standard gewählt.

Aus der Kombination der 3 wichtigsten Preisbildungsarten mit den zwei häufigsten Mengenbildungsarten ergeben sich die in *Tab. 11.5* zusammengestellten 6 Kombinationen. Auch diese führen zu unterschiedlichen Marktergebnissen, die in *Kapitel 12* analysiert werden.

		Anbieter-Monopol $N_A = 1$			Anbieter-Ologopol $2 \leq N_A \leq 6$			Anbieter-Kollektiv $N_A \geq 7$		
Nachfrager-Monopol	$N_N = 1$	preisabhängig			gleichbleibend 7,0 13 25%	13 -63 25%	91 -50 0%	gleichbleibend 7,3 13 20%	10 -72 100%	73 -65 0%
Nachfrager-Oligopol	$2 \leq N_N \leq 6$	sehr stark schwankend 10,0 27 100%	16 89 40%	160 116 20%	wenig schwankend 7,0 70 43%	25 0 58%	175 70 40%	stark schwankend 8,3 47 44%	25 34 59%	208 81 40%
Nachfrager-Kollektiv	$N_N \geq 7$	stark schwankend 10,0 21 100%	21 46 42%	210 67 10%	schwankend 8,4 55 52%	29 64 70%	244 119 35%	schwankend 8,7 53 54%	30 78 73%	261 131 40%

Tabelle 11.4 Auswirkungen der Wettbewerbskonstellationen (Marktformen) eines Marktes

Feldinhalte: Marktergebnistabelle (11.8)   **Fett: Standardkonstellation (11.7)**
Absatz schwankend: < 20 %   stark schwankend: 20 bis 50 %   sehr stark schwankend: > 50

Nachfragerstärke	Angebotsfestpreise 100%			Vermittlungspreise 50%			Nachfragerfestpreise 0%		
feste Bedarfsmengen $1,0 < m_N < 2,6$	schwankend **8,7** **53** **54%**	**30** **78** **73%**	**261** **131** **40%**	schwankend 9,5 24 54%	31 104 73%	295 128 40%	schwankend 10,3 0 53%	30 125 72%	309 125 40%
budgetierte Bedarfsmengen $m_N = 12/m_K$	schwankend 8,3 38 44%	25 31 59%	208 69 30%	schwankend 9,2 22 43%	24 51 59%	221 73 30%	schwankend 10,0 0 44%	25 75 60%	250 75 30%

Tabelle 11.5 Wirkungen von Preisbildungsart und Mengenbildungsart

Feldinhalte: Marktergebnistabelle (11.8)   **Fett: Standardkonstellation (11.7)**
Budget   12 GE/PE   Sättigungsmenge: x ME/PE   Festbedarf: 1,8 ME/PE

Angebotsfestpreise führen gemäß den Ausführungen des letzten Kapitels zu einer Auswahl der Anbieter durch preisbewusste Nachfrager nach fallendem Angebotspreis. Da die Nachfrager in der Regel zufällig auf den Markt kommen, wird das Zusammentreffen von *zufällig verteilten Nachfragern mit den Anbietern nach aufsteigendem Preis* als *Standardbegegnungsfolge* gewählt. Aus den möglichen Begegnungsfolgen der *Tab. 10.1* und *10.2* ergeben sich 9 *Begegnungskonstellationen*, deren Marktergebnisse in *Tab. 11.6* zusammengestellt sind und mit der Standardkonstellation verglichen werden.

Aus 6 Preis-Mengen-Relationen, 9 Wettbewerbskonstellationen, 3 Preisbildungsarten, 3 × 3 relevanten Mengenbildungsarten und den 9 Begegnungskonstellationen ergeben sich insgesamt *13.122 theoretisch mögliche Marktkonstellationen*. Von diesen hat eine recht große Anzahl praktische Bedeutung. Die Anzahl erhöht sich noch um einen Faktor 3 auf 39.366, wenn auch die drei *Kostenkonstellationen* (3.26) berücksichtigt werden. Für die folgenden Modellrechnungen wird als *Standardgut* ein

11.6 Standardkonstellation der Marktsimulation

	steigender Angebotspreis 1			zufälliger Angebotspreis 0			fallender Angebotspreis -1		
	gleichbleibend			schwankend			gleichbleibend		
steigender Nachfragerpreis 1	9,3	40	372	9,3	37	344	9,3	40	372
	8	165	173	22	148	170	24	167	191
	70%	95%	10%	67%	90%	20%	71%	96%	20%
	schwankend			stark schwankend			schwankend		
zufälliger Nachfragerpreis 0	**8,7**	**30**	**261**	9,1	33	300	9,2	37	340
	53	**78**	**131**	36	107	143	36	144	180
	54%	**73%**	**40%**	58%	79%	35%	66%	89%	30%
	gleichbleibend			stark schwankend			gleichbleibend		
fallender Nachfragerpreis -1	8,3	25	208	9,0	27	243	9,3	40	372
	65	32	97	48	63	111	38	167	205
	44%	60%	60%	47%	64%	60%	71%	96%	30%

Tabelle 11.6 Wirkung der Begegnungskonstellationen eines Marktes

Feldinhalte: Marktergebnistabelle (11.8) **Fett: Standardkonstellation (11.7)**
Absatz schwankend: < 20 %   stark schwankend: 20 bis 50 %   sehr stark schwankend: > 50 %

Mischkostengut mit einem *Fixkostenanteil bei Vollauslastung* von 44% gewählt. Die *Kostenkennwerte* werden in der Standardeinstellung für alle Anbieter gleich gesetzt.

Eine weitere Erhöhung der möglichen Marktkonstellationen um einen Faktor bis zu $N_N \times N_A$ ergibt sich aus einer unterschiedlichen *Begrenzung der Begegnungsfolgen* (10.5) von Nachfragern und Anbietern. Hier wird mit einer *Standardreichweite* gerechnet, die darin besteht dass alle Nachfrager solange nacheinander alle Anbieter aufsuchen, bis sie zum Kauf kommen oder ohne Kauf den Markt verlassen, und umgekehrt. Die *effektive Begegnungsreichweite* hängt ab von der Anzahl der Akteure und der Marktkonstellation.

Die *Standardkonstellation des Marktes* für die nachfolgenden Simulationsrechnungen ist also:

Wirtschaftsgut	weitgehend homogenes Mischkostengut
Wettbewerb	50 Nachfrager treffen 10 Anbieter
Preisbildung	extern nicht begrenzte Angebotsfestpreise
Mengenbildung	feste Bedarfsmengen mit Mengenteilung
Begegnungsfolge	zufällige Nachfrager nach steigendem Angebotspreis

(11.7)

Aus der kaum noch überschaubaren Anzahl möglicher Marktkonstellationen werden für die weitere Analyse die Konstellationen ausgewählt, die sich auf den wichtigsten Märkten für Wirtschaftsgüter des privaten und wirtschaftlichen Bedarfs finden lassen oder für eine der behandelten Fragen von Bedeutung sind. Ihre Marktergebnisse werden untereinander und mit denen der Standardkonstellation (11.7) verglichen. Die zu vergleichenden *kollektiven Marktergebnisse* (11.2) bis (11.4) werden zu einer *Marktergebnistabelle*:

$$P_K \quad M_K \quad U_K$$
$$G_E \quad G_V \quad G_M \qquad (11.8)$$
$$\rho_{Eeff} \quad \rho_{Veff} \quad \alpha_{Meff}$$

zusammengefasst, die in die *Tab. 11.3 bis 11.6* integriert ist.

Die *Anfangswerte* der Simulationsrechnungen sind in *Tab. 11.2* angegeben. Die daraus resultierende Nachfragefunktion und Angebotsfunktion zeigt *Abb. 11.1*. Die Höhe der absoluten Zahlenwerte ist ohne Bedeutung, da die *Geldeinheiten* GE und die *Mengeneinheiten* ME nicht spezifiziert sind und alle in der Realität vorkommenden Werte haben können. Die *Skalierbarkeit der Mengen- und Preiseinheiten* bedeutet:

- Die Ergebnisse der Simulationsrechnungen haben allgemeine Gültigkeit für alle Märkte mit den gleichen *relativen* Eingabewerten.

Die Nachfrage-, Angebots- und Kaufmengen m_X [ME] können auch *Mengenvektoren* $(m_1; m_2; \ldots; m_N)$ eines *Güteraggregats* oder *Warenkorbs* sein, dessen Nachfrage-, Angebots- und Kaufpreise p_X [GE/ME] analog zu Beziehung (4.8) aus den *Preisvektoren*

$(p_1; p_2; \ldots; p_N)$ der Einzelpreise berechnet werden. Unter der Annahme einer gleich bleibenden Zusammensetzung größerer Güteraggregate lassen sich daher mit den Transfergleichungen und dem Simulationstool auch makroökonomische Modellrechnungen durchführen.

Aus der *Skalierbarkeit der Periodenlängen*, die jede gewünschte Länge haben können, folgt:

- Die Simulationsrechnungen gelten für einen beliebigen Gesamtzeitraum, der in eine Anzahl gleichlanger Perioden aufgeteilt wird.

In der Basisversion des Mastertools lassen sich nach einer Anfangsperiode t_0 bis zu 24 aufeinander folgende Perioden $t_1, t_2, \ldots, t_{24}$ simulieren. Das können 2 × 12 Stunden zweier Tage, 24 Arbeitstage eines Monats, 24 Wochen eines Halbjahres, 24 Monate in zwei Jahren oder 24 Jahre sein.

11.7 Verbundprogramme und Marktspiele

Durch modulare Verknüpfung mehrerer Mastertools zur Simulation einzelner Märkte lassen sich die unterschiedlichsten *Verbundprogramme* aufbauen, z. B.:

Summentools für die Teilmärkte des gleichen Gutes
Paralleltools für die Märkte konkurrierender Güter
Verkettungstools für Versorgungsketten
Netzwerktools für Wertschöpfungsnetze

(11.9)

Damit können beliebige Ausschnitte der in den *Abb. 3.1* bis *3.3* gezeigten *Versorgungs- und Wertschöpfungsnetze* für die unterschiedlichsten Wirtschaftsgüter simuliert werden. Im Prinzip lassen sich die Verbundprogramme immer weiter verknüpfen und summieren bis hin zu einem *Simulationstool einer gesamten Volkswirtschaft*.

Die *Komplexität* eines solchen *Universaltools* wäre jedoch ebenso hoch wie die Komplexität der Wirklichkeit. Mit jeder Stufe der Verknüpfung entstehen neue *Regelkreise*. Es kommen immer mehr freie Parameter für den Bedarf, die Kostenkenndaten, die Marktkonstellation und das Verhalten der Marktteilnehmer hinzu. Sie alle

11.7 Verbundprogramme und Marktspiele

müssen für die Simulation sinnvoll eingestellt werden. Das aber ist bei unbekanntem Verhalten der Akteure unmöglich. Außerdem führt die Verkopplung der Teilmärkte über die *Güterbilanzen* aus *Abschnitt 3.12* und die *Vermögensbilanzen* aus *Abschnitt 4.8* zu einer wechselseitigen Beeinflussung und einer nicht mehr beherrschbaren *Komplexität* [Gudehus 2005; Simon 1962]. Daraus folgt [s. auch Friedman 1980 und Hayek 1988]:

▶ Jede Hoffnung, den Verlauf einer gesamten Volkswirtschaft über einen längeren Zeitraum berechnen zu können, ist *Illusion*. Jede Behauptung, den Ablauf der Volkswirtschaft planen oder vorhersagen zu können, ist *Anmaßung*.

Die Untersuchung der Teilmärkte einzelner Wirtschaftsgüter oder Güterklassen sowie von begrenzten Abschnitten der Wertschöpfungsnetze der *Abb. 3.1, 3.2* und *3.3* durch Simulation mit Hilfe der *Logik der Märkte* eröffnet jedoch ein nahezu unbegrenztes *Forschungsprogramm* [Davis/Holt 1993; Ruffieux 2004]. Die Modellrechnungen dieses Buchs beschränken sich weitgehend auf die stationären und dynamischen Märkte eines einzelnen Wirtschaftsgutes. Die Simulation und der Vergleich der hier nicht weiter betrachteten Marktkonstellationen sind interessante Aufgaben für die *Wirtschaftsforschung*.

Ein weiteres Aufgabenfeld eröffnet die Einbeziehung der *Qualitätserwartungen* aus *Abschnitt 6.4* und des *Qualitätsangebots* aus *Abschnitt 7.4* in die quantitative Marktanalyse. Zur Simulation der Qualitätseinflüsse auf die Marktergebnisse muss das Mastertool erweitert werden um die Berechnung qualitätsabhängiger Kaufmengen mit der Formel (6.9).

Ein anderes Anwendungsfeld für entsprechend abgewandelte Mastertools zur Marktsimulation sind Computerprogramme für Marktspiele. Mit geeigneter Programmoberfläche, Eingabemasken und Animation der Ergebnisse sind folgende *Marktspiele* möglich:

- *Verhaltensspiele*: Ein oder mehrere Anbieter oder/und Nachfrager treten gegeneinander oder gegen ein anonymes Kollektiv anderer Marktteilnehmer an, deren Verhalten vom Rechner generiert wird.
- *Börsenspiele*: Ein oder mehrere Akteure kaufen und verkaufen an einer Börse, deren Kurse durch die Aufträge aller Akteure oder/und aus den Aufträgen eines Kollektivs anonymer Teilnehmer errechnet werden, die der Rechner erzeugt hat.
- *Auktionsspiele*: Mehrere Teilnehmer bieten für ein Wirtschaftsgut, das zum Kauf oder Verkauf steht.
- *Wettbewerbsspiele*: Ähnlich wie beim MONOPOLY-Spiel treten ein oder mehrere Anbieter gegeneinander oder gegen einen anonymen Wettbewerb an und versuchen, durch verschiedene Investitions-, Absatz- und Beschaffungsstrategien ihren Gewinn zu maximieren oder andere Ziele zu erreichen.

Marktspiele sind nicht zur Unterhaltung geeignet. Sie lassen sich auch in der Forschung nutzen, um Erkenntnisse über Märkte und Marktordnungen gewinnen, Überlegungen der *Spieltheorie* [v.Neumann/Morgenstern 1944] und der *Wettbewerbstheorie* [Aberle 1980/97] zu testen, neue Strategien zu entwickeln sowie um die Auswirkungen des rationalen und irrationalen *Verhaltens der Marktteilnehmer* zu studieren. So sind Börsenspiele geeignet für die Entwicklung und den Wirkungsvergleich von

Kauf- und Verkaufsstrategien bei unterschiedlichem Verhalten der übrigen Akteure. Durch Wettbewerbsspiele lassen sich die *Verteilungswirkungen* unterschiedlicher Marktordnungen systematisch untersuchen, deren Ursachen in den *Abschnitten 13.2* und *13.4* behandelt werden.

Die Verteilungswirkung des Marktes wird bereits beim MONOPOLY-Spiel mit seinen marktähnlichen Spielregeln deutlich: Trotz gleichen Anfangsvermögens aller Spieler beherrscht meist nach einiger Zeit ein Teilnehmer das Spiel, der anfangs die größte Risikobereitschaft gezeigt hat. Die anderen Spieler können sich gerade noch halten oder sind wegen Geldmangel ausgeschieden.

12 Marktstatik

Gegenstand der *Marktstatik* sind die Eigenschaften und Gesetzmäßigkeiten *statischer Märkte* mit unverändertem Verhalten der Akteure. Ein statischer Markt ist zeitlich begrenzt und hat eine feste Konstellation. Der *Marktzeitraum* ist die *Öffnungszeit* eines einmaligen Marktes oder eine *Bemessungsperiode* eines wiederkehrenden Marktes, in der die Akteure ihr Verhalten nicht ändern (s. Abschnitt 5.6).

Im Rahmen der Marktstatik lässt sich nach dem Verfahren der *komparativstatischen Analyse* unterschiedlicher statischer Märkte untersuchen, wie sich verschiedene *Marktordnungen* und *Preis-Mengen-Relationen* auf die Marktergebnisse auswirken [Schneider 1969]. Für *kollektive Veränderungen* von Nachfrage oder Angebot lassen sich auf diese Weise die *Gesetzmäßigkeiten des Marktmechanismus* erschließen, die unabhängig vom individuellen Verhalten und dessen Ursachen wirksam sind.

Bei gleicher Marktkonstellation und Begegnungsfolge führt jede Simulationsrechnung mit denselben Eingabewerten zum gleichen Marktergebnis. Wenn sich jedoch die Begegnungsfolge zufällig ändert, resultieren aus den Simulationsrechnungen Marktergebnisse, die stochastisch um *stationäre Mittelwerte* schwanken. Kommen noch Zufallsschwankungen der einzelnen Nachfragepreise und Nachfragemengen hinzu, vergrößern sich die Schwankungen der Marktergebnisse. Diese Zufallseffekte sind Gegenstand der *Marktstochastik*, die im nächsten Kapitel behandelt wird. Dieses Kapitel betrachtet die *mittleren Marktergebnisse*, die sich aus den Einzelergebnissen einer statistisch ausreichenden Anzahl von Simulationsläufen bei konstanten mittleren Eingabewerten ergeben. Die *Schwankungsbereiche* sind in den Ergebnistabellen angegeben und in den Marktdiagrammen durch die Größe der Markierungsflächen angedeutet.

Ein zentrales Ergebnis der Marktmechanik zeigt das Marktdiagramm *Abb. 12.1*. Es enthält die simulierten Marktergebnisse der Standardkonstellation (11.7) für unterschiedliche Preisbildungsarten und Begegnungsfolgen. Daraus ist ablesbar:

▶ Für reale Märkte weichen Marktpreis und Absatz erheblich von den Werten des Schnittpunkts der Nachfragefunktion mit der Angebotsfunktion ab.

Bei der simulierten Standardkonstellation ist der Marktabsatz um 30% höher als der Absatz am Schnittpunkt von Angebots- und Nachfragefunktion. Der Marktpreis liegt um 13% unter dem Schnittpunktpreis. Das ergibt sich allein aus den Transfergleichungen und den Begegnungsregeln. Wie die *Abb. 2.1* und das anfängliche Marktbeispiel zeigen, gilt diese Aussage auch für Märkte mit wenigen Teilnehmern. Sie gilt ebenso für Märkte mit großer Nachfragerzahl und großer Anbieterzahl, d.h. bei *vollkommenem Wettbewerb* mit $N_N \to \infty$ und $N_A \to \infty$. Damit ist das *Dogma*

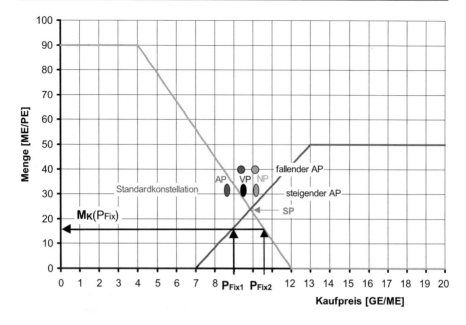

Abb. 12.1 Marktdiagramm mit den Marktergebnissen der Standardkonstellationen für unterschiedliche Preisbildungsarten und Begegnungsfolgen

AP: Angebotsfestpreise ($\beta = 0$) NP: Nachfragerfestpreise ($\beta = 1$)
VP: Verhandlungspreise ($\beta = 1/2$) SP: Schnittpunkt
untere Reihe: steigender AP obere Reihe: fallender AP
Übrige Parameter: Standardkonstellation (11.7) und *Tab. 11.2*

der herkömmlichen Preistheorie widerlegt, dass Marktpreis und Absatz im Gleichgewichtszustand gleich den Schnittpunktwerten von Angebots- und Nachfragekurve sind [Mankiw 2003 S. 8ff; Ruffieux 2004; Samuelson 1995; Schneider 1969; Stigler 1987; Varian 1993; u.v.a.].[1]

12.1 Effektive Nachfrage und effektives Angebot

Auf einem Markt haben nur die Nachfrager Aussicht auf einen Kauf, deren Nachfragergrenzpreis mindestens so hoch ist wie der *unterste Angebotsgrenzpreis* p_{Au} aller Anbieter. Dadurch reduziert sich die Gesamtnachfrage auf die *effektive Gesamtnachfragemenge* M_{Neff}, die gleich $M_N(p_{Au})$ ist. Für die lineare stetige Nachfragefunktion

---

[1] In den Lehrbüchern ist kein schlüssiger Beweis dieser zentralen Hypothese der Wirtschaftswissenschaften zu finden. Sie gilt allgemein als so plausibel, dass ein Beweis unnötig erscheint [Stigler 1987]. Der von *E. Schneider* anhand eines Beispiels angedeutete Beweis ist im Ergebnis falsch [s. Schneider 1969, 2.Teil, S. 319ff]. Die Hypothese, dass Marktpreis und Absatz gleich den Schnittpunktwerten seien oder mit Annäherung an den Gleichgewichtszustand auf diese zustreben, erweist sich hier als unhaltbare Behauptung.

12.1 Effektive Nachfrage und effektives Angebot

(6.8) ist die effektive Gesamtnachfrage explizit berechenbar und gegeben durch:

$$M_{Neff} = M_N(p_{Au}) = MIN(M_N; M_N \cdot (p_{No} - p_{Au})/(p_{No} - p_{Nu})). \quad (12.1)$$

Wie in *Abb. 11.1* dargestellt, verläuft die effektive Nachfragefunktion zu Anfang auf dem Niveau oberhalb des untersten Angebotsgrenzpreises. Die Nachfrage mit Preisen unter dem kleinsten Angebotsgrenzpreis ist unwirksam. Nur der Verlauf der Nachfragefunktion mit darüber liegenden Nachfragergrenzpreisen ist für das Marktgeschehen relevant.

Wenn für das Wirtschaftsgut ein *Mindestkaufpreis* P_{Kmin} festgelegt ist, reduziert sich die Nachfrage – wie ebenfalls in *Abb. 11.1* gezeigt – noch weiter auf das Niveau der Nachfragefunktion über dem Mindestpreis. In Verbindung mit dem 4. Preisbildungssatz aus *Abschnitt 8.6* folgt daraus der *1. Marktpreissatz*:

▶ *Mindestkaufpreise* über dem kleinsten Nachfragergrenzpreis reduzieren die effektive Nachfrage, vermindern den Marktabsatz und führen zwangsläufig zu höheren Marktpreisen.

Auf dem Markt haben nur die Anbieter eine Chance zum Verkauf zu kommen, deren Angebotsgrenzpreis nicht höher ist als der *oberste Nachfragergrenzpreis* p_{No} aller Nachfrager. Das reduziert das Gesamtangebot auf die *effektive Angebotsmenge* M_{Aeff}, die gleich $M_A(p_{No})$ ist. Für die lineare stetige Angebotsfunktion (7.7) gilt:

$$M_{Aeff} = M_A(p_{No}) = MIN(M_A; M_A \cdot (p_{No} - p_{Au})/(p_{Ao} - p_{Au})). \quad (12.2)$$

Das Angebot mit Preisen oberhalb des höchsten Nachfragergrenzpreises ist unwirksam. Dadurch senkt sich das Ende der Angebotsfunktion wie in *Abb. 11.1* gezeigt auf das Niveau über dem obersten Nachfragergrenzpreis. Nur der Verlauf der Angebotsfunktion mit kleineren Angebotspreisen wirkt sich auf das Marktgeschehen aus.

Ist für das Wirtschaftsgut ein *Maximalkaufpreis* P_{Kmax} festgelegt, reduziert sich das effektive Angebot wie aus *Abb. 11.1* ablesbar auf das Niveau über dem Maximalpreis. Daraus folgt in Verbindung mit dem 5. Preisbildungssatz aus *Abschnitt 8.6* der *2. Marktpreissatz*:

▶ *Maximalkaufpreise* unter dem höchsten Angebotspreis ergeben geringere Marktpreise, senken das effektive Angebot und reduzieren den Marktabsatz.

Werden Mindestkaufpreis und Maximalkaufpreis gleich gesetzt, ergibt sich ein *externer Festkaufpreis* P_{Kfix}. Wie in *Abb. 11.1* gezeigt, begrenzt ein niedriger Festpreis die effektive Nachfrage und ein hoher Festpreis das effektive Angebot. Der Gesamtabsatz bei einem Festkaufpreis P_{Fix} ist

$$M_{Kfix} = MIN(M_N(P_{Kfix}), M_A(P_{Kfix})). \quad (12.3)$$

Der Marktpreis ist $P_K = P_{Ffix}$. Daraus folgt der *3. Marktpreissatz*:

▶ Die Wirkung eines externen *Festpreises* hängt davon ab, ob er unter, über oder gleich dem Preis am Schnittpunkt von Nachfrage und Angebot festgesetzt wird.

Der *Schnittpunktpreis* p_S von Nachfrage- und Angebotsfunktion ist die Lösung der *Schnittpunktgleichung*:

$$M_N(p_S) = M_A(p_S) \,. \tag{12.4}$$

Für die lineare Nachfragefunktion (6.8) und die lineare Angebotsfunktion (7.7) ist diese Gleichung explizit lösbar. Die Lösung ist:

$$p_S = \begin{cases} p_{No} - (M_A/M_N) \cdot (p_{No} - p_{Nu}) & \text{für } p_X > p_{Ao} \text{ und } M_N > M_A \\ p_X & \text{für ausgeglichenen Markt} \\ p_{Au} + (M_N/M_A) \cdot (p_{Ao} - p_{Au}) & \text{für } p_X > p_{Ao} \text{ und } M_N < M_A \end{cases} \tag{12.5}$$

Hierin ist p_X der *Kreuzungspreis*:

$$p_X = (M_N \cdot p_{No} \cdot (p_{Ao} - p_{Au}) + M_A \cdot p_{Au} \cdot (p_{No} - p_{Nu})) \\ / (M_N \cdot (p_{Ao} - p_{Au}) + M_A \cdot (p_{No} - p_{Nu})) \tag{12.6}$$

der unbegrenzt fallenden Nachfragefunktion mit der unbegrenzt ansteigenden Angebotsfunktion. Die obere Zeile der Formel (12.5) gilt für den *Engpasszustand* mit einem *Kaufkraft- und Bedarfsüberhang*, für den die Nachfragefunktion die Angebotsfunktion · – wie in *Abb. 11.6* gezeigt – im horizontalen Bereich von oben durchkreuzt. Die untere Zeile folgt für den *Sättigungszustand* mit einem *Kaufkraftüberhang bei Bedarfsmangel*, für den die Angebotsfunktion die Nachfragefunktion im horizontalen Bereich von unten durchkreuzt.

Die *Schnittpunktmenge* M_S ist der Gesamtabsatz am Schnittpunkt. Sie ist gegeben durch:

$$M_S = M_N(p_S) = M_A(p_S) \,. \tag{12.7}$$

Für die linearen Nachfrage- und Angebotsfunktionen (6.8) und (7.7) ist:

$$M_S = \text{MIN}(M_N; M_A; M_N \cdot (p_{No} - p_X)/(p_{No} - p_{Nu}) \\ = M_A \cdot (p_X - p_{Au})/(p_{Ao} - p_{Au})) \,. \tag{12.8}$$

Aus *Abb. 12.1* ist ablesbar, dass der Gesamtabsatz am größten wird, wenn der Festpreis gleich dem Schnittpunktpreis ist. Eine solche Festlegung setzt jedoch die Kenntnis des Verlaufs der Nachfrage- und der Angebotsfunktion in der Nachbarschaft ihres Schnittpunktes voraus. In das Diagramm *Abb. 12.1* sind außer dem Schnittpunkt auch die simulierten Marktergebnisse der anderen Preisbildungsarten eingetragen. Daraus ergibt sich in Übereinstimmung mit dem 3. Preisbildungsgesetz aus *Abschnitt 8.6* der *4. Marktpreissatz*:

▶ *Festkaufpreise* bewirken im Vergleich zur freien Preisbildung eine deutliche Reduzierung des Marktabsatzes. Ein externer Festkaufpreis, der gleich dem Schnittpunktpreis ist und zum höchsten Festpreisabsatz führt, liegt deutlich über dem Marktpreis bei Angebotsfestpreisen.

Alle vier Marktpreissätze sind universelle Gesetze des Marktes, die gravierende Konsequenzen, beispielsweise für die *Arbeitsmärkte*, haben (s. *Abschnitt 17.6*). Sie gelten unabhängig von der Marktordnung und werden durch alle Simulationsrechnungen bestätigt.

12.2 Auswirkungen der Preis- und Mengenbildung

Für die verschiedenen Arten der Preis- und Mengenbildung ergeben die Simulationsrechnungen bei im Übrigen gleicher Marktkonstellation (11.7) die in *Tab. 11.5* zusammengestellten Werte. Die resultierenden Marktpreise und die Absatzmengen sind mit ihren Schwankungsbereichen in das Marktdiagramm *Abb. 12.1* eingetragen.

In *Abb. 12.2* sind die Marktpreise miteinander verglichen. In Übereinstimmung mit dem 1. Preisbildungssatz aus *Abschnitt 8.4* folgt daraus der 5. *Marktpreissatz*:

▶ *Angebotsfestpreise* bewirken die niedrigsten Marktpreise und einen hohen Marktabsatz bei maximalem Einkaufsgewinn und minimalem Verkaufsgewinn.

Analog zum 2. Preisbildungssatz aus *Abschnitt 8.5* ergeben die Simulationsrechnungen den 6. *Marktpreissatz*:

▶ *Nachfragerfestpreise* führen zu höchsten Marktpreisen und ebenfalls hohem Marktabsatz bei minimalem Einkaufsgewinn und maximalem Verkaufsgewinn.

Wie zu erwarten, liegen die Marktpreise und Gewinne bei *Verhandlungspreisen* zwischen denen von Angebotsfestpreisen und Nachfragerfestpreisen.

Die Vorgabe eines festen *Einheitspreises* P_{Kfix} für alle Käufe und Verkäufe bewirkt den Gesamtabsatz (12.3). Dieser ist maximal, wenn der Einheitspreis gleich dem Schnittpunktpreis (12.5) von Nachfrage- und Angebotsfunktion ist, also für $P_{Kfix} = p_S$. Dann ist der Absatz gleich der Schnittpunktmenge (12.7). Daraus folgt:

- Schnittpunktpreis und Schnittpunktmenge von Nachfrage- und Angebotsfunktion sind nur dann gleich Marktpreis und Gesamtabsatz, wenn die Marktordnung für alle Käufe einen festen Einheitspreis vorschreibt, der von den Akteuren so vereinbart oder von einer neutralen Vermittlungsstelle so festgelegt wird, dass der Absatz maximal ist.

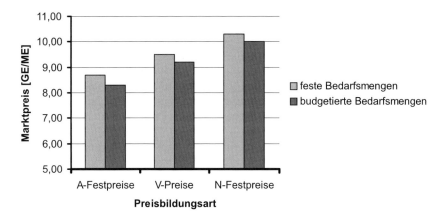

Abb. 12.2 Auswirkungen der Preisbildungsarten auf den Marktpreis bei festen und budgetierten Bedarfsmengen

Eine solche Marktordnung ist jedoch *realitätsfremd* und *unvollständig*: Sie setzt voraus, dass alle Akteure eines Zeitraums, der noch festzulegen ist, ihre Preis- und Mengenvorstellungen offen legen und gemeinsam den Einheitspreis bestimmen oder sie einer Vermittlungsstelle mitteilen, die dann den Einheitspreis ermittelt, der zum maximalen Absatz führt. Da es bei gleichem Marktpreis und Gesamtabsatz in der Regel mehrere Zuordnungsmöglichkeiten gibt, bleibt bei dieser Marktordnung die Zuordnung der Käufer und Verkäufer offen. Wie in *Abschnitt 10.6* ausgeführt, müssen selbst *Börsenplätze* zusätzlich zur Preis- und Mengenbildung die Zuordnung regeln. Sie ermitteln bei einer *auftragsweisen Vermittlung* auch nicht den Schnittpunktpreis und die Schnittpunktmenge der vorliegenden Aufträge. Daraus folgt:

- Das allgemein angenommene Zusammenfallen von Marktpreis und Gesamtabsatz mit den Schnittpunktwerten der Absatz- mit der Nachfragefunktion trifft auf den Märkten dieser Welt in der Regel nicht zu.

Demgemäß sind auch alle aus dieser Annahme gezogenen Schlüsse, wie etwa das Streben des Marktes nach einem *Gleichgewichtszustand*, unzutreffend (s. *Abschnitt 18*).

Auch die Art der *Mengenbildung* hat Auswirkungen auf die Marktergebnisse. Diese sind in *Tab. 11.5* aufgelistet und in *Abb. 11.1* und *12.2* dargestellt. Der Vergleich von fester und budgetierter Mengenbildung ergibt das *Bedarfsmengengesetz*:

▶ Für *budgetierte Bedarfsmengen* sind Gesamtabsatz und Marktpreis geringer als bei *festen Bedarfsmengen*.

Wie aus *Abb. 12.3* ablesbar, folgt das Bedarfsmengengesetz daraus, dass die effektive Gesamtnachfrage und der Kreuzungspunkt der nach unten durchgebogenen Nachfragefunktion tiefer liegen als bei der linear fallenden Nachfragefunktion.

Der mittlere Marktpreis und der mittlere Marktabsatz sind weitgehend unabhängig von der Bandbreite, in der die einzelnen Bedarfsmengen zufällig oder systematisch schwanken. Die externe Vorgabe einer Mindestabnahmemenge führt dagegen zum Ausscheiden aller Nachfrager, die nur kleinere Mengen benötigen und bezahlen können, und damit zu einer Reduzierung der effektiven Nachfragefunktion. Eine obere Begrenzung der Kaufmenge, etwa im Zuge einer *Rationierung*, kappt die Bedarfsmengen der Nachfrager, die eigentlich größere Mengen kaufen wollen, und reduziert ebenfalls die effektive Nachfrage. Aus einer weitergehenden Analyse und Simulationsrechnungen folgt der *Mengenbegrenzungssatz*:

▶ Ohne Bedarfsüberhang und Kapazitätsmangel senkt eine *Kaufmengenbegrenzung* nach oben, nach unten oder durch Festmengen den Marktabsatz.

Aus den unterschiedlichen Teilungsmöglichkeiten von *Abschnitt 9.2* ergibt sich für Mehrstück- und Massengüter zusätzlich der *Mengenteilungssatz*:

▶ Mit zunehmender Anzahl der Marktteilnehmer, die *keine Mengenteilung* zulassen, sinkt der Marktabsatz von *Mehrstückgütern* und *Massengut*.

Diese Auswirkungen der Preis- und Mengenbildung sind nutzbar für die Beurteilung bestehender und die Konzeption neuer Marktordnungen.

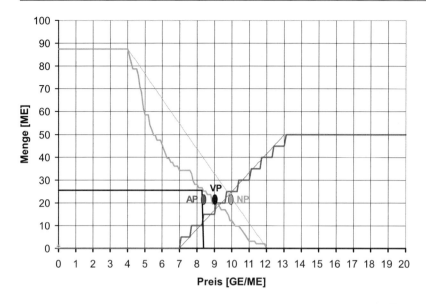

Abb. 12.3 Simulierte Nachfragefunktion und Marktdiagramm für budgetierte Bedarfsmengen

12.3 Auswirkungen der Begegnungsart

Die aus der Simulation resultierenden Auswirkungen der unterschiedlichen Begegnungskonstellationen können der *Tab. 11.6* entnommen werden. Die Marktpreise für die Standardkonstellation sind in *Abb. 12.4* und die Absatzmengen in *Abb. 12.5* einander gegenübergestellt.

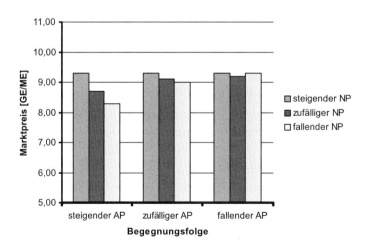

Abb. 12.4 Marktpreise bei unterschiedlicher Begegnungsfolge

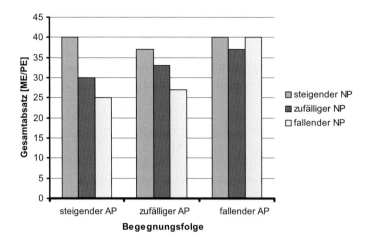

Abb. 12.5 Gesamtabsatz bei unterschiedlicher Begegnungsfolge

In Übereinstimmung mit der *Wirkungskettenanalyse* aus *Kapitel 10* und dem anfänglichen Marktbeispiel ist hieraus der *Marktbegegnungssatz* ablesbar:

▶ Zufällig eintreffende Nachfrager, die nach steigendem Angebotspreis auswählen und kaufen, bewirken bei hohem Gesamtabsatz einen niedrigen Marktpreis.

Noch größere Absatzmengen bei ebenfalls günstigen Marktpreisen ergeben sich, wenn die Nachfrager in *aufsteigender Zahlungsbereitschaft* auf den Markt kommen. Das bestätigt die Erfahrungsregel, dass auch der Preisbewusste am meisten erhält, der zuerst kommt. Bei diesem Verhalten aber ergibt sich für die Summe aller Nachfrager ein geringerer Einkaufsgewinn und für die Anbieter ein höherer Verkaufsgewinn als bei der *Standardbegegnung* zufällig eintreffender Nachfrager, die nach steigendem Angebotspreis kaufen.

Der Vergleich der dunklen Balken der Standardbegegnung, die das Verhalten preisbewusster Einkäufer widerspiegelt, mit den hellen Balken der *Abb. 12.4* und *12.5* zeigt, dass ein Kauf nach zufälligem oder fallendem Angebotspreis zu höheren Marktpreisen und geringerem Gesamtabsatz führt. Daraus ergibt sich der *2. Marktbegegnungssatz*:

▶ Preisbewusste Einkäufer mit geringer Zahlungsbereitschaft bewirken günstige Marktpreise und einen höheren Gesamtabsatz als allzu zahlungsbereite Käufer.

Die preisbewussten Einkäufer sind gewissermaßen *Pioniere des Marktes*, die zum Vorteil aller Käufer für einen wirksamen Preiswettbewerb sorgen.

Wenn nur *qualitätsbewusste und zahlungsbereite Käufer* auf den Markt kommen und die *Anbieter nach fallendem Angebotspreis* aufsuchen, ergibt sich, wie *Abb. 12.5* zeigt, der höchste Gesamtabsatz. Der Marktpreis ist, wie aus *Abb. 12.4* zu ersehen, kaum höher als der Marktpreis bei zufälliger Begegnung und beim Aufsuchen nach steigenden Angebotspreisen.

Ein differenzierter Vergleich der Marktergebnisse für die unterschiedlichen Begegnungskonstellationen der *Tab. 11.6* ist von Bedeutung für die *fremd geregelte Zusammenführung* von Nachfragern und Anbietern, die in *Abschnitt 10.5* behandelt wurde. Auf den *Märkten mit selbstregelndem Zusammentreffen*, die in den *Abschnitten 10.2* bis *10.4* beschrieben sind, überlagert sich in der Regel das Verhalten preisbewusster, unkritischer und qualitätsbewusster Nachfrager. Dann ist das Marktergebnis ein entsprechend den *Verhaltenstypen* gewichteter Mittelwert der Ergebnisse bei Auswahl der Anbieter nach steigendem, zufälligem und fallendem Angebotspreis. Daraus folgt das *Marktgesetz für die selbstregelnde Preisbildung*:

▶ Unabhängig von den Anteilen der preisbewussten, unkritischen und qualitätsbewussten Nachfrager gelten auf *Märkten mit selbstregelnder Preisbildung* der 1. bis 4. Marktpreissatz, das Bedarfsmengengesetz und der Mengenteilungssatz.

Dieses Marktgesetz ist maßgebend für die Beurteilung der Marktordnung und für alle Wirkungskettenanalysen mit Hilfe der Logik des Marktes.

12.4 Kollektive Nachfrageänderungen

Wie in *Abschnitt 6.5* ausgeführt, kann sich die Nachfrage aufgrund des Verhaltens einzelner Nachfrager punktuell verändern oder sich infolge eines gleichgerichteten Gesamtverhaltens aller Nachfrager wie in *Abb. 6.6* dargestellt kollektiv wandeln.

Die *kollektiven Nachfrageänderungen* haben sehr unterschiedliche Auswirkungen auf Marktpreis, Absatz, Gewinne und andere Marktergebnisse. Die Simulationsergebnisse für die in *Abb. 11.6* dargestellten Preis-Mengen-Relationen ohne und mit Kaufkraftüberhang sind der *Tab. 11.6* zu entnehmen. Die simulierten Marktpreise und Absatzmengen bei kollektiver Bedarfsänderung (s. *Abb. 6.6*), d. h. bei *Änderung der Gesamtnachfrage* M_N infolge einer gleichgerichteten Zu- oder Abnahme der individuellen Bedarfsmengen, zeigen die Diagramme *Abb. 12.6* und *12.7*. In den Diagrammen *Abb. 12.8* und *12.9* sind die Simulationsergebnisse für eine kollektive Kaufkraftänderung dargestellt (s. *Abb. 6.6*), die aus einer gleichgerichteten Zu- oder Abnahme der individuellen *Zahlungsbereitschaft* resultiert. Bei den Simulationsrechnungen wurden alle anderen Einflussfaktoren konstant gehalten. Das entspricht einem im Übrigen unveränderten Verhalten der Akteure.

Für den Fall des *Kaufkraftüberhangs*, der bei $p_S > p_{Ao}$, $M_N > M_A$ und $p_S < p_{Nu}$, $M_N < M_A$ gegeben ist, lassen sich Marktpreis und Gesamtabsatz für die linearen Nachfrage- und Angebotsfunktionen explizit berechnen. Im übrigen Bereich $p_{Nu} < p_S < p_{Ao}$ ist das wesentlich schwieriger. Aus den expliziten Lösungen für die Grenzbereiche sehr kleiner und großer Nachfrage mit und ohne Kaufkraftüberhang, aus der allgemeinen *Preisformel* (8.3) sowie aus *Symmetriegründen* und den geometrischen Gegebenheiten lassen sich mit Hilfe von Wahrscheinlichkeitsüberlegungen *halbempirische Näherungsformeln* für den Marktpreis und den Gesamtabsatz herleiten. Für alle Werte der linearen Nachfragefunktion (6.8), deren Verlauf in den *Abb. 6.3* und *6.6* dargestellt ist, und für alle Werte der linearen Angebotsfunktion (7.7), deren Verläufe die *Abb. 7.1* und *7.2* zeigen, gelten bei der *Standardbegegnung* in guter Näherung:

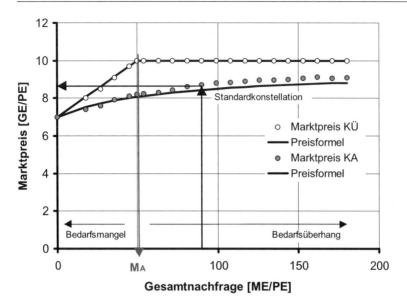

Abb. 12.6 Wirkung eines sich ändernden Gesamtbedarfs auf den Marktpreis

Punkte und Kreise: Simulationsergebnisse für Angebotsfestpreise

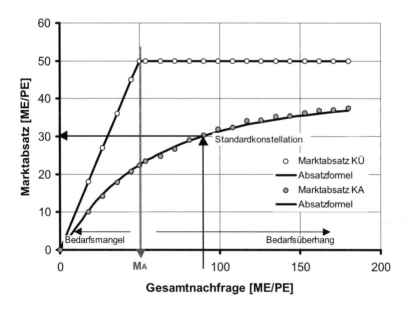

Abb. 12.7 Wirkung eines sich ändernden Gesamtbedarfs auf den Marktabsatz

KÜ: Kaufkraftüberhang $p_{Nu} > p_S > p_{Ao}$
KA: Kaufkraftausgleich $p_{Nu} < p_S < p_{Ao}$

12.4 Kollektive Nachfrageänderungen

- *Marktpreisformel*

$$P_K = \begin{cases} [\beta \cdot (p_{Au} + p_{Ao}) + (1-\beta) \cdot (p_{Au} + p_S)]/2 & \text{für } p_S > p_{Ao} \text{ und } M_N > M_A \\ [\beta \cdot p_{No} + (1-\beta) \cdot p_{Au} + p_S]/2 & \text{für } p_{Nu} < p_S < p_{Ao} \\ [\beta \cdot (p_{Au} + p_S) + (1-\beta) \cdot (p_{Nu} + p_{No})]/2 & \text{für } p_S < p_{Nu} \text{ und } M_N < M_A \end{cases}$$

(12.9)

- *Absatzmengenformel*

$$M_K = \begin{cases} \text{MIN}(M_{Neff}; M_{Aeff}) & \text{für } p_S > 0,9 \cdot p_{Ao} \text{ und } M_N > M_A \\ [M_{Aeff} \cdot (1 - \text{EXP}(-M_{Neff}/M_{Aeff})) + \\ \quad + M_{Neff} \cdot (1 - \text{EXP}(-M_{Aeff}/M_{Neff}))]/2 & \\ \text{MIN}(M_{Neff}; M_{Aeff}) & \text{für } p_S < 2,2 \cdot p_{Nu} \text{ und } M_N < M_A \end{cases}$$

(12.10)

Hierin ist β der in *Abschnitt 8.7* definierte *Preisbildungsparameter*. Für die Standardpreisbildungsart der *Angebotsfestpreise* ist $\beta = 0$ und für *Nachfragerfestpreise* $\beta = 1$. Bei *Verhandlungspreisen* und *Vermittlungspreisen* liegt β im Bereich $0 < \beta < 1$.

Der *Schnittpunktpreis* p_S ist mit Hilfe der Beziehung (12.5) zu berechnen. Die *effektive Nachfragemenge* M_{Neff} ist durch Beziehung (12.1) und die *effektive Angebotsmenge* M_{Aeff} durch Beziehung (12.2) gegeben.

Die Diagramme *Abb. 12.6* bis *12.13* zeigen, wie gut die *Näherungsformeln* (12.9) und (12.10) mit den Simulationsergebnissen übereinstimmen. In weiten Bereichen der Preise und Mengen liegen die simulierten Mittelwerte der Marktpreise und Absatzmengen fast exakt auf den Näherungskurven. Die Marktpreisformel (12.9) und die Absatzformel (12.10) sind daher für die meisten Zwecke von ausreichender Genauigkeit. Sie haben gegenüber der Simulation den großen Vorteil, dass aus ihnen alle maßgebenden Einflussfaktoren explizit ablesbar und ihre Wirkung direkt berechenbar sind. Außerdem sind die analytisch mit den Beziehungen (12.9) und (12.10) berechneten Werte eine unabhängige *Kontrolle* der Richtigkeit des Simulationstools mit den programmierten Transferformeln und Algorithmen.

Wegen ihrer grundsätzlichen Bedeutung ist es eine lohnende mathematische Aufgabe, aus den allgemeinen Transfergleichungen und den unterschiedlichen Begegnungsarten die *exakten Lösungen* für die funktionalen Abhängigkeiten von Marktpreis und Absatz herzuleiten. Damit ließen sich die Anwendungsgrenzen der Näherungsformeln (12.9) und (12.10) überprüfen. Außerdem wäre es möglich, entsprechende Näherungsformeln für die *anderen Begegnungsarten* herauszufinden.

In Übereinstimmung mit der Analyse der Preisbildung in *Kapitel 8* ist aus der Marktpreisformel (12.9) der *7. Marktpreissatz* ablesbar:

▶ Das *Niveau der Marktpreise* hängt entscheidend von der Art der Preisbildung ab. Die Marktpreise sind für Angebotsfestpreise am niedrigsten, für Nachfragerfestpreise am höchsten und liegen für Verhandlungs- und Vermittlungspreise dazwischen.

In der Absatzmengenformel (12.10) kommt der Preisbildungsparameter β nicht vor. Daraus folgt das *1. Marktabsatzgesetz*:

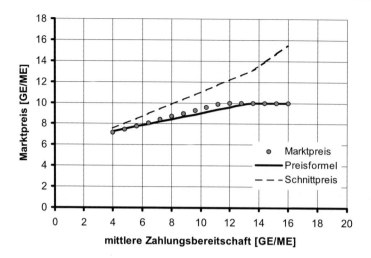

Abb. 12.8 Wirkung der Zahlungsbereitschaft auf den Marktpreis

Punkte: Simulationsergebnisse für Angebotsfestpreise

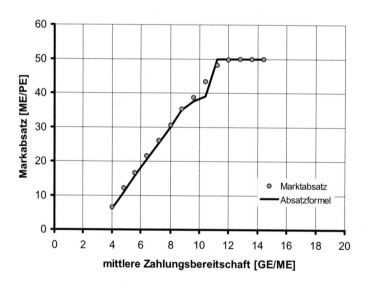

Abb. 12.9 Wirkung der Zahlungsbereitschaft auf den Marktabsatz

▶ Der *Marktabsatz* ist unabhängig von der Preisbildungsart. Er wird nur von der *effektiven Gesamtnachfrage* (12.1) und vom *effektiven Gesamtangebot* (12.2) bestimmt.

In die Diagramme der *Abb. 12.8* bis *12.13* sind auch die mit Hilfe der Beziehungen (12.5) bzw. (12.8) berechneten Schnittpunktpreise und Schnittpunktmengen eingetragen. Der Vergleich mit den simulierten Marktergebnissen zeigt:

▶ Die Schnittpunktpreise liegen bei *Angebotsfestpreisen* mit dem Preisbildungsparameter $\beta = 0$ deutlich über den Marktpreisen, die Schnittpunktmengen weit unter dem Marktabsatz.

Bei *Nachfragerfestpreisen* mit $\beta = 1$ liegen die Schnittpunktpreise dagegen deutlich unter den Marktpreisen. Diese Ergebnisse widerlegen die Annahme der herkömmlichen Markt- und Preistheorie, dass sich Marktpreis und Absatz aus dem Schnittpunkt von Angebots- und Nachfragekurve ergeben. Wie aus der Preisformel ablesbar, ist das bei Angebotsfestpreisen mit $\beta = 0$ nur der Fall, wenn der Schnittpunktpreis p_S gleich dem untersten Angebotspreis p_{Au} ist, und bei Nachfragerfestpreisen mit $\beta = 1$, wenn der Schnittpunktpreis p_S mit dem obersten Nachfragerpreis p_{No} zusammenfällt.

Der erste Fall tritt bei Angebotsfestpreisen ein, wenn alle Angebotspreise exakt gleich sind und die Angebotsfunktion senkrecht ansteigt. Das ist bei einem *Angebots-Monopol* der Fall. Bei einem *Angebots-Oligopol* erfordert es eine *Preisabsprache* oder ein *Kartell*. Bei einem *Anbieter-Kollektiv* kommt absolute Preisgleichheit praktisch nur vor, wenn das Gut homogen ist, keine preisrelevanten Qualitätsmerkmale aufweist und alle Anbieter die gleichen Kosten haben. Das aber ist eine sehr unwahrscheinliche Situation.

Der zweite Fall tritt bei Nachfragerfestpreisen ein, wenn alle Nachfragergrenzpreise exakt gleich sind und die Nachfragefunktion senkrecht abfällt. Das ist nur bei einem *Nachfrager-Monopol* der Fall. Bei einem *Nachfrager-Oligopol* ist das wegen der unterschiedlichen Transferkosten und Qualitätsansprüche unwahrscheinlich und bei einem *Nachfrager-Kollektiv* nahezu unmöglich.

Aus der Preisformel (12.9) ist außerdem ersichtlich, dass sich Nachfragemenge und Angebotsmenge indirekt über den Schnittpunktpreis (12.5) auf den Marktpreis auswirken. Daraus folgt das *2. Marktabsatzgesetz*:

▶ Unabhängig von der Art der Preisbildung ist die Auswirkung der Gesamtnachfragemenge und der Gesamtangebotsmenge auf den Marktpreis relativ gering.

So führt eine Verdopplung der *relativen Nachfrage* M_{Neff}/M_{Aeff} oder eine Halbierung des *relativen Angebots* M_{Aeff}/M_{Neff} zu einem Anstieg des Marktpreises von weniger als 10%.

Aus der Absatzformel (12.10) und *Abb. 12.7* folgt für die *Abhängigkeit des Marktabsatzes vom Gesamtbedarf* das *3. Marktabsatzgesetz*:

▶ Ohne Kaufkraftüberhang ist der *Marktabsatz* geringer als das Gesamtangebot. Der Marktabsatz verändert sich ohne den Einfluss anderer Faktoren, allein infolge des Marktmechanismus nur unterproportional mit der Gesamtnachfrage.

Eine Verdopplung der relativen Nachfrage bewirkt im Bereich $M_{Neff}/M_{Aeff} > 1$ einen Anstieg des Gesamtabsatzes um weniger als 50%. Ein Anstieg der Nachfrage lässt den kollektiven *Verkaufsgewinn* der Anbieter deutlich ansteigen. Der kollektive Einkaufsgewinn steigt dagegen weniger stark mit der Nachfrage. Die Ungleichheit nimmt etwas zu (s. Simulationsergebnisse *Tab. 11.3*).

Die *Abb. 12.8* und *12.9* zeigen den Einfluss der Zahlungsbereitschaft der Nachfrager auf den Marktpreis und den Gesamtabsatz. Aus der Preisformel (12.9) und *Abb. 12.8* ergibt sich für die *Abhängigkeit der Marktpreise von der Zahlungsbereitschaft* der 8. *Marktpreissatz*:

▶ Bei Angebotsfestpreisen steigt und fällt der *Marktpreis unterproportional* mit der kollektiven *Zahlungsbereitschaft*.

Eine Verdopplung der allgemeinen Zahlungsbereitschaft ohne reaktion der Anbieter bewirkt einen Anstieg des Marktpreises um weniger als 25%. Bei Kaufkraftüberhang, der für $p_S > p_{Ao}$, $M_N > M_A$ und $p_S < p_{Nu}$, $M_N < M_A$ eintritt, bleibt der Marktpreis unverändert solange die Angebotspreise konstant sind, auch wenn die Zahlungsbereitschaft steigt.

Der Einfluss des Angebotspreisniveaus auf den Marktpreis ist dagegen, wie aus *Abb. 12.12* ersichtlich, bei Angebotsfestpreisen groß. Umgekehrt ist bei Nachfragerfestpreisen $\beta = 1$ die Auswirkung der Zahlungsbereitschaft auf den Marktpreis groß und der Einfluss des Angebotspreisniveaus gering. Eine Konsequenz ist der *Geldmengensatz*:

▶ Eine Veränderung der Geldmenge beeinflusst in einer *gesättigten Volkswirtschaft*, auf deren Endverbrauchermärkten Anbieterfestpreise vorherrschen, zwar die Zahlungsbereitschaft, löst aber solange Produktion und Verbrauch ausgeglichen sind, keine Zunahme der Nachfrage aus.

Ein Geldmengenanstieg bewirkt daher bei Kaufkraftüberhang nicht notwendig eine Zunahme der Marktpreise. Das erklärt, dass es in *Japan* trotz einer Verdopplung der Geldmenge in den Jahren 2000 bis 2005 zu keinem Anstieg, sondern sogar zu einem leichten Absinken des allgemeinen Preisniveaus um 2% gekommen ist [FAZ 5.1.2006]. Wie in *Abschnitt 17.5* gezeigt wird, erhöhen die meisten Anbieter ihre Preise erst, wenn die Kapazitäten voll ausgelastet sind und ein Bedarfsanstieg erwartet wird. In Japan aber herrschte in der betreffenden Zeit eine Rezession mit tendenziell abnehmender Nachfrage nach Gütern des privaten Bedarfs.

Aus der Absatzmengenformel (12.10) und *Abb. 12.9* folgt für die Wirkung der Zahlungsbereitschaft auf den Gesamtabsatz das 4. *Marktabsatzgesetz*:

▶ Im *ausgeglichenen Marktzustand* steigt und fällt der *Gesamtabsatz überproportional mit* der kollektiven *Zahlungsbereitschaft*.

So hat bei der Standardkonstellation eine Zunahme des mittleren Nachfragerpreises um 25% von 8 auf 10 GE/ME einen Absatzanstieg um 33% von 30 auf 40 ME/PE zur folge. Ein Rückgang um 25% reduziert den Absatz um 40%.

Wie aus *Tab. 11.3* hervorgeht, lässt eine zunehmende Zahlungsbereitschaft bei Angebotsfestpreisen den kollektiven *Verkaufsgewinn* erheblich und den *Einkaufsgewinn* ebenfalls deutlich ansteigen. Zugleich nimmt die *Ungleichheit* der Absatzverteilung ab.

12.4 Kollektive Nachfrageänderungen

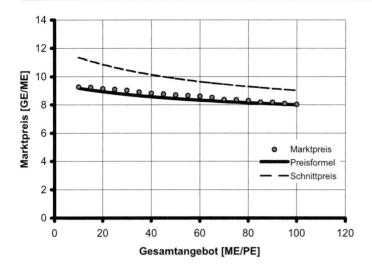

Abb. 12.10 Wirkung des Gesamtangebots auf den Marktpreis

Punkte: Simulationsergebnisse für Angebotsfestpreise

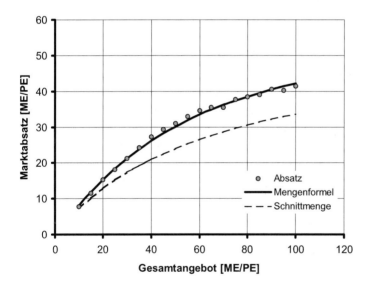

Abb. 12.11 Wirkung des Gesamtangebots auf den Marktabsatz

Weitere Simulationsrechnungen ergeben in Übereinstimmung mit den Formeln (12.9) und (12.10) für die Wirkung einer kollektiven Anpassung der Zahlungsbereitschaft, wie sie in *Abb. 6.6* gezeigt ist, den *Preisanpassungssatz der Nachfrage*:

▶ Bei einer kollektiven Angleichung der Nachfragerpreise an den Marktpreis bleiben Marktpreis und Gesamtabsatz nahezu unverändert.

Auch der *Verkaufsgewinn* bleibt davon unberührt, während der *Einkaufsgewinn* leicht abnimmt und sich die *Ungleichheit* der Absatzverteilung reduziert (s. *Abschnitt 13.4*).

12.5 Kollektive Angebotsänderungen

Die in *Abschnitt 7.5* analysierten Einflussfaktoren auf das Angebot können *individuelle Angebotsänderungen* einzelner Anbieter oder – bei gleichgerichtetem Verhalten aller Anbieter – eine *kollektive Angebotsänderung* hervorrufen, wie sie in *Abb. 7.2* dargestellt ist.

Die simulierten Marktpreise und Absatzmengen bei kollektiver Änderung der *Gesamtangebotsmenge* sind in den *Abb. 12.10* und *12.11* gezeigt. Hier sind auch die mit den *Näherungsformeln* (12.9) und (12.10) berechneten Werte sowie die Schnittpunktpreise (12.4) und die Schnittpunktmengen (12.8) eingetragen. Während die Näherungsformeln die Simulationswerte sehr gut approximieren, sind auch hier die Differenzen zu den Schnittpunktwerten beträchtlich.

Aus der Preisformel (12.9) und *Abb. 12.10* ergibt sich der *9. Marktpreissatz*:

▶ Der *Marktpreis* verändert sich nur *unterproportional* mit der Gesamtangebotsmenge.

Aus der Absatzformel (12.10) und *Abb. 12.11* folgt das *5. Marktabsatzgesetz*:

▶ Wenn kein Bedarfsmangel herrscht, d. h. wenn $M_{Neff} \gg M_{Aeff}$ ist, steigt der Marktabsatz zunächst proportional und bei Annäherung an die Kapazitätsgrenze unterproportional mit der Gesamtangebotsmenge.

Bei Anbieterfestpreisen ändert sich der *Marktgewinn* nur wenig mit der Gesamtangebotsmenge. Er verlagert sich jedoch zugunsten der Nachfrager, während der kollektive Verkaufsgewinn abnimmt. Die *Ungleichheit* der Absatzverteilung nimmt mit zunehmender Angebotsmenge etwas ab.

Die Abhängigkeit des Marktpreises und des Absatzes von einer kollektiven Änderung aller Angebotspreise, d. h. vom *Angebotspreisniveau*, ist in *Abb. 12.12* und *12.13* dargestellt. Auch hier sind wieder die analytischen Näherungswerte und die Schnittpunktwerte eingetragen. Erneut zeigt sich die Brauchbarkeit der Näherungsformeln wie auch die große Abweichung der Schnittpunktwerte. Aus der Preisformel wie aus *Abb. 12.12* ist der *10. Marktpreissatz* ablesbar:

▶ Bei Angebotsfestpreisen steigt und fällt der *Marktpreis* nahezu *proportional* mit dem Angebotspreisniveau.

Aus der Absatzformel und *Abb. 12.13* folgt das *6. Marktabsatzgesetz*:

▶ Der *Gesamtabsatz* ändert sich im Bereich ausgeglichener Preise, in dem $p_{Nu} < p_S < p_{Ao}$ ist, proportional zum *Angebotspreisniveau*. Bei sehr niedrigen Angebotspreisen mit $p_S < p_{Nu}$ und begrenzter Kapazität mit $M_A < M_N$ verschwindet der Einfluss der Angebotspreise auf den Absatz.

12.5 Kollektive Angebotsänderungen

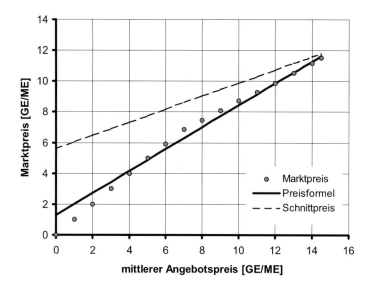

Abb. 12.12 Wirkung des Angebotspreisniveaus auf den Marktpreis

Punkte: Simulationsergebnisses für Angebotsfestpreise

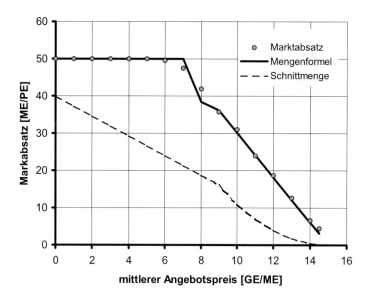

Abb. 12.13 Wirkung des Angebotspreisniveaus auf den Marktabsatz

Im Bereich ausgeglichener Preise ändern sich der kollektive Einkaufsgewinn, der Verkaufsgewinn und der *Marktgewinn* nur wenig mit dem Angebotspreisniveau. Auch die *Ungleichheit* der Absatzverteilung bleibt praktisch unverändert. Anders ist die Wirkung einer Anpassung des Angebotspreisniveaus an den Marktpreis, wie sie in *Abb. 7.2* dargestellt ist. Dafür gilt der *Preisanpassungssatz des Angebots*:

▶ Bei Angebotsfestpreisen führt eine *kollektive Angebotspreisanpassung* an den Marktpreis zu einem Anstieg des Gesamtabsatzes und der Marktgewinne, während die Ungleichheit der Absatzverteilung abnimmt.

Eine Angleichung der Angebotspreise führt für ein homogenes Gut ohne preisrelevante Qualitätsmerkmale bei gleichen Kosten aller Anbieter bis zur Gleichheit aller Angebotspreise. Dann hat die Angebotsfunktion beim Marktpreis einen senkrechten Anstieg von 0 bis zum Niveau der Gesamtangebotsmenge. Das ist der gleiche Angebotsverlauf wie bei einem *Angebots-Monopolisten*. Bei den meisten Wirtschaftsgütern aber ist die Preisangleichung begrenzt durch die *Qualitätsunterschiede*, die von den Nachfragern durch unterschiedliche Zahlungsbereitschaft honoriert werden, sowie durch die *Kostendifferenzen* der Anbieter, die zu unterschiedlichen Angebotsgrenzpreisen führen. Die vollständige Analyse der Marktergebnisse auch für andere Preis-Mengen-Konstellationen, Preisbildungsarten und Marktordnungen ist eine interessante Aufgabe für die *Wirtschaftsforschung*.

12.6 Marktsymmetrie

Die vorangehenden Ausführungen zeigen, dass Angebot und Nachfrage in mancher Hinsicht symmetrisch sind. Bei einer Spiegelung des Marktdiagramms *Abb. 12.1* an der senkrechten Achse des Koordinatensystems wird aus der fallenden eine ansteigende Nachfragefunktion und aus der steigenden eine fallende Angebotsfunktion. Dem entspricht, dass jeder Nachfrager nach einem Wirtschaftsgut zugleich Anbieter von Geld ist und jeder Anbieter eines Gutes Nachfrager nach Geld.

Die Marktsymmetrie ist besonders offenkundig auf den *Devisenmärkten*. Hier ist es nur eine Frage des Standpunkts, ob die Anbieter der einen Währung als Nachfrager und die Nachfrager der anderen als Anbieter betrachtet werden oder umgekehrt. Eine besondere Schwierigkeit aber ergibt sich für Devisenmärkte daraus, dass sich die Mengeneinheiten der angebotenen und der nachgefragten Geldmengen unterscheiden und sich ihre Relation mit dem *Kaufkurs* ändert. Das führt zu speziellen *Mengentransfergleichungen des Devisenhandels*, die von den Mengentransfergleichungen aus *Kapitel 9* abweichen, bei deren Herleitung stillschweigend die Preisunabhängigkeit einer für Angebot und Nachfrage gleichen Mengeneinheit vorausgesetzt wurde. Aus dem Unterschied folgt die *Besonderheit der Devisenmärkte*:

▶ Devisenmärkte funktionieren in vieler Hinsicht anders als Gütermärkte.

Die Aufstellung der speziellen Transfergleichungen und die Analyse der Devisenmärkte mit Hilfe dieser Gleichungen sind ebenfalls lohnende Aufgaben für die Wirtschaftsforschung von großer praktischer Relevanz.

Im Prinzip ist es möglich, den Markt als ein Zusammentreffen von Angebot und Nachfrage nach *Geld* und nicht als ein Zusammentreffen von Nachfrage und Angebot von *Gütern* zu betrachten. Das ist die Sichtweise von Wirtschaftstheoretikern, die nach der *Marshall-Konvention* die kaufpreisabhängigen Angebots- und Nachfragemengen auf der horizontalen Abszisse und die mengenunabhängigen Kaufpreise auf der senkrechten Ordinate auftragen statt umgekehrt, wie in Mathematik und Naturwissenschaft üblich [Marshall 1890; Schneider 1969, S. 88]. Diese Darstellungsweise ist jedoch irreführend und verleitet zur Vertauschung von Ursache und Wirkung (s. *Abschnitt 5.8*).[2]

Wie in *Kapitel 5* und *6* ausgeführt, bestimmen die Güter und ihre Qualität den monetären *Wert* eines Wirtschaftsgutes für den Nachfrager und die *Kosten* für den Anbieter. Abhängig von der Relation des Kaufpreises zum monetären Wert bzw. zu den Kosten legen die Akteure die Mengen fest, die sie kaufen bzw. verkaufen wollen. Bewusst oder unbewusst ist die Absicht des Nachfragers, eine *Bedarfsmenge* m_N einzukaufen, wenn dafür ein *Kaufpreis* p_K zu zahlen ist, der nicht über seinem Nachfragergrenzpreis p_N liegt. Die Absicht eines Anbieters ist der Verkauf einer *Angebotsmenge* m_A zu einem *Kaufpreis* p_K, der gleich oder größer ist als sein Angebotsgrenzpreis p_A. Das und nicht mehr besagen die individuellen Nachfragefunktionen (6.1) und Angebotsfunktionen (7.4), aus denen in der Summe über alle Marktteilnehmer die kollektive Nachfragefunktion (6.7) und die kollektive Angebotsfunktion (7.6) resultieren. Nachfragefunktionen und Angebotsfunktionen zeigen daher die Abhängigkeit der Mengen vom Kaufpreis und nicht die Abhängigkeit des Kaufpreises von der Menge.

12.7 Gesamtabsatz und Marktpreise

Aus der Absatzmengenformel (12.10) und der Marktpreisformel (12.9) ist ablesbar, wie sich die Parameter der Nachfrage und des Angebots auf den Gesamtabsatz und den Marktpreis nach einer Periode mit stationärem Verhalten der Akteure auswirken. In der Absatzmengenformel (12.10) sind die effektive Nachfragemenge und die effektive Angebotsmenge bei gleichen Preisgrenzwerten vertauschbar, ohne dass sich das Ergebnis ändert. Daraus folgt der *Symmetriesatz des Marktabsatzes*:

▶ Veränderungen des Marktabsatzes werden von der *relativen Nachfrage* M_{Neff}/M_{Aeff} bestimmt, die gleich dem reziproken *relativen Angebot* M_{Aeff}/M_{Neff} ist.

Abweichend davon ist die Marktpreisformel (12.9) i.a. nicht symmetrisch bezüglich der Nachfrage- und Angebotspreise. Hier gilt die *Asymmetriesatz des Marktpreises*:

▶ Wenn der Preisbildungsparameter β ungleich 1/2 ist, ändert sich der Marktpreis bei einer Vertauschung von Angebotspreisen und Nachfragepreisen grundlegend.

Auf den meisten Endverbrauchermärkten sind *Angebotsfestpreise* vorherrschend. Dort ist der Marktpreis primär von den Angebotspreisen abhängig. Wie aus den *Abb. 12.6, 12.8* und *12. 10* ersichtlich und aus der Preisformel ablesbar, bewirkt eine Änderung

---

[2] Schon *John Stuart Mills* kommt zu dem Ergebnis [Mills 1848/2004 S.433]: „It is, therefore, strictly correct to say, that the value of things which can be increased in quantity at pleasure, does not depend (except accidentally, during the time necessary for production to adjust itself) upon demand and supply; on the contrary, demand and supply depend on it. (Siehe auch Fußnote S. 122)

des Bedarfs, der Zahlungsbereitschaft oder der Angebotsmengen auf Märkten mit Angebotspreisen nur eine geringe Veränderung des Marktpreises. Die Wirkung dieser Einflussfaktoren auf den Marktpreis kann auch gegenläufig sein. Daher kann der Marktpreis gleich bleiben, auch wenn sich zwei oder alle drei Faktoren erheblich verändern. Die Einflussgröße mit der weitaus größten Wirkung ist, wie die *Abb. 12.12* zeigt, das *Angebotspreisniveau*. Das heißt für die *Signalwirkung des Marktpreises*:

▶ Auf Märkten mit Angebotsfestpreisen ist eine Veränderung des Marktpreises primär Anzeichen für eine gleichgerichtete Änderung der Angebotspreise und nur sekundär ein Anzeichen für eine Änderung der Bedarfsmengen, der Zahlungsbereitschaft oder der Angebotsmengen.

Die Gründe für eine kollektive Änderung der Angebotspreise sind vielfältig und werden in *Abschnitt 17.7* genauer untersucht. Nur einer von vielen Gründen für eine kollektive Preisanhebung (17.6) ist das Streben der Anbieter nach höherem Gewinn. Eine Gewinnsteigerung aber ist tritt nur ein, wenn mit einer Zunahme des Bedarfs auch eine höhere Zahlungsbereitschaft einhergeht. Das heißt:

▶ Ansteigende Marktpreise sind kein verlässliches Signal für einen steigenden Bedarf, fallende Marktpreise kein eindeutiges Anzeichen eines sinkenden Bedarfs.

So sind zum Beispiel die Marktpreise für *Notebooks* und *Personalcomputer* über viele Jahre ständig gefallen, während der Absatz rapide gestiegen ist. Die Gründe für eine solche gegenläufige Entwicklung von Absatz und Marktpreis wurden bereits in *Abschnitt 5.8* behandelt.

Auf einigen Märkten, wie bei *Auktionen* oder im *Internet* bei *Ebay*, wird zu *Nachfragerfestpreisen* gehandelt. Auf diesen Märkten wird der Marktpreis primär von der Zahlungsbereitschaft der Nachfrager bestimmt und von den Preiserwartungen der Anbieter nur nach unten begrenzt.

Wesentlich stärker als der Marktpreis verändert sich der *Gesamtabsatz* bei einer Veränderung des Bedarfs (s. *Abb. 12.7*), der Zahlungsbereitschaft (s. *Abb. 12.9*), des Gesamtangebots (s. *Abb. 12.11*) oder des Angebotspreisniveau (s. *Abb. 12.13*). Abgesehen davon, dass der Gesamtabsatz und der Marktpreis eines Wirtschaftsgutes auf einem bestimmten Markt den Akteuren nur selten bekannt sind, besteht das *Interpretationsproblem von Marktveränderungen*:

▶ Ein signifikanter Anstieg des Absatzes kann gleichermaßen von einem Bedarfszuwachs, größerer Zahlungsbereitschaft, erhöhten Angebotsmengen oder einem Rückgang der Angebotspreise hervorgerufen sein.

▶ Ein Rückgang des Gesamtabsatzes kann gleichermaßen von einem Bedarfsrückgang, geringerer Zahlungsbereitschaft, reduzierten Angebotsmengen oder höheren Angebotspreisen verursacht werden.

Anders als in den Lehrbüchern der Ökonomie zu lesen, ist der Marktpreis von gestern kein verbindliches Datum, sondern nur eine *Orientierungsgröße* für den Handel von heute und morgen. Die einzelnen Nachfrager und Anbieter ziehen aus der Höhe und den Veränderungen von Marktpreis und/oder Absatz unterschiedliche Konsequenzen.

12.7 Gesamtabsatz und Marktpreise

Anbieter mit besserer Qualität und guter Auslastung werden ihren Angebotspreis über den Marktpreis anheben, um damit den Gewinn zu steigern. Je mehr Anbieter damit Erfolg haben, umso weiter verschiebt sich die kollektive Angebotsfunktion nach rechts. Dadurch erhöht sich der Marktpreis. Anbieter mit geringer Auslastung und niedrigen Kosten senken den Angebotsgrenzpreis, um die Auslastung zu verbessern und zusätzliche Erlöse zu erzielen. Tun das viele Anbieter, verschiebt sich die Angebotsfunktion nach links. Damit sinkt der Marktpreis.

Nachfrager mit größerem Bedarf werden ihren Nachfragergrenzpreis unter dem Marktpreis ansetzen. Wenn sich viele Nachfrager so verhalten, verschiebt sich die kollektive Nachfragefunktion nach links, mit der Wirkung, dass der Marktpreis sinkt, möglicherweise aber auch der Absatz fällt. Wenn der Marktpreis in den letzten Perioden bereits gefallen ist, werden einige Nachfrager in Erwartung weiter sinkender Preise ihren Bedarf verschieben. Dadurch sinkt die Gesamtnachfrage und fällt der Marktpreis weiter. Nachfrager, die ihren Bedarf nicht ausreichend durch Einkäufe in der letzten Periode decken konnten, werden den Nachfragergrenzpreis anheben. Das bewirkt eine Verschiebung der Nachfragekurve nach rechts und einen Anstieg des Marktpreises.

Die *Rückkopplung* von Marktpreis und Absatz auf das Verhalten einzelner Akteure verstärkt die *Stochastik des Marktes*, wenn sich die Marktteilnehmer unkorreliert und in der Summe gegenläufig verhalten. Sie verhindert ein vollständiges Angleichen aller Angebots- und Nachfragergrenzpreise an den Marktpreis und ist eine weitere Ursache für den schrägen Abfall der kollektiven Nachfragefunktion und den schrägen Anstieg der kollektiven Agebotsfunktion. Bewirkt die Rückkopplung des Marktpreises oder/und des Absatzes zurückliegender Perioden eine anhaltende gleichgerichtete Verhaltensänderung der Anbieter, entsteht oder verstärkt sich die *Dynamik des Marktes* (s. Abschnitte 4.12 und 14.4).

Die von Marktpreis und Marktabsatz induzierten Verhaltensänderungen können aus einer *zutreffenden Interpretation* der beobachteten Änderungen resultieren, aber auch aus einer *falschen Interpretation*. Eine systematische Änderung des Marktpreises infolge eines veränderten Angebotspreisniveaus oder anderer Faktoren lässt sich, wenn überhaupt, nur mit einigem Beobachtungsaufwand und nicht ohne Zeitverzug feststellen. Auch systematische Absatzänderungen sind nicht leicht zu erkennen. Das liegt daran, dass die Marktpreise und Absatzmengen *Zufallsschwankungen* unterworfen sind, die den systematischen zeitlichen Verlauf überlagern und verdecken. Diese Zufallseffekte sind Gegenstand der *Marktstochastik*.

13 Marktstochastik

Der Einfluss des *Zufalls* auf das Marktgeschehen ist Gegenstand der *Marktstochastik*. Sie betrachtet zunächst *stationäre Märkte*, auf denen die Nachfrage, das Angebot und das Verhalten der Akteure *im Mittel* über eine längere Zeit unverändert bleiben. Ein solcher Zustand herrscht auf ausgeglichenen Märkten eingeführter Wirtschaftsgüter, wenn Nachfrager und Anbieter aus Gewohnheit, Trägheit oder anderen Gründen ihr Verhalten nicht ändern.

Auf einem *stochastisch-stationären Markt* ergibt sich allein aus der Marktmechanik eine *ungleiche Verteilung* des Gesamtabsatzes und des Marktgewinns auf die Käufer mit unterschiedlicher Zahlungsbereitschaft und auf die Verkäufer mit unterschiedlichen Angebotsgrenzpreisen. Die Verteilungswirkung des Marktes ist seit langem bekannt. Sie wird immer wieder von Wirtschaftswissenschaftlern und Wirtschaftspolitikern diskutiert [Eucken 1952; Giersch 1961; Pareto 1897; Samuelson 1995; Stiglitz 2006]. Ihre Ursachen aber werden von der klassischen Theorie nicht erklärt. Im Rahmen der Marktstochastik lassen sich die *Verteilungswirkungen des*

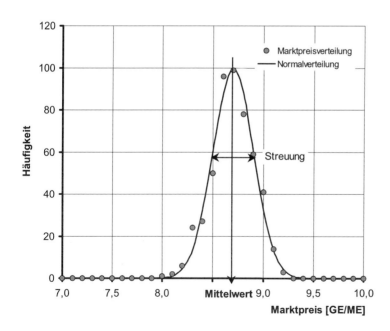

Abb. 13.1 Simulierte Häufigkeitsverteilung des Marktpreises für den Standardmarkt

Marktes und ihre Einflussfaktoren verstehen und im Prinzip auch quantifizieren. Damit ergeben unterschiedliche Möglichkeiten, die Verteilungsergebnisse zu beeinflussen.

Die Marktstochastik wirkt sich auch auf *dynamischen Märkten* aus. Dort verschleiern die Zufallseffekte die systematischen Marktveränderungen. Die in *Abb. 5.7* gezeigte *Ergebnisunschärfe des Marktes* erschwert das Erkennen von Veränderungen [Soros 2007]. Sie bewirkt einen *Informationsverzug*, der eine verspätete Reaktion der Akteure zur Folge hat. Zur Trennung der systematischen Veränderungen von den zufälligen Schwankungen einer Marktkenngröße ist das Verfahren der *exponentiellen Glättung* mit einem *adaptivem Glättungsfaktor* am besten geeignet, das im Rahmen der *Marktdynamik* in *Abschnitt 14.3* näher erläutert wird.

13.1 Mittelwerte und Zufallsschwankungen

Wenn ein oder mehrere Einflussgrößen auf die Marktergebnisse zufällig schwanken, sind auch die Marktergebnisse (11.2) bis (11.4) zufällige Ereigniswerte, die in den aufeinander folgenden Perioden um einen Mittelwert streuen. Nach dem *Gesetz der großen Zahl* nähert sich die *Häufigkeitsverteilung* eines zufälligen Ereigniswertes E = $E(x_1; x_2, \ldots)$, der eine Funktion zufällig schwankender *Einflussgrößen* x_r, r = 1, 2, ..., ist, mit zunehmender Anzahl Messungen n einer *Normalverteilung* [Kreyszig 1975].

Der Mittelwert einer *Zeitreihe* $E(t)$, t = 1, 2, ..., n, von n zufälligen Ereigniswerten, die in jeder Periode mit gleichbleibender Häufigkeitsverteilung eintreten, ist

$$E_m = \sum_{t=1}^{n} E(t)/n . \tag{13.1}$$

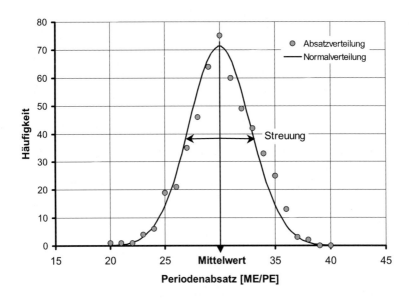

Abb. 13.2 Simulierte Häufigkeitsverteilung des Periodenabsatzes

13.1 Mittelwerte und Zufallsschwankungen

Ein Maß für die mittlere *Streuung* oder *Schwankung* des Ereigniswertes ist die *Standardabweichung* s_E der Einzelwerte vom Mittelwert (13.1). Das Quadrat der Standardabweichung ist die *Varianz*:

$$s_E^2 = \sum_{t=1}^{n}(E(t) - E_m)^2/(n-1) \tag{13.2}$$

Die *relative Streuung* $v_E = s_E/E_m$ ist der *Variationskoeffizient* oder die *Volatilität*.

Der Mittelwert (13.1) und die Varianz (13.2) erreichen erst nach einer sehr großen Anzahl von Messperioden, in denen die Häufigkeitsverteilung unverändert bleibt, also für $n \to \infty$, stabile Werte. Wird der Mittelwert (13.1) aus den Messwerten einer endlichen Anzahl von n Perioden berechnet, dann hat der Mittelwert selbst den Fehler $s_{Em} = s_E/\sqrt{n}$. So hat der Mittelwert aus einer Simulation von n = 25 Perioden einen Fehler, der um den Faktor 5 kleiner ist als die Streuung der Einzelwerte. Daraus folgt der Satz:

- Die Mittelwerte der Marktergebnisse sind nur genauer messbar, wenn der Markt abgesehen von Zufallsschwankungen für hinreichend lange Zeit unverändert bleibt.

Auf den realen Märkten kommt es selbst bei eingeführten Wirtschaftsgütern hin und wieder zu systematischen Veränderungen, die eine genauere Messung der Marktergebnisse unmöglich machen. Daraus folgt das *1. Ungewissheitsprinzip des Marktes*:

▶ Die Bestimmung von Absatz, Marktpreis, Umsatz und anderen Marktergebnissen ist um so ungenauer, je kürzer die Phasen unveränderter Marktbedingungen sind.

Anders als auf den realen Märkten kann bei einer *Simulation* das Marktgeschehen im Mittel für beliebig lange Zeit konstant gehalten werden. Damit lässt sich überprüfen, wieweit die Marktstochastik die allgemeinen Gesetze der Statistik erfüllt.

In *Abb. 13.1* ist die Verteilung der Marktpreise aus der Simulation eines Marktes mit der Standardkonstellation (11.7) und den Eingabewerten der *Tab. 11.2* in n = 500 aufeinander folgenden Perioden dargestellt. Die *Abb. 13.2* zeigt die aus der gleichen Simulationsrechnung resultierende Absatzverteilung. Aus beiden Diagrammen ist zu erkennen, dass sich die simulierten Häufigkeitsverteilungen im Rahmen der statistischen Fehler *Normalverteilungen* annähern. Die Mittelwerte und Standardabweichungen der Normalverteilungen sind gleich den Simulationsergebnissen aus *Tab. 11.2*. Die Zufallsstreuung des zeitlichen Verlaufs von Marktabsatz, Marktpreis und der anderen Marktergebnisse ist für die simulierte Marktkonstellation in den *Abb. 11.3* bis *11.5* dargestellt.

Dieses Beispiel sowie zahlreiche weitere Simulationsrechnungen mit Hilfe des *Mastertools zur Marktsimulation* bestätigen, dass auch für die Marktstochastik die Gesetze der Statistik gelten. Außerdem sind diese Simulationsrechnungen ein weiterer unabhängiger Test für die Richtigkeit der Transfergleichungen und für die praktische Brauchbarkeit des Simulationstools. Daher ist es zulässig, aus den theoretischen Formeln in Verbindung mit den Simulationsergebnissen auf allgemeine Gesetzmäßigkeiten der Märkte zu schließen.

Wenn die Abhängigkeit $E(x_1; x_2, \ldots)$ eines Marktergebnisses eine stetig differenzierbare Funktion voneinander unabhängiger Einflussgrößen x_r ist, lässt sich die *Va-*

rianz des Marktergebnisses s_E^2 aus den *Varianzen der Einflussgrößen* s_r^2 nach dem *Fehlerfortpflanzungsgesetz* berechnen [Kreyszig 1995]:

$$s_E^2 = \sum_r (\partial E/\partial x_r)^2 \cdot s_r^2 \ . \tag{13.3}$$

Hierin sind $\partial E/\partial x_r$ die partiellen Ableitungen des Ergebnisses $E = E(x_1; x_2, \ldots)$ nach den Einflussgrößen x_r. Aus Beziehung (13.3) ergibt sich das *2. Ungewissheitsprinzip des Marktes*:

▶ Die Schwankung einer Marktkenngröße ist um so stärker, ihr Mittelwert umso ungenauer, je größer die Anzahl und die Schwankung der Einflussgrößen ist.

Nach dem Fehlerfortpflanzungsgetz (13.3) lässt sich die Streuung des *Marktumsatzes* U_K, der gleich dem Produkt $U_K = M_K \cdot P_K$ von Marktabsatz M_K und Marktpreis P_K ist, berechnen aus der Absatzstreuung s_M und der Marktpreisstreuung s_P nach der Beziehung:

$$s_U^2 = P_K^2 \cdot s_M^2 + M_K^2 \cdot s_P^2 \ . \tag{13.4}$$

Die Simulationsrechnungen ergeben, dass der Zusammenhang (13.4) im Rahmen der statistischen Genauigkeit erfüllt ist. Entsprechend können auch die Streuung des *Marktgewinns*, der *Einkaufsquote* und der *Verkaufsquote* aus der Absatzstreuung und der Marktpreisstreuung berechnet werden, da sie gemäß den Beziehungen (5.20) bis (5.23) Funktionen von Gesamtabsatz und Marktpreis sind. Auch hier bestätigt die Marktsimulation die theoretischen Vorhersagen.

Die Zufallsstreuungen des Marktpreises und des Periodenabsatzes sind schwieriger zu ermitteln, da sich der Einfluss zufälliger Begegnungsfolgen nicht mit Hilfe des Fehlerfortpflanzungsgesetzes berechnen lässt. Zur Beurteilung der *Zufallseinflüsse von Nachfrage und Angebot* sind systematische Simulationsrechnungen notwendig. Für lineare Nachfrage- und Absatzfunktionen ergeben sich aus Wahrscheinlichkeitsüberlegungen halbempirische Näherungsformeln zur approximativen Berechnung der Marktpreis- und der Absatzstreuung.

13.2 Zufallseinflüsse auf Marktpreise und Periodenabsatz

Bei einer *deterministischen Begegnungsfolge* (s. Tab. 10.2), wie die Zuordnung der Nachfrager und Anbieter nach steigenden und/oder fallenden Grenzpreisen, ergeben sich nur dann zufällig streuende Marktpreise und Absatzwerte, wenn einer oder mehrere Parameter von Nachfrage oder Angebot zufällig schwanken. Bei *zufälliger Begegnungsfolge* ergibt sich dagegen auch bei konstanten Nachfrage- und Angebotsparametern eine Zufallsstreuung des Marktpreises und des Marktabsatzes allein daraus, dass die Nachfrager mit größerer Zahlungsbereitschaft mit höherer Wahrscheinlichkeit zum Kauf kommen als die Nachfrager mit geringerer Zahlungsbereitschaft.

Wenn am Anfang einer Periode zufällig mehr zahlungskräftige Nachfrager auf den Markt kommen und die Anbieter nach aufsteigenden Angebotspreisen aufsuchen, räumen sie das preisgünstige Angebot. Die später kommenden, weniger zahlungskräftigen Nachfrager gehen dann zum größeren Teil leer aus. In einer solchen

13.2 Zufallseinflüsse auf Marktpreise und Periodenabsatz

Periode ist der Gesamtabsatz geringer und der mittlere Kaufpreis hoch. Kommen in einer anderen Periode zu Anfang zufällig mehr zahlungsschwache Käufer zu den preisgünstigen Anbietern, ist ihre Chance zum Kaufabschluss erheblich größer. Auch die nachfolgenden zahlungskräftigeren Käufer finden bei den teureren Anbietern immer noch ein für sie bezahlbares Angebot vor. In einer solchen Periode ist der Marktabsatz größer. Der mittlere Kaufpreis, also der Marktpreis, ist dagegen in dieser Periode niedriger.

Bei rein zufällig verteiltem Eintreffen der Nachfrager kommen in den aufeinander folgenden Perioden alle möglichen Verteilungen mit gleicher Wahrscheinlichkeit vor, von der Verteilung nach aufsteigenden, über preisgemischte Verteilungen bis zur Verteilung nach fallenden Nachfragergrenzpreisen. Die daraus resultierenden Schnittpunktpreise sind zufällig gleichverteilt im *kaufpreisentscheidenden Bereich*:

$$\text{MAX}(p_{Nu}; p_{Au}) < p_S < \text{MIN}(p_{No}; p_{Ao}) . \tag{13.5}$$

Dieser Bereich liegt zwischen dem Maximum von unterstem Nachfrage- und unterstem Angebotsgrenzpreis und dem Minimum von oberstem Nachfrage- und oberstem Angebotsgrenzpreis. Die *relative Streubreite des kaufpreisentscheidenden Bereichs* ist:

$$\begin{aligned} v_K = &(\text{MIN}(p_{No}; p_{Ao}) - \text{MAX}(p_{Nu}; p_{Au})) \\ &/(\text{MIN}(p_{No}; p_{Ao}) + \text{MAX}(p_{Nu}; p_{Au})) . \end{aligned} \tag{13.6}$$

Unter Verwendung der relativen Streubreite (13.6) des kaufpreisentscheidenden Bereichs lassen sich aus Wahrscheinlichkeitsüberlegungen in Verbindung mit Simulationstests *halbempirische Näherungsformeln* für die Streuung der Marktpreise und des Periodenabsatzes bei linearen Nachfrage- und Angebotsfunktionen und Standardbegegnung herleiten:

- *Marktpreisstreuung* infolge zufällig verteilter Nachfragepreise

$$s_P = f_P \cdot P_K \cdot v_K \tag{13.7}$$

- *Periodenabsatzstreuung* infolge zufällig verteilter Nachfragepreise

$$s_M = f_M \cdot M_K \cdot (1 - M_K / \text{MIN}(M_{Neff}; M_{Aeff})) \cdot v_K / 10 \tag{13.8}$$

Die *Mittelwerte* von *Marktpreis* P_K und *Periodenabsatz* M_K sind mit den Näherungsformeln (12.9) und (12.10) zu berechnen. Die effektive Nachfragermenge und die effektive Angebotsmenge sind durch (12.1) und (12.2) gegeben. Die Faktoren $f_P = f_P(s_{NN}; s_{mN}; s_{pN}; s_{NA}; s_{mA}, s_{pA})$ und $f_M = f_M(s_{NN}; s_{mN}; s_{pN}; s_{NA}; s_{mA}, s_{pA})$ sind Funktionen der Zufallsstreuungen von Nachfrageranzahl, Bedarfsmengen und Nachfragergrenzpreisen sowie der Zufallstreuungen von Anbieteranzahl, Angebotsmengen und Angebotsgrenzpreisen. Sie lassen sich mit Hilfe des Fehlerfortpflanzungsgesetzes (13.3) aus den Formeln (12.9) und (12.10) berechnen oder zumindest abschätzen.

Die *Abb. 13.3* und *13.4* zeigen, dass die Näherungsformeln (13.7) und (13.8) die simulierten Werte der Markpreisstreuung und der Absatzstreuung für unterschiedliche *relative Streubreiten der Nachfragergrenzpreise*

$$v_{Np} = (p_{No} - p_{Nu})/(p_{No} + p_{Nu}) \tag{13.9}$$

recht gut approximieren. Die Faktoren der Näherungsfunktionen sind für diese Marktkonstellation mit fester Nachfrager- und Anbieterzahl $f_P = 1/\sqrt{3}$ und $f_M = 1/10$.

Bei den Simulationsrechnungen wurde jeweils nach 25 Perioden bei konstant gehaltenen Mittelwerten von Marktpreis und Periodenabsatz über die Streubreite der Nachfragergrenzpreise (13.9) die *kollektive Zahlungsbereitschaft* und damit die Steilheit der Nachfragefunktion – wie in *Abb. 6.6* dargestellt – verändert. Die Streuungswerte sind mit Beziehung (13.2) aus den simulierten Einzelergebnissen der 25 aufeinander folgenden Perioden mit unveränderter Preisstreuung berechnet. Sie sind mit erheblichen stochastischen Fehlern behaftet. Hinzu kommen Sprungeffekte im Schnittbereich von Nachfrage- und Angebotsfunktion, die von der relativ kleinen Anbieteranzahl mit ihren festen Angebotsmengen hervorgerufen werden.

Die Berechnungsformeln (13.7) und (13.8) für die Streuungen von Marktpreis und Absatz sind ebenso wie die Formeln (12.9) und (12.10) für die Mittelwerte halbempirische Näherungsformeln ohne schlüssigen Beweis. Die Herleitung exakter Berechnungsformeln auch für andere Nachfrage- und Angebotsfunktionen und für weitere Begegnungsfolgen ist eine Aufgabe von großer theoretischer und praktischer Bedeutung. So ließe sich auf diese Weise auch die *Volatilität* der Kurse und Umsätze an der *Börse* untersuchen und berechnen.

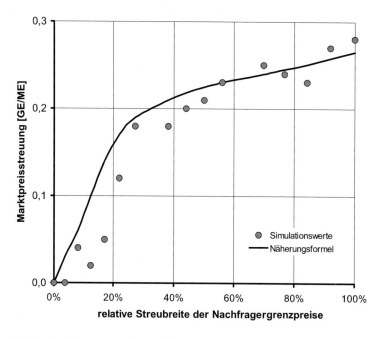

Abb. 13.3 Abhängigkeit der Marktpreisschwankungen von der Streubreite der Nachfragergrenzpreise

Mittelwerte: Marktpreis 8,70 GE/MA   Periodenabsatz 30 ME/PE
Übrige *Parameter* und *Ergebnisse*: Tab. 11.2 $f_P = 1/\sqrt{3}$

13.2 Zufallseinflüsse auf Marktpreise und Periodenabsatz

Aus den Näherungsformeln und der Simulation ergeben sich die *Gesetze der Marktstochastik*:

▶ Die größten Zufallsschwankungen von Marktpreisen und Periodenabsatz werden durch die Zufälligkeiten der *Marktbegegnung* hervorgerufen.

▶ Die stochastische Streuung des Marktpreises, die in dem Modellbeispiel zwischen 0% und 15% liegt, ist deutlich geringer als die stochastische Streuung des Periodenabsatzes, die hier bis zu 30% erreichen kann.

▶ Eine stochastische Streuung der individuellen Nachfrage- und Angebotsparameter hat nur für Nachfragerzahlen $N_N < 10$ und Anbieterzahlen $N_A < 10$ erkennbare Auswirkungen auf die Zufallsstreuung von Marktpreis und Periodenabsatz.

Aus den Formeln (13.7) und (13.8) und den Simulationsergebnissen ergeben sich außerdem die *Streueffekte der Nachfrage*:

▶ Die Streuung von Marktpreis und Periodenabsatz steigt mit zunehmender Streubreite der Nachfragergrenzpreise und flacher werdender Nachfragefunktion. Sie geht mit abnehmender Streuung der Nachfragergrenzpreise und steiler werdender Nachfragefunktion gegen 0.

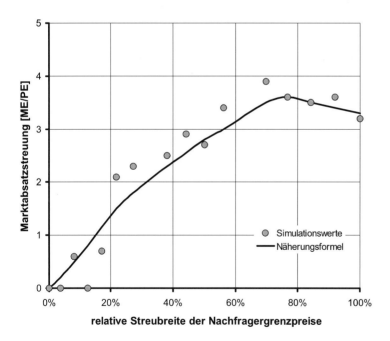

Abb. 13.4 Abhängigkeit der Absatzsschwankungen von der Streubreite der Nachfragergrenzpreise

Mittelwerte: Marktpreis 8,70 GE/MA   Periodenabsatz 30 ME/PE
Übrige *Parameter* und *Ergebnisse*: Tab. 11.2 $f_M = 1/10$

▶ Der Einfluss stochastisch schwankender Nachfragerzahlen N_N sowie von Zufallsstreuungen der einzelnen Bedarfsmengen und Nachfragergrenzpreise auf die Streuung von Marktpreis und Absatz ist im Vergleich zum Effekt der zufälligen Begegnungsfolge nur für kleinere Nachfrageranzahlen $N_N < 10$ von Bedeutung.

Auf vielen Endverbrauchermärkten ist die Zahl der Nachfrager sehr groß und deren relative Schwankung gering. Bei unkorreliertem Verhalten schwankt die Nachfrageranzahl von Periode zu Periode mit der Zufallsstreuung $s_N = \sqrt{N_N}$. Die relative Schwankung ist $v_N = N/s_N = 1/\sqrt{N_N}$ und nimmt mit zunehmendem N_N rasch ab.

Ähnliche Wirkungen wie die relative Streuung der Nachfragepreise hat die *relative Streubreite der Angebotsgrenzpreise*

$$v_{Ap} = (p_{Ao} - p_{Au})/(p_{Ao} + p_{Au}) \,. \tag{13.10}$$

Aus den Näherungsformeln und zahlreichen Simulationsrechnungen ergeben sich die *Streueffekte des Angebots*:

▶ Die Streuung von Marktpreis und Periodenabsatz steigt mit zunehmender Streubreite der Angebotsgrenzpreise und flacher werdender Angebotsfunktion. Sie geht mit abnehmender Streuung der Angebotspreise und steiler werdender Angebotsfunktion gegen 0.

▶ Der Einfluss stochastisch schwankender Anbieterzahlen N_A sowie von Zufallsstreuungen der einzelnen Angebotsmengen und Angebotsgrenzpreise auf die Streuung von Marktpreis und Absatz ist im Vergleich zum Effekt der zufälligen Begegnungsfolge nur für kleinere Anbieterzahlen $N_A < 10$ von Bedeutung und für große Anbieterzahlen vernachlässigbar.

Abgesehen von den Börsen, wo sich die Anzahl der Akteure ebenso wie die Mengen und Preise rasch ändern können, ist die mittlere Anzahl der Anbieter auf den meisten länger anhaltenden Märkten in der Regel für längere Zeit konstant. Auch die Angebotsmengen und Preise ändern sich kaum zufällig sondern vor allem infolge systematischer Nachfrageänderungen (s. *Abschnitt 6.5*). Die Zufallsschwankungen von Marktpreis und Periodenabsatz werden also primär durch die Streuung der Nachfrageparameter bewirkt, die systematischen Änderungen dagegen durch die Verhaltensänderungen der Akteure (s. *Kapitel 15* und *16*).

13.3 Verteilungswirkung für die Käufer

Wegen der ungleichen Kaufchancen bei unterschiedlicher Zahlungsbereitschaft führt der Marktmechanismus bei zufälliger Marktbegegnung und unterschiedlichen Angebotspreisen zu einer ungleichen Verteilung von Absatz, Umsatz und Gewinnen auf die Käufer. Diese Verteilungswirkung des Marktes wurde bereits im Marktbeispiel *Kapitel 2* beschrieben und in *Kapitel 10* genauer begründet.

Die Verteilungswirkung des Marktes auf eine große Anzahl von Käufern ist darstellbar durch eine *Lorenzkurve*, deren Bedeutung in *Abschnitt 5.6* beschrieben wurde. In *Abb. 13.5* sind die aus den Simulationsrechnungen resultierenden Lorenzkurven der *Absatzverteilung* und der *Gewinnverteilung* auf die 50 Käufer der Standardkonstellation dargestellt. Die Ungleichheit der Verteilung des Einkaufsgewinns ist

13.3 Verteilungswirkung für die Käufer

mit $\alpha_G = 52\%$ größer als die *Ungleichheit* $\alpha_M = 40\%$ der Absatzverteilung. Dazwischen liegt die Ungleichheit der Umsatzverteilung.

Die berechneten Ungleichheiten des Gesamtabsatzes sind für die verschiedenen Marktkonstellationen und Preis-Mengen-Relationen in den *Ergebnistabellen 11.3* bis *11.6* angegeben. Die Werte der *Tab. 11.3* und weitere Simulationsrechnungen bestätigten das allgemeine *Marktverteilungsgesetz für die Käufer*:

▶ Solange kein kollektiver Kaufkraftüberhang herrscht, bewirkt der Marktmechanismus zwangsläufig eine *Ungleichverteilung* von Gesamtabsatz, Umsatz und Einkaufsgewinn zu Gunsten der Käufer mit der größeren Zahlungsbereitschaft und zu Lasten der Käufer mit der geringeren Zahlungsbereitschaft.

Bei der Berechnung der *Ungleichheit* und der *Lorenzverteilungen* der *Abb. 5.4* und *13.5* wurde nur die *effektive Nachfrage* berücksichtigt, also nur Käufer, deren Zahlungsbereitschaft mindestens so hoch ist wie der unterste Angebotspreis. Wenn auch die Nachfrager mit unzureichender Kaufkraft, die überhaupt keine Kaufchance haben, einbezogen werden, ist die Ungleichverteilung größer. Sie ist umso ausgeprägter, je größer der Überhang der *unwirksamen Nachfrage* ist (s. *Abb. 11.1*).

Die Ungleichverteilung zu Gunsten der kaufkräftigen Nachfrager wird durch *Mengenstaffelpreise* (8.9) und *Mindestmengen* noch verstärkt. Auch die *begrenzte Reichweite* und die *eingeschränkte Information* der weniger kaufkräftigen Nachfrager tragen zu einer größeren Ungleichverteilung bei. *Budgetierte Bedarfsmengen* führen dagegen, wie aus der *Tab. 11.5* mit den Simulationsergebnissen für die Standardkon-

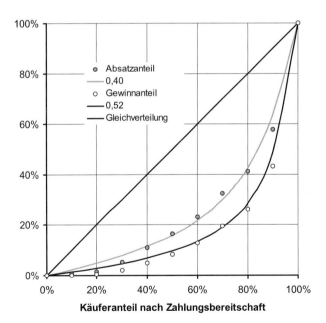

Abb. 13.5 Lorenzkurven der Absatzverteilung und der Gewinnverteilung auf die Käufer für die Standardkonstellation (11.7)

stellation ablesbar, mit $\alpha = 30\%$ zu einer geringeren Ungleichheit der Absatzverteilung als feste Bedarfsmengen, bei denen die Ungleichheit $\alpha = 40\%$ ist.

Die Ungleichheit der Absatzverteilung nimmt mit der Höhe der effektiven Gesamtnachfrage in Relation zum effektiven Gesamtangebot ab. Sie ist mit $\alpha_M = 45\%$ in einer *Knappheitsphase*, d. h. bei *Bedarfsüberhang* und *Kapazitätsmangel*, am größten und mit $\alpha_M = 30\%$ in einer *Sättigungsphase*, d. h. bei *Bedarfsmangel* und *Kapazitätsüberhang*, am kleinsten. Für die Standardkonstellation mit annäherndem Ausgleich von Bedarf und Kapazität ist die Ungleichheit mit $\alpha_M = 40\%$ sehr ausgeprägt. Allgemein gilt:

▶ Auf gesättigten Märkten mit hoher Kaufkraft sind Absatz, Umsatz und Einkaufsgewinne wesentlich gleichmäßiger verteilt als auf Märkten mit Unterversorgung und geringer Kaufkraft.

Der *Tab. 11.6*, deren Absatzverteilungen in *Abb. 5.4* dargestellt sind, ist zu entnehmen, dass auch die Art der *Marktbegegnung* erheblichen Einfluss auf die Verteilung hat. Die effektive Ungleichheit ist mit $\alpha_M = 60\%$ am größten, wenn Verkäufer mit zufälligen Angebotspreisen Nachfrager in der Reihenfolge fallender Nachfragerpreise bedienen. Bei Aufsuchen der Anbieter nach steigendem Angebotspreis durch preisbewusste Nachfrager, die in steigender Preisfolge auf den Markt kommen, ist die Absatzverteilung mit $\alpha_M = 10\%$ fast ausgeglichen.

Die Ungleichheit der Absatzverteilung korreliert mit der *Zufallsstreuung von Marktpreis und Periodenabsatz*, denn beide haben die gleiche Ursache. Die Ungleichheit nimmt ebenso wie die begegnungsbedingte Streuung mit abnehmender Steilheit der Nachfragefunktion und der Angebotsfunktion zu und mit zunehmender Steilheit ab. Die Ungleichheit verschwindet, wenn entweder alle Angebotspreise oder alle Nachfragergrenzpreise gleich sind. Wie bereits in *Abschnitt 12.4* und *12.5* ausgeführt, tritt das nur unter besonderen Umständen ein. Weitere Einflussfaktoren der Verteilung von Absatz, Umsatz und Gewinn auf die Nachfrager sind, wie aus *Tab. 11.5* hervorgeht, die *Art der Mengenbildung* (6.1) und, wie *Tab. 11.6* zeigt, die *Wettbewerbskonstellation*.

Das Marktverteilungsgesetz hat für die *Mikroökonomie* und für die *Makroökonomie* gravierende Konsequenzen. Hier zeigt sich, dass die erstmals von *Pareto* untersuchten Ungleichverteilungen von Einkommen und Vermögen *primär* die Folgen des Marktmechanismus sind [Pareto 1897]. Die Ungleichheit α_E der *Einkommensverteilung* liegt in hoch entwickelten Industrieländern mit gutem Versorgungsgrad und hoher Kaufkraft zwischen 20% und 35%, während sie in weniger entwickelten Ländern mit niedriger Kaufkraft wie Brasilien oder Mexiko mit Werten weit über 45% wesentlich größer ist [OECD 2005; s. Samuelson 1995 S. 427]. Die ersten empirischen Werte liegen im Bereich der theoretischen Ungleichheit des Absatzes von $\alpha_M = 20$ bis 40% auf freien Märkten mit ausgeglichener Bedarfsdeckung und guter Kaufkraft. Die zweiten Werte sind von der Größenordnung der theoretischen Absatzungleichheit von $\alpha_M = 45\%$ auf Märkten mit Bedarfsüberhang und geringer Kaufkraft. Das ist ein empirisches Indiz für einen Zusammenhang zwischen Absatzverteilung und Einkommensverteilung.

Das Marktverteilungsgesetz für die Käufer entzieht dem weit verbreitete Glauben an die *Allokationseffizienz des Marktes* den Boden [Samuelson 1998 S. 87, 59, 176ff. und 404; Senf 2001]. Die Behauptung, dass knappe Ressourcen durch die *Lenkungswirkung des Marktes* stets zu den Käufern kommen, die damit den größten gesamtwirtschaftlichen Nutzen bewirken, ist falsch. Der Markt gibt den Nachfragern mit der größeren Zahlungsbereitschaft am meisten, unabhängig davon, wofür sie die gekauften Güter verwenden [Spiegel 4/2004]. Das sind in Engpassphasen die Marktteilnehmer mit dem höheren *Zahlungsvermögen*. So führt der Marktmechanismus bei begrenzter Versorgung des Kraftstoffmarkts dazu, dass zahlungsschwache Arbeiter, die mit dem Auto zur Arbeit fahren müssen, einen kleineren Anteil erhalten als zahlungskräftige Käufer, die einen großen Wagen mit hohem Verbrauch nur zum Vergnügen fahren. Bei Nahrungsmittelknappheit hat „die Rationierung durch den Geldbeutel die gewiss nicht optimale Wirkung, dass zwar die Katzen der Reichen nicht aber die Kinder der Armen Milch bekommen" [Giersch 1961 S. 130].

13.4 Verteilungswirkung auf die Anbieter

Nicht nur für die Nachfrager auch für die Anbieter führt der Marktmechanismus zu Ungleichverteilungen von Absatz, Umsatz und Gewinn. Das zeigt das Diagramm *Abb. 13.6* mit der simulierten Verteilung des Absatzes auf die 10 Anbieter für die Standardkonstellation. Die ersten 7 Anbieter mit den niedrigsten Preisen verkaufen ihre Angebotsmengen vollständig und sind damit zu 100% ausgelastet. Der 8. Anbieter verkauft im Mittel noch 60% seiner Angebotsmenge. Die beiden letzen Anbieter haben keinen Absatz. Ihr Angebot ist bei der gegebenen Preis-Mengen-Relation wegen zu hoher Angebotspreise unwirksam.

Die Verteilungswirkung des Marktes für die Anbieter ist weithin bekannt [s. z. B. Samuelson 1995]. Sie ist auch der Ausgangspunkt der Entwicklung von *Absatzstrategien* mit dem Ziel, den Absatz zu fördern, die Auslastung zu verbessern und den Gewinn zu steigern (s. *Kapitel 15*). Um an der Nachfrage teilhaben zu können, müssen die Anbieter ihre Preise laufend am *Marktpreis* und ihre *Angebotsqualität* am Wettbewerb messen. Daraus folgt der für die Nachfrager *positive Verteilungsdruck des Marktes auf die Anbieter*:

▶ Zu hohe Preise und unzureichende Auslastung zwingen die Anbieter, ihre Kosten und Preise zu senken oder die Qualität zu verbessern.

Der Verteilungsdruck des Marktes auf die Anbieter ist die Ursache für das *positive Wirken der unsichtbaren Hand des Marktes*, nach der ein Anbieter mit seinem eigennützigen Streben nach Gewinn – auch ohne es zu wollen – zugleich den Nutzen vieler anderer, ihm meist unbekannter Nachfrager bewirkt [Smith 1776]. Er resultiert aus dem *Erwerbsbedarf der Verkäufer* in Verbindung mit dem *Gewinnstreben* der Käufer und Verkäufer:

▶ Das Gewinnstreben treibt Anbieter dazu, die Absatzmenge zu steigern und die Kosten zu senken, aber auch dazu, den Angebotspreis soweit anzuheben, wie dadurch nicht Absatz und Verkaufsgewinn beeinträchtigt werden.

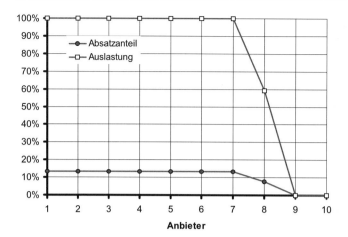

Abb. 13.6 Verteilung des Marktabsatzes und resultierende Auslastung für die Anbieter der Standardkonstellation (11.7)

Parameter und übrige *Ergebnisse*: Tab. 11.2

Der Versuch, den Gewinn durch Preisanhebungen zu steigern, wird durch den *Wettbewerb* und durch die Gefahr eines Absatzrückgangs begrenzt (s. *Abschnitt 15.4*). Die unsichtbare Hand hat jedoch auch eine Kehrseite, denn aus dem Marktmechanismus resultiert die für einige Anbieter *negative Verteilungswirkung des Marktes*:

▶ Bei Kaufkraftmangel, Bedarfsrückgang und Überkapazitäten sowie bei Wettbewerbern, die geringere Kosten haben, sind alle Anbieter zum Ausscheiden aus dem Markt gezwungen, denen es nicht gelingt, ihre Kapazität ausreichend auszulasten und die Kosten zu senken.

Die negative Verteilungswirkung des Marktes hat bittere Konsequenzen auf den Märkten hoch entwickelter Industrieländer mit zunehmender Bedarfssättigung. Beispiele für das harte Wirken der unsichtbaren Hand sind das weitgehende Verschwinden der *Textilindustrie* aus diesen Ländern unter dem Importdruck, das Sterben der Kleinhändler unter dem Druck großer Handelsketten und das Ausscheiden weniger qualifizierter Arbeitskräfte infolge des Bedarfsrückgangs einfacher Arbeit bei zunehmenden Personalkosten.

13.5 Marktchancen und Marktrisiken

Der Markt bietet individuelle und kollektive *Chancen* und *Risiken*, die erheblichen Einfluss haben auf das Verhalten der Akteure. *Individuelle Marktchancen* ergeben sich aus

13.5 Marktchancen und Marktrisiken

Einkommensmöglichkeiten
Gewinnaussichten
Güterangebot (13.11)
Entscheidungsfreiheit
Vertragsfreiheit

Zur optimalen Nutzung der *Marktchancen* ist es notwendig, geeignete *Beschaffungsstrategien* und *Absatzstrategien* zu entwickeln (s. *Kapitel 15* und *16*). Die Beschaffungs- und Absatzstrategien müssen außer den planbaren und prognostizierbaren Einflussfaktoren auch die *Marktrisiken* berücksichtigen, denn mit jedem Handel sind nicht nur Chancen, sondern auch Gefahren verbunden. *Individuelle Marktrisiken* sind

Informationsrisiken
Prognoserisiken
Interpretationsrisiken (13.12)
Entscheidungsrisiken
Erfüllungsrisiken

Die *Informationsrisiken* resultieren aus fehlenden, unzureichenden, verfälschten oder gefälschten Informationen über Güte, Menge und Qualität des Wirtschaftsgutes wie auch über Marktpreise, Marktabsatz und Marktteilnehmer. Ein spezielles Risiko erwächst aus der *Informationsverzögerung*. Eine verspätete Information kann rechtzeitiges Handeln verhindern oder falsch interpretiert werden. Das Informationsrisiko ist auf Märkten mit geringer *Preistransparenz* besonders hoch. Das gilt z. B. für *Logistikmärkte* und *Investitionsgütermärkte*. Aber auch auf vielen Endverbrauchermärkten, insbesondere für *immaterielle Wirtschaftsgüter*, wie *Telekommunikationsleistungen* und *Beförderungsleistungen*, verschleiern die Anbieter durch komplizierte und irreführende *Preismodelle* gezielt die Preistransparenz (s. *Abschnitt 15.12*).

Prognoserisiken entstehen aus den Unsicherheiten der *Faktorprognose*, der *Verhaltensvorhersage* und der *Ereignisantizipation*. Soweit das Prognoserisiko nicht durch eine *Versicherung*, wie eine *Kurssicherung* oder eine *Zahlungsausfallversicherung*, abgedeckt ist, fließt es in die Kalkulation der *Nachfragergrenzpreise* und der *Angebotsgrenzpreise* ein. Um aus Absatz, Preisen, Kosten, Erlösen und Zinsen die Angebots- und Nachfragergrenzpreise kalkulieren zu können, muss die zukünftige Entwicklung dieser Faktoren möglichst genau bekannt sein. Die Unsicherheit der *Faktorprognose* ist umso größer, je stärker der systematische Verlauf der *mittleren Faktorwerte* von *Zufallsschwankungen* überlagert ist. Der zufallsbedingte Prognosefehler lässt sich mit Hilfe mathematischer Verfahren minimieren und abschätzen, allerdings um den Preis einer *Informationsverzögerung*, die mit der Größe der Zufallsstreuung zunimmt (s. *Abschnitt 14.2*).

Wesentlich schwieriger als die Faktorprognose und grundsätzlich nur begrenzt möglich ist die *Verhaltensvorhersage*. Diese erfordert strategische Überlegungen über das mögliche Verhalten anderer Marktteilnehmer. Da deren Umstände und Faktoren, wie etwa die Kosten eines Wettbewerbers, nicht bekannt sind und zudem das Verhalten nicht immer rational ist, kann eine Verhaltensvorhersage immer nur eine *Vermutung* oder eine *Erwartung* sein, die auf Erfahrung beruht. Das betrifft nicht nur die Frage, welche Verhaltensänderungen zu erwarten sind, sondern auch, *wann* diese eintreten. Das tatsächliche Verhalten der Marktteilnehmer weicht oft vom erwarteten Verhalten ab und kann zu positiven wie auch negativen Überraschungen führen.

Noch riskanter als die Verhaltensprognose ist die Antizipation *marktbeeinflussender Ereignisse*, die nicht – wie Feiertage, Schulferien oder eine angekündigte *Steueränderung* – determiniert oder geplant sind. *Zufällige Ereignisse*, deren Eintreten nicht vorhersehbar ist, sind Naturkatastrophen oder eine Panik, aber auch *Innovationen*, *Betrug* oder plötzliche *Zwangsmaßnahmen* des Staates. Trotz der Unvorhersehbarkeit müssen die Akteure mit zufälligen Ereignissen rechnen und darauf vorbereitet sein. Die *Ereignisantizipation* ist mit den höchsten Risiken verbunden. Sie birgt aber auch große Gewinnchancen, die *Marktspekulationen* mit der Folge sprunghafter Angebots- oder Nachfrageänderungen auslösen können.

Auch wenn alle benötigten Informationen richtig und vollständig bekannt sind, besteht die Gefahr der *Fehlinterpretation*. Die vorangehende Analyse hat gezeigt:

▶ Der Marktpreis ist kein absolutes Datum und gibt keine eindeutigen Signale.

Für Güter mit unregelmäßigem Bedarf unterliegt der Marktpreis erheblichen Zufallsschwankungen. Für viele Güter wird der Marktpreis nicht regelmäßig ermittelt. Er ist in der Regel auch nicht allen Akteuren bekannt. Die gezahlten Kaufpreise industrieller Vorerzeugnisse und Investitionsgüter sind meist Geschäftsgeheimnis. Außerdem haben Marktpreisänderungen wie zuvor gezeigt oft mehrere Ursachen. Die Motive des Marktverhaltens der anderen Akteure, aber auch die eigenen Absichten sind nicht immer eindeutig. Wie die Analyse der Absatzstrategien in *Kapitel 15* zeigt, ist für das Marktverhalten der Anbieter weniger der Marktpreis maßgebend, sondern vielmehr die erreichte Verkaufsquote, die aktuelle Auslastung und der erzielte Gewinn. Das Verhalten der Nachfrager wird, wie sich in *Kapitel 16* erweist, stärker von der Einkaufsquote bestimmt als vom Marktpreis.

Am schwierigsten zu meistern sind die *Entscheidungsrisiken*. Die unzureichende Kenntnis der Handlungsmöglichkeiten und ihrer Konsequenzen sind oft die Ursache falscher Entscheidungen, auch wenn die Informationen und Erwartungen im Wesentlichen zutreffend waren. Zu den Entscheidungsrisiken gehört auch die *Wahl des richtigen Zeitpunkts* für den Kauf oder Verkauf.

Wenn der Kauf nicht *Zug um Zug* durch sofortige Übergabe von Gut gegen Bargeld zum Abschluss gebracht wird, bestehen für die Akteure nach der Kaufentscheidung unterschiedliche *Erfüllungsrisiken*:

- *Einkaufsrisiken* (s. *Abschnitt 16.7*): Der Käufer trägt das Risiko, ob, wann und mit welcher Qualität der Verkäufer die Liefer- und Leistungszusagen erfüllt. Das größte Risiko für den Käufer erwächst aus betrügerischem Verhalten des Verkäufers, wie Mengenbetrug, Qualitätsbetrug oder Täuschung über Eigentum und Besitz des Kaufobjekts (s. *Abschnitt 16.7*).
- *Verkaufsrisiken* (s. *Abschnitt 15.12*): Der Verkäufer übernimmt das so genannte *Delkredere-Risiko* des Zahlungsausfalls, der aus unverschuldeter *Zahlungsunfähigkeit* des Käufers resultieren kann, aber auch aus kriminellem Verhalten, wie *Zahlungsverweigerung* und betrügerischem *Konkurs*.

Gegen Erfüllungsrisiken, die sich kalkulieren oder abschätzen lassen, können sich Käufer und Verkäufer durch eine *Zahlungsausfallversicherung* oder eine *Erfüllungsbürgschaft* absichern. Andere Erfüllungsrisiken, wie *Betrug, höhere Gewalt, Wirtschaftskrisen* oder *Geldentwertung*, lassen sich nicht versichern. Das sind unausweichliche *Geschäfts-* und *Unternehmensrisiken*, die vom Gewinn abgedeckt werden müssen. Das heißt:

▶ Der Gewinn ist eine Prämie für die Risiken des Marktes.

Wenn die Gewinnaussichten zu gering sind oder wenn der Gewinn über hohe Steuern vom Staat zu weit abgeschöpft wird, geht niemand mehr ein unternehmerisches Risiko ein. Dann wird nicht mehr investiert und kommt die Wirtschaft zum Erliegen.

13.6 Spekulationsmärkte

Die unberechenbaren Zufälligkeiten des Marktes und das nur bedingt absehbare Verhalten der Akteure verleiten zur Spekulation. *Spekulative Handelsgeschäfte* sind Käufe und Verkäufe von Wirtschafts- oder Finanzgütern mit dem Ziel, durch Wiederverkauf und Rückkauf in unveränderter Form *Spekulationsgewinne* zu erzielen. Besonders geeignet zur Spekulation sind *homogene Sachgüter* mit definierter Qualität, wie Edelmetalle, Rohstoffe und Massengüter, also bequem mit Gewinn handelbare Waren (*commodities*), sowie börsengehandelte *Finanzgüter*, wie Devisen und Aktien [Soros 2007; Stiglitz 2006].

Reguläre Handelsgeschäfte, wie der Kauf von Gütern zur Eigennutzung, zur Weiterverarbeitung, für den Einzelhandel oder als Geldanlage zum Erzielen laufender Erträge sowie der Verkauf von Eigenerzeugnissen, Handelsware und von Finanzgütern zur Finanzierung des Kaufs von Wirtschaftsgütern finden in der Regel nicht aus spekulativen Gründen statt. Sie sind jedoch ebenfalls mit einem gewissen Ausmaß an Spekulation verbunden, da sie gleichermaßen den Zufälligkeiten des Marktes unterworfen sind und ein Abschätzen der zukünftigen Marktentwicklung erfordern.

Mit zunehmendem Anteil der spekulativen Geschäfte am Gesamthandelsvolumen steigt die *Volatilität* eines Marktes, d. h. die stochastische Schwankung von Absatz, Umsatz, Marktpreisen und Kursen. Damit wird der Handel auf den betreffenden Märkten immer mehr zum *Glücksspiel* und lockt weitere Spekulanten an. Der auf den *Spekulationsmärkten* gleichzeitig stattfindende reguläre Handel aber wird von den spekulativ bewirkten Marktveränderungen stark beeinflusst.

Der Nutzen des spekulativen Handels besteht darin, dass er momentane Preisunterschiede zwischen räumlich oder zeitlich getrennten *Teilmärkten* durch *Arbitragegeschäfte* rasch zum Ausgleich bringt. Die Gefahr ist jedoch, dass sich Marktpreise und Kurse durch das gleichgerichtete Verhalten vieler Spekulanten immer weiter von den realen Ertrags- und Nutzwerten der gehandelten Güter entfernen. Am Ende einer längeren *Hausse* mit steigenden Preisen und Kursen kommt es bei großen Umsätzen sehr rasch zum Umschlag in eine *Baisse* mit fallenden Preisen und Kursen, die wiederum sehr plötzlich in eine *Hausse* umschlagen kann.

Da die Gewinne ebenso wie die Risiken der Spekulation groß sind, ist auch die Gefahr der *Marktmanipulation* und des *Marktmissbrauchs* hoch. Durch gezielte Fehlinformation, Insiderhandel, Frontrunning und andere Tricks verschaffen sich einzelne Marktteilnehmer zu Lasten anderer Akteure Vorteile. Durch massive Käufe oder Verkäufe auf eigene oder fremde Rechnung werden Kurse und Preise von kapitalkräftigen Spekulanten beeinflusst oder von marktbeherrschenden Unternehmen manipuliert, wie etwa an der *Strombörse EEX* [FAZ 20.3.2007; Soros 2007]. Durch spezielle Regelungen der Marktordnung, wie die in *Abschnitt 10.6* beschriebenen Verfahren der simultanen Preis- und Mengenbildung, und durch Nutzung der in *Abschnitt 10.7* dargestellten Informationsunterschiede erreichen die Betreiber von Börsenplätzen, Makler und Banken für sich Gewinne, die anderen Marktteilnehmern verwehrt sind.

Spekulationsgewinne unterliegen wie normale Handelsgewinne der *Einkommensteuer*. Anders als auf die in Industrie und Handel erzielte Wertschöpfung ist beim Handel mit Finanzgütern, Immobilien und börsengängigen Gütern auf die Differenz von Verkaufspreis und Einkaufspreis jedoch keine *Mehrwertsteuer* zu zahlen. Abgesehen von der im Vergleich zur Mehrwertsteuer relativ geringen Grunderwerbssteuer und den Steuern auf die Maklercourtage fallen in Deutschland, seit 1991 die *Börsenumsatzsteuer* abgeschafft wurde, keine Transfersteuern an. Das fördert den raschen Kauf und Verkauf, erleichtert die Spekulation und erhöht die *Volatilität der Spekulationsmärkte* [Stiglitz 2006].

Die Regelungen der Marktordnung auf Märkten mit einem hohen Anteil spekulativer Handelsgeschäfte lassen sich durch *Marktsimulation* mit Hilfe der Transfergleichungen objektiv überprüfen und im Interesse aller Marktteilnehmer verbessern. Auch die Auswirkungen und Steuerungsmöglichkeiten durch *Transfersteuern*, wie die *Tobin-Steuer* [Baumol/Tobin 1989], lassen sich auf diese Weise untersuchen (s. *Abschnitt 12.7*). Damit kann die Wirtschaftsforschung wichtige Beiträge zur Verbesserung der Wirtschaftsordnung leisten [Stiglitz 2006].

14 Marktdynamik

Gegenstand der *Marktdynamik* sind die *Marktkräfte* und die von ihnen bewirkten *Marktbewegungen*. Die *Marktkräfte* lösen über die Nachfrager und Anbieter einen dynamischen Markt aus. Sie lassen sich nach den *Auslösefaktoren* einteilen in:

$$\begin{array}{l}\text{Naturkräfte}\\ \text{Aktionskräfte}\\ \text{Reaktionskräfte}\\ \text{Induktionskräfte}\end{array} \qquad (14.1)$$

Die *Naturkräfte* sind nicht beeinflussbar und müssen von allen Akteuren hingenommen werden. Die *Aktionskräfte* resultieren aus den *eigenständigen Aktivitäten* der Akteure. Sie wirken sich *unmittelbar* auf die Nachfrage oder das Angebot aus. Der Staat kann über *Kaufsteuern* die Transferkosten oder die Angebotspreise anheben oder senken und auf diese Weise direkt den Markt beeinflussen. *Reaktionskräfte* wirken infolge veränderter Marktergebnisse auf den Markt des *gleichen* Wirtschaftsgutes, während sich *Induktionskräfte* sich auf *andere Gütermärkte* auswirken.

Das eigenständige Handeln der Marktteilnehmer hat – ebenso wie eine plötzlich auftretende Naturkraft – über den Marktmechanismus sofort Folgen für die Marktergebnisse. Die Reaktionskräfte werden dagegen erst nach einer bestimmten *Verzögerungszeit* wirksam, deren Länge vom *Informationsverzug* und von der *Reaktionszeit* der betroffenen Akteure abhängt. Noch länger ist in der Regel der *Wirkungsverzug* auf den Märkten anderer Güter, die durch ihre Einsatzfaktoren oder Absatzmärkte *mittelbar* von der Marktveränderung eines Wirtschaftsgutes betroffen sind.

Reaktions- und Induktionskräfte werden wirksam, nachdem die Akteure eine Änderung der relevanten Faktoren erkannt haben und daraus Konsequenzen ziehen. Das erfordert rechtzeitige und zutreffende Informationen sowie eine möglichst verlässliche *Faktorprognose*. Wenn die Informationen oder die Fähigkeit für eine mathematische Prognose fehlen, sind die Marktteilnehmer auf Einschätzungen, Erwartungen und Vermutungen angewiesen, die bei großer Ungewissheit *Spekulationen* auslösen können.

Eine besondere Marktkraft ist das *Geld*. Die Haushalte und Unternehmen können liquides Geld nur durch den Verkauf von Arbeitsleistung sowie von Wirtschafts- oder Finanzgütern erlösen oder gegen Zinsen ausleihen. Eine *Zentralbank* kann die *Gesamtgeldmenge* durch Schaffung oder Einzug von *Bargeld* im Prinzip beliebig verändern. Sie kann auch die private *Geldschöpfung* über den Leitzins und die Mindestreserven der Geschäftsbanken beeinflussen. Der Staat kann die Geldmenge durch grenzenlose Verschuldung permanent vergrößern, solange er daran nicht durch Gesetz oder eine unabhängige *Zentralbank* gehindert wird (s. *Kapitel 4* und *Abschnitt 17.9*).

Marktkräfte	Auslöser	Wirtschaftsgüter	Zeitverlauf
Naturkräfte	*naturbedingte Änderung von Versorgungs- und Bedarfsmengen*		
Säkularveränderungen	Natur / Klimaänderungen	Lebensraum, Naturprodukte	säkular
Fundamentalzyklen	Gestirne / Jahreszeiten	Konsumgüter	zyklisch
Naturereignisse	Ereignisse / Trends	Naturprodukte, Lebensraum	plötzlich / langsam
Naturressourcen	Erschließung / Erschöpfung	Rohstoffe; Energie	rasch / langsam
Demographie	Bevölkerungsentwicklung	alle Güter	langsam, anhaltend
Aktionskräfte	*eigenständige Handlungskräfte mit Marktauswirkung*		
Verhaltensänderungen	Wertewandel	einzelne Wirtschaftsgüter	langsam, anhaltend
Innovationen	Ideen / Erfinder / Entwickler	einzelne Wirtschaftsgüter	sofort, einmalig
Geschäftsstrategien	Unternehmer	Teil- oder Gesamtangebot	sofort, anhaltend
Staatseingriffe	Gesetze / Verordnungen	betroffene Güter und Märkte	sofort, anhaltend
Höhere Gewalt	Krieg, Revolution, Unruhen ...	unterschiedlichste Güter	sofort, begrenzte Zeit
Reaktionskräfte	*Rückkopplungskräfte aus dem gleichen Gütermarkt*		
Anpassungstrategien	Angebots- / Bedarfsänderung	einzelne Wirtschaftsgüter	verzögert, anhaltend
Abwehrstrategien	Preisdruck / Überangebot	einzelne Wirtschaftsgüter	verzögert, begrenzt
Ausweichstrategien	Preisanstieg / Gütermangel	einzelne Wirtschaftsgüter	verzögert, begrenzt
Marktpanik	plötzliche Marktänderungen	unterschiedlichste Güter	sofort, begrenzte Zeit
Induktionskräfte	*Wirkungskräfte auf andere Gütermärkte*		
Bedarfsverschiebung	Angebotsänderungen	Konsumgüterbedarf	langsam, anhaltend
Angebotsveränderung	Faktoränderungen	Konsumgüterangebot	langsam, anhaltend
Verdrängung	Substitution	andere Erzeugnisse	langsam, anhaltend
Sogkräfte	Faktoreinsatz	betroffene Einsatzgüter	rasch, anhaltend

Tabelle 14.1 Auslöser und Wirkungsbereiche der Marktkräfte

Die Verflechtungen der Märkte und der Wirtschaftsgüter sowie die zeitlich versetzten Wechselwirkungen sind so vielfältig, dass eine ausführlichere Behandlung den Rahmen dieses Buches sprengen würde. Um den Nutzen der Transfergleichungen zu demonstrieren, wird zuerst ein Markt unter Einwirkung unverzögerter Veränderungen der Nachfragemengen simuliert und danach ein Markt unter Einwirkung einer verzögerten Anpassung der Angebotspreise.

14.1 Marktkräfte

Naturkräfte haben immer wieder großen Einfluss auf die Nachfrage- und Angebotsmengen. Die Jahreszeiten beeinflussen die Nachfrage nach saisonalen Gütern, wie Speiseeis, Erfrischungsgetränke und Urlaubsreisen. Neu erschlossene Ressourcen verändern den Markt. Ein frühes Beispiel sind die reichen Gold- und Silbervorkommen der neuen Welt, deren Ausbeutung die Geldmärkte Europas belebt und verändert hat [Smith 1776]. Die absehbare Erschöpfung der Ölvorräte und anderer Naturressourcen ist das größte Problem der Gegenwart und nahen Zukunft. Die rückläufige Bevölkerungsentwicklung in den hoch entwickelten Industrienationen stellt das Dogma des permanenten Wachstums in Frage [Gatschke 2004].

Abgesehen von den Jahreszyklen und plötzlich eintretenden Naturkatastrophen ist die Auswirkung der Naturkräfte auf die Märkte relativ langsam und über große Zeiträume recht gut vorhersehbar. Trotzdem werden aus einer absehbaren Entwicklung, wie die Erschöpfung der Naturressourcen oder die veränderte Altersstruktur der Bevölkerung, nur zögerlich und oftmals erst verspätet Konsequenzen gezogen. Das liegt nicht nur an Politikern, die schmerzhafte Markteingriffe so lange wie möglich vermeiden wollen, sondern auch daran, dass die notwendigen Maßnahmen unter Wirtschaftswissenschaftlern umstritten sind [Senf 2001; Stiglitz 2006].

Auch der kulturelle *Wertewandel* und die damit einhergehenden *Verhaltensänderungen* der Konsumenten sind langsame Prozesse, die über lange Zeiträume weitgehend unabhängig von den Märkten ablaufen. Sie haben eine schleichende Veränderung des Güterbedarfs und der *Präferenzen* zur Folge.

Sehr viel rascher wirken sich die in *Abschnitt 7.5* behandelten *Produkt- und Prozessinnovationen* über Angebotsänderungen auf die Märkte aus. Ebenso schnell kann auch eine neue *Geschäftsidee* oder veränderte *Geschäftsstrategie* einen Markt umwälzen. Ein Beispiel ist der Siegeszug der großen Handelsketten mit *Selbstbedienungsmärkten*, die – abgesehen vom kompetenten Fachhandel – die kleinen Einzelhandelsgeschäfte weitgehend verdrängt haben. Bekannte Geschäftsstrategien sind *Werbekampagnen* und *Verkaufsaktionen* für einzelne Produkte, deren Absatz durch Preissenkungen stimuliert wird.

Eine besondere Kategorie der Marktkräfte sind die *staatlichen Eingriffe*. Wie in *Kapitel 17* näher ausgeführt wird, kann der Staat als *Ordnungsmacht* und *Marktregler* sowie als *Nachfrager* und *Anbieter* die Marktordnung, die Transferkosten, die Herstellkosten und das Güterangebot entscheidend verändern. So wirken sich die Einführung neuer Verbrauchssteuern oder die Änderung der Mehrwertsteuer auf den betroffenen Märkten sehr rasch aus.

Besonders dramatisch und in den Auswirkungen unkalkulierbar ist *höhere Gewalt* durch Krieg, Revolution und Unruhen. Auslöser vieler Revolutionen und Unruhen waren und sind bis heute unerträgliche Lebensbedingungen und Unzufriedenheit mit der bestehenden Einkommens- und Vermögensverteilung. Wirtschaftswissenschaften und Wirtschaftspolitik dürfen diese Gefahr niemals aus dem Auge verlieren. Sie müssen rechtzeitig für einen Ausgleich allzu großer Ungleichheit sorgen (s. *Abschnitt 17.3*).

Die erst mit Zeitverzug wirksamen *Reaktionskräfte* infolge individueller Anpassungs-, Abwehr- und Ausweichstrategien der einzelnen Nachfrager und Anbieter sind Gegenstand der nächsten beiden Kapitel. Ein Beispiel ist die Anhebung oder Senkung der individuellen Angebotspreise abhängig von der *Verkaufsquote* der vorangehenden Periode. Das führt, wie in *Abschnitt 14.4* gezeigt wird, zu einer verzögerten *kollektiven Angebotspreisanpassung*.

Wenn die *Einkaufsquote* rasch absinkt und die Akteure das *Vertrauen* in den Markt verlieren, wenn sie eine *Güterverknappung* wahrnehmen oder eine besorgniserregende Veränderung zu erkennen glauben, kann das eine *Marktpanik* auslösen. Hamsterkäufe setzen ein, Geschäfte werden leer gekauft, Bankschalter bestürmt und Börsenkurse brechen ein. Ein Wirtschaftszusammenbruch infolge einer Marktpanik kann nur vom Staat verhindert werden. Die dafür notwendigen *Markteingriffe* sind jedoch immer noch nicht für alle Situationen ausreichend bekannt [Giersch 1961; Samuelson 1995].

Weniger spektakulär als die offenkundigen Marktveränderungen auf einem bestimmten Gütermarkt sind die *induzierten Auswirkungen* auf die Märkte anderer Güter. Abgesehen von der wechselseitigen *Substitution* der Güter steigt und fällt mit dem Markterfolg oder Misserfolg eines Gutes auch die Nachfrage nach den betroffenen Einsatzgütern. Ebenso wie der Plasmabildschirm die Bildröhrenproduktion der Glasindustrie zum Erliegen gebracht hat, kann ein neues Produkt etablierte Absatzmärkte zerstören. Der erhöhte Material- und Arbeitskräftebedarf für ein erfolgreiches Produkt entzieht diese Ressourcen den bisherigen Verwendungszwecken. Die *Sogwirkung* eines Absatzerfolgs erhöht die Nachfrage, treibt die Preise nach oben und lässt die Kosten aller Güter ansteigen, die ebenfalls mit diesen Ressourcen erzeugt werden.

In einem Unternehmen, das mit gleichen Ressourcen unterschiedliche Produkte erzeugt, bewirken bessere Preise bei erhöhter Nachfrage eines Produkts eine *Angebotsverschiebung* zu Lasten anderer Güter, die weniger zum Unternehmensgewinn beitragen. In den Privathaushalten führt das Angebot eines neuen, attraktiveren oder preisgünstigeren Gutes zu einer *Bedarfsverschiebung* zu Lasten von Wirtschaftsgütern mit geringerem Nutzwert.

Die vom Markt induzierte Angebots- und Bedarfsverschiebung der Unternehmen ergibt sich aus dem *Opportunitätsprinzip*, nach dem rational handelnde Wirtschaftsteilnehmer stets bestrebt sind, die Summe der Gewinne aus allen ihren Aktivitäten zu maximieren. Bedarfsverschiebungen der Privathaushalte können – insbesondere bei *Gütern des täglichen Bedarfs* – ebenfalls das Ergebnis rationaler Opportunitätserwägungen sein. Sie sind jedoch in weiten Bereichen, beispielsweise bei *Luxusgütern* und *Prestigeprodukten*, eher die Folge irrationaler Wünsche und nicht messbarer Bedürfnisse.

Alle Marktkräfte wirken über die drei zentralen *Aktionsparameter*

$$\begin{matrix} \text{Menge} \\ \text{Qualität} \\ \text{Preis} \end{matrix} \qquad (14.2)$$

der Nachfrager und Anbieter auf die Marktergebnisse. Das heißt:

- Es gibt keine *inhärenten Marktkräfte*, die allein aus dem Marktmechanismus ohne Einwirken der Akteure entstehen.

Die Lösung ökonomischer Probleme dem *freien Spiel der Marktkräfte* zu überlassen, bedeutet daher, abzuwarten, was sich aus dem Verhalten und Entscheiden der Menschen in den Haushalten und Unternehmen von selbst ergibt. Das aber ist für einige Wirtschaftsgüter, wie *Alterssicherung* und *Gesundheitsvorsorge*, sowie unter besonderen Umständen, wie *Güterknappheit* oder *Panik an den Finanzmärkten*, gefährlich, denn nicht alle Akteure können oder wollen wissen, was sie mit ihrem Handeln bewirken. Das Marktgeschehen allein dem freien Spiel der Kräfte zu überlassen, ist so riskant, wie ein Straßennetz ohne *Verkehrsregeln*, auf dem jeder so schnell und rücksichtslos fahren darf wie er will.

14.2 Nachfragerückgang

Sofort wirksame Marktkräfte führen von der Periode an, in der sie erstmals auftreten, unmittelbar zu einer Veränderung der Marktergebnisse. Die *Abb. 14.2* zeigt einen langsamen Nachfragerückgang über 24 Perioden, der aus einer Bedarfsverschiebung, einer rückläufigen Bevölkerung oder aus anderen Kräften resultieren kann. Der *Anfangszustand* und der *Endzustand* sind im Marktdiagramm *Abb. 14.1* dargestellt. Die daraus resultierenden Auswirkungen auf den Absatz, Umsatz und Marktpreis sind in den Diagrammen *Abb. 14.2, 14.3* und *14.4* gezeigt.

Der simulierte Nachfragerückgang beginnt bei einer hohen Gesamtnachfrage. Sie führt bei den Anbietern zu einer Verkaufsquote von fast 90% und hohen Verkaufsgewinnen. Die Einkaufsquote liegt zu Anfang bei etwa 33%. Der Rückgang der Nachfrage bewirkt zunächst nur einen geringen, ab der 5. Periode immer rascheren Rückgang von Absatz, Umsatz und Verkaufsgewinnen. In der letzten Periode ist die Verkaufsquote aller Anbieter unter 30% gesunken. In der Summe machen die Anbieter am Ende Verlust. Die Einkaufsquote ist dagegen auf über 70% gestiegen. Prozentual weit weniger stark als der Rückgang des Absatzes, der insgesamt von 140 auf 20 ME/PE fällt, ist das Absinken des Marktpreises von 9,90 auf 7,70 GE/ME.

Die zeitliche Umkehr dieses Verlaufs ist ein *Nachfrageanstieg*, der einen entsprechenden Anstieg von Absatz, Umsatz, Verkaufsgewinnen und Marktpreis bewirkt. Das entspricht den in *Abschnitt 12.4* hergeleiteten Ergebnissen der komparativstatischen Marktanalyse, die in den unteren Kurven der *Abb. 12.6* und *12.7* dargestellt sind.

Die sofort wirksamen Marktkräfte verändern nur solange die Marktergebnisse, wie sich die Kräfte verändern. Ihre Wirkung ist die gleiche wie die einer stufenweisen Veränderung der betreffenden Nachfrage- oder Angebotsparameter in aufeinander folgenden Perioden. Daraus folgt der *Satz der komparativ-statischen Marktanalyse*:

- Die komparativ-statische Marktanalyse eignet sich zur Untersuchung und zur Quantifizierung der Auswirkungen sofort wirksamer Marktkräfte.

Aufgrund dieses Satzes gelten die Ergebnisse der komparativen Marktanalysen aus *Kapitel 12* für alle sofort wirksamen Marktkräfte, die sich in den dort untersuchten kollektiven Nachfrage- und Angebotsänderungen niederschlagen. Auch die Aussagen zur Marktstochastik aus *Kapitel 13* sind für sofort wirksame Marktkräfte zutreffend.

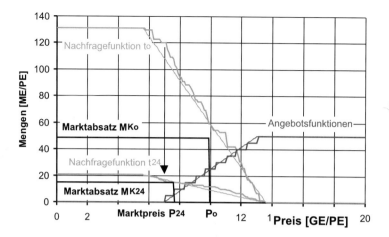

Abb. 14.1 Marktdiagramme eines kollektiven Nachfragerückgangs in der Startperiode t_o und in der Endperiode t_{24}

Parameter: mittlerer Nachfragepreis 9,6 GE/ME, übrige s. *Tab. 11.2*

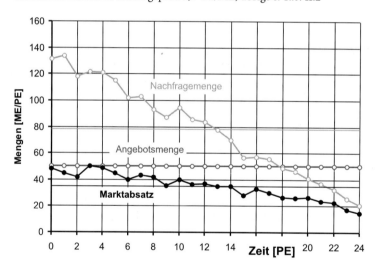

Abb. 14.2 Simulierter Absatzverlauf eines Wirtschaftsgutes mit abnehmender Nachfrage

Parameter: wie *Abb. 14.1*

14.3 Faktorprognose

Die Marktteilnehmer können auf Marktveränderungen erst reagieren, wenn diese für sie erkennbar und in der weiteren Entwicklung absehbar sind. Die Markteinschätzung der meisten Endverbraucher und kleineren Marktteilnehmer beruht auf

14.3 Faktorprognose

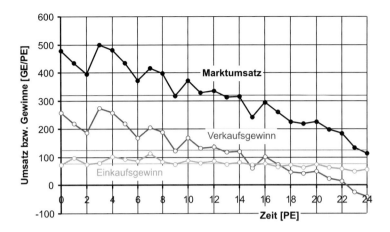

Abb. 14.3 Simulierte Entwicklung von kollektivem Umsatz, Einkaufsgewinn und Verkaufsgewinn bei rückläufiger Gesamtnachfrage

Parameter: wie Abb. 14.1

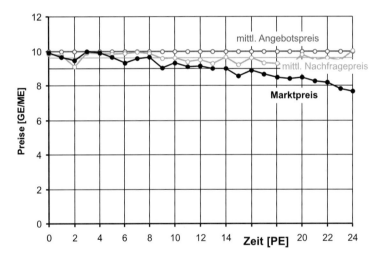

Abb. 14.4 Simulierte Entwicklung des Marktpreises bei rückläufiger Gesamtnachfrage

individuellen Beobachtungen und allgemeinen Berichten. Professionelle Einkäufer und Unternehmen betreiben dagegen *Marktforschung* [Meffert 2004]. Sie versuchen aus eigenen Absatzzahlen und Marktbeobachtungen in Verbindung mit externen Informationen möglichst rasch Veränderungen der maßgebenden Einflussfaktoren zu erkennen und die weitere Entwicklung zu prognostizieren.

Die zu erwartenden Einkaufs- und Verkaufsmengen und die vorraussichtlichen Marktpreise auf den Beschaffungs- und Absatzmärkten sind Grundlagen der

Disposition von Vorräten und Ressourcen, für die *Unternehmensplanung* und *Investitionsentscheidungen* sowie der *Beschaffungs- und Absatzstrategien*.

Wenn die zeitliche Veränderung eines Einflussfaktors oder einer Ereignisgröße einen *systematischen Verlauf* hat, der sich entweder in bekannten *Zyklen* wiederholt oder dessen *Korrelation* mit anderen Faktoren bekannt ist, lässt sich deren zukünftige Entwicklung mit Hilfe mathematischer Verfahren prognostizieren. Aber auch bei prognostizierbarem Verlauf der Mittelwerte ist die Vorhersage einzelner Tageswerte unmöglich, wenn es sich – wie bei Absatz und Marktpreis – um eine stochastische Ereignisgröße handelt.

Um die systematischen Veränderungen einer stochastischen Ereignisgröße $E(t)$ zu erkennen und den zeitlichen Verlauf von Mittelwert und Streuung zu prognostizieren, ist es notwendig, die systematischen Veränderungen aus den zufällig schwankenden Werten zurückliegender Perioden herauszufiltern. Dafür gibt es verschiedene mathematische Verfahren, wie der einfache gleitende *n-Tage-Mittelwert* [Mertens 2004] oder das folgende *Verfahren der adaptiven Glättung* [Gudehus 2003/2006]:

- Der aktuelle Mittelwert der *Ereignisgröße* $E_m(t)$ wird nach jeder abgelaufenen Periode $t-1$ aus dem *Messwert* $E(t-1)$ und dem *Mittelwert* $E_m(t-1)$ der letzten Periode berechnet:

$$E_m(t) = \alpha(t) \cdot E(t-1) + (1 - \alpha(t)) \cdot E_m(t-1) \ . \tag{14.3}$$

- Der aktuelle Mittelwert der *Varianz des Ereigniswertes* wird nach jeder Periode $t-1$ aus der quadratischen *Abweichung* $(E(t-1) - E_m(t-1))^2$ des letzten Messwertes

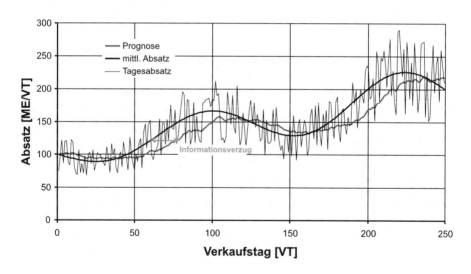

Abb. 14.5 Prognose eines systematischen Absatzverlaufs mit stochastischen Tageswerten nach dem Verfahren der adaptiven Glättung

$\alpha = 0,05$ *Glättungsreichweite* 40 VT, *Informationsverzug* 20 VT

$E(t-1)$ vom letzten Mittelwert $E_m(t-1)$ berechnet:

$$s_E(t)^2 = \alpha(t) \cdot (E(t-1) - E_m(t-1))^2 + (1 - \alpha(t)) \cdot s_E(t-1)^2 \,. \tag{14.4}$$

Aus den Zeitreihen der Mittelwerte der Vergangenheit lässt sich mit Hilfe von *Modellfunktionen*, wie (4.42) sowie (6.11) bis (6.16), das mittlere Zeitverhalten in der Zukunft berechnen.

Durch den *Glättungsfaktor* $\alpha(t)$ mit Werten zwischen 0 und 1 werden die Beobachtungswerte der Vergangenheit mit exponentiell abnehmendem Gewicht über eine effektive *Glättungsreichweite* von n = $(2-\alpha)/\alpha$ Perioden gemittelt. Durch die Adaption des Glättungsfaktors $\alpha(t)$ an die aktuelle mittlere Streuung (14.4) lassen sich die Zufallsstreuungen soweit glätten, dass die interessierenden Änderungen der Ereignisgröße nach minimalem Verzug mit der benötigten Genauigkeit erkennbar sind.

In *Abb. 14.5* ist das Ergebnis einer Prognose des mittleren Tagesabsatzes eines Wirtschaftsgutes nach dem Verfahren der exponentiellen Glättung gezeigt. Die glatte, gewellt ansteigende Kurve zeigt den systematischen Verlauf des Mittelwertes, der in der Praxis unbekannt ist, hier aber mit den Modellfunktionen (6.11) und (6.12) generiert wurde. Die zeitlich versetzte, ein wenig schwankende Kurve ist das Ergebnis der exponentiellen Glättung (14.3) der stark streuenden Tageswerte, die hier mit der Zufallsfunktion (6.10) erzeugt wurden. Aus dem Beispiel, den Eigenschaften der exponentiellen Glättung ebenso wie aus anderen Prognoseverfahren ergibt sich das allgemein gültige *Prinzip des zufallsbedingten Informationsverzugs*:

▶ Systematische Änderungen einer zufällig schwankenden Ereignisgröße sind nur mit einem zeitlichen Verzug erkennbar, der mit der stochastischen Schwankung zunimmt.

Der Informationsverzug ist im Mittel gleich der halben Glättungsreichweite des Prognoseverfahrens. Mit abnehmender Anzahl der Nachfrager und Anbieter wird die stochastische Streuung von Absatz, Marktpreisen und anderen Marktergebnissen immer größer. Marktänderungen lassen sich daher nur auf Massenmärkten mit vielen Teilnehmern und für kumulierte Gesamtmärkte ohne größeren Zeitverzug mit ausreichender Genauigkeit erkennen. Für Wirtschaftsgüter, die nur in geringen Mengen oder auf kleinen Märkten gehandelt werden, ist eine systematische Marktänderung, wenn überhaupt, erst nach längerer Zeit feststellbar.

Der prognosebedingte *Informationsverzug* (s. *Abb. 14.5*) und die *Marktunschärfe* (s. *Abb. 5.7*) dämpfen die Reaktion der Akteure und glätten den Marktverlauf. Daher beeinflusst eine Geldmengenänderung die Güter- und Arbeitsmärkte, wenn überhaupt, erst mit größerem Zeitverzug nach einer langen *Wirkungskette*. Infolgedessen sind die Handlungsmöglichkeiten der *Geldpolitik* begrenzt (s. *Abschnitt 17.9*).

14.4 Angebotspreisanpassung

Reaktionskräfte sind verzögert wirksame Marktkräfte. Sie werden ausgelöst durch *Anpassungsstrategien* auf Angebots- und Bedarfsänderungen, durch *Abwehrstrate*-

gien gegen Preisdruck oder Überangebot und durch *Ausweichstrategien* bei Preisanstieg und Gütermangel. Die Reaktionskräfte führen erst mit einem *Zeitverzug* zu einer Veränderung der Marktergebnisse.

Eine naheliegende Preisanpassungsstrategie von Anbietern, die in den letzten Perioden ihre Angebotsmengen zu 100% verkauft und ihre Kapazität voll ausgelastet haben, besteht darin, den Angebotspreis von Periode zu Periode in kleinen Schritten Δ_p [%] solange anzuheben, bis die Verkaufsquote unter 100% sinkt oder der Gewinn zurückgeht (s. *Abschnitte 15.5* und *15.9*). Wenn die Verkaufsquote in mehreren Perioden deutlich unter 100% liegt, wird der Angebotspreis – soweit es die *Kostensituation* zulässt – in kleinen Schritten solange gesenkt, bis die Verkaufsquote 100% erreicht. Der Algorithmus einer solchen Preisanpassungsstrategie der einzelnen Anbieter Aj mit den Angebotsmengen m_{Aj} ist:

$$p_{Aj}(t) = p_{Aj}(t-1) \cdot (1 + \text{WENN}(m_{Kj}(t-1) = m_{Aj}(t-1) \,;\, +\Delta_p; -\Delta_p)) \,. \quad (14.5)$$

Mit dieser Preisanpassungsstrategie reagieren die einzelnen Anbieter unabhängig voneinander jeweils auf die Verkaufsquote, die sie in den letzten Perioden erreicht haben. Das aber bleibt nicht ohne Auswirkung auf die übrigen Anbieter, denn eine Preissenkung zieht anderen Anbietern Kunden ab, während eine Preisanhebung einige Kunden zu den Wettbewerbern treibt, die inzwischen günstiger geworden sind. Aus diesem Wechselspiel resultiert ein verzögerter *dynamischer Marktverlauf.*

Für die in *Tab. 11.2* spezifizierte Ausgangskonstellation von 10 Anbietern wurde eine solche dynamische Preisanpassung in gleichen Anpassungsschritten von $\Delta_p = \pm 1{,}5\%$ pro PE mit Hilfe des Mastertools *MarktMaster.XLS* über 24 Perioden simuliert. Die Simulationsergebnisse sind in den *Abb. 14.6* bis *14.9* dargestellt. Daraus ist ablesbar:

- Die wechselseitige Preisanpassung führt am Ende zu einer *steileren Angebotsfunktion*, deren unterster und oberster Angebotsgrenzpreis deutlich näher beieinander liegen, als in der Anfangsperiode (s. *Abb. 14.6*).
- Die Anpassung der einzelnen Angebotspreise, die im Mittel nahezu unverändert bleiben, bewirkt zunächst einen raschen und im weiteren Verlauf immer langsameren Anstieg des *Marktpreises* von 8,7 auf 9,9 GE/ME (s. *Abb. 14.9*).
- Die mittlere Nachfragemenge, die Angebotsmenge und der mittlere *Marktabsatz* bleiben von der Marktpreisänderung weitgehend unberührt (s. *Abb. 14.7*).
- Der *Gesamtumsatz* nimmt infolge des ansteigenden Marktpreises zu. Das geht einher mit einer deutlich größeren *Umsatzstreuung* (s. *Abb. 14.8*).
- Der mittlere *Verkaufsgewinn* des Marktes wächst um mehr als einen Faktor 2, während sich der mittlere *Einkaufsgewinn* mehr als halbiert (s. *Abb. 14.8*).

Aufgrund der stochastisch wechselnden Verkaufsquoten der einzelnen Anbieter ergibt sich nach etwa 14 Perioden ein permanenter Wechsel der Preisführerschaft zwischen den einzelnen Anbietern.

Wenn die Anbieter ihren mittleren Absatz nach dem Verfahren der adaptiven Glättung (14.3) ermitteln und erst auf eine signifikante Änderung der mittleren Verkaufsquote mit einer Preisanpassung reagieren, stabilisiert sich die Angebotsfunktion langsam. Dadurch entsteht ein *stochastisch-stationärer Zustand*, der sich in den

14.4 Angebotspreisanpassung

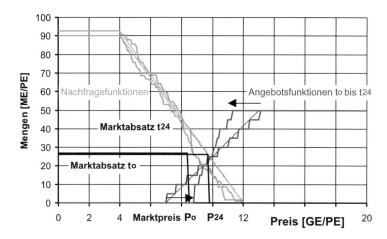

Abb. 14.6 Marktdiagramme einer kollektiven Anpassung der Angebotspreise in der Startperiode t_o und in der Endperiode t_{24}

Parameter: Angebotspreisanpassung $\Delta_p = \pm 1{,}5\%$, übrige s. *Tab. 11.2*

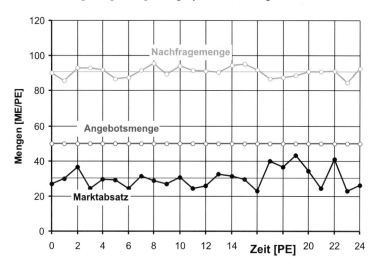

Abb. 14.7 Simulierter Absatzverlauf bei kollektiver Angebotspreisanpassung

Parameter: wie Abb. 14.6

weiteren Perioden immer weniger ändert. Das ist ein Beispiel für die im letzten Abschnitt erläuterte *Dämpfungswirkung* der stochastischen Marktschwankungen. Weitere Simulationsrechnungen führen zu den Ergebnissen:

▶ Der Preiswechsel zwischen den Anbietern und die Fluktuationen der Angebotsfunktion sind umso häufiger, je größer die Preisanpassungsschritte sind.

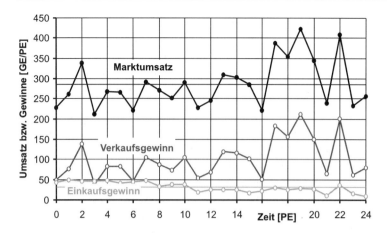

Abb. 14.8 Entwicklung von Marktumsatz, Einkaufsgewinn und Verkaufsgewinn bei kollektiver Angebotspreisanpassung

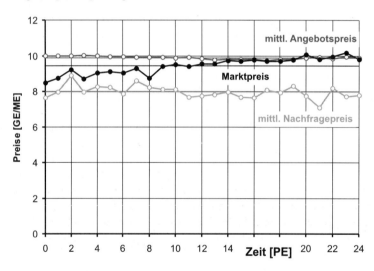

Abb. 14.9 Entwicklung des Marktpreises bei kollektiver Anpassung der Angebotspreise

Parameter: wie *Abb. 14.6*

▶ Die nach Abklingen der Preisänderungen verbleibende Steilheit der mittleren Angebotsfunktion hängt ab von den Kostendifferenzen, den Transferkosten und den Qualitätsunterschieden der Anbieter.

Preisänderungen sind für Güter des privaten und öffentlichen Bedarfs weitaus seltener und werden vorsichtiger durchgeführt als allgemein angenommen. Abgesehen von der Ungewissheit der Marktinformationen liegt das daran, dass zu häufige, für die Kunden unverständliche Preisänderungen das Vertrauen in den Anbieter gefährden und zur Abwanderung führen können. Für Rohstoffe, Massenprodukte und Finanzgüter, die an einer Börse gehandelt werden, sind Preisänderungen häufiger, die Schwankungen größer und die Preisanpassung rascher.

Ähnlich wie die Anbieter ihre Angebotspreise können auch die Nachfrager ihre Nachfragergrenzpreise, also ihre Zahlungsbereitschaft, verändern. So besteht bei vielen Konsumenten die Bereitschaft, in Zukunft für ein Gut mehr zu zahlen, wenn die letzten Kaufversuche wegen der höheren Angebotspreise nicht zum Erfolg geführt haben. Andere Nachfrager, die mehrfach ein Gut zu einem geringeren Preis einkaufen konnten, als sie auszugeben bereit waren, reduzieren ihre Zahlungsbereitschaft entsprechend dem niedrigeren Marktpreis. Eine solche kollektive *Anpassung der Zahlungsbereitschaft* führt im Verlauf der dynamischen Marktentwicklung zu einer steileren Nachfragefunktion, wie sie in *Abb. 6.6* dargestellt ist. Nach Abklingen des Anpassungsprozesses verbleibt eine *Reststeilheit* der Nachfragefunktion, die von den unterschiedlichen *Transferkosten*, *Qualitätsansprüchen* und *Prioritäten* der Nachfrager bestimmt wird.

14.5 Wirkungskettenanalyse

Jede anhaltende Nachfrageänderung oder Angebotsänderung löst unmittelbar über den Marktmechanismus und mittelbar über die induzierten Verhaltensänderungen der Akteure auf dem gleichen Gütermarkt sowie auf allen verbundenen Gütermärkten eine Kette von Marktveränderungen aus. Bei einer Vielzahl von Gütern und Märkten laufen diese *Wirkungsketten* gleichzeitig ab und überlagern sich die einzelnen Effekte. Die Wirkungsketten können sich im zeitlichen Verlauf auch zu einem *Wirkungsbaum* verzweigen. Ihre Auslöser sind nach einiger Zeit kaum noch eindeutig zu lokalisieren.

Im Prinzip ist es möglich, die mehrparametrigen Wirkungsketten in den miteinander verbundenen Teilen von Versorgungs- und Wertschöpfungsnetzen, wie sie in *Abb. 3.2* bis *3.4* gezeigt sind, mit Hilfe eines *Netzwerktools* zu simulieren. Nach dem *komparativ-statischen Verfahren* werden die möglichen Entwicklungspfade der verschiedenen Wirkungsketten in ihrem Zeitablauf verfolgt und miteinander verglichen. Das ist für die *Wirtschaftstheorie* von grundsätzlichem Interesse, um die Voraussetzungen und Grenzen der *Selbstregulung* durch den Markt zu erkunden oder um zu studieren, unter welchen Umständen sich nach welcher Zeit *stationäre Zustände* herausbilden (s. *Abschnitt 5.8*). Für die Entwicklung konkreter Beschaffungs- und Absatzstrategien ist ein solches Vorgehen nicht notwendig. Hierfür genügen die Erkenntnisse, die sich durch eine Analyse kürzerer Wirkungsketten und eine Simulation spezieller Marktkonstellationen gewinnen lassen (s. *Kapitel 15* und *16*).

Aufgrund der Dämpfungseffekte, wegen der Vielzahl der Wirtschaftsgüter und infolge des begrenzten Interesses der Akteure, das aktuelle Geschehen permanent zu verfolgen und darauf zu reagieren, stellt sich auf den meisten Märkten schon bald nach einer Störung oder Änderung von selbst ein quasistationärer Zustand ein. Der Markt kann jedoch jederzeit durch eine erneute Störung wieder in Bewegung gesetzt werden. Eine lokale Marktstörung oder plötzliche Veränderung ist vergleichbar mit einem Steinwurf ins Wasser oder mit einem vorübergehenden Sturm. Die ausgelösten Wellen werden im Verlauf der Zeit und mit zunehmender Entfernung immer mehr gedämpft, bis sie schließlich zur Ruhe kommen.

Zur Untersuchung der Auswirkungen einer *Marktstörung*, der *Markteffizienz*, der *Selbstregelung* oder eines staatlichen *Markteingriffs* ist das Verfahren der *ökonomischen Wirkungskettenanalyse* geeignet:

- In einer *qualitativen Wirkungskettenanalyse* werden alle Wirkungsketten, die von einer Marktstörung ausgehen, in ihrer logischen Abfolge mit ihren Wechselwirkungen aufgezeichnet und der zeitliche Ablauf ab Eintreten der Störung verfolgt.
- In einer *quantitativen Wirkungskettenanalyse* wird versucht, die Zeitpunkte der von der Störung ausgelösten Wirkungen und die prozentuale Veränderung der Marktergebnisse abzuschätzen.

Bei gleichbleibender Marktordnung sind die Marktergebnisse nicht direkt von der Zeit abhängig. Sie werden über Veränderungen der Angebotsfunktion oder/und der Nachfragefunktion hervorgerufen. Da diese, wie in *Abschnitt 6.3* und *7.3* ausgeführt, ebenfalls nicht explizit von der Zeit abhängen, sind die Marktergebnisse bei gleichbleibender Marktordnung nur implizit über die Anzahl, Mengen und Grenzpreise der Marktteilnehmer von der Zeit abhängig. Daraus folgt:

▶ Nur die eigenständigen Aktionen der Marktteilnehmer wirken sich sofort auf die Marktergebnisse aus, alle übrigen Marktkräfte wirken erst mit Zeitverzug.

Die unterschiedlichen Verzögerungszeiten lassen sich durch eine Wirkungskettenanalyse abschätzen. Die *Reagibilität* einiger Märkte auf die Marktkräfte ist in *Tab. 14.1* angegeben.

14.6 Stochastisch-dynamischer Marktprozess

Auf jedem abgegrenzten Teilmarkt und damit auch auf dem Gesamtmarkt eines Wirtschafts- oder Finanzguts findet ein *Marktprozess* statt, wie er in *Abb. 14.10* dargestellt ist. Zum Zeitpunkt t befindet sich auf dem Marktplatz eine zeitabhängige Anzahl $N_N(t)$ von Nachfragern Nj, die jeweils eine Nachfragemenge $m_{Nj}(t)$ [ME] zum Nachfragergrenzpreis $p_{Ni}(t)$ [GE/ME] mit der Qualität $q_{Ni}(t)$ einkaufen wollen, und eine Anzahl $N_A(t)$ von Anbietern Aj, die eine Angebotsmenge $m_{Aj}(t)$ [ME] der Qualität $q_{Aj}(t)$ zum Angebotsgrenzpreis $p_{Aj}(t)$ [GE/ME] verkaufen wollen. Summiert über alle Nachfrager ergibt sich daraus die aktuelle Gesamtnachfragemenge $M_N(t)$ und nach Preisen differenziert die kollektive Nachfragefunktion (6.7). Entsprechend ergibt die Summe über alle Anbieter die aktuelle Gesamtangebotsmenge $M_A(t)$ und die kollektive Angebotsfunktion (7.6).

Nach wechselseitiger Prüfung und Vergleich der einzelnen Nachfragen ($p_{Ni}(t)$; $m_{Ni}(t)$; $q_{Ni}(t)$) mit den verschiedenen Angeboten ($p_{Aj}(t)$; $m_{Aj}(t)$; $q_{Aj}(t)$) beginnen die in *Abschnitt 5.4* beschriebenen individuellen Kaufprozesse. Bei erfolgreichem Abschluss erhält der Nachfrager Ni vom Anbieter Aj eine Kaufmenge $m_{Kij}(t)$ zum

14.6 Stochastisch-dynamischer Marktprozess

Kaufpreis $p_{Kij}(t)$. Kaufpreis und Kaufmenge ergeben sich aus den für den betreffenden Markt geltenden Transfergleichungen der Preisbildung, des Qualitätsabgleichs, der Mengenbildung und der Begegnungsfolge.

Wenn der Nachfrager mit dem Kauf seinen Bedarf gedeckt hat, verlässt er den Marktplatz. Auch ein Anbieter, der seine Angebotsmenge vollständig abgesetzt hat, verlässt den Markt. Das führt auf einem länger anhaltenden Markt auf Seiten der Nachfrager wie in *Abb. 14.10* dargestellt zu einem auslaufenden *Einkaufsmengenstrom* $\Lambda_{EK}(t)$ [ME/PE] und auf Seiten der Anbieter zu einem *Verkaufsmengenstrom* $\Lambda_{VK}(t)$ [ME/PE], die beide gleich dem *Kaufmengenstrom* $\Lambda_K(t)$ sind:

$$\Lambda_K(t) = \Lambda_{EK}(t) = \Lambda_{VK}(t) \qquad [\text{ME/PE}]. \qquad (14.6)$$

Führt ein Kaufprozeß nicht zum Abschluss oder deckt der Kauf nicht die volle Menge des Nachfragers oder des Anbieters ab, wird die wechselseitige Prüfung bei anderen Marktteilnehmern fortgesetzt. Nach individuell unterschiedlich langer Zeit vergeblichen Suchens und Prüfens verlassen einige Nachfrager wie auch einige Anbieter den Markt ohne Kauf oder nach Kauf bzw. Verkauf einer Teilmenge. Sie geben entweder den Handel mit dem betreffenden Gut auf oder sehen sich auf anderen Märkten weiter um.

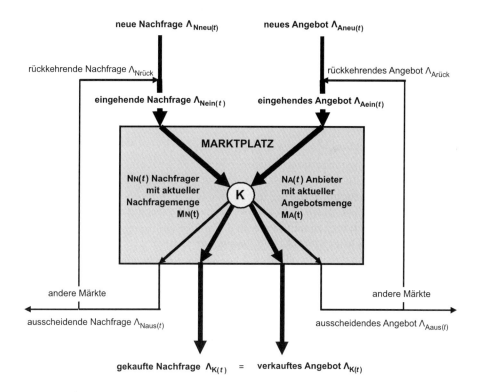

Abb. 14.10 Stochastisch-dynamischer Marktprozess

Daraus resultiert auf Seiten der Nachfrager ein *ausscheidender Nachfragestrom* $\Lambda_{\text{Naus}}(t)$, von dem ein Teil nach einiger Zeit als *rückkehrender Nachfragestrom* $\Lambda_{\text{Nrück}}(t)$ erneut auf den Marktplatz kommt. Zu gleicher Zeit treffen auf einem anhaltenden Markt andere Nachfrager ein, deren *neuer Nachfragestrom* $\Lambda_{\text{Nneu}}(t)$ zusammen mit dem Rückkehrstrom einen aktuellen *eingehenden Nachfragestrom* $\Lambda_{\text{Nein}}(t)$ ergibt. Durch den Zu- und Auslauf von Nachfragern mit unterschiedlichen Nachfrage- und Einkaufsmengen verändern sich laufend die kollektive Nachfragefunktion und die aktuelle Gesamtnachfragemenge. Für eine Periode der *Länge* PE [Stunde, Tag, Woche; Monat] gilt die *Nachfragemengenbilanz des Marktes*:

$$M_N(t+1) - M_N(t) = \Lambda_{\text{Nein}}(t) - \Lambda_K(t) - \Lambda_{\text{Naus}}(t) \qquad [\text{ME/PE}]\,. \qquad (14.7)$$

Im Grenzfall sehr kurzer Perioden PE → 0 wird daraus die *Nachfragemengengleichung des Marktes*:

$$dM_N(t)/dt = \Lambda_{\text{Nein}}(t) - \Lambda_K(t) - \Lambda_{\text{Naus}}(t) \qquad [\text{ME/PE}]\,. \qquad (14.8)$$

Auf Seiten der Anbieter endet der Marktprozess mit einem *ausscheidenden Angebotsstrom* $\Lambda_{\text{Aaus}}(t)$, von dem ein Teil später als *rückkehrender Angebotsstrom* $\Lambda_{\text{Arück}}(t)$ wiederkommt. Gleichzeitig treffen Anbieter ein, deren neuer Angebotsstrom $\Lambda_{\text{Nneu}}(t)$ zusammen mit dem Rückkehrstrom zu dem aktuellen *eingehenden Angebotsstrom* $\Lambda_{\text{Nein}}(t)$ führt. Durch die hinzukommenden und ausscheidenden Anbieter mit unterschiedlichen Angebots- und Verkaufsmengen verändern sich laufend die kollektive Angebotsfunktion und die aktuelle Gesamtangebotsmenge. Daraus ergibt sich für jede Periode die *Angebotsmengenbilanz des Marktes*:

$$M_A(t+1) - M_A(t) = \Lambda_{\text{Aein}}(t) - \Lambda_K(t) - \Lambda_{\text{Aaus}}(t) \qquad [\text{ME/PE}]\,. \qquad (14.9)$$

und im Grenzfall sehr kurzer Perioden PE → 0 die *Angebotsmengengleichung des Marktes*:

$$dM_A(t)/dt = \Lambda_{\text{Aein}}(t) - \Lambda_K(t) - \Lambda_{\text{Aaus}}(t) \qquad [\text{ME/PE}] \qquad (14.10)$$

Wenn für längere Zeit viele Marktteilnehmer unabhängig voneinander auf den Markt kommen, sind die Einlauf- und Auslaufströme *stochastische Durchsatzgrößen*, die mit einer bestimmten Streuung zufällig um konstante oder zeitlich veränderliche Mittelwerte schwanken (s. *Abschnitt 3.13*). Dann sind die Gesamtnachfragemenge und die kollektive Nachfragefunktion sowie die Gesamtangebotsmenge und die kollektive Angebotsfunktion *stochastische Bestandsgrößen*.

Für die vorangehenden Beispiele wurden die bei unterschiedlicher Marktkonstellation aus den stochastisch schwankenden und dynamisch veränderlichen Bestandsgrößen resultierenden Marktergebnisse in aufeinander folgenden Perioden durch *digitale Simulation* mit Hilfe der Transfergleichungen berechnet. Dabei wurde stillschweigend vorausgesetzt, dass alle Akteure ausreichend Zeit haben, die Suche nach geeigneten Kaufpartnern zu beenden und am Ende der Periode den Markt verlassen. Ungedeckte Nachfragemengen und unverkaufte Angebotsmengen fließen in der Folgeperiode in die Neunachfrage bzw. in das Neuangebot ein. Das ist jedoch genau genommen nur zulässig für wiederkehrende Märkte mit Öffnungszeiten, die länger als die *Transferzeiten* sind, die für die Partnersuche und Kaufverhandlung benötigt werden. Bei der Betrachtung von Zeitabschnitten, die wesentlich kürzer sind

14.6 Stochastisch-dynamischer Marktprozess

als die Transferzeiten, sind insbesondere auf permanent geöffneten Märkten auch die Such- und Verhandlungszeiten zu berücksichtigen (s. *Abschnitt 5.7*). Damit wird der Marktprozess zu einem *stochastisch-dynamischen Prozess*.

Mit Hilfe von *Wahrscheinlichkeitsrechnung, Statistik* und *Warteschlangentheorie* lassen sich, wenn überhaupt, nur für stochastisch-stationäre Einlaufströme und bestimmte Marktkonstellationen die *Mittelwerte* der Bestandsgrößen und Auslaufströme und deren Streuungen berechnen. Die analytischen Lösungen und expliziten Formeln sind jedoch in der Regel recht kompliziert und für Nichtmathematiker schwer verständlich [Ferschl 1964; Kreyszig 1975; Mosler 2004]. Komplexe stochastisch-stationäre und dynamische Prozesse lassen sich besser mit Hilfe der *digitalen Simulation* untersuchen. Daraus resultieren Einzelerkenntnisse für bestimmte Marktkonstellationen wie auch allgemein gültige Zusammenhänge und *halbempirische Näherungsformeln*, wie die Marktpreisformel (12.9), die Absatzmengenformel (12.10) und die Streuformeln (13.7) und (13.8). Mit Hilfe der Marktpreisformel und der Absatzmengenformel wurden aus dem angenommenen Nachfrage- und Angebotsverhalten, das mathematisch durch das Produkt der Verhaltensfunktion (7.9) mit der Zufallsfunktion (6.10) abgebildet wurde und in *Abb. 5.6* dargestellt ist, die in den *Abb. 5.5* und *5.7* dargestellten und in *Abschnitt 5.8* beschriebenen Ergebnisse eines *stochastisch-dynamischen Marktes* berechnet.

Die Mengenbilanzen (14.7) und (14.9) sowie die Mengengleichungen des Marktes (14.8) und (14.10) machen deutlich, welche unterschiedlichen Einflüsse zu einer dynamischen Marktänderung führen können. Ein stochastisch-stationärer Marktzustand, in dem die Nachfrage- und die Angebotsfunktion im Mittel unverändert bleiben, ist eher die Ausnahme als die Regel. Bedingungen für den stochastisch-stationären Markt sind, dass die Änderung der Gesamtnachfragemenge und der Gesamtangebotsmenge Null ist, d.h. dass $dM_N(t)/dt = 0$ und $dM_N(t)/dt = 0$. Das ist nur solange der Fall, wie der Kaufstrom gleich der Differenz von Nachfrageeinlaufstrom minus ausscheidendem Nachfragestrom und diese gleich der Differenz von Angebotseinlaufstrom minus ausscheidendem Angebotsstrom ist. Das ist die erste *Bedingung für den stochastisch-stationären Marktzustand*:

$$\Lambda_K(t) = \Lambda_{Nein}(t) - \Lambda_{Naus}(t) = \Lambda_{Aein}(t) - \Lambda_{Aaus}(t) \quad [ME/PE]. \quad (14.11)$$

Diese Bedingung ist notwendig, aber nicht hinreichend für einen stochastisch-stationären Markt. Zusätzliche Bedingungen sind, dass auch die Preis- und Qualitätsanforderungen im Mittel unverändert bleiben. Andernfalls verschiebt sich die kollektive Nachfragefunktion oder die kollektive Angebotsfunktion.

Wenn über längere Zeit die Summe der neu hinzukommenden Nachfragemengen größer ist als die Summe der durch Kauf erfüllten und der endgültig ausgeschiedenen Nachfragemengen, steigt die Gesamtnachfragemenge bis zum *Nachfrageüberhang*. Eine solche *Engpassphase* wird erst wieder abgebaut wird, wenn die Summe der Kaufmengen größer ist als die Summe der neu hinzukommenden minus der ausgeschiedenen Nachfragemengen. Ein Nachfrageüberhang kann die Folge eines rückläufigen Angebots, z. B. infolge einer Missernte, sein, aber auch durch einen anhaltenden Anstieg der Nachfrage hervorgerufen werden, dem das Angebot nicht folgt.

Marktdynamik	Kauffrequenz	Teilnehmerzahl	Änderungszeit	Wirtschaftsgüter
einmalig	1	gering	keine	Lizenzen, Rechtsgüter
sporadisch	unter 1 pro Monat	stark wechselnd	unberechenbar	Projekte, Gebrauchtwaren
stationär	bis 10 pro Tag	gleichbleibend	Monate bis Jahre	Konsumgüter, Arbeit
dynamisch	bis 100 pro Stunde	veränderlich hoch	Tage bis Wochen	Saisonwaren, Rohstoffe
hochdynamisch	über 100 pro Stunde	wechselnd und hoch	kürzer als Transferzeit	Devisen, Aktien

Tabelle 14.2 Dynamik der Märkte

Teilnehmerzahl: gleichzeitig anwesende Anzahl der Akteure
Transferzeit: Such- und Verhandlungszeit von Markteintritt bis Kaufabschluss

Ein anhaltender Nachfrageüberhang verlockt die Anbieter zum *Missbrauch*. Dem ist eine *freie Marktordnung* nur bedingt gewachsen. Bei einer längeren Engpassphase für ein *Gut des existenziellen Bedarfs*, die zur Notlage der Bevölkerung führt, sind Eingriffe des Staates notwendig, wie eine *Zuteilung* unabhängig vom Marktmechanismus (s. *Tab. 3.3*). Für andere Güter, wie *Luxusgüter* und *Substitutionsgüter*, ist der Markt auch bei einem länger anhaltenden Nachfrageüberhang immer noch der beste Regler, da die Aussicht auf hohe Gewinne die Anbieter zum raschen Kapazitätsausbau anreizt.

Ein *Angebotsüberhang* besteht, wenn für längere Zeit die Summe der neu hinzukommenden Angebotsmengen größer ist als die Summe der Verkaufsmengen und der endgültig aus dem Markt ausscheidenden Angebotsmengen. Das kann – insbesondere auf dem *Arbeitsmarkt* – zum Missbrauch durch marktbeherrschende Nachfrager und zu sozialer Not der betroffenen Haushalte führen. Ein *Strukturumbruch* durch technischen Wandel kann ebenfalls einen andauernden Angebotsüberhang und den Untergang einer ganzen Branche auslösen (s. *Abschnitte 15.14* und *16.18*). Eine solche Notlage erfordert eine zeitlich begrenzte *Sozialhilfe* für die betroffenen Haushalte und *Anpassungsbeihilfen* des Staates für unverschuldet in Existenznot geratene Unternehmen. Das darf aber kein Dauerzustand werden, denn sonst ginge der notwenige Anpassungsdruck auf die Akteure verloren. Am Ende wären auch Staat und Gesellschaft ruiniert.

Um die Auswirkungen der Transferzeiten, der Marktöffnungszeiten und rasch veränderlicher Einlaufströme auf *hochdynamischen Märkten* zu untersuchen, werden weitaus leistungsfähigere *Marktsimulationsprogramme* benötigt, als die hier verwendeten relativ einfachen Tabellenkalkulationsprogramme. Ein *Simulationstool für hochdynamische Märkte* berechnet mit den Preis-, Mengen- und Qualitätstransfergleichungen (8.1) bis (8.7), (9.1) bis (9.6) und (6.9) die zeitliche Veränderung der Mittelwerte der Ausgangsströme und deren Streuung aus den Eingangsströmen, die durch einen Zufallsgenerator wie (6.10) erzeugt werden, und aus dem *Verhalten* der Akteure, das mathematisch durch *Modellfunktionen* und *Algorithmen* abgebil-

14.6 Stochastisch-dynamischer Marktprozess

det wird, wie (6.11) bis (6.16), (7.8), (14.4) und die Begegnungsarten aus *Kapitel 10*. Dabei lassen sie auch *Qualitätsunterschiede, Vorratsbestände* und das *Dipositionsverhalten* der Nachfrager und Anbieter berücksichtigen. Auch die Auswirkungen unterschiedlicher *Reichweiten* der Nachfrager oder *Einzugsgebiete* der Anbieter sowie von *begrenzter Information* und verschiedenen *Transferzeiten* für definierte Gruppen von Nachfragern und Anbietern können auf diese Weise untersucht werden.

Bereits aus der *Wahrscheinlichkeitstheorie* und dem *dynamischen Marktsimulationstool* aus *Abschnitt 11.3* ergeben sich folgende *Gesetze stochastischer Märkte*:

- Solange sich ein Markt im stochastisch-stationären Zustand befindet, streuen Absatzmengen, Marktpreise, Kurse und andere Marktergebnisse zufällig mit gleichbleibender Verteilungsfunktion und unveränderter Streuung um langzeitig konstante Mittelwerte.
- Für viele Marktergebnisse weicht auch im stationären Zustand die Zufallsverteilung der Einzelwerte von der Gaußschen Normalverteilung ab
- Asymptotisch wird eine *Normalverteilung* nach einer anhaltend stationären Phase nur für Marktergebnisse erreicht, deren Streuung wesentlich kleiner ist als der mögliche Wertebereich und deren Einzelwerte sich aus vielen unabhängigen Zufallsgrößen ergeben (s. *Abb. 13.1* und *13.2*).
- Infolge einer langsam veränderlichen oder sprunghaft auftretenden Marktkraft kann sich ein stationärer Markt jederzeit in einen *stetig dynamischen Markt* oder einen *turbulenten Markt* verwandeln.
- Ein programmierbarer *Frühindikator einer dynamischen Marktänderung* ist das dreimalige Abweichen des aktuellen Marktpreises und/oder Marktabsatzes vom *adaptiven Mittelwert* (14.3) in eine Richtung um mehr als das Doppelte des *adaptiven Streuwerts* (14.4).
- Sobald eine dynamische Marktänderung eintritt, verändern sich die Mittelwerte, die Streuungen und die Verteilungsfunktionen der Marktergebnisse solange bis wieder ein stationärer Zustand erreicht ist.

Der Frühindikator folgt daraus, daß die Wahrscheinlichkeit w(n·s;N) für ein N-maliges Abweichen vom Mittelwert in gleicher Richtung um ein n-faches der Standardabweichung s bei einer Normalverteilung gegeben ist durch die Beziehung:

$$w(n \cdot s; N) = (1 - \text{STANDNORMVERT}(n \cdot s))^N . \tag{14.12}$$

Für n = 2 und N = 3 ist die Wahrscheinlichkeit $w(2s; 3) = (1 - 0{,}977)^3 = 1{,}2 \cdot 10^{-5} =$ 1,2 : 100.000. Ein dreimalige zufälliges Abweichen vom Mittelwert um mehr als die doppelte Streubreite ist also ohne systematische Marktänderung äußerst unwahrscheinlich und daher ein guter Indikator für den Beginn einer *dynamischen Phase*.

Für die Preise börsengehandelter Güter und die Kurse von Finanzgütern wurden Abweichungen der Verteilungsfunktionen von der Normalverteilung und plötzliche *Änderungen der Volatilität* im Verlauf der Handelszeit schon vor vielen Jahren von *Benoit B. Mandelbrot* und anderen festgestellt. Als Ursache wird das Zusammentreffen einer kollektiven Verhaltensänderung der Akteure mit den Zufälligkeiten des Marktes vermutet, ohne die Auslöser der Verhaltensänderungen im Einzelnen zu analysieren [Mandelbrot/Taylor 1967; Mandelbrot/Hudson 2007]. Diese Erklärung erweist sich nach der *Logik des Marktes* grundsätzlich als zutreffend.

Mit Hilfe eines *Simulationstools für hochdynamische Märkte* könnten auch die *Verteilungsfunktionen* bei verschiedener Marktkonstellation bestimmt und deren Veränderung durch die unterschiedlichen *Marktkräfte* aus *Tabelle 14.1* genauer untersucht werden. Damit lassen sich die *Risiken volatiler Finanzmärkte* besser abschätzen und *Handelsstrategien für Finanzgüter* entwickeln und testen, wie z. B. die *programmierbare Börsenhandelsstrategie*:

▶ Ist der aktuelle Börsenkurs einer Aktie oder eines Wertpapiers um mehr als die doppelte adaptive Streubreite unter den *Ertragswert* gefallen, lohnt es sich zu kaufen, steigt er um mehr als die doppelte Streubreite über den Ertragswert, ist es ratsam zu verkaufen.

Zu untersuchen ist für diese konventionelle *Handelsstrategie*, mit welchen zukünftigen Erträgen, Diskontierungsfaktor, Risikowerten und Restwert der aktuelle Ertragswert (3.20) bzw. Kurswert (4.16) zu kalkulieren ist.

Die Untersuchung aller möglichen Einflussfaktoren und Ursachen stochastisch-dynamischer Marktänderung und ihrer Auswirkungen bei unterschiedlichen Marktkonstellationen auf den verschiedenen Güter-, Arbeits- und Finanzmärkten sprengt den Rahmen dieses Buches. Das sind lohnende Aufgaben für Wirtschaftswissenschaftler, die sich für die *normativ-analytische Ökonomie* interessieren und sich nicht auf die *deskriptiv beobachtende Ökonomie* beschränken.

15 Absatzstrategien

Das Erkunden und Abschätzen des Bedarfs, das Stimulieren von Nachfrage sowie der Absatz des Liefer- und Leistungsprogramms sind Aufgaben von *Marketing* und *Vertrieb* der Unternehmen [Meffert 2000]. Ziel der *Absatzstrategien* ist die optimale Nutzung einer vorhandenen Nachfrage. Wegen ihrer zentralen Bedeutung für die Unternehmen sind die Absatzstrategien wesentlich besser bekannt und erforscht als die im nächsten Kapitel behandelten Beschaffungsstrategien. Weniger bekannt sind jedoch die *Marktauswirkungen* der Absatzstrategien unter Berücksichtigung aller *Restriktionen*, die *extern* von Marktordnung, Nachfrage und Wettbewerb und *intern* durch die Kosten und Kapazitäten des Anbieters gegeben sind.

Da auf den realen Märkten kaum Experimente möglich sind, ist die *Strategieentwicklung* auf die Wirkungskettenanalyse und die Simulation angewiesen. Mit Hilfe des *Mastertools zur dynamischen Marktsimulation*, das mit den *Transfergleichungen* des Marktes arbeitet, lassen sich die Effekte des individuellen Handelns der einzelnen Akteure demonstrieren und berechnen. In diesem Kapitel werden aus den Auswirkungen der zentralen Aktionsparameter *Angebotspreis* und *Angebotsmenge* auf *Absatz*, *Auslastung* und *Gewinn* unter Berücksichtigung der externen und internen Restriktionen individuelle *Absatzstrategien* entwickelt.

Unter den möglichen Absatzstrategien wählen viele Anbieter die *Expansion*, da diese den größten Gewinn verspricht. In Verbindung mit dem *Marktmechanismus* begünstigt das Expansionsstreben das Entstehen von *marktbeherrschenden Unternehmen*. Die damit verbundenen Vor- und Nachteile für die übrigen Akteure sind ein weiterer Beleg für die *Ambivalenz der unsichtbaren Hand*.

Voraussetzung für das Funktionieren eines freien Marktes ist der *Wettbewerb* sowohl auf Seiten der Anbieter wie auch auf Seiten der Nachfrager [Aberle 1980/97]. Durch Marktsimulationen wird untersucht, unter welchen Bedingungen die Marktmacht einzelner Anbieter und Nachfrager Gefahren mit sich bringt und zu Problemen führen kann (s. auch *Abschnitt 16.7*). Daraus lassen sich Regelungen zur Sicherung funktionierender Märkte und Strategien zur Abwehr der *unfairen Praktiken* mancher Anbieter ableiten.

Schwerpunkte dieses Kapitels sind die *Bedarfsgüter mit regelmäßigem Absatz*, die auf Märkten mit der *Standardmarktordnung* aus *Kapitel 11* gehandelt werden. Viele der gewonnenen Erkenntnisse und entwickelten Strategien gelten auch für andere Marktordnungen und sind übertragbar auf *Informationsmärkte* [Shapiro 1999], *Arbeitsmärkte* und *Finanzmärkte*. Die Besonderheiten dieser Märkte erfordern jedoch eigene Untersuchungen.

15.1 Anbieteroptionen

Die wichtigste Option eines Anbieters vor dem Markteintritt ist die Auswahl der Güter, die verkauft werden sollen. Die Menschen in den Haushalten, deren Hauptangebot ihre *Arbeitsleistung* ist, müssen sich überlegen, welchen Beruf sie erlernen wollen und welche Art der Tätigkeit ein angemessenes Einkommen bietet. Ein Handelsunternehmen plant sein *Handelssortiment*. Dienstleistungsunternehmen entwickeln ihr *Leistungsangebot*. Ein Produzent muss das *Lieferprogramm* planen, bereinigen und laufend dem Bedarf anpassen. Dazu gehört auch die Festlegung einer marktgerechten *Qualität* (s. *Abschnitt 3.8*).

Wenn entschieden ist, dass ein bestimmtes Wirtschaftsgut verkauft werden soll, hat der Anbieter, wie bereits in *Abschnitt 3.13* dargelegt und in *Abschnitt 5.4* vertieft, die Freiheit, einen der möglichen *Absatzkanäle* (5.3) auszuwählen, den *Marktplatz* zu bestimmen und die *Zeiten des Marktauftritts* festzulegen[Meffert 2000]. Maßgebend für diese Entscheidungen ist, ob es sich um ein einmaliges Angebot handelt oder um ein Gut zur Deckung eines anhaltenden Bedarfs. Die wichtigsten Auswahlkriterien für den Marktplatz sind die *Anzahl der Nachfrager* für das zu verkaufende Gut, die *Transferkosten*, der *Wettbewerb* und das *Marktpreisniveau*.

Marktplätze für den Verkauf von *Einzelgütern* sind z. B. Basare, Makler, Auktionen oder Börsen. Für größere Liefer- und Leistungsumfänge wird der Markt in der Regel von den Nachfragern dominiert, die eine Anfrage oder eine *Ausschreibung* versenden. Für die meisten Güter mit regelmäßigem Bedarf gibt es etablierte Absatzkanäle und Marktplätze mit geregelten Handelszeiten. Unter diesen wählt der Anbieter den oder die Märkte aus, die am besten zu erreichen sind, die geringsten Transferkosten verursachen und für das betreffende Gut die besten Absatzchancen und die höchsten Gewinnaussichten bieten. Nach dem Markteintritt sind die zentralen *Aktionsparameter des Anbieters*:

Angebotsqualität
Angebotsmenge (15.1)
Angebotspreis

Der Angebotspreis ist im *Rahmen der Marktordnung* jederzeit veränderlich. Die Qualität ist mittelfristig veränderbar. Die Angebotsmenge lässt sich kurzfristig nur soweit der Nachfrage anpassen, wie es die vorhandenen Kapazitäten zulassen. Mittel- bis langfristig sind auch Kapazitätserweiterungen und erhebliche Angebotssteigerungen möglich, die allerdings *Investitionen* erfordern und mit *Risiken* verbunden sind.

15.2 Kostenpreise

Ein Unternehmen, das ein Bedarfsgut auf den Markt bringen will, kalkuliert für einen *Planabsatz* m_A aus dem *Plankostensatz* $k(m_A)$ [GE/ME] nach dem Verfahren der *Zuschlagskalkulation* (7.2) mit einer *Deckungsbeitragsquote* q_{DB} [%] und einer *Plangewinnquote* q_{GW} [%] einen *Angebotsgrenzpreis* $p_A = (1 + q_{DB} + q_{GW}) \cdot k(m_A)$. Für

Handelsgüter ist die Summe von Deckungsbeitrags- und Gewinnquote die *Handelsspanne* $s_H = q_{DB} + q_{GW}$ [%]. Die Deckungsbeiträge der einzelnen Verkaufsgüter werden so bemessen, dass sich aus der Summe über die Umsätze aller verkauften Güter abzüglich aller Kosten ein geplanter Gesamtgewinn ergibt [Wöhe 2000].

Der *Plankostensatz* $k(m_A)$ [GE/ME] umfasst alle Kosten, die unmittelbar mit der Beschaffung, Herstellung, Bereitstellung und Vermarktung der geplanten *Absatzmenge* m_A verbunden sind. Wie in *Abschnitt 3.11* ausgeführt, setzen sich diese *zurechenbaren Kosten* zusammen aus einem *variablen Anteil*, den so genannten *Grenzkosten* k_{grenz}, und einem *fixen Anteil* $k_{fix} = K_{fix}/m_A$. Sie umfassen auch die absatzspezifischen *Steuern*, wie die Umsatz- und Verbrauchssteuern, die *Sondereinzelkosten* des Vertriebs, wie *Provisionen*, *Werbekosten* und *Logistikkosten*, sowie die spezifischen *Risikokosten*, die aus Gewährleistung, Pönalen, Zahlungsausfall u. a. resultieren. Die Summe der Deckungsbeiträge, die aus dem Verkauf resultieren, muss alle *nicht zurechenbaren Geschäftskosten* des Unternehmens abdecken, die unabhängig vom einzelnen Gut für Verwaltung, Vertrieb, Betriebsbereitschaft, Sonderabschreibungen, Abgaben, Steuern u. a. anfallen. Aus der Preiskalkulation ergeben sich damit folgende *Kostenpreise*:

- *Vollauslastungspreis*: $p_{VA} = (1 + q_{DB} + q_{PG}) \cdot (k_{grenz} + K_{fix}/m_{Amax})$. Der Vollauslastungspreis deckt bei Verkauf der maximalen Menge m_{Amax}, die erzeugt oder beschafft werden kann, die Vollauslastungskosten ab und erlöst den geplanten Deckungsbeitrag und Gewinn.
- *Plankostenpreis* $p_{PK} = (1 + q_{DB} + q_{PG}) \cdot (k_{grenz} + K_{fix}/m_A)$: Der Plankostenpreis erlöst bei einem Planabsatz m_A alle Kosten, den vollen Deckungsbeitrag und die *Plangewinnquote* q_{PG}.
- *Vollkostenpreis* $p_{VK} = (1 + q_D) \cdot (k_{grenz} + K_{fix}/m_A)$: Der Vollkostenpreis deckt beim Planabsatz m_A alle Kosten, enthält aber keinen Gewinn.
- *Selbstkostenpreis* $p_{SK} = k_{grenz} + K_{fix}/m_A$: Der Selbstkostenpreis erlöst die variablen und fixen Kosten, bringt aber weder Deckungsbeitrag noch Gewinn.
- *Grenzkostenpreis* $p_{GK} = k_{grenz}$: Der Grenzkostenpreis erlöst nur die variablen Kosten.

Aus diesen fünf Kostenpreisen lassen sich weitere Preise ableiten. So werden aus dem Plankostenpreis durch Erhöhen um eine *Vorspannung*, die einem erwarteten Nachlass Rechnung trägt, der *Eröffnungspreis* für Preisverhandlungen, der *Einführungspreis* für ein neues Produkt oder der rabattierbare *Listenpreis* p_{LP} abgeleitet.

Bei regulärem Geschäftsgang ist der Vollauslastungspreis der *Angebotsgrenzpreis*, unter dem der Anbieter kein wirtschaftliches Interesse am Verkauf hat. Unter besonderen Umständen, z. B. zur Lagerräumung, für Verkaufsaktionen, bei Ladenhütern, für ein auslaufendes Gut oder zur Sicherung der Mindestauslastung, kann es opportun sein, teilweise oder ganz auf den Gewinn oder sogar auf Teile des Deckungsbeitrags zu verzichten. Dann wird das Gut zu einem *Teilkostenpreis* angeboten, der zwischen Vollauslastungs- und Selbstkostenpreis oder zwischen Selbstkosten- und Grenzkostenpreis liegt. In Notfällen, wie drohende Unverkäuflichkeit oder Geschäftsaufgabe, wird ein bereits beschafftes oder produziertes Gut auch unter dem

Grenzkostenpreis angeboten, um die bereits angefallenen Kosten zumindest teilweise zu erlösen (s. u.).

Zur Kompensation der Unterdeckung aus Umsätzen unter Vollkosten müssen Umsätze mit Mehrerlösen erzielt werden, aus denen die Unterdeckung subventioniert wird. Die *Quersubvention* wird auch zur *Wettbewerbsverdrängung* und zum Nachteil der Kunden missbraucht. Sie findet bei *Verkaufsaktionen zu Lockpreisen* statt, aber auch bei der *Preisdifferenzierung* und *Marktsegmentierung*. So ist die Quersubvention der Preise anderer Güter aus dem Mehrerlös eines *Monopolgutes*, um dadurch den Wettbewerb zu verdrängen oder abzuwehren, ein Verstoß gegen das *Wettbewerbsrecht*. Innovationsfördernd und zulässig, da gesamtwirtschaftlich wünschenswert, sind dagegen *Pioniergewinne* aus einem hohen Einführungspreis für ein neues Produkt [Schumpeter 1912].

15.3 Absatzfunktionen

Das Ziel eines wirtschaftlich geführten Unternehmens ist ein anhaltend hoher Gewinn. Gemäß *Abschnitt 3.10* und *7.2* ist der *Verkaufsgewinn* eines Anbieters aus dem Verkauf der Absatzmenge m_K in einer Periode PE zum Verkaufspreis p_K:

$$g_{VK}(p_A;m_A) = m_K(p_A;m_A) \cdot (p_K - k_{grenz}) - K_{fix} \quad [GE/PE]. \quad (15.2)$$

Während die eigenen Kostensätze dem einzelnen Anbieter bekannt sind, resultieren der Kaufpreis p_K [GE/PE] und die Absatzmenge m_K [ME/PE] in einer Marktperiode PE mit Hilfe der Transfergleichungen aus den eigenen Aktionsparametern (15.1) und aus dem Verhalten aller anderen Akteure. Bei Anbieterfestpreisen ist der Kaufpreis gleich dem Angebotspreis, also $p_K = p_A$. Maßgebend für den Verkaufsgewinn (15.2) ist dann allein die

- *anbieterspezifische Absatzfunktion* $m_K(p_A;m_A)$ der funktionalen Abhängigkeit der Absatzmenge vom *Angebotspreis* p_A und von der *Angebotsmenge* m_A.

Bei Wettbewerb lässt sich die spezifische Absatzfunktion einer Verkaufsstelle nicht durch Variation der Mengen und Preise ermitteln. Selbst wenn ein solches Experiment ohne Geschäftsgefährdung möglich wäre, ist es wegen der *Stochastik des Marktes* für die meisten Wirtschaftgüter nicht durchführbar. Wie die *Abb. 15.1* und *15.2* zeigen, sind die Tagesschwankungen im interessierenden Bereich der Absatzfunktion für die meisten Bedarfsgüter so groß, dass sich der mittlere Verlauf erst nach längerer Zeit ausreichend genau erkennen lässt. Daraus folgt:

- Ein sofortiges Reagieren auf die zufälligen Schwankungen von Absatz und Marktpreis durch wechselnde Angebotspreise und Angebotsmengen ist sinnlos.

Sinnvoll sind dagegen *dynamische Preis- und Mengenstrategien*, die ausreichend verlässlich prognostizierbare *systematische Bedarfsänderungen* nutzen (s. u.).

Nur für wenige Konsumgüter mit anhaltendem Bedarf, wie Zigaretten und Benzin, lassen sich begrenzte Abschnitte der *Gesamtabsatzfunktion* eines großen Herstellers aus der Reaktion der Käufer auf Preisänderungen erschließen. Die spezifische Absatzfunktion eines Wirtschaftsgutes ist dem einzelnen Anbieter also in der

15.3 Absatzfunktionen

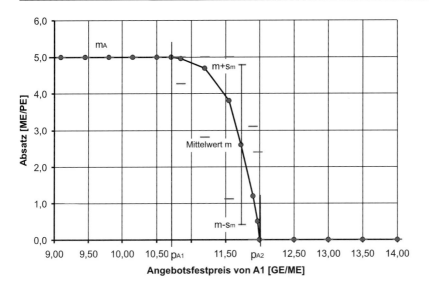

Abb. 15.1 Simulierte Absatzfunktion eines Anbieters mit Wettbewerb als Funktion des Angebotspreises bei konstanter Angebotsmenge

Mittelwerte und Standardabweichungen der Tageswerte für 250 Tage
Parameter: Angebotsmenge 5 ME, übrige s. *Tab. 11.2*

Regel nicht bekannt. Ein Unternehmer, der längere Zeit mit einem Gut handelt und die Umstände eines Marktes genau kennt, entwickelt jedoch im Verlauf der Zeit ein Gespür dafür, wie sich die Absatzfunktion eines Wirtschaftsgutes im Bereich des aktuellen Marktpreises bei Veränderungen von Preis und Menge verhält. Außerdem kennt er die wesentlichen Einflussfaktoren der Absatzfunktion eines eingeführten Wirtschaftsgutes, wie den Wettbewerb und den Marktpreis.

Zum Verständnis der Wirkungszusammenhänge und zur Entwicklung von Absatzstrategien ist die Kenntnis des genauen Verlaufs der Absatzfunktion nicht erforderlich. Hierzu ist das in *Kapitel 11* vorgestellte *Mastertool zur dynamischen Marktsimulation* geeignet. Ausgehend von der Standardkonstellation (11.7) mit 10 Anbietern, die im Mittel von 50 Nachfragern aufgesucht werden, zeigt die *Abb. 15.1*, wie sich der Absatz eines Anbieters A1 mit ansteigendem Angebotsfestpreis verändert. Die übrigen Parameter, die das Verhalten der anderen Akteure beschreiben, wurden bei der Simulation konstant gehalten. Dazu gehört auch die Angebotsmenge m_A des betrachteten Anbieters A1. Die *Abb. 15.2* zeigt die aus der Marktsimulation resultierende Veränderung des Absatzes mit der Angebotsmenge bei konstant gehaltenem Angebotspreis. Die Simulation läuft für jede Änderung jeweils über 250 Perioden. Das können Tage und ein Gesamtzeitraum von etwa 1 Jahr sein, ebenso gut aber auch kürzere Perioden.

Aus den Simulationsrechnungen für unterschiedlichste Marktkonstellationen folgen die allgemeinen *Eigenschaften der anbieterspezifischen Absatzfunktion*:

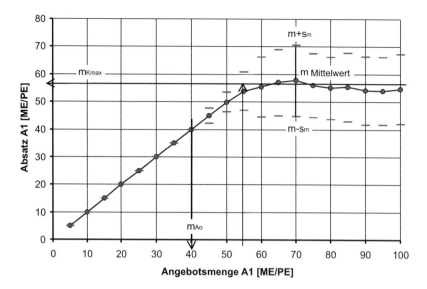

Abb. 15.2 Simulierte Absatzfunktion eines Anbieters im Wettbewerb als Funktion der Angebotsmenge bei konstantem Angebotspreis

Parameter: Angebotsfestpreis 7,00 GE/ME, übrige s. Abb. 15.1

- Der Periodenabsatz eines Wirtschaftsgutes ist eine Funktion von *Angebotspreis* und *Angebotsmenge*, die auch als *konjekturale Absatzfunktion* bezeichnet wird [Schneider 1969].
- Für jede feste Angebotsmenge hat die Absatzfunktion eine andere Abhängigkeit vom Angebotspreis.
- Für jeden festen Angebotspreis hat sie eine andere Abhängigkeit von der Angebotsmenge.
- Bei Wettbewerb haben die einzelnen Anbieter unterschiedliche *individuelle Absatzfunktionen*.

Wie aus *Abb. 15.1* ablesbar ist, gilt für die *Preisabhängigkeit des Absatzes* bei fester Angebotsmenge:

- Die Absatzfunktion bei konstanter Angebotsmenge ist bis zu einer ersten *kritischen Preisgrenze* p_1 gleich der festen Angebotsmenge.
- Oberhalb der ersten Preisgrenze fällt die Absatzfunktion zunächst langsam und dann immer steiler bis zur *zweiten kritischen Preisgrenze* p_2 auf Null.
- Im abfallenden Bereich der Absatzfunktion schwanken die Verkaufsmengen stochastisch mit großer Streuung um den langzeitigen Mittelwert.

Beginnend mit einem niedrigen Ausgangspreis bewirkt eine schrittweise Preiserhöhung bei konstanter Angebotsmenge, dass bei Wettbewerb ein zunehmender Teil der Kunden zu preisgünstigeren Anbietern abwandert oder – bei unzureichendem Alternativangebot – den Markt ohne Kauf verlässt, weil alle Angebote ihre Zahlungsbereitschaft überschreiten. Solange die verbleibenden Kunden noch die gesamte Angebotsmenge m_A abnehmen, führt eine Preisanhebung nicht zu einem Absatzrückgang. Oberhalb der ersten kritischen Preisgrenze p_1 wandern so viele Kunden ab, dass der Absatz kleiner als das Angebot wird und die Auslastung unter 100% sinkt. Liegt der Angebotspreis über der zweiten kritischen Preisgrenze p_2, kauft kein Nachfrager mehr bei diesem Anbieter.

Die Ursachen der Preisabhängigkeit der Absatzfunktion sind aus dem Marktdiagramm *Abb. 11.1* ablesbar: Die individuelle Angebotsfunktion (7.4) eines Anbieters, der bei konstanter Menge den Preis anhebt, verschiebt sich entlang den Stufen der Gesamtangebotsfunktion immer weiter nach rechts oben. Sobald der Angebotspreis den Preis eines anderen Anbieters übersteigt, hebt die Angebotsmenge des Wettbewerbers die Position auf der Angebotsfunktion um eine Stufe an. Dadurch rückt die individuelle Angebotsfunktion immer näher an die Nachfragefunktion. Ab der ersten kritischen Preisgrenze sinkt die Kaufwahrscheinlichkeit unter 100% und der Absatz unter das Angebot. Die zweite kritische Preisgrenze ist der *obere Grenzpreis der Nachfrage* p_{No}, zu dem kein Kunde mehr zum Kauf bereit ist. Daraus ergibt sich:

▶ Die Lage der kritischen Preisgrenzen p_1 und p_2 und die Steilheit der Absatzfunktion hängen ab von der *Nachfragefunktion*, vom *Wettbewerb* und von der *Angebotsmenge*.

Wenn ein Anbieter den Preis anhebt, wird das von den Wettbewerbern entweder ohne Reaktion akzeptiert oder zum Anlass genommen, ebenfalls den Preis anzuheben. Das heißt:

▶ Eine Preisanhebung eines Anbieters hat keine Auswirkung auf seinen Absatz und steigert den Gewinn, solange sie unterhalb des ersten kritischen Preises stattfindet. Sie kann jedoch eine *kollektive Preisanhebung* auslösen.

Falls ein Anbieter, der seine Angebotsmenge wegen zu hoher Preise nicht vollständig verkauft, den Preis senkt, zieht er anderen Anbietern Kunden ab. Wenn sie die Ursache der Kundenabwanderung erkannt haben, senken die betroffenen Wettbewerber zur Abwehr ebenfalls ihre Preise, soweit das ihre Kostensituation zulässt, oder sie verlassen den Markt. Daraus folgt:

▶ Eine Preissenkung eines Anbieters, der seinen Absatz und Marktanteil anheben will, ist kritisch. Sie kann eine *kollektive Preissenkung* auslösen und zu Marktveränderungen führen.

Die Auswirkungen einer *kollektiven Angebotspreisanpassung* wurden bereits in *Abschnitt 14.4* untersucht. Sie endet mit einer steileren Angebotskurve (s. *Abb. 14.6*).

Vollständig anders als die Preisabhängigkeit ist die in *Abb. 15.2* gezeigte Mengenabhängigkeit der Absatzfunktion. Aus den Simulationsrechnungen ergibt sich für die *Mengenabhängigkeit des Absatzes* bei festem Preis:

- Der Absatz steigt bei festem Angebotspreis linear mit zunehmender Angebotsmenge bis zu einer *kritischen Angebotsmenge* m_{Ao}.
- Oberhalb der kritischen Angebotsmenge bleibt der Absatz hinter der weiter ansteigenden Angebotsmenge zurück. Er nähert sich rasch einer *maximalen Absatzmenge* m_{Kmax}.

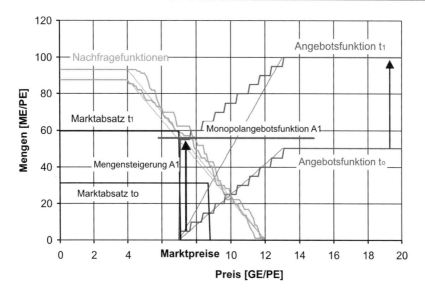

Abb. 15.3 Wettbewerbsverdrängung durch Mengensteigerung eines Anbieters bei konstant gehaltenem Angebotspreis

- Wenn die kritische Absatzmenge erreicht ist, schwanken die Tageswerte stochastisch mit großer Streuung um den langzeitigen Mittelwert.

Die Ursachen für diesen Absatzverlauf sind aus dem Marktdiagramm *Abb. 15.3* ablesbar. Wenn der preisgünstigste Anbieter bei konstantem Preis schrittweise die Angebotsmenge steigert, hebt sich seine individuelle Angebotsfunktion (7.4) und schiebt die Angebotsfunktionen der anderen Anbieter nach oben. Er zieht einen immer größeren Anteil der Nachfrager auf sich und verdrängt dadurch die Wettbewerber. Wenn sich die Angebotsmenge der fallenden Nachfragefunktion nähert, wird eine *kritische Angebotsmenge* m_{Ao} erreicht, ab der in Perioden mit schwacher Nachfrage der Absatz unter dem Angebot liegt. Eine weitere Expansion der Angebotsmenge schöpft die vorhandene Nachfrage auch in Spitzenphasen vollständig aus und führt zu keinem weiteren Anstieg des Absatzes.

Kritische Angebotsmenge und maximale Absatzmenge hängen also von der Nachfragefunktion, vom Wettbewerb und von der Höhe des festen Angebotspreises ab. Die Wettbewerber können sich gegen eine solche *Verdrängungsstrategie* nur wehren, wenn ihre Kostensituation ein Absenken des Preises unter den Preis des aggressiven Wettbewerbers zulässt. Andernfalls verlassen die Anbieter in der Reihenfolge absteigender Kosten den Markt. Das heißt:

▶ Eine Mengenanhebung bei niedrigem Preis führt zu einer Verdrängung aller Anbieter mit höheren Kosten, die keine deutlich bessere Qualität zu bieten haben.

Am Ende einer erfolgreichen Expansion und Verdrängung des Wettbewerbs ist der verbleibende Anbieter ein *Angebotsmonopolist*. Für diese Marktkonstellation gilt:

▶ Die senkrecht ansteigende individuelle Angebotsfunktion des Monopolisten ist gleich der Gesamtangebotsfunktion des Marktes.

▶ Die Absatzfunktion des Monopolisten fällt zusammen mit der Gesamtnachfragefunktion im Bereich oberhalb des Angebotsgrenzpreises des Monopolisten.

Der Vergleich der *Ausgangskonstellation* mit der *Endkonstellation* in *Abb. 15.3* zeigt den allgemein gültigen *Satz vom Monopolnutzen*:

▶ Die Expansion eines preisgünstigen Anbieters zum Marktbeherrscher oder Monopolisten führt zu geringerem Marktpreis und deutlich höherem Marktabsatz.

Die Expansion wird dadurch begünstigt, dass sich mit zunehmendem Absatz die Kosten senken lassen. Das ist durch neue Technologien, verbesserte Organisation und andere *Skaleneffekte* möglich, die in *Abschnitt 3.11* behandelt wurden (s. *Abb. 3.6*). Andererseits ist eine Expansionsstrategie meist mit erheblichen Investitionen und Vorlaufkosten verbunden, die nur finanzstarke Anbieter aufbringen können.

Wenn ein Großanbieter bereit ist, einen Teil der Kosteneinsparungen als Preissenkung an die Kunden weiter zu geben, kann er zusätzliche Kunden aus dem unteren Bereich der Gesamtnachfrage hinzugewinnen und so den Absatz weiter steigern. Das ist ein zusätzlicher Monopolnutzen des Marktes, der den Nachfragern zugute kommt. Eine solche Geschäftspolitik betreiben beispielsweise die *ALDI-Einzelhandelsgruppe*, die *METRO-Großhandelskette* und die Großversandhäuser *OTTO* und *Quelle*.

Dem Monopolnutzen stehen jedoch *Monopolgefahren* gegenüber: Ein Monopolist kann nach der Markteroberung die Angebotsmenge wieder senken und den Preis anheben, um dadurch den Gesamtgewinn zu steigern. Das erfordert allerdings die Kenntnis der Nachfragefunktion und eine Abwägung der Risiken, die aus der Unkenntnis des Nachfragerverhaltens resultieren. Der Monopolanbieter kann auch die *Preisgestaltung* umstellen und wie nachfolgend gezeigt durch *Preisdifferenzierung* oder raffinierte *Preismodelle* effektiv die Preise anheben.

Außer einer Preisanhebung bei konstanter Angebotsmenge und einer Mengensteigerung bei konstantem Preis kann ein Anbieter auch *simultan* Preis und Menge verändern. Damit ist unter Umständen ein noch höherer Gewinn erreichbar, als allein mit einer Preisoptimierung oder einer Mengenoptimierung.

15.4 Gewinnmaximierung

Wenn die Abhängigkeit der Absatzfunktion vom Angebotspreis bekannt ist, lässt sich mit Hilfe von Beziehung (15.2) der *Verkaufsgewinn* berechnen. Mit der mittleren Absatzfunktion aus *Abb. 15.1* und den Kostensätzen aus *Tab. 11.2* resultiert der in *Abb. 15.4* gezeigte Verlauf des Verkaufsgewinns als Funktion des Angebotspreises.

Die in den *Abb. 15.4* und *15.5* eingetragenen Punkte und Streubreiten sind die Ergebnisse der Simulation mit Hilfe des *Mastertools*. Die simulierten und jeweils über 250 Tage gemittelten Verkaufsgewinne liegen genau auf der Gewinnkurve, die unabhängig von der Simulation mit dem mittleren Absatz aus *Abb. 15.1* berechnet wurde.

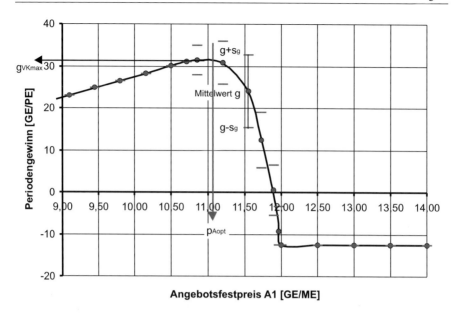

Abb. 15.4 Verkaufsgewinn als Funktion des Angebotspreises bei fester Angebotsmenge

Angebotsmenge: 5 ME übrige Parameter: s. Tab. 10.2
Absatzverlauf: s. Abb. 15.1 Kurve: Gewinn bei mittlerem Absatz von Abb. 15.2

Das bestätigt die korrekte Arbeitsweise des Mastertools und die innere Logik der verwendeten Algorithmen. Die simulierten Tageswerte des Gewinns schwanken im mittleren Preisbereich aufgrund der Marktstochastik mit den angegebenen Streubreiten erheblich um die Mittelwerte.

Aus *Abb. 15.4* lassen sich folgende allgemein gültige *Auswirkungen von Preisänderungen auf den Gewinn* bei fester Angebotsmenge ablesen:

- Bei anfangs voller Auslastung steigt der Verkaufsgewinn bis zur ersten kritischen Preisgrenze mit zunehmendem Angebotspreis linear an.
- Ab dieser Grenze steigt der Gewinn infolge der abnehmenden Auslastung nur wenig oder gar nicht mehr und fällt dann rasch ab.
- Wenn die Auslastung unter das gewinnbringende Niveau sinkt, entsteht zunehmend *Verlust*, der ab der zweiten kritischen Preisgrenze gleich den *Fixkosten* ist.
- Bei einem *gewinnoptimalen Angebotspreis* p_{Aopt}, der zwischen der ersten und der zweiten kritischen Preisgrenze liegt, ist der *Verkaufsgewinn* maximal.

Mathematisch ist beweisbar, dass die allgemeinen Aussagen über die Gewinnabhängigkeit vom Angebotspreis für alle mit dem Angebotspreis abfallenden Absatzfunktionen gelten. Wie zuvor gezeigt, ergibt sich der fallende Absatzverlauf aus dem Absinken der Nachfragefunktion mit zunehmendem Kaufpreis (s. *Abschnitt 6.3*). Daraus folgt der *Cournotsche Satz* [Cournot 1838; Schneider 1967]:

15.4 Gewinnmaximierung

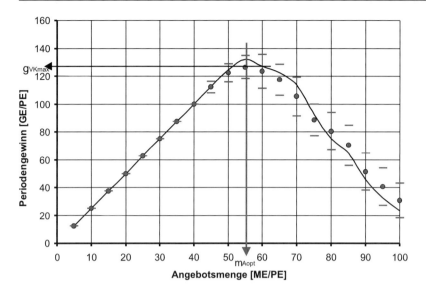

Abb. 15.5 Verkaufsgewinn als Funktion der Angebotsmenge bei festem Angebotspreis

Angebotspreis: 7,00 ME,   *übrige Parameter*: s. *Tab. 10.2*
Absatzverlauf: s. *Abb. 15.1 Kurve*: Gewinn bei mittlerem Absatz von *Abb. 15.2*

▶ Durch Variation des Angebotspreises bis zum *gewinnoptimalen Preis*, dem so genannten *Cournotpreis*, kann ein Anbieter den Verkaufsgewinn maximieren.

Bei Wettbewerb und geringen Angebotsmengen ist das jedoch kaum möglich, da eine Gewinnänderung aufgrund der Absatzschwankungen erst nach längerer Zeit verlässlich erkennbar ist. Bis dahin kann sich die Marktkonstellation derart geändert haben, dass es nicht mehr möglich ist zu entscheiden, ob die Gewinnänderung auf die zurückliegende Preisänderung oder auf andere Faktoren zurückzuführen ist. Eine tägliche Gewinnberechnung ist außerdem mit großem Aufwand verbunden. Im Vergleich zur Gewinnoptimierung ist eine *Auslastungsoptimierung* weitaus einfacher:

▶ Der Angebotspreis wird in moderaten Schritten solange angehoben bzw. gesenkt, bis beim *Auslastungspreis* eine stabile Auslastung bzw. Verkaufsquote von 100% erreicht ist.

Wie nachfolgend gezeigt wird, liegt der damit erreichbare Gewinn in den meisten Fällen nur wenig unter dem theoretischen Maximalwert.

Erheblich höhere Gewinne als mit einer Preisanhebung lassen durch eine Steigerung der Angebotsmenge erreichen. Das zeigt die *Abb. 15.5* für die *Auswirkung einer Angebotsmengensteigerung auf den Gewinn*:

- Bei einem festen Angebotspreis, der deutlich unter der ersten kritischen Preisgrenze p_1 liegt, steigt der Verkaufsgewinn proportional mit der Steigerung der Angebotsmenge, auch wenn diese mit einer Zunahme der Fixkosten verbunden ist.

- Bei Annäherung der Angebotsfunktion an die Nachfragefunktion nimmt der Gewinnanstieg ab, sobald die Verkaufsquote unter 100% sinkt (s. *Abb. 15.3*).
- Eine weitere Steigerung der Angebotsmenge führt bei immer höheren Fixkosten und weiter abnehmender Auslastung zu einem Absinken des Gewinns.
- Bei einer *optimalen Angebotsmenge* m_{Aopt} wird der *maximale Verkaufsgewinn* erreicht.

Auch diese Aussagen sind allgemein gültig, da nach Beziehung (12.10) der Gesamtabsatz und damit jede individuelle Absatzfunktion mit zunehmender Angebotsmenge abfallen.

Der Vergleich des durch Expansion erreichbaren Verkaufsgewinns mit dem maximal möglichen Gewinn bei optimalem Angebotspreis zeigt die *Gewinnchancen des Marktes*:

▶ Bei hoher Nachfrage und günstigem Angebotspreis lässt sich durch Steigerung der Angebotsmenge ein weitaus höherer Gewinn erzielen als durch eine Preisoptimierung.

Die Gewinnchancen des Marktes und die Möglichkeit zur Kostensenkung bei Erzeugung größerer Mengen haben seit jeher die *Arbeitsteilung* vorangetrieben [Adam Smith 1776]. Sie sind die Ursache des Expansionsstrebens der Unternehmen und erklären das Entstehen *marktbeherrschender Unternehmen* in fast allen Branchen. Ein Beispiel aus jüngerer Zeit ist der Siegeszug der großen *Einzelhandelsketten* zu Lasten der kleinen Händler.

Wenn ein Unternehmen rechtzeitig mit der Expansion beginnt und kein anderes ihm folgt, entwickelt es sich zum *Angebotsmonopolist*. Wenn zwei oder drei Unternehmen zu gleicher Zeit expandieren, beherrschen sie nach Verdrängung der kleineren Wettbewerber als *Angebotsoligopol* den Markt. Monopolisten, Duopole und Oligopolisten können ihre Marktmacht zum *Vorteil* der Nachfrager einsetzen, indem sie ein niedriges Preisniveau halten, Rationalisierungsgewinne teilweise an die Kunden weiter geben und permanent die Qualität steigern. Sie können ihre Macht aber auch zum *Nachteil* der Kunden missbrauchen und die Leistung reduzieren, die Qualität mindern und die Preise anheben. So ergibt die Simulation, dass der Monopolist bei der betrachteten Marktkonstellation den Gewinn durch Senkung der Angebotsmenge von 55 auf 40 ME/PE und Anhebung des Preises von 7,00 auf 8,50 GE/ME von 120 GE/PE auf fast 145 GE/PE um 21% steigern könnte (s. *Abb. 15.9* und *15.10*).

Ein Anbieter kann auch versuchen, durch eine simultane Veränderung von Preis und Menge das absolute Gewinnmaximum zu erreichen. Das Ergebnis einer solchen Gewinnmaximierung des Anbieters A1 zeigt *Abb. 15.6*. In diesem Fall bleiben zwei kleinere Anbieter mit günstigeren Preisen neben einem *marktbeherrschenden Anbieter* im Markt. Der Anbieter A1 mit der Marktposition *Abb. 15.6* erreicht mit 140 GE/PE einen höheren Gewinn, als der Monopolist mit der Marktposition *Abb. 15.3*. Der Vergleich der *Ausgangskonstellation Abb. 11.1* mit der *Endkonstellation Abb. 15.6* zeigt, dass auch die simultane Preis- und Mengenoptimierung des Anbieters A1 zu einer Senkung des Marktpreises und zu einer Steigerung des Marktabsatzes führt.

Das absolute Maximum des Gewinns ist also durch eine simultane Preis- und Mengenoptimierung erreichbar. Auf Märkten mit funktionierendem Wettbewerb ist

15.4 Gewinnmaximierung

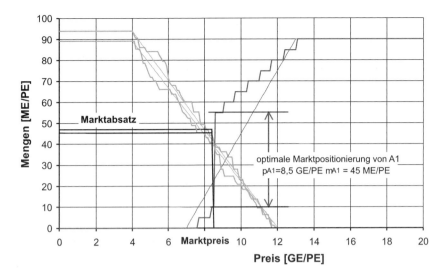

Abb. 15.6 Optimale Marktpositionierung eines Anbieters durch simultane Preis- und Mengenanpassung

das jedoch kaum durchführbar. Nur ein Monopolist hat dazu die Möglichkeit, wenn die Nachfragefunktion des Wirtschaftsgutes ausreichend lange stabil bleibt.

Der *Marktmechanismus* begünstigt also das Entstehen von Monopolen und marktbeherrschenden Unternehmen und sichert deren weitere Existenz, solange keine *Substitutionsgüter* auf den Markt kommen. Wie schon bei der Verteilungswirkung des Marktes in den *Abschnitten 13.3* und *13.4* zeigt sich hier erneut die *Ambivalenz der unsichtbaren Hand*:

▶ Der Marktmechanismus in Verbindung mit dem Gewinnstreben der Menschen bewirkt einerseits die *effiziente Versorgung* vieler Menschen mit einem *großen Güterangebot* zu *niedrigen Preisen*.

▶ Die Logik des Marktes führt andererseits zur *Verdrängung* kleiner Marktteilnehmer, zur *Gewinnakkumulation* bei den Kapitaleigentümern sowie zur *Machtkonzentration* bei wenigen Großunternehmen.

▶ Auf der Seite der *Marktgewinner* entstehen neue Arbeitsplätze, während auf der Seite der *Marktverlierer* Arbeitsplätze verschwinden.

In einer geschlossenen Volkswirtschaft mit abgeschotteten Märkten lässt sich diese Entwicklung nicht mehr umkehren, denn für potentielle Wettbewerber bestehen kaum zu überwindende *Markteintrittsbarrieren*: Die Anfangsinvestition in die notwendigen Kapazitäten und das Risiko des Scheiterns sind hoch. Außerdem können Monopolisten und marktbeherrschende Unternehmen wegen ihrer hohen Gewinne für längere Zeit deutlich die Preise senken, um neue Wettbewerber abzuwehren oder zur Aufgabe zu zwingen.

Eine Möglichkeit, die Machtkonzentration auf den Märkten zu begrenzen und den *Marktmissbrauch* zu verhindern, ist die Einrichtung staatlicher *Aufsichtsämter*, wie das *Kartellamt*, die *Bundesnetzagentur*, das *Versicherungsaufsichtsamt*, die *Finanz- und Bankenaufsicht* und die *Börsenaufsicht*. Aber auch ein Aufsichtsamt muss die *Logik des Marktes* kennen, um geeignete Regeln erlassen zu können und diese wirksam durchzusetzen.

Eine andere Möglichkeit ist die *Marktöffnung*, wie sie mit der *europäischen Wirtschaftsunion* bereits stattgefunden hat und sich im Zuge der *Globalisierung* weiter vollzieht. Das aber bringt neue Gefahren mit sich, solange es auf den *internationalen Märkten* keine anerkannte *Marktordnung* gibt und die *Fairnessregeln* aus Abschnitt 5.2 missachtet werden. Die Lösung dieser Probleme ist Aufgabe und Ziel der WTO, der *World Trade Organization* [Hilf 2005; Stiglitz 2006].

15.5 Cournotscher Punkt

Für einen Monopolanbieter hat *Antoine-Augustin Cournot* gezeigt, dass es einen *optimalen Angebotspreis* p_{Aopt} und eine *optimale Angebotsmenge* m_{Aopt} gibt, für die der Gewinn maximal ist [Cournot 1838; Schneider 1967].[1] Aus der Logik des Marktes ergibt sich, dass der gewinnoptimale *Cournotsche Punkt* ($p_{Aopt}; m_{Aopt}$) von den Kosten abhängt und bei gleicher Absatzfunktion unterschiedlich sein kann.

Um den gewinnoptimalen *Cournotpreis* und die zugehörige *Cournotmenge* explizit berechnen zu können, ist es notwendig, die *anbieterspezifische Absatzfunktion*, die ab einer *unteren Preisgrenze* p_1 von der maximalen *Angebotsmenge* m_A bis zu einer *oberen Preisgrenze* p_2 auf 0 abfällt, zu approximieren durch die *lineare Modellabsatzfunktion*:

$$m_K(p_A; m_A) = \text{MIN}\big(m_A; \text{MAX}(0; m_A \cdot (p_2 - p_A)/(p_2 - p_1))\big) \quad [\text{ME/PE}]. \quad (15.3)$$

Die *Verkaufsquote* eines Händlers bzw. die *Auslastung* eines Herstellers $\rho = m_K/m_A$ ist bis zur unteren kritischen Preisgrenze 100%. Wie die *Abb. 15.7* für die Modellfunktion (15.3) zeigt, sinkt der Absatz für Angebotspreise oberhalb der unteren kritischen Grenze unter das Angebot. Dann liegt die Auslastung unter 100%.

Die obere kritische Preisgrenze p_2 ist für alle Anbieter gleich dem oberen Grenzpreis p_{No} der Gesamtnachfrage $p_2 = p_{No}$. Die untere kritische Preisgrenze p_1 hängt dagegen auf einem Markt mit Wettbewerb von der Angebotsmenge und dem Angebotsgrenzpreis eines Anbieters in Relation zu den Mengen und Preisen der anderen Anbieter ab. Sie ist für die einzelnen Anbieter unterschiedlich und lässt sich bei Wettbewerb wegen der *Marktstochastik* selbst für eine lineare Nachfragefunktion nicht explizit berechnen. Die untere kritische Preisgrenze lässt sich wie in *Abb. 15.1* gezeigt nur fallweise durch *Simulation* ermitteln.

Mit der approximativen Absatzfunktionen (15.3) ist die Abhängigkeit des Verkaufsgewinns (15.2) vom Angebotspreis für unterschiedliche Kostensätze explizit be-

---

[1] Im Unterschied zur klassischen Ökonomie wird hier nicht nur der *relative Cournotsche Punkt* für den *Monopolfall* berechnet, sondern auch der *absolute Cournotsche Punkt* bei *Mengenbegrenzung* und *Wettbewerb* unter Berücksichtigung der relevanten *Kosten*.

15.5 Cournotscher Punkt

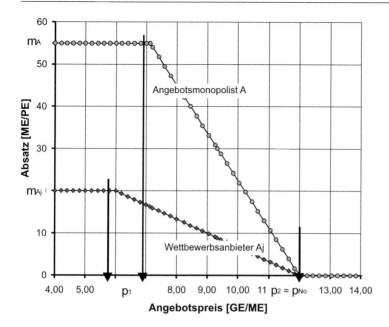

Abb. 15.7 Modellabsatzfunktionen eines Wettbewerbsanbieters und eines Angebotsmonopolisten

rechenbar. In *Abb. 15.8* ist die mit der linearen Absatzfunktion aus *Abb. 15.7* berechnete Abhängigkeit des Verkaufsgewinns von 3 Wettwerbern dargestellt, die sich in den angegebenen Kostensätzen unterscheiden.

Die mittlere Kurve für das Mischkostengut entspricht der Standardkonstellation der Marktsimulation *Tab. 11.2*, jedoch mit einer vierfachen Angebotsmenge von 20 statt 5 ME/PE. Wie der Vergleich von *Abb. 15.8* mit *Abb. 15.4* zeigt, stimmt die analytisch mit der Näherungsformel (15.3) berechnete Abhängigkeit des Gewinns vom Angebotspreis im Rahmen der stochastischen Streuung mit den Simulationsergebnissen überein. Das bestätigt die Erkenntnis der allgemeinen Wirkungsanalyse, dass der Verkaufsgewinn beim *Cournotpreis* p_{Aopt} ein Maximum erreicht. Darüber hinaus ergeben sich aus den Berechnungsformeln folgende allgemein gültigen Aussagen:

- Die Abhängigkeit des Verkaufsgewinns vom Angebotspreis und die Lage des Cournotpreises werden maßgebend bestimmt von der Höhe und der Struktur der Kosten eines Anbieters.
- Wenn sich die Kosten der Anbieter unterscheiden, hat die kollektive Angebotsfunktion (7.6) einen schräg ansteigenden und keinen senkrechten Verlauf. Die Kaufpreise auch homogener Güter sind daher in der Regel verschieden.[2]

---

[2] Das widerlegt die von *Cournot* aufgestellte und bis heute wiederholte Behauptung der klassischen Ökonomie, dass für homogene Güter auf einem gemeinsamen Markt nur ein einziger Preis gelten kann [Cournot 1838, Schneider 1967].

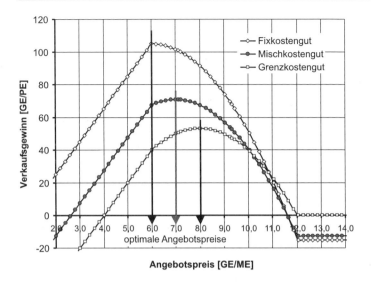

Abb. 15.8 Verkaufsgewinn unterschiedlicher Anbieter als Funktion des Angebotspreises

Absatzfunktion: für alle Wettbewerbsanbieter gleich (s. *Abb. 15.7*)
Fixkostengut: $k_{grenz} = 0$ GE/ME $K_{fix} = 15{,}0$ GE/PE $m_A = 20$ ME/PE
Mischkostengut: $k_{grenz} = 2$ GE/ME $K_{fix} = 12{,}5$ GE/PE $m_A = 20$ ME/PE
Grenzkostengut: $k_{grenz} = 4$ GE/ME $K_{fix} = 0$ GE/PE $m_A = 20$ ME/PE

- Der Cournotpreis eines *Fixkostenanbieters*, der sehr hohe Fixkosten und geringe Grenzkosten hat, liegt an der oberen Grenze der *Vollauslastung* unter den optimalen Angebotspreisen eines Mischkosten- und eines Grenzkostenanbieters.
- Der Cournotpreis eines *Mischkostenanbieters*, der geringere Fixkosten und dafür höhere Grenzkosten hat, liegt deutlich über dem des Fixkostenanbieters und wird bei leichter *Unterauslastung* erreicht (hier bei 80%).
- Der Cournotpreis eines *Grenzkostenanbieters*, der hohe Grenzkosten und verschwindende Fixkosten hat, liegt noch höher und wird erst bei *Teilauslastung* erreicht (hier bei 66%).

Nach Einsetzen der Absatzfunktion (15.3) in die Gewinnformel (15.2) ergibt sich *bei Anbieterfestpreisen*, bei denen Verkaufspreis p_K gleich Angebotspreis p_A, also $p_K = p_A$ ist, durch Nullsetzen der Ableitung des Gewinns nach p_A und Auflösen nach dem Angebotspreis der

- *Cournotpreis eines Wettbewerbsanbieters* bei fester Angebotsmenge

$$p_{Aopt} = MAX(p_1; (p_{No} + k_{grenz})/2). \qquad (15.4)$$

In Übereinstimmung mit der Simulation ist hieraus ablesbar:

- Der Cournotpreis eines Wettbewerbsanbieters mit höheren Grenzkosten liegt über dem eines Anbieters mit geringeren Grenzkosten.

15.5 Cournotscher Punkt

- Der Cournotpreis verschiebt sich bei Anstieg des oberen Nachfragergrenzpreises p_{No}, d. h. mit der maximalen Zahlungsbereitschaft der Nachfrager nach oben.

Konsequenzen der unterschiedlichen Preisabhängigkeit des Gewinns für das Verhalten der Wettbewerber und deren Absatzstrategien sind (s. auch *Abschnitt 3.11*):

- ▶ Anbieter von Fixkostengütern, wie IT- und Finanzdienstleister und Unterhaltungsindustrie, sind besonders preisempfindlich. Sie versuchen den *Auslastungspreis* zu erreichen und die vorhandenen Kapazitäten maximal auszulasten.

- ▶ Anbieter von Mischkostengütern, wie die meisten Konsumgüterhersteller, sind in ihrer Preispolitik weniger begrenzt, da sich der Gewinn im Bereich des Maximums bei leichter *Unterauslastung* nur wenig mit der Höhe des Verkaufspreises verändert.

- ▶ Anbieter von Grenzkostengütern, wie Handwerker, Dienstleister und Händler, haben die größte *Preisflexibilität*, da sie in einem weiten Bereich um den Cournotpreis auch bei *Teilauslastung* noch einen nahezu maximalen Gewinn erzielen.

- ▶ Eine steigende Zahlungsbereitschaft der Nachfrager stimuliert Anbieter, die eine Gewinnstrategie verfolgen, zum Anheben der Angebotspreise.

- ▶ Ein Anstieg der Grenzkosten, die vor allem von den Material- und Arbeitskosten abhängen, bewirkt ebenfalls ein Anheben der Angebotspreise.

Außer für den Fall des Angebotsmonopols ist für die in *Abb. 15.2* gezeigte Mengenabhängigkeit des anbieterspezifischen Absatzes keine explizite Funktion bekannt. Daher gibt es für Märkte mit Wettbewerb auch keine Näherungsformel zur Berechnung der *gewinnoptimalen Angebotsmenge*. Die Auswirkungen der Mengenstrategien und anderer Absatzstrategien auf den Verkaufsgewinn und das Marktgeschehen können jedoch, wie zuvor dargestellt, mit dem *Mastertool zur dynamischen Marktsimulation* untersucht werden. Die Simulation bestätigt die *Marktrestriktionen der Anbieter*:

- ▶ Der *Handlungsspielraum von Wettbewerbsanbietern* wird eingeschränkt von der *Marktordnung*, durch die *Nachfrager* und durch die übrigen *Anbieter*.

- ▶ Der *Handlungsspielraum eines Monopolanbieters* wird von der *Marktordnung* und durch die *Nachfrager* begrenzt, nicht aber durch andere Anbieter.

Hinzu kommt für die Wettbewerbsanbieter wie auch den Monopolanbieter die *Kostenrestriktion des Angebotspreises*:

- ▶ Der Angebotspreis ist nach unten durch die Kosten der Beschaffung, Erzeugung und Bereitstellung einschließlich der Transferkosten begrenzt.

Die Kostenrestriktion gilt jedoch nur kurzzeitig. Mittel- und langfristig kann ein Anbieter durch Rationalisierung, bessere Organisation, den Einsatz neuer Technologien oder durch Investitionen die Kosten senken und sich damit einen *Preisspielraum* nach unten verschaffen (s. *Abschnitt 3.11*). Die Entscheidung über eine Investition zur Ausweitung des Mengenangebots hängt von der damit erreichbaren Gewinnsteigerung ab. Bei der Gewinnberechnung nach Beziehung (15.2) ist bei einer

Expansionsstrategie zu berücksichtigen, dass mit Steigerung von Kapazität und Menge nicht nur die variablen, sondern wegen zusätzlicher Investitionen auch die Fixkosten mit der Angebotsmenge ansteigen.

Ein Kapazitätsausbau ist für viele Güter nur in Stufen möglich und aus technologischen Gründen mit einem *sprunghaften Fixkostenanstieg* verbunden (s. *Abb. 3.6*). Zur Bestimmung der optimalen Angebotsmenge für eine *Expansionsentscheidung* ist es ausreichend, approximativ mit einer linearen Abhängigkeit der Fixkosten von der Angebotsmenge zu rechnen [Gudehus 2005]. Dann ist

$$K_{fix} \approx m_A \cdot k_{fix} \,. \tag{15.5}$$

Wenn eine Kapazitätsanpassung nach *unten* ansteht, wenn also über eine *Devestition* zu entscheiden ist, sind die Fixkosten *remanent*. K_{fix} bleibt unabhängig von der reduzierten Angebotsmenge m_A konstant. Dann entfällt in den nachstehenden Beziehungen (15.9) und (15.10) der Summand k_{fix} (s. auch *Abschnitt 3.11*).

Die Gewinnberechnung (15.2) erfordert außer den Kostensätzen die Kenntnis oder zumindest eine Abschätzung der Änderung des Absatzes mit der Angebotsmenge. Eine explizite Gewinnberechnung zur Optimierung der Angebotsmenge ist daher nur für einen *Angebotsmonopolisten* möglich, wenn die Nachfragefunktion des Wirtschaftsgutes annähernd bekannt ist. Die Absatzfunktion des Monopolisten ist für $p_A \leq p_1$ gleich der Angebotsmenge und für $p_A \geq p_1$ gleich der *kollektiven Nachfragefunktion* $M_N(p)$. Die untere *kritische Preisgrenze eines Angebotsmonopolisten* ist daher die Lösung der Gleichung $M_N(p_1) = m_A$. Für eine lineare Nachfragefunktion (6.8) ist das Ergebnis die *kritische Preisgrenze des Angebotsmonopolisten*

$$p_{1Mon} = p_{No} + (m_A/M_N) \cdot (p_{No} - p_{Nu}) \qquad [GE/ME] \,. \tag{15.6}$$

Durch Einsetzen dieser Lösung in Beziehung (15.3) folgt für Angebotspreise p_A oberhalb des Sättigungspreises der Nachfrage p_{Nu}, d. h. für $p_A > p_{Nu}$ die *Monopolabsatzfunktion* bei linearer Nachfragefunktion

$$m_K(p_A; m_A) = MIN\,(m_A; MAX(0; M_N \cdot (p_{No} - p_A)/(p_{No} - p_{Nu}))) \quad [ME/PE] \,. \tag{15.7}$$

Diese Monopolabsatzfunktion ist für die Nachfragefunktion der Standardmarktkonstellation ebenfalls in *Abb. 15.7* dargestellt. Sie liegt deutlich über der Absatzfunktion einzelner Wettbewerbsanbieter.

Nach Einsetzen von (15.7) und (15.5) in Beziehung (15.2) ergibt sich die explizite Abhängigkeit des Verkaufsgewinns eines Angebotsmonopolisten vom Angebotspreis *und* von der Angebotsmenge. Mit den Kostensätzen der *Tab. 11.2* sind die mit Hilfe der resultierenden Formel berechneten Gewinnabhängigkeiten von Menge und Preis in den *Abb. 15.9* und *15.10* dargestellt. Aus *Abb. 15.9* ist zu entnehmen, dass die Gewinnfunktion für jede Angebotsmenge bei einem anderen Preis ein anderes Maximum hat. Der Cournotpreis des Monopolisten bei fester Menge ist durch Beziehung (15.4) gegeben, wenn für p_1 die untere kritische Preisgrenze (15.6) des Monopolisten eingesetzt wird.

Die Gewinnfunktion *Abb. 15.10* hat für jeden festen Angebotspreis ein anderes Maximum, das bei einer anderen Angebotsmenge erreicht wird. Der Vergleich der Kurve aus *Abb. 15.10* für $p_A = 7{,}00$ GE/ME mit dem simulierten Kurvenverlauf der

15.5 Cournotscher Punkt

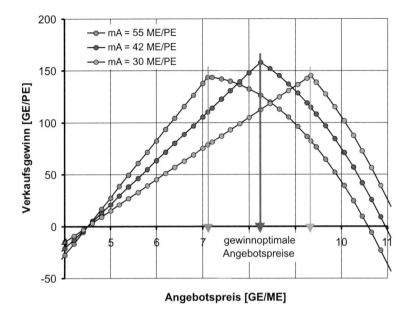

Abb. 15.9 Abhängigkeit des Verkaufsgewinns eines Monopolisten vom Angebotspreis

Parameter: Angebotsmenge, *Absatzfunktion:* Abb. 15.7 , Kostensätze s. *Tab. 11.2*
absoluter Cournotscher Punkt: $(p_A^+; m_A^+) = (8,25\ \text{GE/ME};\ 42{,}1\ \text{ME/PE})$

Abb. 15.5 zeigt, dass die analytisch mit der Näherungsformel (15.7) berechnete Mengenabhängigkeit des Gewinns im Rahmen der stochastisch bedingten Schwankungen mit den Simulationsergebnissen übereinstimmt. Das bestätigt einerseits die analytischen Formeln und andererseits die Richtigkeit der Simulation.

Aus dem Kurvenverlauf ist zu erkennen, dass der Verkaufsgewinn sehr empfindlich auf relativ kleine Änderungen der Absatzmenge reagiert. Diese aber können auf einem *dynamischen Markt* sehr rasch eintreten und eine zu weit vorangetriebene Mengenexpansion weniger gewinnbringend machen als geplant. Daraus folgt die aus der Praxis bekannte *Expansionsregel*:

▶ Wer zu stark expandiert, den bestraft der Markt mit Unterauslastung und Gewinneinbußen.

Für eine lineare Nachfragefunktion (6.8) folgt nach Einsetzen der Beziehungen (15.5) bis (15.7) in die Gewinnformel (15.2) die

- *Cournotmenge des Monopolisten* bei gegebenem Angebotspreis p_A

$$m_{Aopt}(p_A) = M_N \cdot (p_{No} - p_A)/(p_{No} - p_{Nu})\ . \tag{15.8}$$

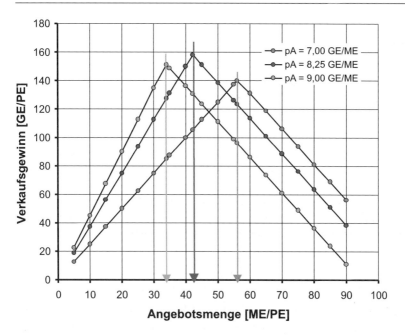

Abb. 15.10 Abhängigkeit des Verkaufsgewinns des Monopolisten von der Angebotsmenge

Parameter: Angebotspreis, *Absatzfunktion*: Abb. 15.7, Kostensätze s. Tab. 11.2

Nach Einsetzen dieser Beziehung in die Gewinnfunktion (15.2) ergibt sich durch Nullsetzen der ersten Ableitung und Auflösen nach dem Preis der

- *absolut optimale Cournotpreis des Monopolisten* bei linearer Nachfragefunktion

$$p_A^+ = (p_{No} + k_{grenz} + k_{fix})/2 \qquad [GE/ME]. \qquad (15.9)$$

Durch Einsetzen von (15.9) in (15.8) folgt die

- *absolut optimale Cournotmenge des Monopolisten* bei linearer Nachfragefunktion

$$m_A^+ = M_N \cdot (p_{No} - k_{grenz} - k_{fix})/2(p_{No} - p_{Nu}) \qquad [ME]. \qquad (15.10)$$

Mit den Beziehungen (15.9) und (15.10) lässt sich aus den Kostensätzen, der Gesamtnachfragemenge M_N und den unteren und oberen Nachfragergrenzpreisen der *absolute Cournotsche Punkt* berechnen, für den der Verkaufsgewinn des Monopolisten ein absolutes Maximum hat. Für das Simulationsbeispiel ist der *absolute Cournotsche Punkt* $(p_A^+; m_A^+) = (8,25\ GE/ME;\ 42{,}1\ ME/PE)$.

Eine solche Berechnung ist in der Praxis nicht möglich, weil die benötigten Kennzahlen der Nachfragefunktion nicht bekannt sind (s. *Abschnitt 6.3*). Für die ökonomische Wirkungsanalyse aber sind die Formeln (15.9) und (15.10) sehr nützlich, denn sie zeigen explizit alle Einflussfaktoren der Gewinnoptimierung. So ergibt sich in Übereinstimmung mit der Marktsimulation:

▶ Ein Angebotsmonopolist ist – mehr noch als ein Anbieter im Wettbewerb – an den Bedarf und an die Zahlungsbereitschaft der Nachfrager gefesselt, denn er kann von anderer Seite keine Kunden mehr an sich ziehen.

▶ Der Angebotsmonopolist kann den Verkaufsgewinn maximieren durch simultane Veränderung der Angebotsmenge und des Angebotspreises bis hin zum absoluten Cournotschen Punkt.

Bei anfangs hoher Angebotsmenge und geringem Preis kann eine Drosselung des Angebots bei gleichzeitiger Preisanhebung zum maximalen Gewinn führen. Eine Reduzierung der Angebotsmenge in Verbindung mit einer Preissteigerung führt jedoch erst zu einem Gewinnanstieg, wenn auch die Fixkosten entsprechend gesenkt werden können. Das ist aber ist nur am Ende der *Nutzungsdauer* der Investition möglich oder wenn sich die Gelegenheit zum Verkauf der Überschusskapazitäten bietet. Der Monopolist ist daher bei einem Fixkosten- oder Mischkostengut keineswegs so flexibel, wie in der klassischen Ökonomie oftmals angenommen. Daraus folgt:

▶ Die *Fixkostenremanenz* zwingt auch Monopolanbieter, den Angebotspreis auf so niedrigem Niveau zu halten, dass die vorgehaltenen Kapazitäten ausgelastet sind.

Für die Grenzkostengüter ist eine simultane Preis-Mengen-Optimierung möglich, da hier keine Fixkosten anfallen. Die *Abb. 15.9* und *15.10* zeigen, dass die Gewinndifferenzen für die unterschiedlichen *Cournotsche Punkte* relativ klein sind. Daher lohnt sich eine simultane Preis-Mengen-Optimierung in der Regel nicht, zumal sie einigen Aufwand erfordert und Kunden verprellen kann.

Für Monopolisten und marktbeherrschende Anbieter sind andere Absatzstrategien, wie eine *Preisdifferenzierung* und *Marktsegmentierung*, weitaus lohnender. Auf einem dynamischen Markt kommt hinzu, dass die Zeit nicht ausreicht für das *Tatonnement* durch Herantasten an den absoluten Cournotschen Punkt, bei dem der absolut maximale Gewinn erreicht wird [Giersch 1961 S. 111].

15.6 Provisionsoptimierung

Eine *Provision* oder *Courtage* ist eine *Erfolgsprämie* für die Vermittlung eines Kaufabschlusses und eine *Vergütung* der dafür erbrachten Leistungen. Sie ist der *Preis für Vermittlungsleistungen*, die dazu beitragen, dass ein Kauf zustande kommt. Abhängig davon, wer die Provision erhält, lässt sich unterscheiden zwischen Fremd- und Eigenprovisionen:

- *Fremdprovisionen* sind Zahlungen der Verkäufer oder der Käufer nach Kaufabschluss an einen externen Kaufvermittler oder Intermediär.
- *Eigenprovisionen* sind Zahlungen vom Verkäufer oder Käufer nach Kaufabschluss an interne Kaufbeteiligte.

Kaufvermittler sind Handelsvertreter, Makler und Auktionatoren. *Intermediäre* sind Börsenplätze oder Internet-Plattformen. Interne Kaufbeteiligte können Verkäufer, Vertriebsleiter, Einkäufer, Manager oder andere Mitarbeiter sein, die zum Kaufabschluss beigetragen haben.

Provisionen sind ein Teil der *Transferkosten*. Sie erhöhen effektiv den Kaufpreis. Eine vom Verkäufer zu tragende Provision wird in den Angebotspreis einkalkuliert. Hat ein Nachfrager die Provision zu zahlen, erhöht er kalkulatorisch den Angebotspreis.

Die einfachste Form ist die *Fixprovision* oder *Festprämie*. Sie wird unabhängig von Umsatz und Gewinn für jeden einzelnen Kaufabschluss in vereinbarter Höhe bezahlt. Bei einer Fixprovision hat der Vermittler kein besonderes Interesse an Umsatz, Kosten oder Gewinn des Auftraggebers. Um den Provisionserlös zu steigern, fördert der Vermittler eher viele kleine Transaktionen, die bei Käufer und Verkäufer Mehrkosten verursachen. Ein Beispiel ist das *Auftragssplitting*, das bei Banken vorkommt.

Am weitesten verbreitet ist die *Umsatzprovision*. Hier erhält der Vermittler für einen *Kaufumsatz* u_K bei einem vereinbarten *Provisionssatz* s_P [%] den *Provisionserlös*:

$$e(s_P) = s_P \cdot u_K = s_P \cdot p_K \cdot m_K \,. \tag{15.11}$$

Die *Provisionssätze* von Handelsvertretungen für *Konsumgüter* liegen i.d.R. im Bereich zwischen 5 und 20%. Für *Industriegüter*, im *Anlagengeschäft* und für *Immobilien* sind Provisionssätze von 0,5% bis 10% üblich. Möglich ist auch eine *degressive Provision*, deren *Staffelsätze* mit der Höhe des Jahresumsatzes sinken. Im Handel mit *Finanzgütern* wird oft eine *Mindestprovision* in der Größenordnung von 10 € bis 50 € kombiniert mit einer Umsatzprovision, die zwischen 0,1% und 1% liegt.

Ein Hersteller oder Lieferant eines Wirtschaftsgutes, der eine Umsatzprovision s_P [%] zu zahlen hat und den *Nettopreis* p_{An} erzielen will, muss das Gut zum *Angebotspreis*

$$p_A(s_P) = p_{An}/(1 - s_P) \tag{15.12}$$

anbieten. Eine Umsatzprovision ist einfach und unstrittig zu berechnen. Ihr Nachteil ist, dass der Vermittler primär am Umsatz interessiert ist.

Nach Einsetzen der Modellabsatzfunktion (15.3) für die Verkaufsmenge m_K und des Angebotspreises (15.12) für den Verkaufspreis $p_K = p_A(s_P)$ bei Angebotsfestpreisen in die Beziehung (15.11), folgt durch Nullsetzen der ersten Ableitung und Auflösung nach dem Nettopreis der *provisionsoptimale Nettoangebotspreis*:

$$p_{An\,Prov\,opt} = MAX(p_1; p_{No}/2) \,. \tag{15.13}$$

Bei diesem Preis erreicht der Provisionserlös des Vermittlers das Maximum. Der Vergleich mit (15.4) zeigt, dass der provisionsoptimale Preis um den halben Grenzkostensatz unter dem gewinnoptimalen Preis liegt. Das heißt:[3]

▶ Ein Kaufvermittler oder Intermediär, der eine Umsatzprovision erhält, ist an einem Kaufpreis interessiert, der unter dem gewinnoptimalen Preis des Verkäufers liegt.

---

[3] Über den Einfluss der Kaufvermittler und Intermediäre sowie der Art der Provisionsregelung auf den Kaufprozess und die Marktergebnisse ist in den Lehrbüchern über Ökonomie und Marketing wenig zu finden.

Die Neigung der Provisionsvertreter und Verkäufer zur Selbstoptimierung zu Lasten des Unternehmens ist erfahrenen Vertriebsleitern durchaus bekannt. Um eine Selbstoptimierung zu verhindern, wird der Preisverhandlungsspielraum der Vertreter und Verkäufer meist nach unten begrenzt. Weniger bekannt ist, dass die *Gefahr der Selbstoptimierung* zu Lasten des Auftraggebers auch für externe Vermittler besteht, wie bei Maklern, Banken und Börsen. So ist mit den in *Abschnitt 10.6* angegebenen Handlungsparametern der *Kursbildung* eine *Provisionsmaximierung* möglich, die durch entsprechende *Algorithmen* in einem *Börsenprogramm* implementiert sein kann.

Das reine Umsatzstreben kann durch eine *Gewinnprovision* verhindert werden. Sie wird mit einem bestimmten Provisionssatz aus dem Verkaufsgewinn oder dem Deckungsbeitrag errechnet. Das hat den Vorteil, dass der Vermittler bei seinen Bemühungen primär den Gewinn seines Auftraggebers im Auge hat. Der Nachteil der Gewinnprovision ist die dafür notwendige Offenlegung der Kalkulation, die i.d.R. Geschäftsgeheimnis ist.

Eine Lösung dieses Problems ist die *selbstregelnde Listenpreisprovision*: Die mit dem Kaufpreis kalkulierte Umsatzprovision (15.11) wird zusätzlich mit dem *Provisionsminderungsfaktor* $f_{PM} = (p_K - p_G)/(p_L - p_G)$ multipliziert. Dadurch steigt oder fällt die Provision in dem Maße, wie der erzielte *Kaufpreis* p_K über oder unter dem *Listenpreis* p_L liegt. Sinkt der Kaufpreis auf den *Grenzpreis* p_G, ist die Provision 0.

15.7 Handelsspannenoptimierung

Im Unterschied zum Vermittler wird der *Händler* durch den Einkauf Eigentümer des Wirtschaftsgutes. Er trägt die *Logistikkosten* für Beschaffung, Lagerung und Bereitstellung, die *Finanzierungskosten* und das *Vermarktungsrisiko* (s. *Abschnitt 13.5*). Diese Kosten müssen durch eine *Handelsspanne* abgedeckt werden, die zusätzlich einen ausreichenden Gewinn bringt. Die Handelsspanne zwischen Verkaufspreis und Einkaufspreis ist gleichbedeutend mit einer *Eigenprovision*, die der Händler für sich einbehält.

Um eine prozentuale Handelsspanne s_H [%] zu erzielen, kalkuliert ein Händler aus dem *Selbstkostenpreis* p_{SK} eines Wirtschaftsgutes mit dem *Handelszuschlag* z_H

$$z_H = s_H/(1 - s_H) \qquad [\%] \qquad (15.14)$$

den Angebotspreis

$$p_A = (1 + z_H) \cdot p_{SK} = p_{SK}/(1 - s_H) \qquad [GE/ME] \qquad (15.15)$$

Für kleine Werte sind Handelszuschlag und Handelsspanne nahezu gleich. Für größere Werte ist die Differenz erheblich (s. *Abb. 15.12*). Im *Einzelhandel* liegt der Handelszuschlag im Bereich zwischen 20% und 100%. Bei Modeartikeln und risikobehafteten Gütern kann er auch weit darüber hinausgehen. Im *Großhandel* sind die Handelsspannen geringer. Sie liegen meist zwischen 10% und 50%.

Der *Selbstkostenpreis* ist der *Einkaufspreis* p_{EK} zuzüglich der *Grenzkosten des Handels* k_{Hgrenz} [GE/ME]. Die Grenzkosten des Handels sind die Summe aller mengenabhängigen Logistikkosten, Finanzierungskosten und Risiken, die bis zur Übergabe des Handelsgutes an den Käufer entstehen. Daraus folgt die *untere Preisrestriktion*:

- Damit der Handel keinen Verlust bringt, müssen Angebotspreis p_A und Kaufpreis p_K höher sein als der *Selbstkostenpreis*

$$p_A > p_K > p_{SK} = p_{EK} + k_{Hgrenz} \,. \tag{15.16}$$

Wenn ein Händler ein breites Sortiment anbietet, sind die Fixkosten, die unabhängig von den verkauften Mengen anfallen, oft höher als die Summe der Grenzkosten der einzelnen Artikel. Um die Fixkosten abzudecken und einen maximalen Gesamtgewinn zu erzielen, muss der Händler mit jedem Verkauf einen möglichst hohen *Handelserlös* e_H erzielen. Der Handelserlös oder *Deckungsbeitrag* ist die Differenz zwischen dem Verkaufserlös zum *Angebotsfestpreis* $p_A = p_K$ und den Selbstkosten $m_K \cdot p_{SK}$ für die Absatzmenge m_K:

$$e_H = m_K \cdot (p_A - p_{SK}) = m_K \cdot s_Z \cdot p_{SK} = m_K \cdot p_{SK} \cdot s_H/(1 - s_H) \,. \tag{15.17}$$

Mit der Modellabsatzfunktion (15.3) ergibt sich aus (15.17) die approximative Abhängigkeit des Handelserlöses von der Handelsspanne s_H

$$e_H(s_H) = m_A \cdot p_{SK} \cdot (s_H/(1 - s_H)) \cdot \mathrm{MIN}\,(1; \mathrm{MAX}(0; a \cdot (1 - b/(1 - s_H)))) \,. \tag{15.18}$$

Die beiden *Handelsparameter*

$$a = p_{No}/(p_{No} - p_1)$$
$$b = p_{SK}/p_{No} \tag{15.19}$$

hängen ab vom Selbstkostenpreis (15.16), vom oberen Nachfragergrenzpreis p_{No} und von der unteren kritischen Preisgrenze der Absatzfunktion (15.3). Die Absatzmenge $m_K = m_K(p_A)$ ist vom Angebotspreis (15.4) und damit von der Handelsspanne s_H abhängig. Sie nimmt mit zunehmender Handelsspanne ab.

In *Abb. 15.11* ist die mit Beziehung (15.18) für 5 verschiedene Güter berechnete Abhängigkeit des Handelserlöses von der Handelsspanne dargestellt. Aus dem Kurvenverlauf ebenso wie aus der Beziehung (15.18) ist ablesbar:

▶ Der Handelserlös eines Wirtschaftsgutes nimmt mit Anheben der Handelsspanne zunächst rasch und bei weiterer Erhöhung immer weniger zu.

▶ Der Handelserlös erreicht bei der *optimalen Handelsspanne* p_{Hopt} den *Maximalerlös* e_{Hmax}.

▶ Wird die Handelsspanne über den optimalen Wert hinaus angehoben, fällt der Handelserlös rasch auf 0 ab.

Durch Nullsetzen der ersten Ableitung der Funktion (15.18) und Auflösen nach der Handelsspanne ergeben sich *Näherungsformeln* für

- die *ertragsoptimale Handelsspanne* bei Angebotsfestpreisen

$$s_{Hopt} = (1 - b)/(1 + b) = (p_{No} - p_{SK})/(p_{No} + p_{SK}) \tag{15.20}$$

15.7 Handelsspannenoptimierung

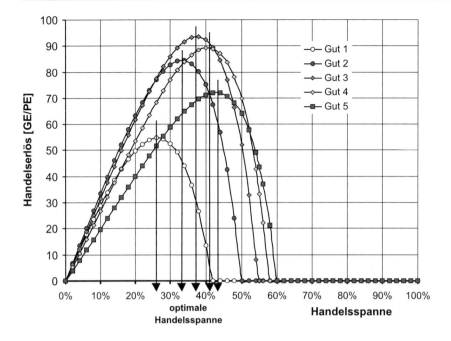

Abb. 15.11 Abhängigkeit des Handelserlöses von der Handelsspanne

Gut 1:	$p_1 = 4,00$,	$p_{No} = 12,00$,	$p_{SK} = 7,00$ GE/ME,	$m_A = 120$ ME/PE
Gut 2:	$p_1 = 6,00$,	$p_{No} = 12,00$,	$p_{SK} = 9,00$ GE/ME,	$m_A = 100$ ME/PE
Gut 3:	$p_1 = 8,00$,	$p_{No} = 12,00$,	$p_{SK} = 10,00$ GE/ME,	$m_A = 80$ ME/PE
Gut 4:	$p_1 = 10,00$,	$p_{No} = 12,00$,	$p_{SK} = 11,00$ GE/ME,	$m_A = 60$ ME/PE
Gut 5:	$p_1 = 12,00$,	$p_{No} = 12,00$,	$p_{SK} = 12,00$ GE/ME,	$m_A = 40$ ME/PE

- den *ertragsoptimalen Handelszuschlag* bei Angebotsfestpreisen

$$z_{Hopt} = (1 - b)/2b = (p_{No} - p_{SK})/2p_{SK} \; . \tag{15.21}$$

Die Abhängigkeit der optimalen Handelsspanne und des optimalen Handelszuschlags von dem Handelsparameter $b = p_{SK}/p_{No}$ ist in *Abb. 15.12* gezeigt.

Wenn sich der Selbstkostenpreis dem höchsten Nachfragerpreis nähert, gehen optimale Handelsspanne und Handelszuschlag gegen 0. Je weiter der Selbstkostenpreis darunter liegt, umso höher steigt die optimale Handelsspanne. Im untersten Bereich, der für geringe Selbstkosten und große Zahlungsbereitschaft gilt, sind Handelszuschläge weit über 100% gewinnoptimal. Das ist kompetenten Kaufleuten aus Erfahrung bekannt.

Nach Einsetzen in die Preiskalkulationsformel (15.15) folgt aus (15.20) unter Berücksichtigung der Preisrestriktion (15.16) die *Näherungsformel* des

- *ertragsoptimalen Angebotspreises des Händlers* bei Angebotsfestpreisen

$$p_{Aopt} = \text{MAX}\,(p_{SK}\,;\,p_{No} \cdot p_{SK}/(p_{No} + p_{SK})) \; . \tag{15.22}$$

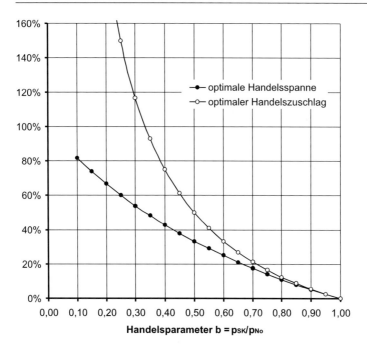

Abb. 15.12 Abhängigkeit der optimalen Handelsspanne vom Verhältnis zwischen Selbstkostenpreis und oberstem Nachfragerpreis

Die Beziehungen (15.20) bis (15.22) besagen:

▶ Die optimale Handelsspanne und der optimale Angebotspreis des Händlers ergeben sich näherungsweise aus dem Selbstkostenpreis und dem obersten Nachfragergrenzpreis.

▶ Die optimale Handelsspanne und der maximale Handelserlös sind für die einzelnen Wirtschaftsgüter unterschiedlich.

Die Näherungsformeln und die daraus ablesbaren Zusammenhänge sind nicht nur von theoretischem Interesse, sondern auch praktisch nutzbar. Der Selbstkostenpreis eines Wirtschaftsgutes ist dem Händler in der Regel bekannt. Die maximale *Zahlungsbereitschaft* für ein bestimmtes Gut kann er durch Kundenbefragung ermitteln oder abschätzen (s. *Abb. 6.4*). Handelsketten mit vielen Filialen können den oberen Nachfragergrenzpreis für einen neuen Artikel vor Einführung in allen Märkten in einem *Pilotmarkt* ermitteln, indem sie den Preis schrittweise heraufsetzen, bis der Periodenabsatz 0 wird.

Die hier entwickelten Formeln sind auch für die Preiskalkulation eines Produzenten geeignet. Die Selbstkosten des Produzenten sind die *Herstellkosten* einschließlich Logistikkosten bis zur Übergabe an den Käufer. Der Handelserlös entspricht dem *Deckungsbeitrag* des Produzenten, der damit die Fixkosten abdecken und einen Gewinn erzielen will.

Viele Einzelhändler wie auch andere Unternehmen kalkulieren das gesamte Sortiment an einem Verkaufsstandort mit der gleichen Handelsspanne. Aus *Abb. 15.11* ist ablesbar, dass die Summe der maximalen Handelserlöse, die sich bei den unterschiedlichen optimalen Handelsspannen ergeben, höher ist als der Gesamterlös bei einer einheitlichen Handelsspanne. Der Gesamterlös bei optimaler mittlerer Handelsspanne ist aus *Abb. 15.13* zu entnehmen, in der die Erlössumme aus dem Handel mit den 5 Gütern der *Abb. 15.11* dargestellt ist. In diesem Modellbeispiel ist die Summe der maximalen Erlöse mit 394 GE/PE um 7% höher als der Gesamterlös von 369 GE/PE bei einer mittleren Handelsspanne von 34%. Daraus resultiert die Strategie der

- *Handelsspannendifferenzierung*: Das Handelssortiment wird eingeteilt in Güterklassen mit annähernd gleichem Handelsparameter $b = p_{SK}/p_{No}$. Danach werden die unterschiedlichen Handelsspannen der Klassen optimal festgelegt.

Analog können Hersteller eine *Deckungsbeitragsoptimierung* durchführen.

15.8 Transfersteueroptimierung

Transfersteuern sind Umsatzsteuern, Mehrwertsteuer, Sicherungssteuer, Lenkungssteuern und Verbrauchssteuern, die nach jedem Kaufabschluss vom Verkäufer oder Käufer an den Staat zu entrichten sind (s. *Abschnitt 3.9*). Die Transfersteuern sind nach der Einkommensteuer die wichtigste Einnahmequelle zur Finanzierung des gesamten Staats (s. *Kapitel 17*). Jede Transfersteuer erhöht den Preis und hat daher die gleiche Wirkung wie eine Provision oder eine Handelsspanne. Sie lässt sich zum Teil begründen als Entgelt für staatliche Leistungen, die den Handel in einem Land ermöglichen, fördern und sichern, wie Infrastruktur, Recht, Ordnung und Polizeischutz.

Über die angemessene Höhe der Steuersätze sind sich Ökonomen und Politiker bis heute nicht einig. Die Auswirkungen jeder Steueränderung werden kontrovers diskutiert. Das *steuerpolitische Grundproblem*, bei welcher relativen und absoluten Höhe der indirekten *Transfersteuern* einerseits und der direkten *Einkommensteuern* andererseits die Finanzierung des Staates und die gesellschaftlichen Ziele am besten erreichbar sind, ist bis heute ungelöst (s. *Abschnitt 17.4*).

Wenn die Unternehmen eine erhöhte *Transfersteuer* über die Preise auf die Endverbraucher abwälzen, bewirkt eine Anhebung des Steuersatzes, ebenso wie eine höhere Handelsspanne, einerseits einen Anstieg des Steueraufkommens pro verkaufter Menge und andererseits, bei Überschreitung des Vollauslastungspreises, einen Rückgang der Absatzmenge infolge der mit steigendem Preis fallenden Absatzfunktionen. Die Abwälzung einer Transfersteueranhebung ist unausweichlich, wenn die Gewinnmarge kleiner ist als der Steuerzuwachs.

Die Berechnungsformeln des letzten Abschnitts und die in *Abb. 15.11* für 5 verschiedene Wirtschaftsgüter gezeigte Abhängigkeit des Handelserlöses von der Handelsspanne gelten auch für das Transfersteueraufkommen aus einem Wirtschaftsgut, wenn statt der Handelsspanne s_H der *Transfersteuersatz* s_K eingesetzt wird. Die

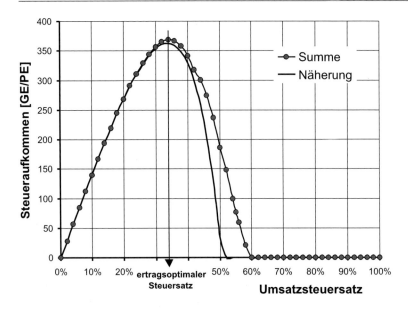

Abb. 15.13 Steueraufkommen als Funktion des Steuersatzes

Summen der Einzelerlöse aus *Abb. 15.11*

Selbstkostenpreise sind jeweils die Kostenpreise an den Verkaufsorten ohne Transfersteuer einschließlich Provision, Handelsspanne und anderer Kosten. Durch Summieren über die betrachteten 5 Artikel ergibt sich das in *Abb. 15.13* dargestellte Steueraufkommen als Funktion des Steuersatzes. Eingetragen ist außerdem ein Näherungsverlauf, der mit der allgemeinen Modellfunktion (15.18) aus den Mittelwerten der Handelsparameter errechnet wurde. Abgesehen von der rechten Flanke ist die Übereinstimmung der Näherungsfunktion mit dem Summenverlauf recht gut. Höhe und Lage des Maximums beider Funktionen sind kaum zu unterscheiden.

Mit Hilfe des *allgemeinen Mittelwertsatzes* und des *Gesetzes der großen Zahl* lässt sich beweisen, dass die Summenkurve und die Mittelwertfunktion mit zunehmender Anzahl N_{WG} unterschiedlicher Wirtschaftsgüter WG_r, $r = 1, 2, \ldots, N_{WG}$, deren Erlöse summiert werden, immer weniger voneinander abweichen. Das heißt:

- Die Abhängigkeit des Transfersteueraufkommens aller Wirtschaftsgüter, die in gleicher Höhe belastet werden, vom Transfersteuersatz s_K [%] ist approximativ gegeben durch die Modellfunktion (15.18).
- Der *optimale Transfersteuersatz*, der zum höchsten Steueraufkommen führt, lässt sich mit Hilfe von Beziehung (15.20) aus dem mittleren Handelsparameter a_m berechnen.

Die *mittleren Handelsparameter* a_m und b_m lassen sich im Prinzip aus den Handelsparametern (15.19) der einzelnen Güter an den verschiedenen Handelsplätzen durch

15.9 Einheitspreise und Preisdifferenzierung

Gewichtung mit den Nachfragemengen m_{Nr} berechnen:

$$a_m = \sum_r m_{Nr} \cdot a_r / \sum_s m_{Ns} \quad \text{und} \quad b_m = \sum_r m_{Nr} \cdot b_r / \sum_s m_{Ns}. \tag{15.23}$$

Auch wenn eine solche Berechnung in der Realität wegen der Unkenntnis der Handelsparameter nur in Ausnahmefällen möglich ist, lassen sich aus dem allgemeinem Verlauf des Steueraufkommens (15.18) Aussagen ableiten, die für die *Steuerpolitik* und die *Makroökonomie* von Interesse sind. Zwei zentrale Erkenntnisse sind:

▶ Das Transfersteueraufkommen steigt mit zunehmendem Steuersatz zunächst linear an und erreicht bei höheren Sätzen mit abnehmender Steigung ein Maximum, nach dem es steil auf Null abfällt.
▶ Für Wirtschaftsgüter mit unterschiedlichen Handelsparametern führen differenzierte Transfersteuersätze zu einem höheren Gesamtsteueraufkommen als ein einheitlicher Satz.

Ab welchem *kritischen Steuersatz* eine Transfersteuer den Absatz abwürgt, ist für die einzelnen Güter verschieden. Bei Benzin und Zigaretten bewirken erst Transfersteuersätze ab 70% einen Rückgang des Absatzes und ab 90% einen Rückgang des Steueraufkommens. Bei weniger dringend benötigten Gütern liegt der kritische Transfersteuersatz weit unter 50%.

Ähnliche Überlegungen wie für die Transfersteuern lassen sich für die *Lohnsteuer* durchführen, die auf den Arbeitsmärkten wie eine Transfersteuer wirkt. Damit ist auch eine Abschätzung der so genannten *Laffer-Kurve* möglich, die das Lohnsteueraufkommen als Funktion des Lohnsteuersatzes darstellt. Sie hat einen ähnlichen Verlauf wie die Funktion (15.18) in *Abb. 15.14* [Samuelson 1995 S. 376]. Die Analyse der Auswirkungen der Lohnsteuer wird jedoch erschwert durch die verschiedenen *Freibeträge* und die *Steuerprogression* (s. *Kapitel 17*).

15.9 Einheitspreise und Preisdifferenzierung

Ein Wirtschaftsgut kann entweder zu einem Einheitspreis oder zu unterschiedlichen Preisen angeboten und verkauft werden. Mögliche *Preisstrategien für den Einheitspreis* sind:

- *Kostenpreisstrategie*: Das Gut wird zu einem *Plankostenpreis* angeboten, der nach den Verfahren aus *Abschnitt 15.2* mit einem erfahrungsgemäß durchsetzbaren Plangewinn kalkuliert und situativ der aktuellen Marktsituation angepasst wird.
- *Auslastungspreisstrategie*: Der Einheitspreis wird dem *Vollauslastungspreis* angenähert, der gleich der unteren kritischen Preisgrenze der eigenen Absatzfunktion ist. Damit wird unter Verzicht auf einen höheren Gewinn eine Auslastung oder Verkaufsquote nahe 100% erreicht, die auch bei Bedarfsschwankungen wenig gefährdet ist.
- *Gewinnpreisstrategie*: Um den maximalen Gewinn zu erreichen, wird der Einheitspreis dem *Cournotpreis* angenähert. Dadurch kann die Auslastungs- und Verkaufsquote deutlich unter 100% sinken. Das Auslastungsrisiko steigt mit der Bedarfsschwankung.

Bei einem Einheitspreis p_A resultiert aus einer Absatzfunktion $m_K(p)$ der *Gesamtumsatz*:

$$u_G = u(p_A) = m_K(p_A) \cdot p_A \,. \tag{15.24}$$

Mit einer *Einheitspreisstrategie* bleibt die höhere Zahlungsbereitschaft einer großen Anzahl von Käufern ungenutzt. Wie bereits *Arthur Cecil Pigou* 1920 erkannt hat, lässt sich diese besser ausschöpfen durch eine

- *Preisdifferenzierungsstrategie*: Die Nachfrager werden nach aufsteigender *Zahlungsbereitschaft* in N_Z Zielgruppen $ZG_1, ZG_2, \ldots, ZG_{N_z}$ eingeteilt, denen das Wirtschaftsgut zu steigenden *Segmentpreisen* oder *Pigoupreisen* p_{An} verkauft wird.

Durch eine solche Preisdifferenzierung ist bei einer Absatzfunktion $m_A(p)$ der *Summenumsatz*

$$u_S = u(p_{A1}; p_{A2}; \ldots) = \sum_n m_K(p_{An}) \cdot p_{An} \tag{15.25}$$

erreichbar. Der *Umsatzzuwachs* im Vergleich zum Einheitspreis ist:

$$\Delta_U = u_S - u_G = \sum_n m_K(p_{An}) \cdot (p_{An} - p_A) \,. \tag{15.26}$$

Für alle *schräg* abfallenden Absatzfunktionen ist der Summenumsatz (15.25) größer als der Gesamtumsatz, wenn der unterste Pigoupreis gleich dem Einheitspreis ist. Mit der Anzahl der Zielgruppen nimmt der Umsatzzuwachs zu. Für die lineare Absatzfunktion (15.3) lässt sich der Umsatzzuwachs explizit berechnen. Im Grenzfall $n \to \infty$ ergibt sich der *maximale Umsatzzuwachs durch Preisdifferenzierung*:

$$\Delta_{Umax} = m_K(p_{A1}) \cdot (p_{No} - p_{A1})/2 \,. \tag{15.27}$$

Aus den Beziehungen (15.24) bis (15.27) folgen die *Gesetze der Preisdifferenzierung*:

▶ Der durch Preisdifferenzierung erreichbare Umsatzzuwachs ist umso größer, je flacher die Absatzfunktion abfällt.

▶ Handlungsparameter der Preisdifferenzierung sind die Anzahl der Zielgruppen und die unterschiedlichen Angebotspreise.

▶ Die Zahlungsbereitschaft der Nachfrager wird umso besser ausgeschöpft, je größer die Anzahl der Zielgruppen ist.

Auf Märkten mit *Nachfragerfestpreisen* ist die Preisdifferenzierung maximal, denn hier nennt jeder Nachfrager einen Grenzpreis, der gleich seiner Zahlungsbereitschaft ist. Damit wird die Zahlungsbereitschaft voll ausgeschöpft.

Bei *Verhandlungspreisen* wird mit jedem Nachfrager ein individueller Kaufpreis ausgehandelt. Die auf den *Vorstufenmärkten* vorherrschende Preisbildung durch Verhandlung ist jedoch mit hohen Transferkosten verbunden. Sie erfordert Zeit, Erfahrung und Kompetenz, die Endverbraucher in der Regel nicht haben. Daher gelten auf den meisten *Endverbrauchermärkten Angebotsfestpreise* mit *Preisauszeichnungspflicht*. Für einen Markt mit *Angebotsfestpreisen* ist in *Abb. 15.14* eine Preisdifferenzierung durch eine Marktsegmentierung in 3 Zielgruppen dargestellt. In *Tab. 15.1* sind die mit der in *Abb. 15.14* gezeigten linearen Absatzfunktion (15.3) berechneten

15.9 Einheitspreise und Preisdifferenzierung

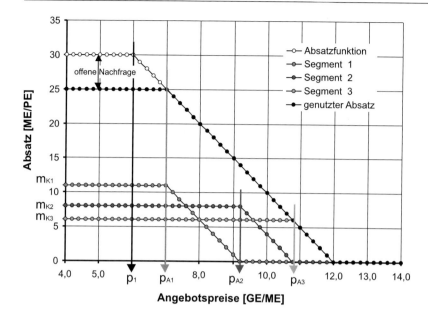

Abb. 15.14 Preisdifferenzierung durch Marktsegmentierung

Absatz-, Umsatz- und Gewinnänderungen aufgeführt. In diesem Fall ist der Umsatzzuwachs durch Preisdifferenzierung im Vergleich zum Umsatz beim Vollauslastungspreis fast 20%. Weitaus wichtiger als die Umsatzsteigerung aber ist für den Anbieter die mögliche Gewinnsteigerung. Sie hängt davon ab, ob die Preisdifferenzierung mit Mehrkosten verbunden ist oder nicht.

Bei einer Preisdifferenzierung durch Produkt-, Qualitäts- oder Angebotsunterschiede entstehen leistungsbedingte Mehrkosten. Bei einer erzwungenen Marktsegmentierung durch Marktabschottung können zusätzliche Verwaltungs- und Kon-

	Auslastpreis	Cournotpreis	Preisdifferenzierung				
			Segment 1	Segment 2	Segment 3	Gesamt	
Angebotspreise	6,00	7,00	7,00	9,20	10,80	**8,62**	GE/ME
Angebot = Absatz	30	25	11	8	6	**25**	ME/PE
Umsatz	180	175	77	74	65	**215**	GE/PE
Gewinn o. Diff.Kost	15	38	17	30	32	**78**	GE/PE
Umsatzrendite	8,3%	21,4%	21%	40%	49%	**36,2%**	
Gewinn mit Differenzierungskosten			10	21	19	**50**	GE/PE
		Kostenanstieg	10%	20%	40%		

Tabelle 15.1 Auswirkungen unterschiedlicher Preisstrategien

Grenzkosten: 3,00 GE/ME   Fixkosten: 2,5 x Angebotsmenge GE/PE

trollkosten anfallen. Wenn für die Differenzierung des Wirtschaftsgutes für die Kaufgruppe KG_n pro Mengeneinheit die *Differenzierungskosten* k_{Dn} [GE/ME] entstehen, ist der durch Differenzierung im Vergleich zum Einheitspreis erreichbare *Segmentierungsgewinn*:

$$\Delta g = \sum_n m_K(p_{An}) \cdot (p_{An} - p_A - k_{Dn}) \,. \tag{15.28}$$

Soweit die Preisdifferenzierung nicht mit einem adäquaten Zusatznutzen verbunden ist, steht dem Gewinnzuwachs des Anbieters eine ebenso große Einbuße des *Einkaufsgewinns* (5.22) der Käufer gegenüber, da sich die Differenz zwischen Zahlungsbereitschaft und Kaufpreis verringert. Daraus folgt die *Vorteilsverteilung der Preisdifferenzierung*:

▶ Eine Preisdifferenzierung ohne adäquaten Zusatznutzen steigert den Verkaufsgewinn der Anbieter zu Lasten des Einkaufsgewinns der Käufer.

Im Beispiel der *Tab. 15.1* ergibt sich aus der Differenzierung in 3 Zielgruppen ohne Mehrkosten ein Gewinn von 78 GE/PE. Er ist mehr als doppelt so hoch wie der Gewinn von 38 GE/PE bei einem einheitlichen Cournotpreis. Der Segmentierungsgewinn beträgt damit 40 GE/PE. Ist die Preisdifferenzierung mit den in *Tab. 15.1* angegeben Mehrkosten verbunden, resultiert in der Summe ein Gewinn mit 50 GE/PE, der mehr als 30% höher ist als der Gesamtgewinn beim Cournotpreis. Der Segmentierungsgewinn ist dann 12 GE/ME. Der durch maximale Ausschöpfung der Kaufkraft mögliche Umsatz (15.27) ist in diesem Fall 270 GE/ME und der maximale Gewinn 133 GE/PE.

15.10 Marktsegmentierung

Die mit einer Preisdifferenzierung erreichbaren Umsatz- und Gewinnsteigerungen sind so attraktiv, dass sie von vielen Anbietern angestrebt werden. Eine Preisdifferenzierung ist daher auf fast allen Märkten zu finden [Berry 1997; Sebastian 2003; Shapiro 1999; FAZ 2.2.2004]. Sie erfordert das *Einteilen* der Nachfrage in *Marktsegmente* und das *Zuweisen* der einzelnen Nachfrager in das Segment, das ihrer Zahlungsbereitschaft entspricht. Die größte Schwierigkeit einer solchen Marktsegmentierung besteht in der Durchsetzung [Meffert 2000].

Auf Märkten mit Wettbewerb, wo die Nachfrager ausweichen können, ist nur eine freiwillige Zuweisung durch Verlockung über andere Angebotsmerkmale als den Preis möglich:

- Die *freiwillige Marktsegmentierung* wird durch Angebot eines Gutes in mehreren *Ausführungsarten*, verschiedenen *Qualitätsstufen* oder zu differenzierten *Angebotskonditionen* erreicht, zwischen denen der Kunde zu unterschiedlichen Preisen frei wählen kann.

Beispiele für die freiwillige Marktsegmentierung durch *Produktdifferenzierung*, *Qualitätsdifferenzierung* und *Angebotsdifferenzierung* sind:

15.10 Marktsegmentierung

Handelsklassen von Nahrungsmitteln
Güteklassen von Rohstoffen und Material
Verpackungsdifferenzierung und Verpackungsstufen
Normalausführung und Spezialausführung (15.29)
Designdifferenzierung
Optionale Zusatzleistungen und Zugaben
Einfach-, Standard- und Luxusausführung

Normal-, Termin- und Express-Aufträge und Beförderung
Komfortklassen, wie 1. und 2. Klasse, Economy und Business
Programmversionen von Softwareanbietern
Serviceklassen von Dienstleistern
Angebot in Standardmärkten und Luxusgeschäften (15.29)
Differenzierung durch Marken (branding)
Risikoklassen und Laufzeitklassen von Finanzgütern
Qualifikationsstufen der Arbeitsleistung.

Durch die Differenzierung zerfällt der Gesamtmarkt eines Wirtschaftsgutes in *Teilmärkte*, zwischen denen die Nachfrager frei wählen und wechseln können (s. *Abschnitt 3.8*). Auch die Anbieter haben die Wahl, ob sie auf allen, mehreren oder nur einem dieser Marktsektoren präsent sein wollen. Sie können sich durch Produkt-, Qualitäts- und Angebotsdifferenzierung vom Wettbewerb abheben, gewünschte Kundengruppen an sich ziehen, unerwünschte abweisen und auf diese Weise ihre individuelle Absatzfunktion so verschieben, dass der Gewinn maximal wird oder andere Ziele erreicht werden [Meffert 2000].

Monopolanbieter, marktbeherrschende Unternehmen und *Kartelle* können unter Einsatz ihrer Marktmacht die Potentiale der Preisdifferenzierung und Marktsegmentierung optimal ausschöpfen, aber auch missbrauchen. Dazu wird die freie Marktsegmentierung häufig ersetzt durch eine oder kombiniert mit einer erzwungenen Marktsegmentierung:

- Die *erzwungene Marktsegmentierung* wird ohne eine Differenzierung, die mit dem Nutzen der Nachfrager korreliert, allein durch *Zwangseinteilung* und *Marktabschottung* erreicht.

Die Nachfrager werden in das Segment hineingezwungen, in dem sie so viel zahlen müssen, wie sie maximal auszugeben bereit sind. Wenn die Marktsegmentierung vollständig gelingt, wird das Wirtschaftsgut zu *Nachfragergrenzpreisen* verkauft und die Zahlungsbereitschaft voll ausgeschöpft. Dann ist der Verkaufsgewinn maximal und der Einkaufsgewinnen Null. Beispiele für erzwungene Marktsegmentierung sind:

erzwungene Zielgruppenzuordnung
getrennte Vertriebskanäle
regionale Marktsegmentierung
Inlandsmarkt und Exportmarkt (15.30)
Zwangszugaben und Zwangsausgrenzungen
staatliche Zwangsmärkte.

Die erzwungene Marktsegmentierung entspricht nicht den *Fairnessregeln* aus *Abschnitt 5.2* und verstößt für viele Güter und Märkte gegen das *Wettbewerbsrecht* [Koppensteiner 2004]. Auf den Märkten für *Dienstleistungen* [Berry 1997] und für *Informationsgüter* [Shapiro 1999], auf den *Internet-Märkten* und im *internationalen Handel* [Hilf 2005; Stiglitz 2006] dominiert die erzwungene Marktsegmentierung. Fraglich ist, ob und wieweit die dort herrschenden Praktiken mit dem Wettbewerbsrecht verträglich sind. Die zwangsweise Marktsegmentierung ist besonders extrem auf den *staatlich reglementierten Märkten* für *Versicherungen* und *Gesundheitsleistungen*.

Neben der *offenen Marktsegmentierung*, die für jeden Marktteilnehmer ersichtlich ist, gibt es die unterschiedlichsten Praktiken der *verdeckten Marktsegmentierung*. Dazu gehören *Zweitmarken* und *Handelsmarken*, die über andere Vertriebskanäle verkauft werden, sowie raffinierte *Preismodelle*, durch die zahlungsfähigere Kunden ausgesondert und zu Höchstpreisen bedient werden. Andere, zahlungsschwächere Kundengruppen werden zu subventionierten Preisen angelockt. Auch verhandelbare *Rabatte* auf angebliche *Festpreise* und *Nachlässe* auf *Listenpreise* sind verdeckte Preisdifferenzierungen [Sebastian 2003]. Sie führen bei ahnungslosen Endverbrauchern zu Höchstpreisen und bei erfahrenen Käufern zu günstigeren Verhandlungspreisen.

Die verdeckte Marktsegmentierung wird häufig kombiniert mit der freiwilligen oder erzwungenen Segmentierung. Kundenkarten, wie die *BahnCard*, Bonusprogramme, Meilenzugaben, Vielfliegerprogramme und unausweichliche Koppelangebote täuschen einen Kundennutzen vor, dienen aber der *Preisverschleierung*, *Preisdifferenzierung* und *Marktsegmentierung*. Hierzu tragen auch staatseigene und staatsnahe Unternehmen bei, wie Post, Bahn und Fluggesellschaften.

15.11 Dynamische Absatzstrategien

Abgesehen von Zufallsschwankungen ist die Nachfrage für viele Güter und Märkte längere Zeit *stationär*. Daher gehen die meisten Absatzstrategien stillschweigend von einer stationären Nachfrage aus. Aus den in *Abschnitt 6.5* und *Abschnitt 14.1* genannten Gründen kann sich die Nachfrage jedoch im Verlauf eines Tages, einer Woche, eines Monats oder eines Jahres *zyklisch* verändern, einem mittel- bis langfristigen *Trend* folgen oder plötzlich stark ansteigen oder fallen. Bei einer dynamisch veränderlichen Nachfrage sind stationäre Strategien nur begrenzt geeignet.

Für eine zyklische Nachfrage mit bekannten *Frequenzen* und *Amplituden* lassen sich unter Verwendung der *Zyklusfunktion* (6.12) für die Nachfrage mit Hilfe des Mastertools zur Marktsimulation *dynamische Absatzstrategien* für Preise und Mengen entwickeln [Meffert 2000]. Eine weit verbreitete *dynamische Preisstrategie* ist die

- *Zyklische Preisanpassung*: Bei normaler Nachfrage wird das Wirtschaftsgut zu einem *Standardpreis* p_A angeboten. In Phasen mit hoher Nachfrage wird der Angebotspreis auf einen *Spitzenpreis* p_{Amax} angehoben und in Phasen mit schwacher Nachfrage auf den *Anreizpreis* p_{Amin} gesenkt.

Möglich sind auch weniger oder mehr als drei Phasen und Preisstufen. Die *Strategieparameter* der zyklischen Preisanpassung sind die *Zeitpunkte* des Preiswechsels

15.11 Dynamische Absatzstrategien

sowie die *Anzahl* und die *Höhe* der unterschiedlichen Preise. Beispiele für zyklische Preisanpassung sind:

saisonabhänge Preise von Obst und Gemüse
Wochentags- und Wochenendtarife
Tages- und Nachttarife (15.31)
zeitabhängige Preise für Netzwerkleistungen

Saisonpreise von Hotels und Reiseunternehmen
tageszeitabhängige Fahrpreise und Eintrittspreise. (15.31)

Für Güter mit hohen Fixkosten wird die Festlegung der Zeitpunkte und Preishöhen erschwert durch das *Auslastungsdilemma*:

- In Zeiten geringer Nachfrage sind nur niedrige Preise durchsetzbar, obgleich die Kosten wegen der geringen Auslastung hoch sind. In Phasen großer Nachfrage sind hohe Preise möglich und die Kosten wegen der Vollauslastung minimal.

Das Problem der Bestimmung auskömmlicher und fairer Preise für *Netzwerkleistungen* bei zyklisch schwankendem Bedarf ist theoretisch bis heute nicht zufriedenstellend gelöst. In der Praxis finden sich unterschiedliche Lösungen, die für Anbieter und Nachfrager mit mehr oder weniger großen Vor- und Nachteilen verbunden sind. Eine *absatzgeregelte Preisstrategie* ist die

- *Dynamische Preisanpassung*: Von einem Rechner wird aus dem laufend prognostizierten Absatz über einen geeigneten Algorithmus der auslastungs- oder gewinnoptimale Angebotspreis berechnet und am Verkaufsort elektronisch angezeigt.

Eine *dynamische Mengenstrategie* für Vorratsgüter mit länger anhaltendem Bedarf, die sich lagern und im Voraus herstellen oder beschaffen lassen, ist die

- *Dynamische Vorratsdisposition*: Nach dem in *Abschnitt 14.3* beschriebenen Verfahren der *dynamischen Bedarfsprognose* wird vom Rechner täglich der zu erwartende Absatz prognostiziert und nach dem in *Abschnitt 16.4* dargestellten *Meldebestandsverfahren* der *Beschaffungszeitpunkt* und die optimale *Nachschubmenge* berechnet.

Die *dynamische Vorratsdisposition* folgt bei minimalen Kosten weitgehend *selbstregelnd* einem zeitlich veränderlichen Bedarf. Sie regelt auch die Vorabbeschaffung und Vorausfertigung für erkennbare *Engpassphasen* [Gudehus 2005].

Weitere dynamische Absatzstrategien lassen sich für Wirtschaftsgüter mit endlicher Lebensdauer durch Marktsimulation unter Verwendung der *Lebenszyklusfunktion* (6.16) entwickeln. Dazu gehören z. B.

- *Lebenszykluspreise*: Der Angebotspreis wird abhängig von der Lebensphase des Wirtschaftsgutes so festgesetzt, dass summiert über den gesamten Lebenszyklus ein maximaler Gewinn resultiert.

Bei einer *Penetrationsstrategie* wird in der *Startphase* eines neuen Wirtschaftsgutes zur Markteroberung ein geringer *Einstiegspreis* angeboten. Bei einer *Skimmingstrategie* wird zur Abschöpfung (skimming) der Zahlungsbereitschaft neugieriger oder prestigebewusster Nachfrager zunächst ein hoher *Anfangspreis* gefordert [Meffert 2000]. Bei beiden Strategien wird mit Annäherung an die *Reifephase* der Preis dem

Vollauslastungspreis oder dem *Cournotpreis* angenähert. Wenn sich die *Alterungsphase* abzeichnet und der Absatz sinkt, wird der Preis bis zum *Grenzkostenpreis* gesenkt, um auch noch die letzten Interessenten mit der geringsten Zahlungsbereitschaft anzulocken. Ist auch bei Grenzkostenpreisen kein positiver Deckungsbeitrag mehr zu erzielen, wird das Gut vom Markt genommen.

Weitere dynamische Absatz- und Preisstrategien sind:

- *Dynamische Koppelpreise*: Ein *Gebrauchsgut*, dessen Nutzung die regelmäßige Beschaffung eines speziellen *Verbrauchsgutes* erfordert, wird zu einem extrem niedrigen Preis angeboten, um anschließend mit dem Verkauf des laufend benötigten Verbrauchsgutes zu sehr hohem Preis maximale Gewinne zu erzielen.

Bekannte Beispiele für dynamische Koppelpreise sind *Drucker* in Verbindung mit *Tintenpatronen*, *Kopiergeräte* mit *Tonerkassetten*, *Aufzüge* mit *Wartungsleistungen* und *Autos* mit *Ersatzteilen*. Derartige Koppelpreise verhindern den Preisvergleich und behindern daher den fairen Wettbewerb.

15.12 Unfaires Anbieterverhalten

Manche Anbieter versuchen, sich durch unfaires Verhalten einen Vorteil zu Lasten des Wettbewerbs und der Kunden zu verschaffen. Beispiele für *unfaires Anbieterverhalten* sind:

- *Fehlinformation*: irreführende Werbung, falsche Zusagen, Prospektbetrug u. a.
- *Preisverschleierung*: nutzungsferne Preise, Flatrates, komplizierte Preismodelle
- *Lockpreise*: Aktionspreise, Vorspannpreise, Eckpreise (1,99 €; 9,99 € ...)
- *Preistäuschung*: fehlende oder falsche Preisangaben, Nachforderungen...
- *Dumpingpreise*: subventionierte Preise unter Vollauslastungskosten
- *Wucherpreise*: überhöhte Preise zur Ausnutzung einer Notlage ...
- *Anbieterabsprachen*: Preisabstimmung, Kontingentierung, Kartelle ...
- *Mengentäuschung*: Mindermengen, Wiege- und Messbetrug, Mogelpackungen
- *Informationsbeschränkung*: Ausgrenzung durch beschränkte Information
- *Standardisierungsmissbrauch*: Kundenbindung durch spezielle Standards und Schnittstellen
- *Leistungstäuschung*: Einschränkung oder Teilerfüllung von Leistungsversprechen
- *Qualitätstäuschung*: vorgetäuschte Qualitätsunterschiede, Liefer- oder Leistungsmängel ...
- *Beeinflussung*: Zugaben, Bonusprogramme, Werbegeschenke ...
- *Bestechung*: Zuwendungen, Vorteilsgewährung, Dienste, Korruption von Einkäufern und Entscheidern ...

Die Grenzen zwischen unfairem Marktverhalten und gesetzwidrigem Handeln, wie arglistige Täuschung, Betrug und Verstoß gegen das Wettbewerbsrecht, sind fließend [Koppensteiner 2004]. Verhaltenweisen, die beim Handel mit materiellen Gütern seit langem als wettbewerbswidrig erkannt und daher unzulässig sind, werden bei Dienstleistungen und anderen immateriellen Gütern zum Nachteil der Kunden von den Anbietern offen praktiziert und neu entwickelt.

15.12 Unfaires Anbieterverhalten

So ist ein *Vielflieger-Bonusprogramm*, das Manager und Mitarbeiter verlockt, zu Lasten ihres Arbeitgebers häufiger bei einer bestimmten Fluggesellschaft in einer höheren Klasse überteuerte Flüge zu buchen, eine subtile Form der Bestechung. Hier und in anderen Bereichen fehlen gesetzliche Regelungen. Auf einigen Gebieten sind sogar Rückschritte zu verzeichnen, wie die Aufhebung des *Zugabeverbots* und des *Rabattverbots* auf den *Endverbrauchermärkten* [FAZ 6.4.2004].

Auch die *erzwungene Marktsegmentierung* ist ein Marktmissbrauch zum Nachteil der übrigen Wirtschaftsteilnehmer, denn sie erhöht die Transferkosten, verhindert den Wettbewerb und verzögert die Kaufprozesse. Im gesamtwirtschaftlichen Interesse sollte daher jede Form der erzwungenen Marktsegmentierung durch den *Grundsatz zur Sicherung der Marktfreiheit* bekämpft werden:

▶ Eine erzwungene Marktsegmentierung ist verboten, solange daraus nicht für die Mehrzahl der Nachfrager ein objektiv nachweisbarer Vorteil und für keinen Nachfrager ein Nachteil erwächst.

Der Nachweis der Notwendigkeit und des allgemeinen Nutzens einer erzwungenen Marktsegmentierung ist vom Anbieter zu erbringen. Zur Sicherung der Markteffizienz und zum Schutz vor marktbeherrschenden Unternehmen sind folgende *Regeln fairer Preisgestaltung* geeignet:

- *Wucherverbot*: Kein Anbieter darf die unverschuldete Notlage eines Marktteilnehmers zur Durchsetzung eines überhöhten Preises missbrauchen.
- *Dumpingpreisverbot*: Der Kaufpreis eines Gutes darf nicht unter Vollauslastungskosten und in größerer Entfernung vom Erzeugungsort nicht unter dem Kaufpreis auf den Märkten im Nahgebiet der Erzeugung liegen.
- *Transportkostengebot*: Der Kaufpreis eines materiellen Gutes muss auf Märkten in größerer Entfernung vom Erzeugungsort mindestens um die minimal notwendigen Transportkosten höher sein als auf den Märkten im Nahgebiet der Erzeugung.
- *Preisklarheit*: Preisangaben sollen *nutzungsgemäß* sein [Gudehus 2005]. Nutzungsgemäße Preise beziehen sich auf objektiv messbare Bemessungseinheiten, die mit den Kosten und dem Nutzen des Wirtschaftsgutes korrelieren (s. *Abschnitt 3.7 und 8.9*).
- *Vollständigkeit*: Der Kaufpreis eines Wirtschaftsgutes muss alle Teil- und Nebenleistungen abgelten, die zur Erstnutzung des Gutes notwendig sind.
- *Kopplungsverbot*: Der Kaufpreis darf nicht die zwangsweise Abnahme anderer Güter und Leistungen umfassen, die der Käufer nicht benötigt.

Ein weltweit geltendes Dumpingpreisverbot wäre ein Riegel gegen die weit verbreitete *Quersubvention* von Exportpreisen durch überhöhte oder staatlich subventionierte Inlandspreise [Stiglitz 2006]. Es könnte u. a. den ruinösen Wettbewerb auf den internationalen *Agrarmärkten* beenden [Gaschke 2004]. Ein internationales Transportkostengebot würde zu erheblichen Einsparungen von Transportfahrten und Energie führen [Gudehus 2005]. Preisklarheit, Vollständigkeit und Kopplungsverbot sind geeignet, die Preisverschleierung einzudämmen, Effizienzverluste zu beseitigen und eine bessere Funktion der Märkte zu sichern.

Die Regeln fairer Preisgestaltung sind bisher nur unvollständig im bestehenden Handels- und Wettbewerbsrecht verwirklicht [Hilf 2005; Koppensteiner 2004]. Die

Einführung dieser und anderer Regelungen der *Preisbildung, Mengenbildung* und *Marktbegegnung*, die in den *Kapitel 8, 9* und *10* behandelt wurden, auf den nationalen und internationalen Märkten bedarf noch mancher Klärung. Sie wird auf den Widerstand mächtiger Interessengruppen stoßen, ist aber unumgänglich zur *Sicherung freier Märkte*, zur *Senkung der Transferkosten* sowie zur *Behebung bekannter Missstände* (s. *Kapitel 17*).

Zu den bis heute ungelösten Problemen der Preis- und Absatzstrategien gehören die Gefahr des *Missbrauchs* zum Nachteil machtloser Akteure und die *Verteilungswirkung* zu Lasten einkommensschwacher Verbraucher. Auf den Endverbrauchermärkten sind fast alle denkbaren Kombinationen der statischen und dynamischen Absatzstrategien und der Marktsegmentierung zu finden. Geschäftsleute, Stabsstellen und spezialisierte Berater entwickeln immer wieder neue Abwandlungen der beschriebenen Grundstrategien [Berry 1997; Sebastian 2003; Shapiro 1999; FAZ 2.2004]. Sie konzipieren raffinierte *Preismodelle*, schaffen verwirrende *Preisbezeichnungen* und verwenden besondere Bezeichnungen für *Preiszuschläge* und *Nachlässe* (s. *Tab. 3.2*).

Ein extremes Beispiel für die Verwirrungstaktik durch Kombination unterschiedlicher Preisstrategien ist die *BahnCard*. Durch die 1. Klasse- und 2. Klasse-Stufe wird der Kundenkreis im voraus in zwei Kaufkraftgruppen segmentiert, die keiner vor Ablauf eines Jahres ohne Verlust verlassen kann. Mit der 25%- und der 50%-Karte findet eine zweite Kundensegmentierung in Wenigreisende und Vielreisende statt. Mit dem Preis für die BahnCard wird ein wesentlicher Teil des Fahrpreises unabhängig von der tatsächlichen Nutzung im Voraus entrichtet. Das erschwert die Berechnung eines effektiven Fahrpreises und verhindert den Preisvergleich der Bahnfahrt mit anderen Verkehrsmitteln. Weitere Verwirrung stiften die zeitabhängigen Bahntarife und die zahlreichen Ausnahme- und Zusatzregelungen, die teilweise willkürlich erst nach Erwerb der BahnCard erlassen werden. Die BahnCard geht vor allem zu Lasten von Menschen mit geringem Einkommen, die kein Auto haben und sich nur selten eine Reise leisten können. Sie müssen stets den vollen Fahrpreis bezahlen, in den der Rabatt für die BahnCard-Reisenden einkalkuliert ist, und subventionieren damit die Vielreisenden mit BahnCard.

Ähnliche unfaire Preismodelle bieten Fluggesellschaften, Tankstellen, Handelsketten und Banken mit ihren *Kundenkarten, Bonusprogrammen* und *Prämiensystemen*. Deren Wettbewerbswidrigkeit wird deutlich, wenn man sich solche Modelle für Konsumgüter vorstellt, z. B. dass ein Bäcker dem Käufer einer *BackCard* das Brot für ein Jahr zum halben Preis verkauft.

15.13 Marktpositionierung und Verkaufsstrategien

Marktpositionierung und Verkaufsstrategien hängen davon ab, für welche *Abnehmer* ein Wirtschaftsgut bestimmt ist, welchen *Zwecken* es dienen soll und welchen *Nutzen* es bringen kann. Die drei *Hauptabnehmergruppen* sind:
- *Privathaushalte*, die ihren Bedarf auf den *Endverbrauchermärkten* kaufen.
- *Unternehmen*, die auf *Vorstufenmärkten* über *Anfragen* einkaufen.
- *Staat*, dessen Bedarf nach *öffentlichen Ausschreibungen* vergeben wird.

15.13 Marktpositionierung und Verkaufsstrategien

Die meisten *Endverbrauchermärkte* sind *öffentlich* und allen Nachfragern zugänglich. Zum *Schutz* der wirtschaftlich schwachen, oft unerfahrenen privaten Nachfrager sowie zur Sicherung der *Markteffizienz* sind die Regeln der *Marktordnung* auf den Endverbrauchermärkten weitgehend vorgegeben. Die Einhaltung der wichtigsten Regelungen, wie die Pflicht zur *Preisauszeichnung* und *Inhaltsangabe*, wird staatlich kontrolliert und sanktioniert [Baumbahc/Hefermehl 2004]. Der Zugang zu den *Vorstufenmärkten* für Industrieerzeugnisse und Rohstoffe ist in der Regel auf die Einkäufer der Unternehmen und zugelassene Agenten beschränkt. Hier ist die Regelung der Marktordnung weitgehend den Akteuren überlassen.

Jeder Anbieter, der ein Wirtschaftsgut zur Deckung eines anhaltenden Bedarfs auf den Markt bringen will, muss *rechtzeitig* entscheiden, auf welchen Märkten das Gut in welchen *Mengen*, mit welcher *Qualität* und in welchen *Varianten* verkauft werden soll [Meffert 2000]. Von diesen *Aktionsparametern* sind die Qualität und die Menge in größerem Umfang nur mittel- bis langfristig veränderbar. Aus dem in *Abb. 15.15* gezeigten Dreieck der Marketingziele folgen die drei *Grundstrategien der Marktpositionierung*:

- *Mengenanbieter*: Standardisierte *Massengüter* werden in wenigen Varianten für den Bedarf eines anonymen Abnehmerkreises in großen Mengen zu minimalen Kosten erzeugt und zu *Vollauslastungspreisen* verkauft.
- *Qualitätsanbieter*: Von wenigen *Qualitätsgütern* wird ein breiteres Variantenspektrum mit hoher bis höchster Qualität in kleineren Mengen für den Bedarf eines begrenzten Abnehmerkreises zu den notwendigen Kosten erzeugt oder beschafft und zu gewinnoptimalen *Cournotpreisen* verkauft.
- *Individualanbieter*: Für den speziellen Bedarf weniger Nachfrager werden nach deren Wünschen und Vorgaben *Spezialgüter* in angefragter Menge individuell projektiert und kalkuliert, zu *Verhandlungspreisen* angeboten und nach Auftrag erzeugt oder beschafft.

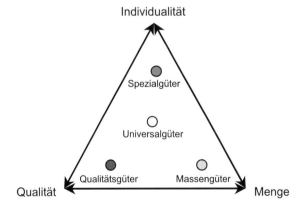

Abb. 15.15 Ziele und Möglichkeiten der Marktpositionierung eines Wirtschaftsgutes

Wirtschaftsgüter, die für einen breiteren Kundenkreis geeignet sind, mehrere Verwendungszwecke haben oder unterschiedlichen Nutzen bieten, sind im Innenbereich des *Zieldreiecks des Marktes* positioniert. Sie werden nach *Kombinationsstrategien* vermarktet. Im Zentrum des Zieldreiecks liegen die Güter der

- *Universalanbieter*: Für einen veränderlichen Bedarf werden *Universalgüter* mit vielseitigen Nutzungsmöglichkeiten, die sich nach ähnlichen Verfahren in wechselnden Mengen und Qualitäten *flexibel* herstellen oder beschaffen lassen, zu *Angebotsfestpreisen* oder zu *Verhandlungspreisen* angeboten und nach Auftrag ausgeführt.

Durch die Marktpositionierung in Verbindung mit den zuvor entwickelten *Preisstrategien* lassen sich die bedingt kompatiblen *Unternehmensziele*

- *hohe Auslastung*
- *maximaler Gewinn*

in unterschiedlichem Ausmaß erreichen. Aus der Wirkungsanalyse der Absatz- und Preisstrategien bei unterschiedlicher Markpositionierung ergeben sich die in *Tab. 15.2* zusammengestellten Möglichkeiten der *Angebotspreispolitik*.

Nach der Marktpositionierung und Festlegung der Preispolitik beginnt die Aufgabe des *Verkaufs*. Die Verkäufer des Unternehmens oder beauftragte Verkaufsvermittler bieten das Wirtschaftsgut auf den ausgewählten Marktplätzen an. Die wichtigsten *Vorbereitungsstrategien des Verkaufs* bis zum Markteintritt sind:

- *Kundengewinnung*: Durch Anzeigen, Druckschriften, Messen, Agenten, Präsentationen und andere *Werbemaßnahmen* wird das *Kaufinteresse* potentieller Kunden geweckt.
- *Wettbewerbsanalyse*: Anzahl, Kompetenz, Preise und Verhalten der Wettbewerber werden ausgekundschaftet. Der *Marktpreis* wird ermittelt.
- *Nutzungsermittlung*: Bei den Kaufinteressenten wird die beabsichtigte *Verwendung* erfragt und der *Bedarfsdruck* erkundet.
- *Nutzwerterkundung*: Die *Wertvorstellungen*, die *Zahlungsbereitschaft* und die bisher bezahlten Preise der Nachfrager werden ermittelt.

Nach dem *Markteintritt* lassen sich die unterschiedlichen Geschäftsziele mit den in *Tab. 15.3* zusammengestellten *Angebots- und Verkaufsstrategien* erreichen. Die einzelnen Strategien des Verkaufs ergeben sich aus den *Anbieteroptionen* aus Abschnitt 15.1. Der *Handlungsspielraum* des Verkaufs wird *extern* durch die Marktordnung, den Wettbewerb und die Nachfrager eingeschränkt. Er ist *intern* durch die Kosten, Kapazitäten und technischen Möglichkeiten des Unternehmens begrenzt.

15.14 Kritische Menge und Marktbeherrschung

Für *Wirtschaftsgüter*, deren Erzeugung und Distribution mit hohen Fixkosten verbunden sind, ergeben sich bei einem anhaltend steigenden Bedarf und *Nachfrageüberhang* wie auch bei einem dauerhaft rückläufigen Bedarf und *Überkapazitäten* aus dem *Auslastungsdilemma* und der *Fixkostenremanenz* besondere Probleme. Davon betroffen sind Güter der Grundstoffindustrie, wie Kohle, Erz, Öl, Gas und Strom,

15.14 Kritische Menge und Marktbeherrschung

Angebotspreis	Preisbasis	Primärziel	Haupteinsatz
Einheitspreise			
Auslastungspreis	Selbstkosten plus Handelspanne	Auslastung	B2C Massengüter
Cournotpreis	Zahlungsbereitschaft und Nutzwert	Gewinn	B2C Qualitäts- u. Spezialgüter
Preisdifferenzierung			
Qualitätsdifferenzierung	Selbstkosten plus Handelspanne	Auslastung	B2C Qualitäts- u. Spezialgüter
Kundensegmentierung	Zahlungsbereitschaft und Nutzwert	Gewinn	B2C Spezial- u. Massengüter
Verhandlungspreise			
Listenpreisrabatte	Zahlungsbereitschaft und Nutzwert	Gewinn	B2B Qualitäts- u. Massengüter
Preisverhandlung	Zahlungsbereitschaft und Nutzwert	Auslastung	B2B Spezial- u. Massengüter

Tabelle 15.2 Möglichkeiten und Ziele der Angebotspreispolitik

B2C: Endverbrauchermärkte   B2B: Vorstufenmärkte   s. Tabelle 5.1

Aktionsbereich	Optionen	Ziele
Käuferkreis	**offen** anonym	maximale Bekanntheit und Marktdurchdringung Attraktion möglichst vieler Bedarfsträger
	begrenzt bekannt	Zielgruppensegmentierung Selektion ausgewählter Zielgruppen
Preisangabe	**offen** ohne Anfrage	Attraktion über Preis, Abweisen zahlungsschw. Nachfrager Erleichterung des Preisvergleichs für die Nachfrager
	verdeckt nur auf Anfrage	Preisdifferenzierung nach Zielgruppen Erschweren des Preisvergleichs für Wettbewerber
Mengenangabe	**offen** ohne Anfrage	Attraktion durch geringe Angebotsmenge (Knappheit) Attraktion durch große Angebotsmenge (Überfluß)
	verdeckt nur auf Anfrage	Verbergen der eigenen Bestände und Ressourcen Erkunden des kundenspezifischen Bedarfs
Preisstellung	**Einzelpreise** nutzungsgemäß	nutzungsgemäße Abrechnung eines variablen Bedarfs Attraktion durch Preisvergleichsmöglichkeit
	Gesamtpreis pauschaliert	vereinfache Abrechnung eines festen Bedarfs Bedarfsgenerierung durch Produktbündelung
Preis	**Angebotsfestpreis** langsame Anpassung	Einheitspreis oder Preisdifferenzierung Kundenbindung durch stabile Preise
	Verhandlungspreis rasche Anpassung	kundenspezifische Zielpreise Preisdifferenzierung, Kundengewinnung durch Verhandeln

Tabelle 15.3 Aktionsbereiche, Strategien und Ziele des Verkaufs

die Erzeugnisse der Eisen- und Stahlindustrie, Mineralölindustrie und Papierindustrie, die Chemie und die Pharmazie, die Automobil- und Fahrzeughersteller, der Anlagenbau und die Schiffswerften. Besondere Fixkostengüter sind die *Netzwerkleistungen*. Sie werden erbracht von den Elektrizitäts-, Wasser- und Gaswerken, von Eisenbahn, Post und Logistikdienstleistern, von den Unternehmen der Telekommunikation sowie von Banken und Informationsdienstleistern (s. *Abschnitt 3.5*).

Für die Vermarktung von *Fixkostengütern* ebenso wie von *Netzwerkleistungen* gilt das

- *Prinzip der kritischen Menge*: Erst ab einer kritischen Absatzmenge kann ein Produktionssystem oder Leistungsnetzwerk mit hohen Fixkosten ohne Verlust zu Preisen betrieben werden, mit denen am Markt ein Absatz oberhalb der kritischen Menge erreichbar ist.

In abgeschwächter Form gilt das Prinzip der kritischen Menge auch für *Mischkostengüter*, für *Informationsgüter* und für alle Unternehmen, die mit fixen Ressourcen ein breiteres Spektrum von Gütern erzeugen und vermarkten. Allgemein hat jedes Gewerbe, das mit Fixkosten verbunden ist, einen *existenznotwendigen Mindestabsatz*. Das ist ebenfalls eine kritische Menge, die zu kostendeckenden Preisen am Markt abgesetzt werden muss. Andernfalls verschwindet das Gewerbe vom Markt.

Die Entwicklung neuer Produkte, Informationen und Programme sowie der Aufbau von verfahrenstechnischen Großanlagen und ausgedehnten Leistungsnetzen erfordern erhebliche organisatorische, technische und unternehmerische Anstrengungen. Bis zum Verkaufsbeginn sind für *Entwicklung*, *Systemaufbau* und *Markteinführung* große Finanzmittel aufzubringen und Risiken zu tragen.

Wenn jedoch erst einmal der Verkauf zu Preisen begonnen hat, die etwas unter dem Marktpreis und deutlich unter dem monetären Nutzwert für die Kunden liegen, wird aufgrund des Marktmechanismus die kritische Menge rasch erreicht. Danach kommt es – ähnlich der Kettenreaktion bei der Kernenergieerzeugung – zu einem *eigendynamischen Prozess*: Die Auslastung nimmt zu, die Kosten sinken und die Preise können gesenkt werden. Zusätzlicher Absatz wird generiert und die Kapazitäten werden ausgebaut. Technischer *Fortschritt* und *Skaleneffekte* ermöglichen – wie in Abb. 3.6 gezeigt – Kostensenkungen. Bei den *Netzwerkleistungen* kommen noch der *Frequenzeffekt* und der *Netzeffekt* hinzu (s. *Abschnitt 3.5*). Das alles eröffnet weitere Preisspielräume und so fort. Die *aufwärts gerichtete Wirkungskette* kann sich fortsetzen, bis nur noch ein *Monopolist* übrig bleibt oder wenige *Großanbieter* die gesamte Nachfrage abdecken.

Wenn mehrere Anbieter kritische Mengen anstreben, deren Summe größer ist als der Gesamtbedarf, kommt es zu einem *Verdrängungswettbewerb* mit wechselseitigen Preisunterbietungen. Die Wettbewerber wissen, dass zu viele Anbieter auf die Dauer nicht ohne Verlust existieren können. Einige müssen aufgeben und verlieren am Ende die gesamte Investition. Das wird vermieden, wenn die Wettbewerber rechtzeitig fusionieren oder einer den anderen aufkauft.

Das Prinzip der kritischen Menge und die daraus resultierende *Eigendynamik* haben weitsichtige Unternehmer schon vor mehr als 100 Jahren mit großem Erfolg genutzt, zuerst beim Aufbau der *Eisenbahnnetze* [Schumpeter 1912], später der flächendeckenden *Stromversorgung* und der *Telefonnetze*. Heute findet ein ähnlicher Wett-

15.14 Kritische Menge und Marktbeherrschung

lauf um die kritische Menge bei den *Informationsdienstleistungen*, beim *e-commerce* und im *Internet* [Shapiro 1999] statt sowie beim Auf- und Ausbau globaler *Logistiknetze* [Gudehus 2005].

Wenn nach längerer Marktversorgung zu auskömmlichen Preisen infolge des technischen Fortschritts *Überkapazitäten* entstanden sind oder der *Bedarf beständig fällt*, beginnt eine *abwärts gerichtete Wirkungskette*: Soweit es nicht möglich ist, die fixen Ressourcen für die Erzeugung von Ausweichgütern oder anderer Leistungen zu nutzen, sinkt die Auslastung, steigen die Stückkosten und fallen die Marktpreise. Auch ein Monopolist kann sich dem nicht entziehen. So ist jeder Versuch, den aus einem sinkenden Absatz resultierenden Anstieg der Stückkosten durch eine Preisanhebung zu kompensieren, zum Scheitern verurteilt, denn das beschleunigt nur den Bedarfsrückgang. Trotzdem ist eine solche Reaktion immer wieder zu beobachten. Solange noch mit einem Bedarf zu rechnen ist, der über der kritischen Menge zumindest eines Anbieters liegt, gibt es eine *Überlebensstrategie*:

▶ Um den verbleibenden Bedarf an sich zu ziehen, wird der Restwert der Investition stufenweise abgeschrieben und der Angebotspreis – notfalls bis auf die Grenzkosten – soweit gesenkt, dass die Vollauslastung gehalten wird.

Falls auch zu Grenzkosten kein Bedarf mehr besteht, bleibt nur die Schließung des betreffenden Geschäftszweigs. Am Ende der abwärts gerichteten Wirkungskette überleben nur wenige Anbieter oder ein Monopolist. Im Extremfall verschwindet das Gut vom Markt oder stirbt ein ganzer Wirtschaftszweig.

Solche *Schrumpfungsprozesse*, ausgelöst durch Überkapazitäten, Import, Sättigung oder rückläufigen Bedarf, finden seit Jahrzehnten in den alten Branchen hoch entwickelter Industrieländer statt. Parallel dazu aber wachsen in anderen Branchen Unternehmen heran, die innovative Produkte anbieten, Substitutionsgüter erzeugen und neue Arbeitsplätze schaffen. Die *Ambivalenz der unsichtbaren Hand* bewirkt also in der *Expansionsphase* eines erfolgreichen neuen Wirtschaftsgutes hohe *Pioniergewinne* und zusätzliche Arbeitsplätze [Schumpeter 1912]. Sie sichert in der *Stabilitätsphase* auskömmliche Preise bei hohem Beschäftigungsgrad. In der *Schrumpfungsphase* führt sie schließlich zu Verlusten, Konkursen und Arbeitsplatzvernichtung. Die Verluste und sozialen Härten eines ganzen Wirtschaftszweigs, der sich in einer Schrumpfungsphase befindet, lassen sich nicht mehr über den Mechanismus des freien Marktes regeln. Sie erfordern bei fehlenden Ausweichmöglichkeiten eine befristete Hilfe des Staates, um den Wechsel in wachsende Branchen zu unterstützen [Giersch 1961].

Über den gesamten Lebenszyklus gilt die *Konzentrationsbegünstigung durch den Markt*:

▶ Die Logik des Marktes fördert sowohl in der Expansionsphase wie auch in der Schrumpfungsphase von *Wirtschaftsgütern mit hohen Fixkosten* das Entstehen von *marktbeherrschenden Unternehmen* und *Monopolen*.

Das *interne Wachstum* eines Unternehmens aus eigener Kraft bis zur Markbeherrschung lässt sich ohne Eingriffe in die Eigentumsordnung nicht verhindern. Um trotzdem den Wettbewerb zu sichern und das externe Wachstum durch Firmenübernahmen oder Fusionen zu begrenzen, sind folgende *Gesetze zur Marktsicherung* notwendig:

- *Kartellverbot*: Absprachen von Wettbewerbern über die Höhe der Preise und Mengen sind grundsätzlich verboten. Abstimmungen der Preisgestaltung sowie von Normen, Standards und allgemeinen Geschäftsbedingungen sind zulässig, aber melde- und genehmigungspflichtig.
- *Fusionsbeschränkung*: Übernahmen und Zusammenschlüsse von Wettbewerbern sind nur zulässig, wenn der damit erreichbare Zusatznutzen nachweisbar auch den Abnehmern zu gute kommt. Die *Beweislast* dafür tragen die fusionierenden Unternehmen.
- *Monopolaufsicht*: Monopolisten müssen Preisbemessung, Preismodelle, Geschäftsbedingungen und andere marktwirksame Entscheidungen von einem unabhängigen Aufsichtsamt genehmigen lassen. Ihre Preiskalkulation muss transparent sein und auf Anforderung gegenüber dem Aufsichtsamt offen gelegt werden.

Wesentliche Punkte dieser Regelungen sind bereits im deutschen und europäischen *Wettbewerbsrecht* verwirklicht [Koppensteiner 1997]. So muss eine Übernahme oder Fusion mit einem Wettbewerber nach geltendem Recht beim *Kartellamt* oder bei der *europäischen Kommission* gemeldet werden. Ab einer bestimmten Unternehmensgröße und einem bestimmten Marktanteil ist ein Zusammenschluss genehmigungspflichtig [Baumbach/Hefermehl 2004]. Eine solche Genehmigung kann im gesamtwirtschaftlichen Interesse liegen, wenn durch die neue Größe der Einsatz effizienter Technik, das Erreichen der kritischen Menge und Kosteneinsparungen möglich sind, die an die Kunden weitergegeben werden.

Ähnlich wie sich die bei kritischer Masse kontrolliert erzeugte Kernenergie sicher und friedlich nutzen lässt, können die aus dem Überschreiten der kritischen Menge erwachsenden Unternehmenskräfte für Wirtschaft und Gesellschaft nutzbar gemacht werden. Das erfordert jedoch geeignete Regulierungen, öffentliche Kontrolle und eine Begrenzung der *Marktmacht*.

Unabhängig von der Entstehung, ob aus internem oder externem Wachstum, muss der Missbrauch der Marktmacht von Monopolen und Oligopolen durch eine staatlich beaufsichtigte und geregelte Marktordnung verhindert werden. Schwierigkeiten der Marktaufsicht resultieren jedoch aus dem Problem der *Marktabgrenzung* und der Bestimmung eines *wettbewerbsschädlichen Marktanteils* [Aberle 1980/97]. Probleme ergeben sich dabei aus der Frage, welche Preisbemessung, Preismodelle, Kalkulationsverfahren und Regelungen im allgemeinen Interesse liegen, die Nachfrager am Monopolnutzen partizipieren lassen und sie gegen Willkür und Missbrauch schützen. Zur Lösung dieser und weiterer Probleme der *Wettbewerbsordnung* kann die Logik des Marktes Beiträge leisten.

16 Beschaffungsstrategien

Aufgrund der fehlenden Kenntnisse und des geringen ökonomischen Interesses vieler Menschen sind die Beschaffungsstrategien der Privathaushalte weitaus weniger erforscht als die Beschaffungs- und Absatzstrategien der Unternehmen. Nachfrager mit ökonomischem Interesse entwickeln eigene *Beschaffungsstrategien*, um ihre Ziele zu erreichen. Dafür müssen sie jedoch über die notwendigen *Informationen* verfügen, ihre *Handlungsmöglichkeiten* kennen und die *Wirkungszusammenhänge* des Marktes beurteilen können.

Vernünftige Menschen verfolgen nur Strategien, deren Wirkungsweise sie verstehen. Komplizierte Absatz- und Beschaffungsstrategien – so viel versprechend sie theoretisch sein mögen – konnten sich lange Zeit in der Praxis kaum durchsetzen. Das hat sich jedoch geändert, seit es möglich ist, mit dem Rechner große Datenmengen zu sammeln, auszuwerten und in kürzester Zeit *Opportunitätsberechnungen* durchzuführen. Heute können Unternehmen mit Hilfe geeigneter Software auch komplexe *Beschaffungsstrategien* realisieren und Kauf- und Verkaufsaufträge vom Rechner generieren lassen. *Dispositionsprogramme* werden sowohl für die *Vorratsdisposition* in Handel und Industrie eingesetzt wie auch für die *Gelddisposition* und die *Portfoliooptimierung* des Finanzvermögens [Markowitz 1959].

Wenn die Informationen und Kenntnisse fehlen, tritt auch bei rational handelnden Nachfragern an die Stelle von Beschaffungsstrategien ein mehr oder weniger *intuitives Verhalten*, das auf Erfahrungen, Erwartungen und Einschätzung der Marktlage beruht. Viele *Endverbraucher* aber verhalten sich aus Zeitmangel, Desinteresse oder Unwissen *irrational* [Giersch 1961, S. 196]. Sie kennen ihre Handlungsmöglichkeiten nicht, fallen auf unlautere Werbung, Tricks und unfaire Absatzstrategien unredlicher Anbieter herein und gefährden damit nicht nur ihre eigenen Interessen, sondern auch das effiziente Funktionieren der Märkte zum Nutzen aller.

Der beste *Verbraucherschutz* ist die Aufklärung [Kant 1784]. Die Konsumenten sollten ihre *Handlungsmöglichkeiten* kennen und über die *Chancen* und *Risiken* des Marktes Bescheid wissen. Objektiv gesicherte, verständliche *Verhaltensempfehlungen* helfen den Menschen, ihre Freiheit besser zu nutzen. Je mehr Nachfrager ihre Rechte und Möglichkeiten kennen und wahrnehmen, um so besser funktionieren die Märkte. Der Schutz der Verbraucher und machtlosen Marktteilnehmer gegen *unfaires Verhalten* und *Missbrauch der Marktmacht* einzelner Anbieter aber ist *Aufgabe des Staates* (s. *Kapitel 17*)

16.1 Nachfrageroptionen

Vor dem Markteintritt kann jeder Nachfrager, der ein Wirtschaftsgut am Markt beschaffen möchte, unter den *Vorbereitungsmöglichkeiten* (3.37), (3.38) und (5.4) auswählen. Im Rahmen der Marktgegebenheiten muss er sich entscheiden, welchen der *Beschaffungskanäle* (5.3) er nutzen will, welchen *Marktstandort* und welche *Anbieter* er aufsucht und zu welchem *Zeitpunkt* er kaufen möchte. Nach dem Markteintritt sind die zentralen *Aktionsparameter des Nachfragers*:

Qualitätsanspruch
Nachfragemenge (16.1)
Nachfragergrenzpreis.

Wenn das beschaffte Gut pro Mengeneinheit den *monetären* Wert w [GE/ME] hat, wird mit dem Kauf der Menge m_K [ME] zum mittleren Kaufpreis p_K [GE/PE] der *Einkaufsgewinn* $g = m_K \cdot (p_K - w)$ [GE] erzielt. Der Einkaufsgewinn hängt über die *Beschaffungsfunktion* $m_K(p_N; m_N)$ und die *Kaufpreisfunktion* $p_K(p_N; m_N)$ von der Nachfragemenge m_N und vom Nachfragergrenzpreis p_N ab. Ein ökonomisch interessierter Nachfrager wird also versuchen, die Aktionsparameter (16.1) so zu nutzen, dass der Einkaufsgewinn maximal ist.

Eine systematische Maximierung des Einkaufsgewinns durch Variation von Nachfragemenge und/oder Nachfragergrenzpreis ist jedoch nur möglich, wenn die Beschaffungsfunktion und die Kaufpreisfunktion dem Nachfrager explizit bekannt sind. Die Beschaffungsfunktion steigt ähnlich wie die Angebotsfunktionen in *Abb. 7.1* ab einer *unteren Nachfragepreisgrenze* p_1, die gleich dem unteren Grenzpreis der Gesamtangebotsfunktion (7.6) ist, mit dem Nachfragergrenzpreis p_N an bis zu einer *oberen Nachfragepreisgrenze* p_2, die vom Gesamtangebot und von den anderen Nachfragern abhängt. Für einen Monopolnachfrager ist die Beschaffungsfunktion gleich der Angebotsfunktion. Theoretisch gibt es daher einen gewinnoptimalen *Cournotpreis der Beschaffung* und eine gewinnoptimale *Cournotmenge der Beschaffung*, die sich analog zu Cournotpreis und Cournotmenge des Absatzes aus der Beschaffungsfunktion und der Kaufpreisfunktion berechnen lassen (s. *Abschnitt 15.4* und *15.5*).

Eine solches Vorgehen scheitert jedoch in der Praxis daran, dass es selbst für einen Monopolnachfrager äußerst schwierig und bei Nachfragewettbewerb unmöglich ist, die Beschaffungsfunktion und die Kaufpreisfunktion eines Wirtschaftsgutes zu ermitteln. Hinzu kommt, dass außer bei Beschaffungen zum Weiterverkauf, wo der Wert gleich dem zu erwartenden Wiederverkaufspreis ist, der monetäre Wert des zu beschaffenden Gutes, wenn überhaupt, nur ungefähr bekannt ist (s. *Abschnitt 3.10*). Der Wert hängt außerdem in der Regel von der beschafften Menge ab. Aufgrund dieser Schwierigkeiten muss ein Nachfrager pragmatische *Beschaffungsstrategien* entwickeln und verfolgen, die auch ohne Kenntnis von Beschaffungsfunktion und Kaufpreisfunktion zu einem hohen Einkaufsgewinn führen. Hilfreich für die Entwicklung optimaler Beschaffungsstrategien ist die Kenntnis der Wirkungszusammenhänge und Handlungsmöglichkeiten, die sich aus den Transfergleichungen des Marktes ergeben.

Die Handlungsmöglichkeiten eines Nachfragers hängen von *Art* und *Wert* des Gutes sowie von der *Häufigkeit* und von der *Dringlichkeit* des Bedarfs ab. Sie werden eingeschränkt durch interne und externe Restriktionen:

- *Interne Restriktionen* sind die Transport-, Lager- und Verarbeitungskapazitäten sowie das für den Einkauf verfügbare *Budget* des Nachfragers.
- *Externe Restriktionen* ergeben sich aus dem Angebot, aus der Marktordnung und durch die anderen Nachfrager.

Ein zentraler Bestimmungsfaktor für die Beschaffungsstrategie ist die *Häufigkeit des Bedarfs*. Die einmalige oder seltene Beschaffung eines hochwertigen Gebrauchsgutes des privaten Bedarfs, wie ein Haus oder ein Auto, wird in der Regel lange Zeit vorausgeplant. Wenn die Ersparnisse ausreichen und die Finanzierung gesichert ist, ist ein Kauf möglich. Der *Kaufzeitpunkt* kann jedoch in einem relativ weiten Bereich verschoben werden, wenn es die Marktlage opportun erscheinen lässt. Auch die Ausstattung und Qualität des zu beschaffenden Gutes sind in Grenzen verhandelbar. Das gleiche gilt für viele Investitionsvorhaben der Unternehmen.

Entscheidend für die zeitliche und inhaltliche Handlungsfreiheit ist, ob das Gut *existenziell* notwendig, *substituierbar* oder *verzichtbar* ist. Wenn keine Vorratshaltung betrieben wird oder der Bestand verbraucht ist, lässt sich die Beschaffung eines existenziell notwendigen Gutes, ob für den privaten Grundbedarf oder für ein Unternehmen, nicht verschieben. Für unverzichtbare Güter mit regelmäßigem Bedarf werden daher *Strategien der Beschaffungsdisposition* benötigt, um die Abhängigkeit vom Markt zu reduzieren und die Marktchancen optimal zu nutzen. Ein substituierbares Gut, das nicht in ausreichender Menge zu angemessenem Preis am Markt verfügbar ist, kann ersetzt werden durch ein anderes Gut. Für solche Güter ist die Beschaffungsdisposition weniger kritisch. Hierfür sind rechtzeitig geeignete *Substitutionsgüter* zu finden und *Ausweichstrategien* zu entwickeln.

Eine große Handlungsfreiheit haben die Privathaushalte beim Kauf von verzichtbaren Gütern, wie Luxusgüter und Unterhaltungsgüter, wenn sie sich von *Mode*, *Werbung* und irrationalen *Kaufzwängen* lösen können. Der größte zeitliche, inhaltliche und mengenmäßige Handlungsspielraum besteht für Finanzgüter, die als Vermögensanlage zum Erzielen monetärer Erträge beschafft werden. Für die optimale Auswahl von Finanzgütern, die bei angemessener *Risikostreuung* einen maximalen Ertrag bringen sollen, gibt es spezielle *Portfoliostrategien*, die hier nicht näher behandelt werden [Issing 2003; Mankiw 2003; Markowitz 1959; Wöhe 2000].

Bei vielen Wirtschaftsgütern und auf manchen Märkten sind die Handlungsmöglichkeiten durch die *Wettbewerbssituation* eingeschränkt, deren mögliche Konstellationen in *Tab. 11.4* aufgeführt sind. Ein oder wenige marktbeherrschende Anbieter können, soweit das nicht gegen das geltende *Wettbewerbsrecht* verstößt, die Qualität und Menge des Angebots bestimmen, die Preisstruktur diktieren, die Art der Preisbildung vorgeben oder den Marktzugang begrenzen [Aberle 1980/97; Koppensteiner 1997]. Dagegen gibt es für machtlose Nachfrager eine Reihe von *Abwehr- und Ausweichstrategien*, die allerdings nur in Grenzen wirksam sind. *Nachfragermonopolisten* und *Nachfrageroligopole* verfügen über ausreichende *Marktmacht*, um mit eigenen *Beschaffungsstrategien* ihre Interessen auch gegen große Anbieter durchzusetzen.

16.2 Versorgungsmanagement

Die Privathaushalte, Unternehmen und staatlichen Institutionen benötigen ein hinreichend gesichertes *Versorgungsnetz*, um ihren laufenden Bedarf zu decken (siehe Abb. 3.2 bis 3.5). *Aufbau* und laufende *Anpassung* des Versorgungsnetzes sowie die *Disposition* des aktuellen Bedarfs sind Aufgaben des *Versorgungsmanagements* oder *Supply Chain Management* (SCM) [Christofer 1992; Gudehus 1999/2005].

Für eine verlässliche Versorgung mit den benötigten Gütern in den absehbaren Mengen zu kalkulierbaren Kosten und Beschaffungspreisen ist der Aufbau längerfristiger Beziehungen zu den wichtigsten Lieferanten erforderlich. Stabile Lieferbeziehungen aber sind nur möglich, wenn nicht bei jeder aktuellen Beschaffung eines Gutes des laufenden Bedarfs eine neue Preisfindung erfolgt oder ein Lieferantenwechsel droht.

Unternehmen und Staat führen bei Investitionsvorhaben und für die wichtigsten Güter ihres laufenden Bedarfs *Ausschreibungen* durch. Die Ausschreibung umfasst in der Regel den Gesamtbedarf eines oder mehrerer Güter für einen längeren Zeitraum. Nach Auswahl des günstigsten Anbieters und Verhandlung der Qualität, Mengen und Kaufpreise wird ein *Rahmenvertrag* mit fester oder unbegrenzter *Laufzeit* abgeschlossen. Danach werden die einzelnen Leistungen und Bedarfsmengen mit einer vereinbarten *Vorlaufzeit* oder *Wiederbeschaffungszeit* von der *Beschaffungsdisposition* beim Lieferanten laufend abgerufen.

In der Regel ist nach einer bestimmten *Mindestlaufzeit* von einem Jahr oder länger eine *Vertragsverlängerung* vorgesehen. Sie ist davon abhängig, ob die *Liefer- und Leistungsqualität* den Anforderungen entspricht und ob sich die Parteien bei Kostenänderungen auf eine angemessene *Preisanpassung* einigen können. Nur wenn keine Einigung erreichbar ist, kommt es zu einer neuen Ausschreibung und möglicherweise zu einem Lieferantenwechsel. Auf diese Weise entstehen zwischen den Unternehmen ebenso wie zwischen Unternehmen und Staat Lieferbeziehungen, die viele Jahre andauern können. Abgesehen von der regelmäßigen Kostenanpassung entzieht sich damit die Preisbildung für die betreffenden Güter weitgehend dem *Wettbewerb* auf dem freien Markt [Galbraith 1968].

Das trifft auch für einen Teil der Beziehungen der Privathaushalte zu Unternehmen und Staat zu. Die meisten *Arbeitsverträge* sind unbefristet. *Versicherungen* werden für viele Jahre abgeschlossen. *Mietverträge* für Wohnraum verlängern sich in der Regel automatisch, wenn sie nicht gekündigt werden. Auch für Handwerker- und Serviceleistungen, *Markenartikel* und *Konsumgüter* ergeben sich im privaten Bereich nach einer bestimmten Phase der Marktprüfung faktisch längerfristige Beziehungen zu bestimmten *Vertrauenslieferanten*. Dadurch vermindert sich die *Reagibilität* der betreffenden Märkte erheblich. Daraus ergibt sich eine verlangsamte Preisanpassung, die den Markt vieler Bedarfsgüter und Arbeitsleistungen stabilisiert, aber auch die kurzfristigen Wirkungsmöglichkeiten der Geld-, Finanz- und Wirtschaftspolitik auf diesen Märkten vermindert.

Rasche Preisbildung und häufige Preisänderungen finden sich auf den Märkten für Güter mit einmaligem oder unregelmäßigem Bedarf, wie Luxusgüter, Unterhaltungsangebote und Reisen, und für austauschbare *Massengüter*, wie Rohstoffe, Saisonprodukte und Kraftstoffe. Extrem reagibel sind die *Finanz- und Kapitalmärkte*, auf denen eine Dämpfung durch längere Bindefristen und hohe Transferkosten fehlt.

16.3 Einkauf und Ausschreibung

Beschaffungsstrategien haben zum Ziel, für einen maximalen Nutzen einen minimalen Preis zu zahlen. Bei geringem Bedarf im Vergleich zu den Angebotsmengen und Kapazitäten der Anbieter kann ein einzelner Nachfrager nur sehr begrenzt eigene *Einkaufsstrategien* durchsetzen. Erst für größere Bedarfsmengen und hochwertige Güter sowie bei ausreichender *Marktmacht* ist eine Ausschreibung mit entsprechenden *Vergabe- und Verhandlungsstrategien* Erfolg versprechend.

Für einfache, geringwertige und standardisierte Produkte und für Güter mit begrenztem Bedarf empfiehlt sich das *Standardvorgehen der Beschaffung*:

1. *Auswahl* und *Priorisierung* der benötigten Wirtschaftsgüter
2. Spezifikation der notwendigen *Angebotsqualität* (s. Abschnitt 6.4)
3. Bestimmung der aktuellen *Bedarfsmenge* (s. Abschnitt 6.1)
4. Ermittlung des monetären *Nutzwertes* (s. Abschnitt 3.10)
5. Festlegung von *Gewinnerwartung* und *Zahlungsbereitschaft*
6. Erkundung der erreichbaren *Beschaffungsquellen*
7. *Anbieterauswahl* und *Qualitätsvergleich* (s. Abschnitt 3.8)
8. *Preisvergleich, Preisverhandlung* und *Kaufentscheidung*

(16.2)

Aus der vorangehenden Marktanalyse ergeben sich für den privaten wie auch für den gewerblichen Nachfrager folgende *Grundregeln* und *Verhaltensempfehlungen*:

▶ Vergleichen der Angebote und Anbieter!

▶ Abhängigkeit und Erpressbarkeit vermeiden!

▶ *Dispositionsstrategien* für Vorratsgüter entwickeln!

▶ Rechtzeitig einkaufen, bevor der Bedarf akut wird!

▶ *Dringlichkeit* des Bedarfs gegenüber den Anbietern verbergen!

▶ Beschränkung auf Märkte mit *Angebotspreisen* und transparenter *Marktordnung*!

▶ *Referenzen* und *Leistungsnachweise* zählen mehr als Werbung und Selbstanpreisung!

▶ Vorsicht bei unverlangten *Pauschalangeboten* und undurchsichtigen *Preismodellen*!

▶ Geringe *Zahlungsbereitschaft* zeigen, hohes *Zahlungsvermögen* in Aussicht stellen!

▶ Keine Auftragserteilung ohne verbindliche *Kaufpreisvereinbarung*!

Wie im letzten Kapitel ausgeführt, verfolgt jeder Anbieter seine eigenen Interessen. Er ist bestrebt, mit minimalem Aufwand seinen Verkaufsgewinn zu maximieren. Das ist das Recht jedes Marktteilnehmers, solange er sich dabei an das *Gesetz* hält und die

Regeln der *Marktordnung* respektiert. Manche Anbieter versuchen jedoch, durch attraktiv erscheinende *Pauschalangebote* und *Rund-um-Sorglos-Arrangements*, die nur der Selbstoptimierung des Anbieters dienen, durch unnötige *Zugaben* und *Kundenkarten*, durch heimliches *Auslassen* zwingend benötigter Liefer- und Leistungsumfänge sowie durch undurchsichtige *Preismodelle* die Vergleichbarkeit der Angebote zu verhindern, die Preise zu verschleiern und den Nachfrager zu übervorteilen (s. Abschnitt 15.12).

Zur Sicherung des eigenen Vorteils, zur Abwehr von *Marktmacht* und zum Schutz gegen das unfaire Verhalten eines Anbieters sind folgende *Einkaufsstrategien* geeignet:

- *Bedarfsspezifikation*: Genaue Spezifikation der *Beschaffenheit, Qualität* und *Mengen* des benötigten Liefer- und Leistungsumfangs durch den Nachfrager.
- *Zugabeverweigerung*: Zurückweisen von Zugaben und von Verpackungen, Produktausprägungen oder Leistungsdifferenzierungen, die auf eine *Preisverschleierung* abzielen.
- *Ausnahmeverweigerung*: Ablehnen unvollständiger Angebote, die unerlässliche Komponenten, Eigenschaften oder Leistungen vom Liefer- und Leistungsumfang ausnehmen.
- *Nutzungsgemäße Preisdifferenzierung*: Vorgabe der Bemessungseinheiten, der Preisaufschlüsselung und der Preisdifferenzierung gemäß den eigenen Nutzentreibern und objektiven Kostentreibern (s. Abschnitte 3.7, 3.8 und 8.9)
- *Gesamtpreisangabe*: Forderung der Angabe eines verbindlichen *Gesamtpreises* für ein Projekt mit genau spezifiziertem, zusammenhängenden Liefer- und Leistungsumfang.
- *Qualitätsanpassung*: Anpassung der Qualitätsanforderungen an das Marktangebot.
- *Mengenanpassung*: Reduzierung oder Aufteilung der Nachfragemengen bei unzureichenden Angebotsmengen der Anbieter. Anhebung der Nachfragemenge bei günstiger Preissituation oder wirtschaftlich interessanten *Mengenrabatten* (s. Abschnitte 3.7, 3.8 und 8.9).
- *Preisflexibilität*: Anpassung der *Zahlungsbereitschaft*, wenn sich die Marktpreise gegenüber den Erwartungen verändert haben (s. Abschnitt 14.4).
- *Lieferantenwechsel*: Wechsel zu anderen Lieferanten mit günstigeren Konditionen.
- *Marktwechsel*: Aufsuchen anderer Marktplätze mit besserem Angebot und größerem Angebotswettbewerb.
- *Vorabbeschaffung*: Kauf vor dem Bedarfszeitpunkt bei *Aktionsangeboten*, absehbarer *Preiserhöhung* oder um *günstige Konditionen*, wie einen *Frühbuchungsrabatt*, zu erhalten.
- *Vorratsbeschaffung*: Gebündelter Einkauf von *kostenoptimalen Nachschubmengen* durch optimale *Bestands- und Nachschubdisposition* von Vorratsgütern, um die anteiligen Transferkosten zu senken und um Mengenrabatte zu nutzen.
- *Bedarfsverschiebung*: Verschiebung des Bedarfs auf einen späteren Zeitpunkt.
- *Bedarfsbeschränkung*: Einschränkung des Bedarfs bis hin zum *Bedarfsverzicht*.

16.3 Einkauf und Ausschreibung

Über die allgemeinen Abwehr- und Ausweichstrategien und das Standardvorgehen der Beschaffung hinaus kann ein Nachfrager mit größerem Bedarf und ausreichender *Marktmacht* individuelle *Ausschreibungs- und Vergabestrategien* verfolgen wie:

- *Beschaffungstrennung* (*multiple sourcing*): Der Güterbedarf für einen längeren Zeitraum oder für ein größeres Projekt wird getrennt ausgeschrieben und bei den jeweils günstigsten *Einzellieferanten* beschafft. Ein großer Bedarf für das gleiche Gut wird an mehrere Lieferanten vergeben, um nicht nur von einem abhängig zu sein.
- *Beschaffungsbündelung* (*single sourcing*): Geeignete Umfänge des Güterbedarfs werden zu *Ausschreibungspaketen* zusammengefasst und bei einer kleinen Anzahl besonders preisgünstiger und leistungsfähiger *Hauptlieferanten* beschafft. Der Gesamtbedarf für ein Wirtschaftsgut wird geschlossen an einen Lieferanten mit ausreichender Kapazität vergeben, um an dessen technologischen und organisatorischen *Skaleneffekten* zu partizipieren (s. *Abschnitt 3.8*).
- *Gesamtbeschaffung* (*contract sourcing*): Der gesamte Güterbedarf für einen längeren Zeitraum oder ein größeres Projekt wird geschlossen ausgeschrieben und an den leistungsfähigsten und preisgünstigsten *Gesamtlieferanten*, *Generalunternehmer* oder *Systemdienstleister* vergeben.

Eine Beschaffungsbündelung ist nicht nur innerhalb eines Unternehmens oder Konzerns möglich. Zum Zweck der gemeinsamen Beschaffung können sich auch Gewerbetreibende oder Privathaushalte zu einer *Einkaufsgemeinschaft* zusammentun und ihren Bedarf bündeln. Beispiele der *externen Bedarfsbündelung* sind die *Einkaufsgenossenschaften* des Handels, die *Konsumvereine* von Privathaushalten und die *Sammelbesteller* im Versandhandel. Genossenschaften und Handelskooperationen unterliegen aufgrund des *Genossenschaftsprivilegs* nur eingeschränkt dem *Kartellrecht*. Beispiele für die Beschaffungsbündelung auf den *Arbeitsmärkten* sind die Zusammenschlüsse von Unternehmen und Gewerbetreibenden zu *Tarifverbänden*, wie die *Arbeitgeberverbände* und die *Handwerkskammern*. Ihnen stehen auf der Angebotsseite die *Arbeitnehmerverbände* gegenüber, wie die nach Branchen organisierten *Gewerkschaften* und die *Berufsverbände* von Ärzten, Architekten, Anwälten und Ingenieuren.

Ein größerer Bedarf oder ein umfangreiches Projekt wird nicht zu Angebotsfestpreisen eingekauft, sondern ausgeschrieben. Eine *Ausschreibung* eröffnet dem Einkauf die in *Tab. 16.1* zusammengestellten Aktionsfelder und Handlungsmöglichkeiten. Nach Anfrage, Ausschreibung und inhaltlichem Angebotsvergleich werden die günstigsten Anbieter zur *Auftragsverhandlung* eingeladen. Wird nicht – wie bei öffentlichen Ausschreibungen – zum niedrigsten *Submissionspreis* vergeben, ist die entscheidende Phase der Ausschreibung die *Preisverhandlung*. Eine Preisverhandlung erfordert von beiden Seiten Kompetenz, Zeit und gute Vorbereitung (s. *Abschnitte 8.2, 10.4* und *10.6*). *Vorbereitungsstrategien* für eine Preisverhandlung seitens des Nachfragers sind:

- *Anbietererkundung*: Um den aktuellen *Verkaufsdruck* eines Anbieters abschätzen zu können, werden die Höhe seiner Vorräte und die Kapazitätsauslastung erkundet. Um die Konzessionsbereitschaft zu beurteilen, wird sein früheres Verhalten in Erfahrung gebracht.

Aktionsfeld	Möglichkeiten	Ziele
Bieterkreis	offen anonym	maximaler Teilnehmerkreis, optimale Markterkundung möglichst viele Angebote, freier Preisvergleich
	begrenzt bekannt	möglichst qualifizierte Anbieter nur geeignete Angebote
Preisanfrage	mit Limitpreis	Bieterattraktion bei hoher Einkaufskraft Ausschluss zu teurer Anbieter
	ohne Limitpreis	Verschleierung von geringer Einkaufskraft Ausloten des Angebotspreisspektrums
Mengenanfrage	mit Angabe der Bedarfsmenge	Bieterattraktion durch große Bedarfsmenge Ausschluss von Anbietern mit zu geringer Kapazität
	ohne Angabe der Bedarfsmenge	Verschleierung geringer oder großer Bedarfsmenge Ausloten des Angebotspreisspektrums
Preisstellung	diffenzierte Einzelpreise	bedarfsgerechte Abrechnung bei variablem Bedarf bessere Preisvergleichsmöglichkeit
	pauschalierter Gesamtpreis	vereinfache Abrechnung bei konstantem Bedarf Preisvorteil durch Bedarfsbündelung
Preis	Festpreis ohne Nachgebot	rascher Preisvergleich ohne Angebotsdurchsprache unverzügliche Vergabe ohne Preisverhandlung
	Verhandlungspreis mit Nachgebot	Preisanpassungsoption nach Angebotsdurchsprache Kaufpreisbildung nach Bieterverfahren oder Verhandlung

Tabelle 16.1 Einkaufsstrategien und Verhandlungsziele bei Ausschreibungen

- *Wettbewerbsaktivierung*: Soweit vorhanden, werden die Angebote weiterer Anbieter auf einen vergleichbaren Stand gebracht und bei Bedarf parallel verhandelt.

Nach diesen Vorbereitungen kann der Nachfrager unterschiedliche *Verhandlungsstrategien* verfolgen:

Abwarten und Kommenlassen
Erfragen der Preisvorstellungen des Anbieters
Aufforderung zu einer konkreten Preisreduzierung
Stufenweises Anbieten von Preiszugeständnissen (16.3)
Zugeständnisse bei Qualität, Menge und Service
Sofortiges Anbieten des letzen Nachfragergrenzpreises

Der Ausgang einer Preisverhandlung ist jedoch grundsätzlich offen und kann mit erheblichen Risiken verbunden sein. Die Entscheidung für eine bestimmte Beschaffungs-, Vergabe- und Verhandlungsstrategie hängt ab von der Größe und Komplexität des Bedarfs sowie von der *Beschaffungskompetenz* und der *Integrationskompetenz* des Nachfragers. Maßgebend für die Vergabeentscheidung ist in jedem Fall der

Gesamtpreis unter Berücksichtigung der *Transferkosten*, der *Integrationskosten*, der *Risiken* und der *Lieferzeit*.

16.4 Beschaffungsdisposition

Aufgabe der *Beschaffungsdisposition* ist die Sicherung der verlässlichen Versorgung eines Haushalts, eines Unternehmens oder einer Institution mit den Gütern des laufenden Bedarfs zu minimalen Kosten. Die *Handlungsspielräume* und *Optimierungspotentiale* der Beschaffung ergeben sich aus der Entscheidungsfreiheit des Nachfragers über die *Zeitpunkte* und die *Mengen* der aktuellen Bedarfsdeckung.

Für Einzelgüter mit größerem Wert besteht die Möglichkeit, den Zeitpunkt und die Menge des Bedarfs vorauszuplanen und den benötigten Liefer- und Leistungsumfang rechtzeitig anzufragen. Sie werden in der Regel *planmäßig* beschafft und terminiert eingekauft. Auch der regelmäßige Bedarf von immateriellen Gütern, die sich – wie Dienstleistungen – nicht auf Vorrat beschaffen lassen, kann für einen bestimmten Bedarfszeitraum geschlossen angefragt, verhandelt und vergeben werden. Freier Handlungsparameter der Beschaffungsdisposition ist in diesem Fall der *Bündelungszeitraum* T_B, der ein Monat, ein Jahr oder auch länger sein kann.

Lässt sich ein Wirtschaftsgut für eine ausreichend lange Zeit bevorraten, ohne seinen Wert zu verlieren, kann die Beschaffungsdisposition entscheiden zwischen

$$\begin{array}{l}\text{Auftragsbeschaffung}\\ \text{Vorratsbeschaffung.}\end{array} \quad (16.4)$$

Bei einer *Auftragsbeschaffung* findet keine Vorratshaltung statt. Der *Periodenbedarf* λ [ME/PE] wird entweder für jeden Bedarfsfall einzeln oder im Voraus für einen bestimmten Bündelungszeitraum beschafft. Durch eine *Auftragsbündelung* über T_A Perioden sind größere mittlere *Nachfragemengen*

$$m_N = \lambda/T_A \qquad \text{[ME/NAuf]} \qquad (16.5)$$

und längere *Nachfragefrequenzen*

$$v_A = 1/T_A = \lambda/m_A \qquad \text{[NAuf/PE]} \,. \qquad (16.6)$$

erreichbar. Da jede Nachfrage infolge der *Transferkosten* und eventueller *Rüstkosten* mit festen *Auftragskosten* k_{NAuf} [GE/NAuf] verbunden ist, lassen sich die Beschaffungskosten pro Mengeneinheit mit zunehmender Bündelung immer weiter senken. Dem *Opportunitätsgewinn durch Auftragsbündelung* sind seitens des Lieferanten Grenzen gesetzt, wenn dieser seinerseits das Gut auf Vorrat produzieren oder beschaffen muss. Er wird dann seine *Lagerhaltungskosten* in den Stückpreis einkalkulieren.

Im Fall der *Vorratsbeschaffung* kann der Nachfrager über die *Bestellzeitpunkte* t_N des Nachschubs und über die Höhe der *Nachschubmengen* m_N frei entscheiden (s. *Aktionsparameter des Nachfragers* (3.38)). Das sind die *Handlungsparameter* der Bestands- und Nachschubdisposition eines Vorratsgutes. Mit einer optimalen Festlegung dieser Parameter lässt sich bei einer geforderten *Lieferfähigkeit* η_L des Lagers die Summe der Lager- und Beschaffungskosten minimieren [Bichler 1994; Gudehus 2005; Inderfurth 2002; Schneeweiß 1981].

In Privathaushalten ist der *Festmengennachschub* weit verbreitet: Nach Verbrauch einer bestimmten Anzahl von Verpackungseinheiten wird die gleiche Anzahl nach beschafft. Dem entspricht in den Unternehmen das so genannten *Kanbanverfahren*, das den Nachschub in vollen Behältern jeweils nach Verbrauch des Inhalts eines *Zugriffsbehälters* auslöst. Beide Dipositionsverfahren sind sehr einfach zu handhaben und erfordern keine Bedarfsprognose. Sie sind jedoch statisch und führen in der Regel nicht zu minimalen Kosten [Gudehus 2003/06].

Anspruchsvollere Verfahren, die einen Rechner erfordern, sind die *dynamischen Beschaffungsstrategien*:

- *Meldebestandsverfahren*: Nach jedem Verbrauch oder am Ende des Tages wird geprüft, ob der Vorratsbestand einen festen oder dynamischen *Meldebestand* m_{MB} unterschritten hat, und wenn das der Fall ist eine bestimmte *Nachschubmenge* m_N bestellt.
- *Zykluszeitverfahren*: Jeweils nach Ablauf einer festen Dispositionszeit, die eine Woche oder ein Monat sein kann, wird geprüft, ob der Bestand bis zum nächsten Bestellzeitpunkt unter den Meldebestand fällt, und, wenn ja, eine bestimmte Nachschubmenge bestellt.

Um die aktuellen Bedarfsänderungen zu berücksichtigen, eine geforderte Lieferfähigkeit zu sichern und die Kosten zu minimieren, müssen die *Beschaffungszeitpunkte*, der *Sicherheitsbestände* und die *Nachschubmengen* täglich vom Rechner aus dem Absatz der vergangenen Perioden neu berechnet werden.

Damit bei einer *Wiederbeschaffungszeit* T_{WBZ} [PE] der Restbestand zum Bestellzeitpunkt für den Verbrauch in der Wiederbeschaffungszeit $T_{WBZ} \cdot \lambda$ mit einer Wahrscheinlichkeit η_L ausreicht, muss der Nachschub spätestens bestellt werden, wenn der *Meldebestand*

$$m_{MB}(t) = m_{sich}(t) + T_{WBZ} \cdot \lambda(t) \qquad [ME] \qquad (16.7)$$

erreicht ist. Der erforderliche *Sicherheitsbestand* lässt sich berechnen mit der allgemeinen *Sicherheitsbestandsformel*:

$$m_{sich}(t) = f_S(\eta_L) \cdot (T_{WBZ} \cdot s_\lambda^2 + \lambda^2 \cdot s_{WBZ}^2)^{1/2} \qquad [ME] \ . \qquad (16.8)$$

Er verhindert mit der Wahrscheinlichkeit η_L, dass die stochastischen Bedarfsstreuungen s_λ und die Schwankungen der Wiederbeschaffungszeit s_{WBZ} zum vorzeitigen Verbrauch des Bestellbestands und damit zur Lieferunfähigkeit führen. Der dafür notwendige *Sicherheitsfaktor* $f_S(\eta_L)$ ist für die gewünschte Lieferfähigkeit η_L aus der inversen Standardnormalverteilung STANDNORMINVERS() zu berechnen [Gudehus 2003/06; Inderfurth 2002; Schneeweiß 1981].

Nach Erreichen des Bestellpunkts wird beim Lieferanten entweder eine *feste Nachschubmenge* oder die *kostenoptimale Nachschubmenge* abgerufen. Für einen mittleren Absatz oder Verbrauch $\lambda(t)$ ist die *kostenoptimale Nachschubmenge* [Harris 1913; Gudehus 2005 u. a.]:

$$m_{Nopt}(t) = (2 \cdot k_{NAuf} \cdot \lambda(t)/(p_K \cdot z_L + k_{LP}))^{1/2} \qquad [ME] \ , \qquad (16.9)$$

16.4 Beschaffungsdisposition

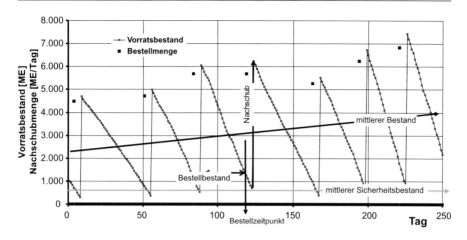

Abb. 16.1 Simulierter Bestandsverlauf und Nachschub eines Vorratsgutes bei dynamischer Beschaffungsdisposition

Parameter: Absatzverlauf s. *Abb. 14.5* Stückpreis 1 GE/ME
WBZ: 5 ± 1 Tag   Lieferfähigkeit 98%

wenn die Nachschubauftragskosten k_{NAuf} [GE/NAuf], p_K [GE/ME] der Kaufpreis pro Mengeneinheit, z_L [%/PE] der effektive Lagerzinssatz, der sich aus dem Kapitalzins und einem Risikozinssatz zusammensetzt, und k_{LP} [GE/ME*PE] der Lagerplatzpreis ist.

Bei einer *dynamischen Disposition* mit Rechnerunterstützung werden Meldebestand (16.7), Sicherheitsbestand (16.8) und kostenoptimale Nachschubmenge (16.9) vom Dispositionsprogramm aus den aktuellen Prognosewerten für den Absatz $\lambda(t)$ und dessen Streuung $s_\lambda(t)$ berechnet. Diese Werte lassen sich nach dem in *Abschnitt 14.3* dargestellten Verfahren der exponentiellen Glättung mit adaptivem α-Faktor bestimmen. Zur Erläuterung zeigt *Abb. 16.1* den mit den Algorithmen (16.7) bis (16.9) nach dem dynamischen Meldebestandsverfahren resultierenden Bestandsverlauf eines Vorratsgutes, dessen Absatzverlauf in *Abb. 14.5* dargestellt ist.

Aus dem simulierten Bestandsverlauf sowie aus den obigen Dispositionsformeln sind die *Merkmale der dynamischen Vorratsdisposition* für Güter mit kontinuierlichem Bedarf ablesbar:

▶ Der Vorratsbestand ist eine rasch veränderliche Größe. Er hat einen sägezahnartigen Verlauf mit steilen Flanken zu den Zeitpunkten der Nachschubanlieferung und in kleinen Stufen abfallenden Schrägen, die durch den laufenden Abgang bewirkt werden.

▶ Spätestens bei Erreichen des Meldebestands (16.7) wird ein Nachschub in Höhe der kostenoptimalen Nachschubmenge (16.9) ausgelöst, der nach einer mittleren Wiederbeschaffungszeit eintrifft, kurz bevor der Restbestand aufgebraucht ist.

▶ Die kostenoptimale Nachschubmenge und näherungsweise auch der Sicherheitsbestand verändern sich mit der *Wurzel aus dem Verbrauch*. Bei dynamischer Disposition folgen sie adaptiv den systematischen Änderungen des Absatzes.

Der *mittlere Bestand* ist nur über einen Zeitraum von mehreren vollständigen Nachschubzyklen eindeutig definiert. Bei stationärem Bedarf ist der mittlere Bestand die Summe des mittleren Sicherheitsbestands und der halben optimalen Bestellmenge:

$$m_{Bm} = m_{sich} + 1/2 m_N \qquad [ME]. \qquad (16.10)$$

Mit der Formel (16.9) für die kostenoptimale Nachschubmenge folgt hieraus für den mittleren Bestand bei stationärem Bedarf

$$m_{Bm} = m_{sich} + (k_{NAuf} \cdot \lambda_m / 2(p_K \cdot z_L + k_{LP}))^{1/2}. \qquad (16.11)$$

Hieraus ergibt sich der allgemeine *Wurzelsatz der Lagerdisposition* [Maister 1976; Gudehus 1999]:

- Der mittlere Bestand eines Vorratsgutes verändert sich bei optimaler Nachschub- und Bestandsdisposition proportional zur Wurzel aus dem mittleren Verbrauch.

Die Beziehung (16.11) gilt für jeden einzelnen Vorratsort eines lagerhaltigen Gutes. Wenn ein Gut an N_V verschiedenen *Vorratsorten* gelagert wird, die einen mittleren Standortverbrauch λ_m haben, folgt bei unabhängiger Disposition aus (16.11) für den mittleren Gesamtbestand

$$M_B = N_V \cdot m_{Bm} = N_V \cdot ((m_{sich} + k_{NAuf} \cdot \lambda_m / 2(p_K \cdot z_L + k_{LP})))^{1/2}. \qquad (16.12)$$

Daraus ist ablesbar:

▶ Der mittlere Gesamtbestand eines Vorratsgutes verändert sich bei unabhängiger Disposition der einzelnen Bedarfsstellen linear mit der Anzahl der Vorratsorte und proportional zur Wurzel aus dem mittleren Standortabsatz und den einmaligen Auftragskosten.

▶ Der mittlere Gesamtbestand steigt und fällt umgekehrt proportional mit der Wurzel des Lagerzinssatzes, des Beschaffungspreises und der Lagerplatzkosten.

Aus dem Wurzelsatz der Lagerdisposition resultieren u. a. erhebliche Potentiale zur Bestandsreduzierung und Kosteneinsparung durch Schaffung *realer Zentrallager* oder durch eine Zentraldisposition nach der *Strategie des virtuellen Zentrallagers* [Gudehus 2005]. Trotz der großen Potentiale ist die *dynamischen Disposition* heute noch wenig verbreitet. In vielen Unternehmen wird immer noch nach veralteten Verfahren mit falschen Parametereinstellungen oder unzureichender *Dispositionssoftware* gearbeitet [Dittrich et.al. 2000; Gudehus 2003/06].

Hinzu kommt, dass eine Lagerhaltung nicht nur der Sicherung einer zuverlässigen Versorgung dient. Sie kann auch aus *spekulativen Gründen* stattfinden, beispielsweise in Erwartung steigender Preise, durch natürliche *Erzeugungszyklen* bedingt sein, wie bei landwirtschaftlichen Produkten, oder als *eiserne Reserve* für Notfälle und Versorgungsengpässe vorgesehen sein. Im Ergebnis können sich die Bestände proportional, überproportional oder unabhängig vom Absatz verändern. Allgemein gilt:

▶ Der Periodenabsatz oder Verbrauch und das Dispositionsverhalten bestimmen den Verlauf und die Höhe der Bestände.

Bei Kenntnis des Dispositionsverhaltens lässt sich aus dem Absatz oder Bedarf eines Vorratsgutes auf den Bestand schließen. Aus der Bestandshöhe aber sind auch bei Kenntnis des Dispositionsverhaltens keine unmittelbaren Rückschlüsse auf den Absatz oder Bedarf möglich. Noch weniger ist es möglich über die Einflussfaktoren der Bestandshöhe, z. B. über die Höhe des *Kapitalzinssatzes*, den Absatz zu stimulieren. Hier gilt:

▶ Solange der Vorrat mindestens so groß ist, wie dispositiv notwendig, sind Absatz und Verbrauch unabhängig von der Bestandshöhe.

▶ Wenn der Bestand unter das dispositiv benötigte Niveau fällt, das durch Beziehung (16.12) gegeben ist, und es dadurch zur Lieferunfähigkeit kommt, wird der Absatz durch einen unzureichenden Bestand gedrosselt.

In Phasen, in denen der Absatz die Kapazität überschreitet, ergibt sich das Problem der *Engpassdisposition*. Hier stellt sich für die Beschaffungsdisposition die Frage der rechtzeitigen *Vorabbeschaffung* und für den Lieferanten die Frage der *Zuteilung* oder der *Preisanhebung* zur Drosselung der Übernachfrage. Bei erkennbaren *Engpässen* und bei erwarteter Knappheit von Gütern können *Hamsterkäufe* plötzlich die Nachfrage und die Bestände ansteigen lassen. Spekulation und Hamsterkäufe können in Verbindung mit den unterschiedlichen Dispositionsverfahren und Zielen der Beteiligten in der Summe zum so genannten *Peitschenknalleffekt* einer irregulären Bedarfsaufschaukelung in den Versorgungsketten führen [Forrester 1961; Lee et.al. 1997; Gudehus 2003/06].

16.5 Arbeitsdisposition

Um die Einflussfaktoren der Nachfrage auf den *Arbeitsmärkten* zu verstehen, ist es notwendig, das Dispositionsverhalten der Arbeitgeber zu analysieren. Die allgemeine *Grundaufgabe der Arbeitsdisposition* ist:

- Ergänzen, Halten und Anpassen eines *Mitarbeiterbestands* der ausreicht, den vorhandenen *Auftragsbestand* und zu erwartenden *Auftragseingang* mit ausreichender *Sicherheit* zu *minimalen Gesamtkosten* auszuführen.

Aufgrund der vielen Handlungsmöglichkeiten sowie der unterschiedlichen Anforderungen und Restriktionen umfasst die Arbeitsdisposition eine Fülle von Teilaufgaben und Problemen, die in den Unternehmen sehr unterschiedlich wahrgenommen werden. Einstellungen und Entlassungen erfolgen selten nach einer wohlüberlegten Strategie, sondern meist situativ oder intuitiv nach *Erfahrung, Erwartungen* und *Risikobereitschaft*.

Analog zur Vorratsdisposition materieller Güter lässt sich die Arbeitsdisposition durch *Einstellungs-, Bestands- und Entlassungsstrategien* optimieren und rationalisieren, die von den Handlungsmöglichkeiten systematisch Gebrauch machen. Dazu wird der Mitarbeiterbedarf entsprechend dem Leistungsbedarf in unterschiedliche

Qualifikationsstufen und *Vergütungsgruppen* eingeteilt (s. *Abb. 17.2*). Für jede Qualifikationsstufe wird aus dem Auftragsbestand und dem erwarteten Auftragseingang der aktuelle *Arbeitszeitbedarf* errechnet.

Parallel dazu wird aus dem Mitarbeiterbestand unter Berücksichtigung von Kündigungen und Neueinstellungen durch Multiplikation mit den *verbindlichen Anstellungszeiten* der einzelnen Mitarbeiter der aktuelle *Arbeitszeitvorrat* kalkuliert. Aus der Differenz zwischen Arbeitszeitvorrat und Arbeitszeitbedarf ergibt sich der *Einstellungs-* und *Entlassungsbedarf*. Dieser kann auf unterschiedliche Weise erfüllt werden. Die kurzfristigen *Handlungsmöglichkeiten der Arbeitsdisposition* sind:

Kurzarbeit, Mehrarbeit und Überstunden
Einsatz von Leiharbeitskräften.

Die mittelfristigen *Entscheidungsparameter der Arbeitsdisposition* sind:

Anzahl der Einzustellenden und zu Entlassenden
Zeitpunkte der Einstellung und Entlassung
Qualifikation der Einzustellenden und zu Entlassenden (16.13)
Laufzeiten der Anstellungsverträge.

Restriktionen sind die individuellen, gesetzlichen und tariflichen *Kündigungsfristen* der einzelnen Mitarbeiter in den verschieden Qualifikationsstufen.

Zielfunktion der Arbeitsdisposition ist die *Summe der Arbeitskosten* aus Arbeitsvorratskosten, Einstellungskosten und Entlassungskosten. Die *Arbeitsvorratskosten* sind die Summe der Löhne und Gehälter des Mitarbeiterbestands, die während der verbindlichen Anstellungszeit zu zahlen sind. Die *Einstellungskosten* sind die Summe der Beschaffungskosten und der Einarbeitungskosten für den einzelnen Mitarbeiter. Die *Entlassungskosten* sind die aus einer Kündigung resultierenden Kosten für Abfindungen o. Ä. Wenn sie erst in der Zukunft anfallen, sind die Einstellungs- und Entlassungskosten ebenso wie die zukünftigen Lohn- und Gehaltszahlungen auf die Gegenwart zu diskontieren.

Nach diesen Vorbereitungen wird aus der allgemeinen Grundaufgabe das mathematische *Problem der Arbeitsdisposition*:

- Durch Nutzung der Entscheidungsparameter (16.13) ist die Summe der Arbeitskosten unter Berücksichtigung der Restriktionen zu minimieren.

Das Problem der Arbeitsdisposition wird mit steigender Mitarbeiterzahl immer komplexer. Mögliche Lösungsverfahren sind die *Vollenummeration* mit Kostenvergleich aller Lösungsmöglichkeiten, die *heuristischen Optimierungsverfahren* des *Operations Research* und die Entwicklung von *Dispositionsstrategien*, deren Wirksamkeit mit Hilfe von *Simulation* getestet wird.

Das bis heute weitgehend ungelöste Problem der Arbeitsdisposition ist eine Herausforderung für die Wirtschaftsforschung. Durch Lösung dieses Problems in Verbindung mit empirischen Untersuchungen des tatsächlichen Dispositionsverhaltens der Arbeitgeber lässt sich herausfinden, wie sich der *Kündigungsschutz* oder der verstärkte Einsatz von *Leiharbeitskräften* auf die *Nachfrage nach Arbeitskräften* auswirken und mit welcher Verzögerung ein veränderter Auftragseingang auf die Arbeitsmärkte durchschlägt. Auch die Auswirkungen staatlicher *Einstellungshilfen*, von

Mindestlohnregelungen und anderer *Arbeitsförderungsmaßnahmen* können auf diese Weise untersucht werden (s. *Abschnitt 17.1* und *17.6*).

16.6 Gelddisposition

Wie in *Abschnitt 4.9* dargelegt, muss jeder Wirtschaftsteilnehmer dafür sorgen, dass er zum Zeitpunkt der Fälligkeit seiner Zahlungsverpflichtungen zahlungsfähig ist. Andererseits hat ein ökonomisch handelnder Wirtschaftsteilnehmer das Ziel, einen eventuellen *Überschuss* aus dem Zahlungszufluss über den Zahlungsabfluss möglichst ertragreich anzulegen und eine *Unterdeckung* der Zahlungsverpflichtungen infolge unzureichender Zahlungszuflüsse kostengünstig zu finanzieren.

Die Absicherung des Zahlungsvermögens, die ertragreiche Anlage von Überschüssen und die kostengünstige Finanzierung von Unterdeckungen sind Aufgaben der *Finanzplanung* und der *Gelddisposition*. Dazu gehört die Entwicklung und Implementierung von *Strategien zur optimalen Geldanlage*.

Das sind auch die Aufgaben des *Cashmanagement* der Großunternehmen und Banken. So haben die zentrale Gelddisposition durch die *Clearingstellen* der Konzerne und die *Zentralregulierung* von Handelsgenossenschaften das Ziel, die Summe der Liquiditätskosten aller Zahlungsstellen und Konten zu minimieren. Wie ebenfalls in *Abschnitt 4.9* ausgeführt, sind die *Handlungsoptionen der Finanzplanung*:

Einzelbezahlung oder Sammelbezahlung
Zeitpunkte der Bezahlung
Zahlungsart, d. h. Bargeld, Giralgeld oder Kredit (16.14)
Kauf und Verkauf von Finanzgütern.

Der *Handlungsspielraum der Gelddisposition* hängt ab von der Höhe und Anlageform des *Vermögens*, von den *Schulden* und von der *Kreditwürdigkeit* der Wirtschaftseinheit.

Eine bekannte Strategie der zentralen Gelddisposition ist die *zyklische Sammelbezahlung*, durch die sich der Liquiditätsbedarf minimieren lässt. Sie entspricht der zyklischen Auftragsdisposition der Güterbeschaffung aus *Abschnitt 16.4*. Alle Forderungen eines bestimmten Zykluszeitraums werden bis zum Ende der Zykluszeit gesammelt und nach einer *Zahlungsfrist* t_F aus dem Kassenbestand überwiesen. Die Kasse wird zu diesem Zeitpunkt durch eine Umbuchung vom Anlagekonto aufgefüllt, auf dem sich bis dahin alle Zahlungseingänge zinsbringend angesammelt haben.

Für eine größere einmalige *Zahlungsverpflichtung*, wie eine Darlehensrückzahlung, und für eine längerfristig geplante *Einzelbeschaffung*, wie eine Immobilie oder ein Investitionsprojekt, kann der Schuldner bzw. der Käufer den Zahlungsfluss so fristgerecht steuern, dass für die Zahlung faktisch kein *liquides Geld* in Form von *Bargeld* oder unverzinslichem *Giralgeld* benötigt wird (s. *Abb. 4.2*). Bei ausreichendem Vermögen des Käufers wird der Kaufpreis oder die Zahlungsrate genau am *Fälligkeitstag* direkt von einem verzinslichen *Anlagekonto* an den Verkäufer überwiesen. Bei unzureichendem Vermögen wird bei einer Bank, beim Verkäufer oder bei einem anderen Darlehensgeber ein *Kredit* in passender Höhe aufgenommen. Der Kreditbetrag wird genau am Fälligkeitstag entweder auf das Anlagekonto des Käufers überwiesen, von dem am gleichen Tag die Kaufrate abgebucht wird, oder direkt an den Verkäufer ausgezahlt. In beiden Fällen hat der Käufer keinen Bedarf an unverzinslichem Bargeld oder Giralgeld.

Gleichermaßen kann ein Verkäufer oder ein anderer Zahlungsempfänger bei einem genau vorhersehbaren oder geplanten Zahlungseingang dafür sorgen, dass der Betrag unverzüglich auf ein zinsbringendes Anlagekonto fließt oder direkt zur Tilgung eines Kredits verwendet wird. Damit wird auch beim Verkäufer das Entstehen eines unverzinslichen Bestands an Bargeld oder Giralgeld vermieden.

Für die kleineren Beschaffungen des täglichen Bedarfs und für die laufenden Ausgaben ist eine solche ereignisabhängige *Liquiditätssteuerung* unwirtschaftlich und unpraktikabel, denn das Vorausplanen, Auslösen und Ausführen jeder Geldumbuchung ist mit Zeitbedarf und Kosten verbunden. Für die unvorhersehbaren Ausgaben und den rein zufälligen Zahlungseingang ist eine Liquiditätssteuerung überhaupt nicht möglich. Einen solchen laufenden *Zahlungseingang* und *Zahlungsausgang*, dessen Beträge in Höhe und Zeitpunkt nicht genau planbar sind, zeigt *Abb. 16.2* für einen Zeitraum von 250 Tagen. Das können die täglichen Einnahmen und Ausgaben eines Privathaushalts, eines Unternehmens oder einer staatlichen Institution sein. Der durchschnittliche Verlauf der Einnahmen und Ausgaben, der sich nach dem Verfahren der *exponentiellen Glättung* (14.3) berechnen lässt, ist überlagert von den zufälligen Tagesschwankungen des Zahlungseingangs und Zahlungsausgangs.

Ebenso wie bei der Disposition von Vorratsgütern sind in der Praxis sehr unterschiedliche Verfahren der Gelddisposition zu finden. Viele Menschen haben gern einen bestimmten Mindestbetrag in der Kasse oder auf dem Girokonto. Nach jeder größeren Ausgabe und Einnahme oder in regelmäßigen Abständen überprüfen sie den Bargeldbestand und den Stand des Girokontos. Wenn die Ausgaben größer als die Einnahmen sind, wird ein ausreichender Betrag vom Anlagekonto auf das Girokonto umgebucht und bei Bedarf von dort Bargeld abgehoben. Hat sich auf dem Girokonto ein größeres Guthaben angesammelt, wird es auf das Anlagekonto überwiesen. Reicht das Guthaben des Anlagekontos nicht aus, wird bei ausreichendem Vermögen eine andere Vermögensanlage verkauft oder bei fehlendem Vermögen und gegebener Kreditwürdigkeit ein Darlehen aufgenommen. Für den kurzzeitigen Bedarf an liquidem Geld wird in der Regel das Girokonto überzogen.

Die individuelle Gelddisposition lässt sich rationalisieren und optimieren durch *dynamische Dispositionsstrategien*, die den obigen Bestellpunktstrategien der Vorratsdisposition von Sachgütern entsprechen. Eine optimale *Gelddispositionsstrategie* ist die

- *Zweikontenstrategie*: Alle Einnahmen werden direkt auf ein zinsbringendes *Anlagekonto* eingezahlt. Alle Ausgaben werden aus einem zinslosen *Kassenkonto* beglichen. Nach jeder größeren Ausgabe, am Tagesende oder in einem anderen Zyklus wird geprüft, ob das Guthaben des Kassenkontos einen *Kassenmeldestand* unterschritten hat. Ist das der Fall, wird ein bestimmter *Umbuchungsbetrag* vom Anlagekonto auf das Kassenkonto umgebucht.

16.6 Gelddisposition

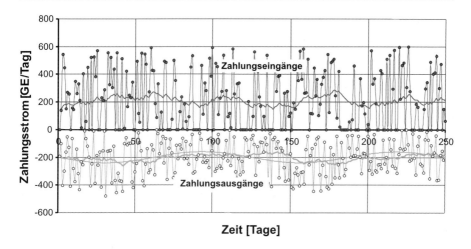

Abb. 16.2 Simulierte *Zahlungseingänge* e(t) und *Zahlungsausgänge* a(t) eines Haushalts oder eines Unternehmens

Bei einer *Umbuchungszeit* von T_{UBZ} Tagen zwischen Abbuchung vom Anlagekonto und Zubuchung auf das Kassenkonto und einem zu erwartenden täglichen Zahlungsausgang a(t) [GE/Tag] ist der *Kassenmeldestand* gleich dem zu erwartenden Zahlungsausgang $T_{UBZ} \cdot a(t)$ bis zur Umbuchung plus einem *Sicherheitsbestand* $M_{sich}(t)$ zum Ausgleich der stochastischen Zahlungsschwankungen:

$$M_{MK}(t) = M_{sich}(t) + T_{UBZ} \cdot a(t) \qquad [GE] . \qquad (16.15)$$

Damit der Kassenmeldestand mit der Wahrscheinlichkeit η_K für den stochastisch mit der *Streuung* s_a um einem Mittelwert a_m schwankenden Zahlungsausgangs in der Umbuchungszeit T_{UBZ}, die mit einer Streuung s_{UBZ} schwanken kann, ausreicht, ist ein *Sicherheitsgeldbestand*

$$M_{sich}(t) = f_S(\eta_K) \cdot (T_{UBZ} \cdot s_a^2 + a(t)^2 \cdot s_{UBZ}^2)^{1/2} \qquad [GE] . \qquad (16.16)$$

erforderlich. Der *Sicherheitsfaktor* $f_S(\eta_K)$ ist für eine gewünschte *Kassenverfügbarkeit* η_K aus der *inversen Standardnormalverteilung* zu berechnen.

Wird bei jeder Umbuchung der Betrag M_U vom Anlagekonto auf das Kassenkonto überwiesen, dann ergeben sich bei einem mittleren Zahlungsausgang a_m über einen längeren Zeitraum $v_U = a_m/M_U$ Umbuchungen, die bei *Umbuchungsauftragskosten* k_{UAuf} [GE/UAuf] die Umbuchungskosten $(a_m/M_U) \cdot k_{UAuf}$ verursachen. Im gleichen Zeitraum führt das Fehlen des umgebuchten Betrags auf dem Anlagekonto im Mittel zu einem Zinsverlust $(M_U/2) \cdot z_H$, wenn z_H der *Habenzinssatz* des Anlagekontos ist. Die Summe der Umbuchungskosten und des Zinsverlustes sind die *Kosten der Liquiditätshaltung*:

$$K_{LH}(M_U) = (a_m/M_U) \cdot k_{UAuf} + (M_U/2) \cdot z_A \qquad [GE/PE] . \qquad (16.17)$$

Die Abhängigkeit der Liquiditätskosten (16.17) vom Umbuchungsbetrag M_U ist für das Beispiel des Zahlungsausgangs der *Abb. 16.2* in *Abb. 16.3* dargestellt. Die Liqui-

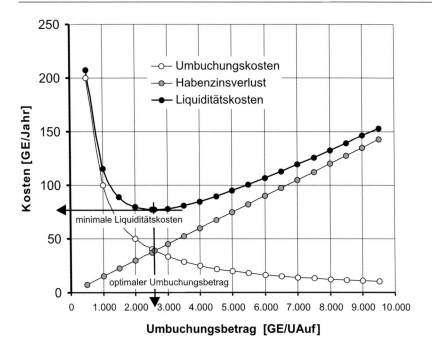

Abb. 16.3 Abhängigkeit der Kosten der Liquiditätshaltung vom Umbuchungsbetrag

Parameter: s. *Abb. 16.2* und *16.4*

ditätskosten haben ein Minimum für den *kostenoptimalen Umbuchungsbetrag*

$$M_{Uopt} = (2 \cdot k_{UAuf} \cdot a(t)/z_H)^{1/2} \qquad [GE/UAuf]. \qquad (16.18)$$

Die Beziehung (16.18) ergibt sich durch Nullsetzen der Ableitung von (16.17) und Auflösen nach dem Umbuchungsbetrag M_U.

Bei einer *dynamischen Gelddisposition* mit Rechnerunterstützung werden der Kassenmeldestand (16.15), der Sicherheitsbestand (16.16) und der kostenoptimale Umbuchungsbetrag (16.18) vom Dispositionsprogramm täglich neu berechnet. Dafür werden der mittlere Zahlungsabgang und dessen Streuung nach dem Verfahren der exponentiellen Glättung (14.3) aus dem aktuellen Zahlungsausgang $a(t-1)$ des Vortags bestimmt.

Die *Abb. 16.4* zeigt für den Zahlungsverlauf *Abb. 16.2* den mit den Algorithmen (16.15) bis (16.18) resultierenden Kontostand des Anlagekontos und des Kassenkontos. Das Beispiel zeigt, wie sich mit der Zweikontenstrategie und dem Prognoseverfahren der exponentiellen Glättung *selbstregelnd* ein im Mittel relativ gleichbleibender kostenoptimaler Stand des Kassenkontos ergibt. Der Bestand des Anlagekontos verändert sich nach einem ausreichenden Anfangsbestand auf einem höheren Niveau als das Kassenkonto nach oben oder unten. Die Bestandsdifferenz der beiden Konten hängt davon ab, ob der mittlere Zahlungseingang größer oder kleiner ist als der mittlere Zahlungsausgang.

16.6 Gelddisposition

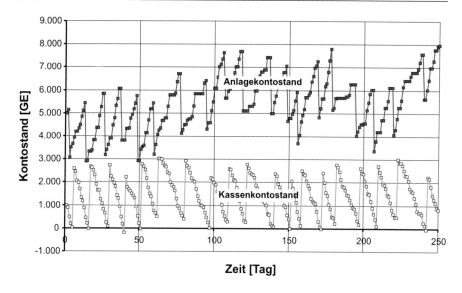

Abb. 16.4 Simulierte Kontostände von Anlagekonto und Kassenkonto bei optimaler Gelddisposition nach der Zweikontenstrategie

Habenzins: z_H = 3% p.a *Sollzins:* z_S = 10% p.a. *Sicherheitsbestand:* 100 GE
Umbuchungszeit: T_{UBZ} = 3 ± 1 Tag *Umbuchungskosten:* 2,00 GE/Buchung

Bei einem festen *Sicherheitsgeldbestand* kommt es in diesem Beispiel an drei Tagen des simulierten Zeitraums von 250 Tagen zu einer geringen Überziehung des Kassenkontos. In einer verbesserten Version des Verfahrens der dynamischen Gelddisposition nach der Zweikontenstrategie wird eine *optimale Kassenverfügbarkeit* berechnet, bei der die Summe der Überziehungszinsen und der Zinseinbuße für den Sicherheitsgeldbestand minimal ist.

In der Praxis sind unterschiedliche Ausführungen und Abwandlungen der *dynamischen Gelddisposition* möglich. Bei *zyklischer Disposition* in einem festen Rhythmus von mehr als einem Tag sind die Kosten der Liquiditätshaltung etwas höher, da der Sicherheitsgeldbestand größer sein muss. Wenn die Bank Guthaben auf dem Girokonto vom ersten Tag an verzinst, können die Einnahmen auf das Girokonto eingezahlt und von dort erst bei Überschreiten eines *oberen Kassenmeldestands* auf das Anlagekonto überwiesen werden. Mit einer *Portfoliostrategie* ist es auch möglich, größere Überschussbeträge vom Anlagekonto in besser verzinsliche Finanzgüter umzuschichten.

Abgesehen vom Sicherheitsbestand ist der mittlere Kassenbestand bei kostenoptimaler Gelddisposition gleich dem halben optimalen Umbuchungsbetrag. Mit Beziehung (16.18) folgt daraus die *mittlere liquide Geldmenge* für einen mittleren

Zahlungsausgang a_m bei optimaler Gelddisposition:[1]

$$M_{Gm} = (k_{UAuf} \cdot a_m/2 \cdot z_H)^{1/2} \qquad [GE] \,. \qquad (16.19)$$

Wenn eine größere Anzahl von Wirtschaftsteilnehmern die Zahlungen für die Güterbeschaffung aus N_S *Zahlungsorten* leistet, ist die dafür erforderliche liquide *Gesamtgeldmenge* nach unten begrenzt durch die *Mindestgeldmenge*

$$M_{Gmin} = N_S \cdot (k_{UAuf} \cdot a_m/2 \cdot z_H)^{1/2} \qquad [GE] \,. \qquad (16.20)$$

Aus den Beziehungen (16.19) und (16.20) lassen sich folgende Aussagen über den *Zusammenhang zwischen liquider Geldmenge und Umsatz* ablesen:

▶ Die erforderliche Mindestgeldmenge steigt und fällt linear mit der Anzahl der Zahlungsstandorte.

▶ Sie ändert sich proportional zur Wurzel aus dem mittleren Zahlungsabgang a_m der einzelnen Zahlungsorte.

▶ Eine Veränderung der *Umbuchungskosten* um einen Faktor f_U bewirkt eine Änderung der Mindestgeldmenge um den Faktor $\sqrt{f_U}$

▶ Die Mindestgeldmenge steigt und fällt umgekehrt proportional mit der Wurzel aus dem Zinssatz z_H für kurzfristige Geldanlagen.

Aus der Abhängigkeit der liquiden Geldmenge von der Anzahl der Zahlungsstandorte ergeben sich die Potenziale einer *Zentralregulierung*, die der *Zentraldisposition* materieller Güter entspricht [Gudehus 2006].

Da nur ein kleiner Teil der Wirtschaftsteilnehmer eine optimale Disposition des liquiden Geldes betreibt und diese nur den Absatz der Wirtschaftsgüter betrifft, die mit liquidem Geld bezahlt werden, sind diese Zusammenhänge für die Beurteilung gesamtwirtschaftlicher Auswirkungen nur von begrenzter Bedeutung. So ist die herkömmliche Schlussfolgerung aus Beziehung (16.19) falsch, dass sich die *Gesamtgeldmenge* M1 einer Volkswirtschaft proportional zur Wurzel aus dem Bruttoinlandsprodukt Y und umgekehrt proportional zur Wurzel aus dem Kapitalmarktzins z_K verändert, denn diese Beziehung gilt nur bei optimaler Gelddisposition für einen Zahlungsort [Issing 2003; Mankiw 2003; Varian 1993]. Bei abweichendem Dispositionsverhalten ergibt die Summe über alle Akteure und Zahlungsorte eine Geldmenge M1, deren Abhängigkeit von Güterstrom und Kapitalzinssatz sich von (16.19) deutlich unterscheidet.

Aus den Beziehungen (16.19) und (16.20) folgt jedoch:

▶ Der liquide Geldbedarf der Wirtschaft sinkt, wenn die Umbuchungszeiten kürzer werden, die Umbuchungskosten sinken und die Zinsen steigen.

Die technischen Möglichkeiten zur kostengünstigen Umbuchung und dynamischen Gelddisposition bestehen bereits heute. Wieweit es tatsächlich zu einem Absinken

---

[1] Diese Beziehung für die *optimale Höhe der Transaktionskasse* wurde bereits 1947 von *Allais* hergeleitet und wird auch als *Baumol-Tobin-Modell* bezeichnet [Baumol/Tobin 1989; Issing 2003 S. 30; Varian 1993 S. 576ff.]. Das entsprechende Verfahren zur Berechnung der *optimalen Losgröße*, das schon 1913 von dem Amerikaner *Harris* entwickelt wurde, bleibt dabei unerwähnt [Harris 1913].

der liquiden Geldmenge und – ähnlich dem Verschwinden des Goldes als Zahlungsmittel im letzten Jahrhundert – zur relativen Bedeutungslosigkeit von Bargeld und Giralgeld kommt, hängt davon ab, ob die Banken diese Möglichkeiten nicht nur für sich nutzen sondern an die Kunden weitergeben. Dazu gehört auch das Angebot einer programmierten *Gelddisposition* von Girokonten zum Nutzen der Kunden. Ähnlich dem Zusammenhang zwischen Vorratsbestand und Absatz materieller Güter besteht folgender Zusammenhang zwischen *Geldmenge und Umsatz*:

▶ Solange die liquide Geldmenge M1 größer ist als zur Sicherung der Zahlungen für die Güter notwendig, die mit Bargeld oder Giralgeld bezahlt werden, sind Güterabsatz und Umsatz *unabhängig* von der Geldmenge M1.

▶ Wenn die liquide Geldmenge M1 kleiner ist als zur Bezahlung der damit gehandelten Güter notwendig, drosselt eine unzureichende Geldmenge M1 den Güterabsatz und den Umsatz.

Daraus resultiert, dass sich die Güterströme einer Volkswirtschaft von den Zentralbanken durch eine unzureichende Geldmenge M1 zwar behindern, bei ausreichender Geldmenge aber nicht unbedingt steigern lassen.

Die Funktion des liquiden Geldes für die Wirtschaft ist vergleichbar mit der eines Schmiermittels für eine Maschine: Zu wenig liquides Geld führt ähnlich wie ein Mangel an Schmiermittel zu Reibungsverlusten, Schäden und Ausfällen. Zu viel liquides Geld bewirkt ähnlich wie ein Überfluss an Schmierstoff keine Verbesserung der Funktion, kann aber zur Verschmutzung und Verstopfung führen. Anders als das Kreditgeld ist das liquide Geld ebenso wenig eine Antriebskraft wie ein Schmiermittel. Die Beschaffung von *Kreditgeld* wird durch die *Leitzinsen* der *Zentralbank* erleichtert oder erschwert. Damit lässt sich unter Umständen eine Absatzsteigerung anstoßen bzw. ein zu hoher Preisanstieg dämpfen (s. *Abschnitt 17.9*).

16.7 Unfaires Nachfragerverhalten

Aus rücksichtslosem Eigennutz und grenzenlosem Gewinnstreben, manchmal aber auch aus einer Notlage heraus, versuchen einige Nachfrager und Einkäufer, sich durch unfaires Verhalten zu Lasten der Anbieter oder der anderen Nachfrager Vorteile zu verschaffen. Unfaire Praktiken der Nachfrager sind:

- *Beratungsmissbrauch*: Inanspruchnahme von Beratungsleistungen, Testangeboten und Informationen eines Anbieters trotz der Absicht, nach der kostenlosen Beratung anderweitig, z. B. über *Internet*, einzukaufen.
- *Anfragemissbrauch*: Scheinanfragen bei Wettbewerbern, um Preise und Informationen zu gewinnen; Anfragen ohne konkrete Kaufabsicht, um eine bezahlte Planung zu vermeiden; Anfrage bei einer übermäßig großen Anzahl von Anbietern, ohne deren Projektierungs- und Angebotskosten zu bedenken.
- *Fehlinformationen*: Falsche Angaben zur Bedarfshöhe, um Mengenrabatte zu erzielen; irreführende Informationen zur beabsichtigten Nutzung, um Garantiezusagen zu erhalten; Vortäuschung hoher Zahlungsbereitschaft und Bonität.

- *Nutzungsmissbrauch*: Rückgabe unter einem Vorwand nach kurzer Nutzung; Reklamation nach falschem Gebrauch; Nutzung ohne angemessene Bezahlung, wie das Erschleichen von Beförderungsleistungen.
- *Zahlungsmissbrauch*: Reduzierung des Kaufpreises nach Vertragsschluss unter einem unberechtigten Vorwand, wie angebliche Mängel; eigenmächtiger Skontoabzug oder nachträglicher Einbehalt einer Rückvergütung; Kauf auf Kredit trotz Überschuldung; Zahlungsverzögerung und Zahlungsverweigerung.
- *Marktmachtmissbrauch*: Ein *Monopolnachfrager* oder Unternehmen eines *Nachfragerkartells*, die einen Zuliefermarkt oder einen Sektor des *Arbeitsmarktes* beherrschen, verlangen von abhängigen Anbietern, die nicht ausweichen können, übermäßige Leistungen oder erpressen unzureichende Preise bzw. Löhne unterhalb des Existenzminimums.

Das unfaire Verhalten der Nachfrager erhöht die *Transferkosten* und das *Absatzrisiko* der Anbieter. Das fließt in die Kalkulation der Angebotspreise ein und belastet damit auch die Nachfrager, die sich fair verhalten.

Der Missbrauch der Einkaufsmacht durch ein Monopol oder ein Kartell der Nachfrager kann zum *Konkurs* von Unternehmen führen. Die unverantwortlich ausgeübte Marktmacht der Arbeitgeber kann eine *Verelendung* der betroffenen Arbeitnehmer bewirken.

Die unfairen Praktiken der Nachfrager lassen sich nur schwer von *Sittenwidrigkeit* und *kriminellen Handlungen* abgrenzen, wie *arglistige Täuschung, Betrug, Unterschlagung* und *Diebstahl* [Koppensteiner 1996]. Auch bei offensichtlich kriminellem Verhalten ist es oft schwierig, den Verstoß gegen geltende Gesetze nachzuweisen. Die *Beweislast* liegt in der Regel bei den Betroffenen. Das führt dazu, dass die Anklage und Bestrafung von Sittenwidrigkeit und kriminellen Markthandlungen eher die Ausnahme als die Regel ist. Die Abgrenzung, der Nachweis und die Bestrafung sind besonders schwierig bei der ungerechtfertigten *Begünstigung eines Anbieters* zum Nachteil der anderen Anbieter. Sie reicht von der persönlichen *Abhängigkeit* und *Beeinflussbarkeit* eines Einkäufers oder Entscheiders über die *Vorteilsnahme* durch Geschenke bis zur *Bestechung* und *Erpressung*.

Allgemein stellt sich die Frage, ob und wie weit der Staat die Anbieter vor unfairem Verhalten der Nachfrager schützen kann und soll. Der wirksamste Schutz ist der *Selbstschutz* durch Wachsamkeit und Ausweichstrategien. Das Ausweichen auf andere Anbieter und Märkte setzt jedoch Ausweichmöglichkeiten und Alternativen voraus. Daraus folgt:

▶ Die beste Sicherung gegen unfaires Verhalten der Nachfrager ist ein funktionierender *Nachfragerwettbewerb*.

Dafür kann und muss der Staat über eine geeignete *Wettbewerbsordnung* sorgen. Wo ein *Nachfragermonopol* unvermeidlich ist oder wenn *Nachfragerkartelle*, wie die *Tarifverbände der Arbeitgeber*, aus bestimmten Gründen zugelassen werden, muss deren Verhalten durch ein *Aufsichtsamt* – ähnlich wie das Verhalten von Anbietermonopolen durch das *Kartellamt* – kontrolliert werden. Besonders sensible Punkte der Vertragsgestaltung, wie die *Leistungsverpflichtungen, Arbeitsbedingungen, Preisstellung* und *Preisbildung*, sind genehmigungspflichtig.

16.8 Nachfragermonopol

Zur Entwicklung von Regeln, mit denen sich ein möglicher Machtmissbrauch durch einen Monopolisten oder ein Oligopol auf der Nachfrageseite eindämmen lassen, ist ebenfalls die *dynamische Marktsimulation* geeignet. So zeigt *Abb. 16.5* das Ergebnis der Marktsimulation mit Hilfe des Mastertools für einen Nachfragermonopolisten, der auf einem Markt mit 10 gleich großen Anbietern einkauft. Daraus geht hervor, dass der *Monopolnachfrager* nach einem Einsatzgut bei ansteigendem Bedarf im eigenen Interesse die Zahlungsbereitschaft erhöht und damit einen überproportionalen Zuwachs der Kaufmenge bei unterproportionalem Anstieg des mittleren Kaufpreises bewirkt. Bei einer solchen Konstellation ist keine externe Regelung erforderlich. Die Standardregeln der Marktordnung sind ausreichend.

Anders sieht es aus, wenn der Bedarf des Monopolisten deutlich zurückgeht. Das führt zu einem Rückgang des Marktpreises der betroffenen Einsatzgüter und zu einem Einbruch der Auslastung der Anbieter mit höheren Kosten und Preisen. Wenn der Bedarfsrückgang anhält und die Anbieter Ausweichmöglichkeiten haben, werden so viele den Markt verlassen, bis die verbleibenden Anbieter ausreichend ausgelastet sind. Dann haben sich Bedarf und Angebot in einem anderen stochastisch-stationären Zustand eingependelt.

Haben die Anbieter keine Ausweichmöglichkeiten, wie z. B. die Arbeiter im Umfeld eines Unternehmens, dessen Absatz zurückgeht und das einziger Arbeitge-

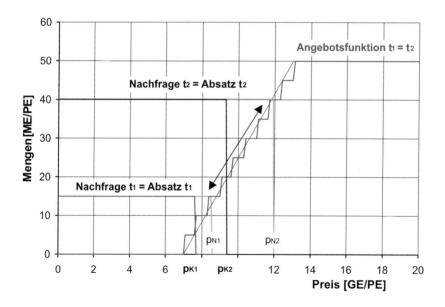

Abb. 16.5 Marktdiagramm eines Nachfragermonopolisten mit Anpassung der Zahlungsbereitschaft an den Bedarf

Parameter: $N_N = 1$, übrige s. Abb. 16.1

ber einer Region ist, helfen auch keine staatlichen Markteingriffe, um die Auslastung und Beschäftigung zu sichern. Die Folgen eines solchen *Strukturumbruchs* lassen sich nicht über den Markt verhindern oder lösen. Erforderlich sind andere Maßnahmen, wie *Arbeitslosenunterstützung, Mobilitätshilfen* und die staatliche Förderung von *Umschulungen* (s. *Abschnitt 17.5*).

17 Staat und Markt

Der Staat ist als Gesetzgeber die oberste *Ordnungsmacht* des Marktes. Über die Steuer-, Finanz- und Wirtschaftspolitik ist er zugleich die höchste *Lenkungsinstanz*. Außerdem ist der Staat als *Nachfrager* und *Anbieter* von Wirtschaftsgütern in vielen Bereichen ein dominierender *Marktteilnehmer*.

Als *Ordnungsmacht* entscheidet der Staat, in welchen Bereichen die Marktordnung den Akteuren überlassen bleiben kann und wo sie durch Gesetze und Verordnung eingeschränkt oder vorgegeben wird. Wie aus *Tab. 17.1* hervorgeht, bestimmt die *Wirtschaftsform* einer Gesellschaft die *Marktordnung* und umgekehrt. Die divergierenden gesellschaftlichen Ziele *Freiheit* und *Sicherheit* lassen sich in keinem Wirtschaftssystem uneingeschränkt erfüllen. Sie sind am weitesten in einer freien und sozialen *Marktwirtschaft* erreichbar, wenn es gelingt, die liberalen und sozialen Anforderungen zum Ausgleich zu bringen (s. *Abb. 17.1*) [Eucken 1952; Forsthoff 1964; Friedman 1962; Giersch 1961; Kamp/Scheer 1972; Preiser 1970; Stiglitz 2006].

Maßgebend für den Ausgleich zwischen Freiheit und Sicherheit, zwischen liberaler und sozialer Marktwirtschaft sowie zwischen zentraler oder dezentraler Marktordnung ist das *Subsidiaritätsprinzip* [Brucks 1997; Nell-Breuning 1962]. Aus ihm ergeben sich die wichtigsten Grundsätze der *Wirtschaftspolitik*, der *Verteilungspolitik*, der *Finanzpolitik* und der *Geldpolitik*. So lässt sich mit Hilfe des *Subsidiaritätsprinzips* entscheiden, was zum öffentlichen und was zum privaten Bedarf gehört und welche Güter des privaten Bedarfs durch den Staat oder besser über den freien Markt an die Haushalte gelangen [Eucken 1952; Forsthoff 1964; Giersch 1961; Kamp/Scheer 1972; Ostrom 2005; Preiser 1970; Scheer 1994].

Wirtschaftsform	Marktordnung	Güterversorgung	Geld	Banken	Freiheit	Sicherheit
Anarchie	regelloser Gütertausch	Tausch	ohne	keine	gefährdet	ohne
Liberalismus	autark selbstregelnd	Kauf + Tausch	notwendig	privat	groß	gering
liberale ↑ **Marktwirtschaft** soziale ↓	selbstregelnd und teils staatlich geregelt	Kauf + Tausch	notwendig	privat und zentral	Ausgleich	
Planwirtschaft	staatlich gelenkt	Zuteilung + Kauf + Tausch	teilweise	zentral	gering	hoch
Volkskommune	geplanter Gütertausch	Zuteilung + Tausch	unnötig	keine	minimal	gefährdet

Tabelle 17.1 Wirtschaftsformen und Marktordnung

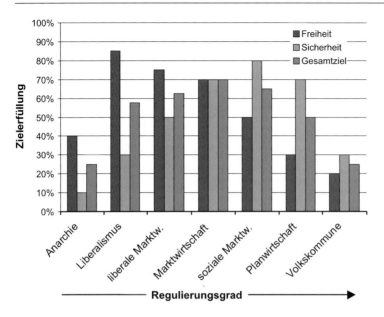

Abb. 17.1 Freiheit und Sicherheit in Abhängigkeit vom Regulierungsgrad

Linke Balken: Freiheit ohne Sicherheit Mittlere Balken: Sicherheit ohne Freiheit
Rechte Balken: 50% Freiheit + 50% Sicherheit

Der Anteil des gesamten Bedarfs, der in staatlicher Regie erzeugt und beschafft und den Bürgern zugeteilt wird, bestimmt den Einfluss des Staates als *Marktteilnehmer*. Bei einer *Staatsquote* des Bruttoinlandsprodukts zwischen 40% und 50% ist der Staat auf vielen Märkten wichtigster oder einziger *Nachfrager*. Er beherrscht als größter Arbeitgeber weite Bereiche des Arbeitsmarktes, die wiederum auf andere Bereiche ausstrahlen. Für viele Güter des öffentlichen Bedarfs, wie die Wehrtechnik oder der Straßen- und Wasserbau, ist der Staat einziger Auftraggeber. Für andere Güter, wie Bauwerke und Entsorgungsleistungen, sowie für Kredite und Anleihen ist er der größte Nachfrager. Pflichtversicherungen und ein Großteil der Gesundheitsleistungen werden auf staatlich kontrollierten *Zwangsmärkten* eingekauft und verkauft.

Die meisten öffentlichen Güter, wie Recht, Sicherheit, Ordnung und Umwelt, sind keine Wirtschaftsgüter, die auf dem Markt gehandelt werden. Sie werden von den Bürgern weitgehend kostenlos genutzt. Für andere öffentliche Güter, wie Ausbildung, Infrastruktur und Gesundheitsleistungen, werden Zwangsbeiträge und Gebühren erhoben. Die vorab bezahlten Leistungen werden zugeteilt oder bewirtschaftet. Nur bei wenigen staatlichen Angeboten, wie Kulturveranstaltungen und Straßennutzung, darf der Bürger über die Inanspruchnahme frei entscheiden. Hier diktiert der Staat als Monopolist die Preise, oftmals ohne sich an das *Transparenzgebot* und die *Fairnessregeln* des Marktes zu halten (s. *Abschnitte 5.2* und *10.7*).

Zur Entscheidung über die *Finanzierung der Staatsausgaben*, ob durch Umsatzsteuern oder Einkommenssteuern oder ob durch andere Steuern und Abgaben, sowie über die *Vergütung öffentlicher Leistungen* durch Beiträge, Gebühren, Maut oder andere Preissysteme können die hier dargelegten Erkenntnisse über die Funktionsweise, die Möglichkeiten und die Grenzen des Marktes einiges beitragen. Über die Steuerart, die Freibeträge und die Höhe progressiver Steuersätze hat der Staat unterschiedliche Möglichkeiten, die einseitige *Verteilungswirkung* des Marktes auszugleichen. Mit zunehmender Staatsquote steigt die Steuerbelastung der Umsätze und der Einkommen. Das wirkt sich über die Preise und die Arbeitskosten auch auf Märkte aus, auf denen der Staat als Nachfrager oder Anbieter keine große Rolle spielt.

Eine begrenzte *Lenkungsmöglichkeit* besteht über die Art und Höhe der *Steuern* sowie durch die *Disposition der Staatsfinanzen*. Wie in *Abschnitt 15.8* gezeigt, lässt sich über die unterschiedliche Belastung der Wirtschaftsgüter mit *Transfersteuern* der Absatz drosseln oder fördern. Dadurch ist in Grenzen eine Lenkung der Güter- und Geldströme möglich. Außerdem lassen sich auf diese Weise externe Kosten internalisieren und die Einhaltung kollektiver *Qualitätsziele* sichern (s. *Abschnitt 3.8*).

Durch Kreditaufnahme kann sich der Staat in weitaus größerem Umfang als die einzelnen Haushalte und Unternehmen zusätzliches Geld verschaffen. Er kann damit erwünschte Entwicklungen fördern oder in Zeiten schwacher Konjunktur die Ausgaben erhöhen. Um dadurch keine *Inflation* auszulösen, muss in Zeiten guter Konjunktur und hohen Steueraufkommens die Staatsverschuldung wieder zurückgeführt werden. Das ist der Grundgedanke des *deficit spending* einer *antizyklischen Wirtschaftspolitik*, deren Einflussmöglichkeiten und Folgen bis heute allerdings umstritten sind [Friedmann-Prechtl 1931; Keynes 1936; Giersch 1961]. Die Schwierigkeiten einer antizyklischen Wirtschaftspolitik resultieren nicht nur aus der mangelnden Rückzahlungsdisziplin der Regierungen sondern auch aus ungeklärten Fragen, wie z. B., ob der Staat die benötigten Kredite auf den Finanzmärkten oder bei der Zentralbank aufnehmen soll, und zu welcher Zeit das zusätzliche Geld für welchen Zweck nutzbringend ausgegeben werden kann, ohne Schaden zu stiften [Kamp/Scheer 1972].

Eine andere Möglichkeit, lenkend auf die Wirtschaft einzuwirken, ist die *Geldpolitik*. Sie birgt ebenfalls die *Gefahr der Inflation* in sich. Aufgrund der schlechten Erfahrungen und der großen Versuchung, durch anhaltende Geldvermehrung die Staatsausgaben zu finanzieren und über Inflation die Kreditrückzahlung zu erleichtern, wurde die Geldpolitik in vielen Ländern *Zentralbanken* übertragen. Diese können weitgehend unabhängig von den Regierungen über Geldmenge, Diskontzinsen und andere Hebel der Geldpolitik entscheiden. Die Verantwortlichen müssen dazu jedoch die Möglichkeiten und Grenzen ihrer Wirkungsmöglichkeiten kennen [Stiglitz 2006].

17.1 Subsidiarität und Wirtschaftsrecht

Das Subsidiaritätsprinzip ist zugleich Verbot und Gebot:
- Das *Subsidiaritätsverbot* besagt, dass eine zentrale Einheit keine Aufgaben übernehmen sollte, die eine dezentrale Einheit selbst ausführen kann, ohne Dritte zu benachteiligen.
- Das *Subsidiaritätsgebot* fordert, dass eine übergeordnete Einheit helfend und regelnd eingreifen soll, wenn eine kleinere Einheit in eine Notlage geraten ist, aus der sie sich nicht selbst befreien kann, wenn Dritte unzumutbar benachteiligt werden oder wenn sich wichtige Aufgaben von gesamtgesellschaftlichem Interesse nur mit fremder Unterstützung lösen lassen.

Das Subsidiaritätsverbot sichert die Eigeninitiative, die Selbstverantwortlichkeit und die Autonomie des mündigen Menschen. Das Subsidiaritätsgebot bewirkt eine *Zentralisierung*, die durch *Skaleneffekte* die Effizienz fördern kann, ermöglicht es, größere Gemeinschaftaufgaben zu lösen, und fördert die *Solidarität*. Der Preis aber ist eine teilweise Entmündigung der Einzelnen, die bei vielen Menschen zu Passivität und Desinteresse führt.

Das Subsidiaritätsprinzip ist sowohl im Privatbereich und innerhalb der Unternehmen anwendbar wie auch für die Organisation des Staates. Die Notwendigkeit eines Verbots oder Gebots hängt von den Fähigkeiten und Zielen der Beteiligten ab. Die Entscheidung erfordert Urteilsvermögen und Sachkunde und liegt in letzter Instanz beim Parlament.

Die kleinsten gesellschaftlichen Einheiten sind die *Menschen* in den *Privathaushalten*. Für sie ergeben sich aus dem Subsidiaritätsverbot die Rechte der *Privatautonomie*. Dazu gehören das *Eigentumsrecht*, die *Vertragsfreiheit* und die *Gewerbefreiheit* [Köhler 2004; Koppensteiner 1997].

Die nächst größeren Einheiten der Gesellschaft sind die *Unternehmen*, in denen sich Menschen zusammenfinden, um gemeinsam Wirtschaftsgüter zu erzeugen, die der Einzelne aus technologischen oder finanziellen Gründen nicht allein oder nicht zu Kosten realisieren kann, die nur mit großen Mengen und hohem Kapitaleinsatz erreichbar sind (*Abschnitt 15.14*). Für die Unternehmen folgen aus dem Subsidiaritätsverbot die interne und externe *Handlungs- und Vertragsfreiheit*. Innerhalb der Unternehmen und Konzerne ist das Subsidiaritätsprinzip eine Orientierungshilfe für die Aufbau- und die Ablauforganisation und für die Organisationsstruktur. Nach diesen Kriterien lassen sich die Aufgaben zwischen administrativer, dispositiver und operativer Ebene sowie zwischen den zentralen und dezentralen Unternehmenseinheiten aufteilen. Auch die Zusammenarbeit zwischen den rechtlich unabhängigen Unternehmen eines *Versorgungsnetzes* lässt sich nach dem Subsidiaritätsprinzip regeln [Gudehus 2005].

Die obersten Handlungseinheiten der Gesellschaft sind die *staatlichen Institutionen*. Die Aufgabenteilung zwischen den lokalen, regionalen, nationalen und übernationalen Institutionen sollte ebenfalls nach dem Subsidiaritätsprinzip geregelt sein. Die historisch gewachsene Staatsorganisation und die Rechte der Entwicklungslän-

17.1 Subsidiarität und Wirtschaftsrecht

der in der internationalen Staatengemeinschaft weichen jedoch in vielen Bereichen von diesem Prinzip ab [Hilf 2005; Stiglitz 2006].

Die Handlungsfreiheit der Haushalte und Unternehmen auf den Märkten wird durch das *Wirtschaftsrecht* gesichert und beschränkt [Aberle 1980/97; Hilf 2005; Immenga 2007; Koppensteiner 1997/2004]. Auch das Recht ist in weiten Bereichen vom Subsidiaritätsprinzip geprägt. Von besonderer Bedeutung für die *Marktordnung* sind:

Handelsrecht
Vertragsrecht
Wettbewerbsrecht
Gesellschaftsrecht   (17.1)
Gewerberecht
Preisrecht

Die Gesetze und Verordnungen dieser und weiterer Rechtsgebiete enthalten zahlreiche Regelungen zur *Marktordnung*, die nur teilweise aufeinander abgestimmt sind [Baumbach 2004]. Es ist daher an der Zeit, alle den Markt betreffenden Regelungen der geltenden Rechtsordnung zu sichten, ihre Relevanz und Konsequenzen unter dem *Aspekt des Marktes* zu überprüfen, sie aufeinander abzustimmen und wo notwendig zu korrigieren und zu ergänzen. Das Ergebnis wäre ein konsistentes *Marktrecht*, mit dem die gesellschaftlichen und wirtschaftspolitischen Ziele besser und effizienter erreichbar sind.

Lange war im deutschen und europäischen *Wirtschaftsrecht* der *Aspekt der Unternehmen* und ihrer Marktbeziehungen vorherrschend. Seit einiger Zeit berücksichtigt das Wirtschaftsrecht zunehmend auch den *Aspekt der Verbraucher* [Köhler 2004]. Es wird aber wohl noch lange dauern bis Europa eine *Wirtschaftsverfassung* hat, deren Präambel bestimmt: „Die Wirtschaft soll den Menschen dienen". Dann müsste auch die *Marktordnung* auf dieses Ziel ausgerichtet sein und das *Gesetz gegen den unlauteren Wettbewerb* (UWG) umbenannt werden in *Gesetz gegen unredliches Marktverhalten* (UMG).

Die Unternehmen sollten nicht nur nach der normalen *Geschäftsbilanz* beurteilt werden, die der Information und den Interessen von Eigentümern und Gläubigern dient, sondern verstärkt auch nach ihrer *Nutzenbilanz*, aus der hervorgeht, welchen Beitrag sie zum Nutzen der Menschen und Gesellschaft leisten. Zum gesellschaftlichen *Nutzenbeitrag* gehören die Menge und Qualität der erzeugten Waren und Leistungen für den privaten und öffentlichen Bedarf und der Lieferungen und Leistungen in den Vorstufen. Weitere Nutzenbeiträge sind die vom Unternehmen gezahlten Steuern, das erwirtschaftete Erwerbseinkommen und dessen Verteilung auf die Beschäftigten. *Nutzenverzehr* sind der Ressourcenverbrauch, die Umweltbelastung, erhaltenene *Subventionen* und die Inanspruchnahme menschlicher Arbeit.

Anders als für Unternehmensleitung und Eigentümer, die primär nach Umsatz, Gewinn und Vermögenszuwachs streben, ist für die Gesellschaft der Nutzen eines Unternehmens für die Menschen maßgebend. Daher sollte die *Wettbewerbsaufsicht* die Förderung des gesamtgesellschaftlichen Nutzens durch Markt und Unternehmen zur Richtschnur machen. Alle staatlichen *Subventionen* müssten vom gesellschaftli-

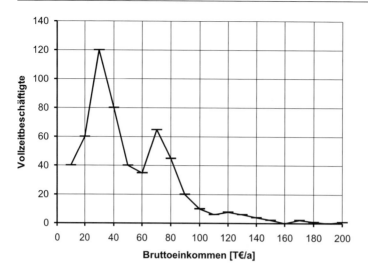

Abb. 17.2 Verteilung der Bruttojahreseinkommen auf die Vollzeitbeschäftigten eines mittelständischen Unternehmens mit 545 Vollzeitkräften

Quelle: Modellrechnung des Verfassers

chen Nutzenbeitrag eines Unternehmens und von der Verteilung des erwirtschafteten Erwerbseinkommens abhängig gemacht werden.

Die Angabe nicht nur der Vorstandsgehälter, sondern auch der *Verteilung des Erwerbseinkommens* auf die Beschäftigten eines Unternehmens wäre zugleich ein Beitrag zur *Transparenz der Arbeitsmärkte*. So zeigt *Abb. 17.2* die Verteilung des Jahreseinkommens der Vollzeitbeschäftigten eines mittelständischen Unternehmens vom Hilfsarbeiter bis zur Geschäftsführung. Die daraus abgeleitete *Lorenzverteilung* in *Abb. 17.3* der vom Unternehmen gezahlten Erwerbseinkommen macht deutlich, dass hinter einer relativ gering erscheinenden Ungleichheit von $\alpha = 24\%$ eine recht breit gefächerte Einkommensverteilung steht.

17.2 Marktfreiheit und Marktordnung

Wie bereits in *Kapitel 5* und *Abschnitt 8.8* erläutert, sind die *Ziele der Marktordnung* einer freiheitlich-sozialen Gesellschaft:

faire Teilnahmenbedingungen
kostengünstige Deckung des Bedarfs
reibungsloser Ablauf der Kaufprozesse (17.2)
effiziente Preisbildung bei geringen Transferkosten
Schutz machtloser Akteure vor Übervorteilung

Dazu müssen in der Marktordnung – wie in *Abschnitt 5.2* näher ausgeführt – folgende Punkte geregelt sein:

17.2 Marktfreiheit und Marktordnung

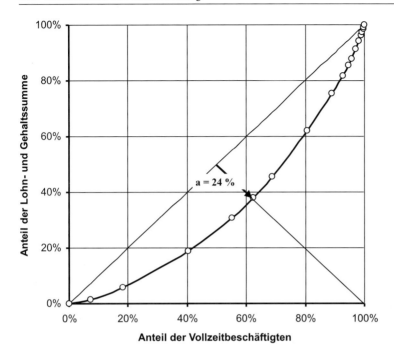

Abb. 17.3 Lorenzverteilung des erwirtschafteten Erwerbseinkommens eines mittelständischen Unternehmens für die Einkommensverteilung aus *Abb. 17.2*

$$\begin{array}{l} \text{Marktzutritt} \\ \text{Informationspflichten} \\ \text{Begegnungsmöglichkeiten} \\ \text{Preisbildung} \\ \text{Mengenbildung} \\ \text{Marktausschluss} \end{array} \tag{17.3}$$

Für die Entscheidung, ob und wieweit die Aufgaben und Ziele der Marktordnung dezentral und selbständig von den Akteuren oder zentral vom Staat durch Gesetze und Verordnungen erreicht werden können, ist wieder das *Subsidiaritätsprinzip* maßgebend.

Die kleinsten Handlungseinheiten auf den Märkten sind die einzelnen Anbieter und Nachfrager. Sie können im Rahmen der *Privatautonomie* die Regeln für jeden Kaufprozess untereinander neu vereinbaren. Im Interesse der *Markteffizienz* können sich die Akteure auch zur Regelung übergeordneter Fragen oder wiederkehrender Probleme zu *Interessenverbänden* zusammenschließen, die stellvertretend für alle Akteure Regeln aushandeln und festlegen. Auf diese Weise sind im Verlauf der Geschichte viele Regelungen entstanden, die als *Handelsbrauch* und *Verkehrssitte* weit verbreitet sind. Wie zuvor gezeigt, sind die heute bestehenden Marktordnungen recht effizient. Sie sind auf den realen Märkten für materielle Güter nahezu optimal, wenn alle Akteure die Regeln befolgen.

Die weitgehend freie Marktordnung auf den *Vorstufenmärkten* entspricht dem *Subsidiaritätsverbot*, da hier die Akteure ökonomisch kompetent sind und einen geringeren Schutzbedarf haben als die Endverbraucher. Die dort vorherrschenden *Verhandlungspreise* ermöglichen eine kostengünstige Güterversorgung bei angemessenen *Transferkosten*. Die teilweise geregelten und staatlich kontrollierten Marktordnungen auf den *Endverbrauchermärkten* entsprechen dem *Subsidiaritätsgebot*. *Verbraucherschutz*, *Angebotsfestpreise* und die Pflicht zur *Preisauszeichnung, Mengenangabe* und *Inhaltskennzeichnung* bewahren unerfahrene Käufer vor Übervorteilung und sichern bei minimalen Transferkosten ein niedriges Preisniveau. Sie gelten jedoch, wie in *Abschnitt 15.2* ausgeführt, bis heute kaum für *immaterielle Güter*.

Weil die bestehenden Marktordnungen unter Einfluss von Akteuren mit unterschiedlicher Macht und divergierenden Interessen durch Versuch und Irrtum entwickelt wurden, sind sie in mancher Hinsicht unvollständig, einseitig oder missverständlich. Einige Usancen auf den Märkten verstoßen gegen die *Fairnessregeln* oder gegen das *Wettbewerbsrecht*. Andere Regelungen sind mit Nachteilen für Dritte verbunden oder nicht geeignet, die Ziele der Marktordnung und der Wirtschaftspolitik zu erreichen. So ist auch die Aufhebung des *Rabattgesetzes* und des *Zugabeverbots* auf Drängen der Wirtschaftslobby ein Rückschritt für die Marktordnung, denn Rabatte und Zugaben vermindern die Preistransparenz und erschweren den Angebotsvergleich (s. *Abschnitt 8.8*).

Die Ablehnung von Verbesserungen der Marktordnung und manche Forderung nach *Deregulierung der Märkte* resultieren aus dem Wunsch einer Interessengruppe, sich zu Lasten anderer Vorteile zu verschaffen oder Freiheiten zu bewahren. Ebenso wie *Verkehrsregeln* notwendig sind und ihre Missachtung bestraft wird, müssen durch eine staatlich überwachte Marktordnung die *Markteffizienz* gesichert und der *Marktmissbrauch* verhindert werden. Das bedeutet jedoch nicht, dass eine Flut von Einzelgesetzen und Verordnungen alles bis ins Detail regelt und festlegt. Notwendig sind allgemeine Grundsätze und Verhaltensregeln [Eucken 1952; Stiglitz 2006]. Ebensowenig wie die Verkehrsordnung den Verkehrsteilnehmern vorgibt, wann sie wohin fahren sollen, darf eine freie Marktordnung den Marktteilnehmern vorschreiben, was sie wann kaufen. *Markteingriffe* und *Marktlenkung* müssen wie *Fahrverbote* und *Verkehrslenkung* auf Ausnahmesituationen beschränkt sein. Das ist durch folgende Grundsätze erreichbar:

- *Allgemeinheitsgebot*: Recht und Gesetz müssen so allgemein formuliert sein, dass spezielle Regelungen und Einzelfallentscheidungen weitgehend entbehrlich sind.
- *Allgemeinheitsvorrang*: Das übergeordnete, allgemeinere und zentrale Recht hat Vorrang vor dem speziellen und dem lokalen Recht.

Das Allgemeinheitsgebot und der Allgemeinheitsvorrang sind von Bedeutung für die aktuelle Aufgabe, Marktordnungen zu entwickeln, deren Regelungen nicht nur lokal oder national sondern europaweit und für den *internationalen Handel* weltweit anwendbar sind [Hilf 2005]. Aus dem Subsidiaritätsprinzip folgt zusätzlich das

- *Selbstregelungsprinzip*: Die Marktordnung muss so konzipiert sein, dass sich die gesellschaftlichen Ziele und wünschenswerten Reaktionen auf Veränderungen unter normalen Umständen ohne direkte Eingriffe aus dem Eigeninteresse der Akteure ergeben.

Selbstregelnde Marktordnungen entstehen nicht von allein durch *spontane Selbstordnung* [Ostrom 2005] und nur sehr langsam durch *Versuch und Irrtum* [Popper 1934/73]. Die Konzeption selbstregelnder Marktordnungen für die unterschiedlichen Wirtschafts- und Finanzgüter erfordert vielmehr ein analytisches Vorgehen unter Verwendung der Erkenntnisse der Logik des Marktes. Das gilt vor allem für die *Sicherheitsvorkehrungen* bei Marktüberlastung und gegen Marktmissbrauch.

Die *Abschnitte 5.2, 8.8, 10.7, 13.5, 15.10, 15.12, 16.7* und *16.8* enthalten eine Reihe von Vorschlägen zur Verbesserung und Weiterentwicklung der Marktordnungen. Daraus geht hervor, dass auf den *virtuellen Märkten*, auf den *Märkten* für *immaterielle Wirtschaftsgüter* und auf den internationalen Güter- und Finanzmärkten großer Regelungsbedarf besteht. Dazu gehören insbesondere die Leistungen der *Logistik*, der *Telekommunikation*, der *Informationsdienstleister*, der *Banken* und der *Versicherungen*.

Auch das Problem der *Netzwerkpreise* ist wegen des Fixkostendilemmas noch weitgehend ungelöst. Die Preisregelung soll eine ressourcenschonende Nutzung des Versorgungs-, Verkehrs- oder Leitungsnetzes bewirken, den Kunden einen hohen Nutzen zu günstigen Preisen bieten und dem Netzbetreiber ausreichende Erlöse einbringen, die auch die notwendigen Investitionen ermöglichen [Shapiro 1999; Gudehus 2005 S. 202ff., S. 874ff. und S. 981ff.].

Ein anderes Problem sind die *Regulierungsbehörden* zur Regelung und die *Aufsichtsämter* zur Kontrolle des Marktverhaltens von *Monopolen* und *marktbeherrschenden Unternehmen*. Sie können ihre Aufgaben nur erfüllen, wenn sie über die erforderliche Kompetenz und die notwendigen Informationen verfügen. Außerdem müssen sie wirklich unabhängig sein und objektiv transparent machen, wem eine Regelung nützt (*cui-bono-Transparenz*). Hier sind wesentliche Verbesserungen erst zu erwarten, wenn sich Parlament und Regierung vom Einfluss der *Interessenverbände* lösen. Abgeordnete dürfen keine bezahlten Lobbyisten sein. Für Regierungsmitglieder und Abgeordnete muss wie für Beamte jede Art der *Vorteilsannahme* gesetzlich verboten sein.

17.3 Verteilungspolitik

Die *unsichtbare Hand des Marktes* gibt und nimmt zugleich. Sie sichert die effiziente Versorgung der Menschen mit den Gütern des privaten und öffentlichen Bedarfs und spornt zur Leistung an. Sie kann aber auch Arbeitsplätze vernichten und Menschen die Existenzgrundlage nehmen. Der Marktmechanismus ist ein unerbittliches Verfahren zur *Selektion* der wirtschaftlichsten Anbieter mit den besten Gütern.

Der Markt gibt Menschen mit großer Kaufkraft mehr als denen mit geringer Kaufkraft und kann dadurch eine *Fehllenkung knapper Ressourcen* bewirken. Er begünstigt den Auf- und Ausbau großer Unternehmen durch Menschen, die fähig und risikobereit sind, Ideen und Glück haben und über das notwendige Startkapital verfügen. Wer eine bestimmte Einkommensschwelle erreicht hat und kein Verschwender ist, kann nur noch reicher werden. Auf diese Weise entsteht und verstärkt sich die Ungleichheit der Einkommens- und Vermögensverteilung. Die ungleiche Verteilung wird zusätzlich dadurch gefördert, dass *Umsatzsteuer* und *Sozialabgaben* die Einkommen, die weit über den Bemessungsgrenzen liegen, mit zunehmender Höhe anteilig immer weniger belasten.

Mit der Konzentration von Einkommen und Vermögen in den Händen Weniger wächst die Unzufriedenheit der Vielen, die trotz großer Anstrengung und harter Arbeit die kritische Einkommensschwelle zum Vermögensaufbau niemals erreichen. Eine zunehmende Verteilungsungerechtigkeit führt, wie die Geschichte zeigt, am Ende zu Streik, Aufständen, Umsturz und Revolution. Die Reichen und Mächtigen sollten daher im eigenen Interesse eine solche Entwicklung verhindern und national ebenso wie global für einen ausreichenden Verteilungsausgleich sorgen [Stiglitz 2006].

In einem freiheitlich demokratischen Rechtsstaat, dessen Eigentumsordnung entschädigungslose Enteignungen und konfiskatorische Maßnahmen verbietet, bestehen folgende *Handlungsmöglichkeiten zum Verteilungsausgleich*:

Erbschaftssteuer
Vermögenssteuer
Umsatzsteuer (17.4)
Einkommensteuer
Transferleistungen

Durch die *Erbschafts- und Schenkungssteuer* wird bereits heute mit gestaffelten Steuersätzen und unterschiedlichen Freibeträgen für nahe Angehörige, entfernte Verwandte und Nichtverwandte im Erb- oder Schenkungsfall ein Vermögensanteil an den Staat abgeführt, der mit der Höhe progressiv steigt. Eine progressive Erbschaftssteuer ist jedoch mit Nachteilen und Gefahren verbunden. Mit zunehmender Progression verlieren die Menschen das Interesse, Vermögen zu bilden. Hohe Erbschaftssteuern belasten das Eigenkapital und erschweren die Führungsnachfolge bei Unternehmen in Familienbesitz. Sie erzwingen den Verkauf von Privatbesitz, Unternehmen und Beteiligungen und fördern die Gründung von *Stiftungen*, deren Verfügungsgewalt bisher kaum einer demokratischen Kontrolle unterliegt [Fleishman 2006]. Im Staatsbesitz sammeln sich Unternehmensanteile und Besitztümer, die auf gerechte Weise wieder privatisiert werden müssen, denn eine *Vermögensumverteilung* findet nur statt, wenn die vom Staat eingezogenen Vermögensanteile binnen kurzer Zeit an Menschen ohne Vermögen weiter gegeben werden.

Da der Erbfall eines Vermögenseigentümers nur einmal im Leben vorkommt, ist das Erbschaftssteueraufkommen relativ gering. Es trägt in Deutschland weniger als 1% zum Gesamtsteueraufkommen bei. In anderen Ländern, wie Frankreich, England, USA und Japan ist der Beitrag der Erbschafts- und Schenkungsteuern zum Steueraufkommen wesentlich höher [Rürup 2003]. Das heißt:

▶ Der *Verteilungsausgleich durch Erbschaftssteuern* ist nur in Grenzen möglich, ließe sich aber in Deutschland ohne wirtschaftlichen Schaden verstärken.

17.3 Verteilungspolitik

Eine Möglichkeit wäre beispielsweise eine Obergrenze für das Vermögen festzusetzen, das ein Mensch in seinem Leben durch Erbschaften und Schenkungen insgesamt erwerben kann. Darüber hinaus anfallende Vermögensanteile fließen einem *Umverteilungsfond* zu, aus dem Menschen ohne Erbschaftsansprüche ein *Startvermögen* erhalten, das sie für zukunftssichernde Zwecke, verwenden dürfen, wie Ausbildung, Firmengründung oder Altersvorsorgung.

Die Erhebung einer *Vermögenssteuer* wurde in Deutschland 1997 ausgesetzt, weil das Bundesverfassungsgericht befunden hat, dass die unterschiedliche Bewertung und Belastung der verschiedenen Vermögensarten gegen das Grundgesetz verstößt. In anderen demokratischen Ländern wird nach wie vor Vermögenssteuer erhoben. Nach weit verbreiter Ansicht ist es ein Verstoß gegen die Eigentumsordnung, Vermögen, das aus versteuertem Einkommen angespart oder durch versteuerte Erbschaft redlich erworben wurde, nochmals unabhängig vom Ertrag regelmäßig zu versteuern. Zulässig ist unter normalen Umständen nur eine Besteuerung der Vermögenserträge. Bei einem nationalen Notstand, nach einem verlorenen Krieg, nach einer Inflation oder nach der deutschen Wiedervereinigung kann es gerechtfertigt sein, allen Bürgern einmalig einen vermögensabhängigen Sonderbeitrag abzuverlangen.

Abgesehen von der eigentumsrechtlichen Problematik beeinträchtigt eine Vermögenssteuer, die auch ertragsloses Vermögen betrifft und damit an die Substanz geht, das Interesse der Menschen am Sparen und Vermögensaufbau. Dadurch wird die Motivation für unternehmerisches Handeln, zur Risikobereitschaft, für Ideen und Erfindungen und zur Altersvorsorge beeinträchtigt. Das bedeutet:

▶ Ein *Verteilungsausgleich über Vermögenssteuern* ist in einem freiheitlichen Rechtsstaat nur eingeschränkt möglich und gefährdet die wirtschaftliche Entwicklung.

Bei der *Umsatzsteuer* werden lebensnotwendige Güter durch Steuerfreiheit oder ermäßigte Steuersätze teilweise entlastet. Umsatzsteuer, Lenkungssteuern und andere *Transfersteuern* sind jedoch unabhängig vom Einkommen und Vermögen des Verbrauchers. Sie steigen proportional mit dem Konsum, dessen Anteil bei Haushalten mit geringem Einkommen höher ist als bei Haushalten mit hohem Einkommen. Vermögenserträge, die nicht konsumiert sondern gespart und angelegt werden, bleiben von Umsatz- und Verbrauchssteuern unbelastet. Umsatz- und Verbrauchssteuern wirken daher *regressiv* statt progressiv. Außerdem gefährdet die Umsatzsteuer Arbeitsplätze, denn sie belastet arbeitsintensive Güter höher als arbeitsarme Güter [Wiss.BeiratBMF 1962, S. 276]. Das bedeutet:

▶ *Umsatzsteuer, Lenkungssteuern* und andere *Transfersteuern* verstärken die Ungleichverteilung der effektiven Einkommen und sind zum *Verteilungsausgleich* ungeeignet.

Die Erhebung der *Einkommensteuer* auf das gesamte Erwerbs- und Vermögenseinkommen der Privathaushalte ist schwieriger als das Einziehen von Umsatz- und Transfersteuern, für deren korrekte Abführung an den Staat in der Regel die Unternehmen haften. Die Einkommensteuer ist jedoch die einzige Steuerart, die es ermöglicht, die Bürger eines Staates nach Maßgabe der *Leistungsfähigkeit* und *Belastbarkeit* zur Finanzierung der Staatsausgaben heranzuziehen und zugleich einen fairen Verteilungsausgleich zu bewirken. Das heißt:

▶ Der wirksamste *Verteilungsausgleich* ist *über die Einkommensteuer* möglich.

Mit einer progressiven Einkommensteuer, die das Existenzminimum einschließlich der notwendigen Sozialabgaben unbesteuert lässt, werden höhere Einkommen zunehmend stärker besteuert als niedrige Einkommen. Damit aber ist den Menschen noch nicht geholfen, die kein Einkommen oder ein Einkommen unter dem Existenzminimum haben. Diesen Menschen muss der Staat durch *Transferzahlungen* und *Sozialleistungen* eine menschenwürdige Existenz ermöglichen. Die staatlichen Transferleistungen an die sozial Bedürftigen bewirken heute die größte Einkommensumverteilung.

Ein einfaches System einer *progressiv-subsidären Einkommensteuer* wurde von *Milton Friedman* vorgeschlagen [Friedmann 1962/1980]: Einkommen, die höher sind als das *Existenzminimum* der Haushaltsmitglieder, werden progressiv besteuert. Haushalte mit Einkommen unter dem Existenzminimum erhalten vom Staat eine Ausgleichszahlung in Höhe der Differenz zwischen Existenzminimum und Nettoeinkommen des Haushalts. Die subsidiäre Transferzahlung wird auch als *negative Einkommensteuer* bezeichnet [Chrysant 1971]. Um den Missbrauch zu verhindern und die Leistungsbereitschaft zu fördern, darf das Existenzminimum nicht zu hoch bemessen sein. Damit die Motivation der Leistungsfähigen nicht verloren geht, muss die Steuerprogression nach oben begrenzt sein [Kamp/Scheer 1972]. Eine progressivsubsidäre Einkommensteuer verbessert das *Zahlungsvermögen* der Haushalte ohne und mit geringem Einkommen. Sie bewirkt eine höhere Nachfrage und gleicht die unfaire Lenkung der knappen Resourcen durch den Markt zu den Haushalten mit hohem Einkommen und Vermögen etwas aus (s. *Abschnitt 4.12*).

Das heute in Deutschland praktizierte Einkommensteuersystem ist begrenzt progressiv und teilweise subsidär. Es ist zwar unnötig kompliziert und in seinen Auswirkungen schwer zu durchschauen, hat aber über viele Jahre einen gewissen Ausgleich zwischen *Erwerbseinkommen* und *Vermögenseinkommen* bewirkt (s. *Abschnitt 4.11*). Wie *Abb. 4.8* zeigt, ist der Anteil des Erwerbseinkommens bei real wachsendem Volkseinkommen in der Zeit 1970 bis etwa 1982 von 66% auf 74% angestiegen. Auch das Vermögenseinkommen ist in dieser Zeit weiter gestiegen. Sein Anteil am Volksvermögen ist jedoch von 34% auf 26% gefallen. Danach war die Verteilung mit einem Anteil des Erwerbseinkommens über 70% bis etwa 2000 weitgehend stabil. Seit dem Jahr 2000 aber ist die Entwicklung rückläufig. Der Anteil des Vermögenseinkommens ist wieder auf 34% angestiegen, während der Anteil des Erwerbseinkommens auf 66% zurückgegangen ist.

Die Verteilung des Gesamteinkommens auf die Haushalte sieht noch etwas anders aus, wenn nicht die *Bruttoeinkommen* sondern die inflationsbereinigten *Nettoeinkommen* nach Abzug von Steuern und Sozialabgaben betrachtet werden. Dann zeigt sich, dass die realen Nettoeinkommen vieler Haushalte mit geringem Einkommen ohne Vermögen in den letzten zehn Jahren abgenommen haben, während die realen Nettoeinkommen von Haushalten mit Vermögen und hohem Einkommen weiter angestiegen sind. Die Ungleichverteilung der Einkommen und Vermögen hat sich also in Deutschland wie in aller Welt verstärkt [Affeld 2005; Spiegel 3/2004; Stiglitz 2006].

Diese Entwicklung ist auf eine Reihe von Maßnahmen und Regelungen zurückzuführen, die von den Regierungen teils in guter Absicht, teils unter dem Einfluss der Wirtschaftslobby eingeleitet wurden. Trotz der hohen Kosten der Wiedervereinigung und des steigenden Finanzbedarfs des Staates wurde die Besteuerung von Veräußerungsgewinnen für die Unternehmen aufgehoben. Die Vermögenssteuer ist ausgesetzt. Die Spitzensteuersätze wurden gesenkt. Bestimmte Investitionen werden hoch subventioniert. Zum Ausgleich der Steuerausfälle wurde seit 1990 dreimal der Umsatzsteuersatz angehoben (s. *Abb. 17.2*). Zusätzlich wurden Kraftstoffsteuern, Tabaksteuer, Energiesteuer, Versicherungssteuern und andere Verbrauchssteuern drastisch erhöht. Gleichzeitig aber sind die ohnehin unzureichenden Freibeträge für das Existenzminimum der Haushaltsmitglieder durch die Inflation effektiv gesunken, während die Freibeträge für Kapitalerträge vorübergehend angehoben wurden. Außerdem sind die Sozialabgaben deutlich gestiegen.

Das alles zusammen hat die Progressionswirkung der Einkommensteuer auf die Nettoeinkommen abgeschwächt. Der Rückgang des realen Nettoeinkommens für die unteren Einkommensklassen hat zur Folge, dass die betroffenen Haushalte ihren Konsum einschränken. Außerdem hat die überproportionale Verteuerung der Arbeit, die durch Umsatzsteuererhöhungen noch verstärkt wird, einen Rückgang der Nachfrage auf den Arbeitsmärkten und einen Anstieg der Arbeitslosigkeit im unteren Einkommensbereich bewirkt.

Modellrechnungen für drei Haushaltsklassen, die unterschiedliche Vermögen und Erwerbseinkommen haben, mit einem *Simulationstool*, das auf den individuellen und kollektiven Vermögensbilanzen (4.20) und (4.40) beruht, zeigen, dass sich die Umkehr des Verteilungsausgleichs zu Lasten der unvermögenden unteren Einkommensgruppen und zu Gunsten der vermögenden oberen Einkommensklassen fortsetzen wird. Sie wird sich noch verstärken, wenn die Besteuerung der Vermögenseinkommen weiter gesenkt, die Erwerbseinkommen noch mehr belastet und die Umsatzsteuer- und Verbrauchssteuern weiter angehoben werden. Die von einigen Ökonomen propagierte vollständige Verschiebung des Steueraufkommens von der Einkommensteuer auf die Umsatz- und Verbrauchssteuern soll angeblich einen Anstieg des Bruttoinlandsprodukts bewirken [Buchholz S. 301]. Infolge der ungleichen Steuerlast aber würde ein so erzieltes Wachstum, wenn es überhaupt eintritt, nur die Vermögenseinkommen steigern, während die Erwerbseinkommen effektiv weiter sinken.

17.4 Umsatzsteuer und Arbeitsmarkt

Bis 1967 galt in Deutschland die so genannte kumulative Allphasen-Bruttoumsatzsteuer ohne Vorsteuerabzug. Diese belastete den gesamten Umsatz, also alle Ausgaben für beschaffte Güter und Leistungen, die Personalkosten ebenso wie die Wertschöpfung der Unternehmen, mit einem einheitlichen Steuersatz, der vor der Umstellung bei 5% lag. Die Bruttoumsatzsteuer besteuerte auch die in den Vorprodukten und Personalausgaben enthaltenen Steuern.

Die Folge war eine Benachteiligung der Unternehmen, über die Güter und Leistungen in mehreren Handels- oder Wertschöpfungsstufen zu den Endverbrauchermärkten gelangen, gegenüber Unternehmen, die in wenigen Handelsstufen oder in nur einer internen Wertschöpfungskette den gleichen Markt beliefern. Das hat die *vertikale Unternehmenskonzentration* gefördert und den Wettbewerb beeinträchtigt. Die Bruttoumsatzsteuer ohne Vorsteuerabzug wurde daher am 1.1.1968 durch die *Mehrwertsteuer* ersetzt, die eine Umsatzsteuer mit Vorsteuerabzug ist. Die Mehrwertsteuer soll nur den Wertzuwachs besteuern und nicht die bereits in den Preisen der Produktionsfaktoren enthaltenen Steuern [BMF 1962].

Die Einführung der Mehrwertsteuer war ein großer wirtschaftspolitischer Fortschritt, der jedoch mit einem Konstruktionsfehler zu Lasten der Arbeit verbunden ist. Von der eingenommenen Umsatzsteuer darf zwar die Vorsteuer abgezogen werden, die in den Einkaufspreisen der beschafften Vorprodukte, Anlagen, Waren und Dienstleistungen enthalten ist. Die mit den Personalaufwendungen, also mit den Löhnen, Gehältern und Sozialabgaben direkt oder indirekt gezahlten Steuern sind dagegen nicht von der eingenommenen Umsatzsteuer absetzbar. Sie werden in voller Höhe wie die übrige Wertschöpfung mit der Mehrwertsteuer belastet. Daher hat die Mehrwertsteuer zu einer *steuerlichen Benachteiligung der Arbeit* geführt, auf die seinerzeit schon einige Fachleute hingewiesen haben, ohne Gehör zu finden [BMF 1962, S. 276].

Heute sind Umsätze aus Lieferungen und Leistungen umsatzsteuerpflichtig, die ein Unternehmen im Inland gegen Entgelt ausführt. Der reguläre Umsatzsteuersatz auf den Nettoverkaufspreis der Produkte und Leistungen betrug bei Einführung der Mehrwertsteuer 10%. Er wurde seither wie in *Abb. 17.4* gezeigt mehrmals angehoben. Der reguläre Umsatzsteuersatz beträgt seit 1.4.1998 in Deutschland 16% und wurde zum 1.1.2007 auf 19%, d. h. um 21%, noch weiter angehoben. Für einige Güter des Grundbedarfs gilt ein ermäßigter Steuersatz von 7%. Andere Leistungen und der Export sind von der Umsatzsteuer befreit. Das Ausmaß der Preiserhöhung einer Handelsstufe, die aus einer Mehrwertsteuererhöhung resultiert, hängt vom *effektiven Umsatzsteuersatz* ab, der das Verhältnis der eingenommenen Mehrwertsteuer minus anrechenbarer Vorsteuern zum Nettoerlös ist. Das Ausmaß der Preisbelastung durch die Mehrwertsteuer nimmt mit dem Anteil der Personalkosten am Nettoerlös zu. Das bedeutet:

- *Arbeitsarme Wirtschaftsgüter*, die über die gesamte Wertschöpfungskette betrachtet von Maschinen, Anlagen, Netzwerken oder Systemen weitgehend ohne menschliche Arbeit erzeugt werden, sind effektiv am geringsten von der Umsatzsteuer belastet.
- *Arbeitsintensive Wirtschaftsgüter*, die überwiegend durch Arbeitsleistung entstehen, werden durch die Umsatzsteuer effektiv am höchsten belastet.

Wegen der größeren Umsatzsteuerbelastung sind Güter mit hohem Personalkostenanteil bei dem heute geltenden Mehrwertsteuersatz für den Endverbraucher bis zu 19% teurer als Güter mit minimalem Personalkostenanteil. Personalintensive Pro-

17.4 Umsatzsteuer und Arbeitsmarkt

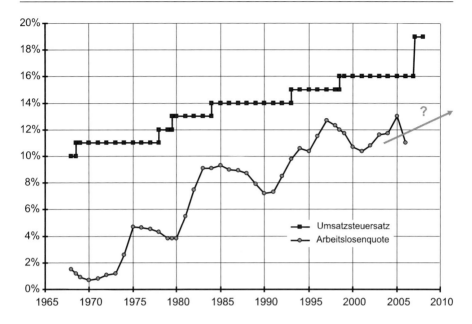

Abb. 17.4 Umsatzsteuersatz und Arbeitslosenquote in Deutschland

Quelle: Statistisches Bundesamt (bis 1991: nur alte Bundesländer)

dukte und Leistungen werden also mit zunehmenden Personalkosten und ansteigendem Umsatzsteuersatz immer teurer. Der Absatz dieser Produkte und Leistungen stagniert oder geht zurück. Die betroffenen Firmen senken entweder den Personaleinsatz durch Rationalisierung oder schränken die Produktion ein. In beiden Fällen nimmt die Anzahl der Beschäftigten ab. Im Vergleich dazu können arbeitsarme Produkte und Leistungen preisgünstiger angeboten werden. Das fördert den Absatz dieser Güter. Die erzeugenden Unternehmen aber benötigen für den höheren Absatz nur wenig zusätzliches Personal.

Wie der in *Abb. 17.4* dargestellte Verlauf der *Arbeitslosenquote* seit Einführung der Mehrwertsteuer zeigt, sind die negativen Auswirkungen der Mehrwertsteuer auf die Beschäftigung keine Theorie sondern Realität. Die Arbeitslosigkeit ist nach jeder Anhebung des Mehrwertsteuersatzes, wenn auch gedämpft vom Konjunkturverlauf, mit einem Zeitversatz von drei bis sechs Jahren langfristig immer weiter angestiegen. Der zeitliche Versatz des Anstiegs der Arbeitslosigkeit ist ein Indiz für die Verursachung durch die Mehrwertsteuererhöhung. Auch ein Blick über die Grenzen bestätigt den Zusammenhang zwischen Mehrwertsteuersatz und Beschäftigung. Die Arbeitslosenquote erreichte in Frankreich 1996 bei einem Umsatzsteuersatz von 20,6% im Jahresmittel 12,5%. In der Schweiz lag dagegen die Arbeitslosenquote 1996 mit einem Steuersatz von 6,5% nur bei 4,8%.

Beim Vergleich der Steuersätze ist allerdings die Höhe der *Sozialabgaben* zu beachten, die in Ländern wie Skandinavien oder England weitaus stärker über Steuern finanziert werden als in Deutschland. Auch die statistischen Angaben zur Arbeitslosenquote sind international und im Zeitverlauf nur bedingt vergleichbar, da die Abgrenzung der Erwerbsbereiten, Beschäftigten und Erwerbslosen unterschiedlich ist und häufiger verändert wurde. Doch selbst unter Berücksichtigung dieser Ungewissheiten sowie der anderen Einflussfaktoren, wie Konjunkturschwankungen, demografische Entwicklung und Wiedervereinigung, ist die Korrelation zwischen Umsatzsteuersatz und Arbeitslosigkeit so offenkundig, dass sich der Wirkungszusammenhang nicht leugnen lässt. Auch wenn die Arbeitslosenquote seit 2006 wieder rückläufig ist, bleibt zu befürchten, dass sie – wie schon mehrmals in der Vergangenheit – bei der nächsten Konjunkturabschwächung wieder ansteigt. Der Anstieg wird abgeschwächt oder überkompensiert durch den Rückgang des Anteils der arbeitsfähigen Bevölkerung. Er betrifft aber nach wie vor am stärksten die Minderqualifizierten und den Niedriglohnsektor.

Die Personalkosten der Unternehmen enthalten direkt und indirekt Steuern. Direkt enthält der Personalaufwand die vom Unternehmen an den Staat abgeführten Lohn- und Einkommenssteuern. Indirekt sind in den Personalkosten Umsatz- und Verbrauchssteuern enthalten, die von den Beschäftigten aus dem Nettoeinkommen für die Lebenshaltungskosten ausgegeben werden, um die Arbeitskraft zu bewahren. Da die im Personalaufwand enthaltenen Steuern nicht von der Umsatzsteuer abgezogen werden können, erhebt der Staat Umsatzsteuern auf die Einkommensteuern, auf die Sozialabgaben und auf die Umsatzsteuern, die in den Ausgaben für die Lebenshaltung enthalten sind. Damit belastet die Umsatzsteuer – anders als die Einkommensteuer – auch das *Existenzminimum* der Beschäftigten.

Die steuerliche Benachteiligung der Arbeit lässt sich durch folgende *Ergänzung der geltenden Umsatzsteuergesetze* beenden:

▶ Zusätzlich zum Abzug der gezahlten Umsatzsteuer wird die erlöste Umsatzsteuer um einen *Personalsteuervorabzug* reduziert, der die in den Personalkosten enthaltenen Steuern berücksichtigt.

Der Personalsteuervorabzug von der Umsatzsteuer entspricht der Freistellung des Existenzminimums und der Sozialabgaben bei der Einkommensteuer. Er ist für jeden Beschäftigten, für den ein Unternehmen Steuern und Sozialabgaben bezahlt, gleich der mit dem Umsatzsteuersatz multiplizierten *Personalsteuerbemessungsgrundlage*. Sie wird entsprechend dem inflationsbereinigten Existenzminimum und den Bemessungsgrenzen der Sozialabgaben festgelegt.

Wenn die neue Regelung nicht zu Steuerausfällen führen soll, muss ab Inkrafttreten des Personalsteuervorabzugs der Umsatzsteuersatz entsprechend angehoben oder besser noch die Einkommensteuer erhöht werden. Die notwendige Anhebung der Steuersätze kann durch Modellrechnungen bestimmt werden. Nach der Steuerreform zahlen personalintensiv arbeitende Unternehmen weniger Umsatzsteuer, während Unternehmen mit geringem Personaleinsatz bei gleichem Nettoerlös mehr Umsatzsteuer zahlen als zuvor. Die Preise für personalintensive Güter können nach der Steuerreform gesenkt werden und gegenüber Produkten und Leistungen mit geringerer Personalintensität bis zu 19% günstiger sein. Personalintensive Produkte und

Leistungen werden besser verkäuflich. Der Absatz und damit der Personalbedarf steigen.

Die zuvor steuerlich begünstigten Unternehmen mit geringem Personalkostenanteil werden versuchen, die steuerliche Mehrbelastung über die Preise auf die Käufer abzuwälzen. Personalarm erzeugte Güter werden dadurch teurer. Das ist der Preis, den alle für die Beseitigung der steuerlichen Benachteiligung der Arbeit zahlen müssen. Zum Ausgleich dafür aber sinken die Preise der personalintensiven Produkte und Leistungen. Mit der vorgeschlagenen Umsatzsteuerreform wird vor allem die steuerliche Benachteiligung der unteren Einkommensgruppen deutlich reduziert. Arbeitsintensive Produkte und Dienstleistungen, wie Pflegedienste, werden damit wieder bezahlbar. In den Unternehmen wird die Schwelle für Rationalisierungsinvestitionen zur Einsparung von Personal mit niedrigem Einkommen heraufgesetzt.

Wegen der nicht in jeder Hinsicht berechenbaren Reaktion der Wirtschaftsteilnehmer ist eine Umsatzsteuerreform – wie alle Reformen – mit *Risiken* verbunden. Die Risiken der Einführung eines Personalsteuervorabzugs sind jedoch geringer als die Risiken der Umsatzsteuerreform von 1968. Zur Verbesserung der Beschäftigungssituation und zur Bewältigung der Probleme einer Gesellschaft mit stagnierender oder rückläufiger Bevölkerung ist eine Beseitigung der Konstruktionsfehler des heutigen Steuersystems früher oder später unausweichlich, denn:

▶ Mit einer Umsatzsteuerreform in Verbindung mit einer subsidiären Einkommensteuer, deren Steuersatz ab einem indizierten Freibetrag bis zu einer Obergrenze stetig ansteigt, lassen sich die anhaltende Vernichtung von Arbeitsplätzen begrenzen und die Schaffung neuer Arbeitsplätze im unteren Einkommensbereich wirkungsvoll fördern.

Um die heimliche Steuerprogression durch Inflation zu verhindern, müssen die Bemessungsgrenzen des Personalsteuervorabzugs und der Sozialabgaben ebenso wie die an das Existenzminimum gekoppelten Freibeträge der Privathaushalte automatisch mit der Geldentwertung angehoben werden. Dann ist die Inflation für den Staat weniger attraktiv. Außerdem wird auf diese Weise die *Vermögensumverteilung über die Geldentwertung* begrenzt (s. u.).

17.5 Subventionen

Subventionen sind Transferzahlungen und Leistungen des Staates an Unternehmen und Haushalte ohne unmittelbare Gegenleistung. Abhängig davon, was als Subvention betrachtet wird, erreichen sie in Deutschland 8 bis 15% des Volkseinkommens. Die staatlichen Subventionen werden finanziert aus den Steuern, Zöllen und anderen Abgaben aller Unternehmen und Haushalte. Staatliche Subventionen bewirken daher eine unkontrollierbare *Umverteilung* der Einkommen.

Das Einziehen von Geld zur Finanzierung von Subventionen ist eine Teilentmündigung der Bürger. Mit der *Stimmkraft des Geldes* kann der Staat die Abstimmungen auf den Märkten beeinflussen oder überstimmen. Damit sollen sozial- und wirtschaftspolitische Ziele erreicht werden, über die Politiker und Beamte – unter dem Einfluss von *Lobbyisten* – entscheiden. Bei den Parlamentswahlen können die Bürger auf die Subventionen nur indirekt Einfluss nehmen. Über deren Verteilung entscheiden sie nicht.

Zur Beurteilung von Subventionen und zur Entscheidung über Subsidien ist wieder das *Subsidiaritätsprinzip* hilfreich: Sie sind notwendig, um Menschen in unverschuldeter Notlage zu unterstützen, und zeitlich begrenzt sinnvoll, um Haushalten und Unternehmen zu helfen, sich aus einer schwierigen Lage zu befreien. Sie sind unnötig für Menschen und Unternehmen, die sich selbst helfen können, und schädlich, wenn sie die Eigeninitiative behindern, die Menschen bevormunden oder zum Missbrauch verleiten.

In einem sozialen Rechtsstaat sind die *Sicherung des Existenzminimums*, die *Unterstützung in Notfällen* und ein begrenzter *Ausgleich der Einkommensverteilung* weitgehend unstrittige *Ziele der Subvention von Privathaushalten*. Sie sind erreichbar durch ausreichend bemessene Steuerfreibeträge für das Existenzminimum und die berufsbedingten Werbungskosten aller Haushaltsmitglieder, auch der Kinder und berufstätigen Frauen, durch Zuschüsse zu den Sozialversicherungen und durch direkte *Sozialhilfen*.

Umstrittene Ziele sind die Familienförderung, die Bildungsförderung und die Förderung der Berufstätigkeit der Frauen. Hier besteht die Gefahr einer übermäßigen Bevormundung der Bürger. Kindergeld für Haushalte, die bei ausreichenden Freibeträgen für sich selbst sorgen könnten, ist keine Subvention sondern eine Entmündigung und Umverteilung. Elterngeld und kostenlose Betreuungsplätze sind keine Familienförderung, wenn sie durch Befristung des Kindergelds oder durch Studiengebühren finanziert werden. Eine nicht erhobene oder reduzierte Mehrwertsteuer auf Güter des Existenzbedarfs ist ebensowenig eine Subvention wie die Nichtbesteuerung der Atemluft.

Anders als über die Hilfen für bedürftige Menschen besteht über die *Ziele der Subvention von Unternehmen* keine Einigkeit. Bekannte *Ziele der Wirtschaftsförderung* sind der *Schutz bestimmter Branchen und Produkte*, wie Landwirtschaft oder Flugzeugbau, die *Erhaltung wirtschaftlicher Strukturen*, wie Schiffbau und Bergbau, die *Erleichterung von Anpassungsprozessen* bei Marktumbrüchen und die *Förderung von Innovationen* und Unternehmensgründungen. Ein Erpressungsargument ist in vielen Fällen der Erhalt und die Schaffung von Arbeitsplätzen. Diese und andere Ziele sollen erreicht werden durch *direkte Subventionen*, wie Investitionszulagen, zinsgünstige Kredite, Starthilfen oder andere Zuschüsse, oder durch *indirekte Subventionen*, wie Befreiung, Ermäßigung und Rückvergütung von Steuern, erhöhte Abschreibungen, Zollbefreiung oder Schutzzölle.

Fraglich ist jedoch, ob Politiker besser als die Verbraucher beurteilen können, welche Güter in Zukunft benötigt werden, und ob sie besser als die Unternehmen wissen, welche Entwicklungen und Investitionen zur Bedarfsdeckung notwendig sind. Noch fraglicher ist, ob und wieweit die Ziele der Wirtschaftspolitik überhaupt durch Subventionen erreichbar sind. Offenkundig sind nur die *Gefahren der staatlichen Wirtschaftsförderung*, wie Subventionsbetrug, Missbrauch und Mitnahmeeffekte, Subventionswettbewerb, hoher Verwaltungs- und Kontrollaufwand, Verschwendung und Fehllenkung der Ressourcen, Begünstigung hoher Einkommen und Vermögen, Erhaltung ineffizienter Betriebe und veralteter Produkte sowie Wettbewerbsverzerrung und Benachteiligung der nicht geförderten Güter, Regionen und Akteure.

Der wirksamste Schutz gegen die Gefahren der Subvention und gegen die Wissensanmaßung der Wirtschaftspolitiker ist der Markt. Abgesehen von der befristeten Unterstützung von Anpassungsprozessen bei Umbrüchen auf einzelnen Märkten oder der wirtschaftlichen Rahmenbedingungen, ist es besser, das Geld den Bürgern und Unternehmen zu belassen, damit sie eigenverantwortlich über den Markt entscheiden können, wohin das Geld fließen soll und welche Entwicklungen zur Erfüllung des Bedarfs notwendig sind. Staatliche Eingriffe sind nur in Notlagen, bei Engpässen und gegen Missbrauch notwendig. Der Staat muss über die Markt- und Wirtschaftsordnung die *Selbstregelung über den Markt* sichern und soll nur die sozialen Nachteile des Marktes in Maßen ausgleichen [Eucken 1952].

17.6 Mindestlohn und Beschäftigung

In den letzten Jahren sind in Deutschland und anderen Ländern die Einkommen der Beschäftigten im Niedriglohnsektor hinter der allgemeinen Einkommensentwicklung zurückgeblieben und real teilweise deutlich gefallen. Das hat die Ungleichheit der Einkommensverteilung im untersten Bereich verstärkt, den Abstand zur Sozialhilfe verringert und sich nachteilig auf die Arbeitsbereitschaft ausgewirkt. Infolgedessen sind die Sozialbeiträge aus dem Niedriglohnsektor zurückgegangen und die staatlichen Transferzahlungen an die betroffenen Haushalte gestiegen.

Eine viel diskutierte Maßnahme zur Sicherung auskömmlicher Löhne ist ein gesetzlicher *Mindestlohn*, dessen Höhe aus dem *Existenzminimum* einschließlich Sozialabgaben eines Alleinstehenden errechnet wird. Dieser *Existenzlohn* beträgt 2006 in Deutschland bei einer Arbeitszeit von 40 Wochenstunden etwa 7,50 €/h. Mindestlöhne in sehr unterschiedlicher Höhe gibt es bereits in vielen Ländern Europas und in den USA, nicht aber in Deutschland. Gegen die Einführung in Deutschland wird von Arbeitgebern und Wirtschaftswissenschaftlern eingewandt, dass ein gesetzlicher Mindestlohn die Kosten und Preise nach oben treibt, die internationale Wettbewerbsfähigkeit deutscher Unternehmen bedroht, zur Vernichtung von Arbeitsplätzen im Niedriglohnsektor führt und damit denen schadet, denen geholfen werden soll [Wikipedia 2007].

Das *Kostenargument* erweist sich bei genauerer Analyse als unhaltbar, solange der Mindestlohn auf das Existenzminimum begrenzt ist und die Angleichung der Niedriglöhne nicht zur Anhebung aller Erwerbseinkommen führt. So ergibt sich aus einer um 50% höheren Entlohnung der 35 niedrigst bezahlten Beschäftigten des Unternehmens mit der Lohn- und Gehaltsverteilung *Abb. 17.2* ein Anstieg der Lohnsumme um nur 0,7%. Bei Dienstleistungsunternehmen des Gastgewerbes, der Reinigungsbranche und der Logistik kann der Anstieg höher sein. Für Deutschland insgesamt würde ein Zuwachs der Entlohnung um 50% allein für die 5% Beschäftigten mit dem geringsten Einkommen, auf die bei einer Ungleichheit von $\alpha = 25\%$ etwa 2,0% des Erwerbseinkommens entfallen, die Summe aller Erwerbseinkommen nur um 1% ansteigen lassen. Im Vergleich zur Anhebung der Mehrwertsteuer um 3% bewirkt also ein Mindestlohn nur eine geringe Mehrbelastung für die Gesamtheit aller Haushalte. Auch die Wettbewerbsfähigkeit der Unternehmen wäre von einem gesetzlichen Mindestlohn nicht betroffen, wenn alle besser verdienenden Mitarbeiter einmalig auf einen Einkommenszuwachs von 1% verzichten würden.

Solange der Mindestlohn nicht zu einem Rückgang der Beschäftigung führt, ergeben sich daraus höhere Sozialbeiträge und geringere Transferzahlungen an bedürftige Haushalte. Diese Entlastung der Sozialkassen und des Staatshaushalts kompensiert einen Teil der Mehrkosten des Mindestlohns. Da der Bedarf der Haushalte mit dem geringsten Einkommen noch lange nicht gesättigt ist, fließt das höhere Nettoeinkommen überwiegend in den Konsum und erhöht die Inlandsnachfrage.

Die Auswirkung eines Mindestlohns auf die *Beschäftigung* lässt sich mit Hilfe der *Logik des Marktes* beurteilen. Die *Abb. 17.5* zeigt die geschätzte Angebotsfunktion und Nachfragefunktion für den deutschen Niedriglohnmarkt, die aus aktuellen Arbeitsmarktdaten, Untersuchungen und Befragungen abgeleitet sind [Wikipedia 2007]. Das Gesamtangebot im Niedriglohnsektor ergibt sich aus der Summe aller Menschen, die zu einer Erwerbstätigkeit ohne Fachausbildung bereit sind. Dazu gehören Frauen und Männer, Jüngere und Ältere, Vollzeit- und Teilzeitbeschäftigte, geringer und höher Qualifizierte, fest angestellte und freie Mitarbeiter sowie Gastarbeiter und Saisonarbeiter. Die Gesamtnachfrage im Niedriglohnsektor kommt vor allem aus dem Dienstleistungssektor, aber auch aus der Industrie, den Privathaushalten und staatlichen Institutionen.

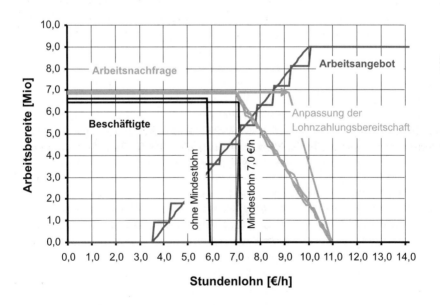

Abb. 17.5 Marktdiagramm des Niedriglohnsektors

Parameter: Schätzwerte für Deutschland 2006

17.6 Mindestlohn und Beschäftigung

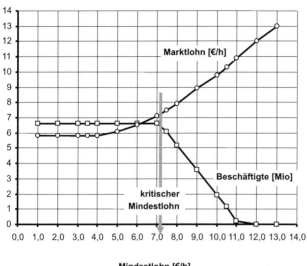

Abb. 17.6 Simulierter Einfluss des Mindestlohns auf Marktlohn und Beschäftigtenzahl

Parameter: s. *Abb. 17.5*

Die Gesamthöhe von Angebot und Nachfrage im Niedriglohnsektor ist unbekannt. Aber auch ohne diese Kenntnis lassen sich die Auswirkungen eines Mindestlohns aus den geschätzten Angebots- und Nachfragefunktionen der *Abb. 17.5* herleiten: Im Niedriglohnsektor ist das Gesamtangebot arbeitsbereiter Menschen wesentlich größer als die Gesamtnachfrage. Die größere *Marktmacht* der Nachfrager zwingt die Anbieter außertariflicher Arbeit, eine Bezahlung zu Grenzlöhnen zu akzeptieren. Der Preisbildungsparameter β aus *Abschnitt 8.2* wird damit auf diesem Sektor des Arbeitsmarktes 0. Wenn die Nachfrager die Anbieter nach aufsteigender Lohnforderung auswählen, ergibt die Marksimulation mit Hilfe der Transfergleichungen für einen Arbeitsmarkt ohne Mindestlohn einen *Marktlohn* von knapp 5,80 €/h bei 6,6 Millionen Beschäftigten. Durch die Einführung eines Mindestlohns von 7,00 €/h steigt der Marktlohn bei nahezu gleich bleibender *Beschäftigtenzahl* auf 7,20 €/h.

Aus den in *Abb. 17.6* dargestellten Simulationsergebnissen ist zu ersehen, dass mit einer Anhebung bis zum *kritischen Mindestlohn* von 7,20 €/h der Marktlohn von 5,80 auf 7,20 um knapp 25% steigt, während die Beschäftigtenzahl gleich bleibt. Bei weiterer Anhebung des Mindestlohns und unverändertem Verhalten der Nachfrager aber sinkt die Beschäftigtenzahl, während der Marktlohn weiter steigt. Sie fällt bei einem Mindestlohn von 11,00 €/h mit der Gesamtnachfragefunktion auf Null, da kein Anbieter mehr bereit ist, zu diesem Lohn ungelernte Arbeitskräfte einzustellen. Die Zahl der *Arbeitslosen* aus dem Niedriglohnsektor liegt bis zum kritischen Wert unverändert bei etwa 2,4 Millionen. Sie steigt bei höherem Mindestlohn rasch an, lässt sich jedoch durch einen geringeren Mindestlohn nicht steigern.

Durch Lohnzugeständnisse der Arbeitssuchenden verschiebt sich die Angebotsfunktion in *Abb. 17.5* nach links. Bei einer Gesamtnachfrage von 7,0 Millionen würde dadurch bei sinkendem Marktlohn die Beschäftigtenzahl maximal um 0,2 Millionen ansteigen. Das heißt:

▶ Solange ein Überangebot an Arbeit besteht, lässt sich die Beschäftigtenzahl durch weitere *Lohnzugeständnisse* der Arbeit Suchenden nicht wesentlich steigern.

Nachfrager mit bislang geringer Zahlungsbereitschaft, die ansteigende Lohnkosten in den Preisen weitergeben können, werden nach der Einführung eines Mindestlohns höhere Löhne anbieten, um nicht das Geschäft aufzugeben. Das trifft für die Mehrzahl aller Arbeitgeber im Niedriglohnsektor zu, da die meisten Dienstleister, Einzelhändler und Kleinunternehmer ihre Leistungen lokal erbringen müssen und nicht abwandern können. Daraus ergibt sich wie in *Abb. 17.5* dargestellt eine Rechtsverschiebung des oberen Teils der Nachfragekurve, die weitere Spielräume für eine Mindestlohnanhebung eröffnet.

Eine Voraussetzung der dargestellten Auswirkungen von Mindestlöhnen ist ein *flexibler Markt* mit *kurzen Transferzeiten* von einigen Tagen bis zu wenigen Wochen. Ein längerer *Kündigungsschutz* verringert die Bereitschaft zur raschen Einstellung bei steigendem Bedarf und reduziert bei höherem Mindestlohn die Nachfrage, da eine Weiterbeschäftigung bei Bedarfsrückgang zu hohen *Remanenzkosten* führt.

Eine tiefer gehende Untersuchung der Auswirkung von Mindestlöhnen unter Berücksichtigung der Marktdynamik erfordert eine Differenzierung des Arbeitsmarktes nach *Qualifikationsstufen* und *Branchen*, die den Rahmen dieses Buches sprengen würde. Aber auch ohne weitere Vertiefung begründet die vorangehende Wirkungskettenanalyse die grundsätzliche *Mindestlohnempfehlung*:

▶ Zur Sicherung des Existenzminimums sollte bei gleichzeitiger Senkung der Kündigungsfristen ein branchenunabhängiger Mindestlohn staatlich vorgeschrieben werden.

Ein gesetzlicher Mindestlohn ist effektiv ein staatlich verordnetes *Schutzkartell* aller Arbeitssuchenden und Beschäftigten ohne Mengenzuteilung. Die Verteilung der knappen Arbeitsplätze im untersten Einkommensbereich erfolgt dann nicht mehr über den Lohn sondern nur noch über die Qualifikation. Damit bleibt der Ansporn des Marktes zu besserer Arbeitsleistung erhalten.

Da eine genaue Berechnung des kritischen Mindestlohns, der die Beschäftigung nicht gefährdet, nicht möglich ist, sollte der staatliche Mindestlohn in mehreren Schritten mit abnehmender Steigerung über einen längeren Zeitraum eingeführt und die Auswirkung auf die Beschäftigung beobachtet werden.

17.7 Geldwertstabilität

Das Maß der *Geldwertstabilität* ist die durch Beziehung (4.9) definierte *Inflationsrate*. Sie wird wie in *Abschnitt 4.3* ausgeführt aus der jährlichen Marktpreisänderung für einen Warenkorb von Wirtschaftsgütern berechnet. Für die Lebenshaltungskosten enthält der Warenkorb ausgewählte Güter des privaten Bedarfs, deren Kaufpreise

17.7 Geldwertstabilität

Einflussfaktor/Auslöser	Änderung	Marktpreis		Gesamtabsatz	
Nachfragemengen (Bedarf)	steigend	schwach steigend	↗	stark steigend	↑
	fallend	schwach fallend	↘	stark fallend	↓
Zahlungsbereitsschaft	steigend	proportional steigend	↗	stark steigend	↑
	fallend	proportional fallend	↘	stark fallend	↓
Angebotsmengen (Kapazität)	steigend	schwach fallend	↘	stark steigend	↑
	fallend	schwach steigend	↗	stark fallend	↓
Angebotspreisniveau	steigend	proportional steigend	↗	stark fallend	↓
	fallend	proportional fallend	↘	stark steigend	↑

Tabelle 17.2 Einflussfaktoren auf den Marktpreis und den Gesamtabsatz
Die Abhängigkeiten gelten bei anfangs ausgeglichener Kaufkraft und ausgeglichenem Bedarf

auf den *Endverbrauchermärkten* erfasst werden. Die *Inflationsrate industrieller Vorerzeugnisse* wird über die Kaufpreisentwicklung für eine Auswahl von Einsatzgütern auf den *Vorstufenmärkten* ermittelt.

In den *Abschnitten 12.4* und *12.5* wurde gezeigt, dass die Marktpreisänderung eines Wirtschaftsgutes vier verschiedene Ursachen haben kann:

veränderte Bedarfsmengen
Änderung der Zahlungsbereitschaft
zunehmende oder abnehmende Angebotsmengen (17.5)
geändertes Angebotspreisniveau

Für den Fall einer anfangs ausgeglichenen Bedarfssituation ohne Kaufkraftüberhang sind die Auswirkungen dieser Einflussfaktoren auf die Marktpreise und auf den Gesamtabsatz in *Tab. 17.2* zusammengestellt. Diese Angaben sind allgemein gültig, denn sie ergeben sich aus der Formel (12.9) für den Marktpreis und der Formel (12.10) für den Gesamtabsatz, die durch die Simulationsrechnungen bestätigt werden. Aus *Tab. 17.2* ist zu entnehmen, dass die Auswirkungen der einzelnen Einflussfaktoren unterschiedlich sind. Sie können sich erheblich verstärken, wenn zwei oder mehr Faktoren gleichgerichtet wirken. Sie schwächen sich ab, wenn sich gegenläufige Einflüsse kompensieren. Insgesamt gibt es 15 verschiedene Parameterkonstellationen, die einen Preisanstieg bewirken, und 15 Konstellationen, die ein Sinken des Marktpreises hervorrufen können. Hinzu kommt, dass sich die Einflussfaktoren für die einzelnen Güter eines Warenkorbs in der Regel unterschiedlich und auch gegenläufig verändern.

Wie in den *Abschnitten 6.5* und *7.5* ausgeführt, sind die Änderungsursachen vielfältig und teilweise voneinander abhängig. Nur wenn sich der gewichtete Mittelwert der Marktpreise aller Güter des Warenkorbs im Verlauf eines Jahres ändert, wird das offiziell als Inflationsrate wahrgenommen. Das macht die Erklärung der Ursachen, Änderungen und Auswirkungen der Inflation so komplex und deren Steuerung durch die *Geldpolitik* so schwierig.

Nach den Ergebnissen der *Kapitel 11* und *12* gelten folgende *Wirkungszusammenhänge der Geldwertstabilität* (s. *Abb. 11.4, 12.8, 12.9, 12.12* und *12.13*):

▶ Im Bereich ausgeglichenen Bedarfs ohne Kaufkraftüberhang haben Preis- und Mengenänderungen auf der Nachfrageseite wie auf der Angebotsseite einen wesentlich stärkeren Einfluss auf die Absatzmengen als auf die Marktpreise.

▶ Bei Annäherung an den *Engpasszustand* wegen Übernachfrage oder Angebotsknappheit nimmt der Preisanstieg bei weiter steigender Nachfrage immer stärker zu, während der Absatz konstant bleibt.

▶ Bei Annäherung an den *Sättigungszustand* wegen Bedarfsrückgang oder Überkapazität ändern sich Marktpreise und Absatz mit zunehmender Zahlungsbereitschaft nur wenig.

▶ Bei gleichbleibenden Bedarfs- und Angebotsmengen ändert sich der *Marktpreis* aufgrund einer veränderten *Zahlungsbereitschaft*, wegen eines anderen *Angebotspreisniveaus* oder infolge einer gleichzeitigen Änderung beider Faktoren.

Die Auswirkungen der beiden monetären Einflussfaktoren *Zahlungsbereitschaft* und *Angebotspreisniveau* auf den Marktpreis und den Gesamtabsatz sind in den *Abb. 17.7, 17.8* und *17.9* dargestellt. Sie zeigen die Ergebnisse von Marktsimulationen über jeweils 25 Perioden für die Ausgangskonstellation (11.7) und die Marktdaten der *Tab. 11.2*. Die Steigerungsrate der Angebots- bzw. der Nachfragepreise wurde mit 1,5% pro Periode angesetzt. Bei einer Zunahme allein der Zahlungsbereitschaft steigt der Marktpreis um 0,5% pro Periode und insgesamt um 14%, während der Absatz um 60% zunimmt. Bei Anstieg nur der Angebotspreise steigt der Marktpreis um 0,7% pro Periode und insgesamt um 20%, während der Absatz um 55% fällt. Steigen Zahlungsbereitschaft und Angebotspreise parallel um 1,5% pro Periode, dann steigt der Marktpreis bei gleichem mittlerem Absatz um 1,4% pro Periode und insgesamt um 40%. Die Simulationsrechnungen bestätigen die aus den Transfergleichungen des Marktes, d. h. aus der reinen Marktmechanik für alle Wirtschaftsgüter folgenden Aussagen:

▶ Eine *Zunahme der Zahlungsbereitschaft* bewirkt einen unterproportionalen Anstieg des Marktpreises bei überproportionalem Wachstum des Absatzes (siehe *Abb. 12.8, 12.9* und *17.7*).

▶ Der *Anstieg des Angebotspreisniveaus* hat ein unterproportionales Ansteigen des Marktpreises und ein überproportionales Absinken des realen Güterabsatzes zur folge (s. *Abb. 12.12, 12.13* und *17.8*).

▶ Steigen *Zahlungsbereitschaft und Angebotspreisniveau* mit gleicher Rate, ändert sich der Marktpreis proportional zum kollektiven Anstieg der Angebots- und Nachfragepreise, während der reale Güterabsatz unverändert bleibt (s. *Abb. 17.9*).

17.7 Geldwertstabilität

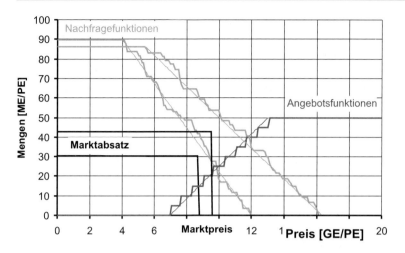

Abb. 17.7 Marktergebnisse vor und nach 25 Perioden Anstieg der Zahlungsbereitschaft (1,5% pro PE)

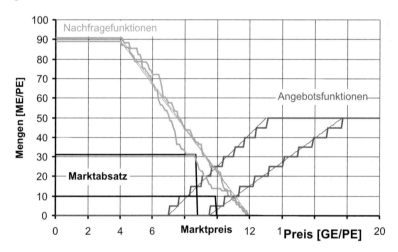

Abb. 17.8 Marktergebnisse vor und nach 25 Perioden Anstieg des Angebotspreisniveaus (1,5% pro PE)

Diese Aussagen und ihre Umkehrung gelten für alle Güter, bei denen sich die kollektive Zahlungsbereitschaft oder das gesamte Angebotspreisniveau verändern. Gründe für eine *Anhebung des Angebotspreisniveaus* können sein:

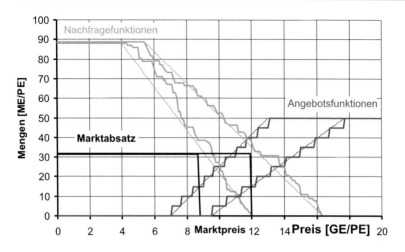

Abb. 17.9 Absatz und Marktpreis vor und nach 25 Perioden Anstieg von Zahlungsbereitschaft und Angebotspreisniveau

angestrebte Gewinnsteigerung
gestiegene Arbeitskosten
erhöhte übrige Faktorkosten (17.6)
höhere Steuern und Abgaben
Anstieg der Zinsen

Solange nicht auch die *Zahlungsbereitschaft* und die Nachfragemengen ansteigen, führt eine Angebotspreisanhebung aufgrund der Marktmechanik rasch zu einem Absatzrückgang, der auf den Gewinn durchschlägt. Die Mehrzahl der Anbieter wird unter diesen Umständen nicht die Preise erhöhen sondern versuchen, höhere Kosten so weit wie möglich durch Rationalisierung aufzufangen. Wenn aber die Zahlungsbereitschaft und die Nachfragemengen erkennbar zunehmen, werden die Anbieter in gleichem Ausmaß die Preise erhöhen. Das führt dann zu einer inflationären *Nachfrage- und Angebots-Preisspirale*, deren Ergebnis *Abb. 17.9* zeigt. Daraus folgt:

▶ Bei ausreichendem Wettbewerb wird die Geldentwertung primär durch eine erhöhte Zahlungsbereitschaft und steigenden Bedarf der Nachfrager und erst sekundär durch Preiserhöhungen der Anbieter ausgelöst.

Der ansteigende Bedarf kann von den Privathaushalten oder den Unternehmen ausgehen, aber auch vom Staat. Die Gründe einer *Zunahme der Zahlungsbereitschaft* sind für Unternehmen und Privathaushalte unterschiedlich. Gestiegene Gewinne, ein verbesserter Absatz, erwartete Kosteneinsparungen oder eine günstigere Finanzierung lassen die Zahlungsbereitschaft der Unternehmen ansteigen. Auslöser einer höheren *Zahlungsbereitschaft der Privathaushalte* können sein:

Zuwachs der Nettoeinkommen
Abnahme der Sparneigung
Abschmelzen des Vermögens (17.7)
Zunahme der Verschuldungsbereitschaft

Die Ursachen und Auslöser der Inflation können von der Zentralbank über die *Geldpolitik* sowie vom Staat über die *Finanz- und Ausgabenpolitik* auf unterschiedliche Weise beeinflusst und hervorgerufen werden.

17.8 Inflationsauswirkungen

Die Auswirkungen der Inflation lassen sich ablesen aus den *Vermögensbilanzen* der Haushalte, der Unternehmen und des Staates (siehe *Abschnitt 4.8*). Die Berechnung der Vermögensänderung aus den unterschiedlichen Einnahmen, Ausgaben, Transferzahlungen und Steuern unter Berücksichtigung der Inflation ist jedoch recht komplex. Die Ergebnisse sind für die verschiedenen Haushalte und Unternehmen sehr unterschiedlich.

Zum Verständnis der Inflationsauswirkungen genügt es jedoch, die Vermögensbilanz (4.20) auf die Vermögenserträge bei einer konstanten Sparrate zu beschränken, die als gegeben betrachtet wird. Ist das *Vermögen* zu Anfang eines Jahres $v(t)$, dann reduziert sich der auf das Preisniveau des Ausgangsjahres t_0 bezogene *reale Vermögenswert* bei einer *Inflationsrate* i bis zum Ende des Jahres t um $-i \cdot v(t)$. Bei einer Anlage des Vermögens zu einer mittleren *Vermögensertragsrate* e_V [% p.a.] kommt im gleichen Jahr der Vermögensertrag $e_V \cdot v(t)$ hinzu. Wenn zusätzlich aus Erwerbseinkommen und Verkaufserlösen nach Abzug von Steuern, Sozialabgaben und Ausgaben eine konstante reale jährliche *Sparrate* s [GE/a] verbleibt, ist die *inflationsbereinigte Vermögensbilanz*:

$$v(t+1) = v(t) - i \cdot v(t) + e_V \cdot v(t) + s . \qquad (17.8)$$

Im Grenzfall sehr kurzer Periodenlänge, d. h. für $T_{PE} \to 0$, folgt aus (17.8) die Differenzialgleichung:

$$dv(t)/dt = (e_V - i) \cdot v(t) + s . \qquad (17.9)$$

Die Lösung dieser Gleichung ist die *Vermögensfunktion bei konstanter Sparrate*:

$$v(t) = (v_0 + (s/(e_V - i))) \cdot \mathrm{EXP}((e_V - i) \cdot (t - t_0)) - s/(e_V - i) . \qquad (17.10)$$

Mit Hilfe dieser Vermögensfunktion lassen sich verschiedene Haushalte vergleichen, die bei gleichem Anfangsvermögen $v(t_0) = v_0$ und gleicher Sparrate s unterschiedliche Möglichkeiten zur Vermögensanlage haben. Der erste Haushalt investiert das Vermögen einschließlich Erträgen und Sparraten in *Anlagevermögen*, z. B. in Immobilien oder Beteiligungen, zu einem mittleren *Kapitalanlagezins* $z_K = z_{Keff} + i = e_V$, der um den effektiven Kapitalanlagezins z_{Keff} über der Inflationsrate i liegt. Der zweite Haushalt legt Vermögen, Erträge und Sparraten zu einem mittleren *Geldanlagezins* $z_G = e_V$ in festverzinsliche *Geld- und Finanzanlagen* an. Für diese beiden Haushalte ergibt sich mit den angegebenen Parameterwerten aus der Vermögensbilanz (17.8) die in *Abb. 17.10* dargestellte Entwicklung des *Realvermögens*.

Ein dritter Haushalt mit dem gleichen Startvermögen nimmt zu Anfang ein *Darlehen* S zu einem *Sollzinssatz* z_S auf, um es zusätzlich zum Eigenkapital in ein entsprechend höheres Kapitalvermögen zu einem *Kapitalanlagezins* $z_K = z_{Keff} + i$ zu investieren. Solange die Differenz $z_K - z_S$ zwischen Kapitalzins und Sollzins positiv ist, resultiert aus der Verschuldung ein *Mehrertrag* $(z_K - z_S) \cdot S$, der auf der rechten Seite der Vermögensbilanz (17.8) hinzukommt.

Wenn die Inflation größer als der Geldanlagezins und kleiner als der Kapitalanlagezins ist, wenn also $z_K > i > z_G$, ergeben sich aus den Vermögensbilanzen der verschiedenen Haushalte die aus den Kurven der *Abb. 17.10* ablesbaren *Vermögensauswirkungen einer Inflation*:

- Ohne Sparrate wird ein vorhandenes Vermögen, das zu festen Zinsen $z_G < i$ angelegt ist oder aus dem Anspruch auf eine konstante Rente besteht, von der Inflation immer mehr entwertet. Diese Haushalte sind von einer Inflation, die deutlich über der Ertragsrate ihres Vermögens liegt, bis hin zum Verlust der Existenzgrundlage betroffen.
- Haushalte, deren Vermögen, Erträge und Sparraten zu festen Zinsen $z_G < i$ angelegt sind, erreichen ein reales Vermögen, das jährlich weniger als die reale Sparrate s ansteigt und niemals den *Vermögensgrenzwert* $s/(i - z_G)$ überschreitet. Diese Haushalte sind von der Inflation umso mehr betroffen, je weiter die Inflationsrate i den Anlagezins z_G übersteigt (H2 in *Abb. 17.10*).
- Das Vermögen von Haushalten, die Vermögen, Erträge und Sparraten so anlegen, dass der Vermögensertrag gleich der Inflationsrate ist, d. h. $z_G = i$, steigt linear mit der Sparrate an. Die Inflation frisst hier effektiv die Vermögenserträge auf (Effektivzins 0).
- Ein Vermögen, das einschließlich Erträge und Sparraten in Anlagegüter investiert wird, deren Ertragsrate um einen realen Kapitalanlagezins über der Inflationsrate liegt, wächst von der Inflation weitgehend unberührt überproportional an (H1).
- Haushalte, die das Anfangsvermögen maximal beleihen, um es zusammen mit den Erträgen und Sparraten in Kapitalwerte mit einer Ertragsrate $e_V > i$ zu investieren, profitieren von der Inflation am meisten, solange die Ertragsrate über dem Darlehenszins liegt (H3).

Diese Auswirkungen der Inflation auf das Vermögen gelten auch für Unternehmen und den Staatshaushalt. Die Zusammenhänge sind jedoch nicht allgemein bekannt. Erfahrene Privatanleger, Unternehmer und Staat leiten aus der Kenntnis des Inflationsmechanismus *Abwehrstrategien* ab, wie die Flucht in Sachwerte, und *Ausnutzungsstrategien*, wie eine zunehmende Verschuldung, um in inflationssicheres und ertragsstarkes Anlagevermögen zu investieren.

Nicht nur Privathaushalte mit kleinem Einkommen, geringer Sparrate und wenig Vermögen sind die Verlierer einer Inflation. Auch viele Haushalte mit gutem Erwerbseinkommen, hoher Sparquote und größerem Vermögen sind mit zunehmender Inflationsrate immer stärker betroffen, wenn ihnen die Kenntnisse oder die Möglichkeiten zur höherverzinslichen, inflationsgesicherten Anlage fehlen. Nutznießer der Inflation sind die Eigentümer großer Vermögen, hoch verschuldete Privathaushalte und Unternehmen, die sich zur weiteren Expansion systematisch verschulden.

17.8 Inflationsauswirkungen

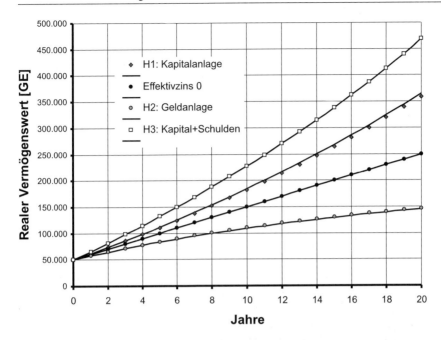

Abb. 17.10 Einfluss der Inflation auf die Entwicklung des Realvermögens bei unterschiedlicher Vermögensanlage

Inflationsrate $i = 10\%$ *Kapitalanlagezins* $z_K = 13\%$ *Geldanlagezins* $z_G = 3\%$
Startvermögen 50.000 GE   *Sparrate* $s = 10.000$ GE/a   *Verschuldung* H3: 100.000 GE

Der größte Inflationsgewinner aber ist zunächst der Staat. Die kurzfristigen *Inflationsvorteile des Staates* sind [Issing 2003]:

Kreditrückzahlung mit schlechtem Geld
Gewinne aus der Bargeldvermehrung
Besteuerung von Scheingewinnen   (17.11)
Besteuerung nominaler Vermögenserträge
Steuerprogression infolge fester Freibeträge und Bemessungsgrenzen

Die inflationsbedingten Mehreinnahmen des Staates wirken sich ebenso aus wie erhöhte Steuern. Mittel- und langfristig aber ist auch der Staat von einer anhaltenden Inflation betroffen, denn die Ausgaben für die Staatsbediensteten und die Preise für die Güter des öffentlichen Bedarfs steigen ebenfalls mit der Inflation. Der Inflationsgewinn des Staates ist daher nicht dauerhaft sondern kurzfristig.

Eine anhaltende Inflation führt zu einer unkontrollierten *Vermögensumverteilung*. Eine galoppierende Inflation bewirkt in breiten Kreisen der Bevölkerung Verunsicherung, Misstrauen und Unzufriedenheit. Die Spareigung nimmt ab. Die Verschuldung der Privathaushalte wächst. Immer weniger Menschen haben die Chance, die Vermögensgrenze für eine lohnende Investition zu erreichen. Infolgedessen lassen Motivation und Leistungsbereitschaft nach.

Wenn sich der Geldwert rasch und unterschiedlich ändert, verschwindet auch die Vergleichbarkeit der Preise. Die Märkte verlieren damit ihre Funktionsfähigkeit als Motor der Mikroökonomie und als Regler der Makroökonomie. Spekulation, Willkür und Ungerechtigkeit beherrschen immer mehr das Wirtschaftsgeschehen. Wie die Geschichte mehrfach gezeigt hat, schlagen die kurzfristigen Inflationsvorteile für den Staat rasch um und werden zur Gefahr für die gesamte Gesellschaft [Keynes 1936]. Eine solche Entwicklung zu verhindern, ist die Hauptaufgabe der *Geldpolitik* der Zentralbank und der *Finanzpolitik* des Staates.

17.9 Geldpolitik

Die *Trennung von Geldpolitik und Finanzpolitik* durch die Einrichtung einer unabhängigen *Zentralbank* ist einer der größten Fortschritte der modernen Volkswirtschaft. Sie entspricht dem Grundsatz der *Gewaltenteilung zwischen Legislative, Judikative und Exekutive*, die 1748 von *Montesquieu* vorgeschlagen wurde.
Eine Zentralbank verfügt heute über folgende *Aktionshebel der Geldpolitik* [Issing 2003; Rürup 2003]:

> Festsetzung der *Leitzinsen (Diskontsatz* und *Lombardzins)*
> Veränderung der *Mindestreservesätze*
> An- und Verkauf von *Offenmarktpapieren*
> Interventionen an den *Devisenmärkten* (17.12)
> Ausgabe und Einziehen von *Bargeld*
> Bewilligung und Verweigerung von *Staatskrediten*

Die Zentralbank hat damit die Entscheidungshoheit über die *Geldmengen*, die sie den Geschäftsbanken in Form von Bargeld oder Krediten *anbietet*, und über die Höhe der *Zinsen*, zu denen sie Finanzgüter ver- oder ankauft. Abhängig von Wirtschaftslage und Zielsetzung tritt die Zentralbank auf den Finanzmärkten als *Anbieter* oder als *Nachfrager* auf. Über die ersten vier der Aktionsparameter (17.12) kann sie die Geld- und Kapitalmarktzinsen beeinflussen und damit die Geldmengen steuern, auch ohne deren absolute Höhe zu kennen (s. *Abschnitt 4.2* und *Tab. 4.1*). Die Gewinne aus *der Bargeldausgabe* an den Privatsektor fließen an den Staat. Sie werden ebenso wie die vom Staat bei der Zentralbank aufgenommenen Kredite zur Finanzierung der Staatsausgaben verwendet.

Eine *Verschärfung der Geldpolitik* durch Anheben der Leitzinsen, erhöhte Mindestreserven der Geschäftsbanken und Aufkauf von Offenmarktpapieren bewirkt über die Finanzmärkte einen Anstieg des Kapitalmarktzinses und der Kreditzinsen. Höhere Kapitalzinsen machen das Sparen und Halten von Finanzvermögen attraktiver. Höhere Kreditzinsen drosseln die Bereitschaft zur Verschuldung. Das heißt:

▶ Eine Verschärfung der Geldpolitik vermindert die Zahlungsbereitschaft der Haushalte und Unternehmen, dämpft die Inflation und kann den Gesamtabsatz drosseln.

Eine *Lockerung der Geldpolitik* durch Senkung der Leitzinsen, geringere Mindestreserven und Verkauf von Offenmarktpapieren bewirkt ein Absinken der Kapital- und

17.9 Geldpolitik

Kreditzinsen. Dadurch werden das Sparen und Halten von Finanzvermögen weniger attraktiv und die Verschuldung erleichtert. Das bedeutet:

▶ Eine Lockerung der Geldpolitik erhöht die Zahlungsbereitschaft der Haushalte und Unternehmen und daher die Inflationsgefahr, ohne dass damit unbedingt der Absatz steigt.

Ein Anstieg des *Konsumgüterabsatzes* wird durch eine Lockerung der Geldpolitik nur bewirkt, solange keine Sättigung des Bedarfs der Haushalte besteht, die über ausreichendes Einkommen oder Vermögen verfügen. Neueinstellungen finden nur statt, wenn die Unternehmen mit einem anhaltend höheren Absatz rechnen. Zusätzliche *Investitionen* werden durch die Geldpolitik nur stimuliert, wenn die Unternehmen ertragreiche Investitionsmöglichkeiten haben.

Das Zahlungsvermögen von Haushalten ohne Vermögen, die kein ausreichendes Einkommen haben und auch keinen Kredit erhalten, wird durch niedrige Zinsen nicht gesteigert, auch wenn sie einen noch so großen Bedarf haben. Ebensowenig werden Unternehmen Erweiterungsinvestitionen vornehmen, wenn sie nicht mit einem steigenden Absatz rechnen. Diese Analyse zeigt die *Wirkungsmöglichkeiten und Grenzen der Geldpolitik*:

▶ Die Zentralbank kann durch die Geldpolitik die Inflation unter Kontrolle halten und der Privatwirtschaft die nötigen Geldmengen zur Verfügung stellen.

▶ Die Sicherung der Geldwertstabilität ist nur solange möglich, wie die Geldvermehrung durch den Staat geringer ist als die Geldverminderung der Zentralbank.

▶ Eine Lockerung der Geldpolitik führt nur zu Wirtschaftswachstum und Beschäftigung, wenn der Bedarf der zahlungsfähigen Haushalte nicht gesättigt ist, zusätzlicher Konsum angeregt wird und die Unternehmen Anlass zum Kapazitätsausbau haben.

Die von einigen Interessenvertretern der Industrie verbreitete Behauptung, Investitionen würden neue Arbeitsplätze schaffen, ist falsch, solange die vorhandenen Kapazitäten ausreichen [Thumann 2005]. Bei ausreichenden Kapazitäten werden günstige Finanzierungsmöglichkeiten ebenso wie Steuererleichterungen von den Unternehmen genutzt für *Ersatzinvestitionen*, die bestenfalls vorhandene Arbeitsplätze erhalten, für *Rationalisierungsinvestitionen*, die zum Abbau von Arbeitsplätzen führen, und für *Auslandsinvestitionen*, die einen Export von Arbeitsplätzen zur Folge haben können.

Mehr aufgrund von Erfahrungen als auf Basis einer schlüssigen Theorie betreibt die *europäische Zentralbank* heute eine Geldpolitik, die den zuvor aufgezeigten Wirkungsmöglichkeiten entspricht. Das Hauptziel ist die *Geldwertstabilität* gemessen am Inflationsindex der Lebenshaltungskosten bei ausreichender Geldversorgung [Issing 2003]. Als Indikator für die zu erwartende Inflationsrate wird meist die Entwicklung der Geldmenge M3 betrachtet [Stark 2006]. Die Forderungen der Politik nach Lockerung der Geldpolitik, um Wirtschaftswachstum und Beschäftigung zu stimulieren, werden nur soweit befolgt, wie es das Ziel der Geldwertstabilität zulässt.

Aus der vorangehenden Analyse von Geldwertstabilität und Inflation ergibt sich die *Geldsicherungsstrategie der Zentralbanken*:

▶ Die Geldpolitik wird verschärft, sobald sich abzeichnet, dass die Inflationsrate der Lebenshaltungskosten eine zuvor fixierte Toleranzschranke (z. Zt. 2,0% p.a.) übersteigt.

Die Zentralbank lockert ihre Geldpolitik, wenn die Wirtschaft bei einer Inflationsrate unterhalb dieser Schwelle stagniert. Nach der Logik des Marktes ist ein Anstieg der Inflation zu erwarten, wenn das reale Bruttoinlandsprodukt für längere Zeit so stark gewachsen ist, dass die verfügbaren Kapazitäten und Ressourcen voll ausgelastet oder überlastet sind (s. *Abschnitte 4.11* und *4.12*). Das zu erkennen ist jedoch wegen der *Prognose-* und *Interpretationsrisiken* nur mit einem gewissen *Zeitverzug* möglich (s. *Abschnitte 13.5* und *14.3*). Hinzu kommt der *Wirkungsverzug geldpolitischer Maßnahmen*. Mehr Geld und geringere Zinsen werden, wenn überhaupt, erst nach einer bestimmten Entscheidungs- und Vorbereitungszeit zu Mehrausgaben und für Investitionen genutzt. Das heißt:

▶ Der heutige Regelungsmechanismus der Geldpolitik führt wegen der verzögerten Wahrnehmung und Reaktion der Märkte unvermeidlich zu einer *schleichenden Inflation*.

Die schleichende Inflation ist der Preis für die zuverlässige Versorgung einer wachsenden Volkswirtschaft mit Geld, denn Geldmangel kann mögliches Wachstum drosseln (s. *Abschnitt 16.6*). In einer Volkswirtschaft, die nicht an die Kapazitätsgrenzen der Unternehmen sondern an die Sättigungsgrenzen der Haushalte stößt, ist kein Geldmengenwachstum notwendig und die schleichende Inflation vermeidbar.

Ein zusätzlicher Aktionshebel der Zentralbanken zur Beruhigung der rasch veränderlichen Finanzmärkte wäre eine *Finanztransferabgabe*, die – wie die in Deutschland seit 1991 abgeschaffte *Börsenumsatzsteuer* – oder die in England seit 1794 gültige *Stempelsteuer* als Transfersteuer auf alle Käufe von Finanzgütern zu entrichten ist. Eine Finanztransferabgabe würde wie die *Grunderwerbsteuer* die Transferkosten auf den Finanzmärkten erhöhen und den längeren Besitz eines Finanzgutes bewirken. Ihre Höhe kann in Abhängigkeit von der *Volatilität der Finanzmärkte* von der Zentralbank festgesetzt und verändert werden, um erkennbare Gefahren einzudämmen.

Eine solche Finanztransferabgabe ist auch die 1972 von *James Tobin* vorgeschlagene Steuer auf internationale *Devisengeschäfte* zur Eindämmung und Dämpfung der Spekulation mit ausländischen Währungen [Baumol/Tobin 1989; Catón 2002]. Die Einführung, Festlegung und Verwendung der *Tobin-Steuer*, beispielsweise für einen *Entwicklungshilfefond*, bedarf jedoch einer internationalen Abstimmung aller beteiligten Regierungen, Zentralbanken und der Weltbank [Soros 1998].

17.10 Finanz- und Wirtschaftspolitik

Nach weit verbreiteter Ansicht sind die wichtigsten *Ziele der Finanz- und Wirtschaftspolitik*:

1. Geldwertstabilität
2. Vollbeschäftigung
3. Stetiges Wirtschaftswachstum (17.13)
4. Außenwirtschaftliches Gleichgewicht
5. Gerechte Einkommens- und Vermögensverteilung

Je nach Auswahl und Anzahl werden die Ziele (17.13) als *magisches Dreieck, magisches Viereck* oder *magisches Fünfeck* bezeichnet. Das Attribut „magisch" macht deutlich, dass ein gleichzeitiges Erreichen dieser Ziele an Zauberei grenzt. Die wechselnde Anzahl und Priorisierung zeigen, wie umstritten die Ziele sind. Sie sind nur bedingt kompatibel und allein durch die Finanz- und Wirtschaftspolitik des Staates nicht erreichbar.

Seit 1967 sind die ersten vier Ziele in Deutschland im *Gesetz zur Förderung der Stabilität und des Wachstums der Wirtschaft* als Vorgaben für die Wirtschafts- und Finanzpolitik des Bundes und der Länder verankert [Bundestag 1967]. Unrealistische Ziele, wie die Forderung nach stetigem Wirtschaftswachstum, werden jedoch nicht dadurch erreichbar, dass sie permanent wiederholt werden, auch wenn das angestrebte Ergebnis, wie die davon erhoffte Senkung der Arbeitslosigkeit, noch so wünschenswert ist. Sie werden auch nicht machbar, indem der Bundestag sie zum Gesetz erhebt. Beides ist *Wunschdenken* und unerschütterlicher *Machbarkeitsglaube* [Gatschke 2004; Starbatty 2006].

Das erste Ziel, die Sicherung der *Geldwertstabilität*, ist primär Aufgabe der Zentralbank. Dieses Ziel ließe sich in engen Grenzen erreichen, wenn sich der Staat nicht immer weiter verschuldet. Durch Kreditaufnahme auf den Finanzmärkten und bei der Zentralbank kann der Staat die Geldmenge beliebig vermehren, solange ihm keine Grenzen gesetzt sind. Die damit finanzierten Mehrausgaben werden gern mit dem Ziel begründet, dadurch das *Wirtschaftswachstum* zu stimulieren. Damit soll die Arbeitslosigkeit gesenkt werden und das Steueraufkommen wachsen, um daraus die Sozialsysteme und andere Aufgaben zu finanzieren. Das zusätzliche Geld wird verwendet für Investitionen in die Infrastruktur, für *Subventionen* an Unternehmen und Transferzahlungen an Privathaushalte, für höhere Einkommen von noch mehr Staatsbediensteten und für viele andere Ausgaben, die Politik und Bürgern verlockend erscheinen. Auf den betreffenden Märkten steigen dadurch Nachfrage und Zahlungsbereitschaft und damit auch die Preise.

Abgesehen von der Fehleinschätzung der Notwendigkeit und Auswirkungen resultieren aus den staatlichen Mehrausgaben folgende *Gefahren*:

Ansteigen der Staatsquote zu Lasten des Privatsektors
Förderung einzelner Unternehmen und Branchen
Wettbewerbsverzerrung durch Bevorzugung (17.14)
Vernachlässigung des Bedarfs der Privathaushalte
Auslösen falscher oder übererhöhter Investitionen

Die größte Gefahr zusätzlicher Staatsausgaben ist das Beschleunigen einer *Nachfrageinflation* während einer Hochkonjunktur. Mit den Aktionshebeln (17.13) kann eine Zentralbank die Inflation nur begrenzen, wenn der Staat im langzeitigen Mittel keine neuen Schulden macht. Das ist durch ein Gesetz erreichbar, das Regierung und Parlament dazu zwingt, die Summe der Staatshaushalte über einen vollen Konjunkturzyklus ohne Schulden abzuschließen (s. *Abschnitt 4.12*). Ein solches Gesetz gilt seit 1991 in der *Schweiz* und wird seither mit Erfolg konsequent eingehalten.

Die negativen Auswirkungen größerer Konjunkturschwankungen, wie ein Anstieg der Inflation bzw. eine Zunahme der Arbeitslosigkeit, lassen sich unter Vermeidung der Gefahren (17.14) durch die *Strategie einer antizyklischen Mehrwertsteuer* ausgleichen:

- Bei preistreibender Hochkonjunktur wird für alle Wirtschaftsgüter mit Ausnahme der Existenzgüter die Mehrwertsteuer angehoben, um den Konsum zu drosseln und um mit den Mehreinnahmen Staatsschulden zu tilgen und Reserven aufzubauen.
- Bei drohender Depression wird die Mehrwertsteuer gesenkt, um den Konsum zu beleben und dadurch die Beschäftigung und die Investitionsbereitschaft zu steigern.

Mit der Strategie der antizyklischen Mehrwertsteuer lässt sich ein langfristiger Schuldenausgleich erreichen. Sie überlässt den Privathaushalten die Entscheidung, welche Güter bei reduzierter Steuer mehr und bei höherer Steuer weniger konsumiert werden. Das bewirkt über den Mechanismus des Marktes eine Anpassung des Angebots und entsprechende Investitionen. Anders als staatliche Konjunkturprogramme, wie etwa Investitionsprämien, wirkt die antizyklische Mehrwertsteuer *selbstregelnd* unmittelbar zugunsten der Konsumenten.

Das zweite Ziel, die *Vollbeschäftigung* aller erwerbsbereiten Menschen kann der Staat allein nicht erfüllen. Abgesehen von der Beschäftigung im Staatsdienst kann er keine Arbeitsplätze schaffen und keine Vollbeschäftigung garantieren. Der Staat kann auch kein dauerhaftes *Wirtschaftswachstum* bewirken, insbesondere dann nicht, wenn der Bedarf in weiten Bereichen gesättigt ist und die Bevölkerung stagniert oder abnimmt.

Wirtschaftswachstum ist kein Selbstzweck und daher auch kein Gesellschaftsziel. Maßgebend ist, wer davon profitiert [Afheldt 2003]. Ein Anstieg des realen *Nettoinlandsprodukts* ist nur erstrebenswert, wenn der Zuwachs auch den Haushalten mit geringem Einkommen zugute kommt und nicht allein Haushalten mit hohem Einkommen. Ein Wirtschaftswachstum, das die hohen Einkommen überproportional ansteigen läßt, während die unteren Einkommen effektiv sinken, ist schädlich, denn es drosselt den Massenkonsum und fördert den übertriebenen Luxus einer kleinen Zahl immer reicher werdender Haushalte.

Noch fragwürdiger ist die Fixierung auf das prozentuale Wachstum des *Bruttoinlandsprodukts*, das außer den regulären *Abschreibungen für die Abnutzung* (AfA) auch die Abschreibungen für fehlgeleitete Investitionen enthält. Das Bruttoinlandsprodukt kann auch ohne Zunahme des Volksvermögens, also ohne Nutzen für die

17.10 Finanz- und Wirtschaftspolitik

Privathaushalte, allein infolge von *Fehlinvestitionen* und *Verschwendung* durch Staat und Unternehmen ansteigen.

Durch eine überzogene Staatsquote, übermäßigen Kapitalentzug, Inflation, Wettbewerbsverzerrung, schlechte Gesetze und ungünstige Rahmenbedingungen kann der Staat Arbeitsplätze gefährden und das Wachstum auch dort behindern, wo noch Bedarf ist. Das zweite und dritte Ziel der Finanz- und Wirtschaftspolitik sollten daher ersetzt werden durch das realistische Ziel:

▶ Schaffen und Sichern günstiger *Rahmenbedingungen*, die Wachstum und Erwerbstätigkeit nicht behindern sondern fördern, wo immer sie möglich und erstrebenswert sind.

Die Definition der hierzu erforderlichen Rahmenbedingungen und die Abgrenzung der schädlichen von den hilfreichen staatlichen Aktivitäten auf den Märkten ist allerdings ein bis heute ungelöstes Problem. Zu den wichtigsten Rahmenbedingungen einer freien und sozialen Marktwirtschaft gehören jedoch unstrittig die *Geldwertstabilität* und die *Effizienz der Märkte* zum Nutzen aller Menschen, nicht allein der Unternehmen [Eucken 1952].

Wie zuvor gezeigt, erzeugt und verstärkt eine freie Marktwirtschaft zwangsläufig die ungleiche Verteilung von Einkommen und Vermögen. Trotzdem gehört weder eine gerechte Vermögensverteilung noch eine gerechte Einkommensverteilung zu den Zielvorgaben des deutschen Stabilitätsgesetzes. Das Ziel einer absolut *gerechten Einkommens- und Vermögensverteilung* ist unerreichbar, da die Erwartungen der Menschen an die *Verteilungsgerechtigkeit* weit auseinander gehen [Giersch 1961, S. 85ff.]. Eine allzu große Ungleichheit der Einkommen und Vermögen aber kann den sozialen Frieden einer Gesellschaft gefährden und im Extremfall zu Unruhen, Aufständen und Revolution führen. Die Wirtschaftspolitik darf sich daher nicht auf Dauer der Aufgabe entziehen, für einen angemessenen Verteilungsausgleich der marktbedingten Schiefverteilung der Einkommen und Vermögen zu sorgen.

Eine *Vermögensumverteilung* über die Vermögenssteuer scheitert an der bestehenden Eigentumsordnung. Sie würde außerdem die Leistungsbereitschaft der Fähigsten beeinträchtigen. Ein fairer und gemäßigter Vermögensausgleich ist jedoch – wie in *Abschnitt 17.3* näher ausgeführt – über eine reformierte Erbschafts- und Schenkungssteuer ohne Gefahr für das Funktionieren der Wirtschaft durchaus möglich. Auch eine allzu ungleiche *Einkommensverteilung* ließe sich in Grenzen ausgleichen, wenn das wirklich gewollt ist. Die Möglichkeiten dazu werden jedoch – wie ebenfalls in *Abschnitt 17.3* gezeigt – gegenwärtig nicht ausreichend genutzt.

Im Gegenteil, die in Deutschland ab 2009 geplante *Abgeltungssteuer* von 25% auf Zinsen und Kapitalerträge einschließlich Kursgewinne belastet die Vermögenserträge aus Ersparnissen und Rücklagen zur Altervorsorge von Haushalten mit geringem Einkommen stärker als zuvor, denn sie besteuert auch inflationsbedingte Scheingewinne. Die Vermögenserträge von Haushalten mit hohem Einkommen, die bisher mit einem Grenzsteuersatz von 48% belastet waren, werden dagegen zukünftig deutlich geringer besteuert und von der Progression befreit. Da die Abgeltungssteuern anonym von den Banken und nicht mehr vom einzelnen Steuerpflichtigen abgeführt werden müssen, geht mit deren Einführung auch die *Transparenz der Einkom-*

mensverteilung verloren, nachdem schon seit Aussetzung der Vermögenssteuer keine *Transparenz der Vermögensverteilung* mehr besteht.

Die Lösung des Problems der Einkommensverteilung erfordert die Beantwortung der *verteilungspolitischen Grundsatzfragen*:

1. Welchen Anteil ihres Einkommens sollen die Starken, Erfolgreichen, Tüchtigen, Fleißigen und vom Glück Begünstigten an die Schwachen, Unfähigen, Faulen und vom Unglück Betroffenen abgeben, um diesen ein menschenwürdiges Leben zu ermöglichen?
2. Welcher Anteil des Volkseinkommens soll für öffentliche Güter und ein existenzielles *Grundeinkommen* allen Bürgern gleichermaßen zugeteilt werden und welchen Anteil sollen die einzelnen Bürger als *Erwerbseinkommen* für Arbeitseinsatz, Leistung, Ideen und unternehmerisches Handeln sowie als *Vermögenseinkommen* zum Ausgleich für Konsumverzicht, Investitionen und Risikobereitschaft erhalten?
3. Durch welche Regelungsinstanz können Erwerbseinkommen und Vermögenseinkommen so verteilt werden, daß sich daraus optimale Anreize zum Vorteil für den einzelnen Menschen und zum Nutzen der Gesamtgesellschaft ergeben?

Jede *Verteilungspolitik* muss die ökonomischen Grenzen beachten: Das Volkseinkommen pro Einwohner erreichte 2006 in Deutschland ca. 1.735 €/Monat. Wenn der Staat davon 25% für öffentliche Güter erhält, verbleiben pro Einwohner ca. 1.300 €/Monat, die als Grundeinkommen, Erwerbseinkommen oder Vermögenseinkommen in unterschiedlicher Höhe auf die Bürger verteilt werden können. Je höher das staatlich garantierte Grundeinkommen, umso geringer ist der Anreiz für Erwerbstätigkeit, Vermögensbildung und Investitionen. Je größer die Ungleichheit der Einkommensverteilung, umso mehr Haushalte benötigen staatliche Transferleistungen.

Die ersten beiden Verteilungsfragen muss jeder für sich beantworten, um daraus sein Verhalten als Wähler abzuleiten. Die Antwort hängt von der persönlichen Gewichtung der divergierenden Ziele *Freiheit* und *Sicherheit* ab (s. Abb. 17.1). Die bis heute beste Lösung für die dritte Verteilungsfrage sind *effiziente Arbeits-, Güter- und Finanzmärkte* mit *fairen Marktordnungen*. Das letzte der wirtschaftspolitischen Ziele (17.13) sollte daher ersetzt werden durch die Ziele:

▶ *Fairer und gemäßigter Ausgleich der ungleichen Einkommens- und Vermögensverteilung*, ohne die Leistungsbereitschaft und das Erfolgsstreben der Menschen zu beeinträchtigen.

▶ Schaffung und Sicherung der *Chancengleichheit*, die es jedem leistungsbereiten und leistungsfähigen Menschen auch ohne Startvermögen erlaubt, Einkommen zu erzielen und Vermögen zu bilden.

Ein Schritt zu einer etwas gerechteren Einkommensverteilung zumindest im untersten Bereich wäre die Einführung eines gesetzlichen *Mindestlohns*. Wie zuvor ausgeführt, ist diese Maßnahme ohne größere Risiken und ohne wesentliche Belastung der Unternehmen kurzfristig möglich. Schritte in die falsche Richtung sind dagegen die

17.10 Finanz- und Wirtschaftspolitik

Umwandlung von *Stipendien* in Darlehen und die Wiedereinführung von *Studiengebühren*. Beide Maßnahmen bürden den ohnehin durch das geringe Einkommen und fehlende Vermögen der Eltern benachteiligten jungen Menschen eine Schuldenlast auf, die sie später abtragen müssen, während die von Geburt an begünstigten Menschen ihr Einkommen abgesehen von den Steuern, die alle zahlen müssen, unvermindert beziehen.

Das Schaffen günstiger Rahmenbedingungen, die Sicherung der Chancengleichheit für alle Bürger und der faire Ausgleich der Einkommens- und Vermögensverteilung sind anspruchsvolle, aber durchaus lösbare Aufgaben. Die Unterstützung der Finanz- und Wirtschaftspolitik bei der Lösung dieser Aufgaben und der damit verbundenen Probleme ist eine Herausforderung für die Wirtschaftswissenschaften [Giersch 1961; Stiglitz 2006].

18 Ausblick

Ausgehend von den Eigenschaften der Wirtschaftsgüter, den physikalisch-technischen Gegebenheiten der Produktion und Konsumtion und den Zielen der Akteure wurden in diesem Buch zunächst die elementaren Kaufprozesse analysiert und daraus die Transfergleichungen des Marktes abgeleitet. Aus den Transfergleichungen resultiert die *Logik des Marktes*, deren Gesetzmäßigkeiten aus den exakten Lösungen der Transfergleichungen und systematischen Marktsimulationen ablesbar sind. Sie erklären die Funktionsweise und Wirkungszusammenhänge der statischen, stochastischen und dynamischen Märkte.

Aus den erkannten Handlungsmöglichkeiten ergeben sich die Absatz- und Beschaffungsstrategien der Akteure, die das einzelwirtschaftliche Verhalten und das Entstehen dynamischer Märkte verständlich machen. Der mögliche Nutzen des Marktes für Wirtschaft und Gesellschaft wurde anhand ausgewählter Beispiele dargestellt. Viele aus der Praxis bekannte Zusammenhänge der Wirtschaft lassen sich mit der Logik des Marktes erklären. Manche Erkenntnisse sind neu. Einige Ergebnisse weichen von den Vorstellungen der klassischen Ökonomie ab. Das hat Konsequenzen für die Wirtschaftswissenschaft und die Wirtschaftspolitik.

Wie immer bei der Erkundung von Neuland eröffnen sich außer neuen Einsichten unbekannte Gebiete. Auf einige Aufgaben für die Wirtschaftsforschung wurde bereits hingewiesen, ohne sie weiter zu vertiefen. Sie werden hier zusammengefasst und ergänzt, um die Wissenschaft zu weiteren Forschungen und die Praxis zur Entwicklung neuer Lösungen anzuregen.

Nützliche Beiträge der Wirtschaftsforschung zur Absicherung der *wirtschaftswissenschaftlichen Grundlagen* sind folgende Themen:
- Mathematisch exakte Lösung der Transfergleichungen für stochastische Märkte
- Berücksichtigung der Qualität bei der Marktsimulation
- Erstellen von Marktsimulationsprogrammen für hochdynamische Märkte
- Untersuchung unterschiedlicher Reichweiten und Einzugsgebiete
- Berücksichtigung von Transferzeiten und Marktöffnungszeiten
- Untersuchung der Auswirkungen mengenabhängiger Angebotspreise
- Analyse der Folgen budgetierter Nachfragemengen
- Berücksichtigung gleichzeitiger Präsenz von Akteuren auf mehreren Teilmärkten
- Entwicklung und Programmierung vernetzter Marktsimulationstools
- Untersuchung verkoppelter Märkte in den Versorgungsnetzen
- Simulation der Wechselwirkungen zwischen Teil- und Substitutionsmärkten
- Überprüfung der Verfahren der Marginalanalyse und der Grenzkostentheorie

Die Annahme der klassischen Ökonomie, ein *vollkommener Markt* strebe einem *Gleichgewichtszustand* mit einem für alle Käufe gleichen Marktpreis zu, der gleich den Grenzkosten ist, steht im Widerspruch zur Wirtschaftspraxis: Wenn es zuträfe, dass der Marktpreis gleich den Grenzkosten ist, sind die Kaufpreise auch im Gleichgewichtszustand unterschiedlich, da sich die Grenzkosten der Anbieter in der Regel unterscheiden. Wenn ein Anbieter ein Gut längere Zeit zum Grenzkostenpreis verkauft, macht er wegen fehlender Deckung seiner Fixkosten Verlust. Er verlässt den Markt oder erhöht den Preis. In beiden Fällen ist der angenommene Gleichgewichtszustand beendet.

Nach dem *Falsifikationskriterium* von *Karl Popper* wird mit der Widerlegung einer überprüfbaren Aussage das gesamte Theoriesystem falsifiziert, das zur Deduktion des falschen Satzes verwendet wurde [Popper 1934/73, S. 45]. Da die Vorstellungen vom Gleichgewichtszustand mit Hilfe der *Marginalanalyse* und der *Grenzkostentheorie* hergeleitet werden, ist fraglich, ob diese für die Überlegungen vieler Ökonomen grundlegenden Verfahren der Realität entsprechen [s. u. a. Giersch 1961, S. 273ff.; Mankiw 2003; Samuelson 1998, S. 203ff.; Schneider 1969, S. 161ff. und S. 270ff.]. Zur Herleitung der Logik des Marktes werden sie nicht benötigt.

Mit der Widerlegung von Gleichgewichtstheorie, Marginalanalyse und Grenzkostentheorie entzieht die Logik des Marktes der Wirtschaftstheorie die realitätsfernen Grundlagen. Stattdessen schafft sie mit den allgemeinen Marktergebnissen, Regeln und Gesetzmäßigkeiten, die sich aus den *Transfergleichungen* und *Marktalgorithmen* nach mathematischen Verfahren, durch digitale Simulation, aus Verhaltensanalysen und Wirkungskettenanalysen herleiten lassen, ein auf der Praxis beruhendes belastbares Fundament.

Die Funktionsweise und Wirkungszusammenhänge der Märkte sind Grundlage der Betriebswirtschaft und der Volkswirtschaft. Die Ergebnisse der Logik des Marktes sind daher nutzbar zur Untersuchung und Lösung vieler Fragen der Mikroökonomie und der Makroökonomie. Anwendungsmöglichkeiten und Untersuchungsbereiche in der *Betriebswirtschaft* sind z. B.:

- Systematisierung und Verbesserung des Marketing
- Konzeption und Verbesserung branchen- und firmenspezifischer Absatzstrategien
- Verbesserung der Beschaffungsstrategien für unterschiedliche Güter
- Lösung des Fixkostendilemmas
- Konzeption und Simulationstest nutzungsgemäßer Preisgestaltung
- Preissysteme zur Vergütung von Informations- und Netzwerkleistungen

Anwendungsmöglichkeiten und weitere Forschungsgebiete in der *Volkswirtschaft* sind:

- Erkundung realer Nachfrage- und Angebotsfunktionen auf Börsenplätzen
- Untersuchung der Arbeitsmärkte unter Berücksichtigung der Qualifikation
- Untersuchung von Devisenmärkten mit kursabhängiger Mengenbildung
- Untersuchung der verschiedenen Finanzmärkte
- Analyse der Wechselwirkung zwischen Immobilienmarkt und Gütermarkt
- Analyse der Wechselwirkung zwischen Finanz-, Güter- und Arbeitsmärkten
- Vertiefung der Lösungsansätze für Wirtschaftswachstum und Konjunktur

18 Ausblick

Aktuelle Themen der *Wirtschaftspolitik* sind u. a.:

- Formulierung und Priorisierung der Ziele für Güter-, Arbeits- und Finanzmärkte
- Überprüfung der Marktregelungen auf den Güter-, Arbeits- und Finanzmärkten
- Konzeption zielführender Marktordnungen auf den Internetmärkten
- Optimierung von Einkommensteuern und Umsatzsteuern
- Verbesserung der Verteilungspolitik
- Korrektur der Subventionspolitik

Anwendungen der Logik des Marktes im *Wirtschaftsrecht* sind:

- Wirkungsanalyse und Verbesserung der Regelungen des Wettbewerbsrechts
- Überprüfung der Marktkonsistenz des bestehenden Wirtschaftsrechts
- Entwicklung von Regelungen für internationale Handelsmärkte

Zu den aufgeführten Themen der Betriebs- und Volkswirtschaft, der Wirtschaftspolitik und des Wirtschaftsrechts enthält dieses Buch eine Reihe von Vorschlägen und Lösungsansätzen. Sie sind über das *Sachwortverzeichnis* zu finden.

In Technik und Naturwissenschaft lösen Politiker selbst keine Probleme. Sie betreiben auch keine Forschung und konstruieren keine Bauwerke. Die Politik diskutiert die Ergebnisse und gewichtet die Ziele, stellt Fragen und beauftragt unabhängige Fachleute mit der Entwicklung von Lösungsvorschlägen, über deren Realisierung sie nach kritischer Prüfung entscheidet. Vorschläge, die nicht objektiv begründet sind, werden verworfen, Gutachten, die sich widersprechen, zurückgewiesen.

In der Ökonomie versuchen dagegen viele Politiker, die Probleme selbst zu lösen. Beispiele sind das Ringen um die Finanzierung des Gesundheitswesens und der Altersversorgung, die Regulierung von Netzwerkleistungen, die Rahmenbedingungen des internationalen Handels und die Höhe und Erhebungsform der Steuern. Wissenschaftler und Verbände begleiten das Bemühen der Politik mit Kritik. Ihre Kommentare und Lösungsvorschläge aber sind oft unschlüssig, interessengelenkt und widersprüchlich.

Auch wenn die Wirtschaft wesentlich stärker vom Verhalten der Menschen abhängt als die Technik, besteht kein Grund für ein anderes Vorgehen bei der Gesetzgebung. In der Technik werden vor der Lösung einer Aufgabe die Ziele und Anforderungen sowie die zu erwartenden Belastungen und Risiken mit dem Auftraggeber abgestimmt, der am Ende unter den Lösungsmöglichkeiten auswählt und über die Realisierung entscheidet. Entsprechend müssen Politik und Gesetzgeber die Aufgaben und Ziele der Ökonomie vorgeben und darüber entscheiden, welche Lösungsvorschläge in Form von Gesetzen, Verordnungen oder Institutionen realisiert werden. Die beauftragten Wirtschaftsexperten sollten sich darauf beschränken, objektiv abgesicherte Lösungen zu entwickeln, ohne damit eigene Interessen oder Zielvorstellungen zu verfolgen.[1] Dabei sind die Interessen der Akteure und die Risiken des menschlichen Verhaltens offen darzulegen, um sie bei der Entscheidung zu berücksichtigen. Die hierfür benötigten Kenntnisse, Methoden und Lösungsmöglichkeiten sind Gegenstand der *analytischen Ökonomie*.

---

[1] *Karl Popper* bezeichnet die Entwickler von Strategien und Institutionen, mit denen gesellschaftliche Ziele erreicht werden sollen, als *Sozialtechniker* [Popper 1958/70/II S. 48ff.]

Ebenso wie die Mathematik trotz des *Unentscheidbarkeitstheorems* von *Gödel* und die Physik trotz der *Unschärferelation* von *Heisenberg*, kann auch die analytische Ökonomie eine *exakte Wissenschaft* sein, die gemäß der *Logik der Forschung* [Popper 1934/73] mit rationalen Methoden arbeitet, auch wenn viele ökonomische Größen unbekannt oder unscharf sind und das Verhalten der Akteure nicht berechenbar ist. Dazu ist es notwendig, die ökonomischen Gegebenheiten und Handlungsmöglichkeiten getrennt von den Zielen und Wertvorstellungen der Akteure zu erforschen. Nur auf diese Weise kann die analytische Ökonomie praktikable *Marktordnungen* entwickeln, mit denen sich die Möglichkeiten dynamischer Märkte zum Vorteil der Menschen besser nutzen und seine Gefahren und Nachteile wirksam begrenzen lassen.

19 Literatur

Über Märkte, Preisbildung und Markstrategien existiert eine unübersehbare und ständig wachsende Anzahl von Publikationen. Eine zusammenhängende Behandlung von Praxis, Strategien und Nutzen dynamischer Märkte ist nicht zu finden. Dieses Buch kann und will weder einen Überblick über den Stand der Forschung auf den behandelten Gebieten noch über die historische Entwicklung geben. Die Literaturhinweise beschränken sich daher auf Veröffentlichungen, aus denen Anregungen, Strategien, Methoden, Informationen oder Beispiele in den Text eingeflossen sind.

Aberle G. (1980/1997); Wettbewerbstheorie und Wettbewerbspolitik, Kohlhammer
Afheldt H. (2005); Wirtschaft, die arm macht, Vom Sozialstaat zur gespaltenen Gesellschaft, 2. Aufl., Kunstmann, München
Baumbach A., Hefermehl W., Köhler H., Bornkamp J. (2004); Wettbewerbsrecht, Gesetz gegen den unlauteren Wettbewerb (UWG), Preisangabeverordnung (PAngV), Kommentar, 23. Auflage, Beck, München
Baumol W.J., Tobin J. (1989); The Optimal Cash Balance Proposal, Maurice Allais' Prority, Journal of Economic Literature, Vol. 27, S. 1160–1162
Berry L.L., Yadav M.S. (1996); Capture and Communication Value in the Pricing of Services, Sloan Management Review, Vol. 37, No. 4
Bichler K. (1994), Beschaffungs- und Lagerwirtschaft, 7. Aufl., Gabler, Wiesbaden
BMF (1962), Wissenschaflicher Beirat, Probleme der Netto-Umsatzbesteuerung, Entschließungen, Stellungnahmen und Gutachten, Hrsg. Bundesministerium der Finanzen, J.C.B. Mohr (Paul Siebeck); Tübingen, 1974
Bouchard O., Huttel K.P., Pelzel K.-H. (2000); Office 2000, Markt+Technik Verlag, München, S. 435ff.
Boumans M. (2005); How Economists Model the World into Numbers, Routledge, Abington and New York
Brucks W. (1997); Subsidiarität, Definition und Konkretisierung eines gesellschaftlichen Strukturprinzips, Soziologisches Institut der Universität Zürich; Online Publication, http://socio.ch/t_wbrucks.htm
Buchholz T.G. (1999); New Ideas from Dead Economists, an Introduction to Modern Economic Thought, Penguin Books, London
Bundestag (1967); Gesetz zur Förderung der Stabilität und des Wachstums der Wirtschaft, Bundesgesetzblatt, Jahrgang 1967, Teil I, S. 582
Catón M. (2002); Tobin-Steuer, in Lexikon Dritte Welt, 12. Aufl., Rowohlt, Reinbek
Christofer M. (1992); Logistics and Supply Chain Management, Pitman Pbl. London
Chrysant I., Rürup B. (1971); Zum Problem negativer Einkommensteuern, in: Steuern und Wirtschaft, 1. Jg., S. 359ff.
Coase R.H. (1990); The Firm, the Market and the Law, University of Chicago, Nature of the Firm

Coase R.H. (2005); „Kein Chemiker würde heute wagen, seine Theorie einzig auf Lavoisier aufzubauen, kein Physiker auf Newton – nur die Ökonomen haben kein Problem damit, weiter im selben Rahmen zu denken wie einst Adam Smith. Selbstzufrieden sitzen sie auf ihrem Instrumentenkasten und verbessern die Welt. Was ihnen abgeht, ist Wirklichkeitsnähe und das Streben, Zusammenhänge zu erklären", Zitat aus einem Bericht zum 95. Geburtstag des Nobelpreisträger, FAZ 29.12.2005

Cournot A.A. (1838); Untersuchungen über die mathematischen Grundlagen der Theorie des Reichtums, (deutsche Übersetzung Jena 1924)

Davis D.D., Holt C.A. (1993); Experimental Economics, Princeton University Press

DIA (2007); Daten und Fakten zur Vermögensverteilung, Deutsches Institut für Altersfürsorge

Dittrich J., Mertens P., Hau M. (2000); Dispositionsparameter SAP R/3, Einstellungen, Wirkungen, Nebenwirkungen, Viehweg, Braunschweig-Wiesbaden

Economist (2007), Lies, Damned Lies, the Importance of Statistics, p. 13; Ministering the Truth, Official Statistics, p. 36ff.

Eder G. (1960); Statistische Physik, Fischer Lexikon Physik, Hrg. W. Gerlach, Fischer Verlag, Frankfurt a. Main

Eucken W. (1948); Vorwort für den ersten Band des Jahrbuchs ORDO, Jahrbuch für die Ordnung von Wirtschaft und Gesellschaft, Godesberg

Eucken W. (1952); Grundsätze der Wirtschaftspoliitk, Tübingen 1952, Neuauflage UTB 2004

FAZ 1.2.2004, Mit Werten wertschöpfen, Die Zahlungsbereitschaft der Verbraucher ist höher als angenommen, N. 27, S. 22

FAZ 4.10.2005, Börsengänge werden zum Lotteriespiel, Aktienzuteilung nach dem Losverfahren, Bericht Finanzmarkt

FAZ 2.1.2006, In Japan kämpfen Regierung und Zentralbank um den richtigen Zins, Bericht Wirtschaft

FAZ 20.3.2007, Börse unter Strom, Die EEX in Leipzig kämpft gegen den Vorwurf der Manipulation, Nr.67/12D; S. 1 und 2

Ferschl F. (1964); Zufallsabhängige Wirtschaftsprozesse, Physica-Verlag, Wien-Würzburg

Fleishman J.L. (2006); The Foundation; A Great American Secret – How Private Wealth is Changing the World, PublicAffairs

Forrester J. (1961); Industrial Dynamics, MIT Press, John Wiley & Sons Inc., New York

Forsthoff E. (1964); Begriff und Wesen des sozialen Rechtsstaates, in: Rechtsstaat im Wandel, Verfassungsrechtliche Abhandlungen 1959–1964, Stuttgart

Friedman M. (1962); Capitalism and Freedom, The University of Chicago Press, Chicago/London

Friedman M., Friedman R. (1980); Chancen die ich meine, Ein persönliches Bekenntnis, Ullstein, Berlin/Frankfurt a. M./Wien

Galbraith J.K. (1968); Die moderne Industriegesellschaft, Droemer/Knaur, München-Zürich

Gatschke U.P., Guggenbühl H. (2004); Das Geschwätz vom Wachstum, Orell Füssli Verlag, Zürich

Gerschlanger C. (2005); Deception in Markets, An Economic Analysis, Palgrave McMillan, Basingstoke

Gibbs W.W., Linsmeier K.-D. (2005); Gute Luft als Ware, Der Handel mit Emissionsrechten, Spektrum der Wissenschaft, Dez. 2005, S. 66ff.

Giesler M. (2004); Homo Ludens statt Homo Oeconomicus, Interview von Torsten Kleinz mit dem Konsum- und Marketingforscher Marcus Giesler über den Erlebnisraum Tauschbörse, http://www.heise.de, 20.4.2004

Giersch H. (1961); Allgemeine Wirtschaftspolitik, 1. Band: Grundlagen, Th. Gabler, Wiesbaden

Gossen H.-H. (1854); Entwicklung der Gesetze des menschlichen Verkehrs und der daraus fließenden Regeln für das menschliche Handeln

Gudehus G. (1948); Karikaturistin und Künstlerin (Mutter des Verfassers), unveröffentlichte Karikatur zur westdeutschen Währungsreform

Gudehus H. (1959); Bewertung und Abschreibung von Anlagen, Neue Wege der Anlagenrechnung, Gabler, Wiebaden

Gudehus T. (1999/2005); Logistik, Grundlagen/Strategien/Anwendungen, Springer, Berlin/Heidelberg/New York, 1999, 3. Aufl. 2005

Gudehus T. (2003/06); Dynamische Disposition, Strategien zur optimalen Auftrags- und Bestandsdisposition, Springer, Berlin/Heidelberg/New York, 1999, 2. Aufl. 2006

Gudehus T. (2004); Mechanismen der stationären Preisbildung, unveröffentlichter Forschungsbericht, Hamburg, 10. Februar 2004

Harris F. (1913); How Many Parts to Make at Once, Factory – The Magazine of Management, S. 135, 136 und S. 152

Harte-Bavendamm H. (2004); Das UWG läßt Händlern mehr Freiheit, FAZ 6.4.2004

Hayek F.A. (1988); The Fatal Conceit, The Errors of Socialism, Rouledge, London-New York

Hefermehl W. (1966); Einführung in das Wettbewerbsrecht und Kartellrecht, Gesetz gegen den unlauteren Wettbewerb (UWG); Zugabeverordnung; Rabattgesetz; Kartellgesetz, Beck-Texte im dtv, Wiesbaden

Hentschke R. (2004); Statistische Mechanik, Wiley VCH

Hilf M., Oeter S. (2005); WTO-Recht, Rechtsordnung des Welthandels, Nomos, Baden-Baden

Hillig H.-P. (2002); Einführung in das Urheber- und Verlagsrecht, in UrhR, Beck dtv, 9. Auflg., München

Huizinger J. (1939); Homo Ludens, Vom Ursprung der Kultur im Spiel, Neuauflage, Rowolt 1994

Immenga U. (2007); Missbrauch eines Grundgesetzes: „ … das Kartellrecht wird durch Maß- und Gradfragen bestimmt. Dieser Ansatz schließt es grundsätzlich aus, aktuelle wirtschaftspolitische Problembereiche im Detail zu regeln", Standpunkte, FAZ 17.1.2007

Inderfurth K. (2002); Lagerhaltungsmanagement, Handbuch Logistik, Springer, Berlin/Heidelberg/New York

Issing O. (2003); Einführung in die Geldtheorie, Vahlen, München, 13. Aufl.

Kamp M.E.; Scheer Chr. (1972); Sozialstaat und Marktwirtschaft als Finanzpolitisches Problem, Reihe Aktuelle Probleme aus Finanzwirtschaft und Finanzpolitik, Kölner Universitäts-Verlag

Kant I. (1784); „Aufklärung ist der Ausgang des Menschen aus seiner selbstverschuldeten Unmündigkeit. Unmündigkeit ist das Unvermögen, sich seines Verstandes ohne Leitung eines anderen zu bedienen. Selbstverschuldet ist diese Unmündigkeit, wenn die Ursachen nicht im Mangel des Verstandes sondern der Entschließung und des Mutes liegt, sich seiner ohne Leitung eines anderen zu bedienen." Aus dem Aufsatz zur Beantwortung der Frage: Was ist Aufklärung

Keynes J.M. (1936); Allgemeine Theorie der Beschäftigung, des Zinses und des Geldes, Neuauflage: Duncker & Humblot, Berlin, 9. Aufl. 2002

Köhler H. (2004); in: Baumbach 2004/Wettbewerbsrecht, 23. Auflage, Beck, S. 20 „Das statische Modell des vollkommenen Wettbewerbs widerspricht der wirtschaftlichen Wirklichkeit" und S. 21 „Die Konzeption des funktionsfähigen Wettbewerbs und die Konzeption der Wettbewerbsfreiheit sind die beiden heute vorherrschenden Grundrichtungen der Wettbewerbstheorie. Für die Beurteilung von Wettbewerbshandlungen nach Lauterkeitsrecht besitzen allerdings wettbewerbs- und wirtschaftspolitische Konzeptionen keine rechtliche Bedeutung."

Koppensteiner H.-G. (1971); Internationale Unternehmen im deutschen Gesellschaftsrecht, in: Wirtschaftsrecht und Wirtschaftspolitik, Bd. 17, Athäneum, Frankfurt a. M.

Koppensteiner H.-G. (1972); Wirtschaftsrecht, inhalts- und funktionsbezogene Überlegungen zu einer umstrittenen Kategorie

Koppensteiner H.-G. (1996); Wertbegriffe im Wirtschaftsrecht, in: Der Gerechtigkeitsanspruch des Rechts, Festschrift für Theo Mayer-Maly zum 65. Geburtstag, Springer, Wien New York

Koppensteiner H.-G. (1997); Österreichisches und europäisches Wettbewerbsrecht, Wettbewerbsbeschränkungen, Unlauterer Wettbewerb, Marken, Verlag Orag, Wien

Koppensteiner H.-G. (2004); Ordnungszusammenhänge im Wirtschaftsrecht, Abschiedsvorlesung, Salzburg 11.11.2004, in: Juristische Blätter 2005, Heft 3, März

Kreyszig E. (1975); Statistische Methoden und ihre Anwendungen, Vandenhoeck & Ruprecht; Göttingen, 5. Aufl.

Kroeber-Riel W. (1996); Konsumverhalten, München, 6. Aufl.

Lammer T. (2006); Handbuch E-Money, E-Payment & M-Payment, Springer, Berlin Heidelberg New York

Lee H.L., Padmanabhan V., Whang S. (1997); Information Distortion in a Supply Chain, The Bullwhip Effect, Management Science, Vol. 43, No. 4, S. 546ff.

Luhmann N. (1984); Soziale Systeme, Grundriß einer allgemeinen Theorie, Frankfurt/Main

Maister D.H. (1976); Centralisation of Inventories and the „Square Root Law", International Review of Physical Distribution, Vol. 6, No. 3, S. 126

Mankiw N.G. (2003); Makroökonomik, Schaefer-Poeschel, Stuttgart, 5. Aufl.

Mandelbrot B.B., Taylor H.M. (1967); On the distribution of stock price differences, Operations Research 15, S. 1057ff.

Mandelbrot B.B., Hudson R.L. (2007); Fraktale und Finanzen, Märkte zwischen Risiko, Rendite und Ruin, Piper, München Zürich

Markowitz H.M. (1959); Portfolio Selection: Efficient Diversifications of Investments, New Haven CT; Yale University Press

Marshall A. (1890); Principles of Economics, London

Marx K. (1859); Das Kapital, Kritik der politischen Ökonomie, London, 2. Neuauflage Ullstein, Frankfurt a. M./Berlin/Wien, 1970

Meffert H. (2000); Marketing, 9. Aufl., Gabler, Wiesbaden

Meyer W. (2003); Grundlagen des ökonomischen Denkens, Mohr Siebeck, Tübingen

Meister H.-J. (1965); Thermodynamik, Fischer Lexikon Physik, Hrsg. W. Gerlach, Fischer Verlag, Frankfurt a. Main

Mertens P., Hrsg. (2004); Prognoserechnung, Physica Verlag, Würzburg, 6. Aufl.

Mosler K., Schmid F. (2004); Wahrscheinlichkeitsrechnung und schließende Statistik, Springer, Berlin/Heidelberg/New York

Nell-Breuning v. O. (1962); Subsidiaritätsprinzip, in: Staatslexikon, 7. Bd., Freiburg, S. 827

Neumann v. J, Morgenstern O. (1944); Theory of Games and Economic Behaviour, Princeton University Press, Princeton, 3. Aufl. 1953

Mill J.S. (1848); Principles of Political Economy, New Edition, Prometheus Books, Amhurst, New York 2004

Müller-Merbach H. (1970); Optimale Reihenfolgen, Springer, Berlin/Heidleberg/New York, S. 27ff.

Musgrave R.A. (2006); „Wenn der Markt alles lösen könnte, wäre die menschliche Vernunft überflüssig", aus einem Interview 2006 mit der FAZ, s. Nachruf vom 17.1.2007 zu seinem Tod am 15.1.2007

Nyse (2006); New York Stock Exchange hat 20 Banken 5,83 Mio. $ Strafzahlungen auferlegt wegen Insiderhandel, Marktmanipulation und anderer möglicher Verstöße, Bericht im Finanzmarkt, FAZ 1.2.2006

Ostrom E. (2005); Understandung Instituional Diversity, Princeton University Press, Princeton

Pareto V. (1897); Cours d'économie politique, Lausanne

Pigou A.C. (1920); The Economic of Welfar, Macmillan, London

Popper K.R. (1934/74); Logik der Forschung, J.C.B. Mohr (Paul Siebeck), 5. dt. Aufl., Tübingen, 1973

Popper K.R. (1958/70); Falsche Propheten, Hegel, Marx und die Folgen; Die offene Gesellschaft und ihre Feinde, Bd. II, Francke, Bern und München, 2. Aufl. 1970

Preiser E. (1970), Nationalökonomie heute, C.H. Beck, München, 9. Aufl.

Ruffieux B. (2004); Märkte im Labor, Spektrum der Wissenschaft, Mai 2004, S. 60–68

Rürup B., Sesselmeier W., Enke M. (2003); Wirtschaftslexikon, Fischer Information & Wissen, Frankfurt a. M.

Samuelson P.A., Nordhaus W.D. (1995); Economics, New York, Deutsche Übersetzung der 15. Auflage von R. und H. Berger, Volkswirtschaftslehre, Ueberreuter, Wien/Frankfurt, 1998

Scheer Chr. (1994); Die deutsche Finanzwissenschaft 1918–1933 – Ein Überblick, in Studien zur Entwicklung der ökonomischen Theorie XIII, Duncker & Humblot, Berlin

Schuldt Chr. (2003); Systemtheorie, Europäische Verlagsanstalt, Hamburg

Schneeweiß Chr. (1981); Modellierung industrieller Lagerhaltungssysteme, Einführung und Fallstudien, Springer, Berlin/Heidelberg/New York

Schneider E. (1969/I), Einführung in die Wirtschaftstheorie 1. Teil: Theorie des Wirtschaftskreislaufs, , J.C.P. Mohr (Paul Siebeck), 14. Aufl., Tübingen

Schneider E. (1969/II), Einführung in die Wirtschaftstheorie 2. Teil: Wirtschaftspläne und wirtschaftliches Gleichgewicht in der Verkehrswirtschaft, J.C.P. Mohr (Paul Siebeck), 12. Aufl., Tübingen

Schneider E. (1969/III), Einführung in die Wirtschaftstheorie 3. Teil: Geld, Kredit, Volkseinkommen und Beschäftigung, J.C.P. Mohr (Paul Siebeck), 11. Aufl., Tübingen

Schomerus H. (1977); Die Arbeiter der Maschinenfabrik Eßlingen, Forschungen zur Lage der Arbeiterschaft im 19. Jahrhundert, Klett-Cotta, Stuttgart

Shapiro C., Varian H.R. (1999); Information Rules, A Strategic Guide to Network Economy, Havard Business School, Boston

Schumpeter J. (1912); Theorie der wirtschaftlichen Entwicklung, Leipzig

Senf B. (2001); Die blinden Flecken der Ökonomie, Wirtschaftstheorien in der Krise, dtv, München, 3. Aufl. 2004

Simon H.A. (1962); The Architecture of Complexity, Proceedings of the American Philosophical Society 106, pp. 62–76, Nachdruck in logistik management 4. Jg., August 2002

Smith A. (1776); An Inquiry into the Nature and Causes of the Wealth of Nations, Oxford 1776; Deutsche Übersetzung der 5. Aufl. (letzter Hand) von H.C. Recktenwald, Der Wohlstand der Nationen, 1974, dtv, München, 4. Aufl., 1988

Sebastian H.-H., Maesen A. (2003); Preis professionell, Wie man Preise strategisch festlegt, differenziert und operativ durchsetzt, FAZ 20.10.2003; N. 243, S. 22

Soros G. (1998); Die Krise des globalen Kapitalismus – Offene Gesellschaft in Gefahr, Alexander Fest Verlag, Berlin

Soros G. (2007); Die Alchemie der Finanzen, Verlag Börsenmedien, Frankfurt a. Main

Spiegel (2004); Wer hat, dem wird gegeben. Die Reichen werden reicher, die Armen ärmer in 6 Jahren rot-grüner Koalition, DER SPIEGEL 49/2004

Starbatty J. (2006); Rote Karte für die Politk von heute, Beitrag im Hamburger Abendblatt, 20. April 2006, S. 24
Stigler G.J. (1987); The Theory of Price, Macmillan, New York-London, 4th ed.,
"The equilibrium price is the price from which there is no tendency to move. It is a stale equilibrium in the sense that if the market is jarred of equilibrium, the dominant forces push it back toward this equilibrium position ... These terms were obviously borrowed from physics – has the economist made sure that they really make any sense in economics? The answer is, let us hope, yes."
Stiglitz J. (2006); Die Chancen der Globalisierung, Siedler, München
Thumann (2005); „Nur durch Investitionen schaffen wir neue Arbeitsplätze", aus einem Interview mit dem BDI-Präsidenten, FAZ 26.1.2004
Tinbergen J. (1939); Statistical Testing of Business-Cycle Theories, I: A Method and its application in the United States of America; II: Business Cycles in the United States, Leage of Nations, Geneva
Tutman T. (2005); „Die Auktionen im Internet erinnern an Wildwest-Methoden", Interview über die Internet-Plattform SupplyOn, FAZ vom 12.2005
Unger J. (1992); Einführung in die Regelungstechnik, Stuttgart
Varian H.R. (1993); Intermediate Microeconomics, Norton, New York
Walras L. (1894); Elément d'economique pure ou théorie tichesse social
Wikipedia, Mindestlohn, Beitrag zur freien Enzyklopädie mit Literaturangaben, Arbeitsmarktdaten und Diskussion der wissenschaftlichen Meinungen zum Thema Mindestlöhne, Mai 2007
Wischmeyer D. (2002); Das Schwarzbuch der Bekloppten, „Willi Deutschmann" sowie „Frau plus Portemonaie gleich Shopping", Lappan, S. 77ff.
Wohland G., Wiemeyer M.(2006); Denkwerkzeuge für dynamische Märkte, Ein Wörterbuch, Monsenstein und Vannerdat, MV-Verlag, Münster
In diesem Buch werden die Änderungen des Verhaltens und der Organisation behandelt, mit denen Unternehmen auf dynamischen Märkten bestehen können, nicht aber die dynamischen Märkte. Auch hier sind die alten Dogmen der Ökonomie zu finden, so auf S. 202: „Die Preise bilden sich im Markt, also ‚hinter dem Rücken' der Akteure". Was und wie die Akteure mit ihrem Verhalten zum Entstehen dynamischer Märkte beitragen und wie sie diese nutzen können, bleibt offen.
Wöhe G. (2000); Einführung in die allgemeine Betriebswirtschaftslehre, 1960, Vahlen, Berlin und Frankfurt, 20. Auflage, S. 564: „Die Preisoptimierungsregeln der klassischen Preistheorie finden nur selten Eingang in die Marketing-Praxis. Der Grund liegt auf der Hand: Die modellmäßigen Annahmen sind größtenteils wirklichkeitsfremd."

Sachwortverzeichnis

Das Sachwortverzeichnis macht dieses Buch zum *Nachschlagewerk* und *Lexikon* für Fragen und Begriffe des Marktes. Es erleichtert das Auffinden von Textstellen zu einer gesuchten Fragestellung und soll dazu beitragen, Missverständnisse und Fehler zu vermeiden, die in der Ökonomie allein aus der Verwendung unklarer Begriffe resultieren. Die fettgedruckten Seiten geben die Hauptfundstellen an. Dort wird der betreffende Begriff definiert und im Zusammenhang erläutert. Die übrigen Seitenzahlen geben Hinweise auf weitere Verwendungen eines Begriffs.

Abgeltungssteuer 353
Ablauf des Kaufprozesses 99
Absatz 2, 13, 107
Absatz- und Auslastungsrisiko 134
Absatzeffizienz 113
Absatzfunktion 70, 124, **254**
– als Funktion der Angebotsmenge 256
– als Funktion des Angebotspreises 255
– anbieterspezifische 254
– des Monopolisten 259
– konjekturale 256
Absatzgeregelte Preisstrategie 285
Absatzkanal 99, 252
Absatzmarkt 42, 127
Absatzmenge 101
Absatzmengenformel 203
Absatzplan 118, 134
Absatzrisiko 316
Absatzstrategien 3, 15, 47, 75, 97, 99, 122, 133, 134, 139, 175, 238, **251**
Absatzverteilung 103, 222, 223
Abschreibung 21
– für die Abnutzung 352
Abschreibungsverfahren 66
absoluter Cournotscher Punkt 269, **270**
Abwehr von Marktmacht 300
Abwehrstrategien 240, 346
Abzinsungsfaktor 62
adaptive Dispositionsstrategie 48
Aktie 229
Aktienkapital 61
Aktionsbereiche des Verkaufs 291

Aktionshebel der Geldpolitik 348
Aktionskraft 231
Aktionsparameter 234, 289
– der Absatzdisposition 47
– der Güterdisposition 45
– der Nachfragedisposition 46
– des Anbieters 100, 252
– des Nachfragers 99, 296
– eines Finanzgüteranbieters 74
– eines Finanzgüternachfragers 73
aktueller Bestand 133
aktueller Mittelwert 238
Alleinstellungsmerkmale 30
allgemeine Vermögensgleichung **78**
allgemeiner Diskontierungsfaktor 33, 62
Allgemeinheitsgebot 326
Allokationseffizienz 113, 114, 225
Allphasen-Bruttoumsatzsteuer 331
Alterssicherung 235
Alterungsphase 286
Ambivalenz
– der unsichtbaren Hand 4, 251, 263, 293
– des Geldes 86
analytische Ökonomie **5**, 77, 359
Anbieter 4, 97, 319
Anbieterabsprache 286
Anbieteranzahl 136
Anbieterauktion 164
Anbieterauswahl nach Angebotspreis 165
Anbieterergebnis 162
Anbietererkundung 301
Anbieterfestpreis 98

Anbietergewinn 2
Anbietergrenzpreis **36**
Anbieter-Kollektiv 186
Anbietermarkt 164
Anbieter-Monopol 185
Anbieter-Oligopol 186
Anbieteroptionen **252**, 290
Änderungsgeschwindigkeit 116
Anfangspreis 285
Anfangswert 21, 190
Anfragemissbrauch 315
Angebot **133**
– und Nachfrage 10
– von Arbeitsleistungen 132
Angebotsänderung 127, **138**
Angebotsbedingung 31
Angebotsbindefrist 169
Angebotsdifferenzierung 282
Angebotsfestpreise 143, **146**, 166, 197, 203
Angebotsfrist 164
Angebotsfunktion 10, **135**
Angebotsgrenzpreise 39, 100, **134**, 179
Angebotskonditionen 282
Angebotskurs 63
Angebotsmenge 100, **133**, 179, 252
Angebotsmengenbilanz 246
Angebotsmengengleichung 246
Angebotsmonopol 30, 111, 258, 262, 268
Angebotsoligopol 111, 262
Angebotspreisanpassung **239**
Angebotspreise 252, 273
Angebotspreisniveau 208, 342
Angebotspreisparameter 147
Angebotspreisvektor 134
Angebotsqualität 100, 137, 225, 252
Angebotssprung 141
Angebotsstrategien 290
Angebotsüberhang 248
Angebotsverschiebung 234
Angebotswettbewerb 110, 112
anhaltende Gewinnoptimierung 75
Ankunftsregel der Nachfrager 165
Anlagekonto 309, 310
Anlagerisiko 60
Anlagevermögen 345
Anlauffunktion 132
Anpassung der Zahlungsbereitschaft 128, 243, 317
Anpassungsstrategie 239

Anreizpreis 284
Anschaffungspreis 66
Anstieg
– der Staatsquote 351
– der Zahlungsbereitschaft 343
– des Angebotspreisniveaus 342, 343
Anstiegsfunktion 141
Anteilskurs 61
antizyklische Mehrwertsteuer 352
antizyklische Wirtschaftspolitik 83, 321
Anzahl der Folgebegegnungen 164
Anzahl möglicher Begegnungsfolgen 162
Arbeitgeberverband 301
arbeitsarmes Wirtschaftsgut 332
Arbeitsdisposition **307**
Arbeitsförderungsmaßnahmen 309
arbeitsintensives Wirtschaftsgut 332
Arbeitskosten 308
Arbeitsleistung **18, 23**
Arbeitslosenquote 103, 109, 333
Arbeitslosenunterstützung 318
Arbeitslosigkeit 109
Arbeitsmarkt 24, 113, 196, 248, 251, 301, 307, 316, **331**
Arbeitsteilung 262
Arbeitsvertrag 298
Arbeitsvorratskosten 308
Arbeitszeitbedarf 308
Arbeitszeitvorrat 308
Arbitragegeschäft 229
arglistige Täuschung 316
artikelgemischte Verkaufseinheit 158
artikelreine Verkaufseinheit 158
Aspekt
– der Unternehmen 323
– der Verbraucher 323
– des Marktes 323
Asymmetriesatz des Marktpreises 211
Aufgaben des Staates 27, **319**
Aufnahmevermögen 117
Aufsichtsamt 264, 316, 327
aufsteigende Zahlungsbereitschaft 200
Auftragsbeschaffung 303
Auftragseingang 307
Auftragsgut **20**, 133
Auftragskosten 303
Auftragsspeicher 170
Auftragssplitting 272
Auftragsverhandlung 301

auftragsweise Vermittlung   167, 198
Auktion   135, 212
Auktionsplatz   96
Auktionsspiel   191
Ausfallrisiko   62
Ausführungsart   282
Ausführungsfolge   170
Ausführungszeit   105
ausgeglichener Markt   183, 206
Auslandsinvestition   349
Auslastungsabhängigkeit   37
Auslastungsdilemma   285, 290
Auslastungsgesetz   37
Auslastungsgrad   **101**
Auslastungsoptimierung   261
Auslastungspreis   **261**, 267
Auslastungspreisstrategie   279
Auslastungsrisiko   40
Auslöser der Investition   38
Ausnahmeverweigerung   300
Ausnutzungsstrategie   346
Ausschreibung   146, 298, **299**
Ausschreibungsstrategie   301
außenwirtschaftliches Gleichgewicht   351
Auswahlkriterium
– der Anbieter   166
– der Nachfrager   164
Ausweichgut   293
Ausweichstrategie   240, 297
Auswirkung
– der Mengenbildung   156
– der Preisbildungsarten   144, **197**
– einer Angebotsmengensteigerung   261
– unterschiedlicher Preisstrategien   281
– von Preisänderungen   260
Automobilindustrie   132

B2C-Markt   **95**, 186
Börsenhandelsstrategie   250
BackCard   288
BahnCard   152, 284, 288
Baisse   229
Bank   327
Banken- und Finanzaufsichtsamt   114
bankseitige Kreditgeldschöpfung   56
Bargeld   52, **54**, 231, 348
Bargeldbestand   54, 60
Barwert   **33**, 62
Barwertfaktor   34

Basar   145
Baumol-Tobin-Modell   314
Bedarf   117
Bedarfsausgleich   183
Bedarfsbeschränkung   300
Bedarfsdruck   290
Bedarfsgüter   **18**, 251
Bedarfskategorie   34
Bedarfsmangel   183
Bedarfsmengengesetz   198
Bedarfssättigung   4
Bedarfsspezifikation   300
Bedarfsstreuung   130
Bedarfsüberhang   183
Bedarfsverschiebung   234, 300
Bedingung für stochastisch-stationären
   Markt   247
Beeinflussbarkeit   286, 316
Beförderungsnetz   26
Befragungen   33
Begegnungsarten   **199**
Begegnungsfolgen   10, 126, 143
Begegnungskonstellationen   188, 189
Begegnungsmöglichkeiten   161
Begegnungsregeln   98
begrenzte Information   249
begrenzte Reichweite   223
Begrenzung
– der Begegnungsfolge   163
– der Preisgestaltung   152
Bemessungseinheit   40, 151
Bemessungsperiode   104, 193
Bemessungsregeln der Marktperiode   105
Beratungsmissbrauch   315
Berufsverband   301
Beschaffungsbündelung   301
Beschaffungsdisposition   118, 298, **303**
Beschaffungsdruck   21
Beschaffungsfunktion   70, 296
Beschaffungskanäle   97, 98
Beschaffungskompetenz   302
Beschaffungsmärkte   42, 139
Beschaffungsmöglichkeiten   133
Beschaffungsplan   118
Beschaffungsstrategien   3, 15, 46, 75, 97, 127,
   175, 238, **295**
Beschaffungstrennung   301
Beschaffungszeitpunkte   285
Beschäftigtenzahl   339

Beschäftigung   337
Beschränkung des Bieterkreises   164
Besonderheit der Devisenmärkte   210
Bestandsabwertung   70
Bestandsverlauf eines Vorratsgutes   305
Bestandswertänderung   71
Bestechung   286, 316
bestens   169
Beteiligungsvermögen   61
Betriebsbereitschaft   37
Betriebswirtschaft   5, **358**
Betrug   41, 228
Bewegungspfad   106
Beweislast   41, 316
Bezugschein   157
Bieterfrist   166, 171
Bilanzzeitraum   66
bilaterale Preisbildung   143, 144, 161, 167
Bindefrist   170
Bonität   56, 61
Bonusprogramm   152, 288
Bookbuilding   161, 170
Börsen   135, 146, 169, 220
Börsenaufsicht   264
Börseneinführung   94
Börsenhandelsstrategie   175, 249
Börsenparkett   96
Börsenprogramme   273
Börsenspiele   191
Börsenumsatzsteuer   230, 350
Branding   283
Bruttoeinkommen   330
Buchgewinne   71
Buchverluste   71
Budget   **118**
Budgetanpassung   118
budgetierte Bedarfsmenge   198, 199, 223
Budgetierung   72
Bündelungspreise   152
Bundesnetzagentur   264

Cashmanagement   309
Chancen des Marktes   227, 295
Chancengleichheit   354
Clearingstelle   309
Commodities   229
contract sourcing   301
Cournotmenge
– absolut optimale   270

– der Beschaffung   296
– des Monopolisten   269
Cournotpreis   **261**, 264, 279, 286, 289
– absolut optimaler   270
– der Beschaffung   296
– des Monopolisten   268
– eines Wettbewerbsanbieters   266
Cournotscher Punkt   **264**, 271
Cournotscher Satz   260
Courtage   146, 271
cui-bono-Transparenz   327

Dämpfungswirkung   241, 243
Darlehensvertrag   55
Deckungsbeitrag   41, 134, 274, 276
Deckungsbeitragsoptimierung   277
Deckungsbeitragsquote   134
Deckungsrisiko   54
deficit spending   321
Deflator   62
Delkredere-Risiko   228
Demografie   126
Depression   352
Deregulierung der Märkte   326
Derivate   61
Desinvestition   38
deskriptiv beobachtende Ökonomie   250
deterministische Begegnungsfolge   218
Devisen   229
Devisengeschäft   350
Devisenmärkte   348
Dienstleistungen   **21**, 284
Differenzierungskosten   282
Dilemma der Marktwirtschaft   86
direkte Subventionen   336
Direktzahlung   57
Diskontierungsfaktor   **33**, 62
Diskontsatz   56
diskret teilbares Gut   29, 155
Disposition   48, 238
– der Staatsfinanzen   321
Dispositionsfreiheit   119
Dispositionsfrequenz   100
Dispositionsprogramme   48, 295
Dispositionsstrategien   48, 299, 308
Dispositionsverhalten   **48**, 307
Dispositionszykluszeit   48
Dividende   61

Dogma
- der herkömmlichen Preistheorie 194
- des permanenten Wachstums 233

Dringlichkeit 118, 297, 299
Dumpingpreis **41**, 152, 286
Dumpingpreisindiz 41
Dumpingpreisverbot 287
Dynamik der Märkte 248
dynamische Absatzstrategie **284**
dynamische Beschaffungsstrategie **304**
dynamische Disposition 48, 305, **306**
dynamische Dispositionsstrategie 310
dynamische Ertragwertberechnung 62
dynamische Gelddisposition **312**
dynamische Marktphase 249
dynamische Marktsimulation 317
dynamische Marktveränderung 121
dynamische Mengenstrategie 254, 285
dynamische Phase 249
dynamische Preisanpassung 285
dynamische Preisstrategie 254, 284
dynamische Strategien der Gelddisposition 74
dynamische Vorratsdisposition 285, **305**
dynamischer Koppelpreis 286
dynamischer Markt 1–3, 80, 106, 175, 269
dynamischer Marktverlauf 240

E-commerce 293
Ebay 166, 212
effektive Angebotsmenge 195
effektive Begegnungsreichweite 189
effektive Gesamtnachfrage 195
effektive Gesamtnachfragemenge 194
effektive Nachfrage 157, **194**, 223
effektiver Einkaufspreis 70
effektiver Gesamtbedarf 183
effektiver Verkaufspreis 70
effektives Angebot **194**
effektives Gesamtangebot 183
Effektivverzinsung 63
effiziente Lenkung der Ressourcen 13
effiziente Versorgung 263
Effizienz der Märkte 353
eigendynamischer Prozess 292
Eigenfinanzierung 73
Eigeninvestition 73
Eigennutz 90, 315
Eigenprovision 271, 273

Eigenschaften
- der anbieterspezifischen Absatzfunktion 255
- der Angebotsfunktion 136

Eigentum 17
Eigentumsrecht 322
Eigenwert 36, 134
Einfluss des Zufalls 4, **215**, 226, 229
Einflussfaktoren
- auf das Angebot 138
- auf die Nachfrage 130

Einführungspreis 253
Eingabewerte 177, 179
eingeschränkte Information 223
eingeschwungener Markt 102
Einheitspreis 170, 197, **279**
Einheitspreisstrategie 280
Einkauf **299**
Einkaufsgemeinschaft 301
Einkaufsgenossenschaft 301
Einkaufsgewinn 101, 120, 145, 147, 177, 240, 296
- des Marktes **102**

Einkaufsmengenstrom 42, 245
Einkaufsplattform 166
Einkaufspreis **101**
Einkaufspreiseffizienz 114
Einkaufsquote 13, 101, **102**, 113, 177, 218
Einkaufsrisiko 228
Einkaufsstrategie 99, 118, 300
Einkaufsumsatz 70, **101**
Einkommensteuer 277, 329
Einkommensverteilung **69**, 77, 224, 353
einmaliger Markt 104
Einnahmen 69, 70
Einsatzbereiche je Preisbildungsarten 150
Einsatzgüter 20
Einstandspreis 41
Einstellungskosten 308
Einstiegspreis 285
Einwirkung des Staates 83, 115
Einzeldisposition 48
Einzelhandel 146, 262, 273
Einzelhandelspreis 158
Einzelpreis **36**, 40
Einzugsgebiet 249
Eisenbahnnetz 292
eiserne Reserve 306
Elastizität des Ergebnisses 116

elektronische Börse 96, 168
elektronisches Bargeld 54
Emissionsrecht 94
empirischer Konjunkturzyklus 83
endogener Konjunkturzyklus 80, 91
Endverbraucher 295
Endverbrauchermarkt 20, 41, 68, 146, 149, 153, 164, 171, 280, 289, 341
Energiesteuer 32
Engpass 4, 92, 183
– der Versorgungskette **133**, 134
Engpassdisposition 307
Engpassphase 247, 285
Engpasszustand 133, 196, 342
Entlassungskosten 308
Entscheidungsparameter der Arbeitsdisposition 308
Entscheidungsrisiko 228
Entwicklung 292
– des Marktpreises 242
– des Realvermögens 345
Entwicklungshilfefond 350
Erbschaftssteuer 328, 353
ereignisabhängige Disposition 48
Ereignisantizipation 227, 228
Ereignisgröße 238
erforderliche liquide Geldmenge 314
Erfüllungsbürgschaft 229
Erfüllungsrisiko 228
Ergebnispunkt 106
Ergebnisunschärfe des Marktes 216
Ermittlung des Kaufpreises 171
Eröffnungspreis 145, 253
Erpressbarkeit 299
Erpressung 316
Ersatzbedarf 38
Ersatzbeschaffung 21
Ersatzinvestition 349
Erscheinungsformen des Geldes 52
Erschöpfung der Naturressourcen 233
Ertragsarten 60
Ertragsformen 67
Ertragskonto 57
ertragsloses Finanzgut 60
ertragsoptimale Handelsspanne 274
ertragsoptimaler Angebotspreis 275
ertragsoptimaler Handelszuschlag 275
Ertragsrate 81
Ertragsverzugszeit 81

Ertragswert 30, **33**, 61, 249, 250
– bei konstanten Nettoerträgen 34
Ertragszins 61
Erwartung 227
Erwartungswert 63
Erwerbsbedarf der Verkäufer 225
Erwerbseinkommen 78, 330, 354
Erwerbseinkommenseffizienz 82
Erwerbsvermögen **68**, 132
Erzeugungseinheit 151
Erzeugungszyklus 306
erzwungene Segmentierung 283, 287
Europäische Kommission 294
Europäische Währungsunion 60
Europäische Wirtschaftsunion 264
Europäische Zentralbank 349
exakte Wissenschaft 360
Existenzbedarf 34, 78, 91
Existenzlohn 337
Existenzminimum 40, 316, 330, 334, 337
existenznotwendiger Mindestabsatz 292
exogener Einflussfaktor 83
Expansion 251, 262
Expansionsentscheidung 268
Expansionsregel 269
Expansionsstrategie 259
explizite Gesamtbilanz 76
Externe Bedarfsbündelung 301
externe Restriktionen 43, 297
externer Festpreis 144, **147**

Fabrikabgabepreis 158
Fachhandelspreis 158
faire Marktordnung 161
fairer Handel 93
Fairnessgebote **92**
Fairnessregel 264, 284, 320
Faktorprognose 227, 231, **236**
fallender Angebotspreis 165
fallender Nachfragerpreis 166, 167
Falsifikationskriterium 358
Fehlerfortpflanzungsgesetz 84, 218
Fehlinformation 286, 315
Fehlinterpretation 228
Fehlinvestition 353
Fehllenkung knapper Ressourcen 327
Fertigwarenbestand 133
Festbudget 119
feste Bedarfsmenge 198

Sachwortverzeichnis

Festmengennachschub 304
Festprämie 272
Festpreise 15, 195, 196, 284
Festpreisregelung 148
FIFO-Prinzip 161, 169, 172
Finanzausgabe 70
Finanzbereich 71
Finanzdienstleistung 61, 153
Finanzdisposition **72**
Finanzertrag 60, 70
Finanzgut 29, **51**, **60**, 229
finanzieller Handlungsspielraum 72
Finanzierung der Staatsausgaben 321
Finanzierungskosten 273
Finanzmarkt 4, 53, 96, 251
Finanzmittel 134
Finanzplanung 73
Finanzpolitik 319, **351**
Finanzprodukt 61
Finanzströme 71
Finanztransferabgabe 350
Finanz- und Bankenaufsicht 264
Finanz- und Währungsrecht 86
Finanzvermögen 57, 66
Fixkosten 27, **37**, 38
Fixkostenanbieter 266
Fixkostendilemma **39**, 327
Fixkostengut 23, **40**, 179, 292
Fixkostenremanenz 271, 290
Fixkostensatz 179
Fixprovision 272
Flatrate 152
flexibler Markt 340
Flucht in Sachwerte 346
Fluktuation 168
Forderungen 54, 55
Forschungsbedarf 153, 357
Forschungsprogramm 191
Frühindikator einer dynamischen
　　Marktänderung 249
Freiberuflicher 24
Freibetrag 279, 335
freie Kaufpreisbildung 144, 148
freie Marktordnung 248
freies Spiel der Marktkräfte 235
Freiheit 4, 319, 354
freiwillige Marktsegmentierung 282
Fremdfinanzierung 73

fremdgeregelte Zusammenführung **167**,
　　201
Fremdinvestition 73
Fremdkapital 66
Fremdprovision 271
Frequenzeffekt 26, 292
Frontrunning 172
Frühbuchungsrabatt 300
Frühindikator dynamischer Marktänderung
　　249
Fundamentalzyklus 126
Funktion des Geldes 315
Funktionen des Geldes 52
Fusionsbeschränkung 294

Gebrauchsgüter **21**, 42, 66, 286
－　des privaten Bedarfs 21
－　für den wirtschaftlichen Bedarf 21
Gebrauchsmuster 30
Gebühr 24
Gefahren 351
－　der Inflation 321
－　staatlicher Wirtschaftsförderung 336
Geld **51**, **85**, 231
Geld- und Finanzordnung 53
Geldangebotsfunktion 74
Gelddisposition 57, 118, 295, **309**
Geldeinheiten 29, 51, 58, 66
Geldentwertung 53, 83, 229
Geldkarte 54
Geldkreislauf 89
Geldmarkt 60, 96
Geldmarktzins 60, 74
Geldmengen 52, 315, 348
－　in Deutschland 55
－　M1 55, 58, 315
－　M2 55, 58
－　M3 52, 56, 58, 349
Geldmengensatz 206
Geldmonopol 53
Geldnachfragefunktion 74
Geldpolitik 239, 319, 321, **348**
Geldschöpfung 231
－　durch Kredit 56
Geldsicherungsstrategie 350
Geldstrom **51**, 89
Geldvermögen 66
Geldwert 52, 56, 58
Geldwertrisiko 54

Geldwertstabilität 85, **340**, 349, 351, 353
Geldwirtschaft 89
Genossenschaftsprivileg 301
gerechte Einkommens- und
    Vermögensverteilung 351
Gesamtabsatz 208
- und Marktpreis **106**
Gesamtangebotsmenge 135
Gesamtbeschaffung 301
Gesamtbudget 118
Gesamtgeldbestand 56
Gesamtgeldmenge M1 314
gesamtgesellschaftliches Ziel für
    Gütermärkte 115
Gesamtnachfrage 122
Gesamtpreisangabe 300
gesamtwirtschaftliche Daten 68
gesättigte Volkswirtschaft 206
Geschäftsbilanz 323
Gesellschaftsrecht 323
Gesetz der großen Zahl 84, 130, 216
Gesetz gegen
- den unlauteren Wettbewerb (UWG) 323
- unredliches Marktverhalten (UMG) 323
Gesetze
- der Märkte 16
- der Marktstochastik 221
- der Preisdifferenzierung 280
- stochastischer Märkte 249
- zur Marktsicherung 294
gesetzliches Zahlungsmittel 52, 54
Gesetzmäßigkeiten
- des Marktmechanismus 193
- endogener Konjunkturzyklen 81
Gesundheitsleistung 153, 284
Gesundheitsvorsorge 235
Gewährleistung 31
Gewaltenteilung 348
Gewerbefreiheit 322
Gewerberecht 323
Gewerbeschein 24
Gewerbesteuer 24
gewerbliche Tätigkeit 24
gewerblicher Nachfrager 118
Gewerkschaften 301
Gewinn 69, 85, 134
- aus der Bargeldausgabe 348

Gewinnakkumulation 263
gewinnbeteiligtes Finanzgut 61
Gewinnchance des Marktes 262
Gewinneffizienz 114
Gewinnermittlung 24
Gewinnmaximierung 74, **259**
gewinnoptimale Angebotsmenge 267
gewinnoptimaler Angebotspreis 260
gewinnoptimaler Preis 261
Gewinnpreisstrategie 279
Gewinnstreben 165, 225, 315
Gewinnverteilung 222, 223
Gini-Koeffizient 104
Giralgeld 52, **54**, 309
Girokonto 54
Glättung der Konjunkturzyklen 84
Glättungsfaktor 239
Glättungsreichweite 239
Gleichgewichtszustand 3, 173, 198, 357
Globalisierung 264
Glücksspiel 229
Grenzen
- der Geldpolitik 349
- des Marktes 92
Grenzkosten 253, 293
Grenzkostenanbieter 266
Grenzkostengut **40**, 179
Grenzkostenpreise **253**, 286
Grenzkostensatz **37**, 179
Grenzkostentheorie 358
Grenzleistungsgesetze 44
Grenzleistungskurve 44
Grenzpreisdilemma
- des Anbieters 36
- des Nachfragers 35
Grenzpreise 2
Großgebinde 158
Großhandel 273
Großhandelspreis 158
Großmengenanbieter 158
Grundaufgabe der Arbeitsdisposition 307
Grundeinkommen 354
Grunderwerbsteuer 350
gruppenweise Preis- und Mengenbildung 169
gruppenweise Preisbildung 143
gruppenweise Vermittlung 167
Güter
- des existenziellen Bedarfs 248

Sachwortverzeichnis

- des privaten Bedarfs 118
- zur wirtschaftlichen Nutzung 33
Güteraggregat 190
Güterbestand 42
Güterbilanzen **42**, 191
Güterdisposition **45**, 74
Güterklassen **18**
Güterknappheit 235
Güterkreislauf 89
Gütermärkte 4, 96
Güterrestriktionen 76
güterspezifische Inflationsrate 58
Güterströme 17, 51, 89
- einer Wirtschaftseinheit **43**

Haftpflichtversicherung 93
Haftung 31
halbempirische Näherungsformel 201, 219
Halbwertszeit des Geldes 59
Hamsterkäufe 307
Handelsbrauch 325
Handelshemmnis 113
Handelskurs 61, 62, 67, 74
Handelsmarke 284
Handelsparameter 274
Handelsplatz 1
Handelsrecht 86, 323
Handelssortiment 252
Handelsspanne 273
Handelsspannendifferenzierung 277
Handelsspannenoptimierung 273
Handelsstrategien für Finanzgüter 249, 250
Handelsware 118, 134
Handelszuschlag 273
Händler 273
Handlungsfreiheit 143, 163, 322
Handlungsmöglichkeiten 15
- bei Anlagebedarf 73
- bei Geldbedarf 73
- der Absatzplanung 47
- der Arbeitsdisposition 308
- der Beschaffungsplanung 46
- der Marktordnung 167
- der Vermittlungsinstanz 171
- des Auftraggebers 169
- zum Verteilungsausgleich 328
Handlungsoptionen
- der Finanzplanung 309

Handlungsparameter 15, 20
- der Preisdifferenzierung 280
Handlungsspielraum
- der Gelddisposition 309
- eines Monopolanbieters 267
- von Wettbewerbsanbietern 267
Handwerkskammer 301
Harrisformel 306, **314**
Häufige Preisänderungen 298
Häufigkeit des Bedarfs 297
Häufigkeitsverteilung 216
- des Marktpreises 215
- des Periodenabsatzes 216
Hauptabnehmergruppe 288
Hauptkostentreiber 40
Haushalte 17, 24, **94**
Hausse 229
heimliche Steuerprogression 335
Herstellkosten 66, 276
heterogenes Wirtschaftsgut 29, 31
heuristisches Optimierungsverfahren 308
hochdynamischer Markt 248
Hochkonjunktur 352
Höchstkaufmenge 156, 157
Höchstpreis 148
höhere Gewalt 229, 233
Höherqualifizierter 113
homo ludens 91
homo oeconomicus 91
homogenes Sachgut 28, 229
homogenes Wirtschaftsgut 28
Honorare 24

Imagewerbung 31
immaterielle Netzwerkleistung 25
immaterielles Gebrauchsgut 22
immaterielles Verbrauchsgut 21
immaterielles Wirtschaftsgut **21**, 327
Immobilien 272
Indexanleihen 62
indirekte Subventionen 336
Individualanbieter 289
Individualprodukt 25
Individualverhalten 91
individuelle Absatzfunktion 256
individuelle Angebotsänderung 139
individuelle Angebotsfunktion **135**
individuelle Einkaufsmenge 101
individuelle Nachfragefunktion **119, 121**

individuelle Verkaufsmenge   101
individueller Einkaufsgewinn   **121**
individueller Einkaufspreis   101
individueller Einkaufsumsatz   101
individueller Verkaufsgewinn   **134**
individueller Verkaufsumsatz   101
Induktionskräfte   231
Industriegüter   272
industrielle Erzeugerpreise   59
induzierte Auswirkungen   234
Inflation   79, 109, 321
Inflationsauswirkungen   64, **345**
inflationsbereinigte Vermögensbilanz   345
Inflationserwartungen   60, 65
Inflationsrate   33, 62, 64, 103, 109, 340, 345
– des Warenkorbs   58
Inflationsvorteile des Staates   347
Information   4, 327
Informationsbarriere   **98**
Informationsbedarf   163
– bei fremdgeregelter Zusammenführung   168
Informationsbeschränkung   286
Informationsdienstleister   327
Informationsdienstleistung   293
Informationseffizienz   113
Informationsgebot der Marktordnung   171
Informationsgut   **22**, 36, 40, 284, 292
Informationsmarkt   251
Informationsmissbrauch   172
Informationsrechte   161
Informationsrisiko   227
Informationsschutz   173
Informationsverzug   216, 227, 231, 238, **239**
Inhaltsspezifikation   171, 289
Innovationen   127, 139, 228
Insiderhandel   172
Insolvenz   61, 72
Integrationskompetenz   302
Integrationskosten   303
Interessenverbände   325, 327
Intermediäre   114, 271, 272
Internationale Güter- und Finanzmärkte   327
internationaler Handel   284, 326
internationaler Markt   264
interne Restriktionen   43, 297
Internet   146, 166, 212, 293
Internet Agent   96

Internet Auktion   96
Internetmarkt   4, 94, 104, 284
Interpretation   213
Interpretationsproblem
– von Marktveränderungen   212
intuitives Verhalten   295
Inventur   66
inverse Zinsstruktur   65
Investitionen   38, 44, 83, 252
Investitionsbereitschaft   83
Investitionsdilemma des Anbieters   39
Investitionsentscheidung   238
Investitionsgüter   **21**
Investitionsneigung   128
Investitionssumme   76
Investitionsverhalten   128
irreführende Preisgestaltung   152

Japan   206

kalkulierbares Gut   36
kalkulierter Angebotsgrenzpreis   134
kalkulierter Nachfragergrenzpreis   120
Kanbanverfahren   304
Kapazität   37, 39
Kapazitätsabbau   139
Kapazitätsaufbau   139
Kapazitätsbedarf   38
Kapazitätsgrenzen   91
Kapazitätsmangel   183
Kapazitätsüberhang   183
Kapitalmarkt   61, 96
Kapitalmarktzins   56, 62, 64, 83, 307, 345
Kartell   111, 283
Kartellamt   114, 264, 294, 316
Kartellrecht   301
Kartellverbot   294
Kassenkonto   310
Kassenmeldestand   310
Katalogverkaufszyklus   132
Katastrophen   140
Kaufabschluss   98
Kaufauftrag   62
Kaufergebnis   10, **161**
Käufermarkt   183
Kaufkraftänderung   58
Kaufkraftausgleich   184
Kaufkraftmangel   118, 184
Kaufkraftüberhang   184, 196, 201

Sachwortverzeichnis

Kaufkraftzuwachs 128
Kaufkurs 74
Kaufmenge 2, 156
Kaufmengenbegrenzung 198
Kaufmengenformel 155
- bei Mengenteilung 156
- bei unzulässiger Bedarfsmengenteilung 156
Kaufmengenstrom 245
Kaufpreis 2, 143, 170
Kaufpreisabhängigkeit 124
Kaufpreisformel
- bei oberer Preisbegrenzung 149
- bei unterer Preisbegrenzung 149
- für Festpreisregelung 149
- ohne Preisbegrenzung **148**
Kaufpreisfunktion 296
Kaufprozess 90, **98**
Kaufsteuer **32**
Kaufvermittler 114, 271
Kaufverschiebung 118
Kaufverzicht 118
Kleinmengenanbieter 158
Kollektiv 112
kollektive Angebotsänderung 139, **208**
kollektive Angebotsfunktion **135**
kollektive Angebotsparameter 137
kollektive Angebotspreisanpassung 234, 257
kollektive Marktauswirkungen 176
kollektive Marktergebnisse 2, 12, **101**, 162
kollektive Nachfrageänderung 201
kollektive Nachfragefunktion **122**
kollektive Preissenkung 257
kollektive Qualitätsmerkmale 31
kollektive Vermögensbilanz **78**
kollektive Zahlungsbereitschaft 220
Kollektivverhalten 91
Kombinationsgüter **24**, 40, 158
- des privaten Bedarfs 25
- für den wirtschaftlichen Bedarf 25
Kombinationsstrategie 290
kombinierte Maßeinheit 29
kombinierte Wirtschaftsgüter 158
kombiniertes Angebot 31
komparativ-statische Analyse 193, 243
Kompetenz 145, 327
Komplexität 190
Konjunkturgleichung 81

Konjunkturzyklus 79, **80**
Konkurs 61, 71, 72, 228, 316
Konstruktionsfehler des Steuersystems 332, 335
Konsum 75, 83, 331
Konsumenten 117
Konsumentenverhalten 128
Konsumforscher 122
Konsumgut **19**, 272, 298
Konsumgüterabsatz 349
Konsummenge 77
Konsumneigung 91
Konsumtionsrestriktion **44**
Konsumverein 301
Kontingentierung 157
Kontraktlaufzeit 105
Kontrolle 32
Konzentrationsbegünstigung 293
Konzeption neuer Marktordnungen 94
Koppelprodukte 44
Kopplungsrelation 44
Kopplungsverbot 287
Kosten 18, **36**, 102
- der Liquiditätshaltung 311
Kosteneffizienz 114, 149
Kostenfaktor 29
Kostenkennwert 189
Kostenkonstellation 188
kostenoptimale Nachschubmenge 304
kostenoptimaler Umbuchungsbetrag 312
Kostenpreis **252**, 253
Kostenpreisstrategie 279
Kostenrestriktion des Angebotspreises 267
Kostentreiber 36, 151
Kraftstoffsteuer 32
Krankenversicherung 93
Kredit 52
Kreditgeld **54**, 55, 315
Kreditkarte 55
Kreditlimit 55
Kreditvertrag 55
Kreditwürdigkeit 309
Kreuzungspreis 196
Krieg 140
kriminelle Handlung 316
kritische Angebotsmenge 257, 258
kritische Menge 27, **290**
kritische Preisgrenze 268
kritischer Mindestlohn 339

kritischer Steuersatz 279
Kulturbedarf 34
kumulierte Einkaufsmenge 159
kumulierter Absatz 159
Kundengewinnung 290
Kundenkarte 152, 288, 300
Kündigungsschutz 308, 340
Kursgewinn 60
Kurslimit 62
Kurswert 61, **62**
Kurswertformel 63, 67
kurzfristige Gewinnmaximierung 48
kurzzeitige Modellfunktion 131

Laffer-Kurve 279
Lagerbestand 133
Lagern 32
langzeitige Modellfunktion 131
Laufzeit 61, 62
Lebensbedarf 34
Lebenshaltungskosten 59
Lebenskonsumkurve 132
Lebensmittelkarten 157
Lebensverdienstkurve 68, 132
Lebenszyklusfunktion 132, 293
Lebenszykluspreis 285
Leiharbeitskraft 308
Leistungsbereich 71
Leistungeinheit 29
Leistungskomponenten 29, 36
Leistungsnachweis 299
Leistungsströme 71, 72
Leistungstäuschung 286
Leistungsvermögen 133
Leistungsversprechen 52
Leitzins 56, 315, 348
Lenkungsinstanz 4, 319
Lenkungsmöglichkeiten 321
Lenkungssteuern 32, 115, 277, 329
Lieferantenwechsel 300
Lieferfähigkeit 303
Lieferprogramm 252
Lieferzeit 105, 303
lineare Angebotsfunktion 137
lineare Nachfragefunktion 125
liquide Geldmenge **55**, 314
liquider Kassenbestand 57
liquides Geld 309
Liquidität 60

Liquiditätsplanung 73
Liquiditätsrestriktion 71
Liquiditätssteuerung 310
Listenpreise 145, 253, 273, 284
Lizenzen 36
Lobbyist 336
Lockerung der Geldpolitik 348
Lockpreise 152, 254, 286
Logik der Forschung 360
Logik des Marktes 1, 4, 173, 176, 191, 201, 327, 338, 350, 357
Logistik 41
Logistikfunktion 131
Logistikkosten 253, 273
Lohnsteuer 279
Lohnzugeständnis 340
lokales Ergebnis 102
Lombardzins 56, 348
Lorenzfunktion 69, **104**, 222, **223**, 325
Luxusgüter 117, 234, 248

M-P-Diagramm 106
Machbarkeitsglaube 351
Machtkonzentration 263
machtloser Marktteilnehmer **150**
magisches Dreieck/Viereck/Fünfeck 351
Makler 146
Maklerneutralität 172
makroökonomische Güterbilanzen **44**
Mangel 183
Manipulation 59, 172
Marginalanalyse 358
Markenartikel 298
Markenpolitik 31
Markenrechte 30
Marketing 16, 251
Marketinginstrument 151
Markt 1, **89**
– als Regelstrecke 89
– für Personalcomputer 116
Marktabgrenzung 294
Marktabsatz **102**, 177, 205
Marktabsatzgesetze 203, 205, 208
Marktabschottung 281, 283
Marktalgorithmus 358
Marktauftritt 252
Marktausschluss 93
Marktausstiegsverlauf 132
Marktauswirkung 251

Marktbarrieren 112, 113
marktbeeinflussende Ereignisse 228
Marktbeeinflussung 32
Marktbegegnung 100, **161**, 288
Marktbegegnungssätze 200
marktbeherrschender Anbieter 111, 139
marktbeherrschendes Unternehmen 251, 262, 283, 293, 327
Marktbeherrschung 111, **290**
Marktbeispiel **9**
Marktbeobachtungen 13
Marktbeziehungen **95**
Marktchancen **226**
Marktdiagramm 9, 179, 180, 182, **194**
- des Niedriglohnsektors 338
Marktdogma 4, 194
Marktdynamik 3, 104, 105, 132, 175, 182, **231**
Markteffizienzen 105, **113**, 244, 289, 325, 326
Markteinführung 292
Markteingriffe 115, 244, 326
Markteinstiegsverlauf 131
Markteintritt 290
Markteintrittsbarriere 263
Markteintrittszeitpunkt 98
Marktentwicklungspfade 108
Marktergebnisse 9, 90, **100**, 113, 143, 162, **194**
Marktergebnistabelle **189**
Markterkundung 111
Marktformen 112, 186
Marktforschung 237
Marktfreiheit 324
Marktfrequenz 104, **105**
Marktgesetz der selbstregelnden Preisbildung 201
Marktgewinn 13, 177, 208
Marktgewinner 263
Marktinformationen **171**
Marktkonstellationen 3, 19, 175, 176, 188, 243
Marktkräfte 83, 231, **232**
Marktlenkung 326
Marktlohn 339
Marktmacht 36, 93, 145, 297, 339
Marktmachtmissbrauch 316
Marktmanipulation 92, 230
MarktMaster.XLS 180

Marktmechanik **3**
Marktmechanismus 2, **263**
Marktmissbrauch 92, 230, 264, 326
Marktöffnungszeiten 1, **105**, 168
Marktöffnungzeiten 264
Marktordnung 2, 3, 6, 18, 86, 90, **92**, 115, 143, 252, 264, 289, 300, 319, 323, **324**, 360
Marktperiode 3, 100
Marktplätze **1**, **94**, 252
Marktpositionierung **288**, 289
Marktpreis 2, 13, **102**, 107, 134, 177, **208**, 342
- bei unterschiedlicher Begegnungsfolge 199
- eines Warenkorbs 58
- und Gesamtabsatz **108**
Marktpreisformel **201**
Marktpreisniveau 252
Marktpreissätze 195, 196, 203, 206, 208
Marktpreisstreuung **219**
Marktprozess **244**
Markträumung 102
Marktrecht 323
Marktregelung 14
marktrelevante Eigenschaften 18
marktrelevantes Qualitätsmerkmal **29**
Marktrestriktion
- der Anbieter 267
- der Beschaffung 45
- des Absatzes 47
Marktrisiken **226**
Marktsegmentierung 97, 122, 254, 271, 282, **282**, 284
Marktsimulation **175**
Marktsimulationsprogramm 248
Marktspaltung 158
Marktspekulation 228
Marktspiele 191
Marktstandort 98, 99
Marktstatik 2, 140, 175, **193**
Marktstochastik 2, 105, 175, 182, **215**, 264
Marktstörung 244
Marktsymmetrie **210**
Markttheorie 135
Markttransparenz 173
Marktüberlastung 92
Marktumsatz **102**, 177
Marktunschärfe **107**, 239
Marktveränderungen **106**, 236

Marktverhalten 110
Marktverlierer 263
Marktversagen 102
Marktverteilungsgesetz für die Käufer 223
Marktwechsel 300
Marktwirtschaft 54, **319**
Marktzeiten **104**
Marktzeitraum 193
Marktzins 35
Marshall-Konvention **122**, 211
Massengut 130, 198
Massenpsychose 128
Mastertool
– zur dynamischen Marktsimulation **180**, 251, 255
– zur Marktsimulation 217
materielle Netzwerkleistungen 25
materielle Wirtschaftsgüter **19**
Maximalabgabepreis 170
maximale Absatzmenge 257
Maximalkaufpreis 195
Mehrstückgut 130, 198
Mehrwertsteuer 32, 277, 332
Meldebestand 304
Meldebestandsverfahren 285, 304
Meldepflicht 135
Menge 17, 18
mengenabhängiger Kaufpreis 135
mengenabhängiger Kostensatz 134
mengenabhängiger Stück- oder Leistungspreis 40, 152
Mengenabhängigkeit der Stück- oder Leistungskosten 37, **39**
Mengenanbieter 289
Mengenangabe 171
Mengenanpassung 118, 300
Mengenbegrenzungssatz **198**
Mengenbildung 100, **155**, 198, 288
Mengenbildungsarten 155
Mengenbildungsregel 155
Mengeneinheiten 27
Mengenmarktanteil 111
Mengenpreisregelung 135, 152, 156
Mengenrabatte 16, **41**
Mengenrelation **183**
Mengenrestriktion **157**
Mengenrestriktionsgesetze 157
Mengenstaffel 135
Mengenstaffelpreise 152, 223

Mengentäuschung 286
Mengenteilung **156**
Mengenteilungssatz 198
Mengentransfergleichung 155, **159**
Mengenvektor 40, 190
Mengenzuteilung 156
Merkmalsvektor 31
Mietvertrag 298
mikroökonomische Güterbilanzen **42**
mikroökonomische Vermögensbilanzen 69
Mindermengenzuschlag 41
Minderqualifizierter 113
Mindestabgabepreis 170
Mindestgeldmenge 314
Mindestkaufmenge 157, 158
Mindestkaufpreis 195
Mindestkonsum 77
Mindestlaufzeit 298
Mindestlohn **337**, 354
Mindestlohnempfehlung 340
Mindestmenge 152, 156, 223
Mindestmengenvorschrift 157
Mindestpreis 148
Mindestpreisvorschrift 148
Mindestprovision 272
Mindestreservesatz 348
Mindestrücklage 56
Mischkostenanbieter 266
Mischkostengut **40**, 179, 292
Missbrauch der Marktmacht 248, 288, **295**
Missernte 140
Mitnahmeeffekte 158
mittelbare Einwirkung 115
Mittelwert 106, 247
– einer Zeitreihe 216
mittlere liquide Geldmenge 313
mittlerer Kaufpreis 145
Mobilität 98, 99
Mobilitätshilfe 318
Modellabsatzfunktionen 265
Modellexperiment 175
Modellfunktionen 104, **129**, 140, 141, 239
Modellrechnung 175
Möglichkeiten
– der Angebotspreispolitik 291
– kollektiver Angebotsänderung 139
– kollektiver Nachfrageänderung 128, 129

Sachwortverzeichnis 381

monetärer Eigenwert   36, 134
monetärer Nutzwert   33, 102
monetärer Wert   17, 58, 120
Monopol   27, 112, 150, 293, 327
Monopolabsatzfunktion   268
Monopolanbieter   283
Monopolaufsicht   294
Monopolgefahr   259
Monopolgut   254
Monopolist   293
Monopolnachfrager   317
Monopolnutzen des Marktes   259
MONOPOLY   192
multiple sourcing   301
Münzen   54

n-Tage-Mittelwert   238
Nachfrage   117, 139
– und Angebots-Preisspirale   344
– nach Arbeitskräften   308
Nachfrageänderung   **126**
Nachfrageanstieg   235
Nachfragebindefrist   169
Nachfragefrequenz   303
Nachfragefunktion   10, **121**
Nachfrageinflation   352
Nachfragekurs   63
Nachfragemenge   99, **117**, 119, 296, 303
Nachfragemengenbilanz des Marktes   246
Nachfragemengengleichung   246
Nachfragepreisgrenze   296
Nachfrager   1, 97, 119, 319
Nachfragerauktion   146, 147, 166
Nachfragerergebnisse   162
Nachfragerfestpreise   13, 98, 144, **147**, 197, 203, 212, 280
Nachfragergewinn   2
Nachfragergrenzpreise   33, 36, 99, **120**, 296
Nachfragerkartell   316
Nachfrager-Kollektiv   185, 186
Nachfragermarkt   166
Nachfragermonopol   111, 185, 297, 317
Nachfrageroligopol   111, 185, 297
Nachfrageroption   296
Nachfragerückgang   **235**
Nachfragerwettbewerb   316
Nachfragesimulation   131
Nachfragesprung   141
Nachfrageüberhang   247

Nachfrageverhalten   132
Nachfragewettbewerb   110
Nachlass   31, 150, 284, 288
Nachschubmenge   285
Näherungsformel   176, 203
Näherungsregel
– der Kurswertkalkulation   62
Naturalwirtschaft   54
Naturgesetze   3
Naturkräfte   231
natürliches Wachstum   131
negative Einkommensteuer   330
negative Lenkungsteuer   32
negative Verteilungswirkung des Marktes   226
negatives Finanzvermögen   66
Nennbetrag   61
Nennwert   61
Nettoeinkommen   330
Nettoertrag   33
Nettoinlandsprodukt   75
Nettopreis   272
Netzagentur   114
Netzeffekt   26, 292
Netzwerkleistung   4, **25**, 36, 40, 153, 292
Netzwerkpreis   327
Netzwerktool   190, 243
Neubewertung   71
Neuinvestition   39
Niedriglohnsektor   337
Normalverteilung   216, 249
normativ-analytische Ökonomie   5, 250
normierte Nachfragefunktion   122
Normung   30
Notlage   315
Nutzenbeitrag   323
Nutzenbilanz   323
Nutzenfaktor   29
Nutzentreiber   36, 40, 151
Nutzenverzehr   21, 323
Nutzenvorrat   21, 37, 43, 66
nutzungsbedingter Verschleiß   43
Nutzungsdauer   33, 271
Nutzungsermittlung   290
nutzungsgemäße Abschreibung   37, 66
nutzungsgemäße Preisdifferenzierung   151, 300
Nutzungsintensität   21
Nutzungsmissbrauch   316

Nutzungsvermögen   67
Nutzwert   **33**, 134
Nutzwertanalyse   33
Nutzwerterkundung   290

oberer Angebotsgrenzpreis   136
oberer Nachfragergrenzpreis   123
offene Gesellschaft   5
offene Marktsegmentierung   284
Offenlegungsinteresse   135
Offenmarktpapier   348
öffentliche Ausschreibung   166
öffentlicher Bedarf   27
öffentliches Güter   17, 27
Öffentlichkeitsarbeit   31
Öffnungszeiten   104, 193, 246
ökonomische Qualitätsgesetze   137, 138
ökonomische Wirkungskettenanalyse   244
ökonomisches Grundgesetz   5
ökonomisches Prinzip   70, 90, 115
Oligopol   112
Operations Research   16, 308
operative Handlungsspielraum   43
operativer Handlungsspielraum   72
Opportunitätsberechnung   295
Opportunitätsgewinn   303
Opportunitätsprinzip   90, 234
optimale Angebotsmenge   262
optimale Gelddisposition   310
optimale Handelsspanne   276
optimale Marktpositionierung   263
optimaler Transfersteuersatz   278
Optimismus   128
Ordnungsmacht   4, 319

P-M-Diagramm   106
Paarungssatz   163
paarweise Zuordnung   161
Panik   128
– an den Finanzmärkten   235
Papiergeld   54
Paretoeffizienz   113
Paretoverteilung   **103**
Partialmengen   29
partielle Grenzleistung   44
partielle Kosten   40
partielle Mengeneinheit   36, 40
partieller Angebotspreis   40
partieller Kostensatz   40

partielles Budget   118
Patente   30, 36
Pauschalangebot   300
Pauschalpreis   36, 40, 134
Peitschenknalleffekt   307
Penetrationsstrategie   285
Periodenabsatzstreuung   **219**
Periodengewinn   69
Periodenlänge   104
permanenter Markt   104
Personalkosten   334
Personalsteuerbemessungsgrundlage   334
Personalsteuervorabzug   334
persönliches Gut   17
Pessimismus   128
Pflicht zur Information   94
Phillips-Kurve   108
Physikalisch-technische Gegebenheit   43
physikalisch technische Maßeinheit   28
Pigoupreis   280
Pilotmarkt   276
Pioniere des Marktes   200
Pioniergewinn   254, 293
Planausgabe   118
Plangewinn   120
Plangewinnquote   120, 134
Plankostenpreis   **253**, 279
Plankostensatz   252
Planwirtschaft   **148**
plötzliche Angebotsänderung   140
Portfoliomanagement   73
Portfoliooptimierung   295
Portfoliostrategien   297, 313
positiv-analytische Ökonomie   5
positive Lenkungssteuer   32
Präferenzen   165, 233
Präferenzordnung   33
Praktikabilität   151
Prämiensystem   288
Preisabhängigkeit des Absatzes   256
Preisanfrage   146
Preisangabeverordnung   98, 146, 171
Preisanhebung   139, 307
Preisanpassungssatz
– der Nachfrage   207
– des Angebots   210
Preisanpassungsstrategie   240
Preisauszeichnung   171, 289, 326
Preisauszeichnungspflicht   94, 150, 187

Sachwortverzeichnis 383

Preisbandbreite 171
Preisbedingung 155
Preisbemessung 28
Preisbemessungseinheit 28
Preisbezeichnungen 27, 28, 288
Preisbildung 95, 100, **143**, 288
- von Finanzgütern 63
Preisbildungsarten **143**
Preisbildungsgesetze 147, 148
Preisbildungsmöglichkeiten 11
Preisbildungsparameter 147, **149**, 170, 171, 203
Preisbindung 147
Preisblankett 36
Preisdifferenzierung 122, 151, 254, 271, **279**, 280, 284
- durch Marktsegmentierung 281
Preisdilemma
- der Planwirtschaft 148
- des Anbieters 39
Preisdruck 151
- der Endverbrauchermärkte 150
Preisempfehlung 11
Preisfestsetzung 11
Preisflexibilität 267, 300
Preisgestaltung 36, 40, **151**, 259
Preisgestaltungsdilemma
- des Anbieters 40
- des Nachfragers 36
Preisgestaltungsgrundsätze 151
Preisgrenze des Angebotsmonopolisten 268
Preisinformation 143
Preiskalkulation 38, 60
Preisklarheit 287
Preisklasse 122
Preis-Mengen-Angebot 161
Preis-Mengen-Nachfrage 161
Preis-Mengen-Relationen **183**, 187
Preismodelle 28, 152, 227, 259, 284, 288, 300
Preisrecht 323
Preisrelationen **183**
Preissenkung 139
Preisspielraum 148
Preisstellung 134
Preisstrategien 135
- für den Einheitspreis 279
Preisstruktur 151

Preissystem 153
Preistäuschung 286
Preistransfergleichungen 143, **148**
Preistransparenz 151, 152, 227
Preistreiber 29
Preisunterbietung 292
Preisvektor 190
Preisvergleich 150
Preisverhandlung 301
Preisverhandlungsregel 145
Preisverschleierung 41, 150, 284, 286, 300
Preiswechsel 241
Preiszuschlag 288
Prestigeprodukt 234
Prestigewert 117
primäres Marktergebnis 103
Prinzip
- der kritischen Menge 4, 292
- des zufallsbedingten Informationsverzugs 239
Priorisierung 31, 155
Priorität 243
Prioritätenfolge 126, 165
Privatautonomie 322, 325
private Arbeitsleistung 24
private Kreditgeldschöpfung 56, 68
Privathaushalte 68, 288
Problem der Arbeitsdisposition 308
Produktdifferenzierung 282
Produktinnovation 38, 139
Produktionsfaktor 68
Produktionsfunktion **44**
Produktionsgrenzleistung 43
Produktionskapazität 76, 118, 133
Produktionsmenge 76
Produktionsmöglichkeitskurve 44
Produktionsrestriktionen **44**
Produktivvermögen 68, 75
Produktlebenszyklus 132
Produzent 276
Prognose 84
- eines systematischen Absatzverlaufs 238
Prognosedilemma 84
Prognoserisiko 227
Programmdeckblatt 181
Progression der Einkommensteuer 330, 331
Provision 114, 146, 171, 253, 271

Provisionsmaximierung 273
Provisionsminderungsfaktor 273
provisionsoptimaler Nettoangebotspreis 272
Provisionsoptimierung 271
Provisionssatz 272
Prozessinnovation 38, 139

Qualifikationsmerkmale 93
Qualifikationsstufen 308
Qualität 17, 18, **29**, 151, 155
qualitative Wirkungskettenanalyse 244
Qualitätsanbieter 289
Qualitätsangebot **137**, 191
Qualitätsanpassung 300
Qualitätsanspruch 99, 112, 125, 243, 296
Qualitätsdifferenzierung 282
Qualitätsdilemma des Käufers 31
Qualitätserwartung 15, 31, **125**, 191
Qualitätsmerkmale 125
– eines Anbieters 31
– eines Finanzgutes 61
– materieller Güter 29
– von Diensten 30
Qualitätsniveau 126
Qualitätssteigerung 138
Qualitätsstufen 112, 151, 282
Qualitätstäuschung 286
Qualitätsteilmarkt 112
Qualitätsunterschied 210
Qualitätsvektor 31
Qualitätsverbesserung 138
Qualitätsziel 321
quantitative Wirkungskettenanalyse 244
Quersubvention 41, 153, 254, 287

Rabatt 145, 150, 284
Rabattgesetz 326
Rabattverbot 287
Rahmenbedingungen 126, 353
Rahmenvertrag 298
Ratenzahlungsverkauf 69
Ratenzahlungsvertrag 55
Rationalisierungsinvestition 349
Rationierung 198
Reagibilität 124, 137, 144, 244
– eines Marktes 116
Reagieren
– der Anbieter 139

Reaktionskräfte 231, 233, 239
Reaktionszeit 100, 231
reale Marktplätze 94, 96
reale Netze 25
realer Agent 96
reales Zentrallager 306
Realvermögen 66
Rechtsgüter 23, 29, 36, 60
Rechtsschutz 23
regelmäßiger Markt 104
Regeln fairer Preisgestaltung 287
Regelverstoß 93
Regler der Makroökonomie 348
reguläres Handelsgeschäft 229
regulierte Preisbildung 144
Regulierungsbehörde 327
Reichweite 166, 249
– der Beschaffung 164
– des Absatzes 164
Reichweiteverhalten 164
Reifephase 285
Reihenfolgen 161
– der Auftragserfüllung 171
– des Eintreffens **165**
relative Nachfrage 205
relatives Angebot 205
Remanenzkosten 340
Rendite 62
Rentenversicherung 93
Restangebot 15
Restlaufzeit 63
Restmenge 155, **159**
Restnachfrage 15
Restriktionen 43, 134
Restwert 21, 33
Reziprozität 93
richtiger Zeitpunkt 228
Risiken volatiler Finanzmärkte 250
Risiko 32, 252, 295, 303, 335
– volatiler Finanzmärkte 249
Risikokosten 253
Risikostreuung 297
Rolle des Geldes 4, **52**
Rolle des Staates 4, **319**
Rückkopplung 3, 80, 91, 121, 134, 213
Rückvergütung 316
Rückzahlungskurs 61
Rund-um-Sorglos-Arrangement 300

Sachwortverzeichnis

Sachanlagevermögen 66
Sammelbesteller 301
Sammeldisposition 48
Sanktionen 93
Sättigung 92, 183
Sättigungsbedarf 44, 77, 119
Sättigungsgrenze 118
Sättigungsnachfrage 123
Sättigungsniveau 132
Sättigungszustand 117, 129, 196, 342
Satz der komparativ-statischen
  Marktanalyse 235
Scheck 54
Scheingewinne 67
schleichende Inflation 350
Schlichtung 146
Schmiermittel Geld 315
Schnittpunktgleichung 196
Schnittpunktmenge **196**, 197, 205
Schnittpunktpreis 171, **196**, 197, 205
Schnittpunktwerte von Angebots- und
  Nachfragekurve 170, 194
Schrumpfungsprozess 293
Schulden 56, 66, 309
Schuldendienst 70
Schutzkartell 340
Schwankungsbereich 193
Schwankungssatz der Nachfrager 46
Schweiz 352
Schwundgeld 86
Segmentierungsgewinn 282
Segmentpreis 280
sekundäre Marktergebnisse 103
Selbstbedienungsmärkte 233
Selbstkostenpreis **253**, 273
Selbstoptimierung 171, 273
selbstregelnd 113, 146, 147, 312, 352
selbstregelnde Listenpreisprovision 273
selbstregelnde Marktordnung **115**, 327
selbstregelnde Preisbildung 201
selbstregelnder Ausgleich 83
selbstregelndes Zusammentreffen 163, 201
Selbstregelung **113**, 243
 – des Marktes 5, 6, 85, 115, 337
Selbstregelungsfunktion
 – der Konjunkturzyklen 83
Selbstregelungsprinzip 327
Selektion 327
Senderechte 36, 94

Sicherheit 4, 319, 354
Sicherheitsbestandsformel 304
Sicherheitsgeldbestand 311, 313
Sicherheitsvorkehrung 327
Sicherung der Geldwertstabilität 349
Sicherung der Marktfreiheit 287
Sicherungssteuern 32, 115, 277
Sichtguthaben 54
Signalwirkung des Marktpreises 212
Simulation 3, **175**, 217
Simulationsergebnisse 125
Simulationstool 331
 – für hochdynamische Märkte 248
simulierte Angebotsfunktion 137
simulierte Nachfragefunktion 125
simulierter Absatzverlauf 183, 241
simultane Bedarfsabnahme 128
simultane Preis- und Mengenanpassung
  263
simultane Preis- und Mengenbildung 143,
  161, 169
simultane Preisanpassung 139
simultaner Bedarfszuwachs 128
single sourcing 301
Sittenwidrigkeit 316
Skaleneffekte **39**, 259, 292, 322
Skalierbarkeit
 – der Mengen- und Preiseinheiten 190
 – der Periodenlängen 190
Skimmingstrategie 285
Sogwirkung 234
Solidarität 322
Sonderabschreibung 66
Sonderangebot 157
Sondereinzelkosten des Vertriebs 253
Sozialabgaben 333
soziales System der Märkte 3
Sozialhilfe 336
Sozialismus 148, 320
Spareinlagen 55
Sparquote 81
Sparrate 345
Sparreaktionszeit 80
Sparsumme 76
Sparverhalten 78
Spekulanten 230
Spekulation 231, 348
Spekulationsgewinn 229, 230
Spekulationsmärkte **229**

spekulatives Handelsgeschäft 229
Spezialprodukt 25
Spielregeln 6, **93**
Spieltheorie 16, 146, 169, 191
Spitzenpreis 284
spontane Disposition 48
spontane Selbstordnung 327
Spontankäufer 117
Sprungfunktion 140, 181
sprunghafter Fixkostenanstieg 268
Staat 6, 17, **94**, 288, **319**ff
staatliche Eingriffe 233
staatliche Geldschöpfung 56
staatliche Institutionen 322
Staatshandelsländer 4
Staatskredit 348
Staatsquote 320
Stabilitätsgesetz 353
Stabilitätsphase 293
Staffelprovision 272
Stagnation 128
Standardbegegnungsfolge 188, 200
standardisierte Preisstruktur 153
Standardisierungsmissbrauch 286
Standardkonstellation 180, 187, **194**
– der Marktsimulation **187**
– des Marktes **189**
Standardmengenbildung 187
Standardpreis 284
Standardpreisbildung 187
Standardpreisbildungsregel
– für Endverbrauchermärkte 149
Standardvorgehen der Beschaffung 299
Startvermögen 329
stationärer Einkauf 96
stationärer Markt 215
stationärer Mittelwert 193
stationärer Verkauf 96
statische Disposition 48
statischer Markt 11, 193
steigender Angebotspreis 165
steigender Nachfragerpreis 166
Steilheit der Nachfragefunktion 220
Stempelsteuer 350
stetig dynamischer Markt 249
stetig teilbares Gut 155
Steueränderung 228
Steueraufkommen 277
– als Funktion des Steuersatzes 278

Steuereinnahmen 70
steuerliche Benachteiligung der Arbeit 332
Steuern 77, 115
Steuerpolitik 279
steuerpolitisches Grundproblem 277
Steuerprogression 279
Stimmkraft des Geldes 335
Stimmungsschwankungen 82
Stimmzettel Geld 53, **85**
stochastisch schwankende Nachfragerzahl 222
stochastisch-dynamischer Markt 106, **247**
stochastisch-dynamischer Marktprozess **245**, 247
stochastisch-stationäre Phase 2, 3, 240
stochastisch-stationärer Markt 12, 106, 215
Stochastische Bestandsgröße 246
Stochastische Durchsatzgröße 246
stochastischer Einzelbedarf 120
stochastischer Markt 175
Strategie 5, 90
– der antizyklischen Mehrwertsteuer 352
– von Verhandlungen 146
– zur optimalen Geldanlage 309
Strategieentwicklung 251
Strategievariable der Börsenpreisbildung 170
Streubreite
– der Angebotsgrenzpreise 222
– der Nachfragergrenzpreise 219
– des kaufpreisentscheidenden Bereichs 219
Streueffekt
– der Nachfrage 221
– des Angebots 222
Strombörse 230
Stromsteuer 32
Stromversorgung 292
Strukturparameter 80, 81
Strukturumbruch 248, 318
Studiengebühren 355
Submissionspreis 301
Subsidiaritätsprinzip 152, 319, 322, **322**, 326, 336
Substitution 234
Substitionsgüter 112, 248, 263
Subvention 32, 115, 323, **335**, 351
– von Privathaushalten **336**

Sachwortverzeichnis

– von Unternehmen 336
Summentool 190
Supply Chain Management 298
Symmetriesatz des Marktabsatzes 211
synchrones Verhalten 80, 81
synthetischer Markt 175
systematische Änderung 2
systematische Nachfrageänderungen 126
systematischer Verlauf 238
Systemaufbau 292
Szenarienrechnung 176

Tabaksteuer 32
Tabellenprogramm zur
 Einzelmarktsimulation **176**
Tarifverbände 301
– der Arbeitgeber 316
Tâtonement 148
Täuschung 41
Tauschwirtschaft 54, 89
technische Nutzungsdauer 21
Teilbarkeit 155
Teildeckung 155
Teildurchlässigkeit von Qualitätsmärkten 113
Teilkostenpreis 253
Teilmärkte 90, 96, 110, 229, 283
teilregulierte Preisbildung 144
Teilverkauf 155
Telefonnetz 292
Telekommunikation 153, 327
temporärer Nachfrageanstieg 132
Termingeld 55
Textilindustrie 226
Tilgungswert 63, 67
Tobin-Steuer 230, 350
Toleranzschranke 350
Transaktionskasse 314
Transaktionskosten 32
Transfer 90
Transferausgaben 70
Transfereinnahmen 70
Transfergleichungen 3, 62, 70, 74, 77, 115, 358
– des Marktes 74, 85, **100**
Transferkosten 31, **32**, 54, 97, 105, 114, 145, 149, 150, 155, 157, 243, 252, 272, 288, 303, 316, 326
Transfermatrix 10, 11, **161**, 162

Transfersteuern **32**, 230, 277, 321, 329
Transfersteueroptimierung 277
Transferzahlungen 330, 335
Transferzeit 246, 249
Transitzahlung 55, 57
transparente Marktordnung 299
Transparenz 68
– der Arbeitsmärkte 324
– der Einkommensverteilung 354
– der Vermögensverteilung 354
Transparenzgebot 161, 172, 320
– der Marktordnung 171
Transport- und Lagerkapazität 32, 118, 133
Transportkostengebot 287
Trendfunktion 181
Trendverlauf 131
Trennung von Geldpolitik und
 Finanzpolitik 348
Trödelmarkt 145
turbulenter Markt 249

Überangebot 183
Überbewertung 66
Überkapazität 293
Überlagerung
– simultaner Angebotsänderungen 139
– simultaner Nachfrageänderungen 128
Überlebensstrategie 293
Überschuldung 71
Überschusssparquote 78, 81, 82
Überziehungsrahmen 54
Umbuchungsbetrag 310
Umbuchungszeit 311
Umsatz 2, 13, 314, 315
Umsatzeffizienz 114
Umsatzmarktanteil 111
Umsatzprovision 272
Umsatzsteuer 32, 277, 329, **331**
Umsatzsteuerreform 335
Umsatzsteuersatz 333
Umsatzzuwachs durch Preisdifferenzierung 280
Umschichtung 73
Umschulung 318
Umverteilung der Einkommen 335
Umverteilungsfond 329
undurchsichtige Preismodelle 299
Unentscheidbarkeitstheorem 360
unerwarteter Versorgungsengpass 140

unfaire Praktiken   251
unfaires Anbieterverhalten   286
unfaires Marktverhalten   92
unfaires Nachfragerverhalten   315
unfreier Markt   93
ungeregelter Markt   93
Ungewissheitsprinzipien des Marktes   217, 218
Ungleichheit   **104**, 177, 208, 223
Ungleichverteilung   223
– der Einkommen und Vermögen   330
Universalanbieter   290
Universaltool   **190**
unklare Regelungen   151
unlautere Wettbewerbshandlung   153
unmittelbare Einwirkung   115
Unschärferelation   107, 360
Unselbständiger   24
unsichtbare Hand   **1**, **5**, 89, 92, 225, 226, 327
unteilbares Gut   155
Unterauslastung   266
unterer Angebotsgrenzpreis   136
unterer Nachfragergrenzpreis   123
Unternehmen   17, **94**, 288, 322
Unternehmensanteile   36
Unternehmensbeteiligung   68
Unternehmensplanung   238
Unternehmensrisiko   229
Unternehmensziele   290
Unternehmerlohn   24
Unterschlagung   316
unwirksame Nachfrage   223
unzulässige Angebotsmengenteilung   156
Ursache und Wirkung   110

variable Kosten   **37**, 38
Varianz   106, 217
– des Ereigniswertes   238
Variationskoeffizient   217
Veblen-Gut   124
Veränderung
– der Angebotsfunktion   136
– der kollektiven Nachfragefunktion   124
Verbot des Insiderhandels   172
Verbraucherschutz   295
Verbrauchsgüter   42, 66, 286
– der Privathaushalte   19
– der Unternehmen   20
Verbrauchssteuern   277

Verbundleistungen   24
Verbundprodukte   24
Verbundprogramm   **190**
verdeckte Marktsegmentierung   284
Verdrängungsstrategie   258, 263
Verdrängungswettbewerb   292
Vereinbarung der Preisbemessung   28
Verelendung   316
Vergabe
– mit Verhandlung   166
– ohne Preisverhandlung   146
Vergabebedingungen   166
Vergabemöglichkeiten   166
Vergabestrategien   301
Vergleichbarkeit   59
Vergütung öffentlicher Leistungen   321
Vergütungsgruppen   308
Verhalten   3, 85, 90
– der Akteure   **90**
– der Marktteilnehmer   191
– der Nachfrager   118
Verhalten der Marktteilnehmer   5
Verhaltensanalyse   358
Verhaltensempfehlung   295, 299
Verhaltensparameter   78, 80, 81
Verhaltensskala   91
Verhaltensspiel   191
Verhaltenstheorie   146
Verhaltensvorhersage   227
Verhandlungsbeauftragter   146
Verhandlungsmarge   145
Verhandlungsparameter   145
Verhandlungspreise   11, 98, 143, **145**, 167, 197, 203, 289, 290
Verhandlungspreisregeln   145
Verhandlungsstärke   15, 145
Verhandlungsstrategien   169, 302
Verhandlungsziele   302
Verkäufermarkt   183
Verkaufsaktion   233
Verkaufsauftrag   62
Verkaufsdruck   301
Verkaufseinheiten   29, 151, **158**
Verkaufsgewinn   2, **101**, 145, 147, 177, 206, 208, 240, **254**, 259
– als Funktion der Angebotsmenge   261
– als Funktion des Angebotspreises   260, 266
– des Marktes   **102**

- eines Monopolisten 269
Verkaufsmengenstrom 245
Verkaufsplattform 164
Verkaufspreis **101**
Verkaufspreiseffizienz 114
Verkaufsquote 101, 102, 113, 177, 218, 233
Verkaufsrisiko 228
Verkaufsstrategien **288**, 290
Verkaufsstrom 42
Verkaufsumsatz 70, **101**
Verkaufswert 102
Verkehrslenkung 326
Verkehrsregeln 235, 326
Verkehrssitte 325
Verkettungstool 190
verkoppelte Teilmärkte 112
Verlauf von Nachfragefunktionen 123
Verlust 69
Vermarktung von Informationsgütern 23
Vermarktungsrisiko 273
Vermarktungsstrategien 138
Vermittlungsgebühren 146
Vermittlungsinstanz 146, 167, 169
Vermittlungsleistungen 271
Vermittlungsmarktplätze 161
Vermittlungsparameter 146
Vermittlungspreise 11, 143, **146**, 203
Vermittlungsprogramm 146
Vermittlungsstrategien 167
Vermögensabhängigkeit des Konsums 78
Vermögensarten 67
Vermögensauswirkungen der Inflation 346
Vermögensbilanzen 43, 66, **69**, 71, 191, 345
Vermögenseinkommen 78, 330, 354
Vermögensertragsrate 78, 82, 345
Vermögensfunktion 78
- bei konstanter Sparrate 345
Vermögenssteuer 329
Vermögensumverteilung 347, 353
- über die Geldentwertung 335
Vermögensverteilung **68, 69**, 77
Vermögenswert **66**
- einer Schuld 67
- eines Finanzgutes 67
Vernichtung von Arbeitsplätzen 337
Verpackungseinheiten 29, 41, 157
Versandhandel 132, 146
Verschärfung der Geldpolitik 348

Verschleierung 68
Verschwendung 353
Versicherungen 32, 284, 327
Versicherungsaufsichtsamt 264
Versorgungs- und Wertschöpfungsnetze 20, 21, 322
Versorgungsmanagement 298
Verstöße
- gegen Marktordnung 172
- gegen Wettbewerbsrecht 286
Versuch und Irrtum 327
Verteilung 2, 68, 103
- der Bruttojahreseinkommen 324
- des Erwerbseinkommens 324
Verteilungsausgleich 328
Verteilungsdruck auf die Anbieter 225
Verteilungseffizienz 114
Verteilungsgerechtigkeit 353
Verteilungskurve 104
Verteilungspolitik 319, **327**, 354
Verteilungswirkung 192, 215, 288
- auf die Anbieter **225**
- des Marktes 4, 321
- für die Käufer **222**
Vertikale Unternehmenskonzentration 332
Vertragsfreiheit 322
Vertragsrecht 323
Vertrauenslieferant 298
Vertreterhandel 96
Vertrieb 251
Vertriebskanal 97
Verzichtbarkeit 33
verzinsliches Finanzgut 60
Vielflieger-Bonusprogramme 287
virtuelle Märkte 23, 95, 96, 135, 327
virtuelle Netzwerke 26
virtueller Einkauf 96
virtueller Verkauf 96
virtuelles Zentrallager 306
Volatilität 217, 220, 229
- der Finanzmärkte 350
- der Spekulationsmärkte 230
Volksvermögen 68
Volkswirtschaft 5, **358**
volkswirtschaftliche Gesamtbilanz **75**
Vollauslastungskosten 40
Vollauslastungspreis **41, 253**, 279, 286, 289
Vollbeschäftigung 351

vollkommener Markt   4, 187, 357
Vollkostenpreis   253
vollständige Markttransparenz   173
Vollständigkeit   287
Vorabbeschaffung   300, 307
Vorbereitungsstrategien   301
- des Verkaufs   290
Vorlaufzeit   44
Vorratsbeschaffung   300, 303
Vorratsdisposition   295
Vorratsgut   **20**, 133
Vorratsort   306
Vorratsvermögen   66
Vorspannung   253
Vorstufenmärkte   20, 41, 145, 149, 150, 172, 280, 289, 326, 341
Vorteile
- der Preisdifferenzierung   282
Vorteilsnahme   316, 327

Wachstumszeit   131
Wahlordnung   86
Währungsreform   86
Warenkorb   59, 190, 341
Warenstück   29
Warteschlangentheorie   247
Wechsel   55
Weltmarkt   4
Werbekampagnen   233
Werbekosten   253
Werbestrategien   138
Werbung   117, 133
Wert   18, **38**
- der Qualitätsdifferenz   125
- des Realvermögens   66
Wertewandel   233
Wertmaßstab Geld   53, **58**, 66
Wertpapierbörse   60
Wertpapierkurs   61
Wertschöpfung   25
Wertspeicher Geld   53
Werttreiber   29
Wettbewerb   85, 90, **110**, 139, 176, 226, 252, 257, 298
Wettbewerbsaktivierung   302
Wettbewerbsanalyse   290
Wettbewerbsaufsicht   323
Wettbewerbsdruck   112
Wettbewerbskonstellationen   112, **185**, 188

Wettbewerbspolitik   113
Wettbewerbsrecht   3, **5**, 113, 151, 153, 173, 254, 284, 294, 297, 323
wettbewerbsschädlicher Marktanteil   294
Wettbewerbssituation   112, 176, 297
Wettbewerbsspiele   191
Wettbewerbstheorie   191
Wettbewerbsverdrängung   254
- durch Mengensteigerung   258
Wiederbeschaffungszeit   100, 298
Wiedervereinigung   83
Willkür   171
Wirkungsketten   239, 243
Wirkungskettenanalyse   107, 200, **243**, 358
Wirkungsmöglichkeiten der Geldpolitik   349
Wirkungsverzug   231
Wirkungszusammenhang der Geldwertstabilität   342
wirtschaftliches Vermögen   66
Wirtschaftseinheit   51
Wirtschaftsentwicklung   **75**
- in Deutschland   79, 82, 84
Wirtschaftsform   4, 319
Wirtschaftsforschung   191, 210, 230, **357**
Wirtschaftsgut   1, **17**, 97
Wirtschaftsklima   91
Wirtschaftslobby   331
Wirtschaftsordnung   18
Wirtschaftspolitik   3, 5, 319, **351**
Wirtschaftspraxis   358
Wirtschaftsrecht   **322**
Wirtschaftstheorie   27, 243, **358**
Wirtschaftsverfassung   323
Wirtschaftswachstum   351
Wirtschaftswissenschaft   5, **358**
Wochenmärkte   146
World Trade Organization (WTO)   264
Wucherpreise   286
Wucherverbot   287
Wunschdenken   351
Wurzelsatz
- der Gelddisposition   314
- der Lagerdisposition   **306**

Zahlungsabwicklung   32
Zahlungsanweisung   54
Zahlungsausfall   70, 71
Zahlungsausfallrisiko   33, 54, 55, 61–64, 68

Sachwortverzeichnis

Zahlungsausfallversicherung   227
Zahlungsausgang   310
Zahlungsbedingungen   31
Zahlungsbereitschaft   53, 117, 118, 122, 201, 206, 276, 280, 290, 342
- der Privathaushalte   344
Zahlungseingang   310
Zahlungsfähigkeit   *siehe* Zahlungsvermögen
Zahlungsfrist   70, 309
Zahlungsmissbrauch   316
Zahlungsmittel   **53**
Zahlungsströme   72
- einer Wirtschaftseinheit   **56**
Zahlungsunfähigkeit   71, 167, 228
Zahlungsvermögen   53, 117, 118, 134, 165, 225, 330
Zahlungsverpflichtung   309
Zahlungsverweigerung   228
Zeit   104
Zeiteinheiten   29
Zeitverhalten
- der Angebotsfunktion   137
- der Nachfragefunktion   124
Zeitverlauf   **108**
Zeitverzug   240
Zentralbank   52, 53, 56, 231, 315, 321, 348
Zentraldisposition   314
Zentralisierung   322
Zentralkoordination   111
Zentralregulierung   309, 314
Zieldreieck des Marktes   290
Ziele   113
- der Finanz- und Wirtschaftspolitik   351
- der Finanzdisposition   73
- der Gewinnmaximierung   70
- der Marktordnung   324
- der Wirtschaftsförderung   336
- einer Investition   38
- einer Marktordnung   149
- für die Arbeitsmärkte   115
Zielgruppen   280
Zielkonflikte   114, 152
Zins   60
zinsbedingter Diskontierungsfaktor   33
Zinskalkulation   69
Zufall   175, 215
- und Notwendigkeit   85
zufällige Begegnungsfolge   218

zufällige Ereignisse   228
zufällige Nachfrageänderung   126
zufällige Reihenfolge   165
Zufälligkeit der Marktbegegnung   221
Zufallseinflüsse   **218**
- von Nachfrage und Angebot   218
Zufallsfunktion   180
Zufallsschwankungen   227
Zufallsverlauf   130
Zugaben   31, 300
Zugabeverbot   287, 326
Zugabeverweigerung   300
Zugangsvoraussetzungen   93
zukünftiger Marktpreis   35
Zunahme der Zahlungsbereitschaft   342
Zuordnung der Käufer und Verkäufer   198
Zuordnungsfolgen   104
Zuordnungsregeln   100, 161
Zuordnungsstrategien   171
Zusammenführungsregeln   143
zusammengesetzter Leistungsauftrag   29
Zusammenkommen   95
- der Nachfrager und Anbieter   161
Zusammentreffen
- auf Nachfragermärkten   166
Zuschlag ohne Verhandlung   166
Zuteilung   156
- über den Markt   53
Zuteilungsquote   171
Zwangseinteilung   283
Zwangsgüter   27
Zwangsmärkte   320
Zwangsmaßnahmen   228
Zwangsmengen   156
Zwangspreise   144
Zweikontenstrategie   310
Zweitmarken   284
zyklische Disposition   48
zyklische Ertragsfunktion   81
zyklische Preisanpassung   284
zyklische Sammelbezahlung   309
zyklische Sparfunktion   81
zyklische Vermittlung   167
zyklischer Verlauf   131
Zyklus   238
Zyklusfunktion   181, 284
Zykluszeit   81, 167
Zykluszeitverfahren   304

Abbildungsverzeichnis

Abbildung 1.1 Zusammentreffen von Nachfragern $Ni = (p_{Ni}; m_{Ni})$ und Anbietern $Aj = (p_{Aj}; m_{Aj})$ auf einem Marktplatz mit den Kaufergebnissen $K_{ij} = (p_{Kij}; m_{Kij})$
Abbildung 2.1 Marktdiagramm eines Marktes mit 2 Nachfragern und 2 Anbietern
Abbildung 2.2 Transfermatrizen und Kaufergebnisse $(p_K; m_K)$
Abbildung 3.1 Güterströme zwischen Privathaushalten, Unternehmen und Staat
Abbildung 3.2 Versorgungs- und Wertschöpfungsnetz der Konsumgüter
Abbildung 3.3 Versorgungs- und Wertschöpfungsnetz der Gebrauchsgüter
Abbildung 3.4 Wertschöpfungsnetz von Kombinationsgütern und Projekten
Abbildung 3.5 Abhängigkeit des Ertragswertes von Kapitalmarktzins und Nettoertrag
Abbildung 3.6 Mengenabhängigkeit der Stückkosten
Abbildung 3.7 Güterströme einer Wirtschaftseinheit
Abbildung 4.1 Geldströme zwischen den Wirtschaftseinheiten
Abbildung 4.2 Zahlungsströme und Finanzvermögen einer Wirtschaftseinheit
Abbildung 4.3 Preisentwicklung der Lebenshaltungskosten in Deutschland
Abbildung 4.4 Abhängigkeit des Kurswertes eines Finanzgutes von der Anlagerendite
Abbildung 4.5 Abhängigkeit des Kurswertes vom Diskontierungsfaktors bei Ertragszins $z_E = 4\%$ p.a.
Abbildung 4.6 Einkommens- und Vermögensverteilung in Deutschland
Abbildung 4.7 Wirtschaftsentwicklung in Deutschland ab 1995
Abbildung 4.8 Zyklische Schwankung von Überschusssparquote und Vermögensertragsrate
Abbildung 4.9 Wirtschaftsentwicklung in Deutschland von 1970 bis 2006
Abbildung 4.10 Die Ambivalenz des Geldes – Karikatur zur deutschen Währungsreform 1948
Abbildung 5.1 Der Markt als Regelstrecke von Güterstrom und Geldstrom
Abbildung 5.2 Ökonomische Verhaltensskala und Auswirkungen
Abbildung 5.3 Ablauf des Kaufprozesses bei Verhandlungspreisen
Abbildung 5.4 Absatzverteilung bei unterschiedlicher Marktordnung
Abbildung 5.5 Zeitverlauf von Gesamtabsatz und Marktpreis im P-M-Diagramm infolge einer Nachfragezunahme mit nachfolgendem Angebotsanstieg
Abbildung 5.6 Nachfragezunahme mit nachfolgendem Angebotsanstieg

Abbildung 5.7	Zeitverlauf von Marktpreis und Gesamtabsatz im M-P-Diagramm infolge eines Nachfrageanstiegs mit nachfolgender Angebotszunahme
Abbildung 5.8	Gleichzeitige Veränderung von Inflationsrate und Arbeitslosenquote in Deutschland von 1971 bis 1994 (*Phillips-Kurve*)
Abbildung 5.9	Verlauf von Arbeitslosenquote und Inflationsrate in Deutschland
Abbildung 6.1	Möglicher Verlauf individueller Nachfragefunktionen
Abbildung 6.2	Nachfragefunktionen für unbudgetierten stochastischen Einzelbedarf
Abbildung 6.3	Nachfragefunktionen für budgetierten stochastischen Einzelbedarf
Abbildung 6.4	Normierte Nachfragefunktionen unterschiedlicher Konsumgüter
Abbildung 6.5	Unterschiedlicher Zeitverlauf der Gesamtnachfrage
Abbildung 6.6	Möglichkeiten der kollektiven Nachfrageänderung
Abbildung 6.7	Modellfunktionen zur Nachfragesimulation
Abbildung 7.1	Kollektive Angebotsfunktionen mehrerer Anbieter mit unter- schiedlichen Angebotsmengen
Abbildung 7.2	Möglichkeiten der kollektiven Angebotsänderung
Abbildung 7.3	Modellfunktion zur Simulation von Angebots- oder Nachfragesprüngen
Abbildung 11.1	Marktdiagramm mit Angebotsfunktion, Nachfragefunktion und Marktergebnissen für die Standardkonstellation
Abbildung 11.2	Marktdiagramme eines simulierten stationären Marktes in der Startperiode t_0 und in der Endperiode t_{24}
Abbildung 11.3	Simulierter Absatzverlauf eines Wirtschaftsgutes bei stationärer Nachfrage und gleichbleibendem Angebot
Abbildung 11.4	Simulierter Verlauf von kollektivem Umsatz, Einkaufsgewinn und Verkaufsgewinn für einen stochastisch stationären Markt
Abbildung 11.5	Simulierte Entwicklung von mittlerem Nachfragergrenzpreis und Marktpreis für einen stochastisch stationären Markt
Abbildung 11.6	Mögliche Preis-Mengen-Relationen eines Marktes
Abbildung 12.1	Marktdiagramm mit den Marktergebnissen für unterschiedliche Preisbildungsarten und Begegnungsfolgen
Abbildung 12.2	Auswirkungen der Preisbildungsarten auf den Marktpreis bei festen und budgetierten Bedarfsmengen
Abbildung 12.3	Simulierte Nachfragefunktion und Marktdiagramm für budgetierte Bedarfsmengen
Abbildung 12.4	Marktpreise bei unterschiedlicher Begegnungsfolge
Abbildung 12.5	Gesamtabsatz bei unterschiedlicher Begegnungsfolge
Abbildung 12.6	Wirkung eines sich ändernden Gesamtbedarfs auf den Marktpreis
Abbildung 12.7	Wirkung eines sich ändernden Gesamtbedarfs auf den Marktabsatz

Abbildung 12.8   Wirkung der Zahlungsbereitschaft auf den Marktpreis
Abbildung 12.9   Wirkung der Zahlungsbereitschaft auf den Marktabsatz
Abbildung 12.10 Wirkung des Gesamtangebots auf den Marktpreis
Abbildung 12.11 Wirkung des Gesamtangebots auf den Marktabsatz
Abbildung 12.12 Wirkung des Angebotspreisniveaus auf den Marktpreis
Abbildung 12.13 Wirkung des Angebotspreisniveaus auf den Marktabsatz
Abbildung 13.1   Simulierte Häufigkeitsverteilung des Marktpreises
                 für den Standardmarkt
Abbildung 13.2   Simulierte Häufigkeitsverteilung des Periodenabsatzes
Abbildung 13.3   Abhängigkeit der Marktpreisschwankungen von der Streubreite
                 der Nachfragergrenzpreise
Abbildung 13.4   Abhängigkeit der Absatzsschwankungen von der Streubreite
                 der Nachfragergrenzpreise
Abbildung 13.5   Lorenzkurven der Absatzverteilung und der Gewinnverteilung
                 auf die Käufer für die Standardkonstellation (11.7)
Abbildung 13.6   Verteilung des Marktabsatzes und resultierende Auslastung
                 für die Anbieter der Standardkonstellation (11.7)
Abbildung 14.1   Marktdiagramme eines kollektiven Nachfragerückgangs
                 in der Startperiode t_0 und in der Endperiode t_{24}
Abbildung 14.2   Simulierter Absatzverlauf eines Wirtschaftsgutes
                 mit stetig abnehmender Nachfrage
Abbildung 14.3   Simulierte Entwicklung von kollektivem Umsatz, Einkaufsgewinn
                 und Verkaufsgewinn bei rückläufiger Gesamtnachfrage
Abbildung 14.4   Simulierte Entwicklung des Marktpreises
                 bei rückläufiger Gesamtnachfrage
Abbildung 14.5   Prognose eines systematischen Absatzverlaufs
                 mit stochastischen Tageswerten nach dem Verfahren
                 der exponentiellen Glättung
Abbildung 14.6   Marktdiagramme einer kollektiven Anpassung
                 der Angebotspreise in der Startperiode t_0 und
                 in der Endperiode t_{24}
Abbildung 14.7   Simulierter Absatzverlauf bei kollektiver
                 Angebotspreisanpassung
Abbildung 14.8   Entwicklung von Marktumsatz, Einkaufsgewinn
                 und Verkaufsgewinn bei kollektiver Angebotspreisanpassung
Abbildung 14.9   Entwicklung des Marktpreises bei kollektiver Anpassung
                 der Angebotspreise
Abbildung 14.10 Stochastisch-dynamischer Marktprozess
Abbildung 15.1   Simulierte Absatzfunktion eines Anbieters mit Wettbewerb als
                 Funktion des Angebotspreises bei konstanter Angebotsmenge
Abbildung 15.2   Simulierte Absatzfunktion eines Anbieters im Wettbewerb als
                 Funktion der Angebotsmenge bei konstantem Angebotspreis
Abbildung 15.3   Wettbewerbsverdrängung durch Mengensteigerung
                 eines Anbieters bei konstantem niedrigen Preis

Abbildung 15.4	Verkaufsgewinn als Funktion des Angebotspreises bei fester Angebotsmenge
Abbildung 15.5	Verkaufsgewinn als Funktion der Angebotsmenge bei festem Angebotspreis
Abbildung 15.6	Optimale Marktpositionierung eines Anbieters durch simultane Preis- und Mengenanpassung
Abbildung 15.7	Modellabsatzfunktionen eines Wettbewerbsanbieters und eines Angebotsmonopolisten
Abbildung 15.8	Verkaufsgewinn unterschiedlicher Anbieter als Funktion des Angebotspreises
Abbildung 15.9	Abhängigkeit des Verkaufsgewinns eines Monopolisten vom Angebotspreis
Abbildung 15.10	Abhängigkeit des Verkaufsgewinn des Monopolisten von der Angebotsmenge
Abbildung 15.11	Abhängigkeit des Handelserlöses von der Handelsspanne
Abbildung 15.12	Abhängigkeit der optimalen Handelsspanne vom Verhältnis zwischen Selbstkostenpreis und oberstem Nachfragerpreis
Abbildung 15.13	Steueraufkommen als Funktion des Steuersatzes
Abbildung 15.14	Preisdifferenzierung durch Marktsegmentierung
Abbildung 15.15	Ziele und Möglichkeiten der Marktpositionierung eines Wirtschaftsgutes
Abbildung 16.1	Bestandsverlauf und Nachschub eines Vorratsgutes bei dynamischer Beschaffungsdisposition
Abbildung 16.2	Zufällige *Zahlungseingänge* e(t) und Zahlungsausgänge a(t) eines Haushalts oder eines Unternehmens
Abbildung 16.3	Abhängigkeit der Kosten der Liquiditätshaltung vom Umbuchungsbetrag
Abbildung 16.4	Simulierte Kontostände von Anlagekonto und Kassenkonto bei optimaler Gelddisposition nach der Zweikontenstrategie
Abbildung 16.5	Marktdiagramm eines Nachfragermonopolisten mit Anpassung der Zahlungsbereitschaft an den Bedarf
Abbildung 17.1	Freiheit und Sicherheit in Abhängigkeit vom Regulierungsgrad
Abbildung 17.2	Verteilung der Bruttojahreseinkommen auf die Vollzeitbeschäftigten eines mittelständischen Unternehmens mit 545 Vollzeitkräften
Abbildung 17.3	Lorenzverteilung des erwirtschafteten Erwerbseinkommens eines mittelständischen Unternehmens für die Einkommensverteilung aus *Abb. 17.2*
Abbildung 17.4	Umsatzsteuersatz und Arbeitslosenquote in Deutschland
Abbildung 17.5	Marktdiagramm des Niedriglohnsektors
Abbildung 17.6	Simulierter Einfluss des Mindestlohns auf Marktlohn und Beschäftigtenzahl
Abbildung 17.7	Marktergebnisse vor und nach 25 Perioden Anstieg der Zahlungsbereitschaft (1,5% pro PE)

Abbildung 17.8   Marktergebnisse vor und nach 25 Perioden Anstieg des Angebots-
                 preisniveaus (1,5% pro PE)
Abbildung 17.9   Absatz und Marktpreis von Zahlungsbereitschaft und Angebots-
                 preisniveau
Abbildung 17.10 Einfluss der Inflation auf die Entwicklung des Realvermögens
                 bei unterschiedlicher Vermögensanlage

Tabellenverzeichnis

Tabelle 2.1	Kollektive Marktergebnisse der 4 Begegnungsfolgen (2.1) bei Angebotsfestpreisen
Tabelle 2.2	Marktergebnisse für unterschiedliche Marktregelungen
Tabelle 3.1	Klassen, Merkmale und Marktkonstellationen der Wirtschaftsgüter
Tabelle 3.2	Preisbemessung und Preisbezeichnungen für Wirtschaftsgüter
Tabelle 3.3	Bedarfskategorien und persönliche Nutzwerte
Tabelle 3.4	Variable Kosten und fixe Kosten
Tabelle 4.1	Zusammensetzung der Geldmengen in Deutschland
Tabelle 4.2	Vermögensarten und Ertragsformen
Tabelle 4.3	Parameter der simulierten Wirtschaftsentwicklung
Tabelle 5.1	Marktbeziehungen, Güteraustausch und Preisbildung
Tabelle 5.2	Merkmale der realen und virtuellen Märkte
Tabelle 5.3	Nachfrager, Anbieter und Güter auf den Märkten
Tabelle 5.4	Marktfrequenzen und Marktöffnungszeiten
Tabelle 6.1	Auswirkung der Einflussfaktoren auf die Nachfrage
Tabelle 7.1	Auswirkungen der Einflussfaktoren auf das Angebot
Tabelle 8.1	Merkmale und Voraussetzungen der bilateralen Preisbildungsmöglichkeiten
Tabelle 8.2	Auswirkungen der Preisbildungsarten
Tabelle 8.3	Einsatzbereiche der Preisbildungsarten
Tabelle 9.1	Arten, Beispiele und Auswirkungen der Mengenbildung
Tabelle 10.1	Auswahlkriterien, Informationsbedarf und Handlungsfreiheit bei selbstregendem Zusammentreffen
Tabelle 10.2	Zuordnungsmöglichkeiten und Informationsbedarf bei fremdgeregelter Zusammenführung
Tabelle 11.1	Tabellenkalkulationsprogramm zur Einzelmarktsimulation
Tabelle 11.2	Eingabewerte und Ergebnisse der dynamischen Marktsimulation
Tabelle 11.3	Wirkungen der Preis-Mengen-Relationen eines Marktes
Tabelle 11.4	Auswirkungen der Wettbewerbskonstellationen (Marktformen) eines Marktes
Tabelle 11.5	Wirkungen von Preisbildungsart und Mengenbildungsart
Tabelle 11.6	Wirkung der Begegnungskonstellationen eines Marktes
Tabelle 14.1	Auslöser und Wirkungsbereiche der Marktkräfte
Tabelle 14.2	Dynamik der Märkte
Tabelle 15.1	Auswirkungen unterschiedlicher Preisstrategien
Tabelle 15.2	Möglichkeiten und Ziele der Angebotspreispolitik
Tabelle 15.3	Aktionsbereiche, Strategien und Ziele des Verkaufs

Tabelle 16.1   Einkaufsstrategien und Verhandlungsziele bei Ausschreibungen
Tabelle 17.1   Wirtschaftsformen und Marktordnung
Tabelle 17.2   Einflussfaktoren auf den Marktpreis und den Gesamtabsatz

Druck: Krips bv, Meppel
Verarbeitung: Stürtz, Würzburg